Abaqus

아바쿠스(Abaqus)를 활용한

구조물 유한요소해석 따라하기

김태수 이상윤 조용현 공저

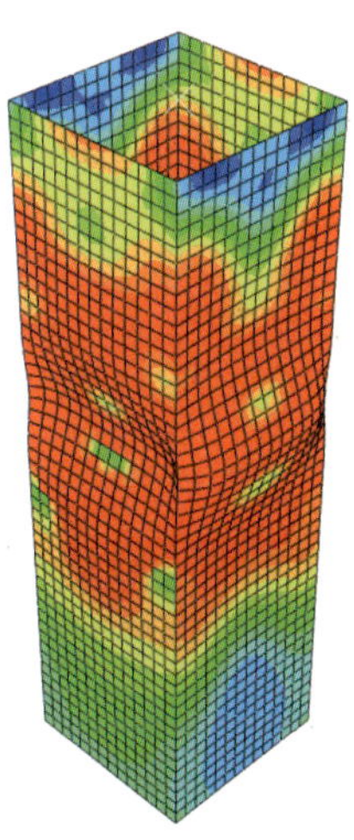
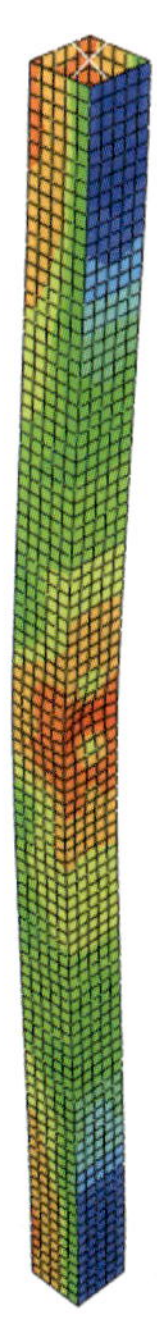
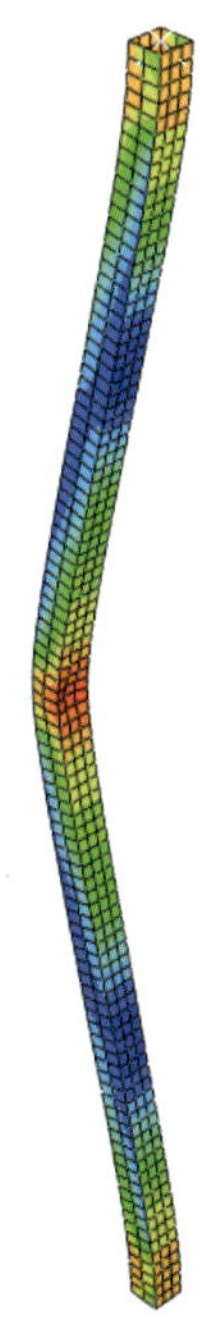
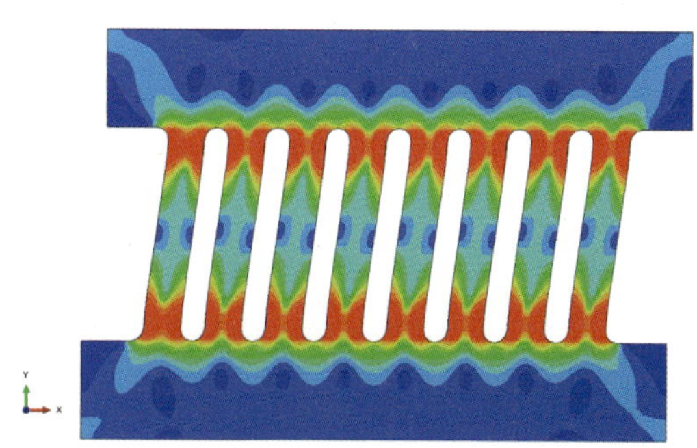

도서출판
구미서관

머리말 PREFACE

자동차, 항공, 조선 등의 산업분야 뿐만 아니라 건축구조분야에서도 유한요소해석(Finite Element Analysis) 방법이 구조부재, 접합 및 골조의 구조거동을 조사하여 구조안전성을 확인하고자 구조실험을 대체하여 최근에 많이 활용되고 있습니다.

범용 유한요소해석 프로그램 중에 아바쿠스(Abaqus)는 자동차, 항공, 국방, 화학, 의료, 가전, 건설 등 다양한 분야의 제품에 대하여 구조체의 고체역학, 유체역학, 열역학, 열전달, 전기장 등의 이론을 기반으로 실제 거동을 예측하기 위한 유한요소모델링(Finite Element Modeling) 및 유한요소해석(Finite Element Analysis) 소프트웨어입니다. 저자도 박사과정에서 학위논문 관련 연구를 수행하면서 처음으로 아바쿠스라는 프로그램을 접하게 되었고 이전에 근무했던 연구소에서 다른 유한요소해석 프로그램 사용했던 경험으로 연구에 활용하는 데에는 큰 어려움은 없었습니다. 그러나, 저자들도 아바쿠스라는 프로그램을 이용하여 연구를 진행함에 있어서 많은 시행착오를 겪었고 해석이 진행되지 않고 중단되었을 때 해석이 진행될 수 있는 다양한 방법을 수없이 시도하였습니다.

저자들은 건축구조분야에서 석·박사 학위과정부터 현재까지 아바쿠스 프로그램을 활용하여 강구조와 철근콘크리트 구조 분야의 강재 및 콘크리트 시험편, 재료손상모델, 볼트, 용접, 휨재, 압축재, 기둥-보 접합부 등에 대한 해석모델을 구축하여 연구과제를 수행해왔습니다. 최근에는 국내 경주 및 포항 지진발생으로 구조부재 및 비구조부재에 피해를 입었고 지진에 대비한 내진설계 및 내진보강 공법에 국내외 건설관련 설계사 및 엔지니어링 회사뿐만 아니라 학계에서도 많은 관심을 가지고 다양한 프로젝트를 수행 중에 있습니다. 저자도 이와 관련해서 내진용 강재 슬릿 댐퍼, 가새 등의 반복가력 조건하에 에너지 흡수능력 평가와 강구조물 보-기둥 접합부의 연쇄붕괴 저항성능 평가에 관련된 연구를 진행 중에 있습니다.

이 책은 건축구조분야에서 유한요소해석 프로그램인 아바쿠스를 바탕으로 연구와 실무 프로젝트를 진행하는데 있어 해석 프로그램을 처음 시작하는 학부생, 대학원생, 그리고 회사에서 기존의 범용 구조해석 프로그램으로 해결이 어려운 재료, 기하 및 접촉 비선형해석을 수행하고자 하는 연구원에게 복잡한 유한요소해석 이론이 아닌 아바쿠스로 재료모델부터 골조모델까지 쉽게 따라하면서 프로그램 사용방법을 터득할 수 있도록 상세하게 그림, 도표, 노하우 등을 추가하여 작성하였습니다.

이 책의 구성은 다음과 같습니다.

1장에서는 유한요소해석법과 아바쿠스 프로그램에 대해 간단히 소개하였습니다. 2장에서는 유한요소해석을 수행하는데 있어 입력재료의 타당성을 검증하기 위해 필요한 강재 인장시편과 콘크리트 공시체의 해석모델을 구축하는 방법에 대해 다루었습니다. 3장에서는 강구조분야에 대해서는 모재파단 및 볼트전단파단 볼트접합부, 프리텐션을 적용한 고장력 볼트접합부, 중심축하중을 받는 강관기둥, 잔류응력을 포함한 조립 H형강 보 및 강판 전단벽의 해석과정을 포함했고, 철근콘크리트분야에서는 철근콘크리트의 콘크리트와 철근의 비선형 재료모델을 고려한 2점 가력 휨재의 해석과정 및 결과를 다루었습니다. 4장에서는 등방경화와 이동경화모델을 동시에 고려한 복합경화재료모델이 반영된 강재이력댐퍼에 대하여 반복가력을 적용한 해석모델링과 그 결과를 포함하였습니다. 또한 강구조물 보-기둥 접합부에 대하여 기둥제거 시나리오를 수행하기 위한 해석모델링과 함께 결과를 다루었습니다.

이 책에 따라 아바쿠스 모델링 중 궁금한 내용이나 필요한 사항이 있을 경우 저자들에게 문의해주시면 답변을 드리거나 추후 개정 시 반영하도록 하겠습니다.

마지막으로 이 책이 나오기까지 함께 작성해주었던 공동저자와 한밭대학교 강구조해석 연구실 대학원생들에게 감사를 드립니다.

2021년 11월

대표저자 *김태수*

목차 CONTENTS

Chapter 1 유한요소해석 소개

Chapter 2 재료시험체 모델링

Chapter 3 접합 및 구조부재

Chapter 4 골조 및 동적해석

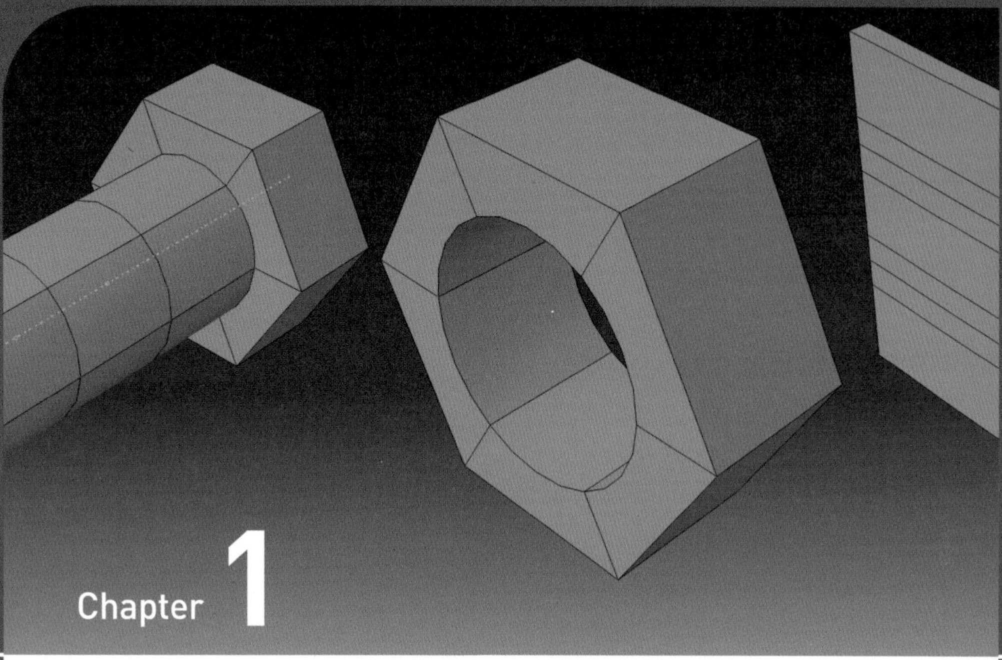

유한요소해석 소개

1.1 유한요소해석이란

1.2 아바쿠스(Abaqus) 프로그램 구성

Chapter 1

유한요소해석 소개

1.1 유한요소해석이란

수치해석(Numerical Analysis)은 공학 및 물리학 문제뿐만 아니라 21세기에는 컴퓨터의 발전으로 생명, 사회 과학, 의학, 비즈니스, 심지어 예술까지 적용되어 해당문제를 풀기 위한 하나의 기법으로 근사해(Approximation)를 구하는 전산 기법의 하나이다. 수치해석은 상기의 해당문제를 이론적인 방법으로 해결할 수 없거나 실험방법의 한계를 극복하기 위해 수치모델을 상미분방정식(Ordinary Differential Equation) 또는 편미분 방정식(Partial Differential Equation)을 직접 손으로 풀지 않고, 이를 선형대수방정식(Linear Algebraic Equation)로 근사화하여 해를 구할 수 있다.

수치해석 방법으로 유한요소법(Finite Element Method, FEM), 유한차분법(Finite Difference Method, FDM), 유한체적법(Finite Volume Method, FVM), 경계요소법(Boundary Element Method, BEM), 무요소법(Meshfree Method)이 사용된다.

유한요소법은 해가 거의 선형적인 관계를 갖도록 충분히 작은 요소(Element)를 사용해서 미분방정식의 근사해를 구하는 수치 해석적인 기법이고 해석 대상 영역을 유한개의 미소영역, 즉 요소(Finite Element)로 나누고, 각 요소 내에서의 함수를 선형적인 해를 가지는 단순함수(연립1차 방정식)로 근사 시킨 후 이 근사함수가 주어진 미분방정식(Differential Equation)과 경계조건(Boundary Condition)을 만족하도록 하는 관계조건을 찾아 이를 각 요소에 적용하여 관계 방정식을 유도한다. 전 해석 대상 영역을 이들 관계 방정식의 집합에 의해 성립되는 해석장으로 취급함으로써 미분방정식의 근사해를 구한다.

유한차분법에 비해 유한요소법은 해의 연속성을 유지할 수 있기 때문에 물리적으로 타당한 해를 얻을 가능성이 높다. 그래서 유한요소법은 사용하기가 간단하여 구조해석, 유체해석, 열해석, 자장해석 등에서 가장 널리 보급된 수치 해석 방법이고 난류나 대류가 강한 문제에서 정확도가 떨어져 유체해석에서는 많이 사용되지는 않고 있다.

유한차분법은 미분방정식에 나타난 미분항들을 Taylor급수 전개를 이용하여 표현한다. 유한차분법의 특징은 유한요소법(FEM)이나 경계요소법(BEM)에 비해 편미분 방정식에서 1차 연립방정식으로의 변환 과정이 직접적으로 이루어진다. 유한차분법은 선형문제뿐만 아니라 비선형 문제에도 비교적 쉽게 대응할 수 있고, 특히 유체해석에서 정확도가 높아 가장 많이 활용되고 있다.

유한체적법(FVM)은 유한요소법과 유사하나 유한체적법에서는 구하고자 하는 미지수가 유한체적 내부의 그리드(Grid) 점에서 지정되어 있으나 유한요소법에서는 미지수가 주로 요소의 각 모서리, 변, 또는 면 상에 위치하는 절점에 지정되어 있는 것이 차이점이다.

유한요소법과 유한체적법은 자연현상을 표현하는 수식, 일반적으로 미분방정식 형태의 방정식을 자연현상의 대상이 되는 기하학적인 영역 내에서 수치적분(Numerical Integration)의 형태를 취하여 기저함수(Basis Function)의 계수를 계산하기 위해 행렬방정식을 전환한다. 그러나, 유한차분법은 적분을 취하는 것이 아니라 기하학적인 영역 내에 유한개의 점들을 생성하고 서로 이웃하는 점들 사이에서 자연현상의 위치에 따른 변화를 이용하여 미분방정식을 행렬방정식으로 전환시킨다.

경계요소법(BEM)은 유한요소법과 자연과학 및 공학분야에서 널리 사용되고 있으며 자연현상에 대한 미분방정식 형태의 수학적 표현식과 그린함수(Green Function)이라고 불리는 핵함수(Kernel Function)의 곱을 대상 물체의 전체영역에 걸쳐 적분을 취한다. 그리고 그린의 정리(Green Theorem)에 따라 영역 전체에 대한 적분을 물체의 경계에 따른 경계적분(Boundary Integral)형식으로 변환시키고 여기에 경계조건을 적용한다. 경계요소법은 물체의 경계에서 적분형식으로 전환되는 반면 유한요소법은 전체영역에 대해 적분을 취한다. 경계요소법은 유도되는 행렬방정식이 띠 형상의 분산행렬(Banded Sparse Matrix)이 아니라 밀집행렬(Dense Matrix)이 되기 때문에 유한요소법에 비행 행렬 저장공간이 크게 증가하게 된다. 따라서 대형 해석문제에 대해서 유한차분법은 사용되지 않고 자연의 근본적인 현상을 주도하는 원천을 포함하는 장 문제(Field Problem)에 매우 효과적으로 주로 사용된다.

유한요소법에서 해석대상의 물체 형상이 대형화되고 복잡해지면 메쉬(Mesh, 요소망)를 생성하는데 소요되는 시간이 기하급수적으로 증가한다. 무요소법(Meshfree Method)에서는 대상 물체의 기하학적 영역을 여러 개의 작은 영역으로 세분화시키지 않고 영역 내에 유한개의 점들을 분산시켜 각각의 점을 중심점으로 한 보간함수(Interpolation Function)들을 정의하여 근사해를 표현한다. 각 점에 대한 보간함수는 해당 점을 중심으로 작은 영역 내에서만 정의되는 중요한 사항을 유한요소와 같이 각각의 작은 영역들에 정확히 접해야 할 필요가 없다는 것이 특징이다. 그러나, 3차원문제나 형상이 복잡하고 대형인 경우 물체 내에 흩뿌려진 점들과 이에 해당하는 보간함수를 체계적으로 생성하기가 어려운 문제가 있다.

상기와 같이 다양한 수치해석방법 중에 구조해석, 유체해석, 열해석, 자장해석 등에서 가장 널리 사용되고 있는 것이 유한요소법이다. 유한요소법을 적용한 유한요소해석(Finite Element Analysis, FEA)은 관련연구, 컴퓨터 하드웨어 및 소프트웨어 발달로 인해 대학, 기업 및 국책 연구소에서 공학적 문제를 해결하기 위해 이론적 접근 및 실험적 방법과 더불어 그 활용도와 수요가 증가되고 있다.

유한요소해석(Finite Element Analysis, FEA)은 1943년에 리하르트 쿠란트(Richard Courant, 독일계 미국수학자)가 Ritz Method를 사용하여 진동시스템의 근사해를 시스템 범함수의 변분원리(Variational Calculus)를 이용해 수치해석 하는 방법을 제안하여 시작되었다. 1956년에 Aerospace Research Central (ARC)저널에 Turner 등이 논문(Stiffness and Deflection Analysis of Complex Structures, ARC, Vol.23 (9))을 출간함으로써 수치해석에 대한 새로운 정의를 구축하였다. 구조역학에서의 유한요소해석은 가상일의 원리와 에너지 보존법칙과 같은 에너지 원리에 기초를 두고 있다.

유한요소해석은 선형대수나 비선형 수치해석을 사용하여 미분방정식의 근사해를 구할 수 있고 설계민감도해석을 통해 해석결과의 정확도를 상향시키기 위해 메쉬(Mesh, 요소망)크기를 변수로 한 해석을 수행한다.

유한요소해석(FEA)은 일반적으로 3단계의 순서로 수행된다. 첫 단계로 전처리기(Pre-processing)로 대상 물체를 모델링(재료, 경계조건, 하중조건, 요소종류, 해석방법, 메쉬 크기)하고 두 번째 단계로 해석 솔버(Analysis Solver)를 통해 유한요소해석을 수행하고 수렴 및 발산여부를 확인한다. 마지막으로 후처리기(Post-processing)를 사용하여 변위, 내력, 응력, 변형도, 온도 등의 해석결과를 확인한다.

· 전처리기 (Pre–processing)

유한요소해석에 있어서 첫 번째 단계는 대상 물체의 유한요소모델링을 하는 것이다. 대상 구조의 기하학적 특징을 1D, 2D 및 3D형태로 표현한다. 최근에는 실제 대상 구조물의 유사하게 모델링하기 위해 3D 모델링 방법이 주로 사용되고 있다. 현재에는 대부분 CAD로 제품 및 대상 구조체를 설계하므로 대부분의 유한요소해석 프로그램은 CAD데이터를 프로그램에서 요구하는 확장자로 변환하여 유한요소 모델을 불러들여 기본 모델을 생성하는 기능을 지원하기도 한다.

· 해석(Analysis)

유한요소해석의 두 번째 단계는 전처리기에서 설정된 구조체를 대상으로 선택된 솔버를 이용해 해석을 수행하는 것이다. 모델링 데이터가 정확하면 사용자가 원하는 해석결과를 얻을 수 있다. 계산은 컴퓨터가 실시하므로 사용자는 자신이 보고자 원하는 값을 정확히 설정해야 한다.

· **후처리기(Post-processing)**

수행된 해석결과는 주로 유한요소해석 프로그램 내에서 지원하는 후처리기 툴을 통해 확인 가능하며 사전에 설정된 다양한 형태의 수치나 그림형태로 표현된다.

유한요소해석은 초기에 자연과학분야에서의 활용도가 높았지만, 현재는 산업 응용분야에서 다양한 전용 또는 범용 유한요소해석 프로그램이 널리 활용되고 있다.

세계적으로 활용되고 있는 유한요소해석 프로그램은 Abaqus(다중물리 및 구조해석), AFDEX(소성가공 공정해석), Altair(구조, 충돌 및 전자기장 해석), ANSYS(고체 및 유체해석), NASTRAN(구조해석), COMSOL Multyphysics(다중물리해석), ETABS(빌딩구조해석 및 설계), LS-DYNA(구조해석), MidasIT(건축토목구조해석 및 설계), OpenSEES(구조해석, 오픈소스), PERFORM-3D(지진구조해석), PLAXIS(지반공학), SAP2000(건축 및 토목구조해석) 등이 있다. 특히, 이 책에서 사용하는 Abaqus는 기하, 재료 및 접촉 비선형 해석용 프로그램이며, 공정해석 및 다중물리(Multiphysics) 해석에 강점을 나타내고 있고 UMAT 등 다양한 사용자 서브루틴(Subroutine)을 공개해서 대학, 연구기관 및 산업체에서 많이 사용되고 있다. Solidworks, Catia, Simulia 등을 포함해서 다쏘시스템(Dassault systems)사가 이 프로그램을 소유하고 있다.

1.2 아바쿠스(Abaqus) 프로그램 구성

Abaqus는 자동차, 항공, 국방, 화학, 의료, 가전 등 다양한 제품의 실제 거동을 모사하기 위한 유한요소 모델링 및 유한요소해석 소프트웨어이다.

아바쿠스의 CAE(Complete Abaqus Environment)는 자체 내의 형상을 기반으로 하는 유한요소 모델과 외부에서 생성된 CAD 및 유한요소 모델을 연계하여 사용할 수 있는 하이브리드 모델링 기법을 제공하고 있다. 유저 친화적이면서도 강력한 전후처리 작업 환경을 제공하고 있다.

또한, Abaqus/Standard, Abaqus/Explicit와 같은 솔버를 이용하여 해석 전문가뿐만 아니라 초보 사용자들도 복잡한 다중 물리 해석들을 수행하도록 도와주는 솔루션이다.

Abaqus는 매우 광범위한 산업 부문에서 엔지니어링 상의 일상적 문제와 정교한 문제들을 모두 해결할 수 있는 강력하고 완전한 솔루션을 제공한다. 자동차 산업의 경우, 엔지니어링 작업 그룹은 공용 모델 데이터 구조와 통합 솔버 기술을 이용해서 최대 차량 하중, 동적 진동, 멀티바디 시스템, 충격/충돌, 비선형 정적, 열 커플링, 음향-구조 커플링 등을 검토할 수 있다. 선도 기업들은 Abaqus를 이용해 프로세스와 프로그램을 통합해 비용과 비효율성을 줄임으로써 경쟁적 우위를 확보하고 있다.

Abaqus 장점은 다음과 같다.

(1) 유한요소 해석과 다중물리 해석
- 선형 및 비선형 해석
- 구조-음향, 열-전기 등의 다중 물리 해석
- 전자기 해석 및 Smoothed Particle Hydrodynamics 해석

(2) 다양한 재질과 재료적 성질 제공
- 고무, 내열성 플라스틱, 분말 금속, 세포조직, 토양, 복합재 등

(3) 다양한 연결성 : 유연 다물체 동역학, 제어 및 조인트 거동

(4) 접촉, 파손 및 파괴 : 균열, 충격 혹은 충돌 현상 구현

(5) 고성능 계산 처리 기능 : 4~256개의 core를 이용한 빠른 계산 처리 능력

(6) 모델링과 결과 분석 : 보편적인 워크 플로우를 사용자화 한 자동화 기능

(7) 파트너 프로그램 제휴 : Abaqus와 연동할 수 있는 다양한 산업군의 100개 이상의 제품

그리고 Abaqus 프로그램은 크게 해석방법에 따라 두 가지 제품으로 구성된다.

· Abaqus/Standard

내연적(Implicit) 해석 솔버로서 개스킷 연결부의 밀폐압, 타이어의 정상 상태 회전, 복합재료로 구성된 항공기 동체의 균열 진전 등과 같이 정적해석이나 저속 상태의 동적해석에 이용된다. 또한 회전하는 물체에 가진이 가해지는 문제나 지진으로 인한 빌딩의 진동 문제 등과 같이 이전 단계의 불규칙 하중 변동에 의한 응력 발생 상태를 고려한 선형 해석도 지원한다.

· Abaqus/Explicit

외연적(Explicit) 해석 솔버로서 가전제품의 낙하 해석, 차량 충돌 해석, 탄도 충격 해석 등과 같이 비교적 짧은 시간 내에 발생하는 동적 해석에 이용한다. 또한 복잡한 접촉 조건이 포함된 불연속 거동 문제에 대하여 효과적으로 해석할 수 있기 때문에 금속의 열간 압연, 박판 성형 등의 준정적 거동 해석에서도 사용될 수 있다.

아바쿠스(Abaqus) 프로그램에 대한 상세 소개와 구성은 브이엔지 홈페이지와 기 출판된 아바쿠스 기초 및 입문서의 내용을 참고하기 바란다.

References

[1] Turner, M.J., R.W. Clough, H.C. Martin, and L.C. Topp (1956). "Stiffness and Deflection Analysis of Complex Structures". Journal of Aerospace Science, 23.

[2] https://ko.wikipedia.org/wiki

[3] https://m.blog.naver.com/cae_buff

[4] https://namu.wiki/w/유한요소해석

[5] http://www.veng.co.kr/

[6] 브이엔지, 2013, 초급 및 중급 사용자를 위한 Abaqus 입문서, 비비미디어

[7] 솔리드이엔지, 2015, Abaqus 기초와 응용, 예문사

[8] Ryan Lee, 2018, 엔지니어를 위한 ABAQUS, 퍼플

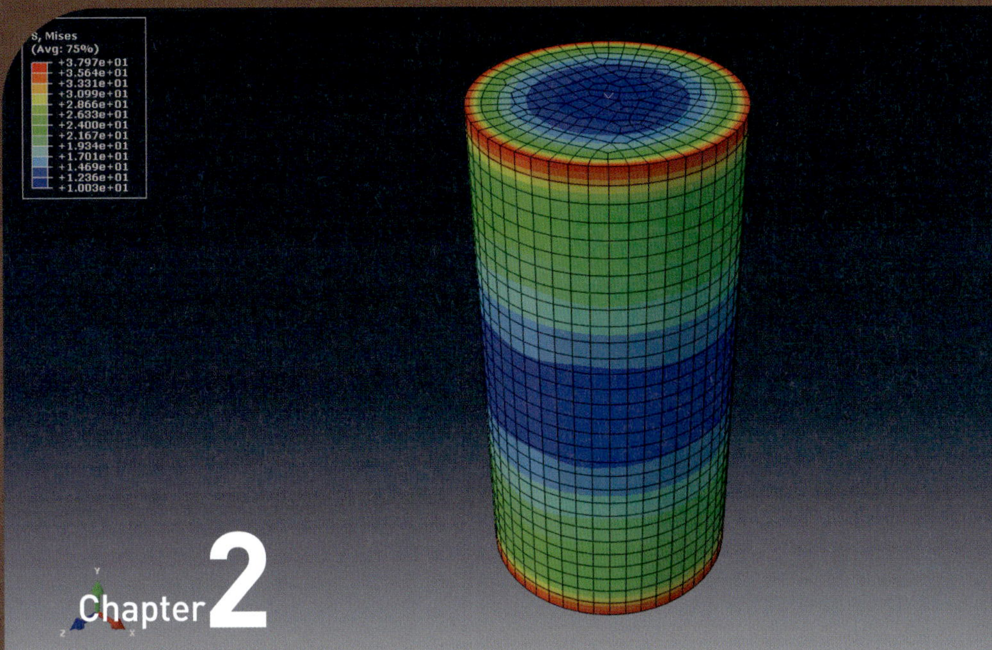

Chapter 2

재료시험체 모델링

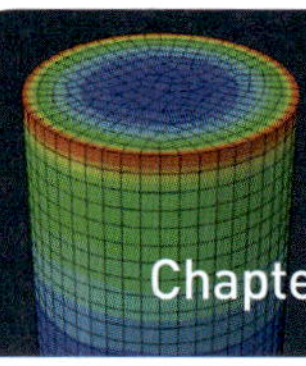

Chapter 2 재료시험체 모델링

2.1 강재 시험편 인장시험

2.1.1 개요

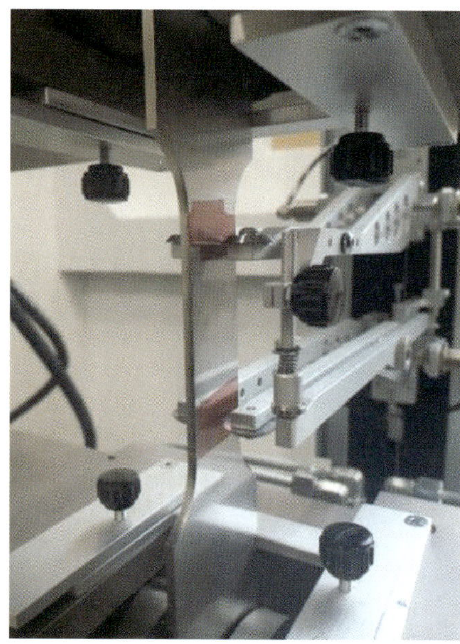

1. 강구조(Steel Structure) 부재 및 골조의 설계내력 산정을 위해서는 사용강재의 탄성계수, 인장강도, 항복강도, 파단 연신율 등의 기계적 특성을 파악해야 한다. 이를 위해, 한국산업규격(KS)에서 규격화된 인장 시험편을 제작하고, 표준화된 시험절차에 따라 파단이 발생할 때까지 인장하중을 가하여 재료시험을 수행한다.

2. 건축 · 토목분야에서 일반적으로 사용되고 있는 일반구조용강재 SS275 인장재료시험 전산모사를 수행한다. 공칭평판두께 8mm 판재로부터 압연방향으로 인장시험편을 채취하였으며, 아래 그림과 같이, KS B 0801 13호B (ASTM E8 Sheet Type)에 해당하는 형상 및 치수 (표점거리 50mm, 나비 12.5mm)를 갖는다.

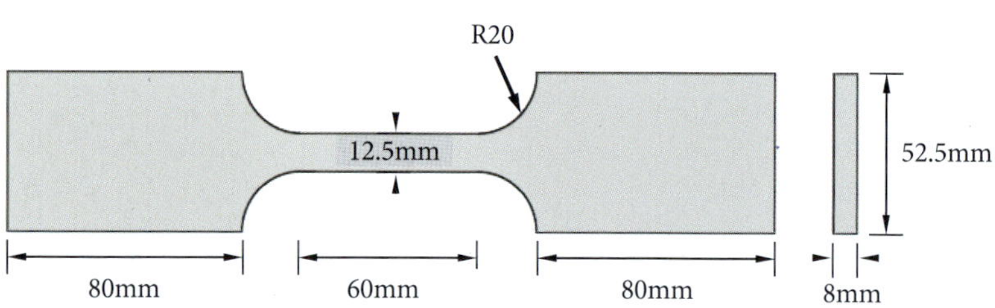

2.1.2 인장 시험편 모델링

(1) Part (부재 생성)

인장하중 하에서 시험편의 Necking을 모사하기 위하여 6자유도계 (U1, U2, U3, UR1, UR2, UR3)를 갖는 3D Deformable part 해석모델을 Extrusion을 사용하여 생성한다.

1 Model Tree → Part에서 마우스 우측버튼을 클릭하여 Create를 선택 → Name : Tension coupon + Modeling Space : 3D + Type : Deformable + Base Feature/Shape : Solid, Type : Extrusion → Continue

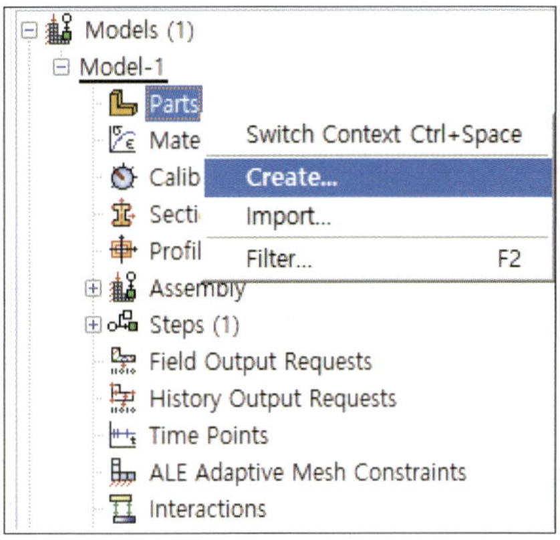

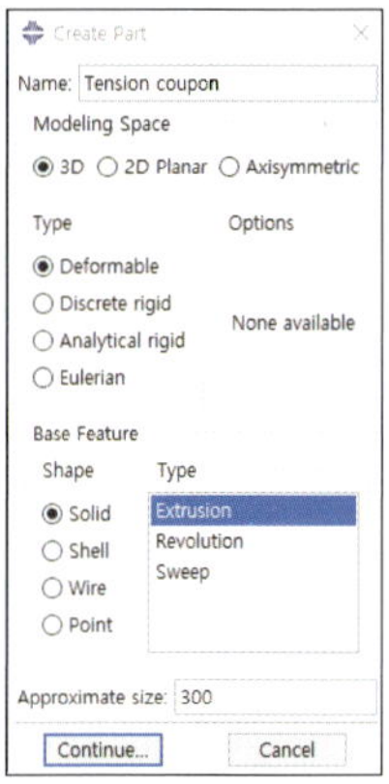

2 아래 그림처럼 시험편 형상 · 치수에 맞게 Sketch → Done → Depth : 8 → OK

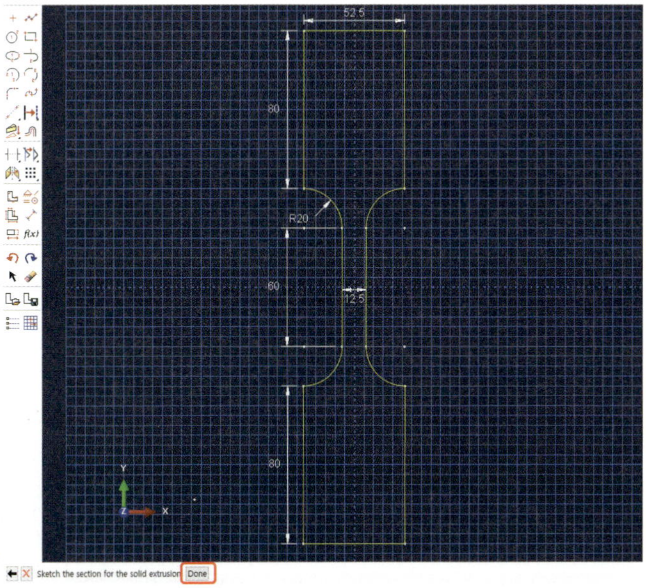

3 그림과 같이 부재가 생성된다.

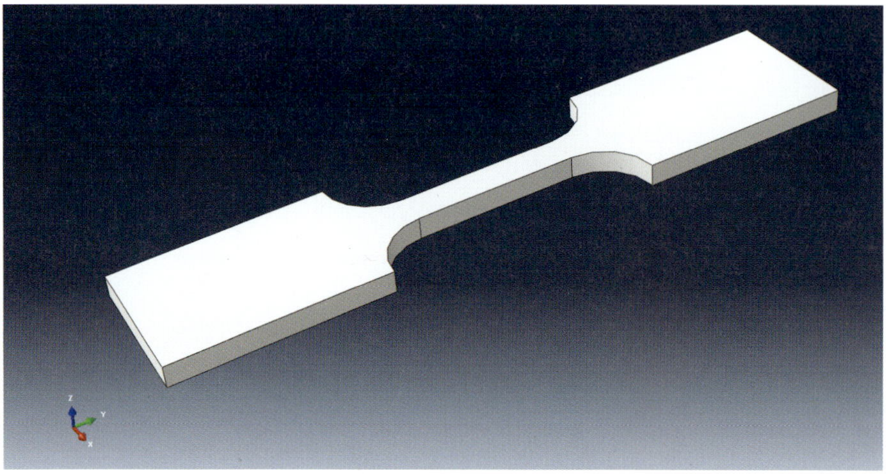

(2) Property (재료물성 정의)

탄소성해석을 위해서 인장시험을 통해 확보한 공칭응력-공칭변형률을 Abaqus에서 제공하는 재료보정(Material Calibration) 기능을 활용하여 진응력-진변형률로 변환한다.

참고하기

ABAQUS는 강재재료의 항복이후 거동을 소성모델로 정의한다. 전체 변형영역에서 탄성영역을 제외한 소성영역의 진변형률은 다음의 식을 통해 산정할 수 있다.

$\sigma = \sigma_{nom}(1 + \varepsilon_{nom})$

$\varepsilon^{pl} = \varepsilon^{t} - \varepsilon^{el} = \varepsilon^{t} - \sigma / E$

σ : 진응력 　　 σ_{nom} : 공칭응력

ε_{nom} : 공칭변형률 　　 ε^{pl} : 진변형률

ε^{t} : 전체 진변형률 　　 E : 탄성계수

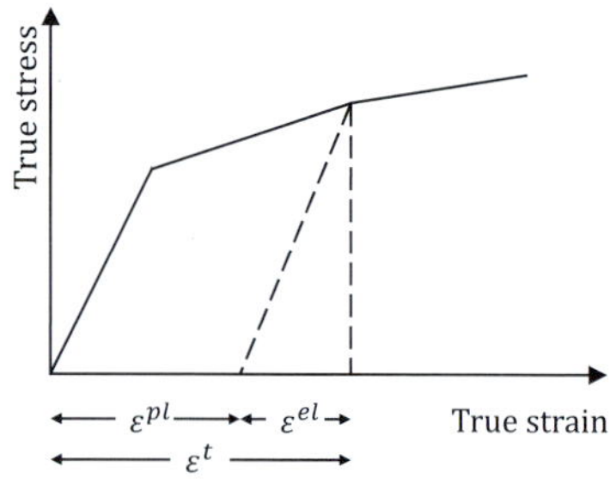

1 Model Tree → Calibrations → Name : Calibration-1 → Data Sets → Name : SS275-Eng-SS-Curve 공칭응력-변형률 입력 → OK 공칭응력-공칭변형률 선도 생성 확인

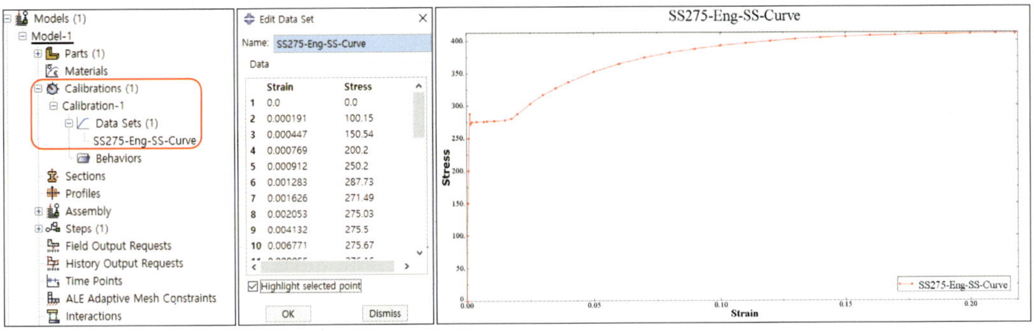

2 입력된 공칭응력-변형률 선도를 진응력-진변형률로 변환하기 위해, Model Tree → SS275-Eng-SS-Curve(실제 강재 인장시험결과 값)에서 마우스 우측버튼을 클릭하여 Process 선택 → Operation : Convert → Convert Data From Nominal To : True From + Name : SS275-True-SS-Curve → OK 진응력-진변형률 선도 생성 확인

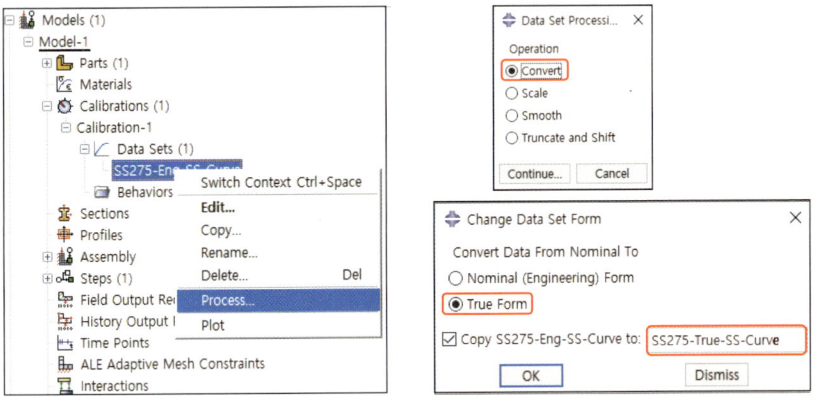

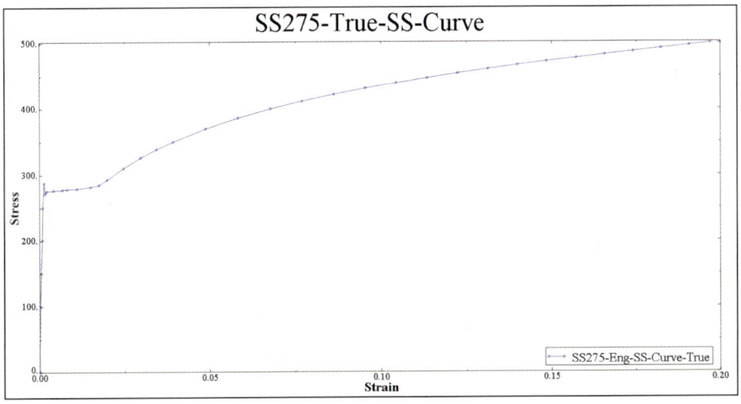

3 Model Tree → Behaviors → Name : Behavior-1 + Elastic Plastic Isotropic → Continue → Data set : SS275-Eng-SS-Curve-True + 주어진 데이터로부터 인장강도 계산 + 진응력-진변형도 선도에서 하항복점에 해당하는 데이터 포인트 지정 + 포아송비 0.3 입력 + Material : SS275 → OK

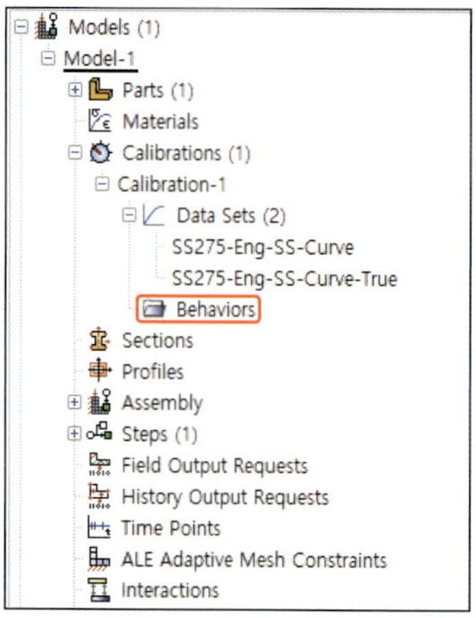

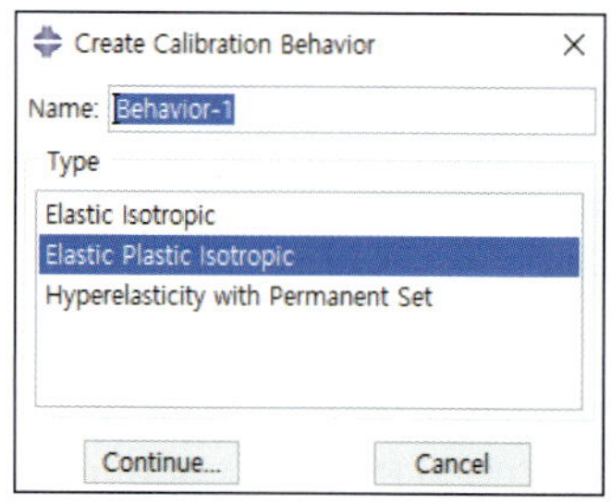

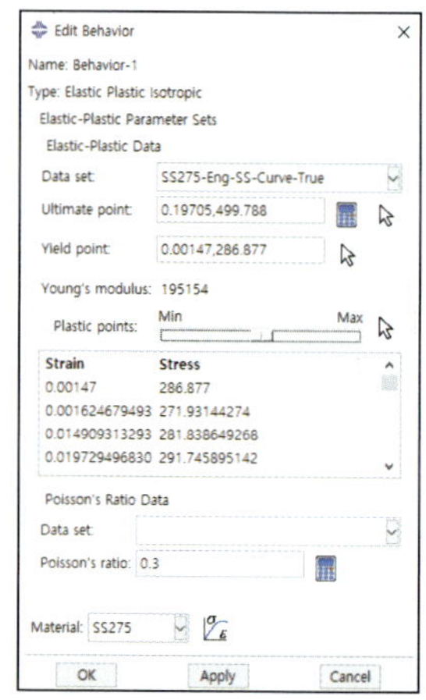

4 Model Tree → Materials → Name : SS275에서 마우스 우측버튼을 클릭하여 Edit을 선택하여 입력된 강재의 재료물성 확인 (탄성계수=191,54MPa, 포아송비=0.3, 초기항복응력=286.877MPa, 강재 인장시험결과값 입력)

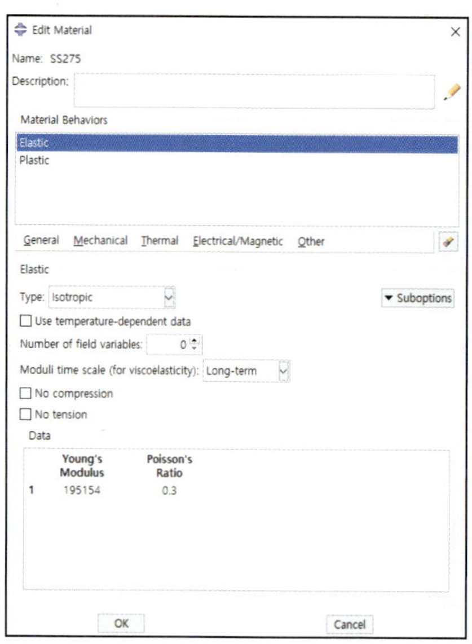

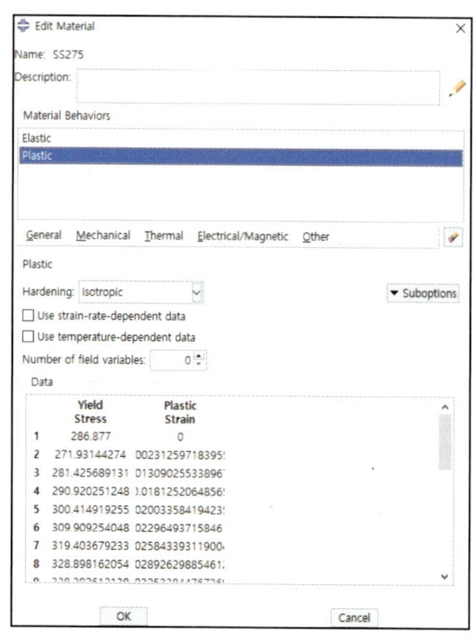

5 Model Tree → Sections → Name : Section-1 + Category : Solid + Type : Homogeneous → Continue → Material : SS275 선정 → OK → Section-1 생성 확인

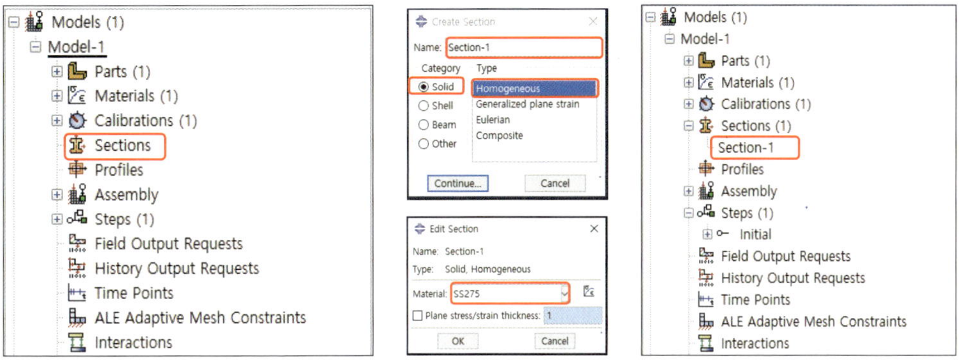

6 Model Tree → Part → Tension coupon → Section Assignment 마우스 좌측버튼 더블클릭 → 시험편 Part 선택 → Done → Section : Section-1 → OK → Section 적용 확인(녹색)

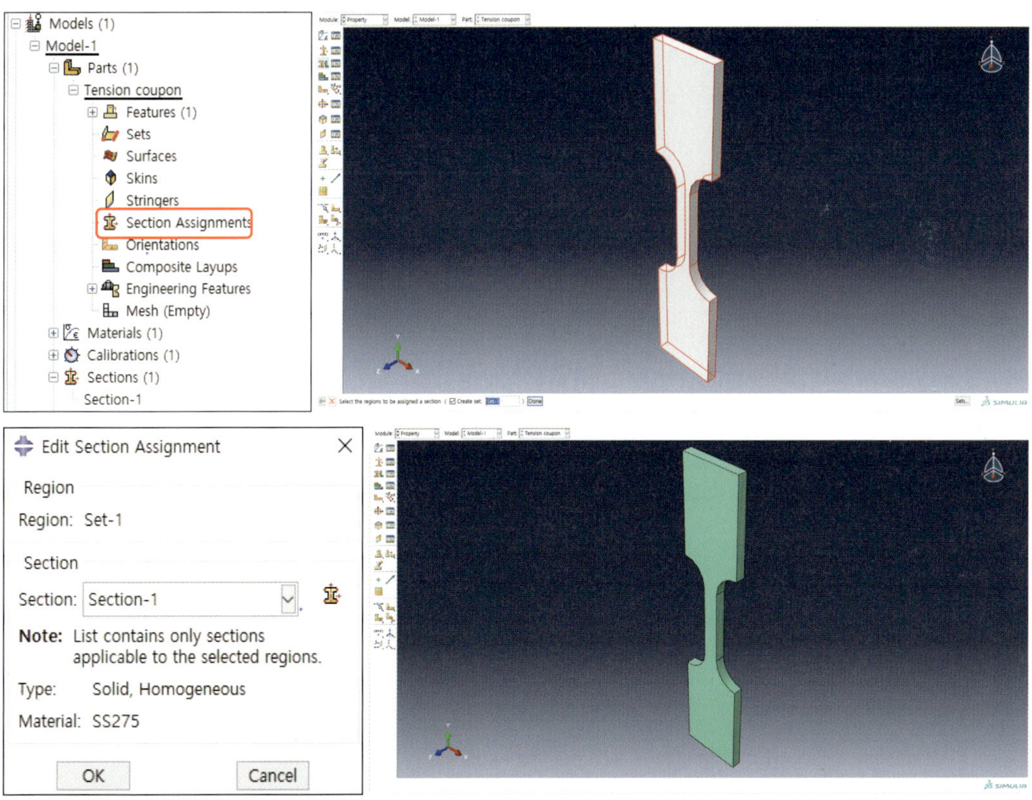

(3) Mesh (요소의 분할)

3차원상에 8개의 노드와 1개의 적분점으로 구성된 솔리드요소 C3D8R element를 사용하여 인장 시험체의 Mesh를 생성한다. 균등한 Mesh 생성을 위해 시험편의 Gauge section과 Fillet 경계선 위주로 Partition을 생성한다.

참고하기

C3D8R요소는 적분점이 하나이기 때문에 빠른 해석속도의 장점을 보여주나, 적분점 부족으로 인한 Hourglass 현상에 취약하여 Bending 해석에는 적합하지 않을 수 있다.

1 Tools → Partition → Type : Cell + Method : Define cutting plane → Point & Norma l(그림 1) → Partition 시작점 선택 (그림 2) → Partition 방향과 직교에 해당하는 Edge 선택 (그림 3) → Create Partition → Partition 생성 확인(녹색) → Done (그림 4)

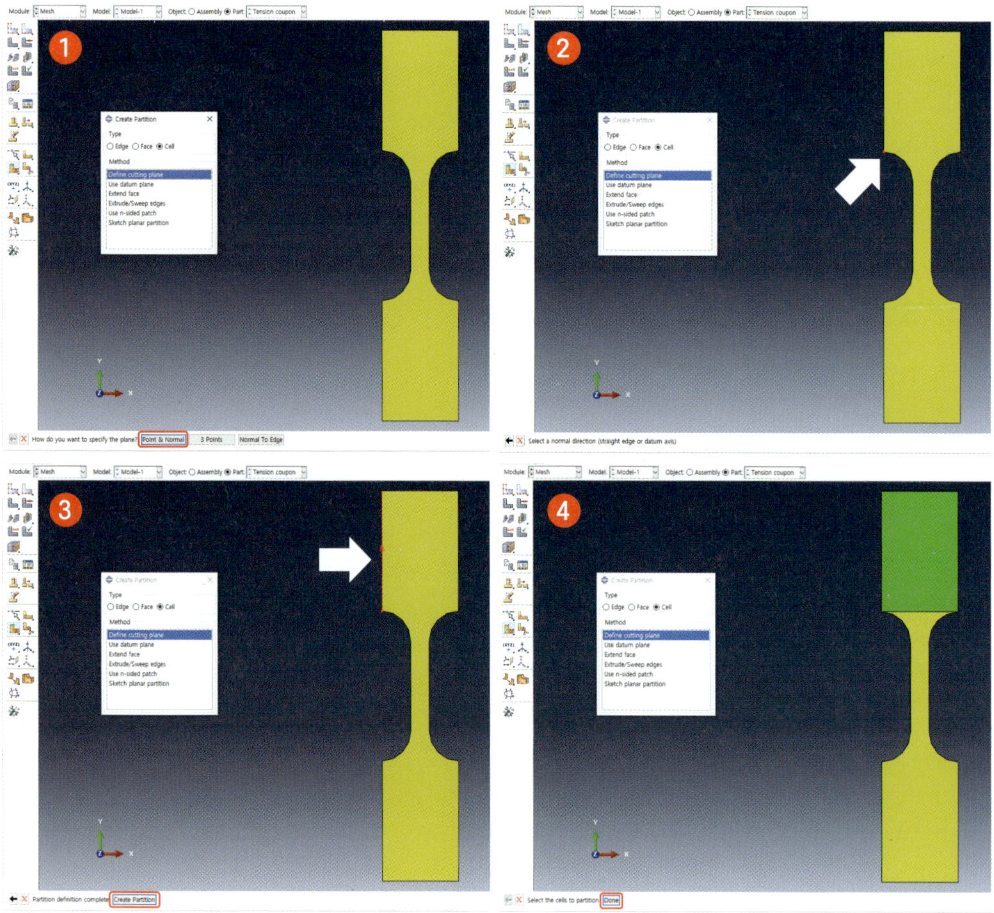

2 위의 과정을 반복하여 그림과 같은 Partition을 생성 → Mesh → Element Type → Part 선택 → Done → Element Library : Standard + Family : 3D Stress + Geometric Order : Linear + Hex : Reduced integration → C3D8R Element 확인 → OK

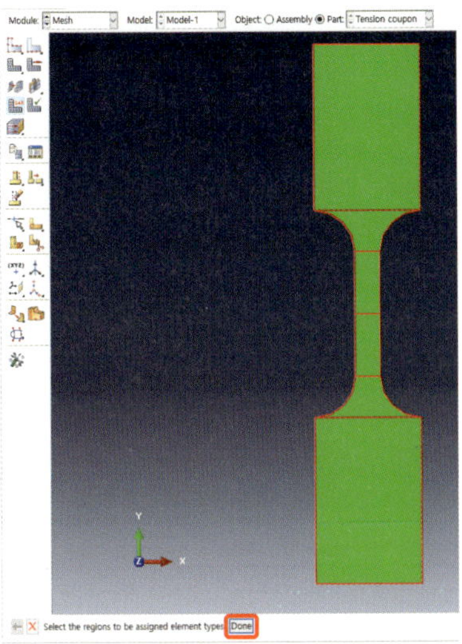

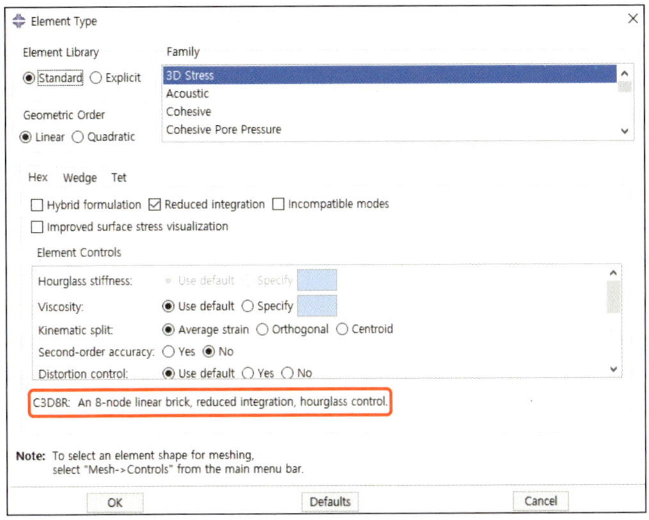

3 Seed → Part → Approximate global size : 5 → OK → 시험편 Part에 Seed 생성 확인

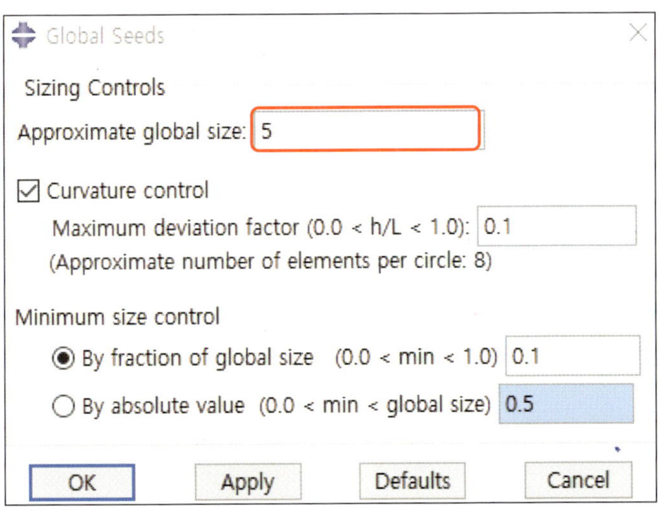

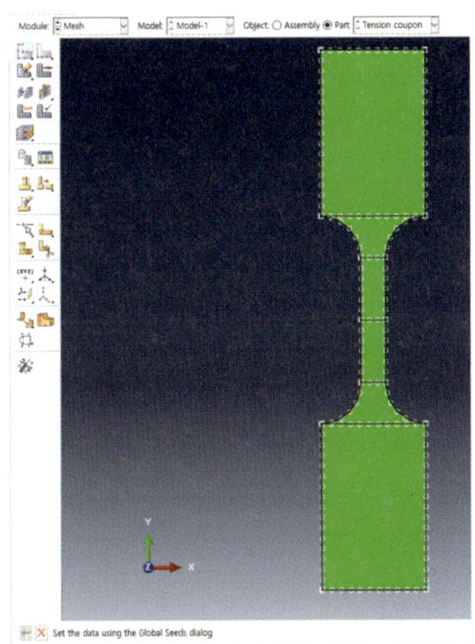

4 Mesh → Part → Yes → 시험편 Part에 Mesh(하늘색) 생성 확인

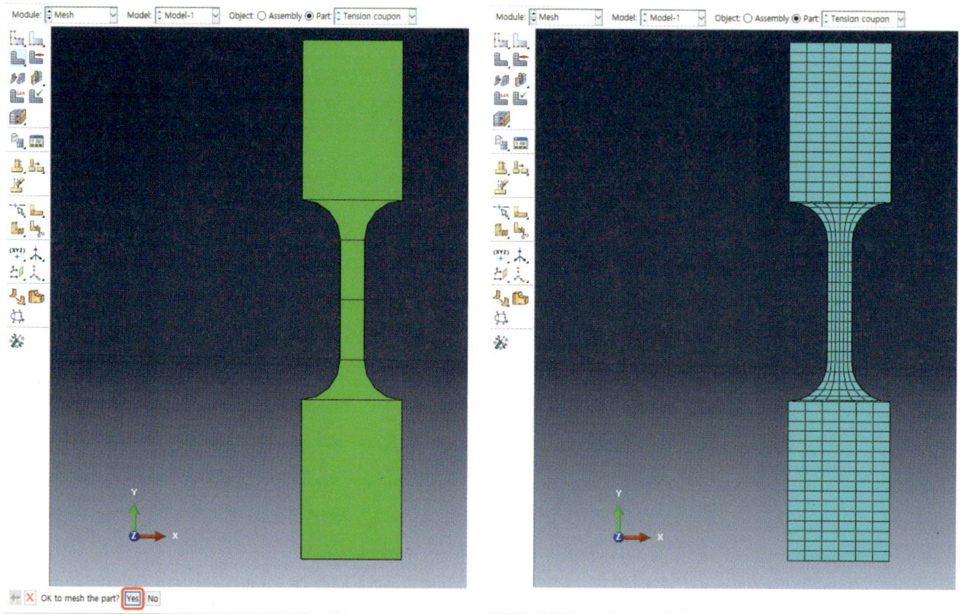

(4) Assembly (Part의 조립)

Assembly module에서 독립적(Dependent) 인장시험편 Part를 생성한다.

1 Model Tree → Assembly → Instances 마우스 좌측버튼 더블클릭 → Create instances from : Parts + Parts : Tension coupon → OK

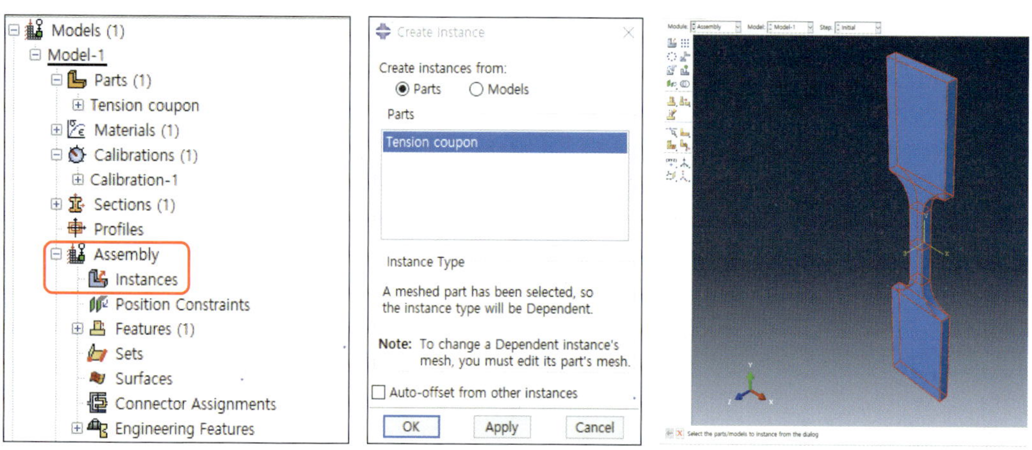

2 Tools → Datum → Type : Point + Midway between 2 points → 2개 Points 선택(그림 1) → Datum point 생성 확인 (그림 2) → Tools → Reference Point → Datum point 선택 → RP-1 생성 확인(그림 3)

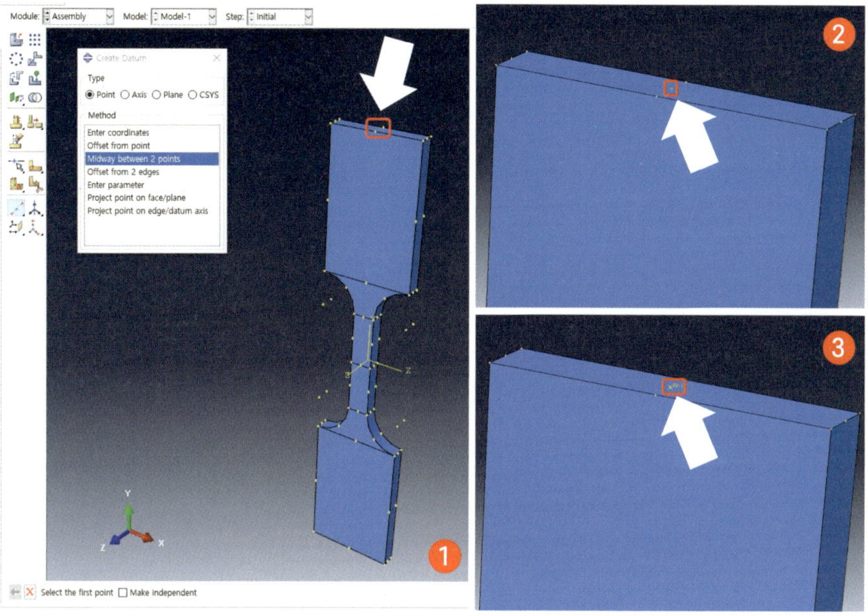

(5) Step

인장시험 시편의 정적구조해석을 위하여 Static general step을 정의하자.

1 Model Tree → Steps 마우스 좌측버튼 더블클릭 → Name : Load + Static, General → Continue

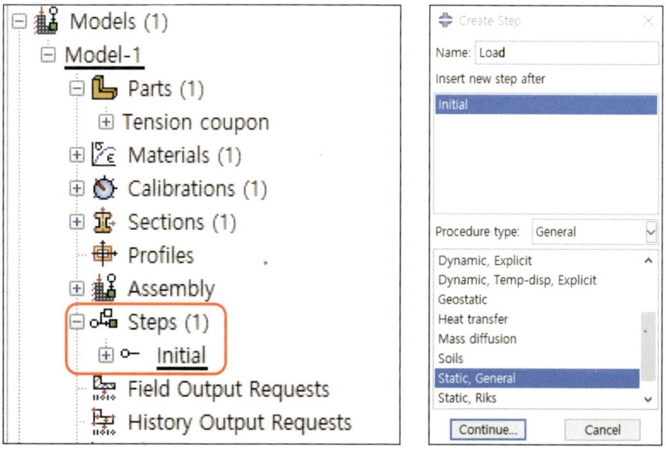

2 Basic/Incrementation/Other(아래와 같이 입력) → OK

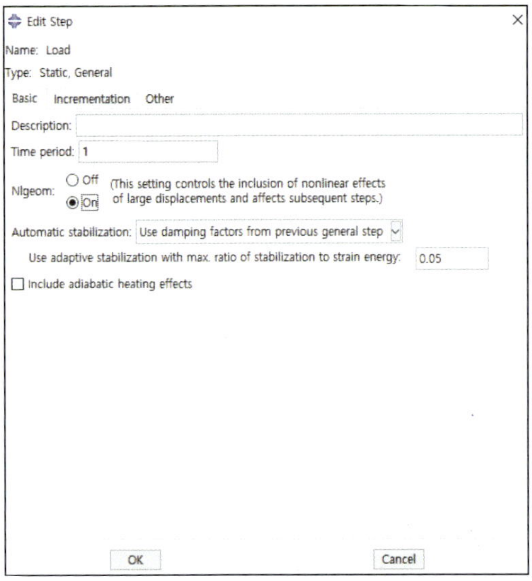

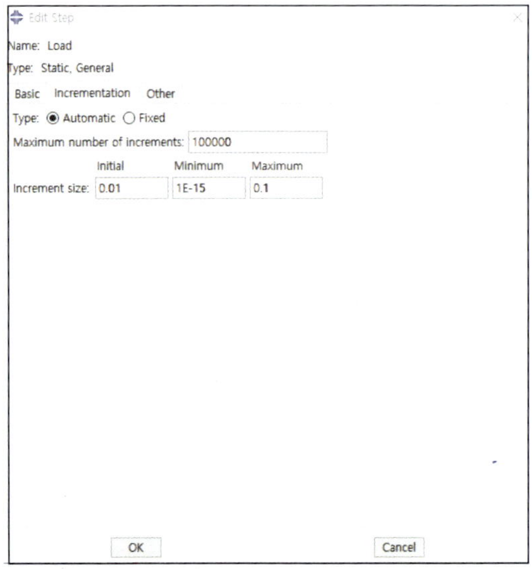

3 Model Tree → Field Output Requests → F-Output-1 마우스 좌측버튼 더블클릭 → ODB 파일로 Output request를 아래와 같이 설정 → OK

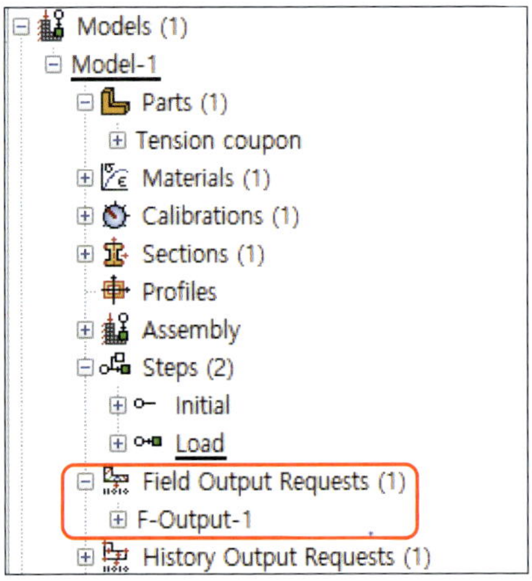

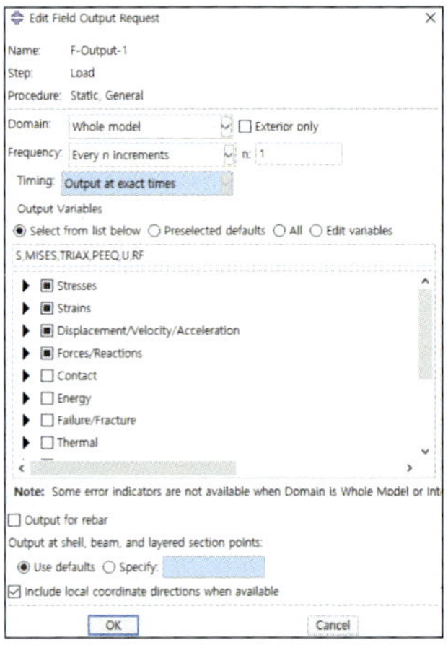

(6) Interaction (부재간 상호관계 정의)

1 Model Tree → Constraints 마우스 좌측버튼 더블클릭 → Name : Constraint-1 → Type : Rigid body → Continue

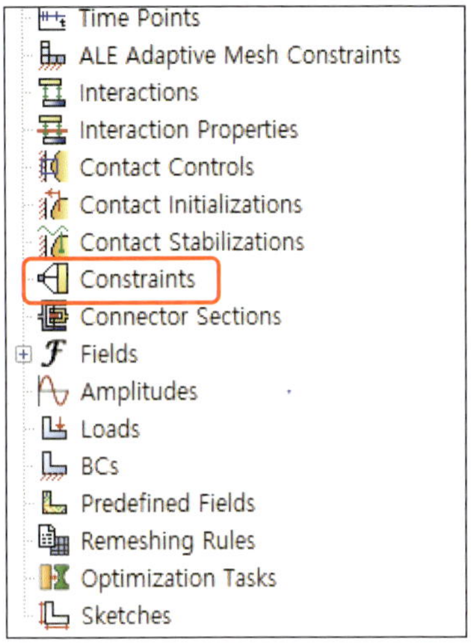

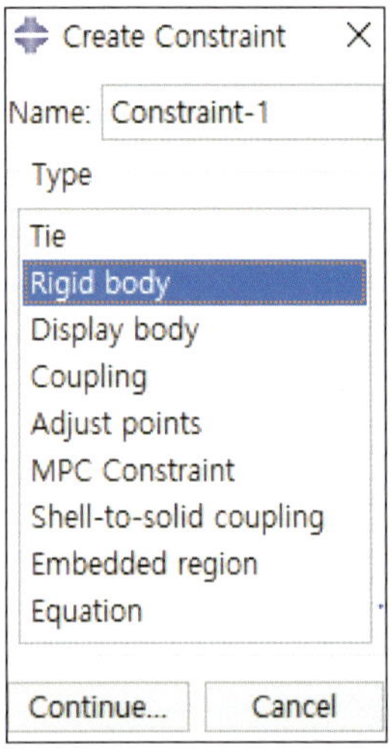

2 Tie (nodes) 선택 → 상부 Partition 객체 선택 → Point 선택 → RP-1 지정

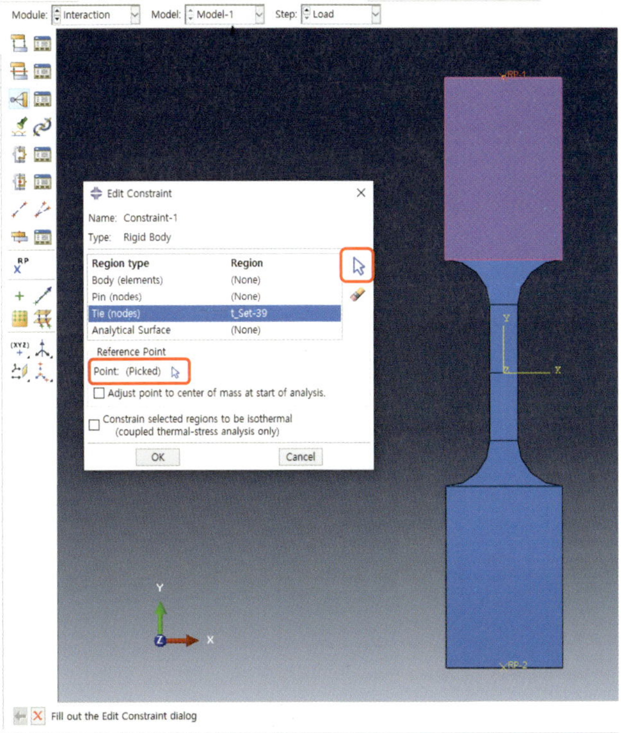

3 Model Tree → BCs 마우스 좌측버튼 더블클릭 → Name : Bottom_Fix + Step : initial + Category : Mechanical + Type for Selected Step : Displacement/Rotation → Continue → 하부 Partition 객체 선택 → Done → U1~3, UR1~3 체크 → OK

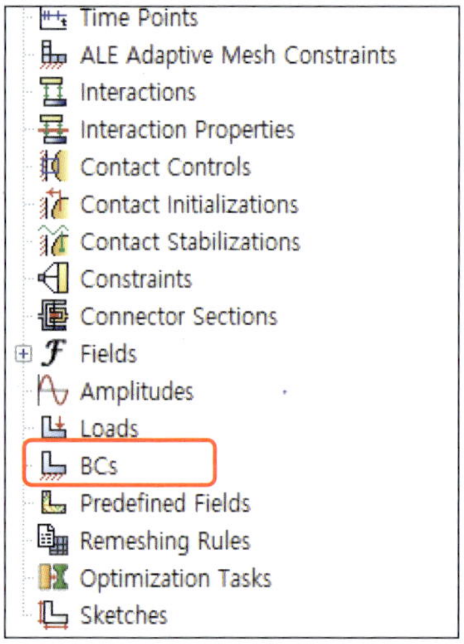

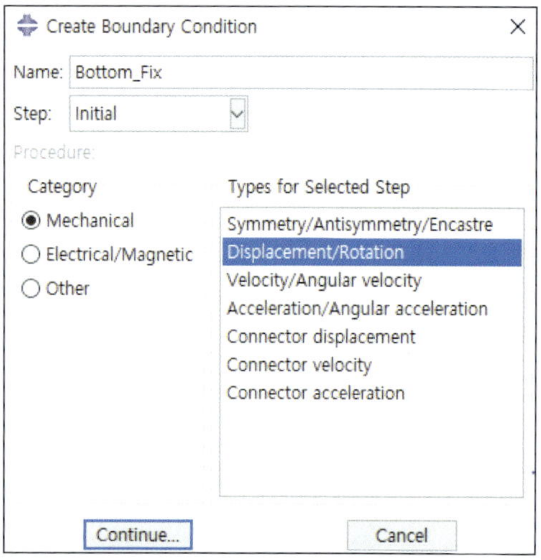

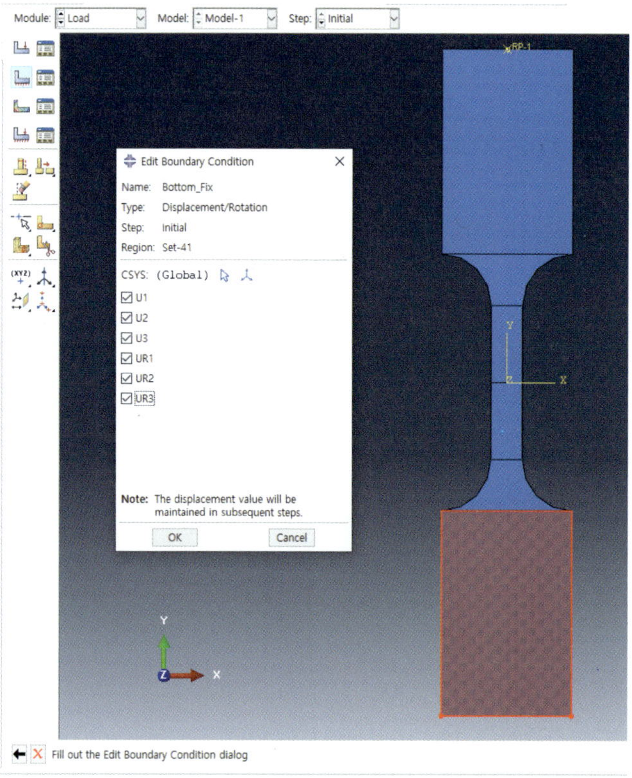

4 Model Tree → BCs 마우스 좌측버튼 더블클릭 → Name : Top_Load + Step : Load + Category : Mechanical + Type for Selected Step : Displacement/Rotation → Continue → Sets → RP-1 선택 → Continue → 아래와 같이 입력 → OK → 생성된 경계조건 확인

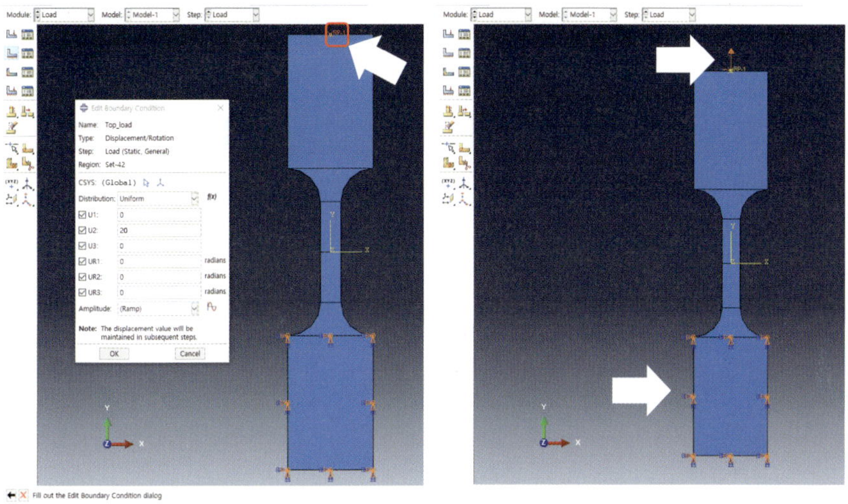

(7) Job (유한요소해석 수행)

모델링한 대상 구조물의 유한요소해석을 수행하는 단계이며 Job Module로 이동한다.

1 Model Tree → Jobs 마우스 좌측버튼 더블클릭 → Name : Tension_coupon + Model-1 선택 → Continue → Submission (아래와 같이 입력) → OK

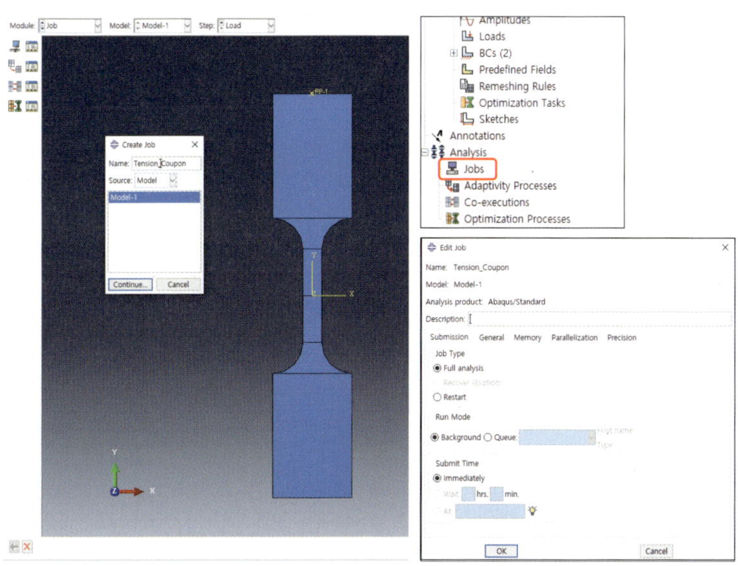

2 Model Tree → Jobs → Tension_Coupon → Monitor → 해석 진행상황 확인

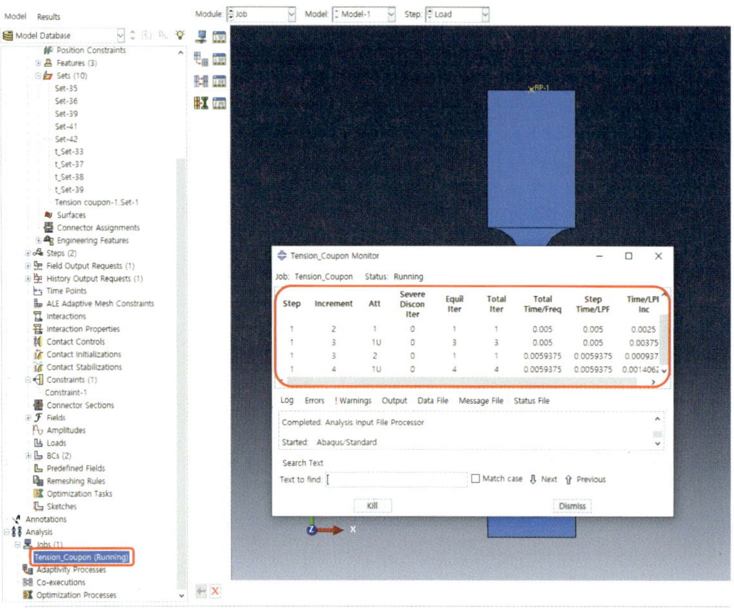

2.1.3 해석결과 확인

(1) Visualization (Output 확인)

1 Model Tree → Jobs → Tension_Coupon 마우스 우측버튼 클릭→ Results → 해석결과 확인

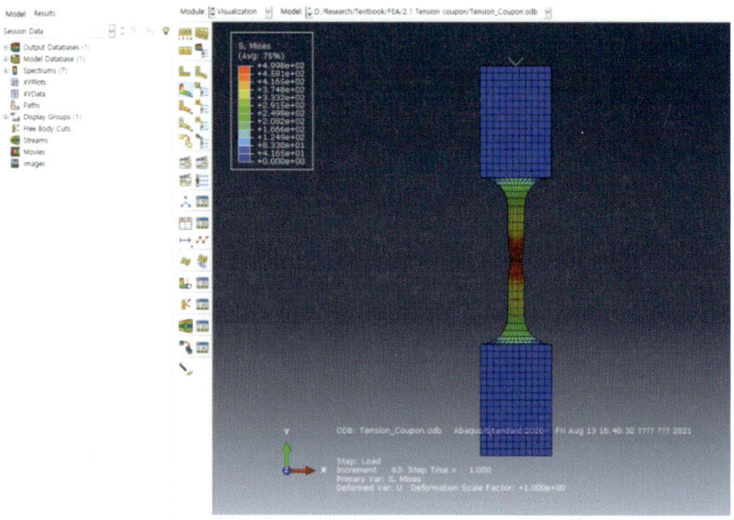

References

[1] ASTM (2016) Standard Test Methods for Tension Testing of Metallic Materials, West Conshohocken, PA, USA.

[2] KS D 3503 (2018) Rolled Steels for General Structures, Korean Standards Association, Seoul, Korea.

[3] Cho, Y.H., Lee, C.K., Yee, J.J & Kim, D.K. (2021) Modeling of ductile fracture for SS275 structural steel sheets, Applied Sciences, 11, 5392.

[4] Huang, Y. & Young B. (2014) The art of coupon tests, *Journal of Constructional Steel Research*, 96:159-175.

[5] Cowan, M. & Khandelwal, K. (2014) Modeling of high temperature creep in ASTM A992 structural steels, Engineering Structures, 80:426-434.

[6] Yao, D. Cai. L. & Bao, C. (2016) A new Fracture criterion for ductile materials based on a finite element aided testing method

2.2 콘크리트 공시체의 압축강도 시험 및 해석

2.2.1 개요

(1) 개요

1 철근콘크리트구조는 시멘트, 잔골재, 굵은골재 그리고 물로 구성된 콘크리트에 철근을 배치하여 두 재료가 일체거동하면서 외력에 저항하도록 한 구조이다. 철근과 콘크리트는 이질적인 재료이지만 콘크리트가 압축력(Compression)에 저항하고, 철근이 인장력(Tension)을 저항함으로써 서로의 단점이 상호 보완된 훌륭한 구조형식으로 사용되고 있다. 이러한 철근콘크리트구조의 성능에 큰 영향을 미치는 요소가 콘크리트의 강도이다. 콘크리트는 여러 재료의 배합과 양생기간에 의해 강도가 결정되며, 그 중 압축강도가 구조설계에 직접적으로 반영이 된다. 이 압축강도는 콘크리트의 가장 중요한 역학적 특성의 기준이 되며, 1축 압축강도 시험으로부터 얻은 재료시험 값이 인장강도, 휨강도, 탄성계수 등을 구하기 위한 지표로 사용된다. 또한 Abaqus 모델링에서 철근콘크리트 구조물의 비선형 해석을 수행하기 위해 콘크리트 재료의 비선형성에 대한 응력-변형률 값을 정의하여야 한다.

2 이 절에서는 콘크리트 공시체의 압축강도 시험을 모사한 CAE 모델링을 진행한다. 콘크리트 공시체는 콘크리트의 압축강도 시험 방법(KS F 2405)[1)]에 따라 아래 그림과 같이 표준 공시체인 지름 150mm, 높이 300mm의 원주형 몰드에 콘크리트를 타설한 후 24시간 뒤에 탈형하고, 20±3℃에서 수중양생하여 재령 28일에 압축강도 시험을 한다. 이때 하중은 공시체에 충격이 가지 않도록 일정한 속도로 점진적으로 가해야 한다.

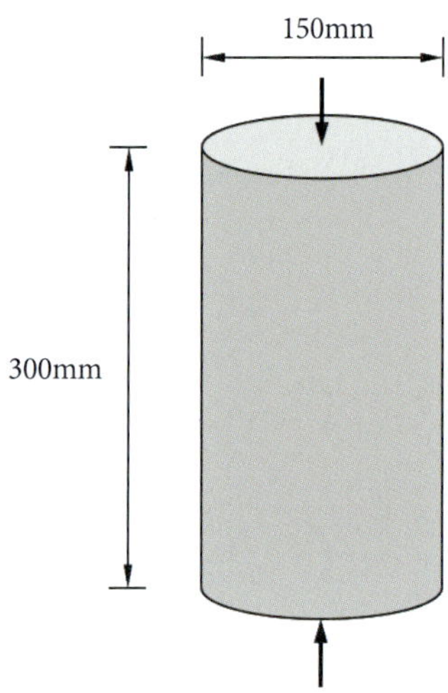

2.2.2 콘크리트 공시체 모델링

(1) Part (부재 생성)

콘크리트 표준공시체를 지름 150mm, 높이 300mm의 원주형 형상으로 생성하기 위해 Part Module에서 작업을 시작한다.

1 Create Part → Name : Cylinder + Modeling Space : 3D + Type : Deformable + Base Feature/Shape : Solid, Type : Extrusion → Continue

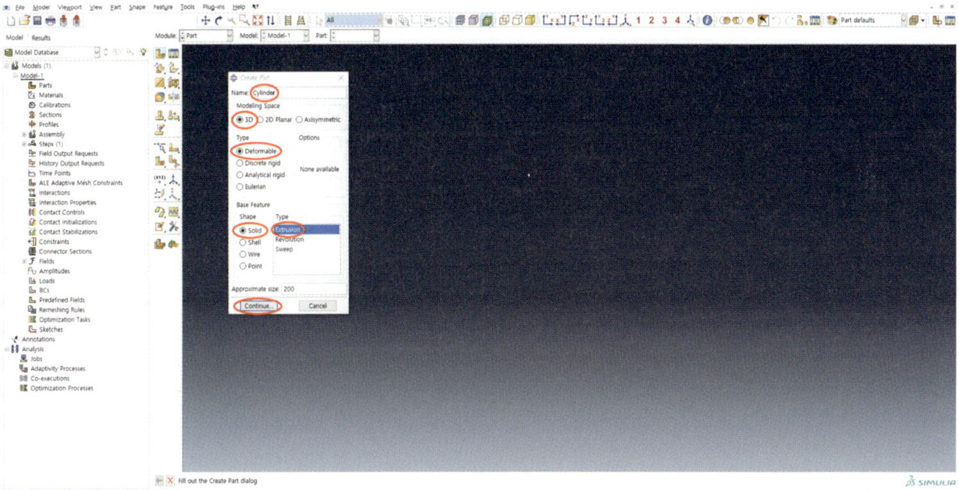

2 Create Circle → enter X, Y : 75 또는 Add Dimension : 75 → Sketch the section for the solid extrusion : Done → Depth : 300 → OK

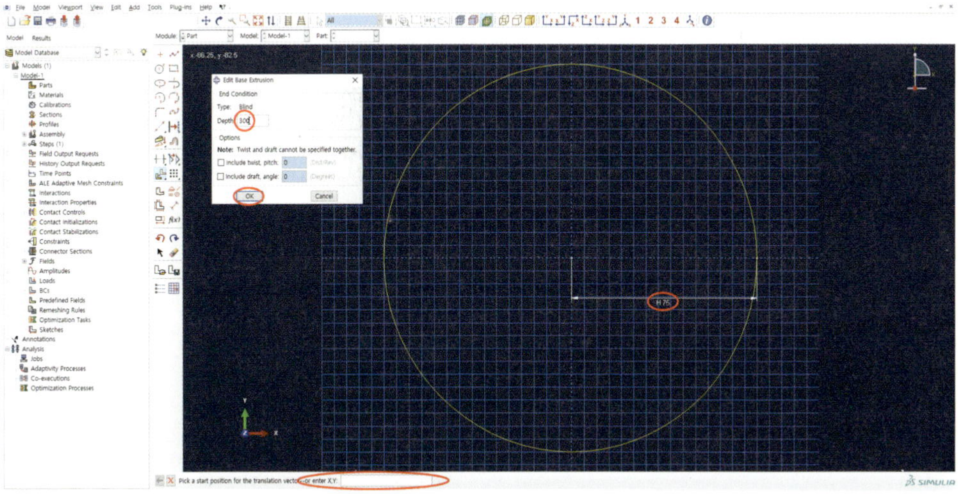

3 그림과 같이 부재가 생성된다.

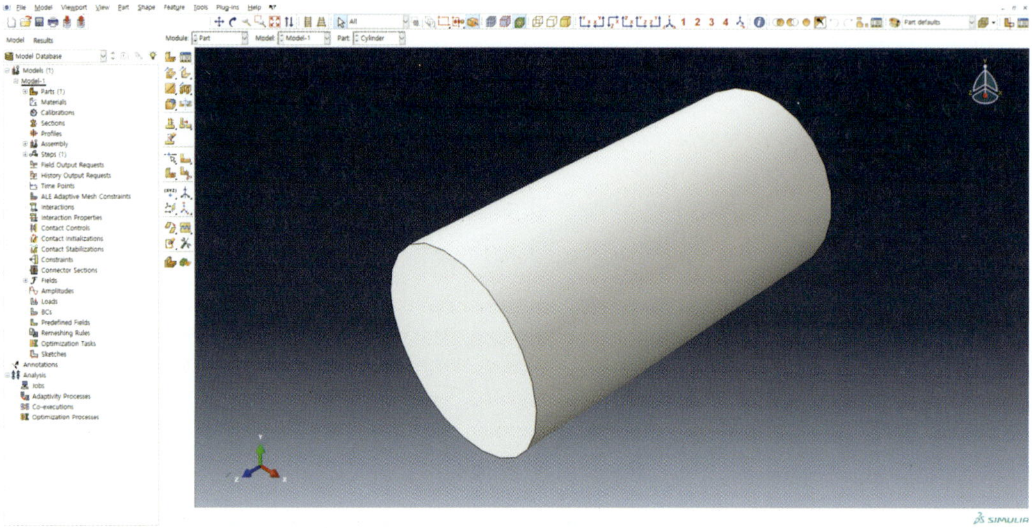

(2) Property (재료물성 정의)

Part에서 생성한 공시체에 24MPa 압축강도를 가지는 콘크리트 물성을 정의하기 위해 Property Module로 이동한다. 여기서 단위중량 $\gamma_c = 2.3 \times 10^{-9}\ ton/mm^3$ 과 포아송비 $\nu = 0.167$ 은 콘크리트의 일반적인 값을 적용하고, 이 예제에서 탄성계수는 Hognestad(1951)[2)]의 제안식을 이용한다.

1 Create Material → Name : Concrete + General/Density : 2.3E-009 + Mechanical/Elastic/Young's Modulus : 23,440, Poisson's Ratio : 0.167 → Mechanical/Plasticity/Concrete Damage Plasticity(아래와 같이 입력)

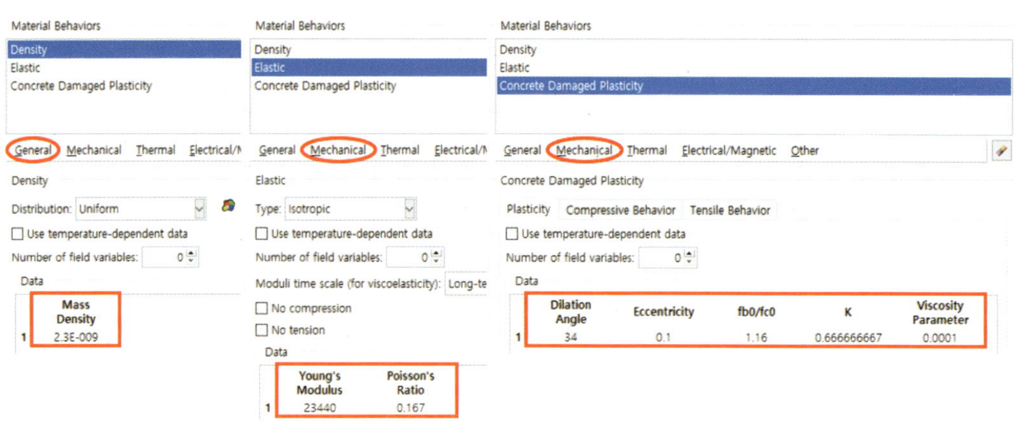

여기서, Concrete Damage Plasticity model[3)]은 여러 가지 변수들과 함께 콘크리트의 1축에 대한 압축 및 인장거동에 대한 정의가 요구된다. 이는 응력-변형률 값으로 정의되며 실험을 통해 얻은 값 또는 해석모델의 값을 입력할 수 있다. 본 교재에서는 해석모델을 이용하여 정의하는 방법을 소개한다. 콘크리트의 1축 거동에 대한 해석모델은 압축과 인장에 대하여 다양한 모델이 제시되어 있다. 압축거동에 대한 대표적인 모델로 Hognestad(1951)[2)]가 제안한 콘크리트의 이상화된 응력-변형률 곡선이 있다. 이는 최대 압축응력에 도달하기까지 비선형 관계식으로 정의되며, 최대 압축응력을 초과한 이후부터는 선형 관계식으로 정의된다.

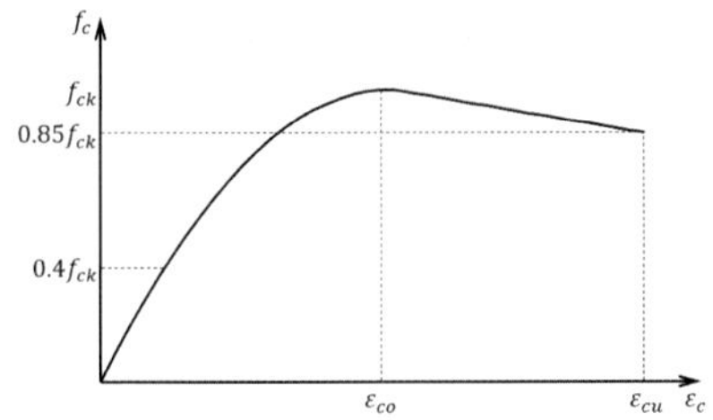

압축거동에 대한 응력–변형률 모델[2)]

$$\varepsilon_c \le \varepsilon_{co}:\ f_c = f_{ck}\left[2\left(\frac{\varepsilon_c}{\varepsilon_{co}}\right)-\left(\frac{\varepsilon_c}{\varepsilon_{co}}\right)^2\right]$$

$$\varepsilon_c > \varepsilon_{co}:\ f_c = f_{ck}\left[1-0.15\left(\frac{\varepsilon_c-\varepsilon_{co}}{\varepsilon_{cmax}-\varepsilon_{co}}\right)\right]$$

여기서, 탄성계수는 $E_c = 12400 + 460 f_{ck}$이며, 첫 균열이 발생하는 응력은 $0.4 f_{ck}$ 이다.

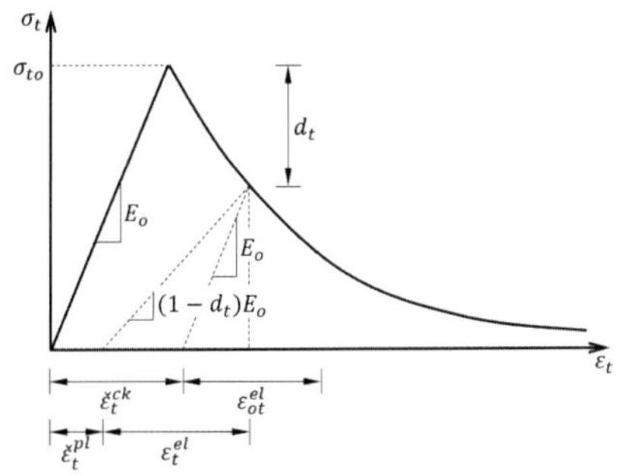

압축거동의 응력–변형률에 대한 손상모델[2)]

$$\varepsilon_c^{\sim pl} = \varepsilon_c^{\sim in} - \frac{d_c}{(1-d_c)}\frac{\sigma_c}{E_o}$$

여기서, 손상지수 d_c 은 최대 압축강도 σ_{cu} 이후부터 정의된다.

인장거동에 대한 해석모델은 기본적으로 최대 인장응력까지 탄성계수에 의해 선형으로 정의되지만 그 이후의 거동에 대하여 다양한 모델이 제시되어 있다. 그 중 Belarbi & Hsu(1994)[4)]가 제시한 모델은 지수함수 형태로 정의되어 간단하게 적용할 수 있다.

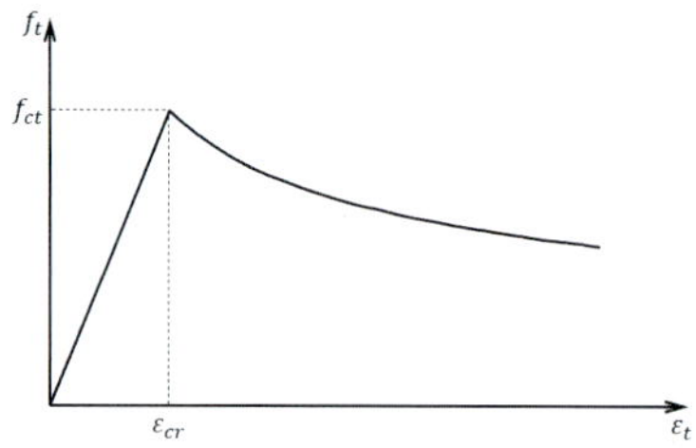

인장거동에 대한 응력–변형률 모델[4)]

$\varepsilon_t \le \varepsilon_{cr}$: $f_t = E_c \cdot \varepsilon_t$

$\varepsilon_t > \varepsilon_{cr}$: $f_t = f_{ct}\left(\dfrac{\varepsilon_{cr}}{\varepsilon_t}\right)^{0.4}$

여기서, 균열강도는 $f_{ct} = 0.31\sqrt{f_{ck}}$ 이다.

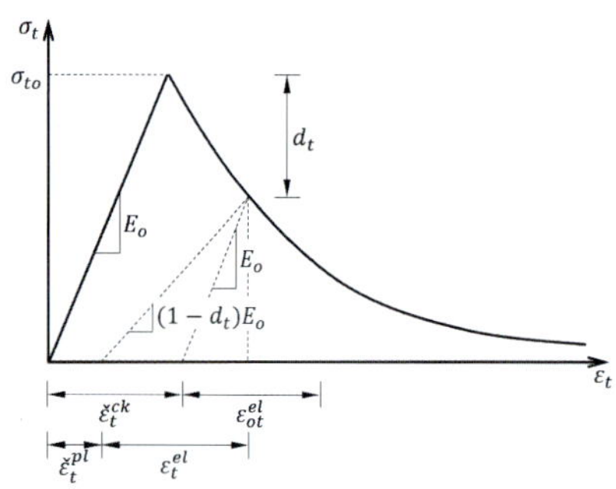

인장거동의 응력–변형률에 대한 손상모델[3)]

$$\varepsilon_t^{\sim pl} = \varepsilon_t^{\sim ck} - \frac{d_t}{(1-d_t)}\frac{\sigma_t}{E_o}$$

여기서, 손상지수 d_t 은 최대 인장강도 σ_{to} 이후부터 정의된다.

Mechanical/Plasticity/Compressive Behavior + Tensile Behavior
(상기 제안식을 이용하여 입력)

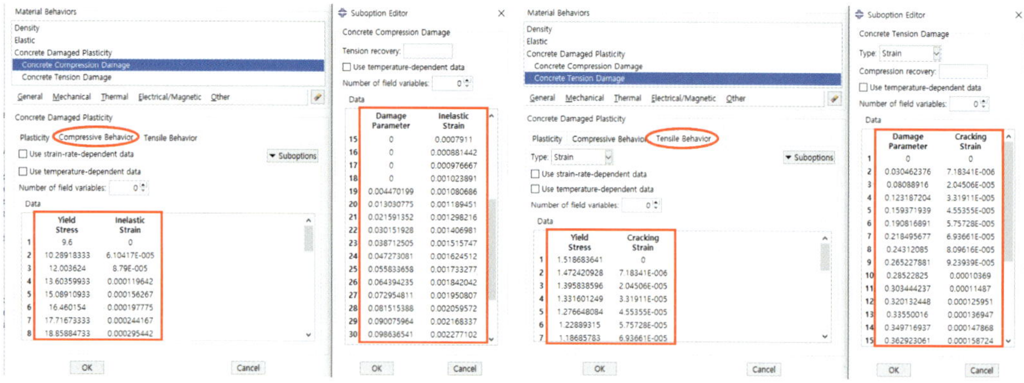

2 Create Section → Name : Concrete + Category : Solid + Type : Homogeneous Continue → Material : Concrete → OK

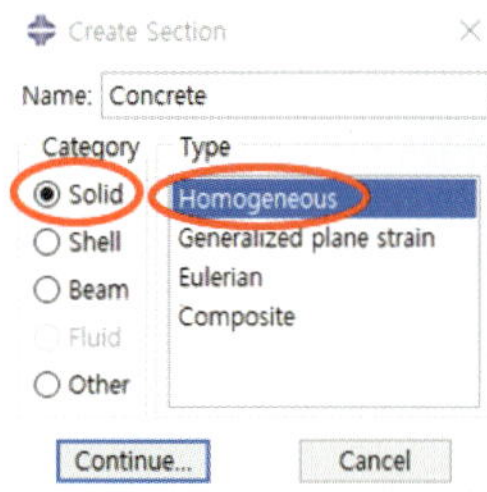

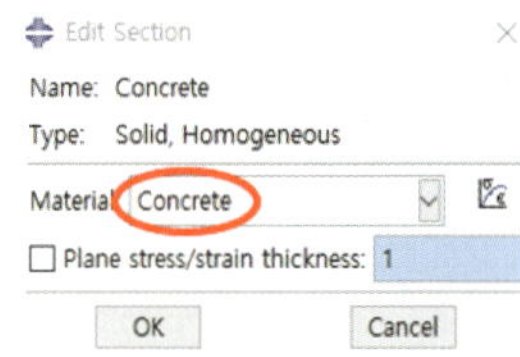

3 Assign Section → Part 선택 + Done → Section : Concrete → OK

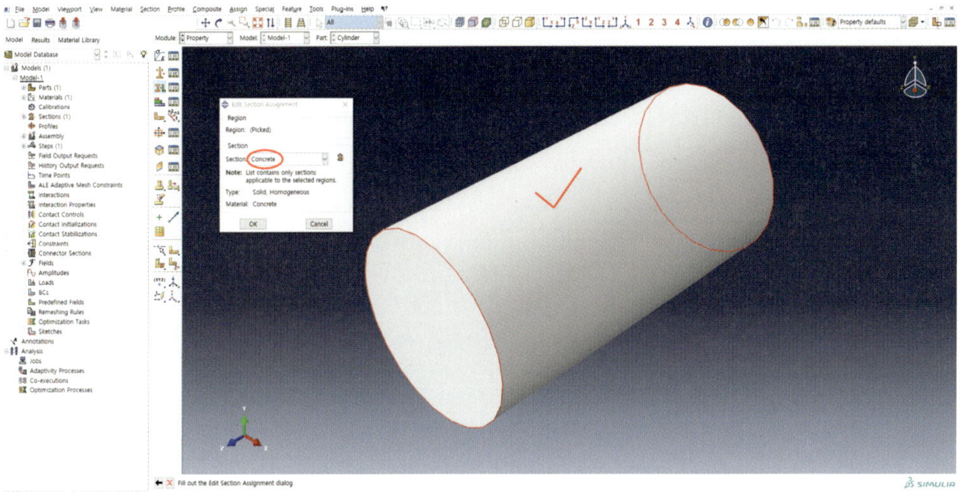

Part에 재료물성이 적용되면 회색에서 초록색으로 변경된다.

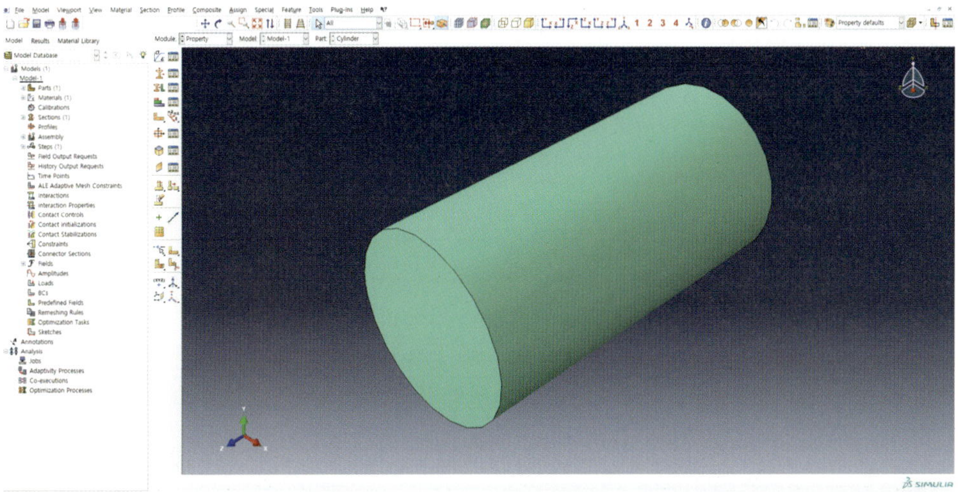

(3) Mesh (요소의 분할)

재료물성이 정의된 Part에 대하여 유한개의 요소로 분할하는 단계이다. 요소 및 적분점의 개수가 많을수록 해석결과는 정해에 가까워지지만, 데이터의 양 및 해석시간 등이 증가하며 구조물이 복잡할수록 해석효율이 더 낮아진다. 따라서 적당한 요소 및 적분점의 개수를 정의하는 것이 중요하며, 본 모델링에서는 적분점을 변화시켜 결과의 차이를 확인하고자 한다. 공시체의 요소를 분할하기 위해 Mesh Module로 이동한다.

1. Seed Part → Sizing Controls + Approximate global size : 10 → OK → Done → Assign Mesh Controls + Element Shape : Hex + Technique : Sweep + Algorithm : Advancing front, Use mapped meshing where appropriate → OK

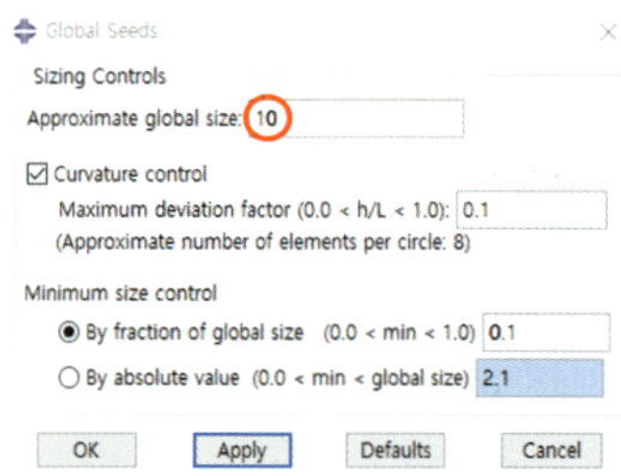

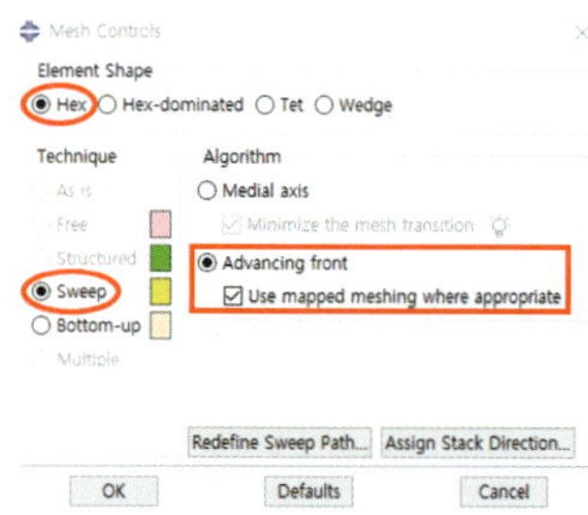

2. Assign Element Type → 요소타입 C3D8R(3차원 솔리드 저감적분 요소) 확인 → OK

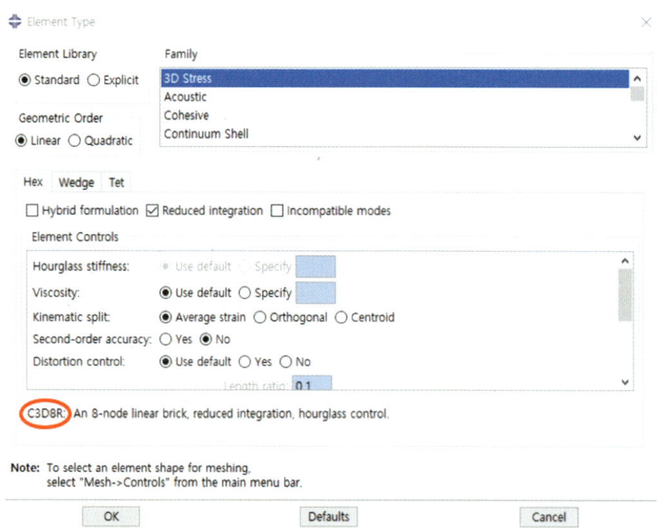

3 Mesh Part → Yes → 분할된 요소 확인

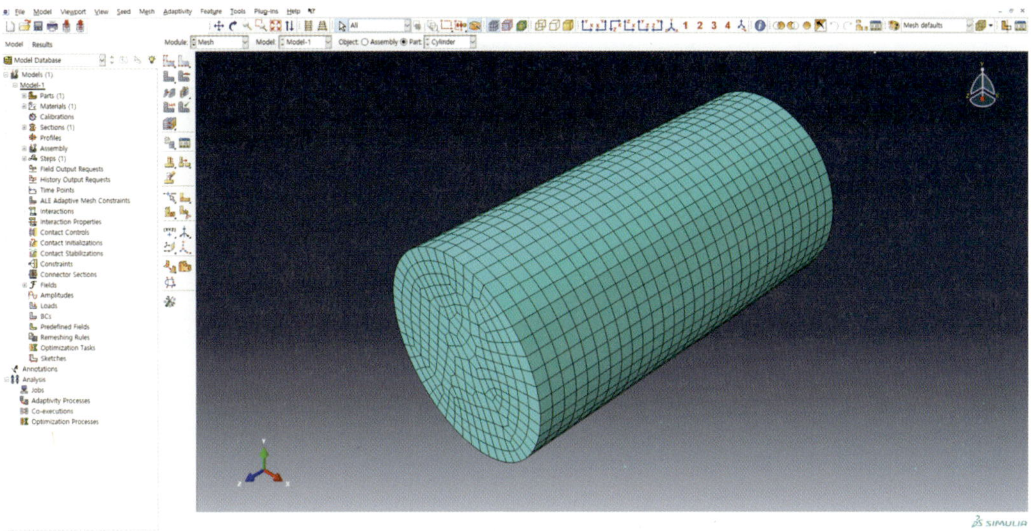

(4) Assembly (Part의 조립)

각각의 Part를 조합하여 하나의 전체 구조물을 생성하는 단계이며 Assembly Module로 이동한다.

1 Create instance → Parts 선택 → Parts : Cylinder → OK → Rotate instance → Part 선택 + Done → x축을 기준으로 회전축 Point 선택(가상의 점선을 참고) → Angle of rotation 90 → Done → OK

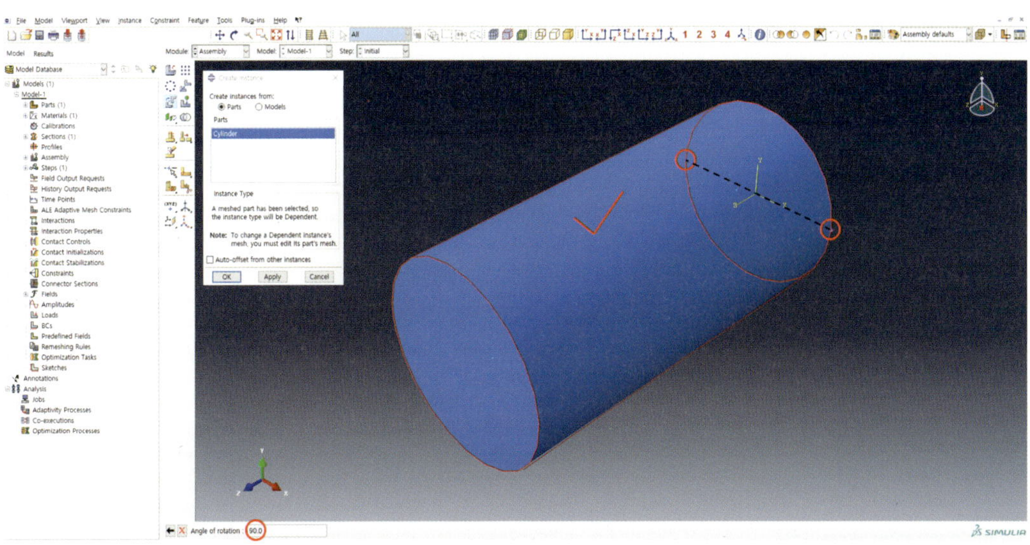

공시체가 x축을 기준으로 회전되어 y축 방향으로 세워져 있는 것을 확인할 수 있다.

2 Tool → Reference Point → 공시체 상부의 중앙 Point (0,300,0) 선택

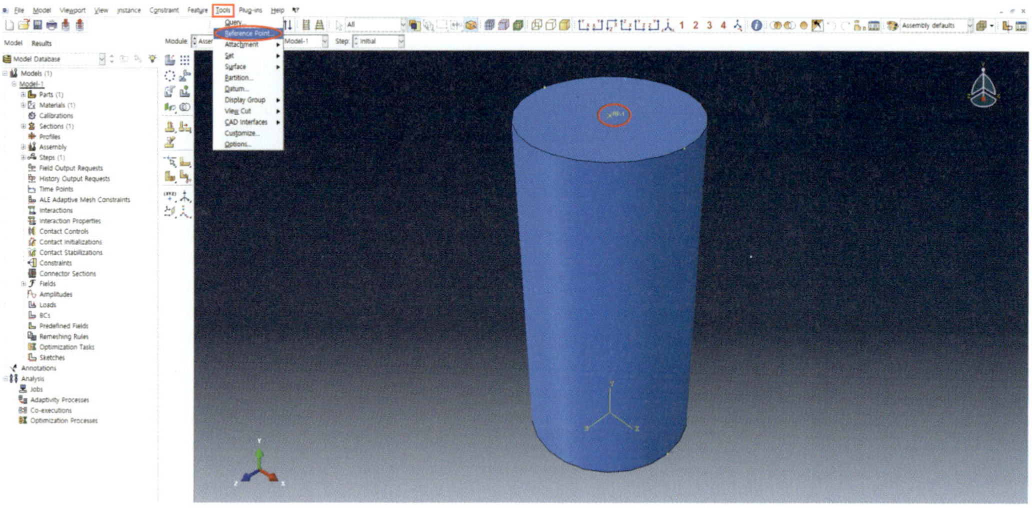

(5) Step (해석방법 및 Output의 정의)

공시체의 유한요소해석을 수행하기 위한 해석방법을 정의하는 단계이며 Step Module로 이동한다. 공시체 압축강도 시험 해석은 점진적으로 가해지는 압축력에 의해 비선형 거동이 나타나므로 비선형 해석을 적용해야 한다. 본 모델링에서는 비선형 정적해석과 동적해석을 각각 수행하여 그 결과를 비교해 차이점을 확인한다. 먼저 비선형 정적해석을 진행하도록 한다.

1 Create Step → Name : Compression + Procedure type : General + Static, General 선택 → Continue → Basic/Incrementation/Other(아래와 같이 입력)

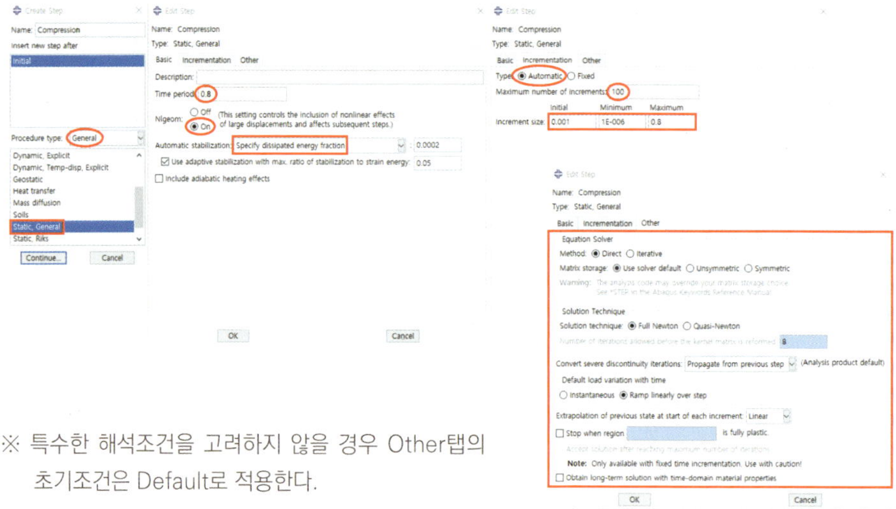

※ 특수한 해석조건을 고려하지 않을 경우 Other탭의 초기조건은 Default로 적용한다.

2 Field Output Requests Manager → Compression/Created 더블클릭 → 모델링을 통해 확인하고자 하는 전체적인 해석결과를 선택(S, PE, LE, U, RF, DAMAGEC, DAMAGET)

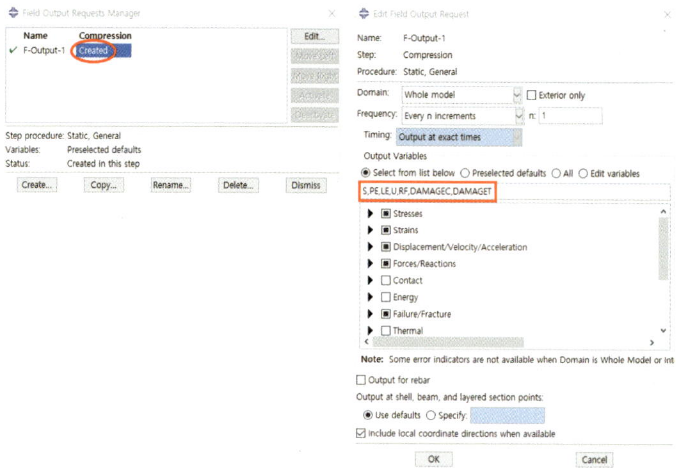

3 Tool → Set → Manager → Create → Name : Load_Point + Type : Geometry → Continue → RP-1 선택(다음의 History Output에서 변위와 가력지점 설정을 위해 RP-1을 Set로 지정)

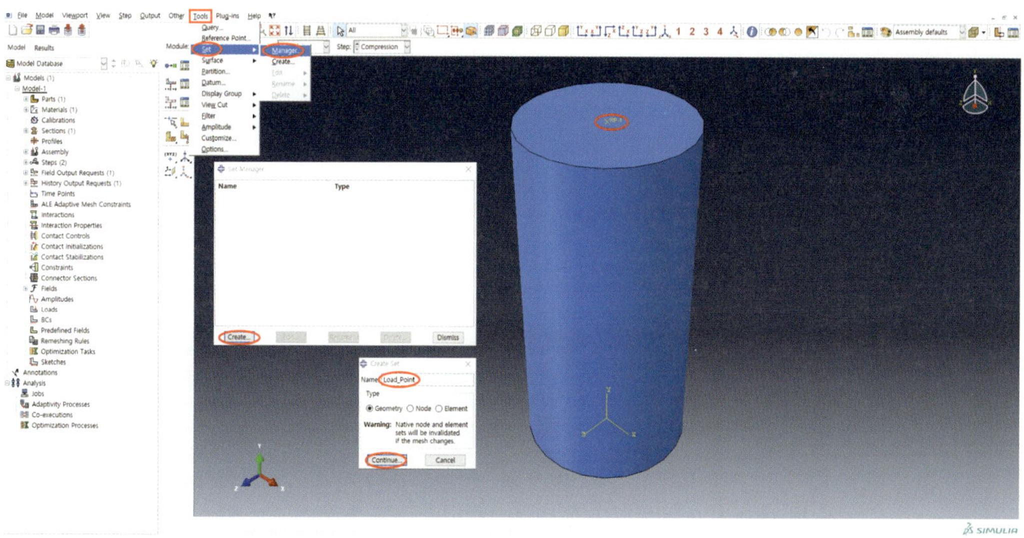

4 History Output Requests Manager → Compression/Created 더블클릭 → Domain : Set + Load_Point → 모델링을 통해 확인하고자 하는 y축에 대한 하중-변위 결과를 선택(U2, RF2)

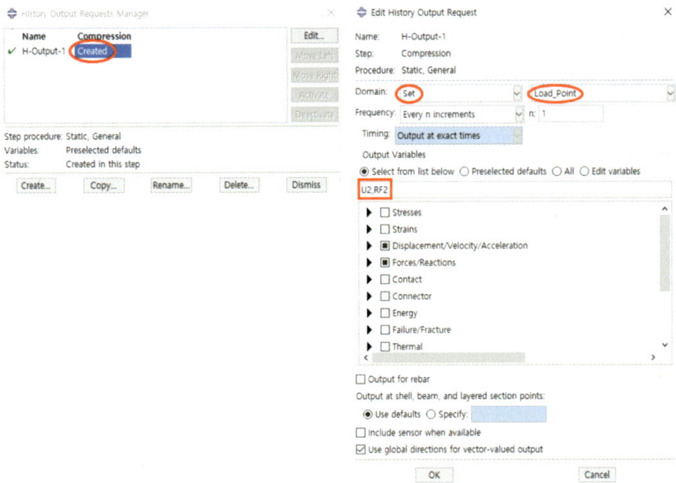

(6) Interaction (부재간 상호관계 정의)

Assembly된 Part들의 접합 및 접촉에 대하여 정의하는 단계이며 Interaction Module로 이동한다. 다수의 Part가 존재하는 경우 Part들이 서로 만나는 부분에 대하여 각각 정의하여야 하지만 공시체의 경우 단일 Part이므로 접합 및 접촉에 대한 정의가 요구되지 않는다. 하지만 압축력을 가했을 때 발생하는 변위와 하중을 쉽게 파악하기 위하여 Reference Point(RP-1)와 공시체 상면을 강체(Rigid body)로 연결시켜야 한다.

1 Create Constraint → Name : Load_Surface + Type : Rigid body → Tie (nodes) + 마우스 커서 선택 → 공시체 상부면을 선택 → Done

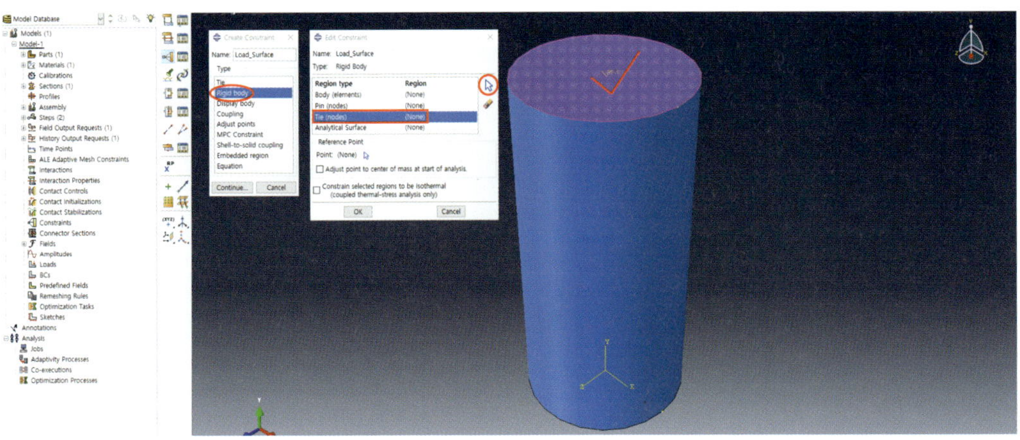

Reference Point/Adjust point to center of mass at start of analysis 체크 + 마우스 커서 선택 → RP-1 선택 → OK

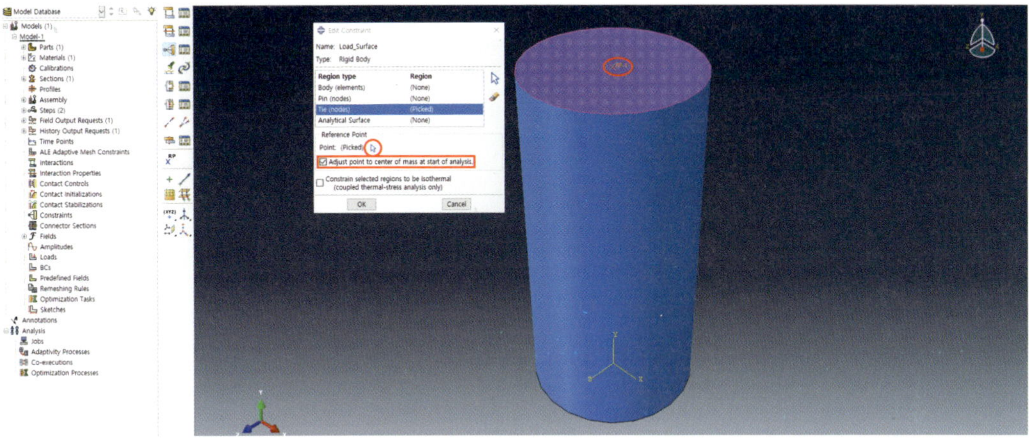

(7) Load (경계조건 및 하중조건 정의)

모델링하고자 하는 대상 구조물의 경계조건을 정의하고 하중을 입력하는 단계이며 Load Module로 이동한다. 경계조건은 3차원 전체좌표축을 기준으로 설정할 수 있으며 각각의 Part 또는 다수의 Part에 대하여 적용이 가능하다. 하중의 경우 값을 직접 입력하는 하중제어 조건과 변위를 입력하는 변위제어 조건을 적용할 수 있다. 콘크리트 공시체 압축강도 시험은 최대 압축강도 이후의 비선형 거동까지 확인하여야 하므로 변위제어 조건이 적합하다.

1. Create Boundary Condition → Name : Bottom_Fix + Step : Initial + Category : Mechanical + Type for Selected Step : Displacement/Rotation → Continue → 공시체 하부면을 선택 → Done → U1, U2, U3, UR1, UR2, UR3 체크 → OK

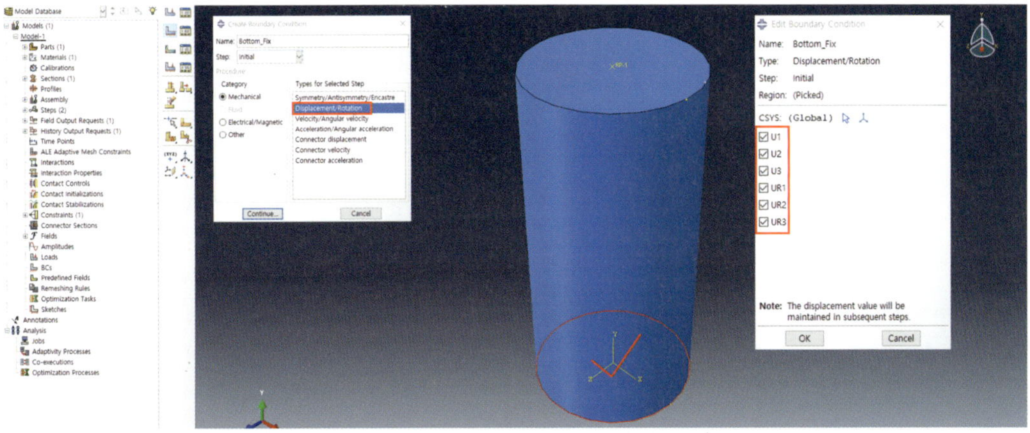

2 Create Boundary Condition ![icon] → Name : Top_Load + Step : Compression + Category : Mechanical + Type for Selected Step : Displacement/Rotation → Continue → Sets → Load_Point 선택 → Continue → U2 체크 + -0.8 입력 → OK

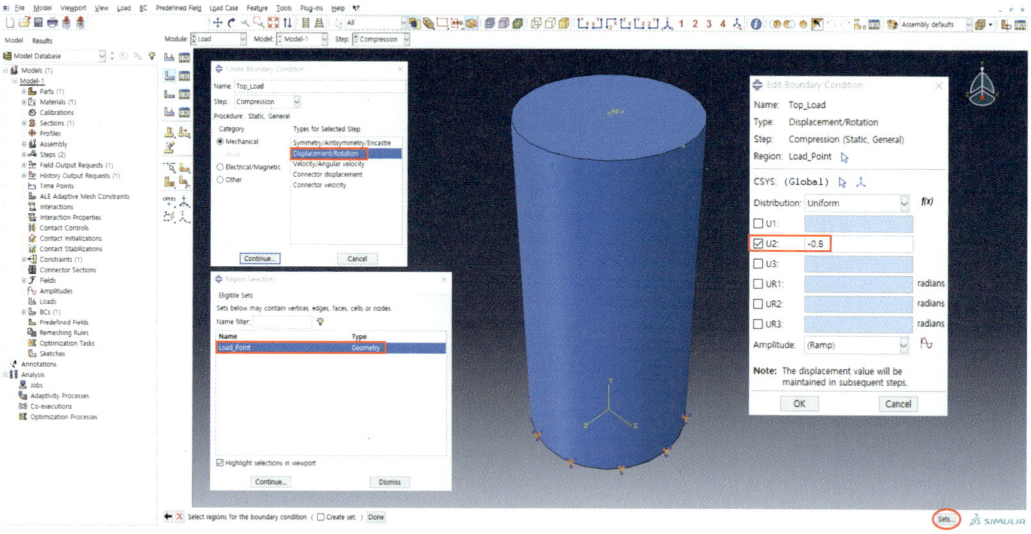

공시체에 경계조건 및 하중이 적용된 것을 확인할 수 있으며, 이는 대상구조물의 모델링이 완료된 상태이다.

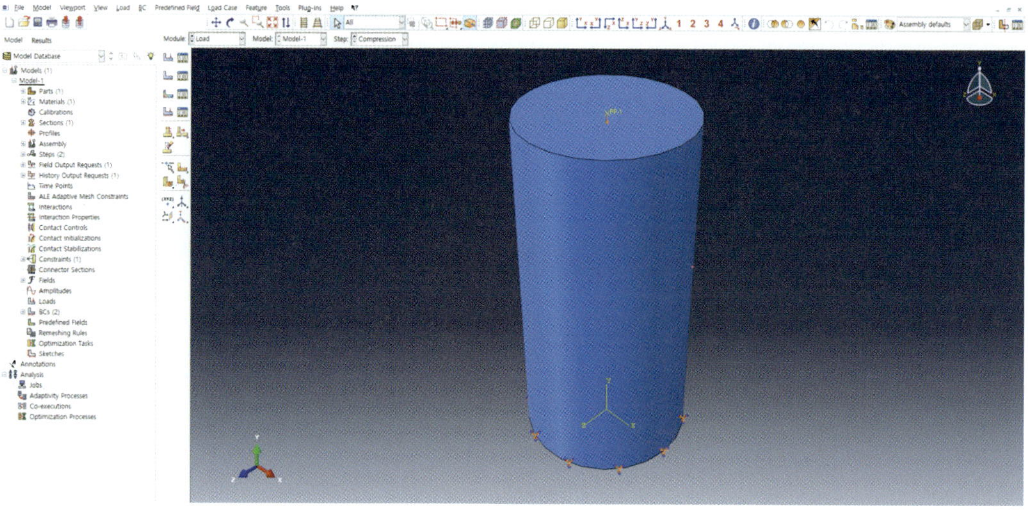

※ 여기서 Step Module의 Time period(=0.8)와 Load Module의 U2 방향 Displacement(=-0.8)가 동일한 값이므로 Output 정리 시 XY Data-1의 X항인 Time이 변위와 동일하게 되며, Y항은 가력방향의 하중이 된다.

(8) Job (유한요소해석 수행)

모델링한 대상 구조물의 유한요소해석을 수행하는 단계이며 Job Module로 이동한다.

1 Job Manager → Create → Name : Cylinder_Compression_C3D8R + Model-1 선택 →Continue → Parallelization 탭 선택 → Use multiple processors 체크 + 6 입력 → OK

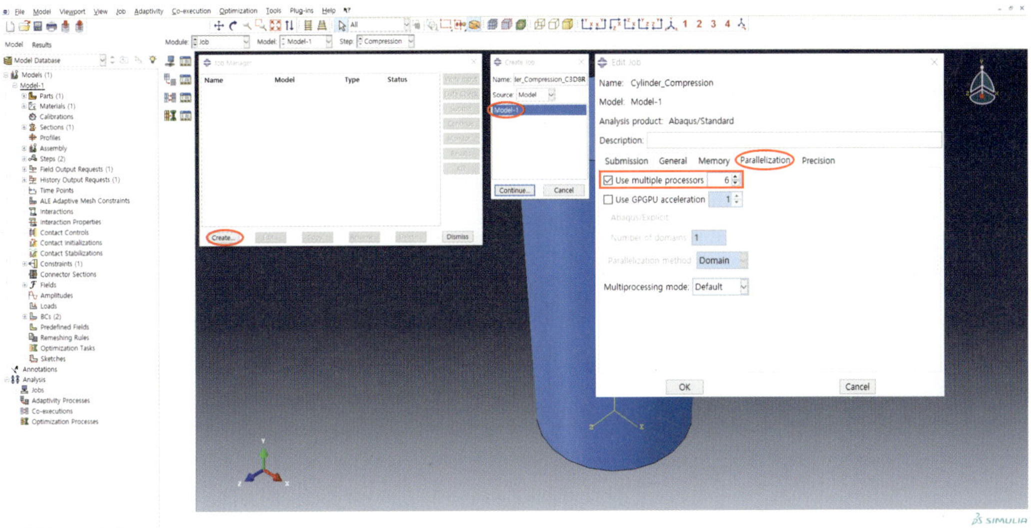

※ Parallelization은 해석속도를 조절하는 옵션으로, 사용하고 있는 컴퓨터의 CPU processor 개수(Dual-Core : 2EA, Quad-Core : 4EA, Hexa-Core : 6EA, Octa-Core : 8EA)와 Aabqus token 개수에 따라 조절이 가능하며 많을수록 해석속도가 향상되는 장점이 있다. 하지만 CPU processor 개수보다 token 개수가 적을 경우 더 적은 개수에 맞춰서 해석되므로 참고하길 바란다.

2 Job Manager → Monitor → Submit

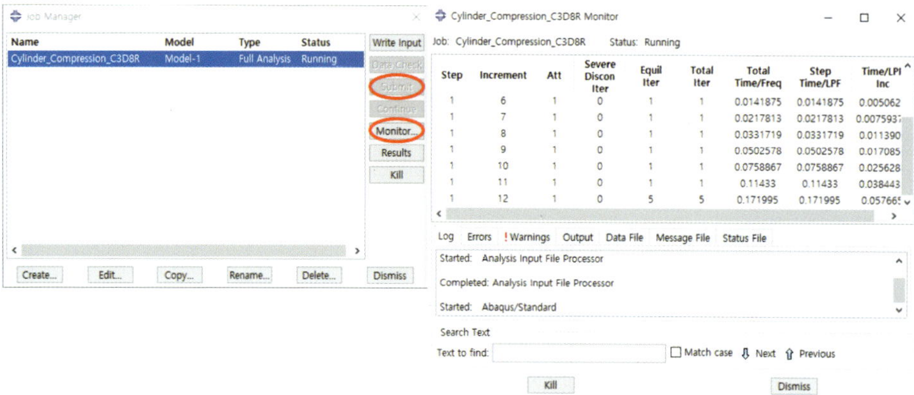

※ Monitor를 통해 해석진행 상태를 확인할 수 있으며, 모델링 문제로 인해 해석이 진행되지 않을 경우 Errors 메시지를 확인하여 문제점을 파악하고 모델 및 조건을 수정할 수 있다.

2.2.3 해석결과 확인

(1) Visualization (Output 확인)

모델링한 대상 구조물의 Output을 확인하는 단계이며 Job Manager에서 Results를 선택하면 자동으로 Visualization Module로 이동한다. 이때 Output은 Step의 Field Output과 History Output에서 선택한 항목에 대해서만 결과가 도출되므로 추가적인 Output이 필요할 경우 Step에서 추가 선택하여 재해석을 진행해야 한다.

1 Job Manager → 해석 완료 후 Results 선택

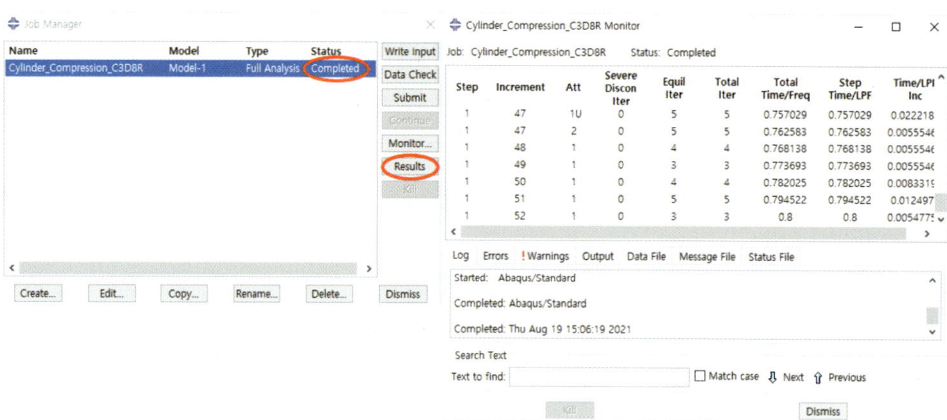

2 Plot Contours on Deformed Shape → von Mises 응력결과가 도출됨 → 상부 항목에 있는 Field Output에서 확인하고자 하는 결과를 선택

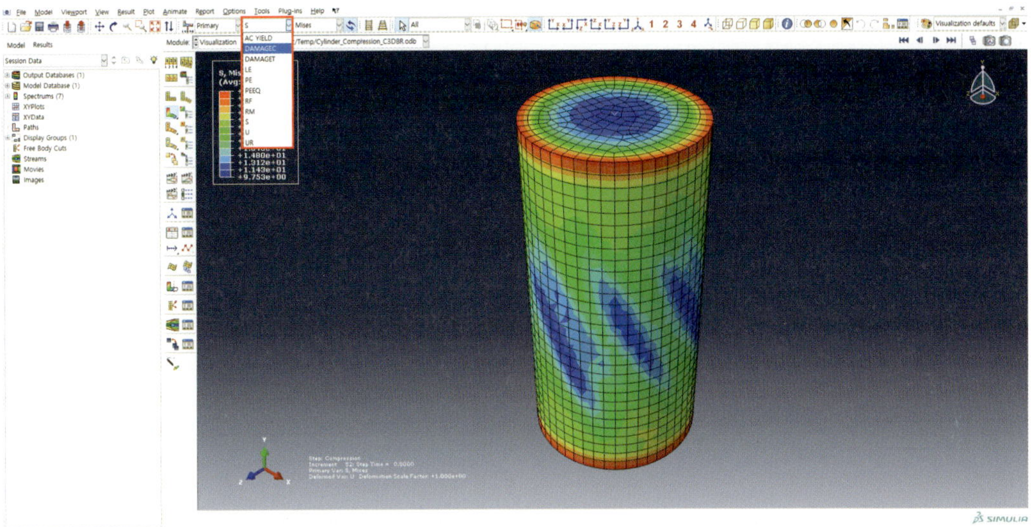

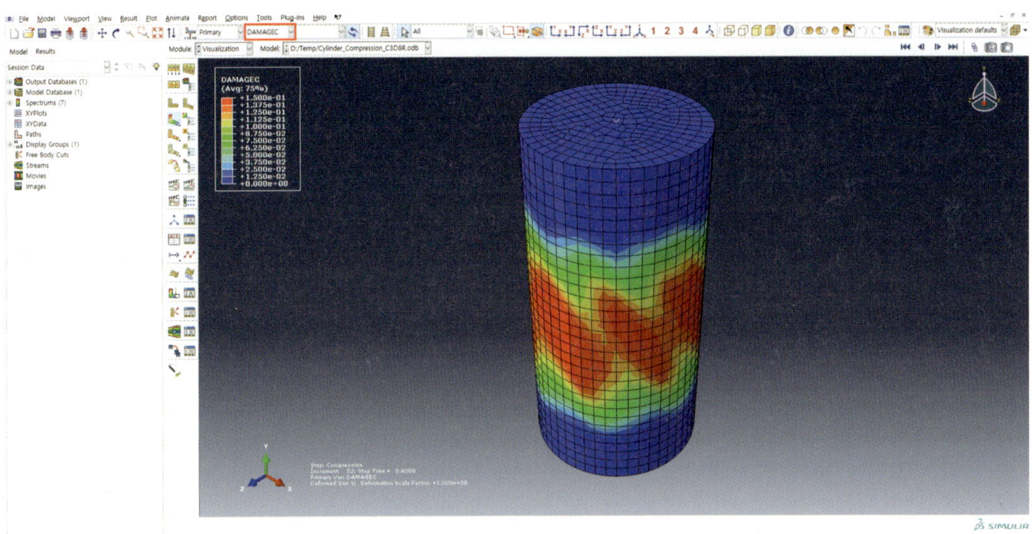

3 Tool → XY Data → Manager → Create → ODB history output → Continue → Output 항목 선택 → Save As → OK

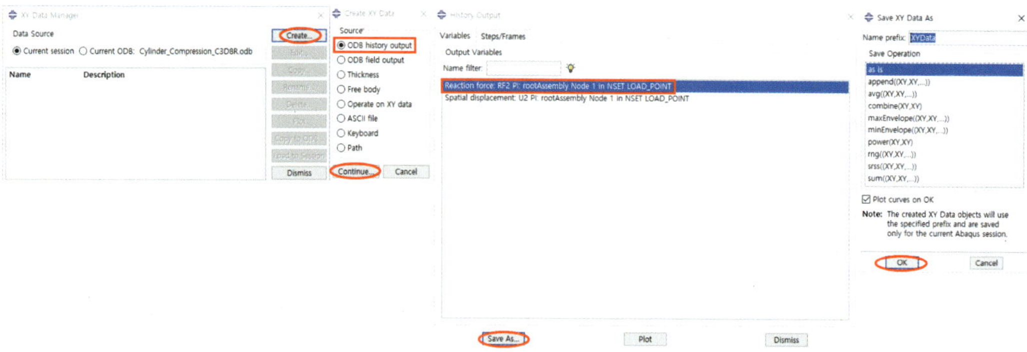

History Output에서 정의한 압축하중-변위 결과를 확인할 수 있다.

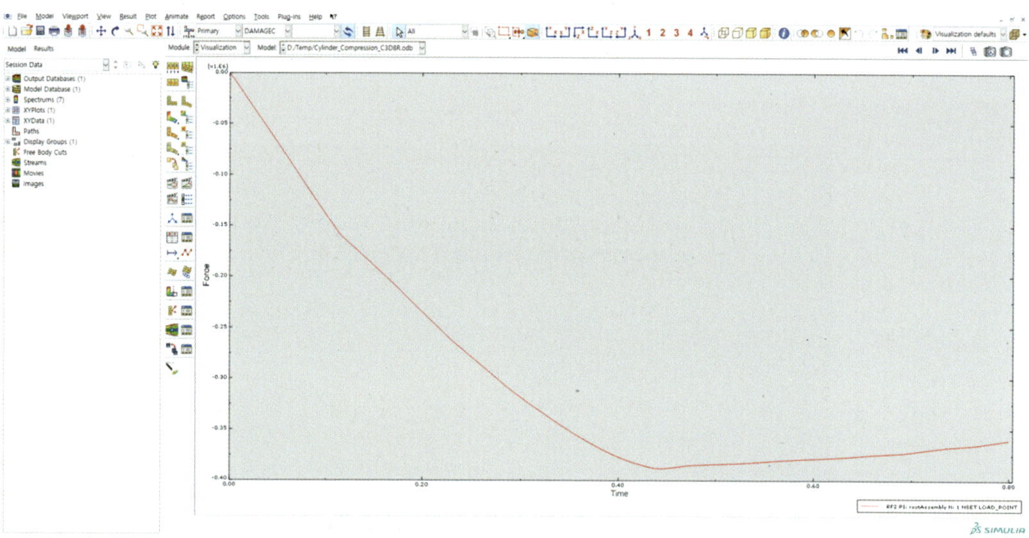

(2) Output 정리

History Output의 결과 값을 이용하여 응력-변형률 결과를 얻을 수 있다.

1 XY Data Manager → XYData-1 선택 → X, Y항 값을 drag하여 복사

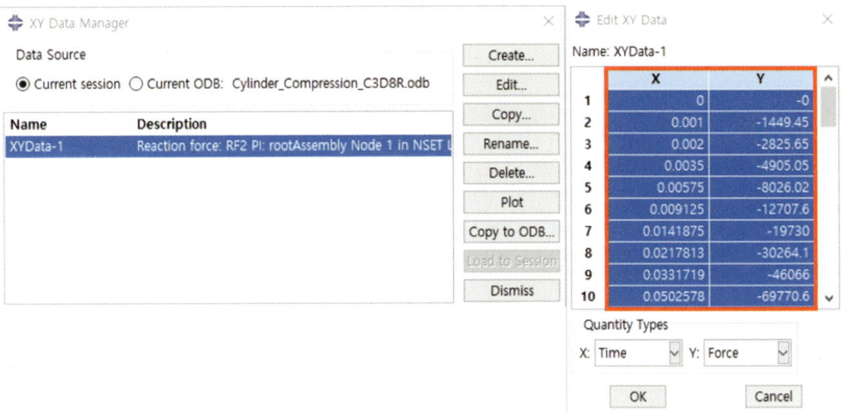

2 복사한 데이터를 엑셀에 붙여넣기 → 하중 및 변위 데이터를 응력(Stress)-변형률(Strain) 데이터에 대하여 정리(하중/단면적=응력, 변위/전체길이=변형률) → 아래 그래프로 Plot

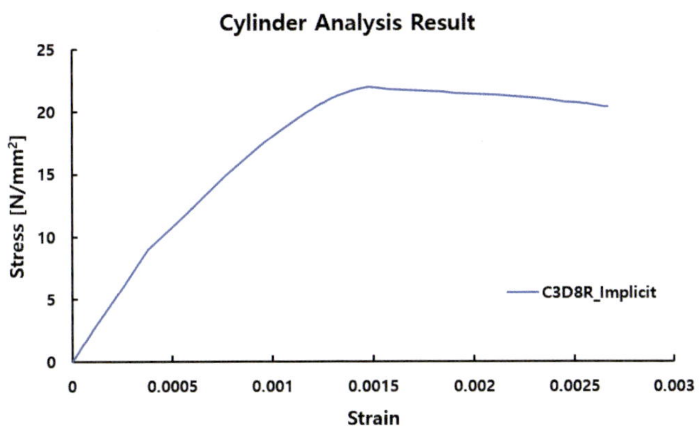

2.2.4 요소 변경 후 재해석 결과 확인

(1) Mesh (요소의 분할)

C3D8R(3차원 솔리드 저감적분 요소)은 한 요소당 중앙 위치에 적분점 1개가 존재하는 요소이다. 2.3장에서 언급한 바와 같이 적분점을 변화시켜 결과의 차이를 확인하기 위해 한 요소당 모서리 위치에 적분점 8개가 존재하는 C3D8(3차원 솔리드 적분 요소)로 변경하여 해석을 수행한다. 공시체의 요소를 변경하기 위해 Mesh Module로 이동한다.

1 Model Tree → Model-1 우클릭 + Copy Model → Name : Model-2 입력

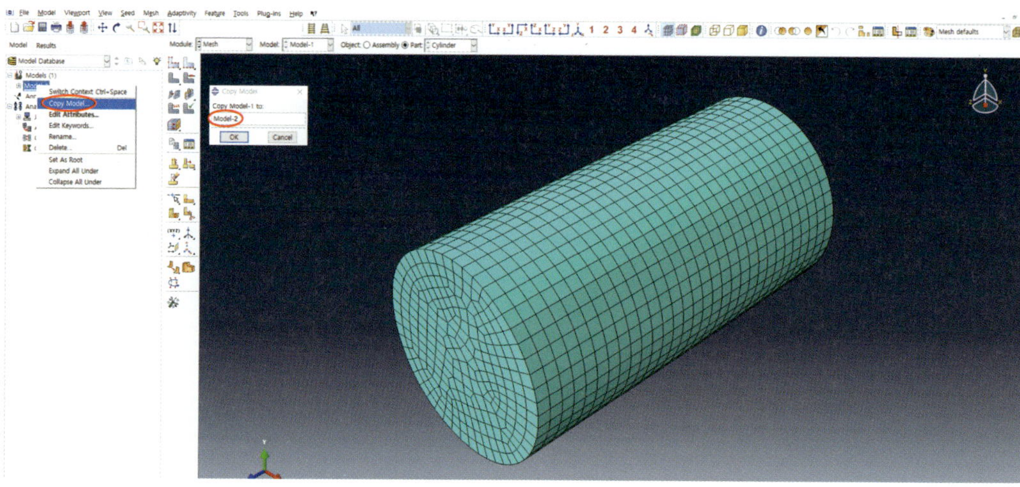

2 Model Tree에서 Model-2 생성 확인 → Assign Element Type → Reduced integration 체크 해제 → 요소타입 C3D8(3차원 솔리드 적분 요소) 확인 → OK

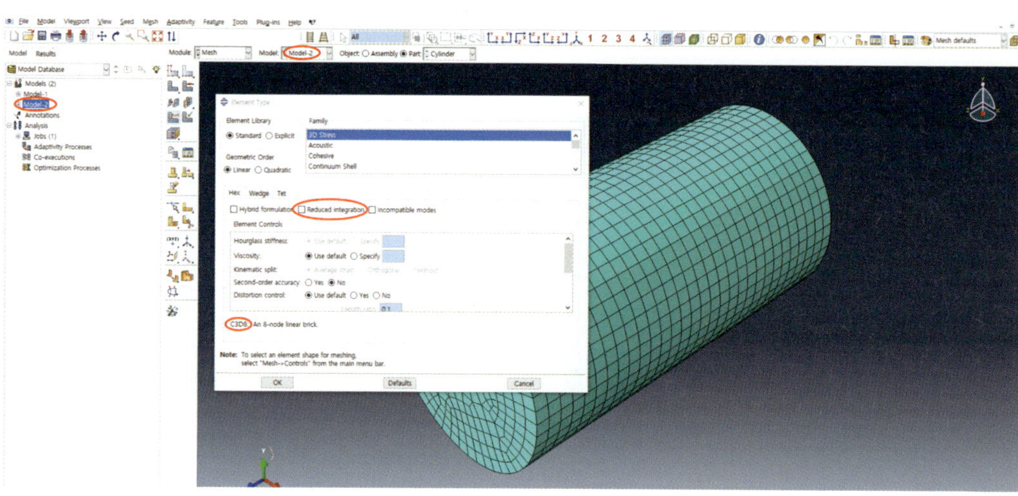

(2) Job (유한요소해석 수행)

1 Job Module 이동 → Job Manager → Model-1 선택 후 Copy → Name : Cylinder_Compression_C3D8 + Model-2 선택 → OK

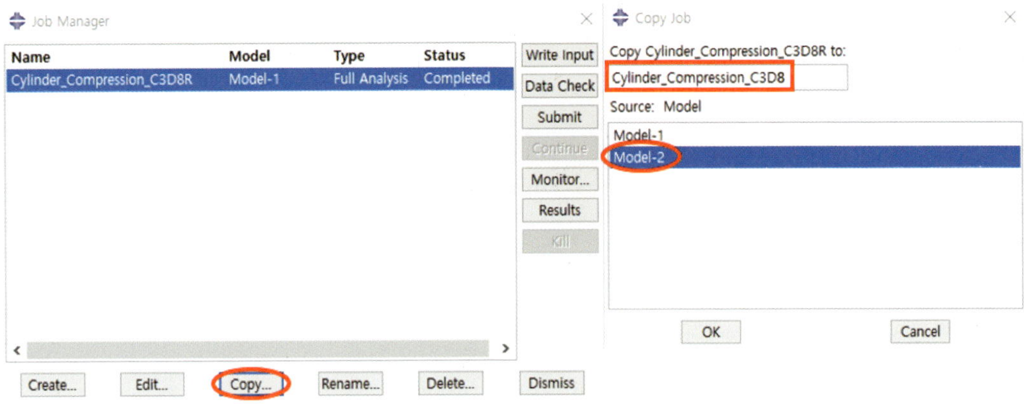

2 Job Manager → Monitor → Model-2 선택 + Submit

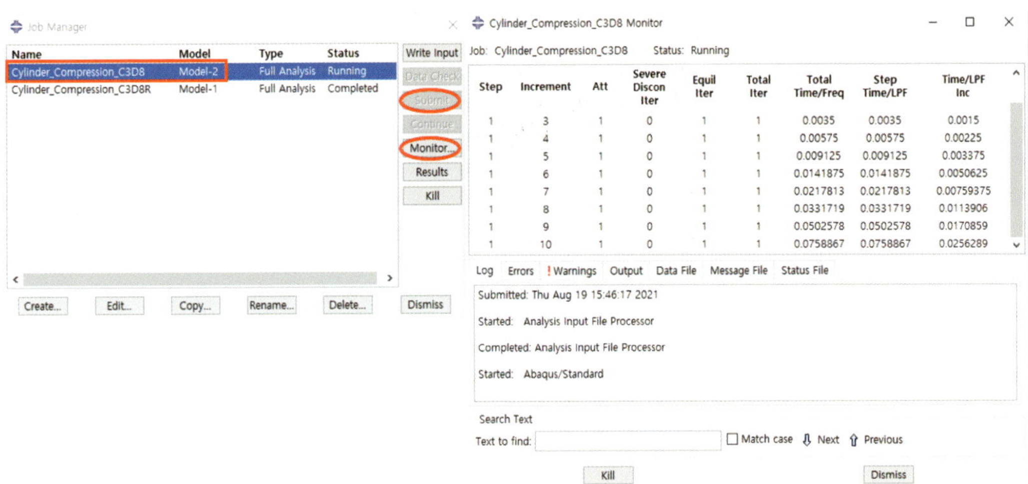

(3) Visualization (Output 확인)

1 Job Manager → 해석 완료 후 Results 선택

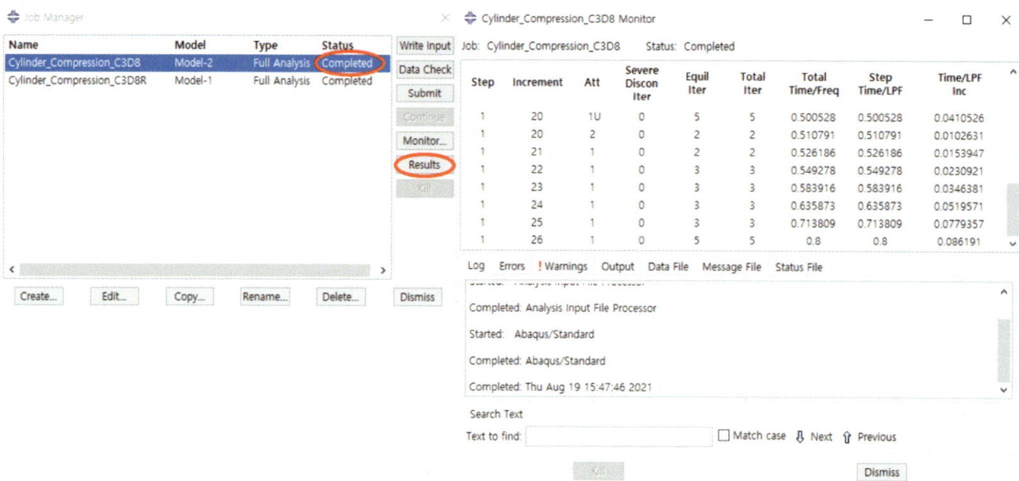

2 Plot Contours on Deformed Shape → von Mises 및 DAMAGEC 결과 확인

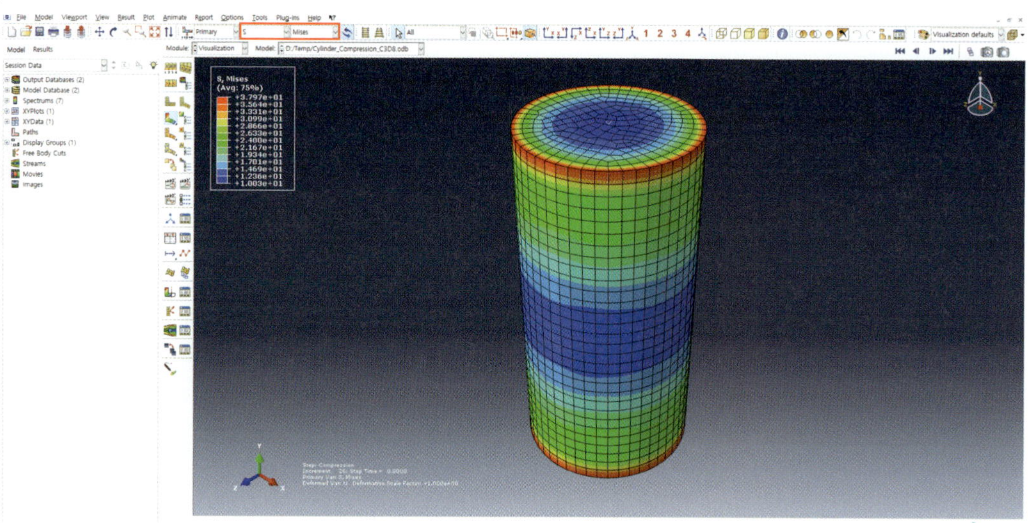

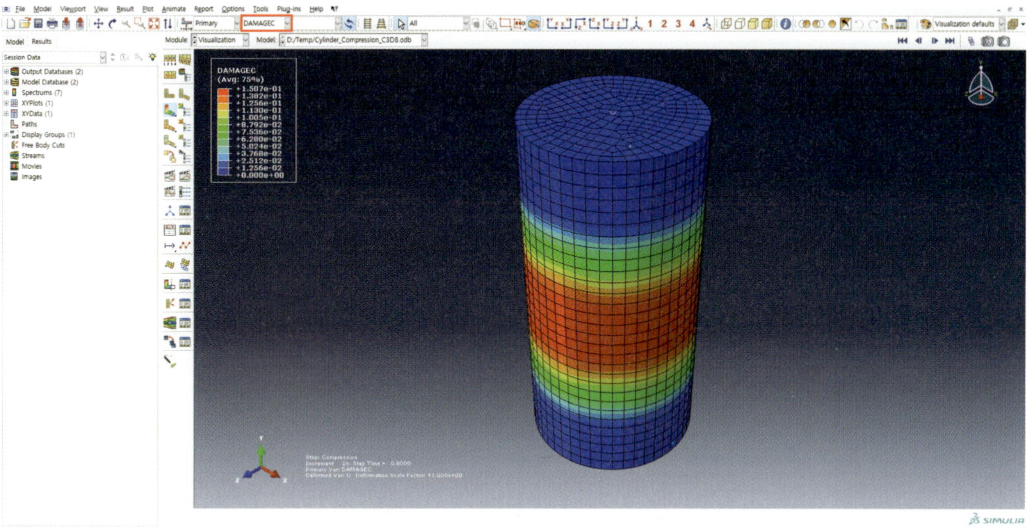

※ C3D8R의 Contour 결과와 매우 다른 분포를 보이고 있다. 이는 1개의 적분점 요소에서 발생하는 Hourglass 현상으로 대변형 또는 큰 소성변형이 나타나는 부분에 적용하면 다소 부정확한 결과를 도출한다. 따라서 Reduced integration이 적용된 요소는 변형이 크게 나타나지 않는 Part 또는 영역에 적용하는 것이 적합하다.

(4) Output 정리

1 Tool → XY Data → Manager → Create → ODB history output → Continue → Output 항목 선택 → Save As → OK → XY Data Manager → XY Data-1 선택 → X, Y항 값을 drag 하여 복사

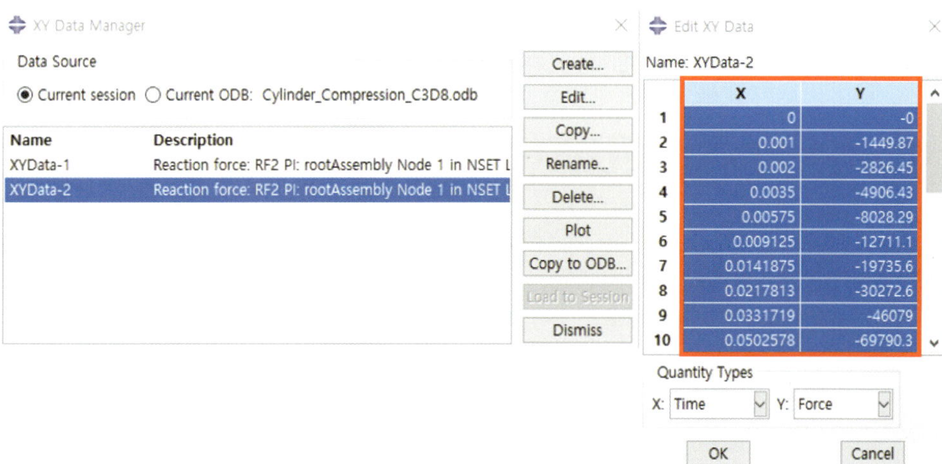

2 복사한 데이터를 엑셀에 붙여넣기 → 하중 및 변위 데이터를 응력(Stress)-변형률(Strain) 데이터에 대하여 정리(하중/단면적=응력, 변위/전체길이=변형률) → 아래 그래프로 Plot

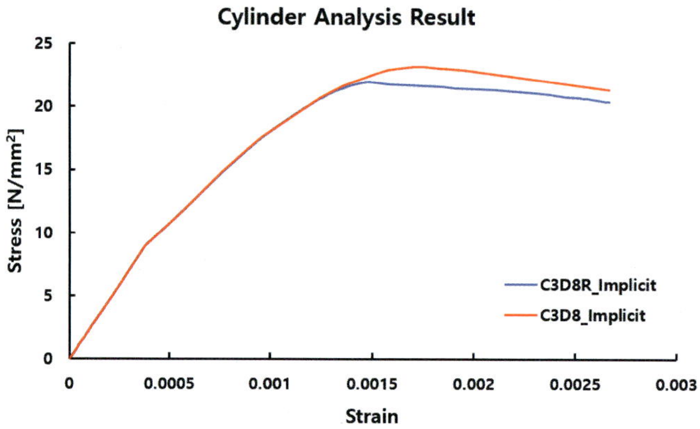

※ C3D8R과 C3D8의 결과를 비교해 보면 초기강성은 유사하지만 최대 압축강도가 C3D8R은 21.98MPa, C3D8은 23.16MPa가 나타났다. 이는 재료물성에서 정의한 24MPa와 비교하여 각각 8.42%, 3.5% 차이를 보이고 있으며 C3D8의 결과가 좀 더 정확하게 나타난 것을 알 수 있다.

2.2.5 해석방법 변경 후 재해석 결과 확인

(1) Step (해석방법 및 Output의 정의)

비선형 동적해석을 진행하기 위해 Step Module로 이동한다. 비선형 동적해석은 선형 정적해석, 선형 동적해석, 비선형 정적해석과 비교하여 가장 정확한 해석 결과를 도출하지만, 매우 큰 데이터 용량을 산출하고 해석시간이 오래 걸리는 단점이 있다. 그러므로 모델링 진행 시 적합한 해석방법인지 잘 판단하여 진행하는 것이 좋다.

1 Model Tree → Model-2 우클릭 + Copy Model → Name : Model-3 입력 → Model Tree에서 Model-3 생성 확인

2 Step Manager → Compression 선택 + Delete → Yes

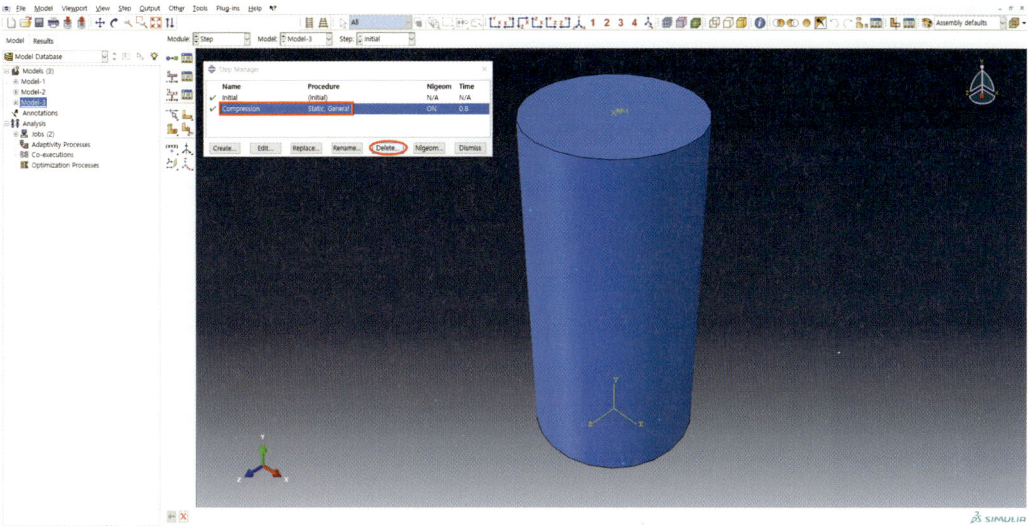

3 Create Step → Name : Compression + Procedure type : General + Dynamic, Explicit 선택→ Continue → Basic/Incrementation/Other(아래와 같이 입력)

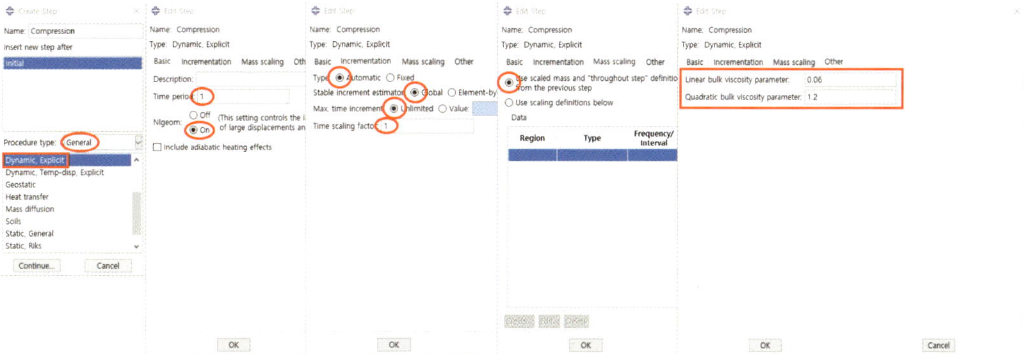

※ 특수한 해석조건을 고려하지 않을 경우 Basic을 제외한 탭의 조건은 Default로 적용한다.

4 Field Output과 History Output은 2.5장에서와 같이 동일하게 정의

(2) Load (경계조건 및 하중조건 정의)

동적해석을 수행하기 위해 Load Module로 이동한다. 이때 동적하중은 Time Domain에 대하여 정의하여야 하며, 본 모델링에서는 아래와 같이 0.01초 간격에 대하여 전체 하중의 0.01%를 선형적으로 증가시키는 하중을 정의한다.

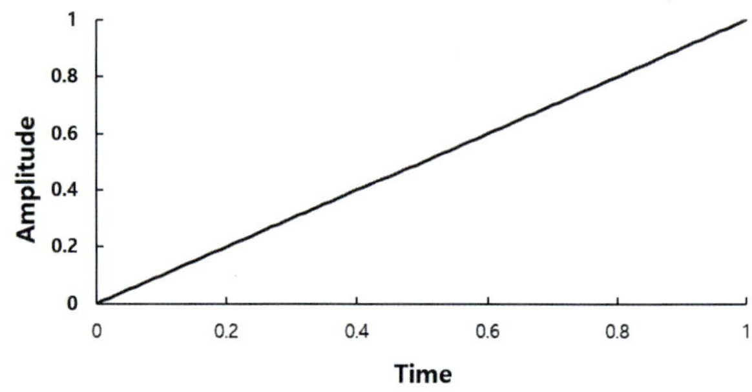

1 Create Boundary Condition → Name : Top_Load + Step : Compression + Category : Mechanical + Type for Selected Step : Displacement/Rotation → Continue → Sets → Load_Point 선택 → Continue → U2 체크 + -0.8 입력 → Amplitude → Type : Tabular → Continue → Time/Frequency, Amplitude(아래와 같이 입력) → OK

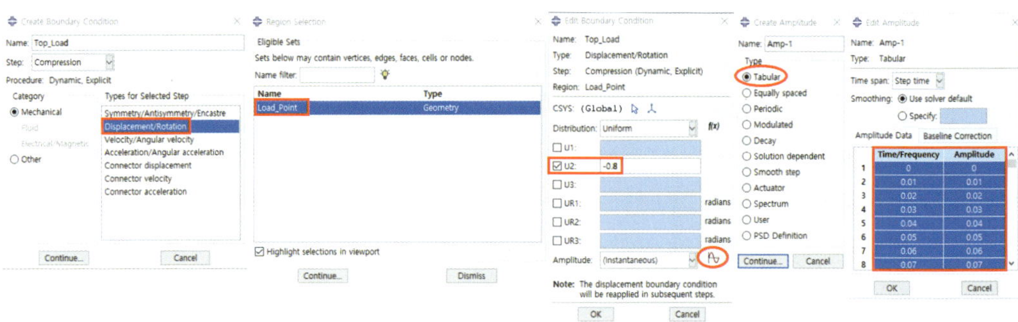

2 Amplitude : Amp-1 선택 → OK

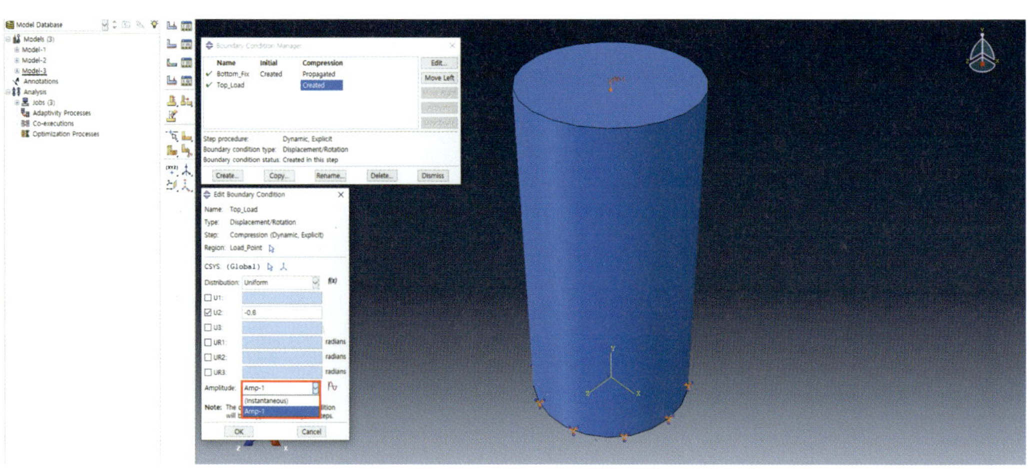

(3) Job (유한요소해석 수행)

1 Job Module 이동 → Job Manager → Model-2 선택 후 Copy → Name : Cylinder_Compression_C3D8_Explicit + Model-3 선택 → OK

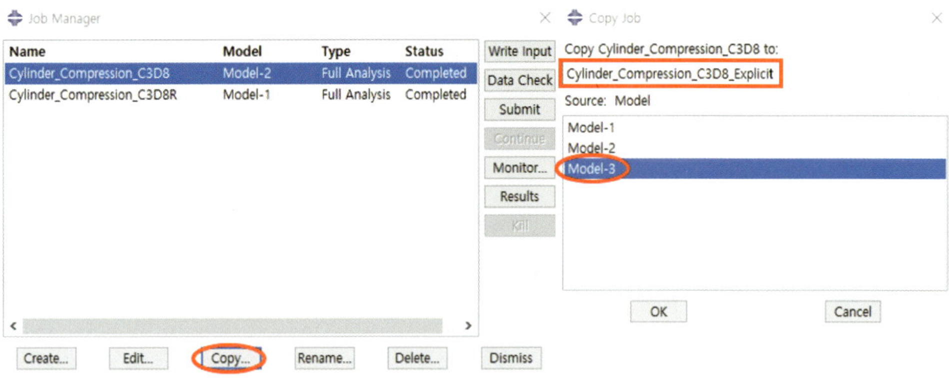

2 Job Manager → Monitor → Model-3 선택 + Submit

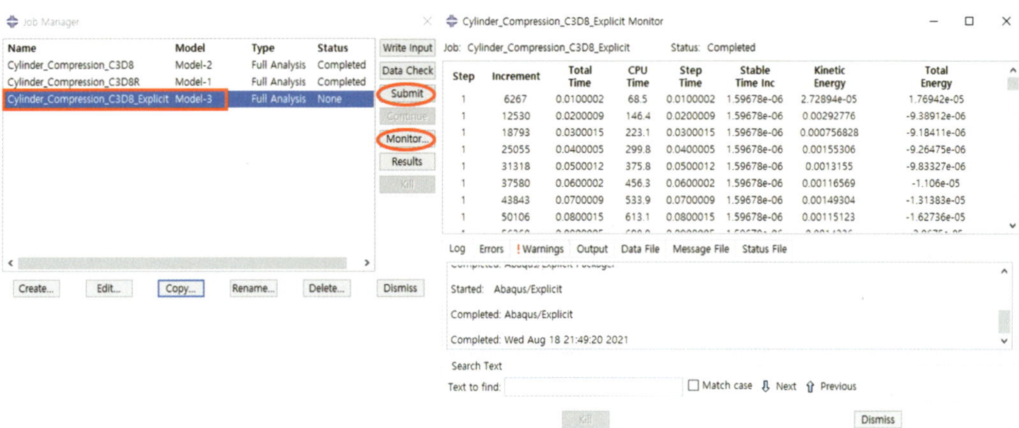

(4) Visualization (Output 확인)

1 Job Manager → 해석 완료 후 Results 선택

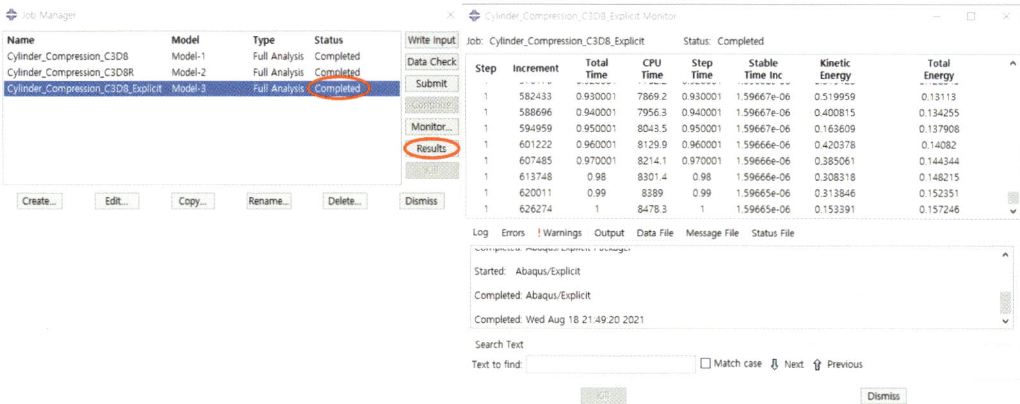

2 Plot Contours on Deformed Shape → von Mises 및 DAMAGEC 결과 확인

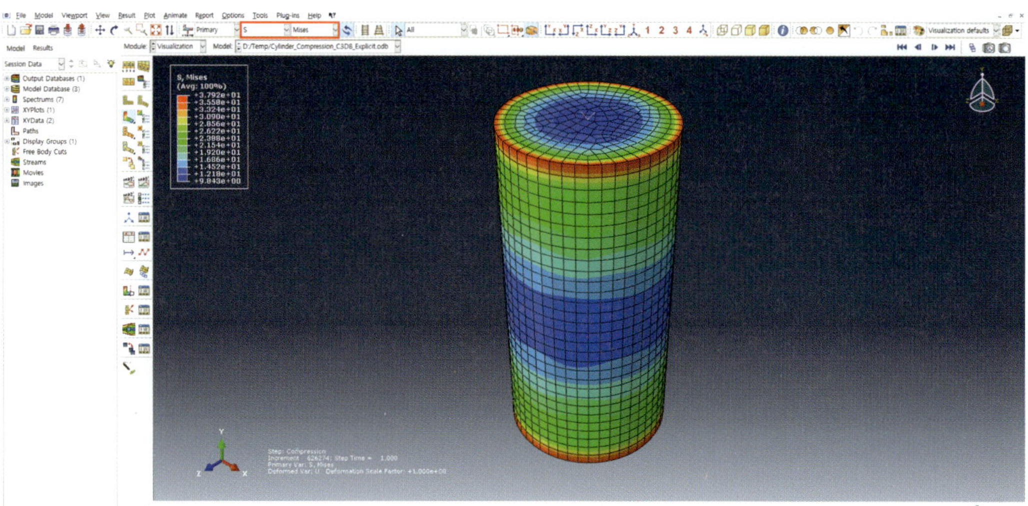

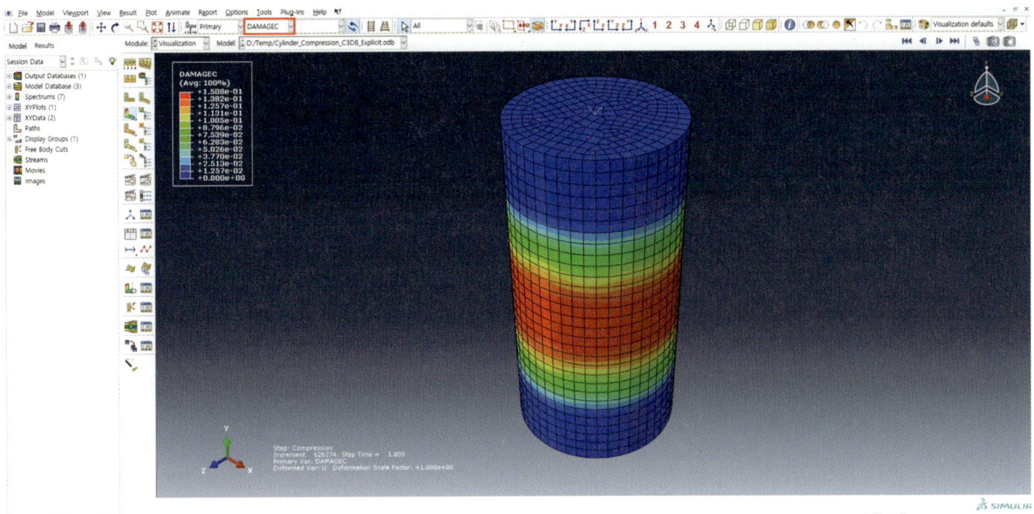

※ C3D8의 Contour 결과와 매우 유사하게 나타나고 있으며 결과값의 차이가 매우 미미하다.

(5) Output 정리

1 Tool → XY Data → Manager → Create → ODB history output → Continue → Output 항목 모두 선택 → Save As → OK → XY Data Manager → 가력하중 RF2 선택 → Y항 값을 드래그 하여 복사하여 엑셀에 붙여넣기 → 수직변위 U2 선택 → Y항 값을 drag하여 복사하여 엑셀에 붙여넣기

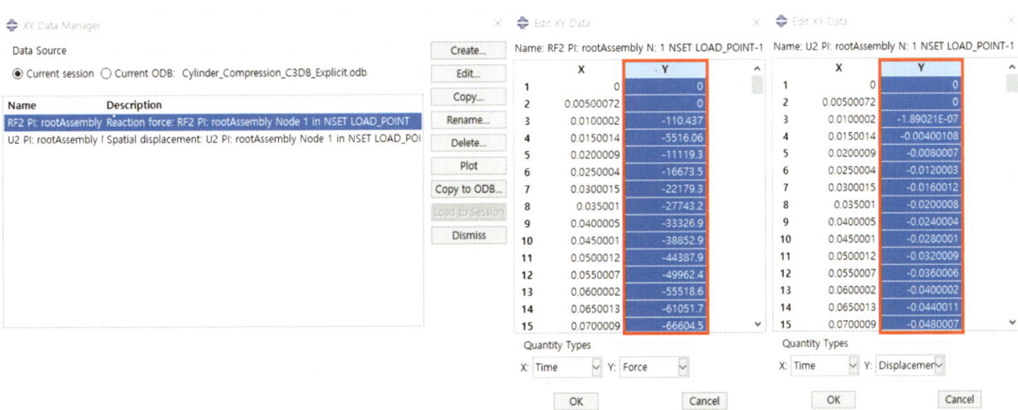

※ 여기서 Step Module의 Time period(=1)와 Load Module의 U2 방향 Displacement(=-0.8)가 다른 값이므로 Output 정리 시 XY Data-1의 Y항이 각각 가력방향의 하중과 변위가 된다.

2 엑셀에서 하중 및 변위 데이터를 응력(Stress)-변형률(Strain) 데이터에 대하여 정리(하중/단면적=응력, 변위/전체길이=변형률) → 아래 그래프로 Plot

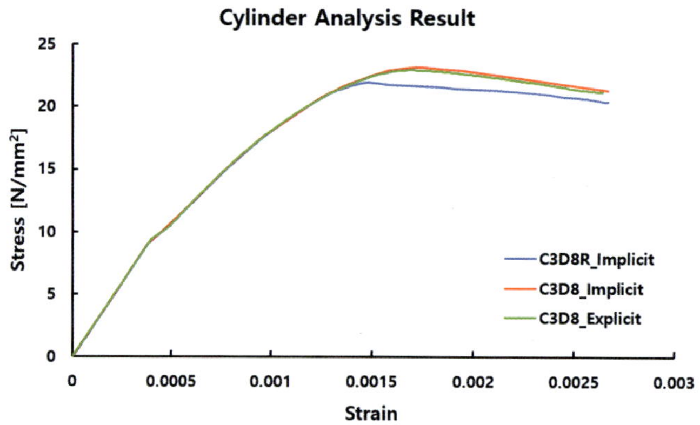

※ 해석결과들을 비교해보면 비선형 정적해석 및 비선형 동적해석을 수행한 C3D8의 결과가 최대 0.86% 오차를 보이며 매우 유사하게 나타났고 재료물성에서 정의한 24MPa에 근접한 결과를 보였다. 이러한 결과로부터 대변형을 고려하는 해석에서는 Reduced integration이 적용된 요소보다 적분점이 다수인 요소를 사용하는 것이 적합하며, 비선형 정적해석으로도 충분히 좋은 결과가 도출될 수 있음을 알 수 있다. 따라서 복잡한 구조물의 비선형 동적해석을 진행할 경우, 먼저 비선형 정적해석의 수행을 통해 모델링의 적합성을 검토하고 수정사항을 보완한 후 동적해석을 수행하는 것이 합리적이다.

References

[1] KS F 2405 (2015). Standard Test Method for Compressive Strength of Concrete. Korean Agency for Technology and Standards.

[2] Hognestad, E. (1951). A study of combined bending and axial load in reinforced concrete. University of Illinois at Urbana-Champaign.

[3] ABAQUS (2020). *Abaqus Analysis User's Guide*. USA: Dassault Systèmes Simulia.

[4] Belarbi, A. & Hsu, T.T.C. (1994). Constitutive Laws of Concrete in Tension and Reinforcing Bars Stiffened by Concrete. ACI Structural Journal 91(4), pp. 465-474.

Chapter 3

접합 및 구조부재

Chapter 3 접합 및 구조부재

3.1 볼트접합부의 평판(Plate) 및 볼트(Pin) 모델링

이 절은 강구조 볼트접합부에서 초기장력을 도입하지 않고 볼트의 지압에 의해 힘이 전달되는 단순인장을 받는 지압형 볼트접합부의 유한요소해석 모델링에 대해 다룬다. 강판은 평판두께 3.0mm의 얇은판(박판)이며 사용 볼트의 직경은 13mm이다. 2행 2열의 총 4개의 볼트접합부이고 해석모델의 단순화를 위해 볼트머리, 나사선, 너트, 와셔는 별도로 모델링하지 않고 볼트에 가해지는 일부 장력과 각 접촉면에서 마찰계수는 없는 것으로 가정한다. 또한 해석모델에서는 2행 2열 볼트 접합부의 게이지 중앙라인을 기준으로 대칭조건을 적용하여 볼트를 2열만 모델링한다.

3.1.1 Part (부재 생성)

모델에 대한 원하는 Geometry를 생성하거나 CAD모델을 import하는 과정으로, 볼트접합부의 경우, 1개의 평판(Plate)과 2개의 볼트(Pin)을 생성한다.

(1) 평판(Plate)

평판(Plate)를 가로 : 126mm, 세로 : 78mm의 크기로 생성한다.

1 Model Tree → Part → Name : Tension coupon + Modeling Space : 3D + Type : Deformable + Base Feature/Shape : Solid, Type : Extrusion → Continue

2 Create line을 이용하여 평판(Plate)을 생성하고, Create circle을 이용하여 볼트구멍을 생성한다. 그 후, Sketch the section for the solid extrusion : Done

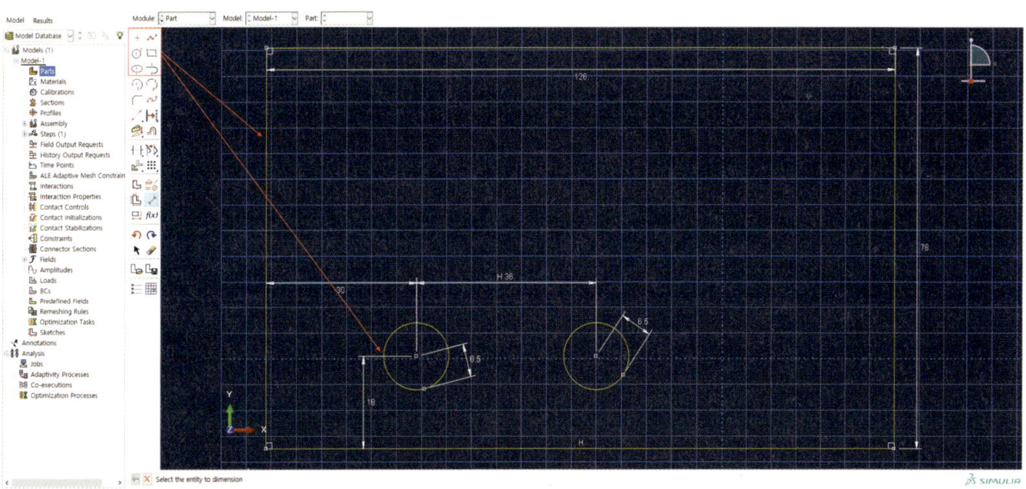

3 Depth : 3 → OK, 그림과 같이 부재가 생성된다.

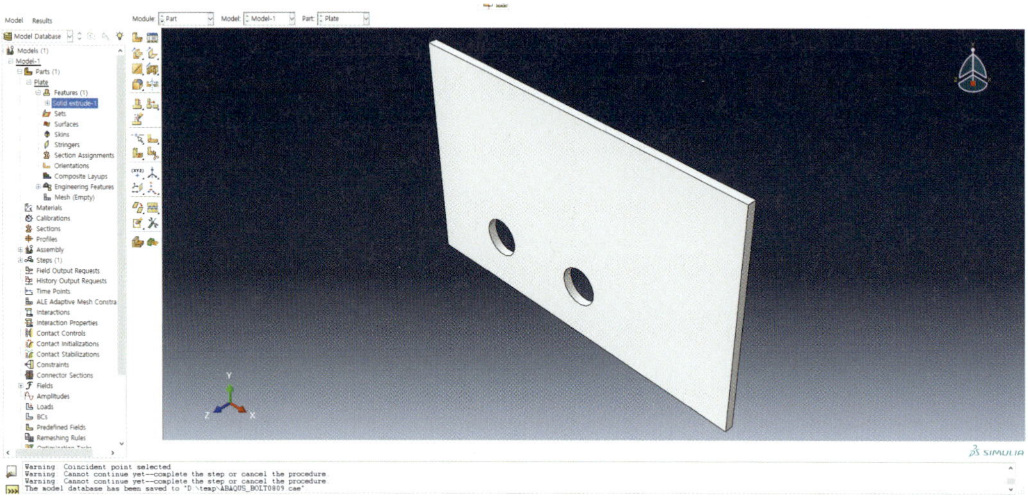

(2) 볼트(Pin)

높이 60mm, 반지름 6.5mm인 볼트(Pin) 생성을 위해 Part Module 에서 작업을 시작한다.

1 Model Tree → Create → Name : Pin + Modeling Space : 3D + Type : Analytical rigid + Base Feature : Revolved shell → Continue

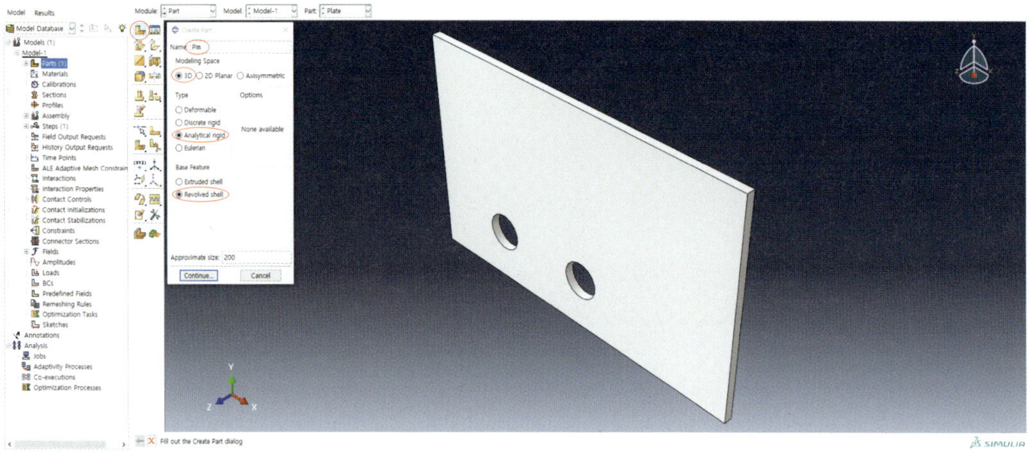

2 아래의 그림과 같이 도면을 그린 후,

Sketch the section for the revolved analytical rigid part → Done

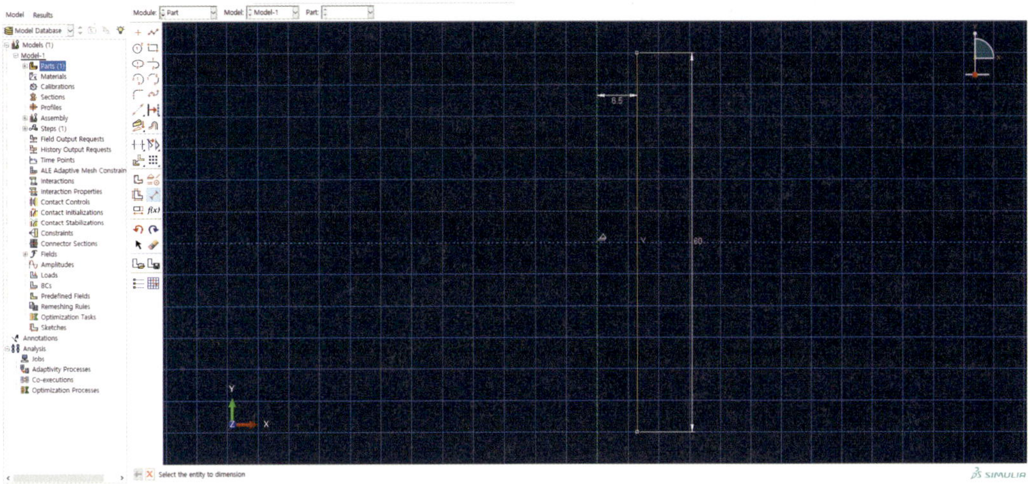

3 볼트(Pin)가 생성이 되면 RP(Reference Point)를 설정하기 위해 상단의 메뉴에서 Tools → Reference point → Select point to act as reference point : 원하는 점을 선택(볼트 Pin의 끝점 선택) → 아래의 그림과 같이 RP점 생성.

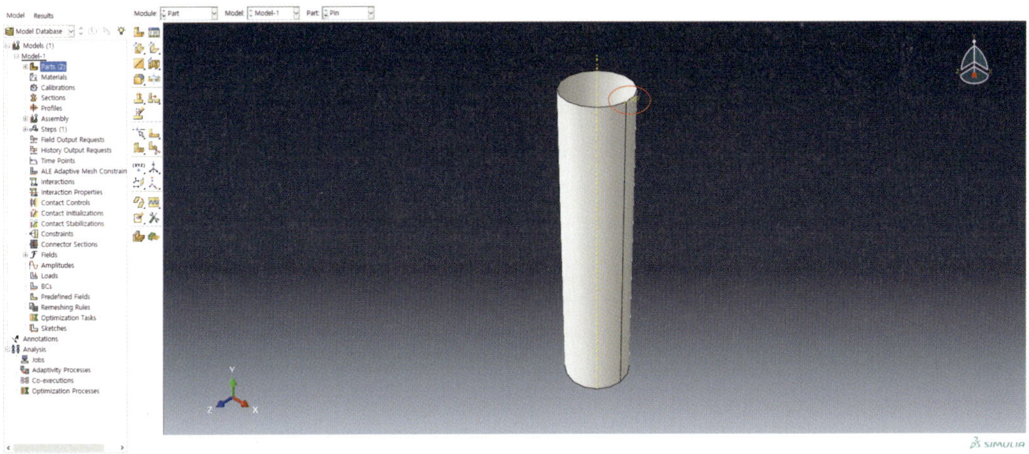

3.1.2 Property (재료물성 정의)

모델의 재료 물성을 정의하거나 section의 특성을 입력하는 과정으로, Part Module에서 생성한 평판(Plate)에 대하여 강재의 물성을 입력한다.

1 Model Tree → Material → Name : Plate-SS275 → Mechanical → Elastic + Young's Modulus : 205,000 + Poisson's Ratio : 0.3 → Mechanical → Plasticity(아래와 같이 입력) → OK

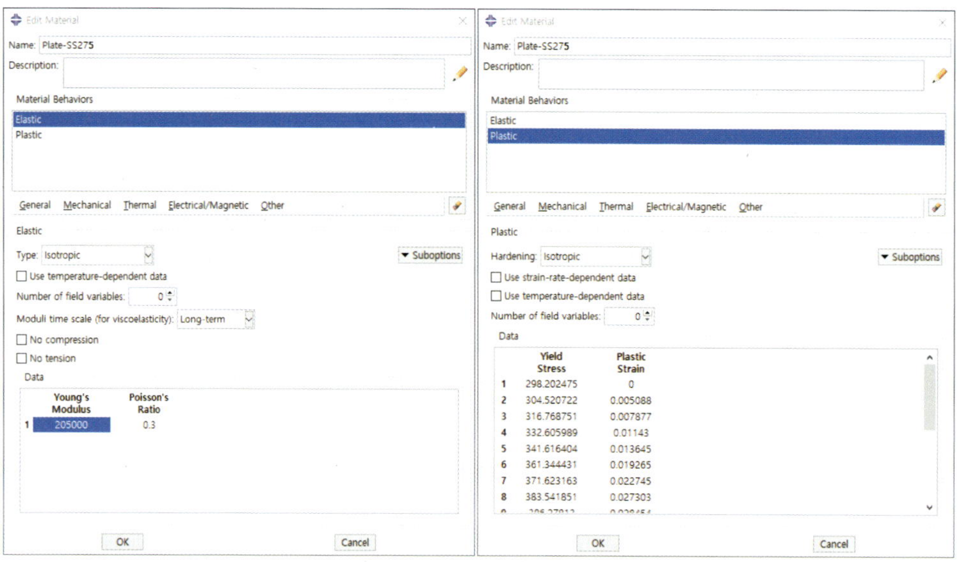

※ 소성영역(plasticity)의 재료입력값은 2.1절에서 설명한 바와 같이 단순인장 재료시험결과로부터 얻어진 공칭응력도-변형도를 진응력도-진변형도 변환 후 소성변형도(plastic strain)으로 재 변환하여 구한다.

2 Section Manager → Create Section → Name : Section-1, Category : Solid, Type : Homogeneous → Edit Section → OK

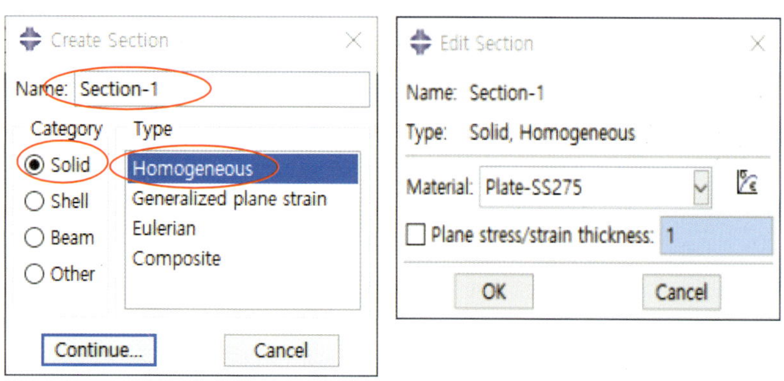

3 Section Assignment Manager → Create → Select 'Plate' → Edit Section Assignment → OK

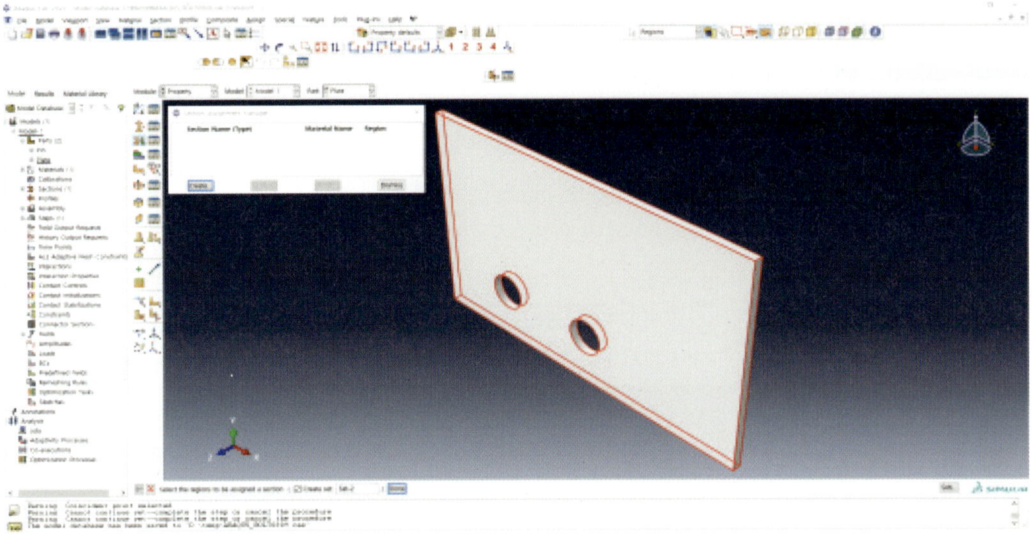

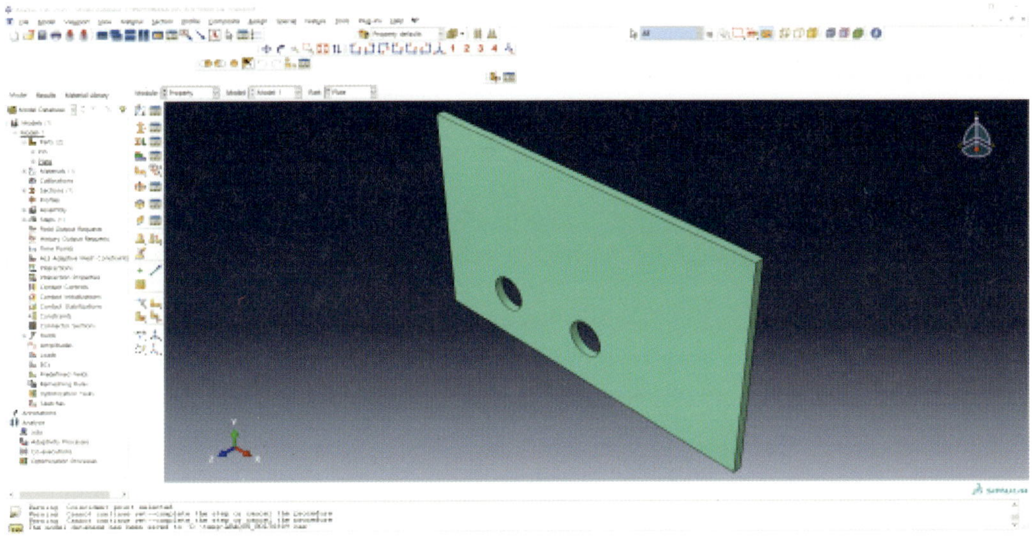

3.1.3 Assembly (조립 단계)

각 모델의 Part를 원하는 위치로 이동하여 조립하는 단계로써, Part Module에서 생성한 평판(Plate) 1개와 볼트(Pin) 2개를 결합한다.

1 아래의 그림과 같이, Create Instance → Plate와 Pin 선택, Instance Type : Independent(mesh on instance), Auto- offset from other instances : check → Plate 선택 후 Apply, Pin 선택 후 Apply(Pin은 2개가 필요하므로 2번 반복)

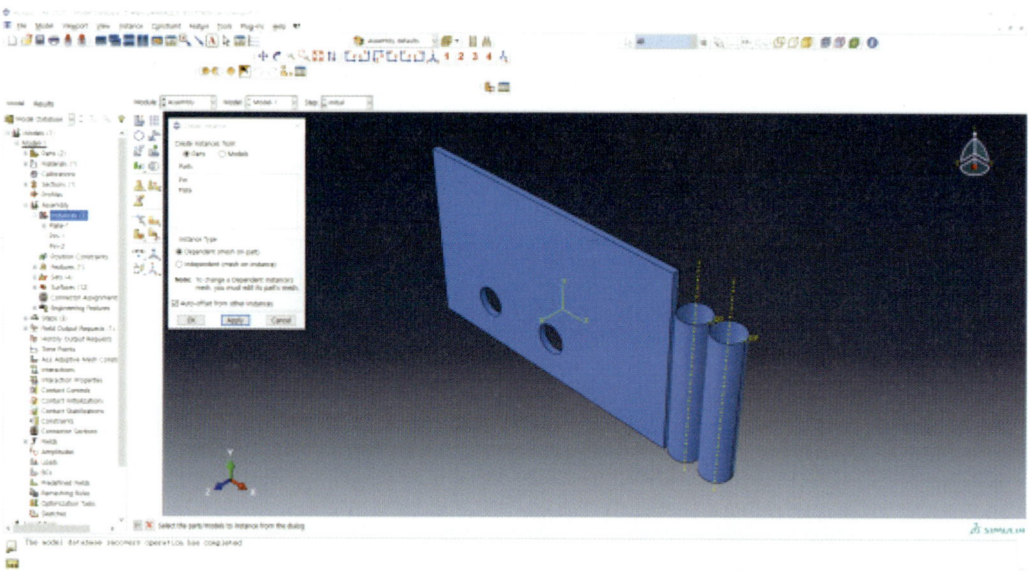

2 아래의 그림과 같이 상단의 Constraint → Coaxial → Select a cylindrical or conical face of the moveable instance : 볼트(Pin) 선택 → Select a cylindrical or conical face of the fixed instance : plate(평판)의 구멍 안쪽을 선택한다.

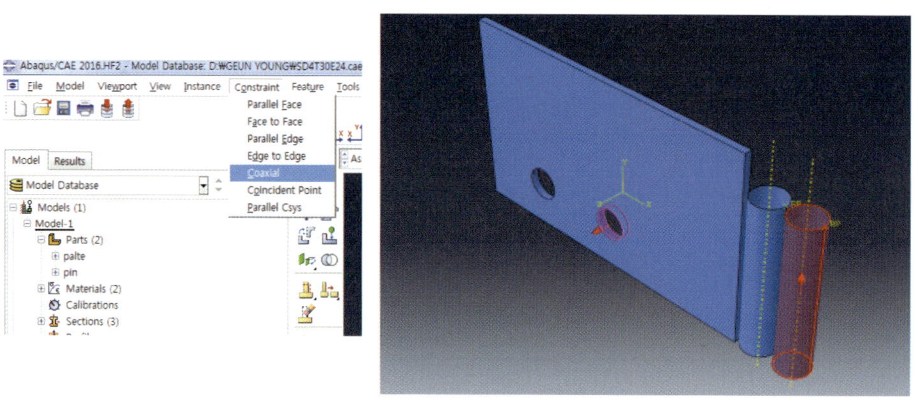

3 The instance will be moved so that the arrows point in the same direction → OK 아래 그림과 같이 볼트접합부의 결합이 완성된다.

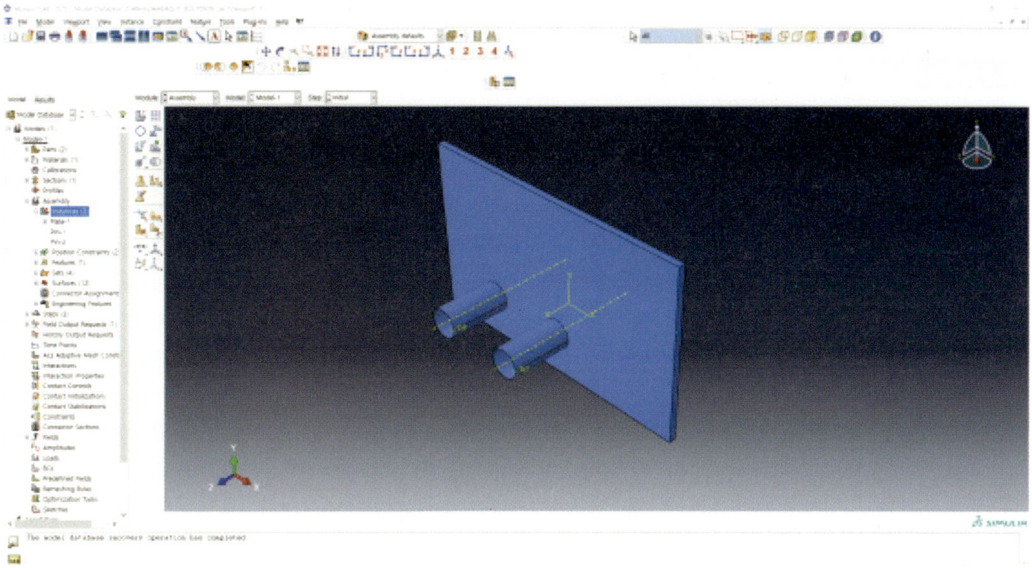

3.1.4 Step (해석과정 설정 단계)

해석을 위한 각 과정(Step)의 단계를 정의하고, 원하는 Output을 설정하는 단계로써, 볼트접합부의 경우에는 Initial, Contact, Load로 총 3단계로 구성하여 볼트접합부의 해석과정을 설정한다.

1 Step에서 Contact 단계를 설정하기 위하여
Create Step → Name : Contact, Procedure : General / Static, General → Continue → Edit Step(Basic) : Nlgeom (대변형 고려 기능)을 Off, Automatic stabilization : Specify dissipated energy fraction → Edit Step(Incrementation) : Maximum number of increments : 1000(대개 10의 배수), Increment size(initial) : 0.001, Increment size(Minimum) : 0.0001, Increment size(Maximum) : 1 → OK

여기서, Maximum number of increments와 Increment size(initial)의 곱한 것이 Increment size(Maximum), 즉 1이 되고, Increment size(Minimum)는 Increment size(initial)에서 한 것이다.

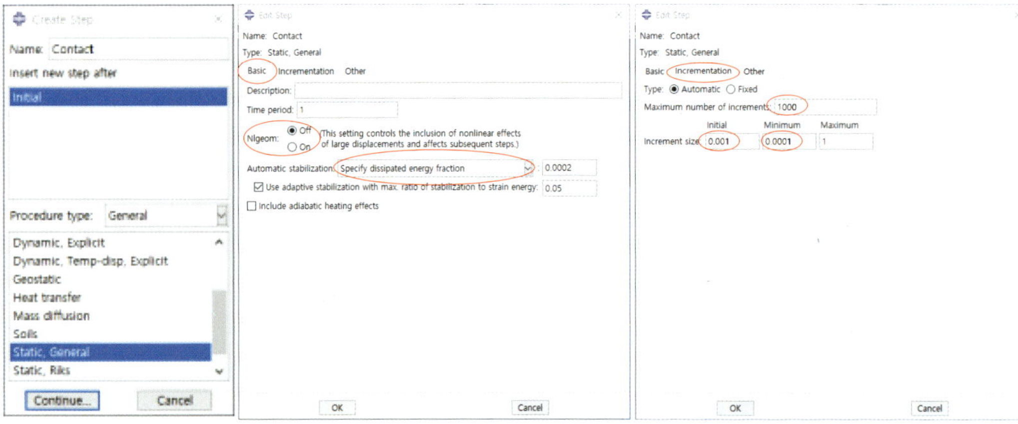

2 Step에서 Load 단계를 설정하기 위하여 Create Step → Name : Load, Procedure : General / Static, General → Continue → Edit Step(Basic) : Nlgeom(대변형 고려 기능)을 On, Automatic stabilization : Specify dissipated energy fraction → Edit Step(Incrementation) : Maximum number of increments : 10000(대개 10의 배수), Increment size(initial) : 0.0001, Increment size(Minimum) : 0.00001, Increment size(Maximum) : 1 → OK

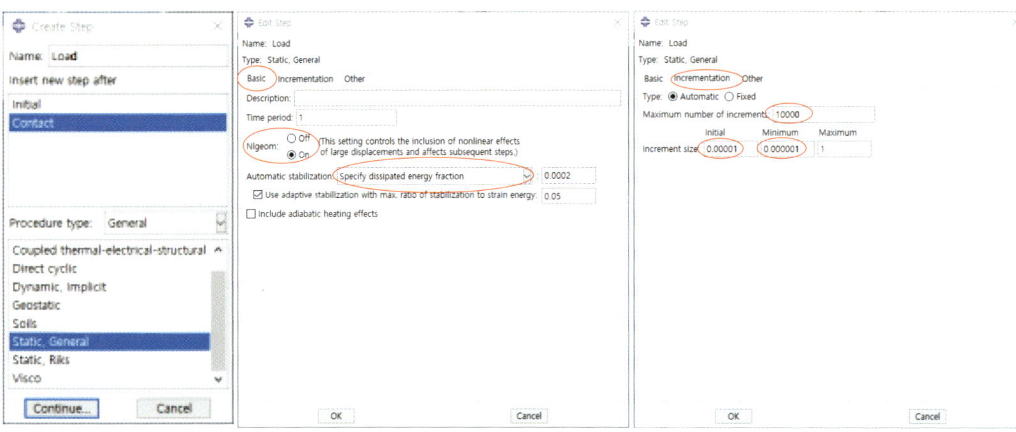

3 Step Manager에서 설정한 단계를 확인할 수 있다.

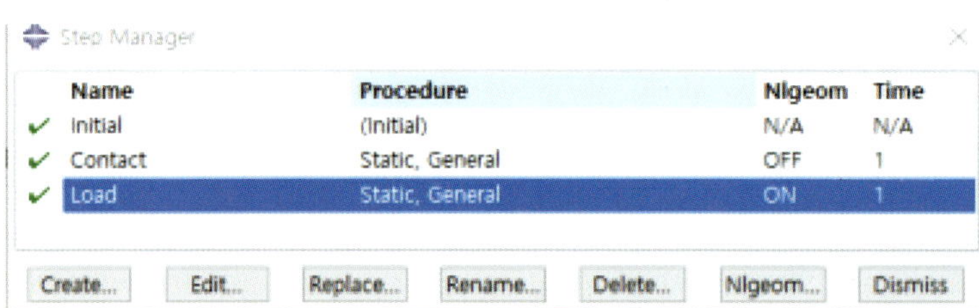

4 해석을 진행한 후에, 필요하거나 얻고자 하는 결과 값을 설정하는 Output 단계이다. Output은 크게 Field Output과 History Output이 있으며, Field Output은 모델(변형된 형상 및 응력분포 등, Contour)과 X-Y plot을 위하여 사용되고, History Output은 X-Y플롯을 위해 사용이 된다. 먼저 Field Output의 설정은 다음과 같이 Contact조건에서 원하는 값을 선택하여서 설정을 한다. Field Output Manager → Contact(created) Edit → Edit Field Output Request에서 원하는 값 설정 후 → OK

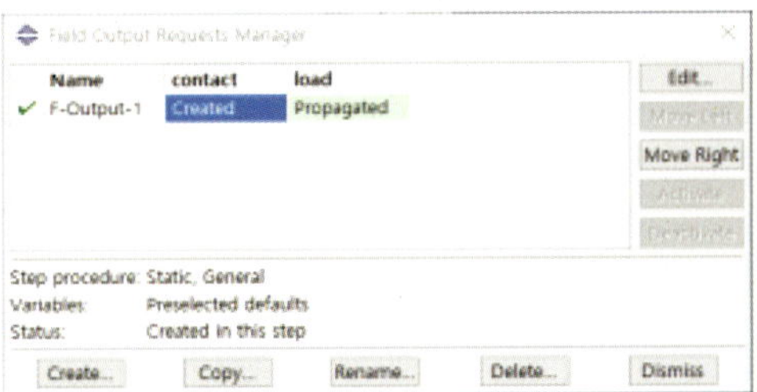

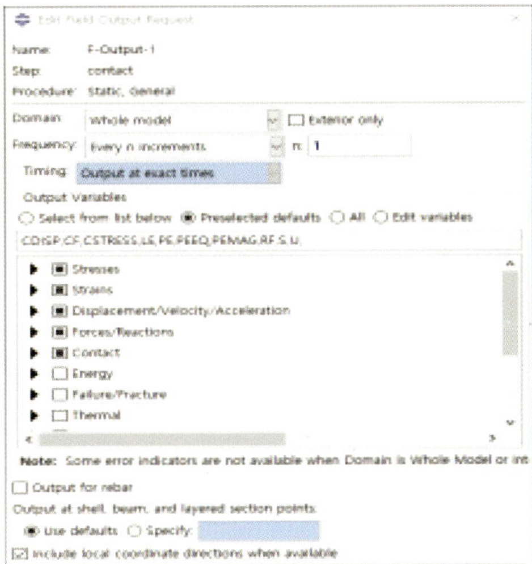

5 History Output의 경우에도 Field Output과 같이 원하는 값을 선택한다. 하지만, Field Output과 다르게 Contact 조건이 아닌 Load 조건에서 설정을 하고, Domain을 Whole model인 전체를 선택하는 것이 아니라, 원하는 부분(Set)을 지정한 후 선택한다. 하지만, 볼트(Pin)의 경우 Rigid로 설정을 하였기 때문에 Set 설정이 되지 않기 때문에 Reference point를 Set 설정한다.(평판 Plate의 경우는 Set 설정이 바로 가능)

Reference point는 2.1.2 (3)에서 볼트(Pin)에 생성하였다.
상단의 메뉴에서 Tools → Set → Create → Name : RP1(PR2) → Select the geometry for the set : RP점 1개 선택 → Done, 아래와 같이 Reference point를 Set으로 설정이 되었다.

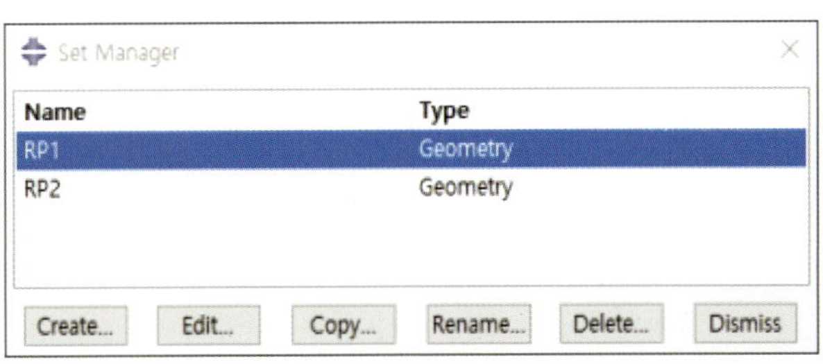

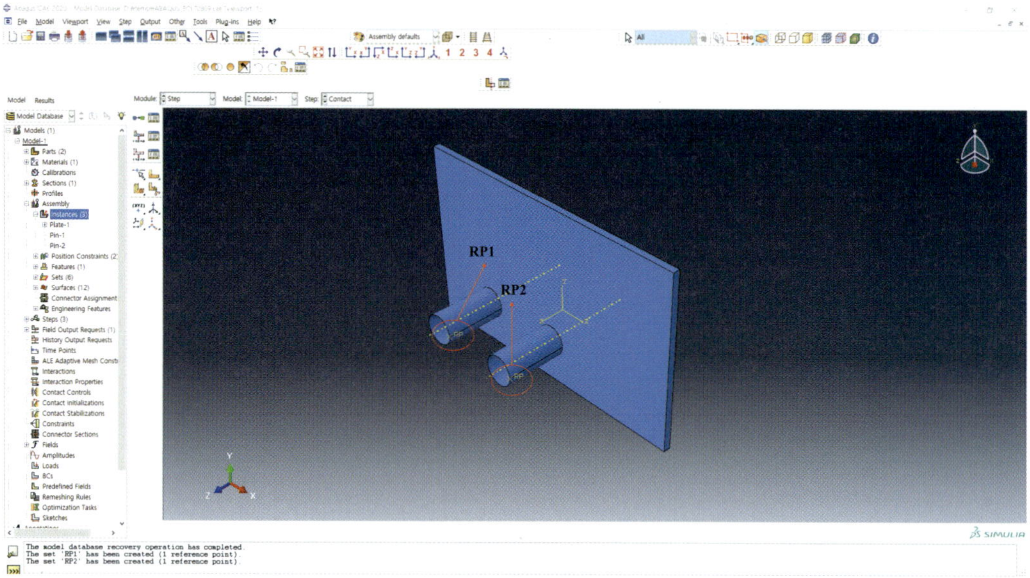

History Output을 설정하기 위하여, History Output Manager → 기존의 History Output내용은 Delete를 이용하여 삭제하고 Create를 이용하여 새로 생성한다. → Name : H-Output-1, Step : Load, Continue → Domain : Set-RP1, Output Variables에서 원하는 값을 선택하면 된다. (볼트접합부의 경우에는 X방향의 내력과 변위를 보기 위해서, RF1과 U1의 값을 입력하였다.) RP1과 같이 RP2 또한 같은 방법으로 설정한다.

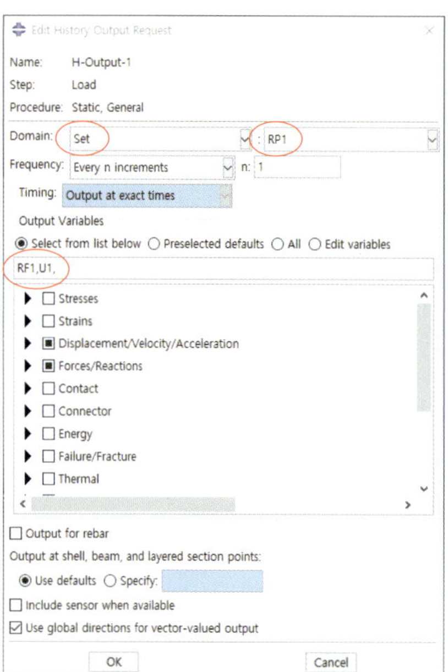

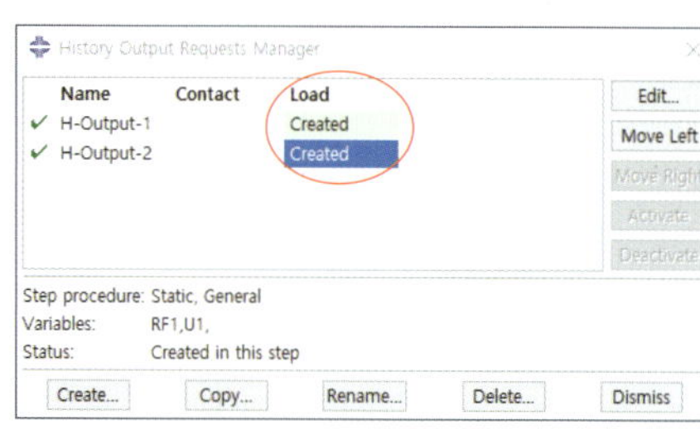

3.1.5 Interaction (상호관계 설정)

Assembly한 각 Part의 접촉, 체결조건 등을 정의하는 단계로써, 볼트접합부의 경우, 생성한 Part인 평판(Plate)과 볼트(Pin)의 관계를 정의하고, Contact Surface를 설정하는 단계이다. Interaction Property를 설정한 후, Find contact pairs 기능을 이용하여 접촉이 되는 면을 자동적으로 식별하여 모든 면에 적용을 해준다.

Interaction property를 설정하기 위하여, Interaction Property Manager → Create / Name : IntProp-1, Type : Contact, Continue → Mechanical → Tangential Behavior / Friction formulation : Frictionless → OK

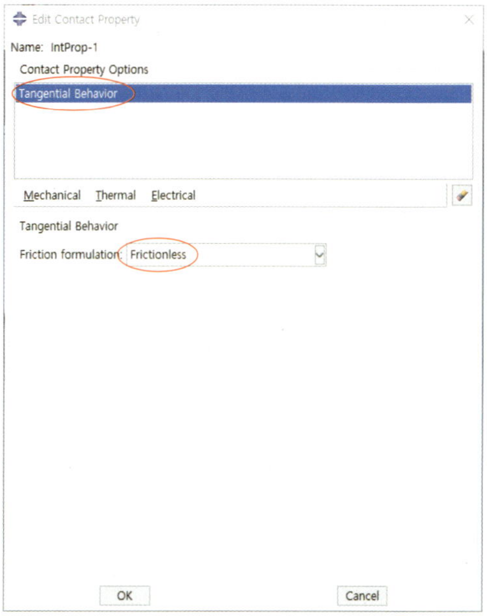

상단의 Constraint → Find contact pairs → Find Contact Pairs 선택 → 아래의 그림과 같이 접촉면을 찾아준다. → OK : Interaction 기능이 활성화가 된다.

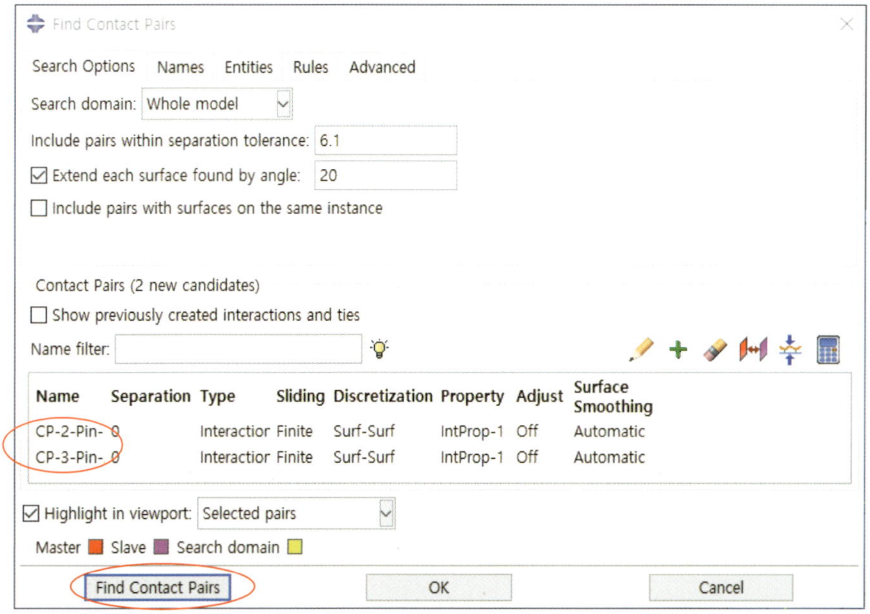

아래의 그림과 같이 Interaction Manager에서 확인 할 수 있다.

Initial(Created) → Edit Interaction에서 Master surface와 Slave surface를 확인 할 수 있다.

볼트접합부의 경우, Master surface : 볼트(Pin), Slave surface : 평판(Plate)이다.

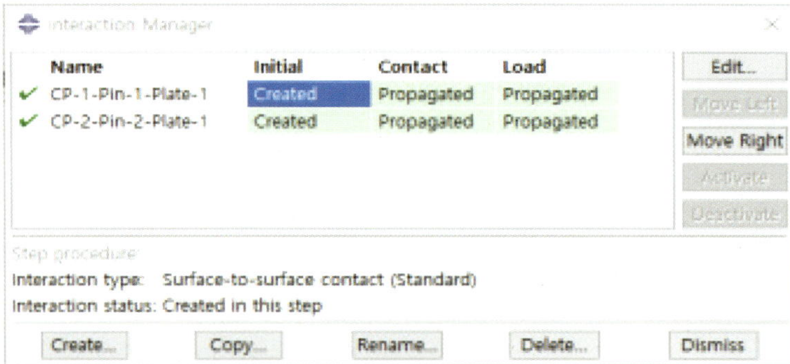

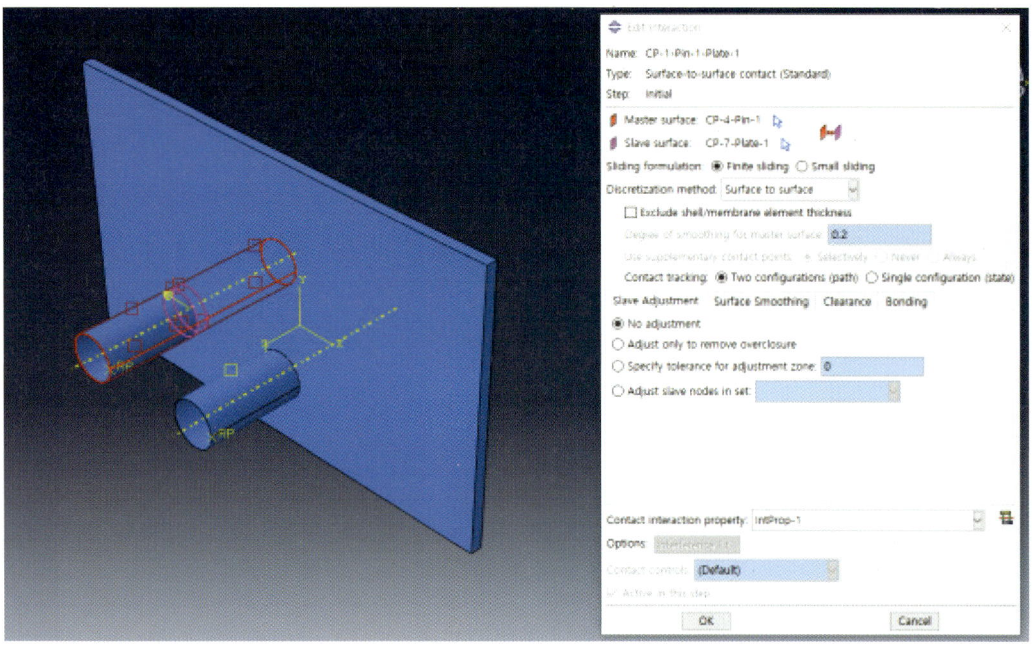

3.1.6 Load (하중 및 경계조건 설정 단계)

해석의 경계조건(Boundary Condition), 하중조건(Loading Condition) 및 초기조건(Initial Condition)을 설정하는 단계이다.

볼트접합부의 경우에는 고정, 대칭, 변위제어 등을 적용한다.

1 고정단(Fixed) 경계조건을 설정하기 위하여, Boundary Condition Manager→ Create → Name : Fixed, Step : Initial, Category : Mechanical, Types for Selected Step : Displacement/Rotation, Continue → Select regions for the boundary condition : 아래 그림과 같이 고정부의 영역을 선택 → 모든 방향에 대해서 고정이므로 U1, U2, U3 체크 → OK

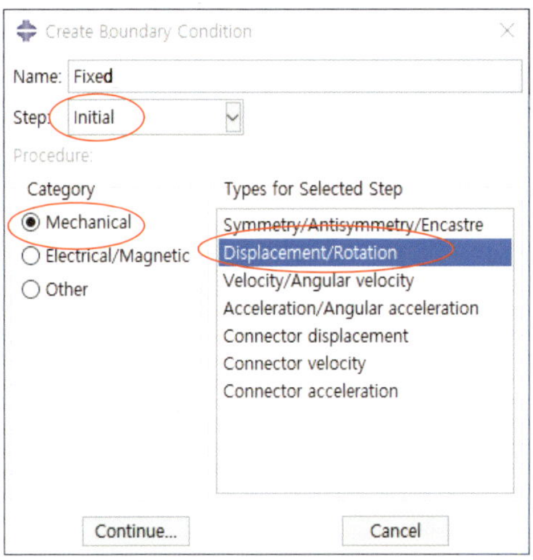

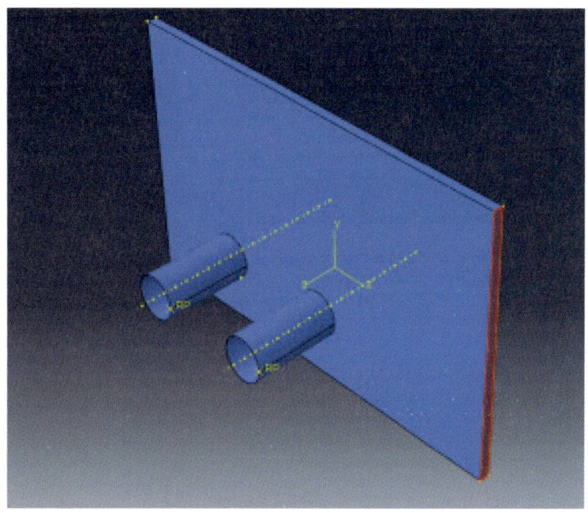

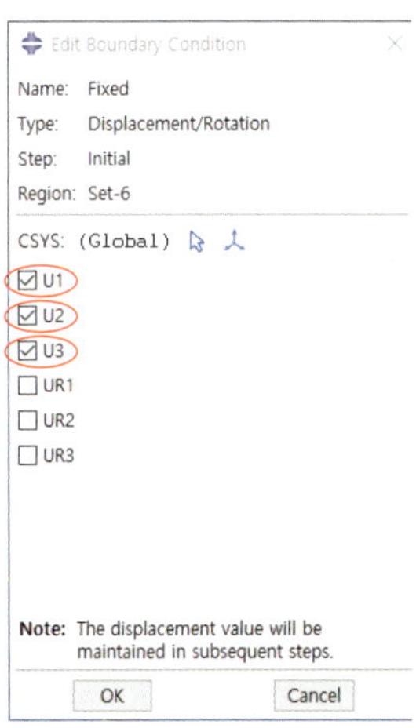

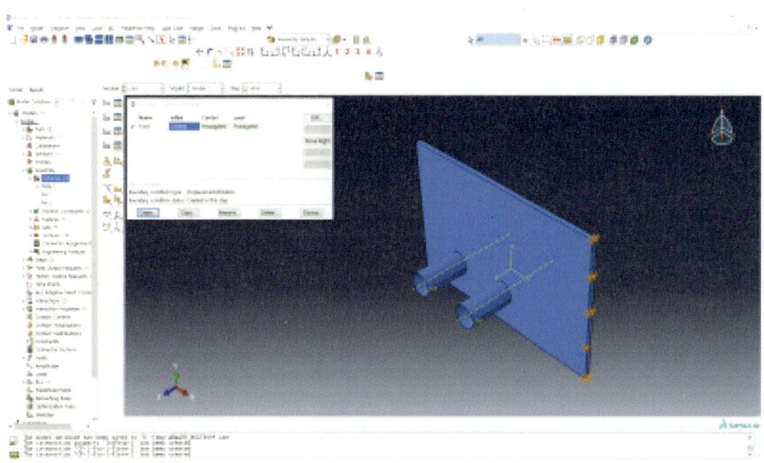

2 대칭(Sym) 경계조건을 설정하기 위하여, Boundary Condition Manager→ Create → Name : Sym, Step : Initial, Category : Mechanical, Types for Selected Step : Symmetry/Antisymmetry/Encastre, Continue → 대칭을 설정할 영역 선택 → Y방향에 대해서 대칭이므로 YSYMM(U2=UR1=UR3=0) 체크 → OK

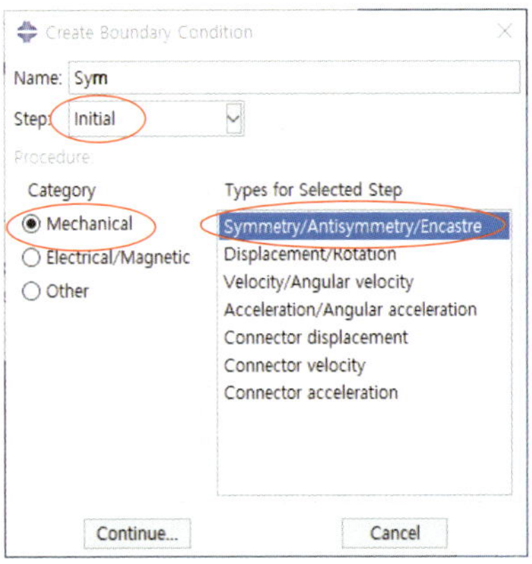

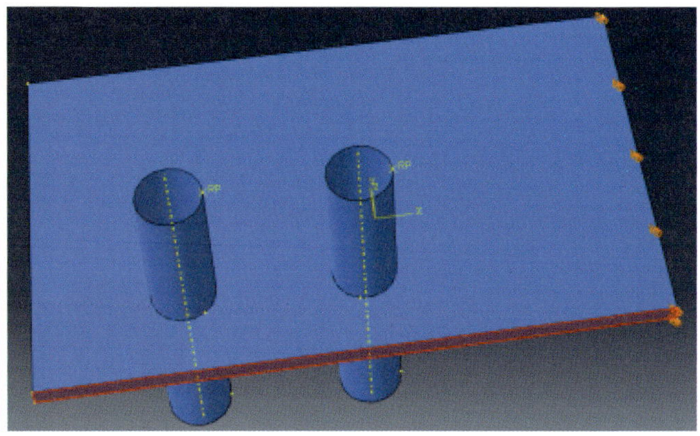

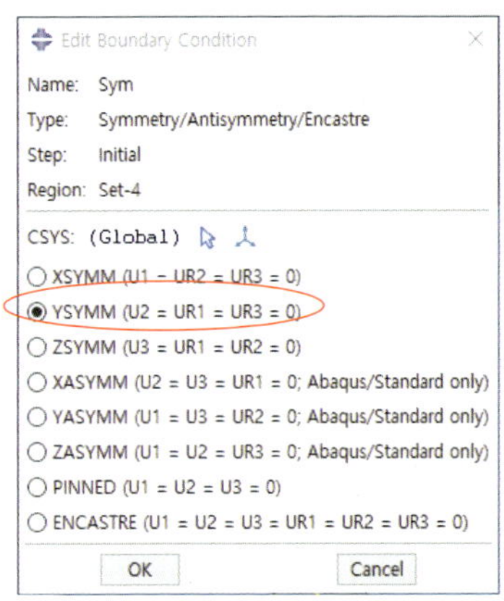

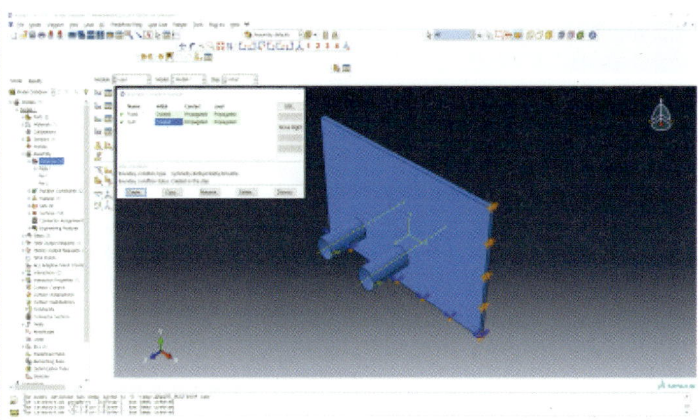

3 볼트(Pin)을 슬립이 발생하지 않도록 고정시키기 위해, Boundary Condition Manager→ Create → Name : Noslip, Step : Initial, Category : Mechanical, Types for Selected Step : Displacement/Rotation, Continue → Select regions for the boundary condition : 아래 그림과 같이 RP1과 RP2를 모두 선택 → U1, U2, U3, UR1, UR2, UR3 체크 → OK

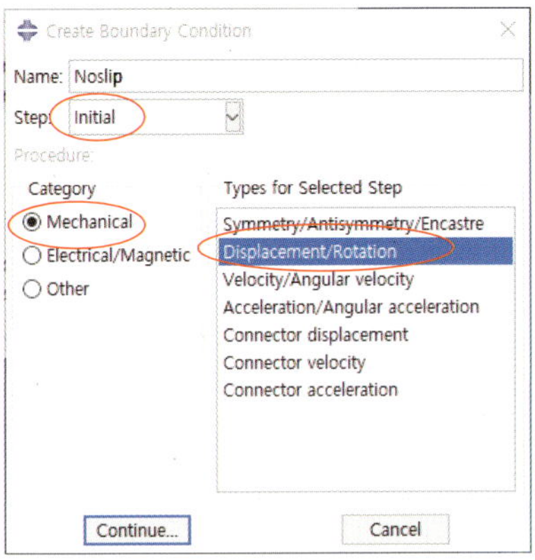

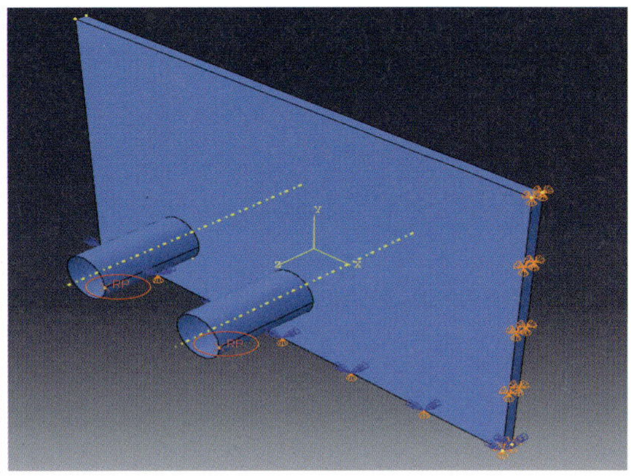

하지만, Load 단계에서는 볼트(Pin)이 X방향으로 거동하여야 하므로 Load의 Boundary Condition을 아래와 같이 U1을 해제시켜준다. → OK

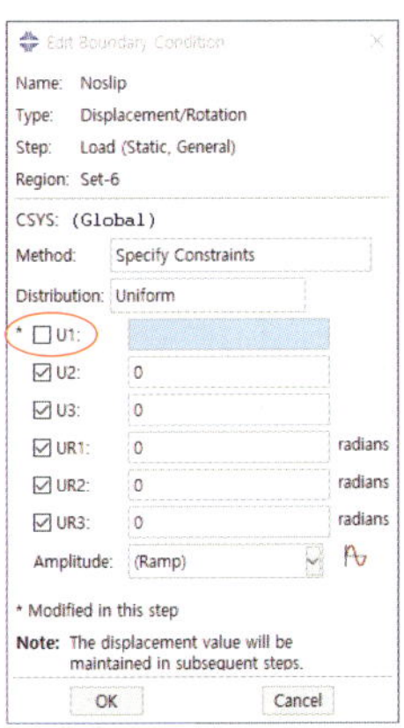

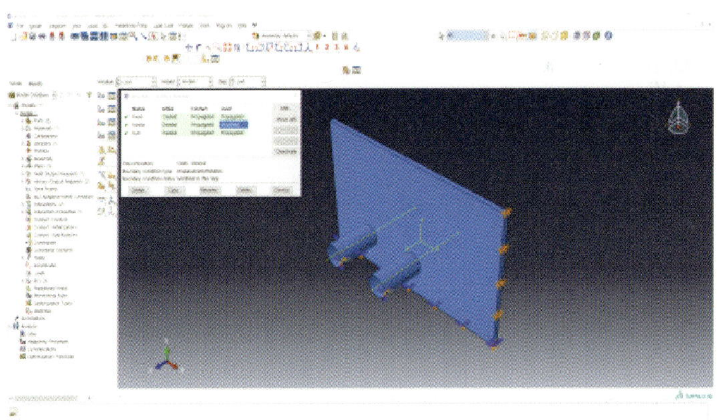

4 볼트(Pin)의 구멍주변(Plate)를 고정시키기 위해, Boundary Condition Manager→ Create → Name : Plate, Step : Initial, Category : Mechanical, Types for Selected Step : Displacement/ Rotation, Continue → Select regions for the boundary condition : 아래 그림과 같이 평판(Plate)의 구멍안쪽을 선택 → U1, U2, U3 체크 → OK

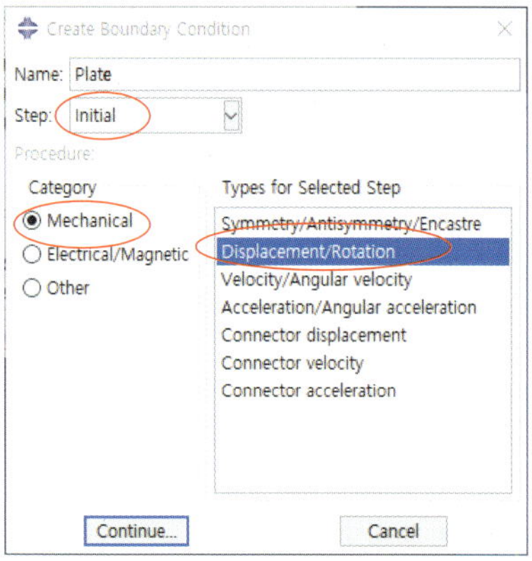

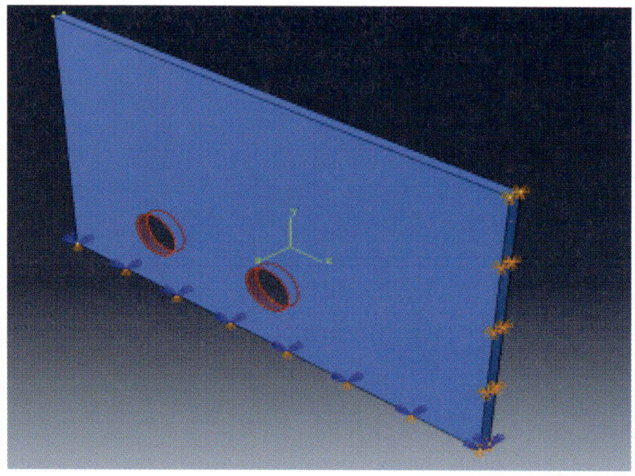

그러나, Load 단계에서는 평판(Plate)의 구멍이 X, Y방향으로 거동하여야 하므로 Load의 Boundary Condition을 아래와 같이 U1, U2를 해제시켜준다. → OK

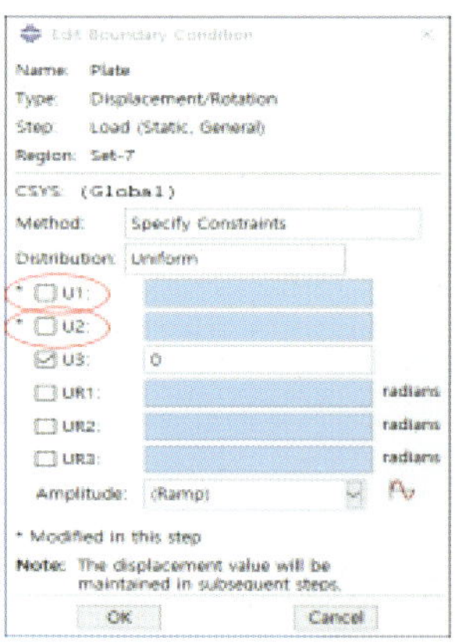

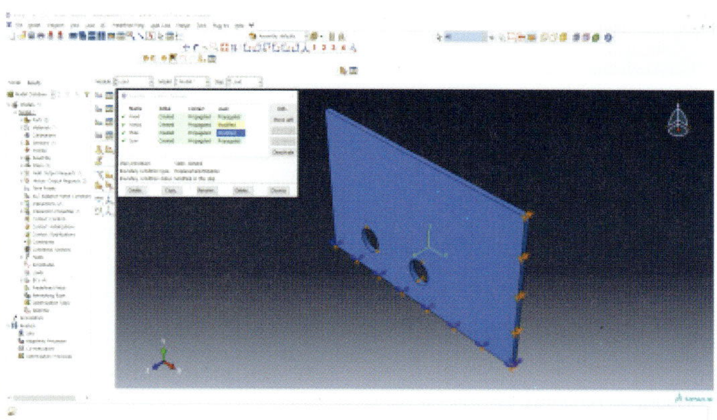

5 볼트(Pin)에 강제변위제어를 설정하기 위해, Boundary Condition Manager→ Create → Name : Disp, Step : Load, Category : Mechanical, Types for Selected Step : Displacement/ Rotation, 여기서 Step을 Load인지 확인, Continue → Select regions for the boundary condition : 아래 그림과 같이 RP1과 RP2를 모두 선택 → 변위제어의 방향이 X방향이므로 U1 체크 후 목표 최종 변위의 수치(-20, 방향체크 필수)를 입력→ OK

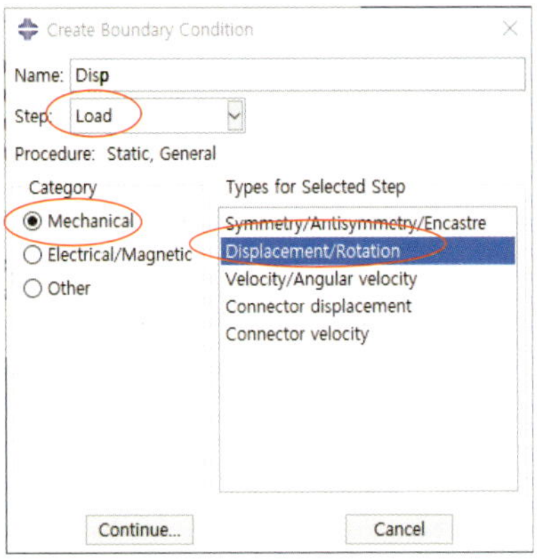

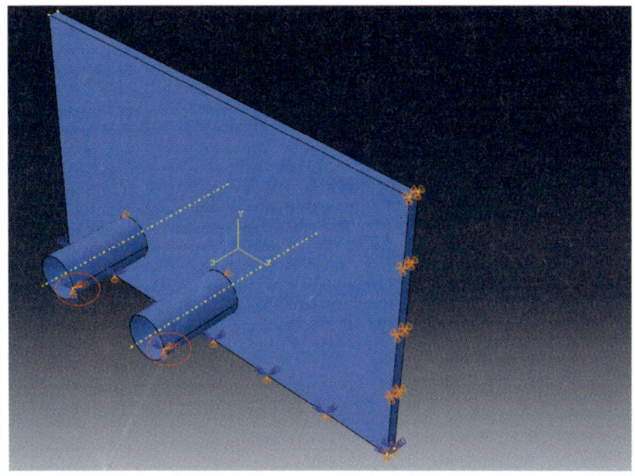

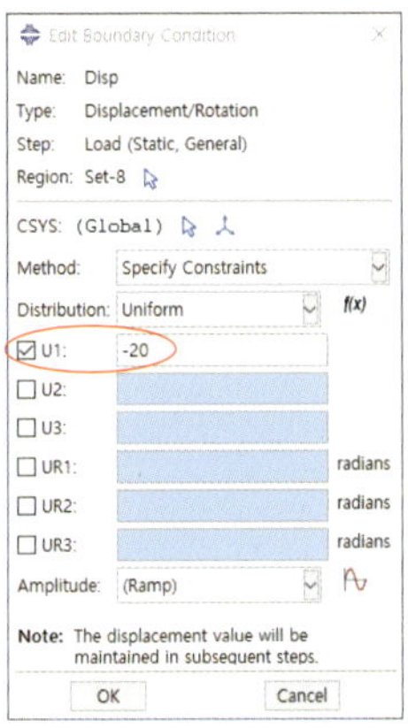

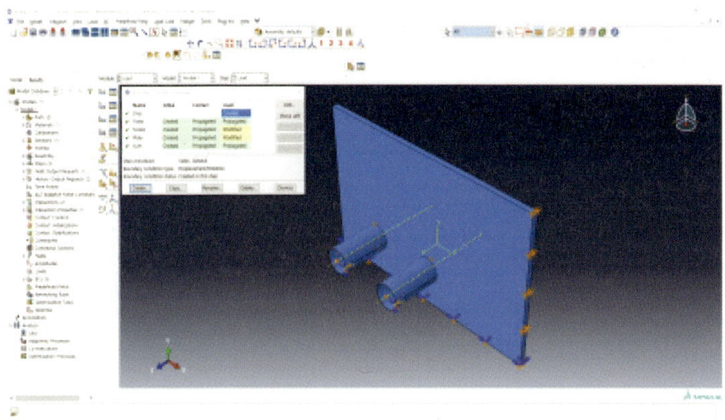

여기서 주의사항은, Displacement의 U1 목표 최종 변위의 수치와 2.4절에서 진행한 3단계 step인 Load의 Time period 수치가 같아야 한다.

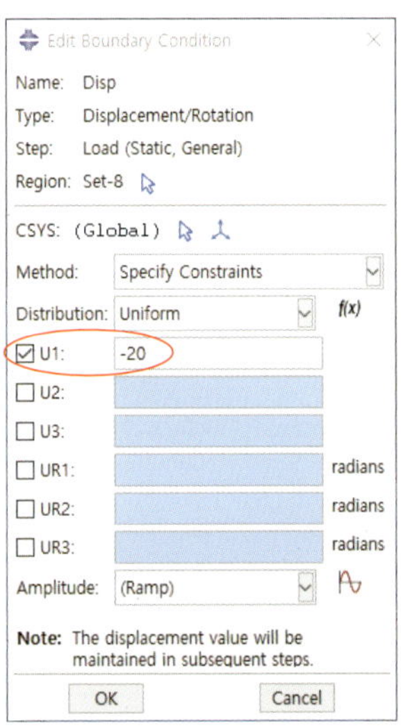

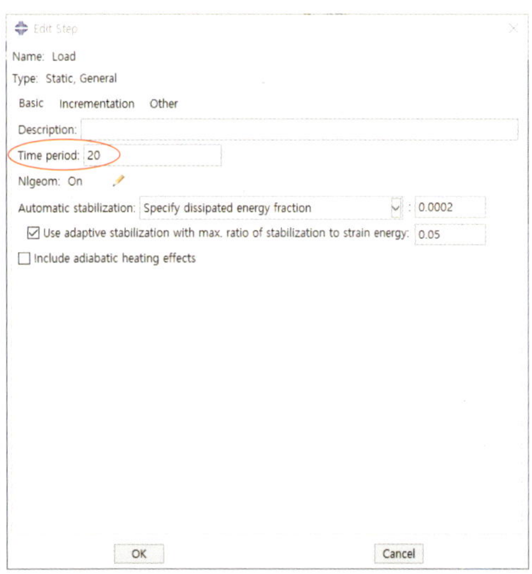

6 볼트접합부의 전단면수에 따라 1면 전단 2면 전단으로 분류된다. 1면전단의 경우 전단면 수가 1개이기 때문에 평판(Plate)가 면외변형이 발생할 수도 있지만 2면 전단의 경우, 볼트 접합부의 평판(Plate)이 윗면과 아랫면이 모두 구속이 되어있기 때문에 면외변형이 발생할 수가 없다. 따라서 2면전단 실험체의 경우 평판(Plate)을 고정시켜 모델링을 하여야 한다. 면외변형은 볼트접합부의 파단 형태와 최대내력에 영향을 주기 때문에 이 조건을 정확히 고려하여야 한다.

Boundary Condition Manager → Create → Name : R fixed, Step : Initial, Category : Mechanical, Types for Selected Step : Displacement/Rotation, Continue → Select regions for the boundary condition : 아래 그림과 같이 평판(Plate)의 면을 선택 → 면외변형이 Z방향으로 발생하므로 U3 체크 → OK

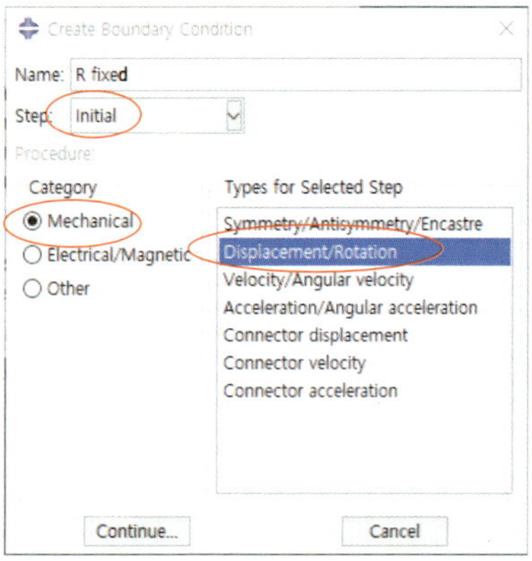

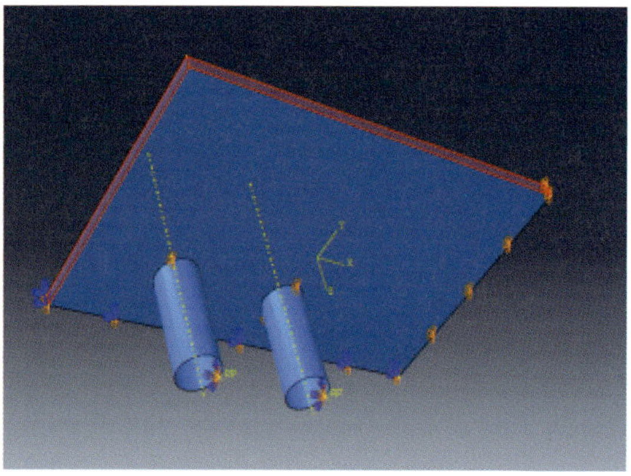

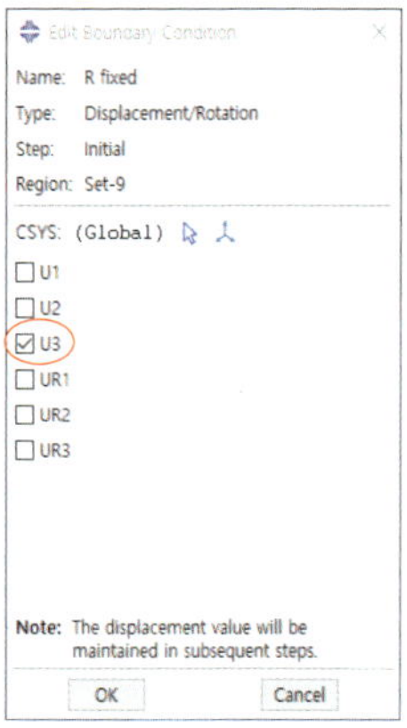

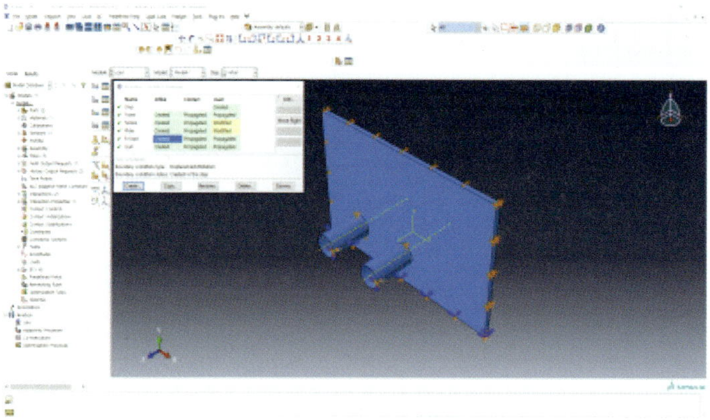

3.1.7 Mesh (요소설정 단계)

해석을 위한 요소(element)를 생성하는 단계이다. 이 단계에서는 정확한 Seed 설정을 위해서 Partition을 적용하여 부재의 영역을 일관되게 분할한다. 볼트접합부의 경우, 평판(Plate)의 영역을 분할한 후 Seed를 설정한다.

1 평판(Plate)의 영역을 분할하기 위해, Partition 기능을 사용한다.
상단의 Tools → Create Partition / Type : Cell, Method : Define cutting plane 선택 → How do you want to specify the plane : Point & Normal(한 점과 한 면을 선택하여서 분할하는 기능) → Select the cells to partition : 분할하는 영역 선택 → Select a point : 볼트(Pin) 중앙점 선택 → Select a normal direction(straight edge or datum axis) : 분할하고 싶은 면에 대한 수직면 선택 → Partition definition complete : Create Partition

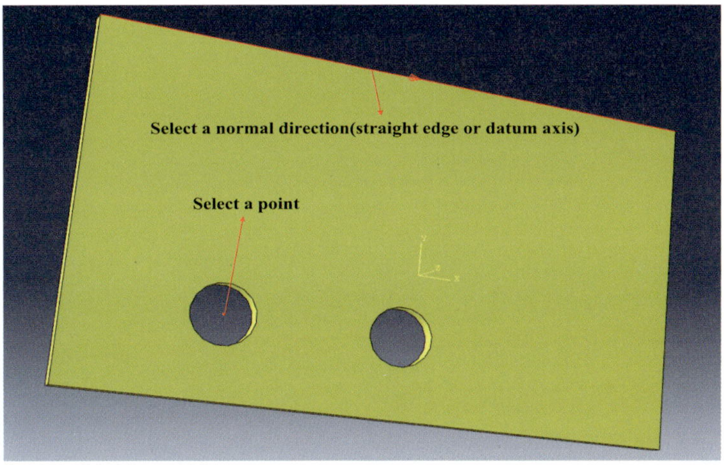

동일한 원리로, 아래의 그림과 같이 볼트접합부의 평판(Plate) 영역을 분할한다. 분할을 진행되면서 평판(Plate)의 색이 노란색에서 녹색으로 바뀌는 데, 노란색의 의미는 Mesh Seed는 적용할 수 있지만, 응력이 어느 한 곳에 집중되는 등의 문제점이 발생할 수 있으며 해석이 약간 부정확할 수 있고 녹색은 Mesh Seed의 적용이 가장 적합하다는 의미이다. 즉, Mesh Seed를 적용하는 영역이 정형적이거나 일관적일수록 가장 적합하다.

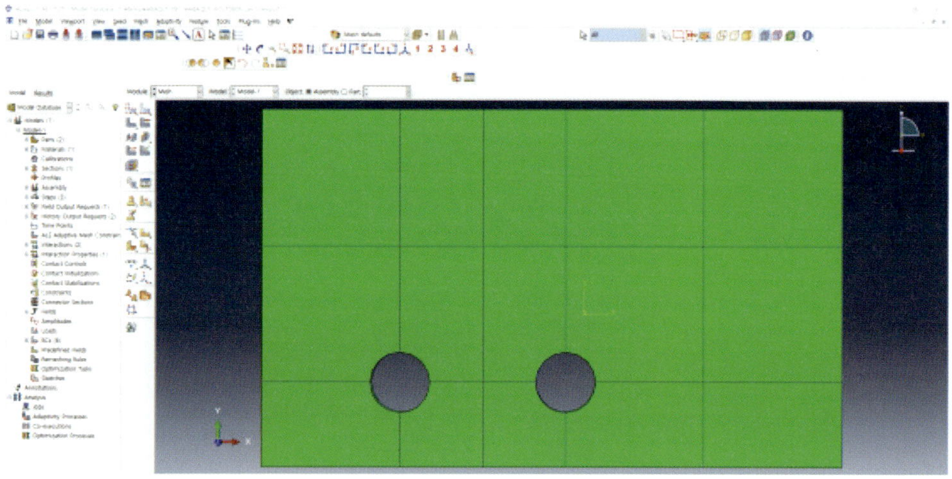

2 볼트접합부의 평판(Plate)에서 볼트(Pin) 구멍주변에 변형이 크게 예상되므로, 정확한 해석을 위해서 Mesh Seed를 세밀하게 적용한다. 볼트(Pin) 구멍주변은 Mesh Seed를 1mm, 나머지 부분은 3mm로 설정한다.

Mesh Seed를 설정하기 위해, Seed Edges → Select the regions to be assigned local seeds : 아래의 그림과 같이 볼트(Pin) 구멍주변 선택, Done → Local Seeds / Method : By size, Bias : None, Sizing Controls / Approximate element size : 1, Curvature control : Check → OK

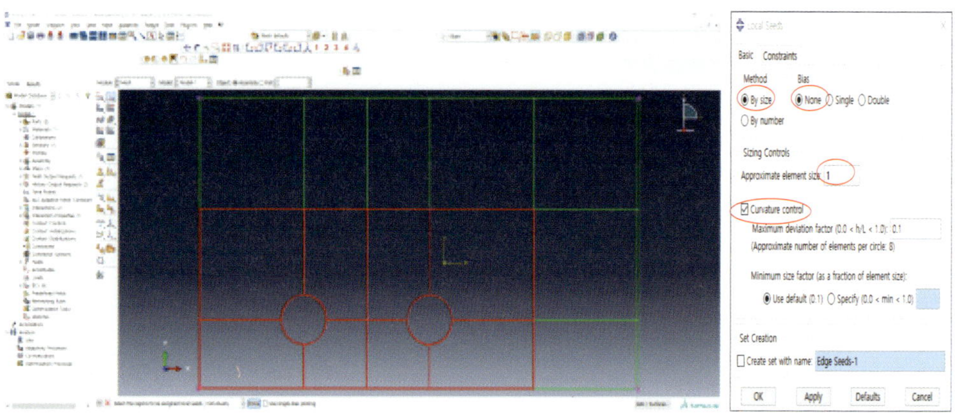

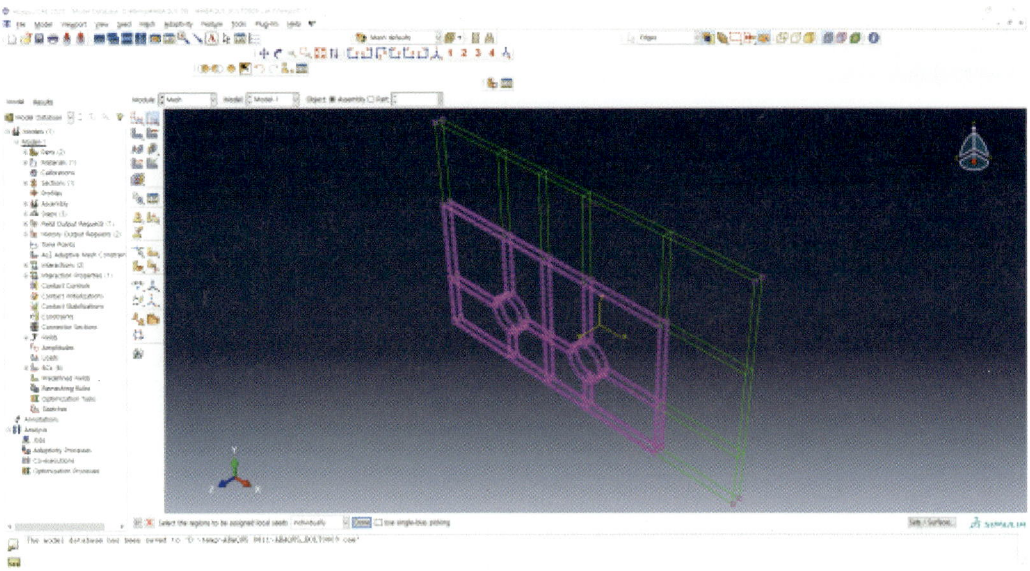

동일한 방법으로 볼트(Pin) 구멍주변을 제외한 나머지 부분은 Mesh Seed를 3mm를 아래 그림과 같이 적용한다.

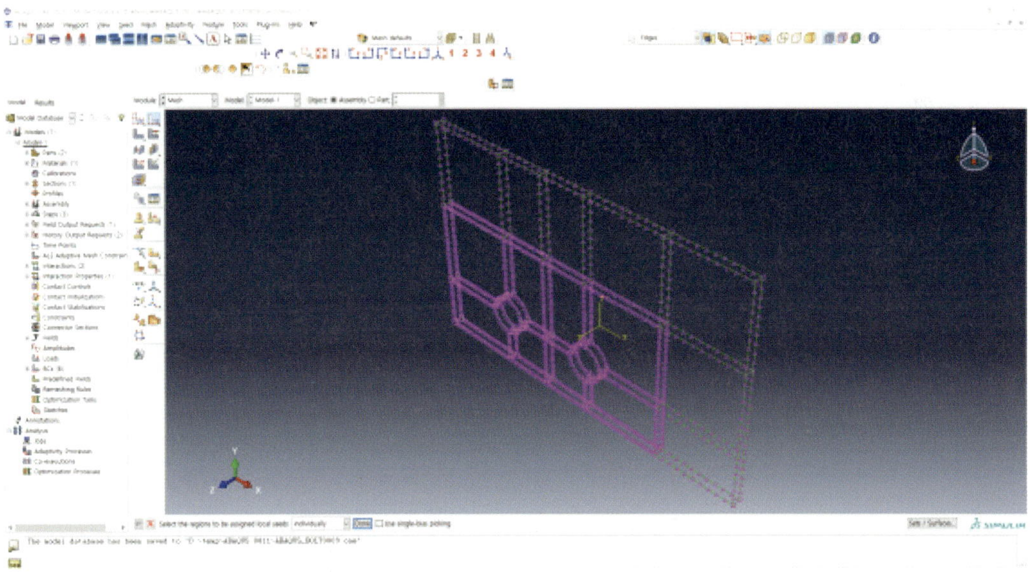

3 설정한 Mesh Seed를 입히기 위해 상단의 Mesh → Region → Select the regions to be meshed → 전체 선택 후 Done, 아래의 그림과 같이 Mesh가 입혀진다.

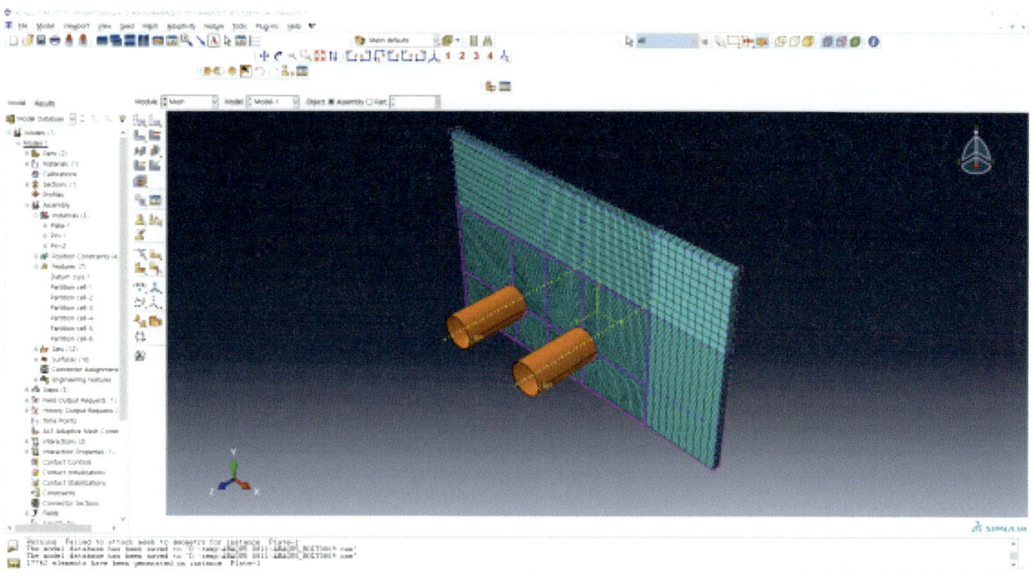

4 Element types를 변경하기 위해 상단의 Mesh → Element types → Select the regions to be assigned element types → 전체 선택 후 Done → Family : 3D Stress, Reduced integration(저감적분법, C3D8R) check → OK

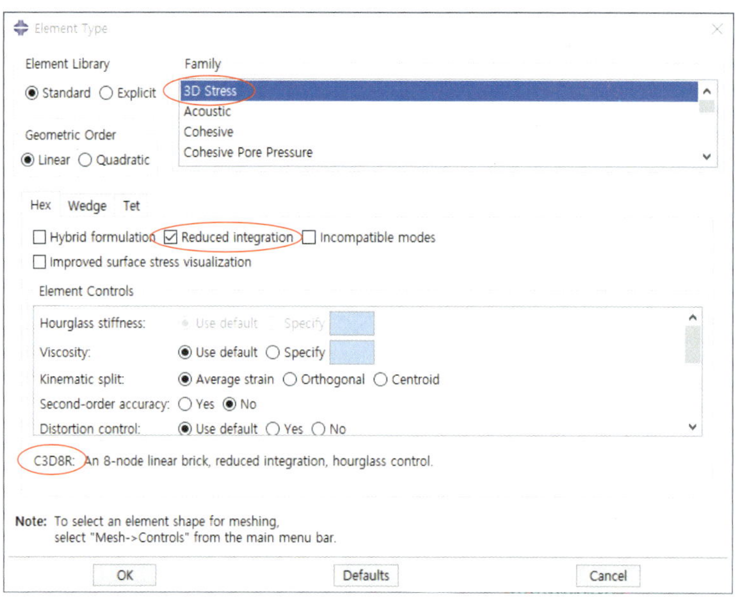

3.1.8 Job (해석진행 단계)

해석을 실행하고 모니터링하는 단계이다.

1 해석을 진행하기 위해서
Job Manager → Create → Name : SS275-BC → Edit Job → OK, 아래와 같은 해석 Table이 생성된다.
Write Input의 기능은 ABAQUS input 파일인 SS275-BC.inp 파일을 생성할 수 있고 Submit은 해석을 요청하여 진행하는 기능이고 Monitor는 해석 진행 중 진행 상황을 실시간으로 확인이 가능하며 Results는 해석이 완료된 후 결과를 볼 수 있는 기능이다.

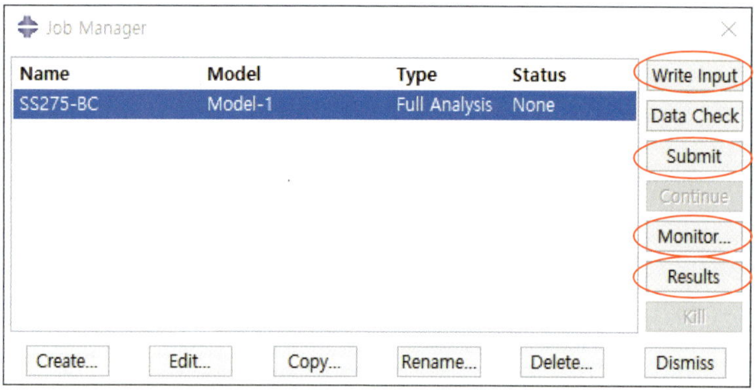

2 Monitor 기능을 이용하여 해석의 진행 상황을 아래와 같이 확인이 가능하다.

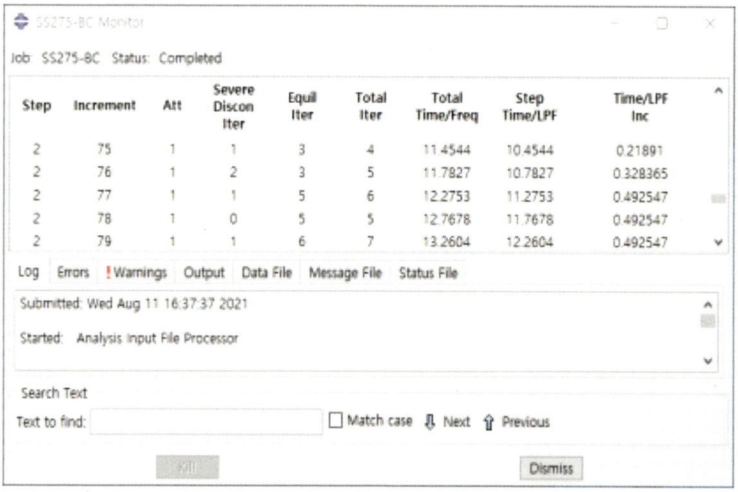

3 해석이 완료되면 Completed라는 문구가 나타나면서 해석이 종료된다.

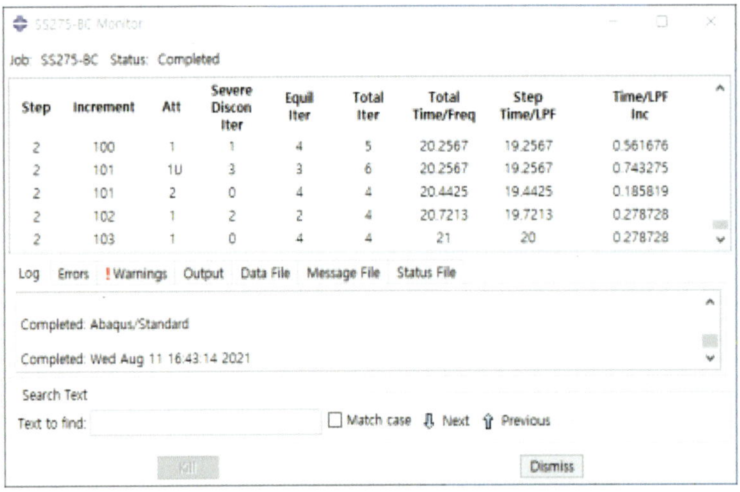

3.1.9 Visualization (결과 시현 단계)

해석결과를 통해서 원하는 데이터를 얻는 단계이다. 해석결과 파일은 .odb 형식이다.

1 X-Y plot을 하기 위해

상단의 Tools → XY Data → Create → Create XY Data / Source : ODB history output, Continue → 모두 drag하여 Plot하면 아래와 같은 그래프가 도출된다.

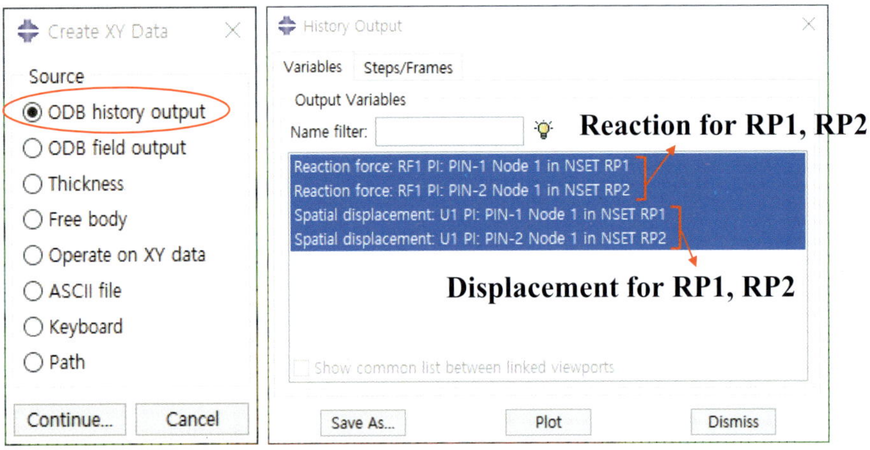

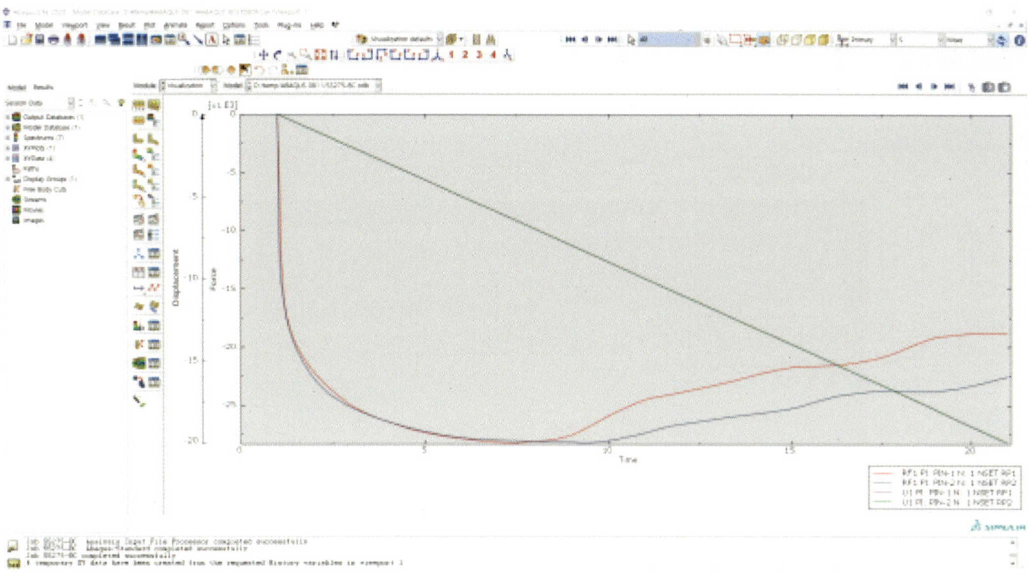

X-Y플롯의 데이터를 얻기 위해

상단의 Tools → XY Data → Manager → Plot한 데이터가 존재하며 Edit을 이용하면 나열된 값을 얻을 수 있다.

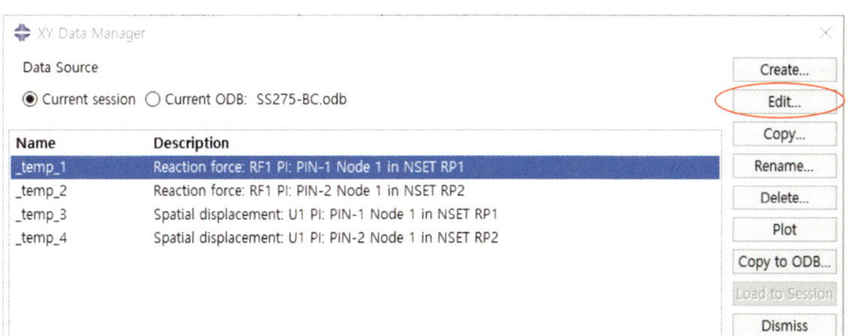

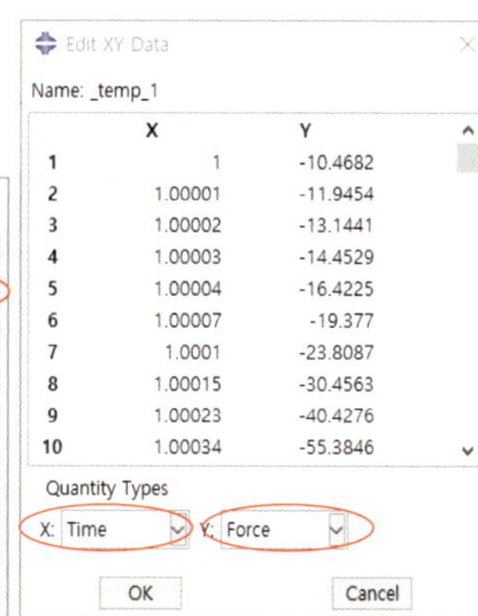

2 볼트접합부의 거동 및 파단형태를 얻기 위해, Plot Contours on Deformed Shape를 클릭하면 아래와 같은 실험체의 파단형태 및 응력분포가 나타난다.

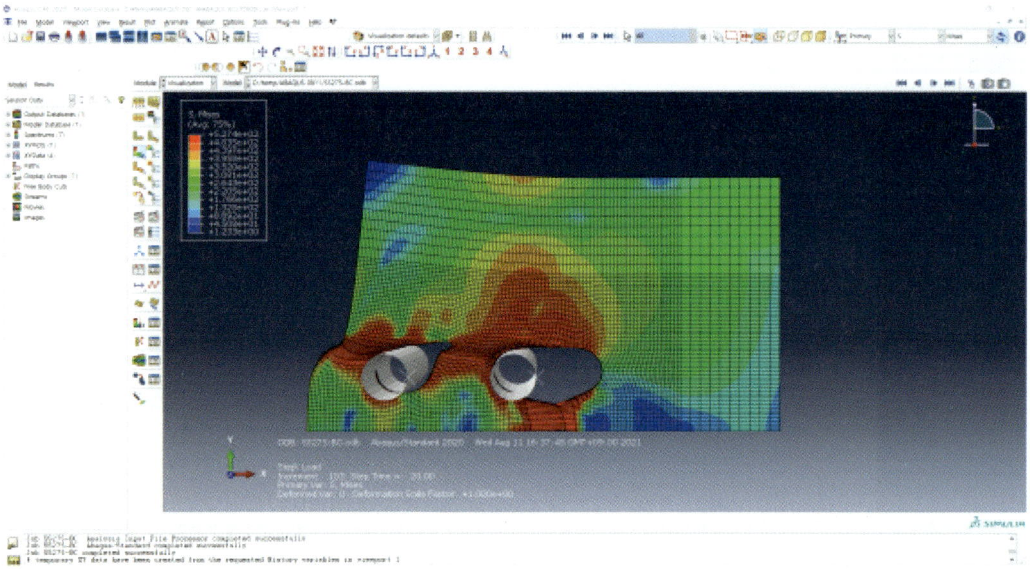

References

[1] SA/SNZ (2018) "Cold-formed Steel Structures." AS/NZS 4600:2018, Standards Australia/ Standards New Zealand, Sydney, Australia.

[2] AISI (2016) North American Specification for the Design of Cold-formed Steel Structural Members 2016 Edition, ANSI/AISI S100-16, American Iron and Steel Institute, Washington DC.

[3] AISC (2016) Specification for Structural Steel Buildings, ANSI/AISC 360-16, American Institute of Steel Construction, Chicago IL.

[4] CSA (2014) Design of Steel Structures, CSA-S16-14, Canadian Standards Association, Toronto, ON.

[5] ECS, Eurocode 3: Design of Steel Structures, Part 1-8: Design of Steel Structures, EN 1993-1-8:2010, European Committee for Standardisation, Brussels, Belgium.

[6] Kim, T.S., Yoo, J.H. & Roeder, C.W. (2015) Experimental investigation on strength and curling influence of bolted connections in thin-walled carbon steel, Thin-Walled Structures, 91:1-12.

[7] Cho, Y.H. & Kim, T.S. (2016) Estimation of ultimate strength in single shear bolted connections with aluminum alloys (6061-T6), Thin-Walled Structures, 101:43-57.

[8] Kim, J.S., Cho, Y.H. & Kim, T.S. (2021) Recommendation on block shear strength equation of double shear four-bolted connection in cold-formed mild carbon steel, Structures, 33:3713-3735.

3.2 볼트파단 지압접합 볼트접합부

3.2.1 해석개요

1 구조물에서 부재 간의 하중을 전달하는 접합부에서의 파단은 전체 구조물의 붕괴를 초래할 수 있어, 다른 구조부재보다 더욱더 보수적인 관점에서 설계한다. 그럼에도 불구하고, 보와 기둥 접합 또는 두 판재의 연결에 사용하는 일면 전단면을 갖는 볼트접합부에서 외력이 작용하면 볼트의 설계전단강도보다 높은 전단력이 볼트에 작용하여 볼트 전단파단이 발생할 가능성이 높다.

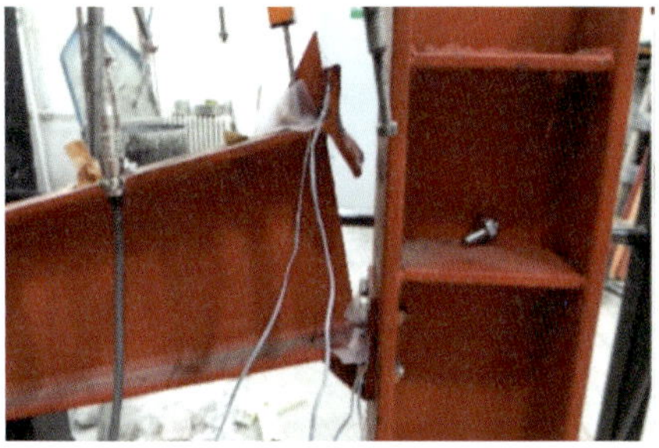

2 이 절에서는 아래 그림의 형상 및 치수를 갖는 M24(볼트직경 24mm) 육각머리 볼트를 모델링하고, Abaqus의 Material Library에서 제공하는 Ductile damage 재료모델을 적용하여 평판두께 15mm인 두 판재를 연결하는 일면전단 볼트접합부내의 볼트 전단파괴를 시뮬레이션한다.

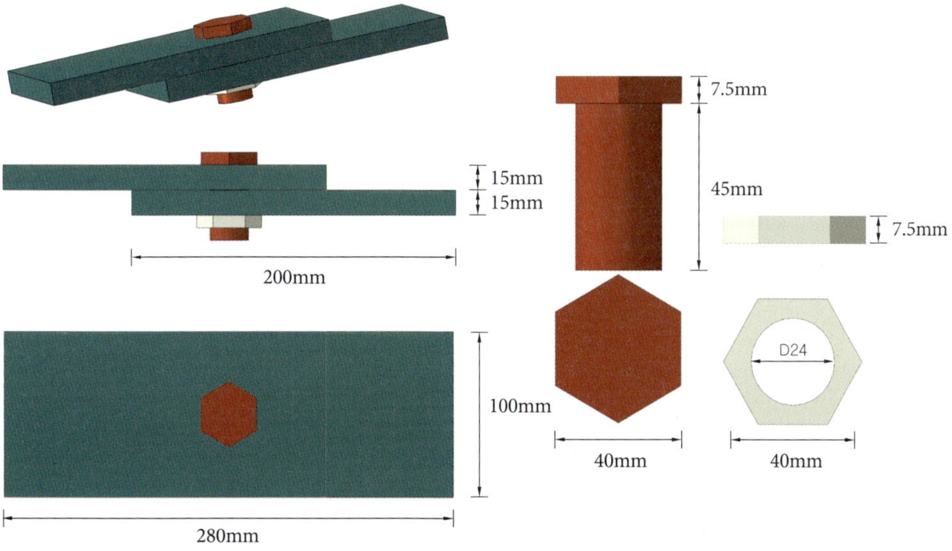

3.2.2 형상 모델링

(1) Part (부재 생성)

볼트 접합부의 구성요소인 두께 16mm 평판, M24볼트의 육각머리와 육각너트(두께 7.5mm)를 모델링한다.

1 Model Tree → Part 마우스 우측버튼 클릭 → Create → Name : Bolt + Modeling Space : 3D + Type : Deformable + Base Feature/Shape : Solid, Type : Extrusion → Continue → 아래 그림처럼 시험편 형상 · 치수에 맞게 Sketch → Done

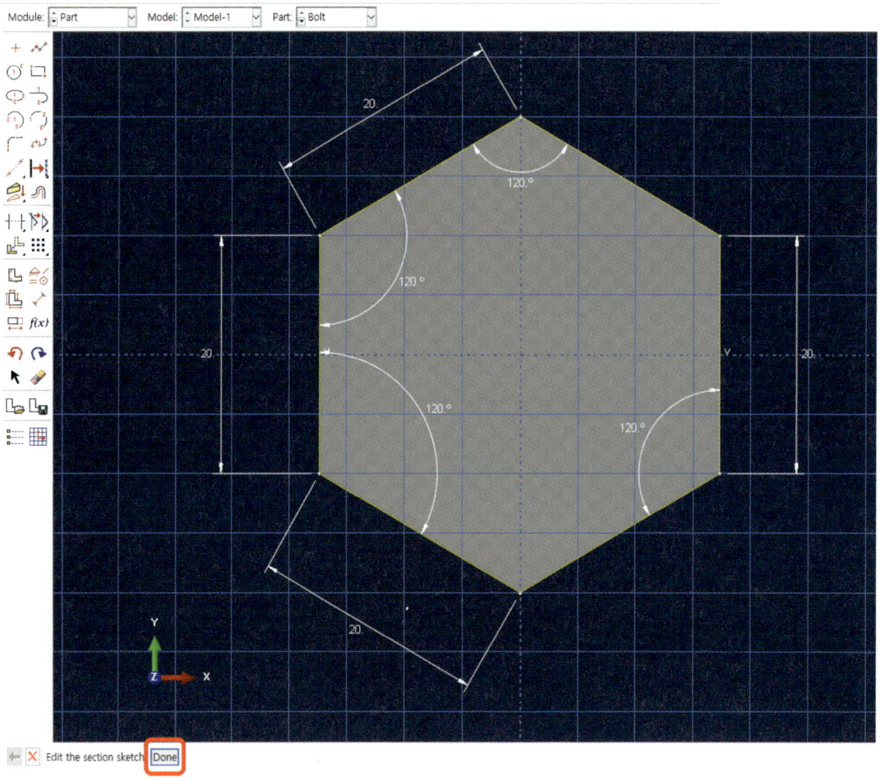

2 Depth : 7.5 (mm) → OK → 볼트머리 생성 확인

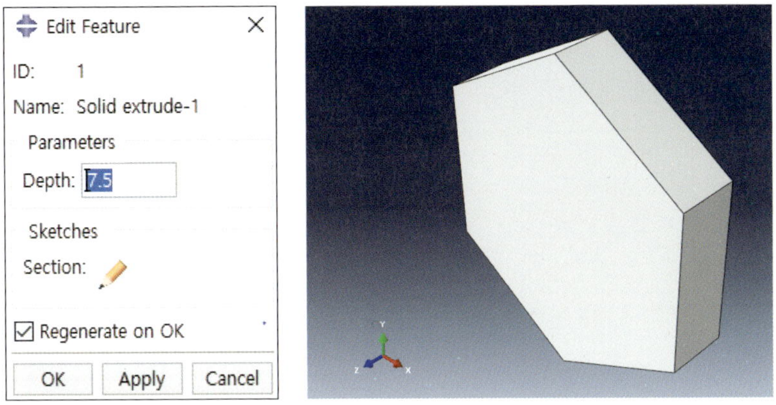

3 Shape → Solid → Extrude → 볼트머리 하부면 선택 → 화살표가 가리키는 Edge 선택

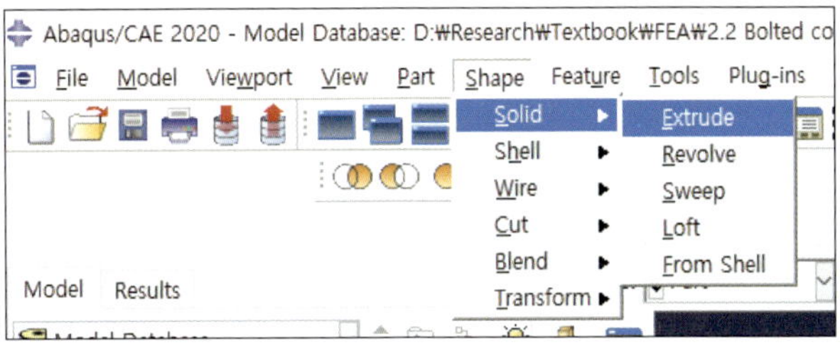

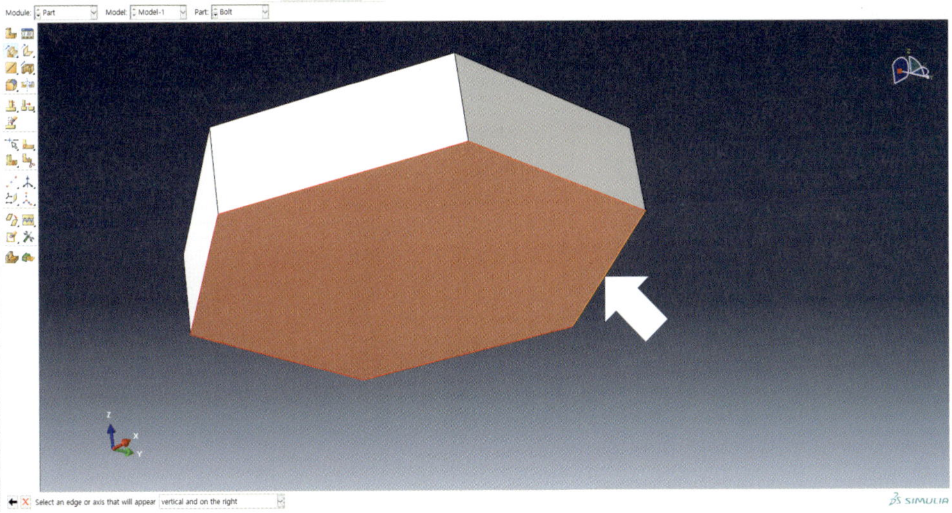

4 볼트머리 중심으로 직경 24mm(반지름 R 12mm) 원 Sketch → Done

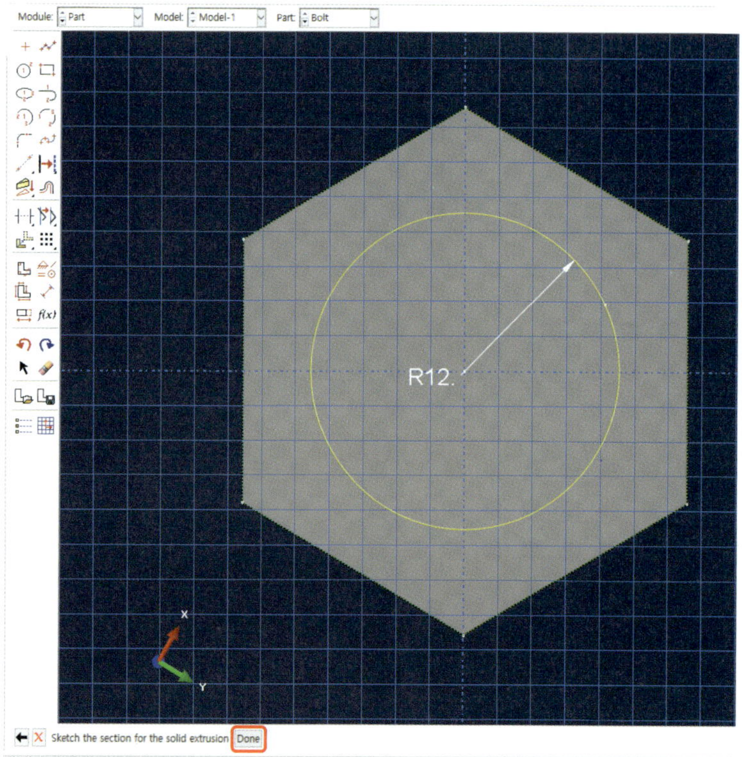

5 Edit Extrusion → Type : Blind + Depth : 45 → OK → 볼트 몸통 생성 확인

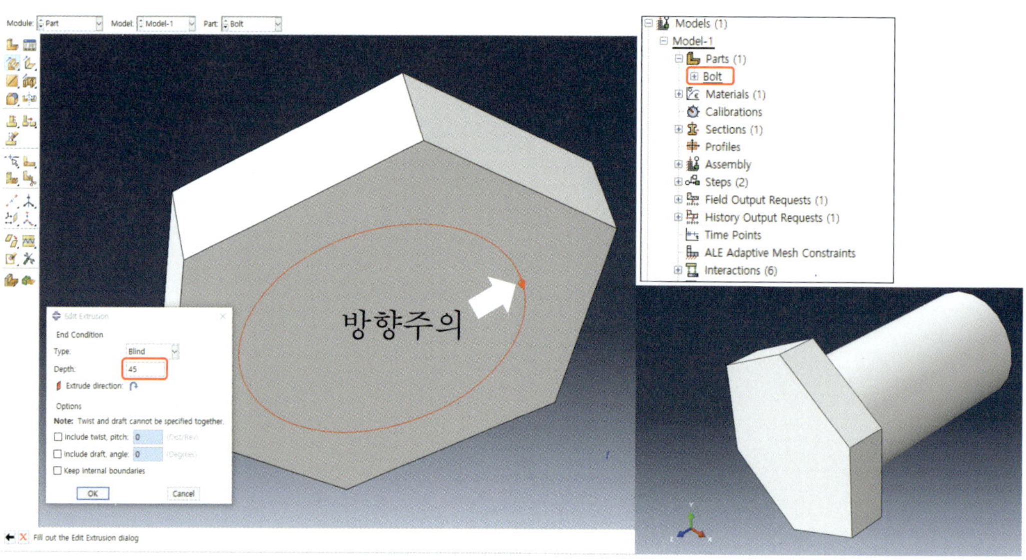

6 Model Tree → Part → Bolt 마우스 우측버튼 클릭 → Copy → Name : Nut → OK → Nut → Solid extrude-2 마우스 우측버튼 클릭 → Delete → Yes

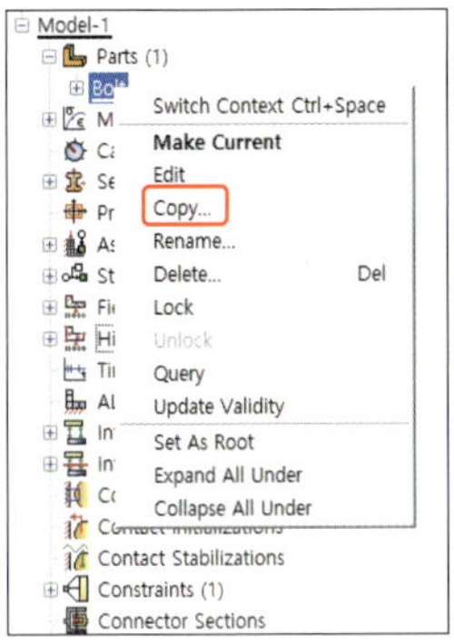

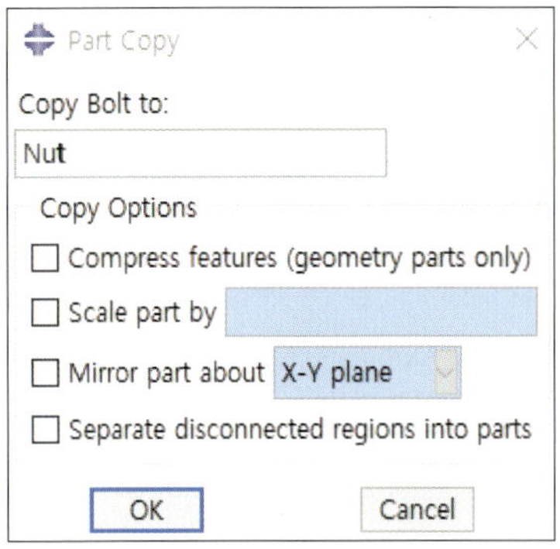

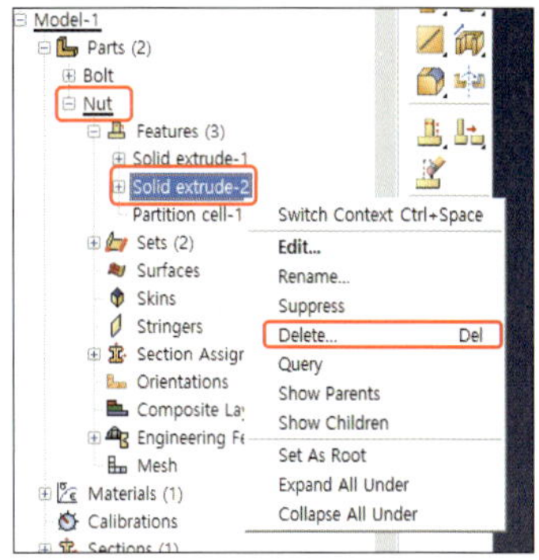

7 Model Tree → Part → Nut → Solid extrude-1 → Section Sketch 마우스 더블클릭 → Edit → 볼트머리 중심으로 직경 24mm(반지름 R 12MM)원 Sketch →Done → 육각너트 생성 확인

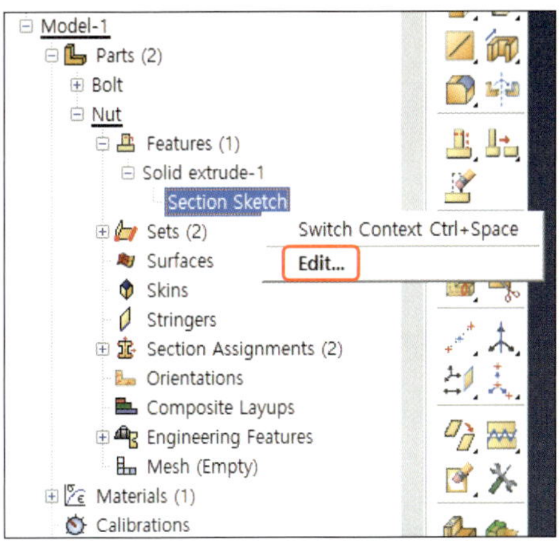

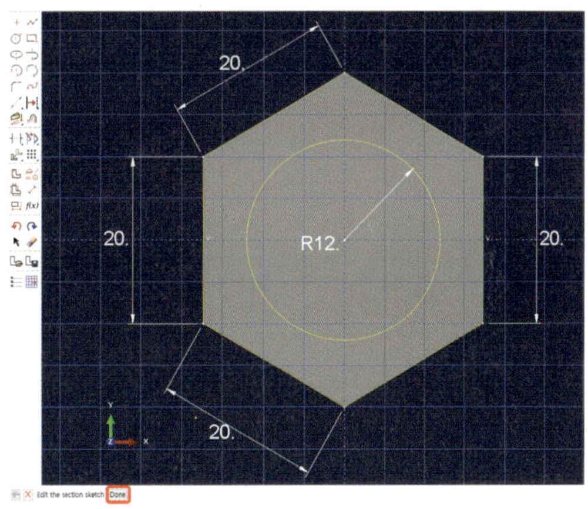

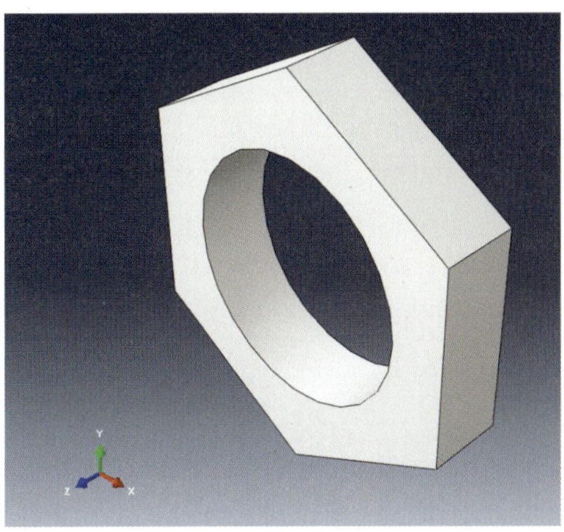

8 Model Tree → Part 마우스 우측버튼 클릭 → Create → Name : Plate + Modeling Space : 3D + Type : Deformable + Base Feature/Shape : Solid, Type : Extrusion → Continue → 아래 그림처럼 시험편 형상 · 치수에 맞게 Sketch → Done

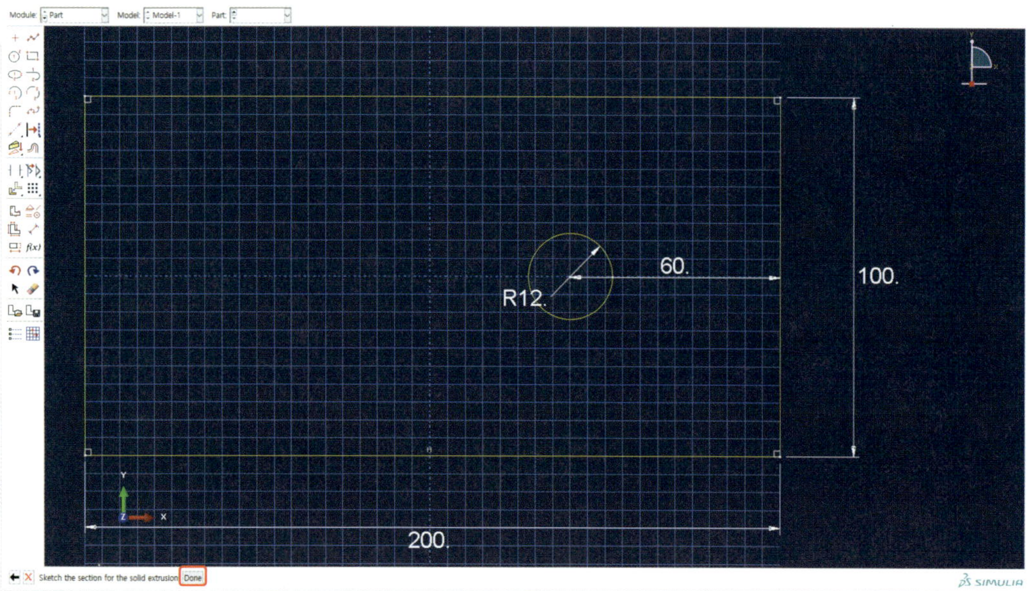

9 Depth : 15 (mm) → OK → 평판part 생성 확인

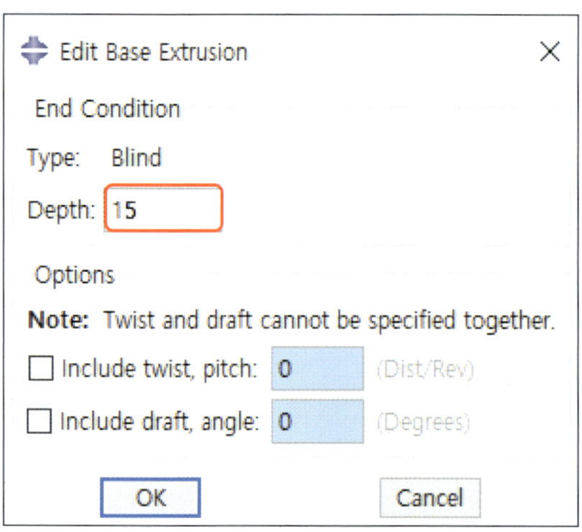

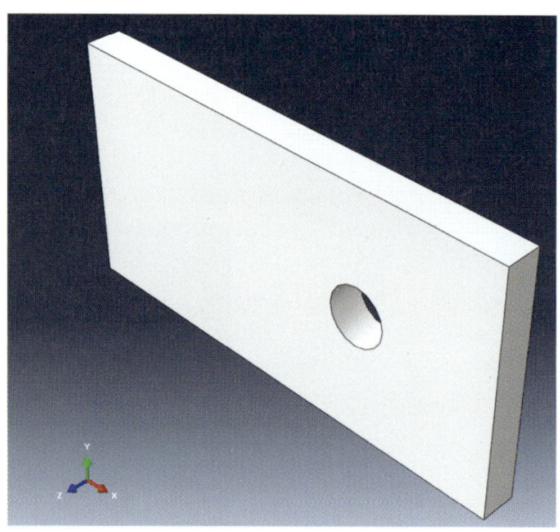

(2) Property (재료물성 정의)

접합부의 모든 구성요소(볼트, 너트, 평판)들이 동일 강종(탄성계수 205,000MPa, 포아송비 0.3)이라는 전제하에, 해석시간 단축을 위하여 연성손상(Ductile damage) 모델내의 최종파단 변위(Displacement at failure) 파라미터를 비교적 낮은 수치인 0.01로 입력한다.

참고하기

Abaqus는 강재의 점진적 손상 및 파손을 모사하기 위하여 연속체 손상역학 (Continuum damage mechanic) 기반의 Ductile damage 모델을 제공하고 있으며, von Mises 항복기준과 함께 사용하여 재료 손상에 따른 강성저하를 모사할 수 있다.
Ductile damage 모델에서는 손상개시(Damage initiation)과 손상진화(Damage evolution)을 정의해야 한다.

▸ 손상개시 기준(Damage initiation criterion)

ABAQUS Ductile damage 모델은 기본적으로 손상개시(그래프 A 지점)에서의 상당변형률(Equivalent plastic strain, $\bar{\varepsilon}^{pl}$)을 삼축응력(Stress triaxiality, T) 과 속도(Strain rate, $\dot{\bar{\varepsilon}}^{pl}$) 의존성만 고려하고 있다.

$$T = -p/q$$

p : 정수압(Pressure stress), 상당응력(Equivalent Mises stress)

사용자가 Lode angle(Deviatoric polar angle) 의존성 고려가 필요 시 Input파일에서 다음과 같이 Script를 추가하여 모델에 반영할 수 있다.

```
* DAMAGE INITIATION, CRITERION=DUCTILE, LODE DEPENDENT
```

▸ 손상진화 법칙(Damage evolution law)

다음의 스칼라 손상접근 방식을 기반으로 $D = 1$일 때 균열(Fracture)가 발생한다.

$$\sigma = (1-D)\,\bar{\sigma}$$

변위(Displacement)와 에너지(Energy) 기반의 손상진화 법칙 중에 택일할 수 있으며, 재료의 연화(Softening)를 Linear, Exponential, Tabular 등으로 수치표현이 가능하다.

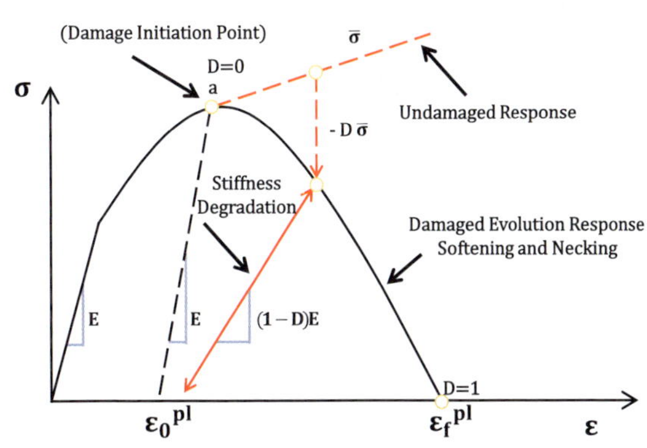

1 Model Tree → Materials → Name : SS275에서 마우스 우측 버튼을 클릭 → Edit → Mechanical → Damage for Ductile metals → Ductile Damage → Damage initiation criterion 정의 → Suboptions → Damage Evolution → Type : Displacement + Degradation: Maximum + Displacement at Failure : 0.01 → OK

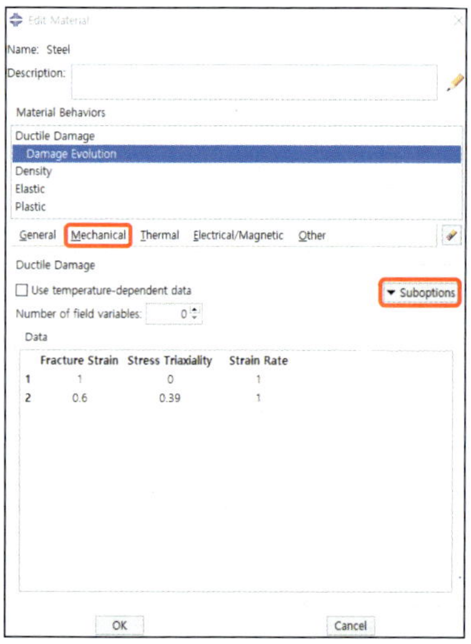

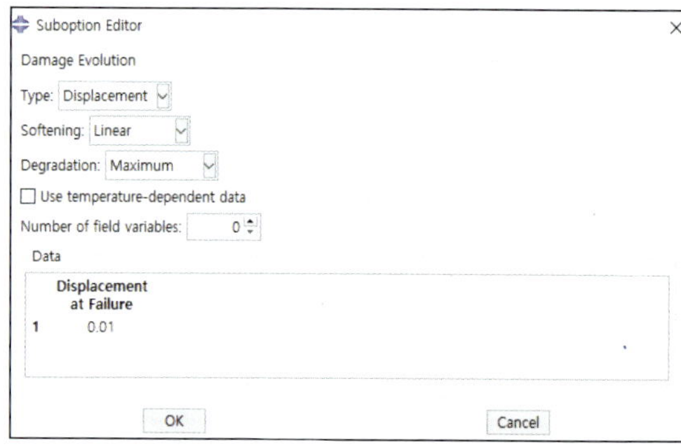

2 Density → Mass Density : 7.8E-09 → Elastic → Type : Isotropic + Young's modulus : 205,000 + Poisson's Ratio : 0.3 → Plastic 아래와 같이 입력 → OK

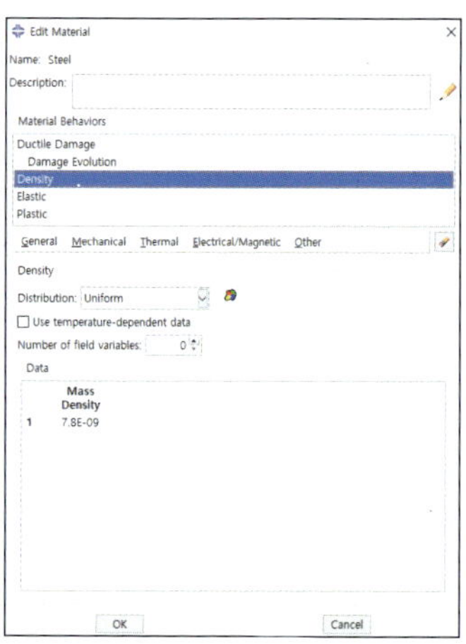

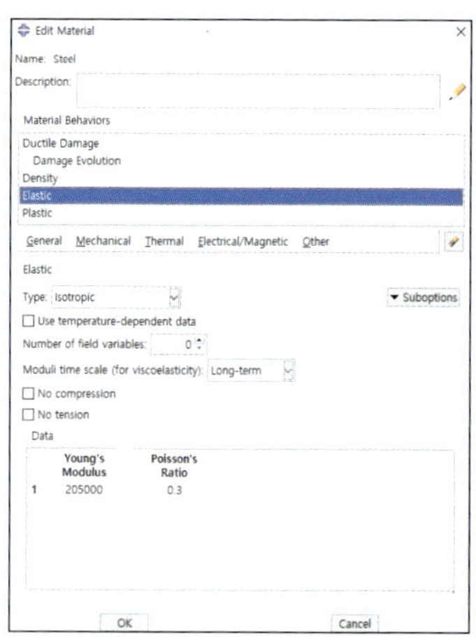

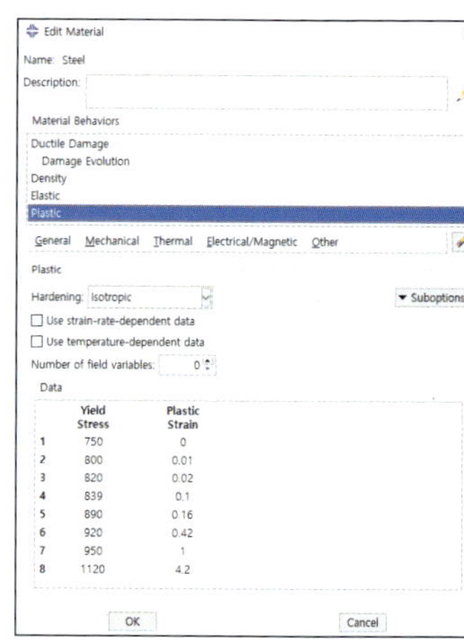

3 Model Tree → Sections → Name : Section-1 + Category : Solid + Type : Homogeneous → Continue → Material : SS275 선정 → OK → Section-1 생성 확인 → Section Assignment → 각 파트에 재료물성 부여

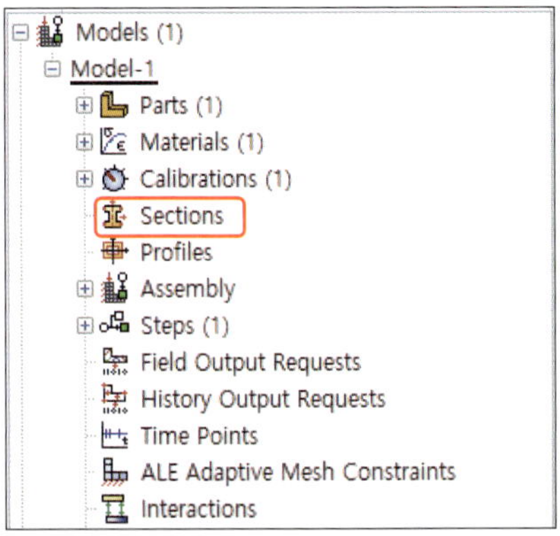

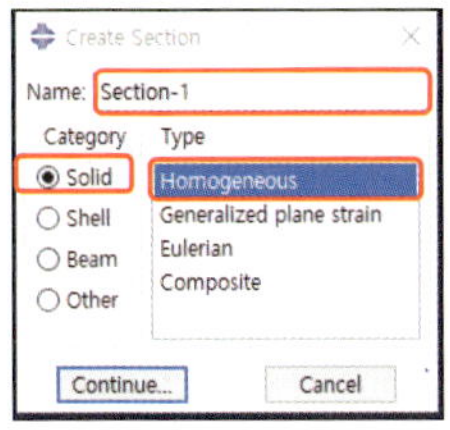

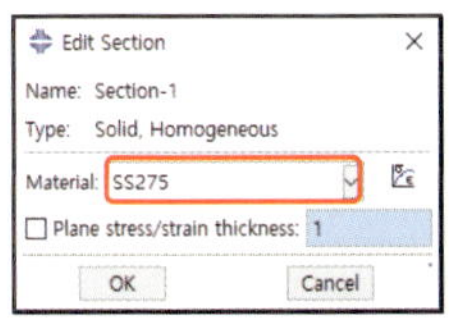

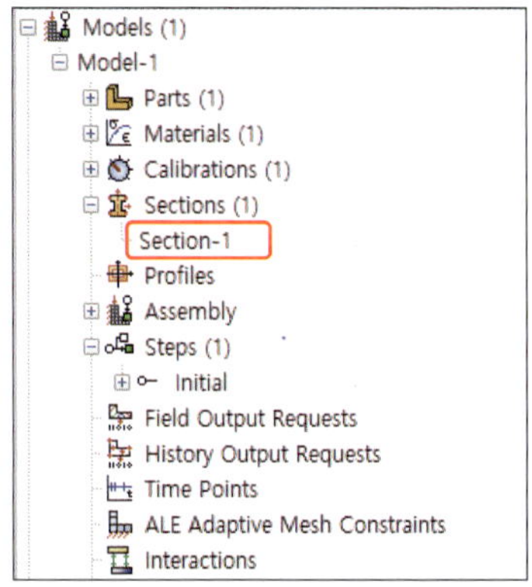

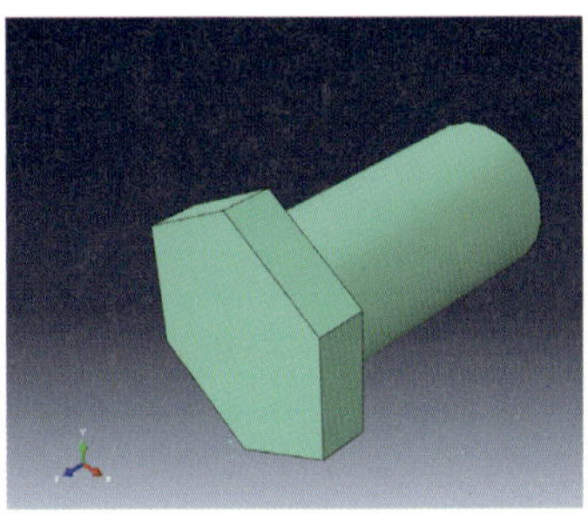

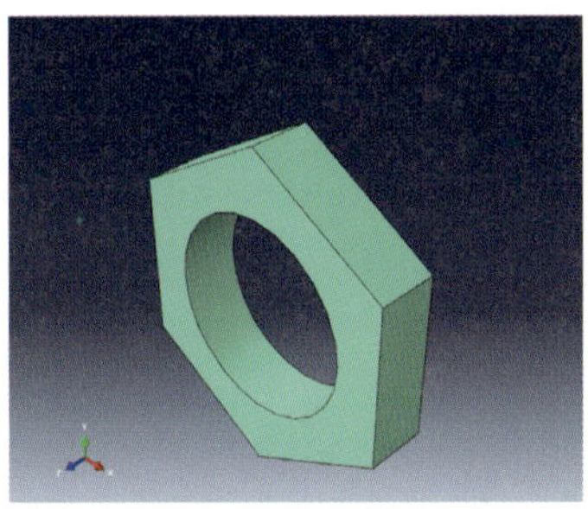

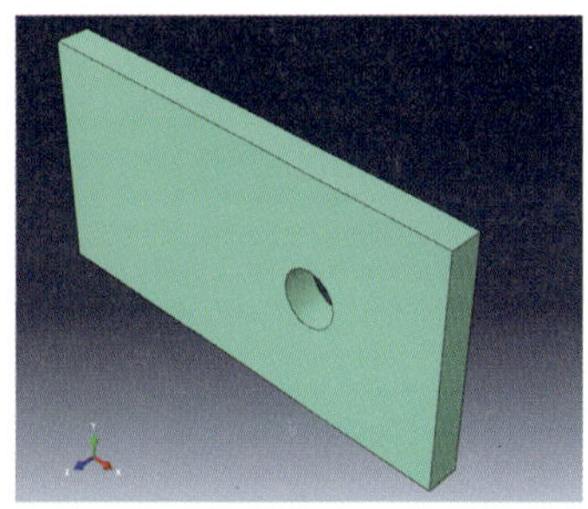

(3) Mesh (요소의 분할)

평판 및 너트의 경우 Z방향으로 일정한 균일한 단면형상을 가지고 있으나, 볼트의 경우 헤드와 몸통이 각기 다른 형상을 지니고 있다. 볼트헤드와 몸통사이에 Partition을 만들어 균일한 C3D8R Mesh를 생성한다.

1 Tools → Partition → Type : Cell + Method : Define cutting plane → Point & Normal (그림 ①) → Point 와 Edge 선택 (그림 ②) → Create Partition → Partition 생성 확인(노란색) → Done (그림 ③) → Seed → Part → Approximate global size : 3.4(그림 ④) → OK

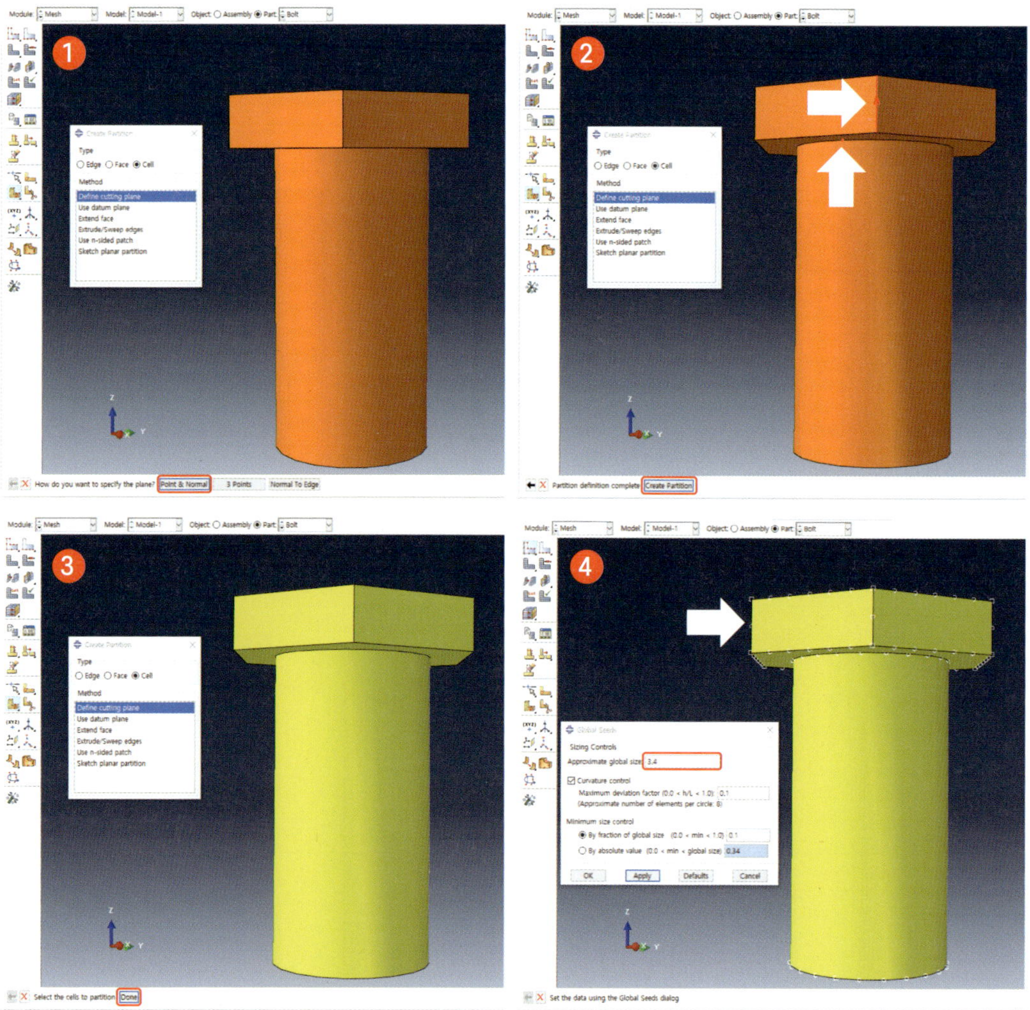

2 Mesh → Part → YES → Mesh 생성확인(하늘색)

위의 절차를 적용하여 너트 & 평판 Part들의 Mesh를 아래와 같이 생성한다.

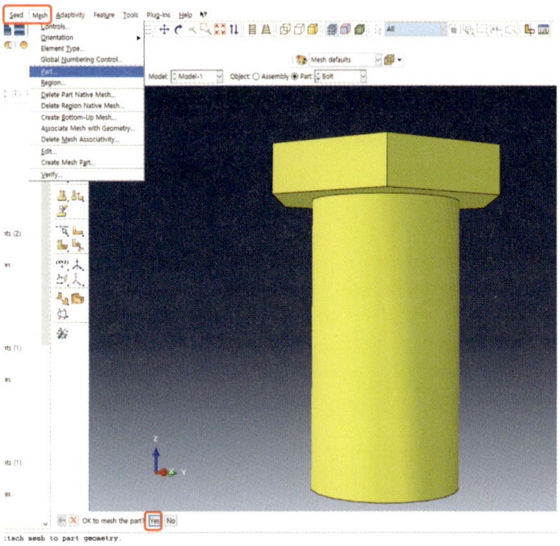

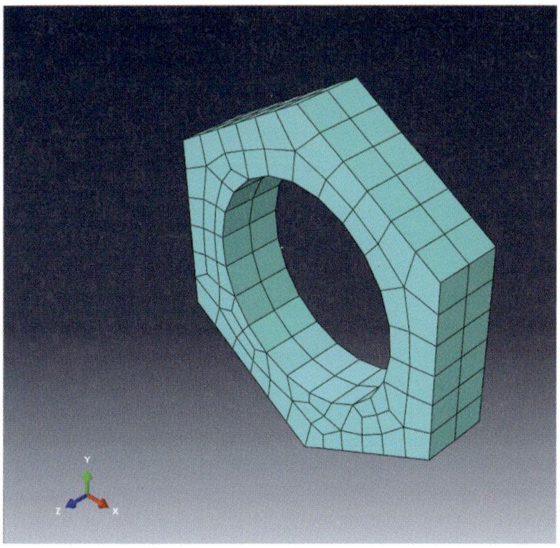

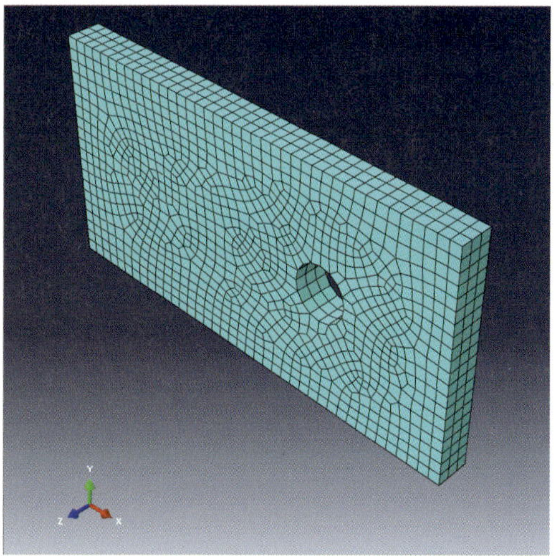

3 Mesh → Element Type → Part 선택(볼트, 너트. 평판) → Done → Element Library : Explicit + Family : 3D Stress + Geometric Order : Linear + Hex : Reduced integration → Element deletion : Yes → C3D8R Element 확인 → OK

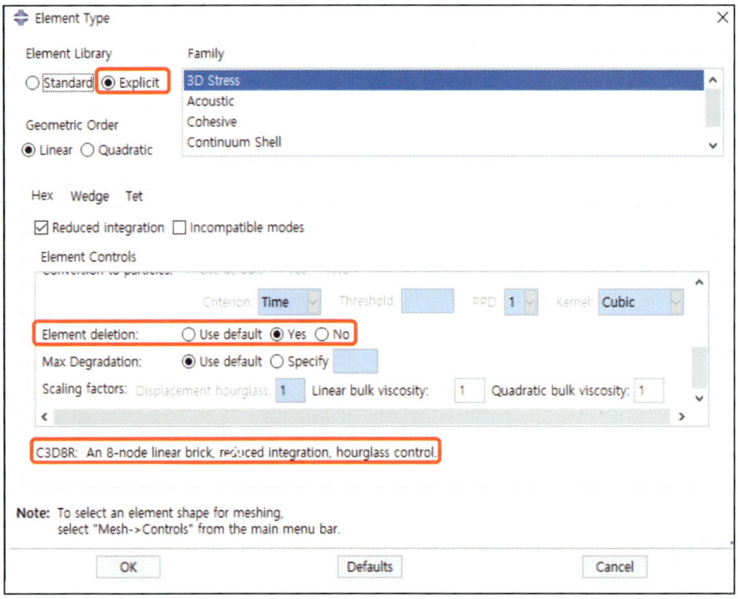

참고하기

파괴 전산모사를 위한 Element deletion 기능은 ABAQUS/Explicit 구조해석에서만 가능하다. ABAQUS/Implcit의 경우 X-FEM 구조해석을 통하여 균열진전 모사가 가능하다.

(4) Assembly (Part의 조립)

Part module에서 생성한 구성요소(볼트 1개, 너트 1개, 평판 2개)들에 대한 독립적인 instance를 Assembly module에서 생성한다.

참고하기

▸ 종속적(Dependent) part instance 선택 시

Part module에서 생성한 Partition 및 mesh를 공유하며, Assembly module에서 변경이 불가능하다.

▸ 독립적(Independet) part instance 선택 시

Assembly module에서 Partition이 가능하며, 각 part의 Mesh를 독립적으로 생성해야 한다.

1 Model Tree → Assembly → Instances 마우스 왼쪽버튼 더블클릭 → Create instances from : Parts + Parts : Bolt, Nut, Plate 모두 선택 → Auto-offset from other instances 선택 → OK → 화면에서 생성된 instance 확인 (볼트 : 1개, 너트 : 1개, 평판 : 2개)

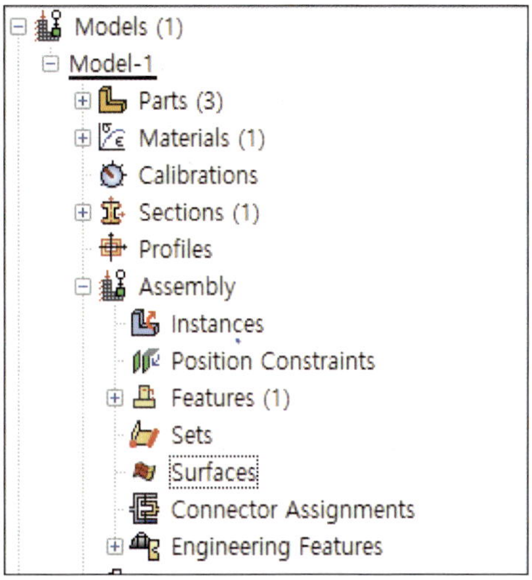

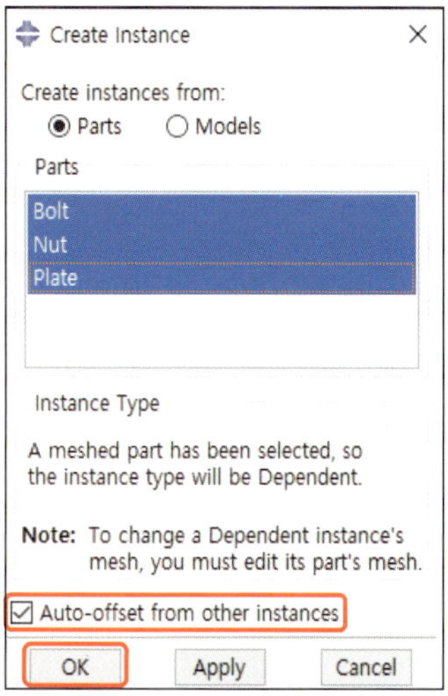

2 조립작업 시 Instance 간의 간섭으로 인한 장애를 최소화하기 위하여 작업에 사용하지 않는 Instance는 Display에서 다음과 같은 절차를 통하여 비활성화해 두고 작업하는 것을 추천한다. View → Assembly Display Options → Instance

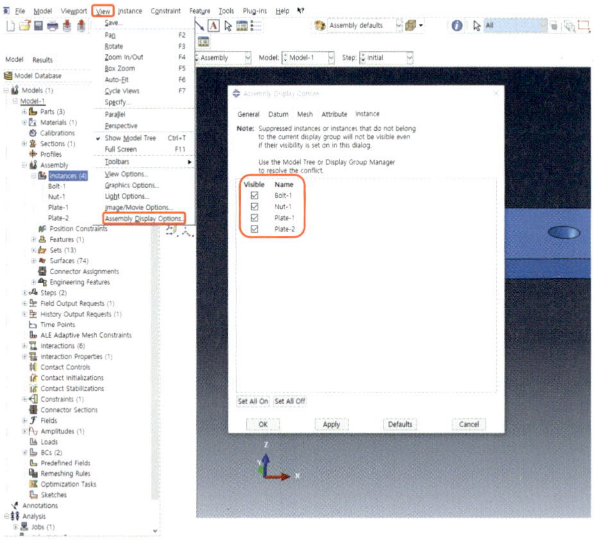

3 Instance → Rotate → Plate-2 Instance 선택

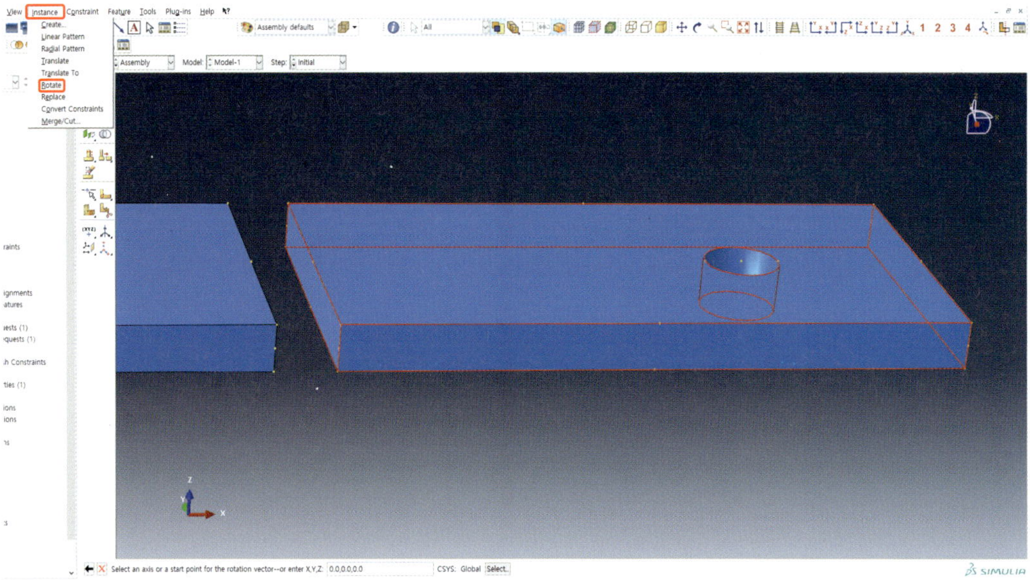

4 Edge 선택 → Angle of rotation : 180 → Ok → Done

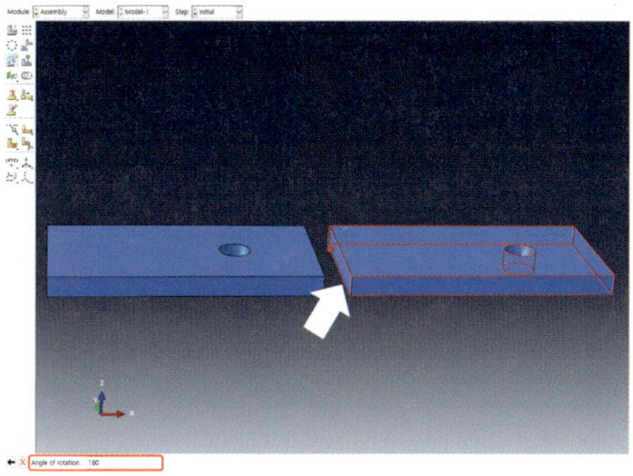

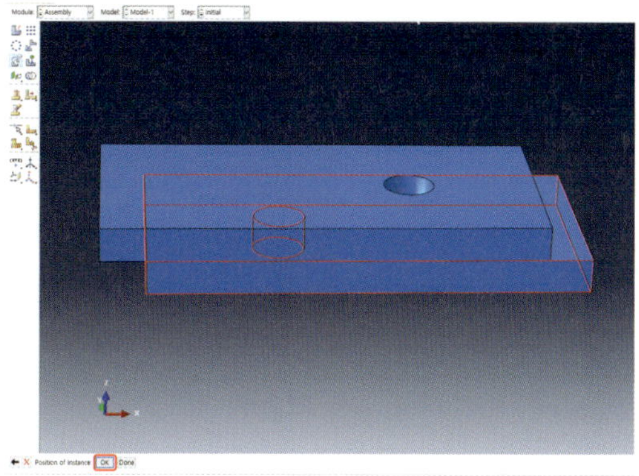

5 Plate-1만 Display → Instance → Translate → Plate-1 Instance → Done

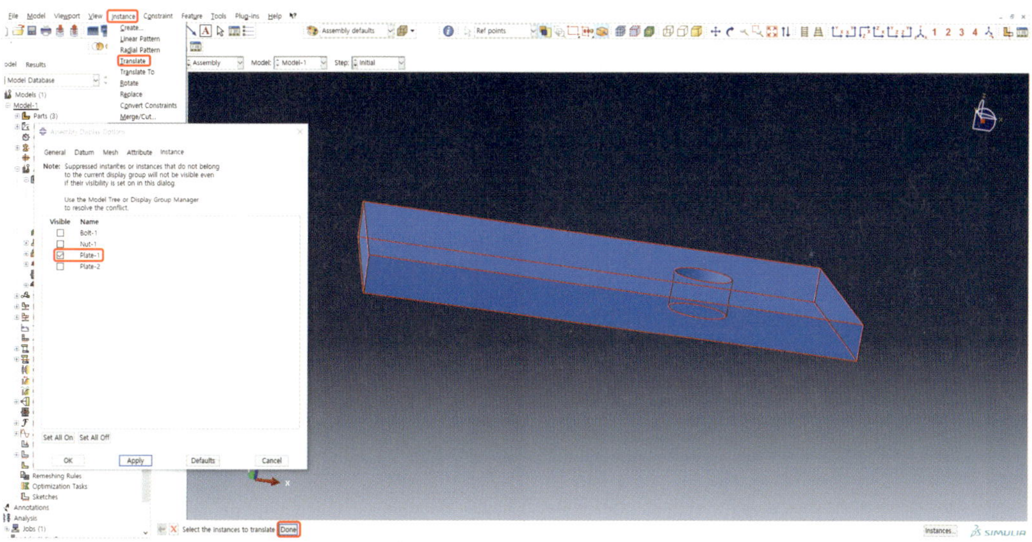

6 Plate-1 볼트구멍의 하부중심점 선택 (그림 ❶) → Plate-2 Display 볼트구멍의 상부중심점 선택 (그림 ❷) → Plate-1, 2 Display (그림 ❸) → OK → Done

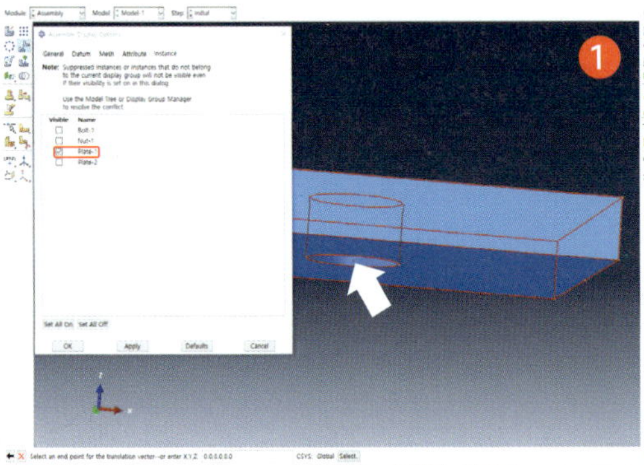

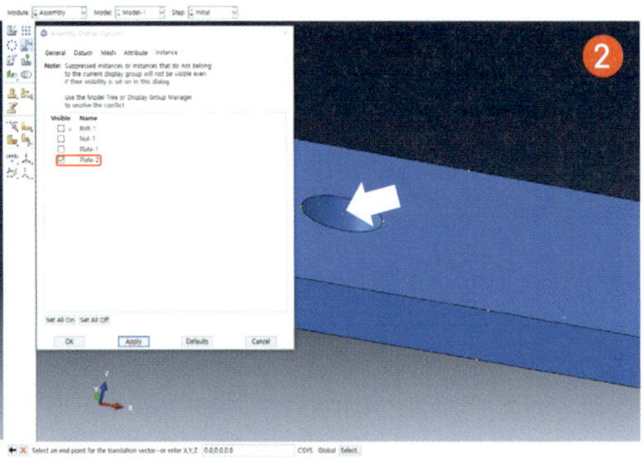

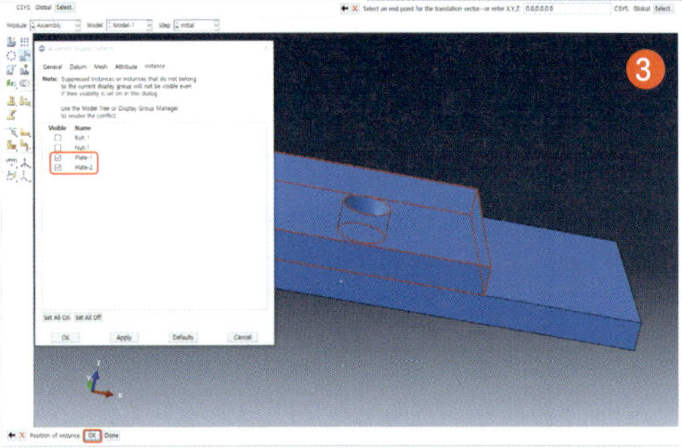

7 Bolt-1, Plate-1,2 Display → Constraint → Coaxial

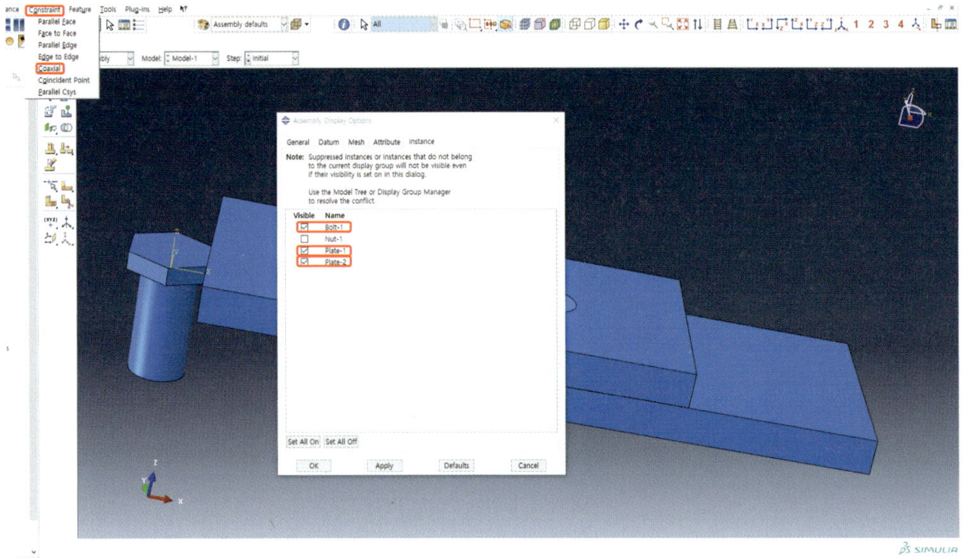

8 볼트몸통 선택 → Plate-1 볼트구멍 Surface 선택 (그림 1) → Bolt-1 Display → 볼트머리 몸통 경계면내의 점 선택 (그림 2) → Bolt-1, Plate-1, 2 Display → Plate-1 볼트구멍과 평판 상부면 경계 Edge내의 Point 선택 (그림 3) → Done → 볼트와 평판 Assembly 확인

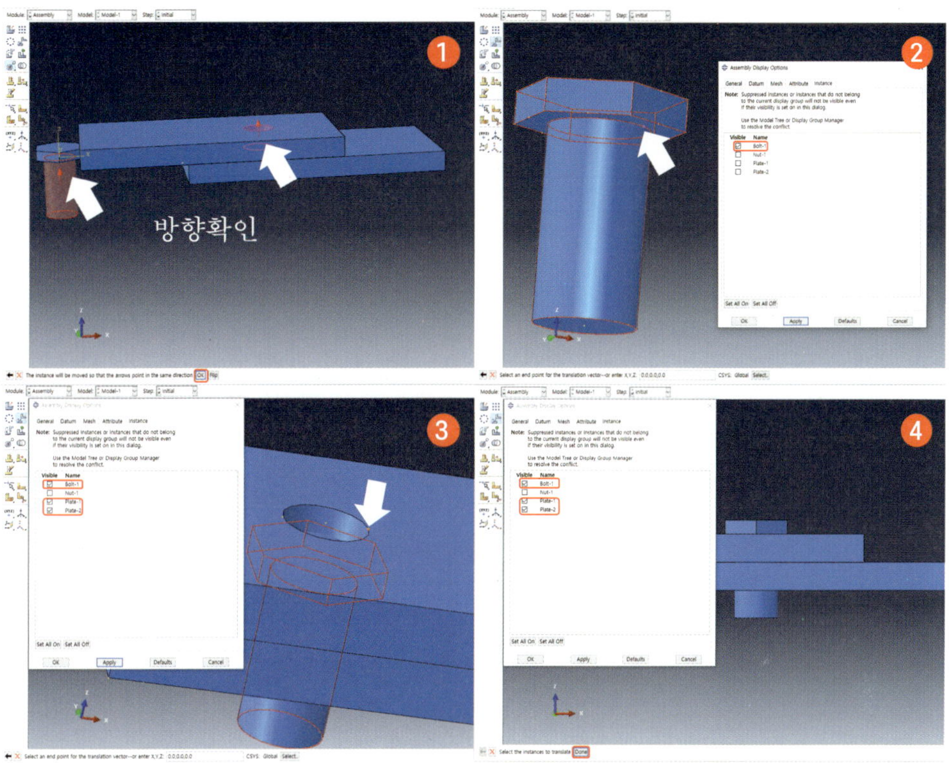

9 Bolt-1, Nut-1 Display → 와셔구멍 Surface 선택 → 볼트몸통 Surface 선택 → Ok

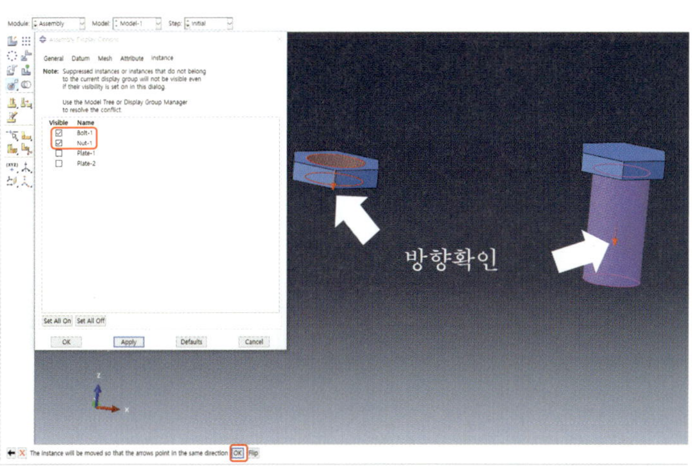

10 Nut-1 Display → 와셔구멍 Egde 내의 Point 선택 (그림 ①) → Nut-1, Plate-2 Display → Plate-2 볼트구멍과 평판 하부면 경계 Edge내의 Point 선택 (그림 ②) → Done → 최종 Assembly 확인

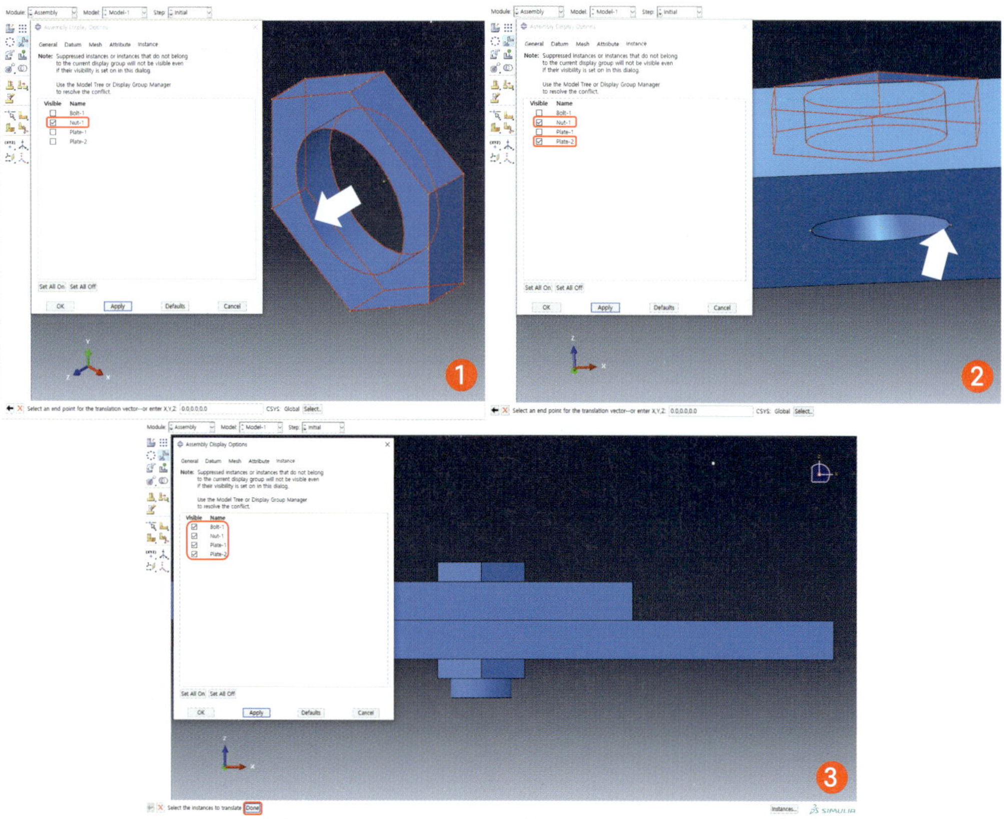

11 Tools → Reference Point → RP-1 생성

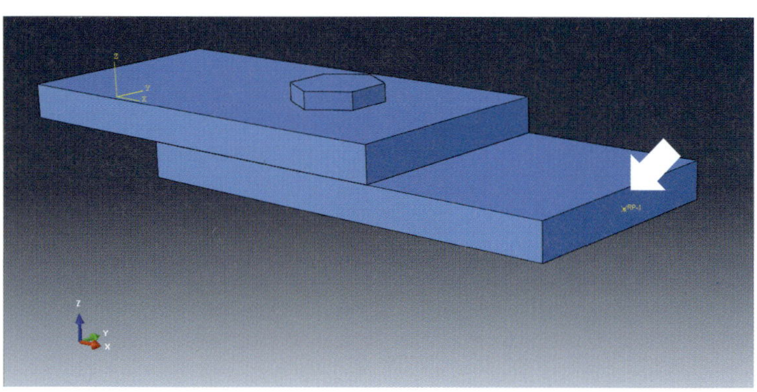

(5) Step

볼트 전단파괴 전산모사를 위하여 Dynamic, Explicit Step을 생성하자.

1 Model Tree → Steps 마우스 왼쪽버튼 더블클릭 → Name : Load + Dynamic, Explicit → Continue

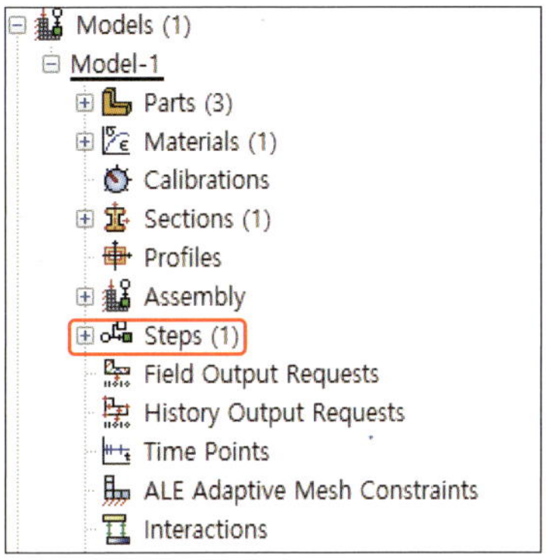

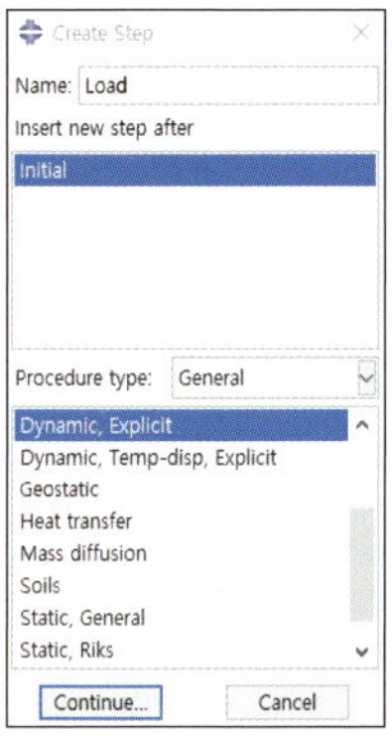

2 Basic/Incrementation/Mass scaling/Other (Time period : 1, Mass scaling factor : 1000) →OK

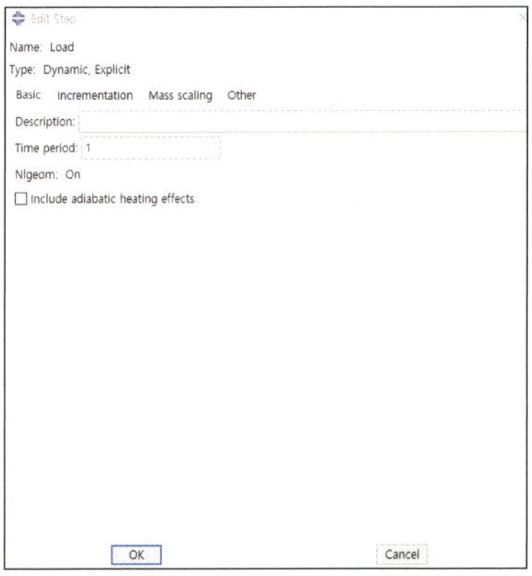

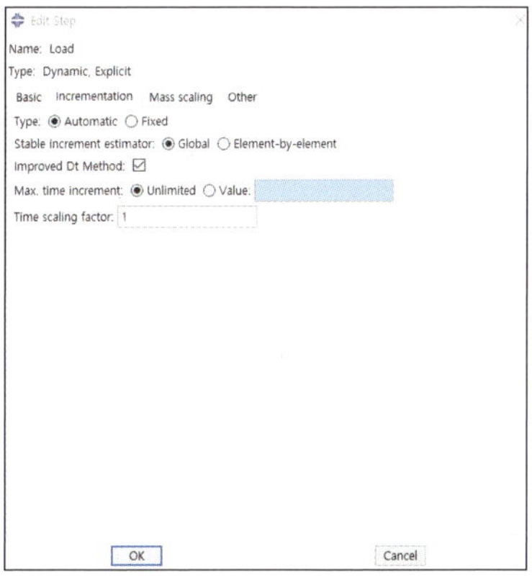

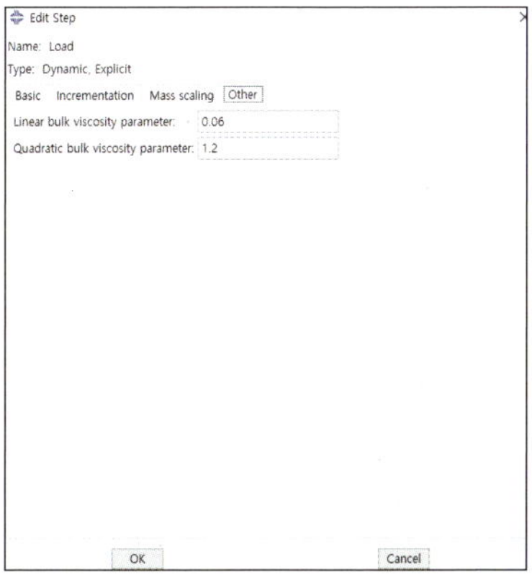

3 Model Tree → Field Output Requests → F-Output-1 마우스 왼쪽버튼 더블클릭 → ODB 파일로 Output 출력을 아래와 같이 요청설정 → Ok

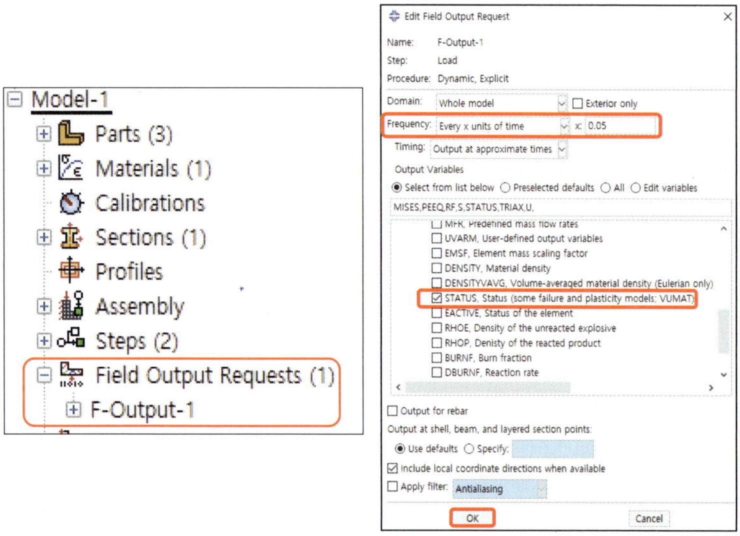

(6) Interaction (부재간 상호관계 정의)

1 Model Tree → Interaction Properties 마우스 왼쪽버튼 더블클릭 → Name : Inprop-1 → Type : Contact → Continue

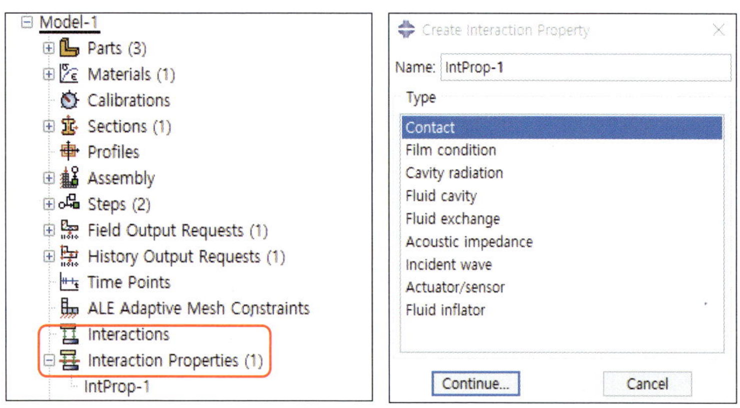

2 Mechanical → Tangential Behavior → Friction formulation : Penalty + Friction coeff : 0.2 (마찰계수 0.2로 임의 설정함)→ Mechanical Normal Behavior → Pressure-Overclosure : “Hard” Contact + Constraint enforcement method : Default → Ok

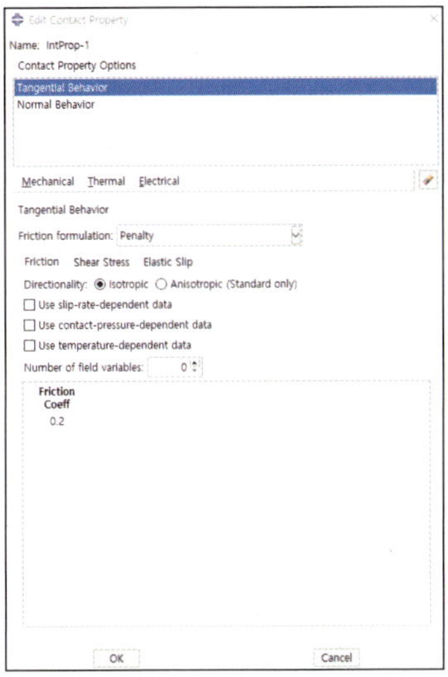

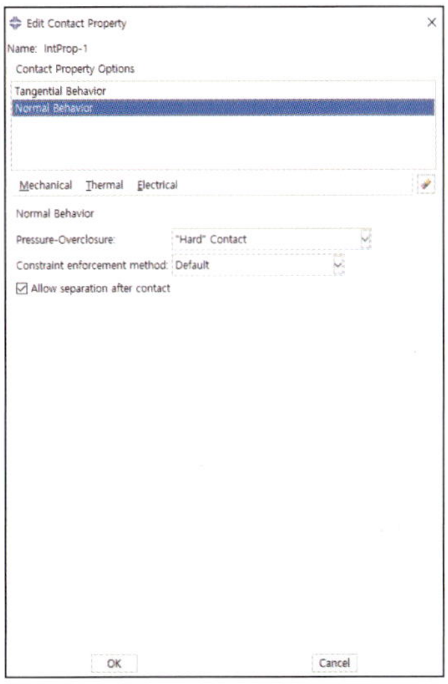

3 Interaction → Find contact pairs → 탭 아래의 Find Contact Pairs 클릭 → Assembly 모델 내의 Contact pairs 리스트 생성

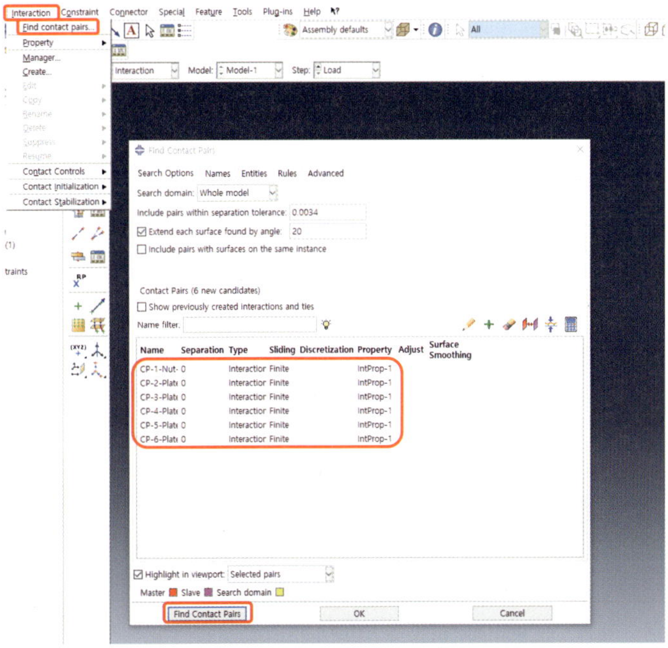

4 생성된 Contact pairs 검토 → OK

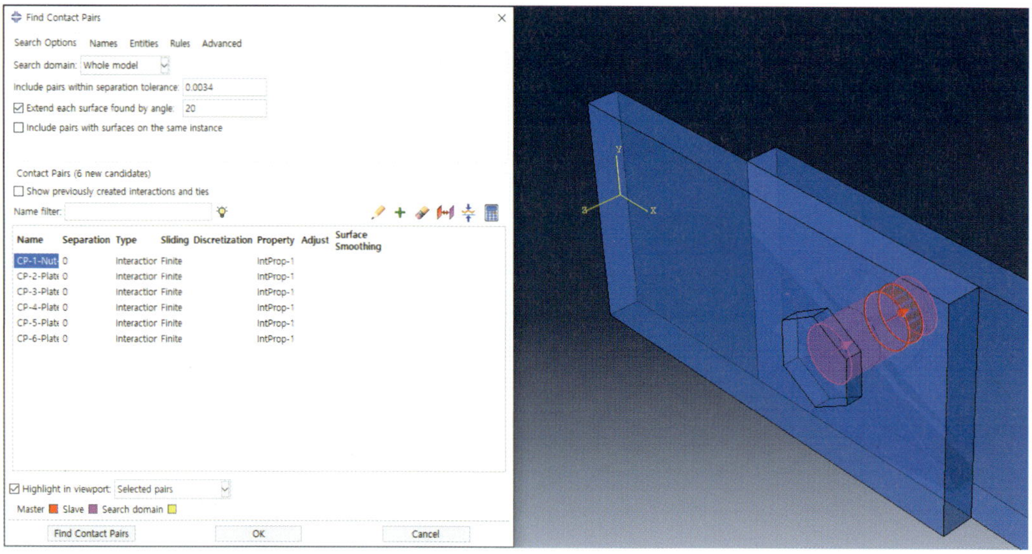

5 Model Tree → Constraints 마우스 왼쪽버튼 더블클릭 → Name : Constraint-1 → Type : Coupling → Continue

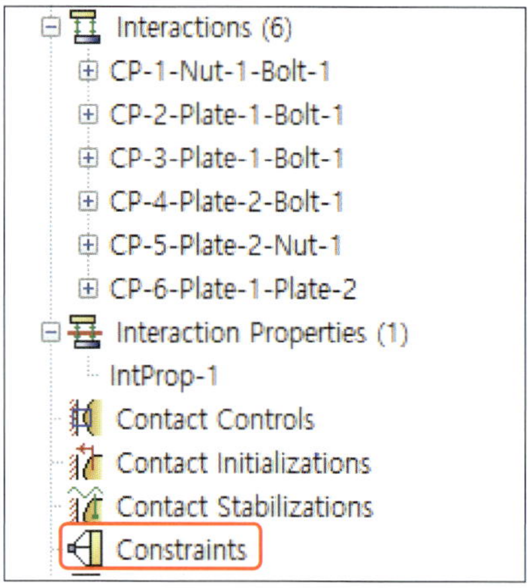

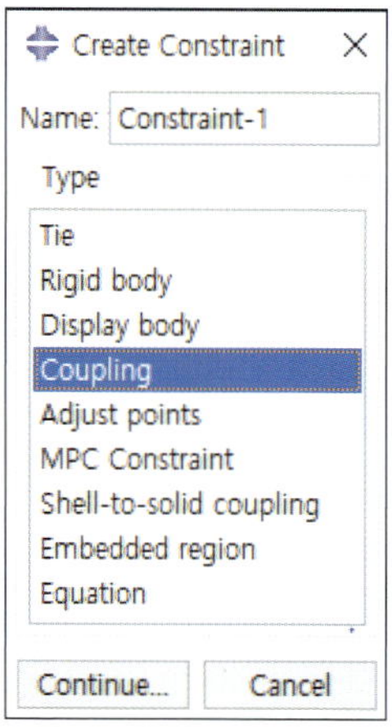

6 RP-1 선택 → Surface → 화살표가 가리키는 Surface 선택 → Done

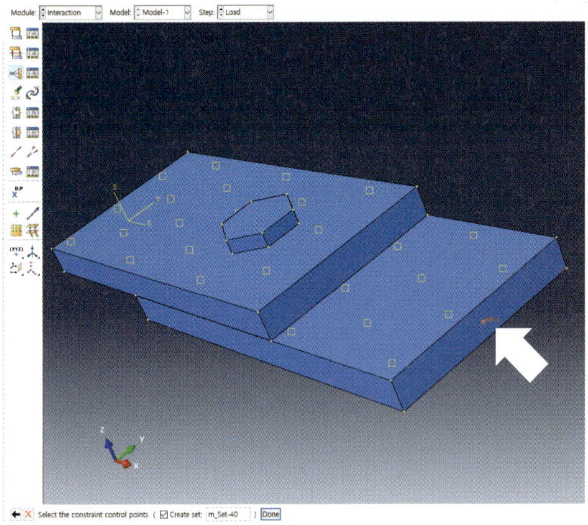

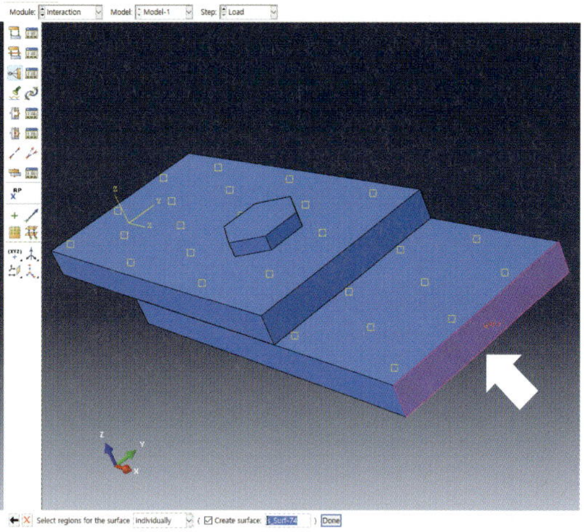

7 Coupling type : Kinematic + Constrained degrees of freedom: U1, U2, U3, UR1, UR2, UR3 체크 → OK → Coupling 생성 확인

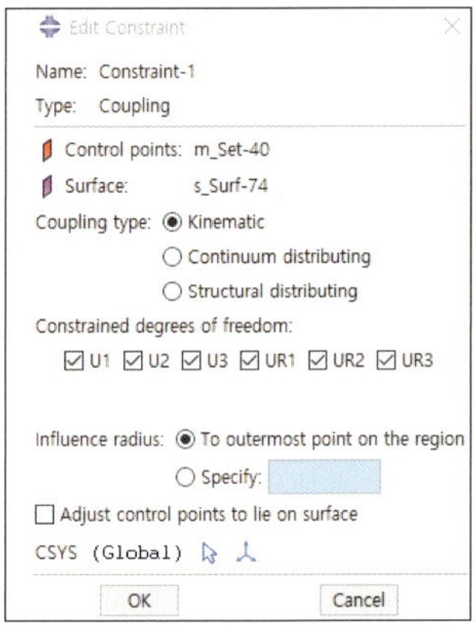

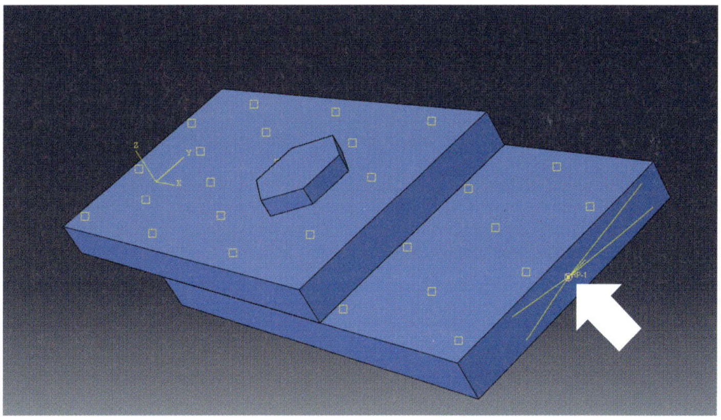

8 Model Tree → Amplitudes 마우스 왼쪽버튼 더블클릭 → Name : Amp-1 → Type : Tabular → 동일변위 제어를 위해 다음과 같이 입력

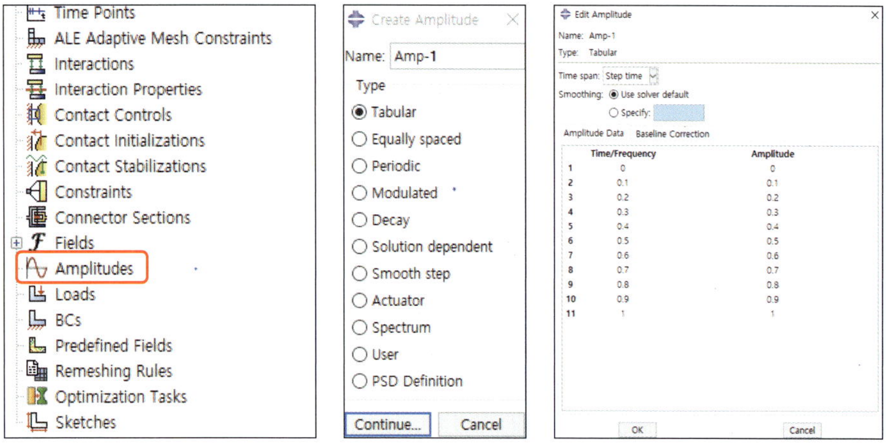

9 Plug-Ins → Tools → Amplitude Plotter → Plot → Amplitude Curve 확인

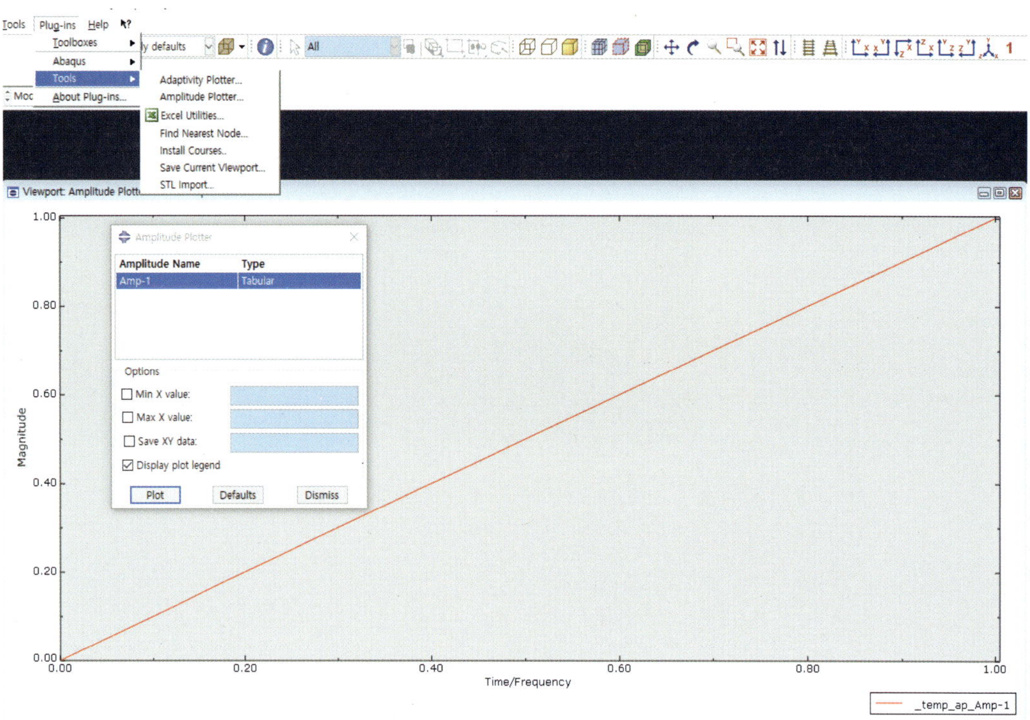

10 Model Tree → BCs 마우스 왼쪽버튼 더블클릭 → Name : Fixed_region + Step : Initial + Category : Mechanical + Types for Selected Step : Symmetry/Antisymmetry/Encastre → Continue → Region : 접합부 하부면 선택 → ENCASTRE 체크 → OK

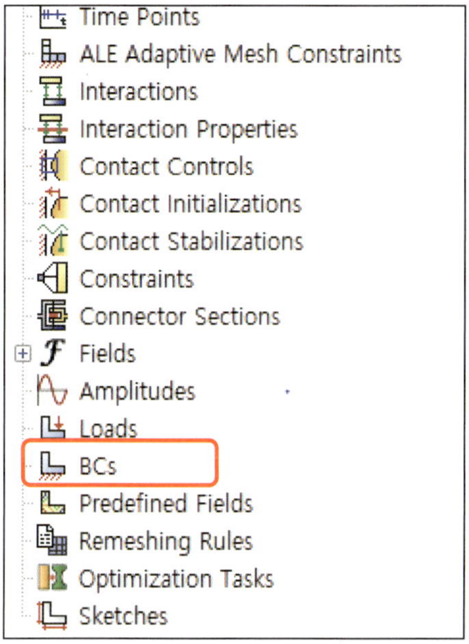

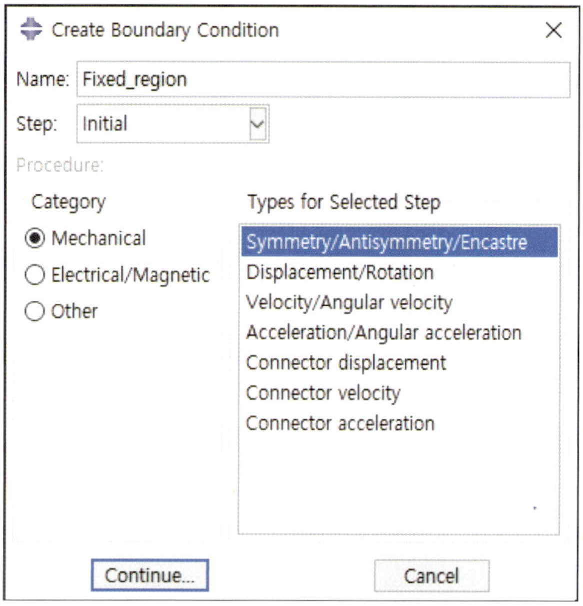

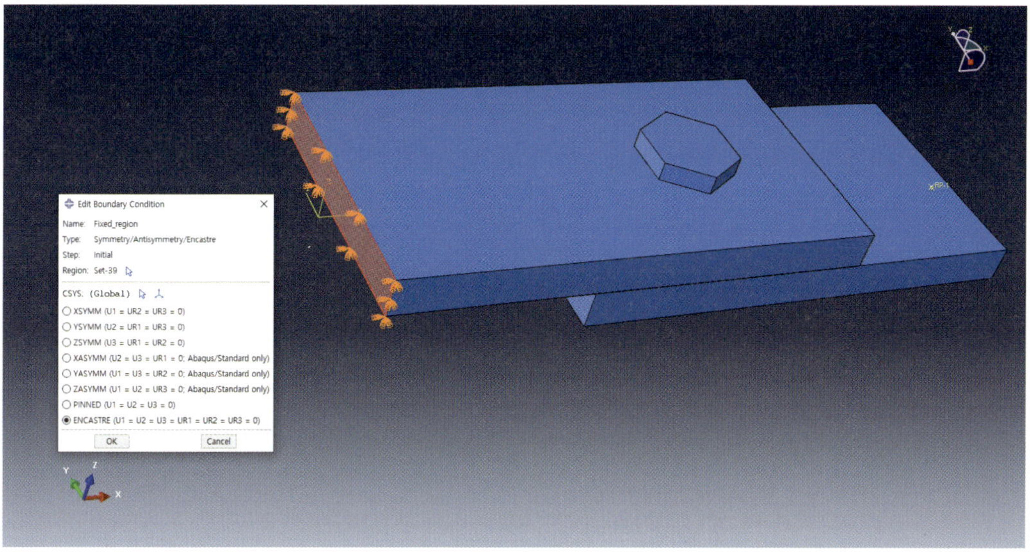

11 Model Tree → BCs 마우스 왼쪽버튼 더블클릭 → Name : Imposing_displacement + Step : Initial + Category : Mechanical + Types for Selected Step : Displacement/Rotation + Step : Load + U1=30, U2=U3=UR1=UR2=UR3=0 → Amplitude : Amp-1 선택 → OK

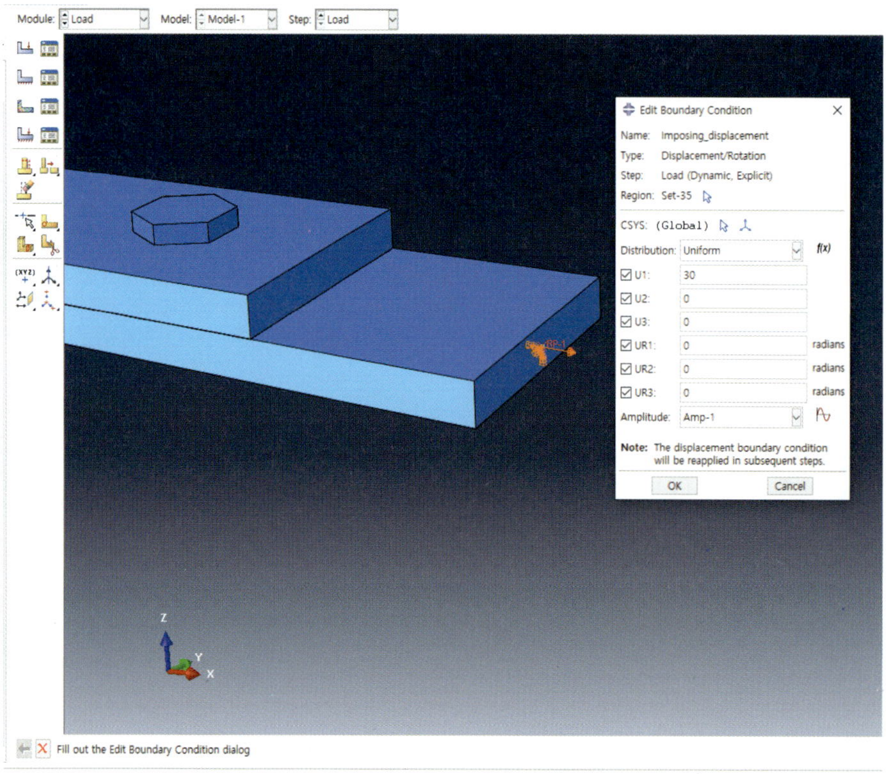

(7) Job (유한요소해석 수행)

1 Model Tree → Jobs 마우스 왼쪽버튼 더블클릭 → Name : Bolt_fracture + Model-1 선택 → Continue → Submission (아래와 같이 입력) → OK

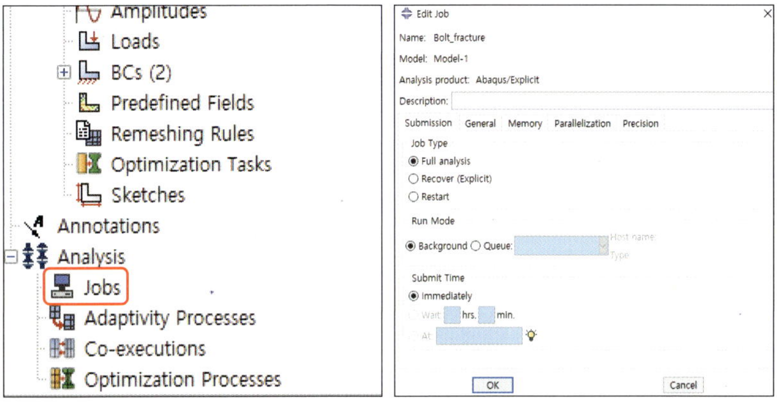

2 Model Tree → Jobs → Bolt_fracture → Monitor → 해석 진행상황 확인

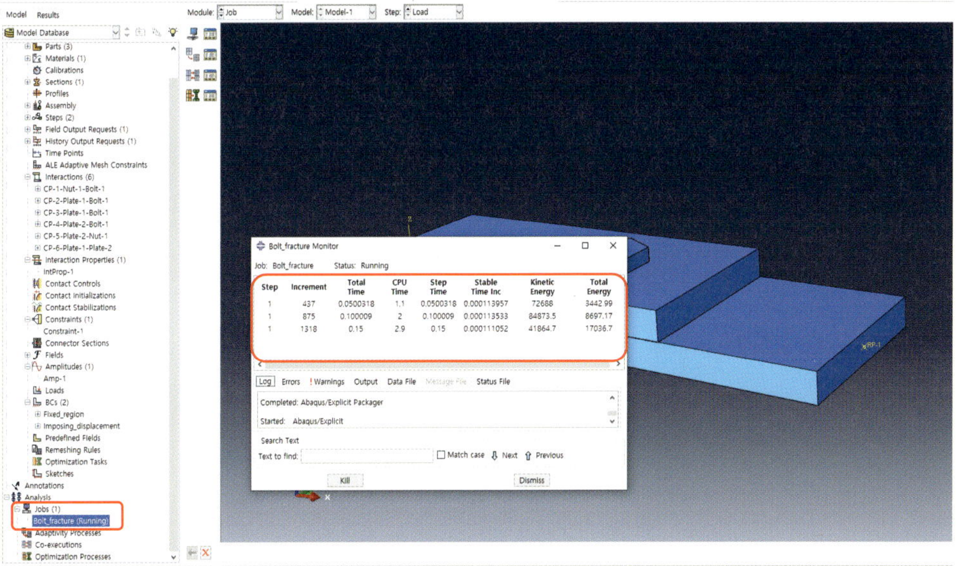

3.2.3 해석결과 확인

(1) Visualization (Output 확인)

평판(Plate)를 가로 : 126mm, 세로 : 78mm의 크기로 생성한다.

1 Model Tree → Jobs → Bolt_fracture 마우스 우측버튼 클릭→ Results → Step/Frame → 시간이력에 따른 파단결과 확인

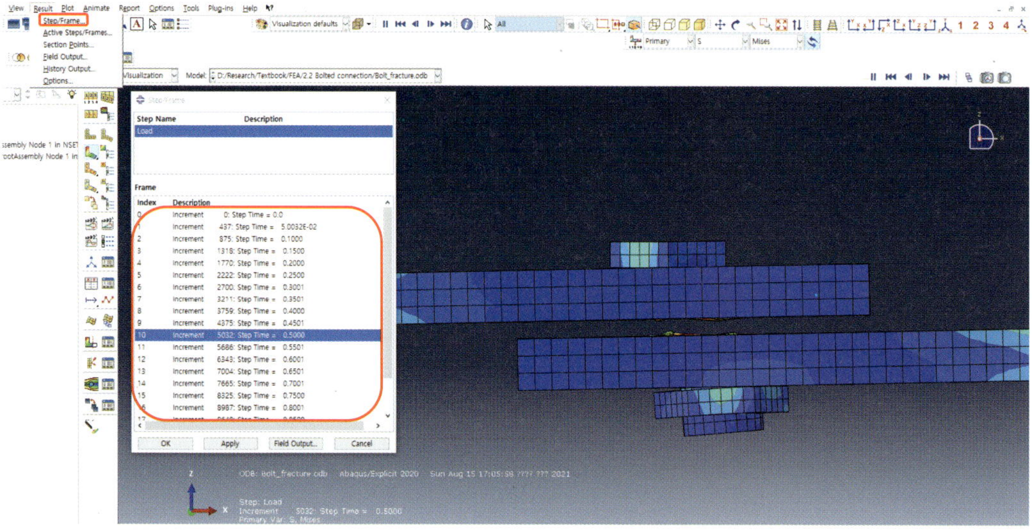

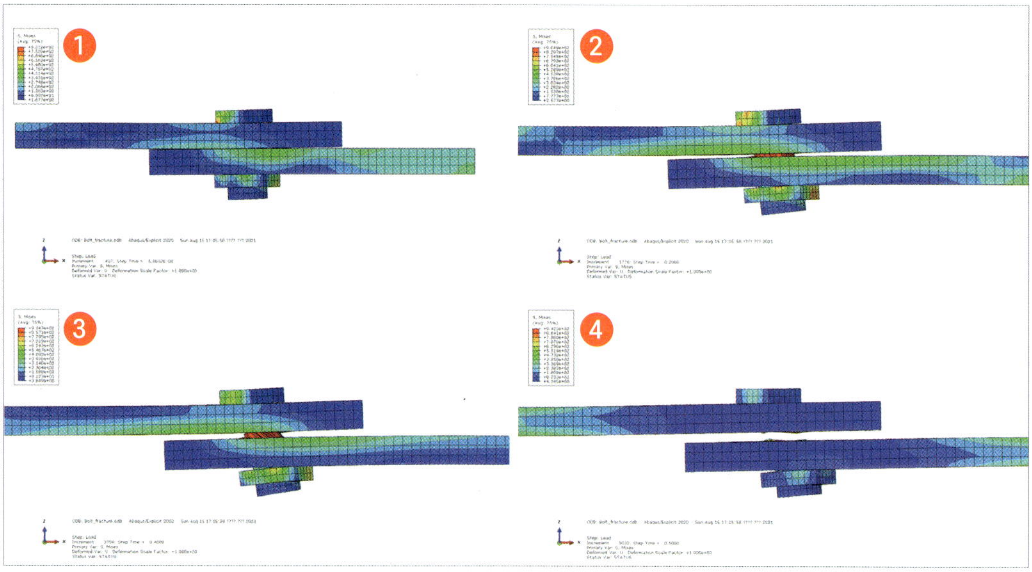

2 Viewport → Viewport Annotation Options → Legend → Numbers → Format : Fixed + Decimal places : 1 → Ok → 범례안의 자리수가 변환되는 것을 확인할 수 있다.

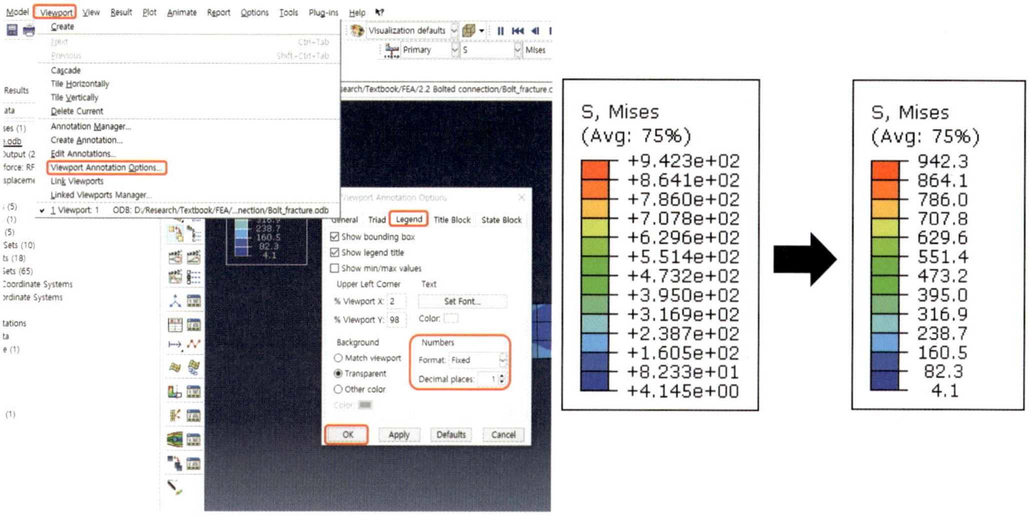

References

[1] Song, Y.C., Wang, J. Uy, B. & Li, D. (2020) Experimental behaviour and fracture prediction of austenitic stainless steel bolts under combined tension and shear, *Journal of Constructional Steel Research*, 166:105916.

[2] Pavlovic, M., Markovic, Z., Veljkovic, M. & Budevac, D. (2013) Bolted shear connectors vs. headed studes behaviour in push-out tests, *Journal of Constructional Steel Research*, 88:134-149.

3.3 프리텐션 적용 고장력볼트 접합부

3.3.1 개요

1 강구조는 형강 또는 강판 등을 공장에서 규격화된 형상으로 절단 및 가공하여 기둥과 보를 제작한 후, 시공현장에서 고장력볼트 및 용접을 이용하여 접합하는 구조이다. 따라서 이 접합부의 안전성이 매우 중요한 사항이 된다. 강구조물에 사용되는 접합방법은 일반 볼트 접합 및 고장력 볼트접합과 같은 기계적인 방법과 용접접합과 같은 야금적인 방법이 있다. 이때 볼트접합은 제작 및 조립상의 정밀도가 중요하며, 공사현장에서 주로 쓰이는 고장력 볼트 마찰접합의 경우 마찰면의 처리 및 도입장력(프리텐션, Pretension)의 관리가 필요하다. 이러한 고장력볼트의 접합방법으로는 아래 그림과 같이 마찰접합, 인장접합 및 지압접합이 있으며, 일반적으로 고장력볼트 접합이라고 하면 마찰접합을 의미한다.[1)]

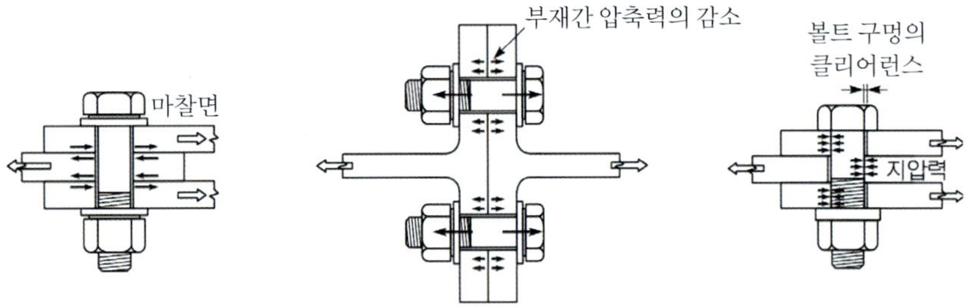

마찰접합 인장접합 지압접합

2 마찰접합은 고장력볼트에 강력한 조임력을 도입하여 부재간에 발생하는 마찰력을 통하여 응력을 전달하는 접합형식이다. 이는 2장의 판을 고장력볼트로 강하게 조이면 판의 접촉면에 큰 마찰저항이 생기므로 고장력 볼트 축과 볼트구멍의 내벽이 밀착되지 않더라도 전단 접합과 같은 힘을 전달할 수 있다. 따라서 마찰접합은 응력의 흐름이 원활하고 접합부의 강성이 높으며, 부재의 접합면에서 응력전달이 되므로 국부적인 응력집중현상이 나타나지 않는다.[1)]

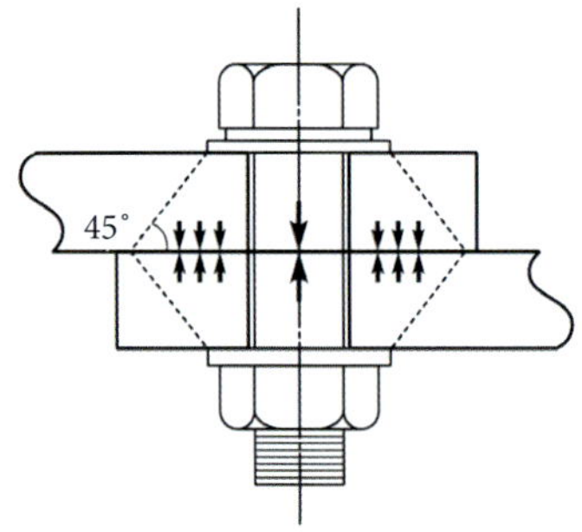

3 1.1.1. 이 절에서는 고장력볼트로 연결된 플레이트 접합부의 프리텐션 해석을 모사한 CAE 모델링을 하고자 한다. 모델링 대상은 폭 320mm, 길이 500mm, 두께 16mm의 플레이트가 고장력볼트 M22 (F10T)로 연결된 접합부이다. 강재는 용접구조용 압연강재 SM275이고

고장력볼트는 아래 표의 기계적 성질(KS B 1010)[2]에 따른다. 여기서 고장력볼트에 적용할 프리텐션은 건축물 강구조 설계기준(KDS 41 31 00)[3]의 M22(F10T)에 해당하는 설계볼트장력에 풀림을 고려하여 10% 추가 할증한 표준볼트장력 220kN을 도입한다. 유한요소해석은 탄성거동에 대해서만 수행하고 볼트와 너트는 완전체결 상태로 가정한다. 경계조건은 한쪽 플레이트의 한 면에 대하여 Fix를 적용한다.

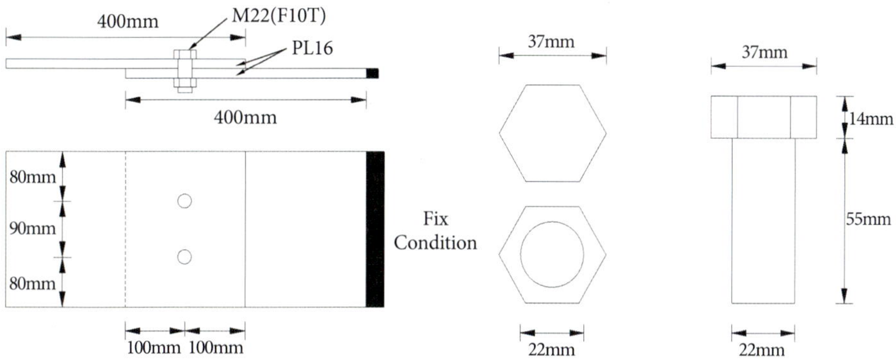

고장력볼트의 기계적 성질(KS B 1010)[2]

기계적 성질에 의한 고장력볼트의 등급	인 장 시 험			
	항복강도(MPa)	인장강도(MPa)	연신율(%)	수축율(%)
F8T	640 이상	800~1,000	16 이상	45 이상
F10T	900 이상	1,000~1,200	14 이상	40 이상
F13T	1,170 이상	1,300~1,500	12 이상	35 이상

고장력볼트의 설계볼트장력과 표준볼트장력 (KDS 41 31 00)[3]

볼트의 등급	볼트의 호칭	공칭단면적(mm^2)	설계볼트장력 T_o (kN)	표준볼트장력 $1.1T_o$ (kN)
F8T	M 16	201	84	93
	M 20	314	132	146
	M 22	380	160	176
	M 24	453	190	209
F10T	M 16	201	106	117
	M 20	314	165	182
	M 22	380	200	220
	M 24	453	237	261
F13T	M 16	201	137	151
	M 20	314	214	236
	M 22	380	259	285
	M 24	453	308	339

3.3.2 플레이트 접합부 모델링

3.3.2.1 Part (부재 생성)

볼트가 프리텐션되어 연결된 플레이트 접합부를 생성하기 위해 Part Module에서 작업을 시작한다.

(1) Bolt (볼트)

1 Create Part → Name : Bolt + Modeling Space : 3D + Type : Deformable + Base Feature/ Shape : Solid, Type : Extrusion → Continue → Create Lines: Connected → Add Dimension : 길이 37로 수정 → Rotate → Copy → Done → 선 중앙을 선택 → Angle of rotation : 60 → 같은 방법으로 복사하여 아래 그림과 같이 생성

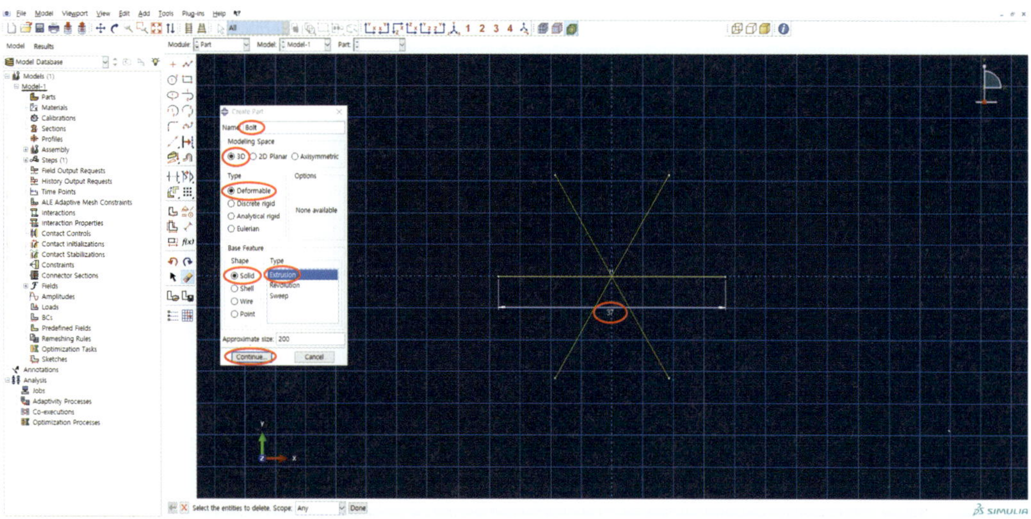

2 Create Lines: Connected : 끝점들을 연결 → Delete : 내부 대각선 선택 → OK

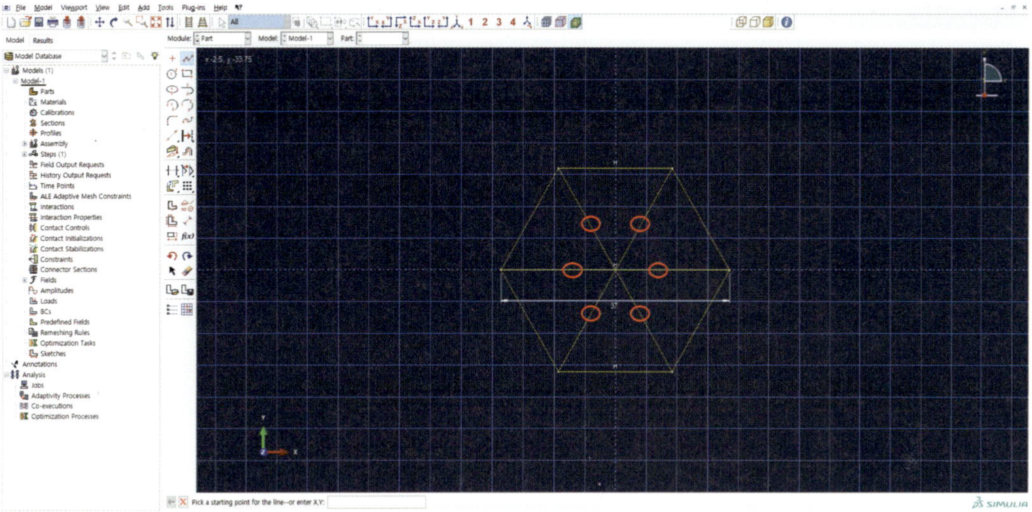

3 Done → Depth : 14 (mm) → OK

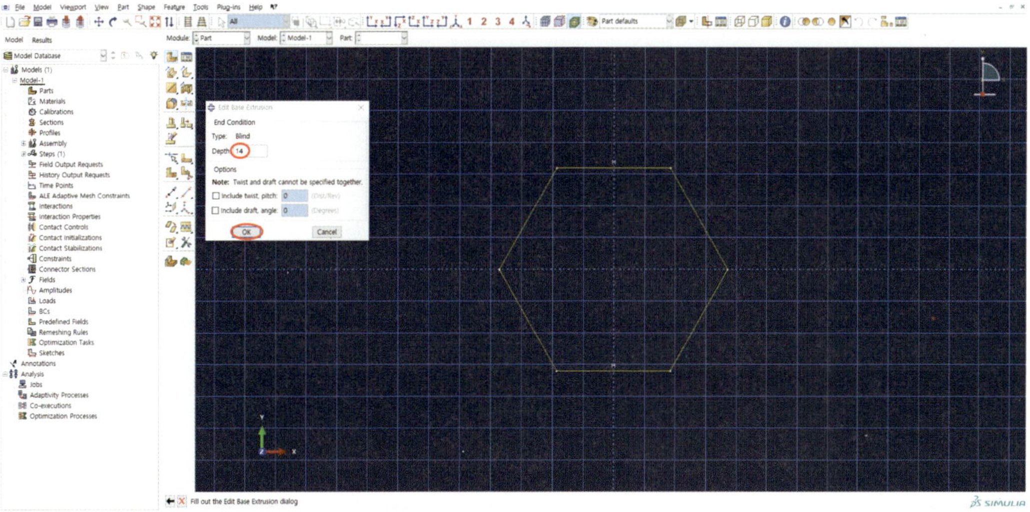

4 Create Solid : Extrude [icon] → 볼트 하부면 선택 + Done → Vertical and on the right : 볼트 모서리 선 선택 → Create Circle [icon] → Enter X, Y : 11 → Done → Depth : 55 → OK

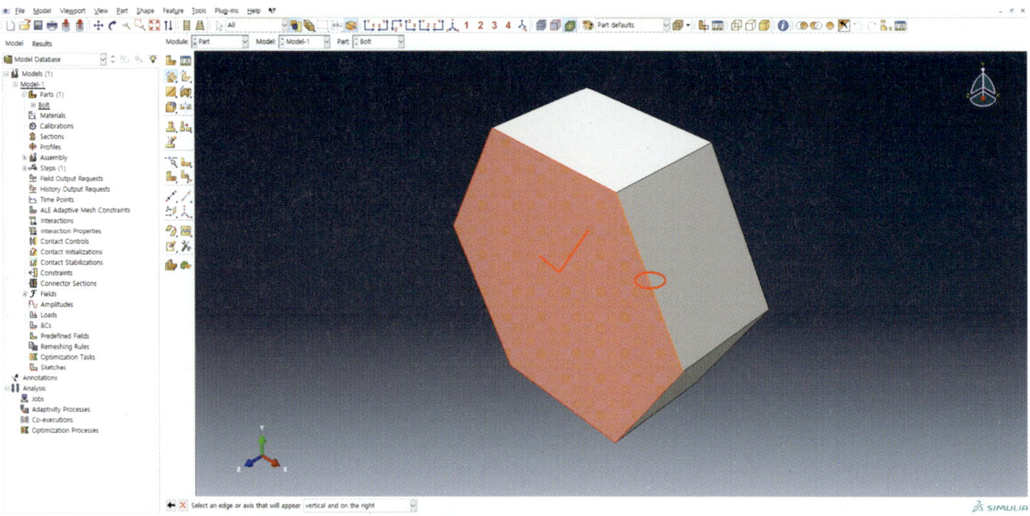

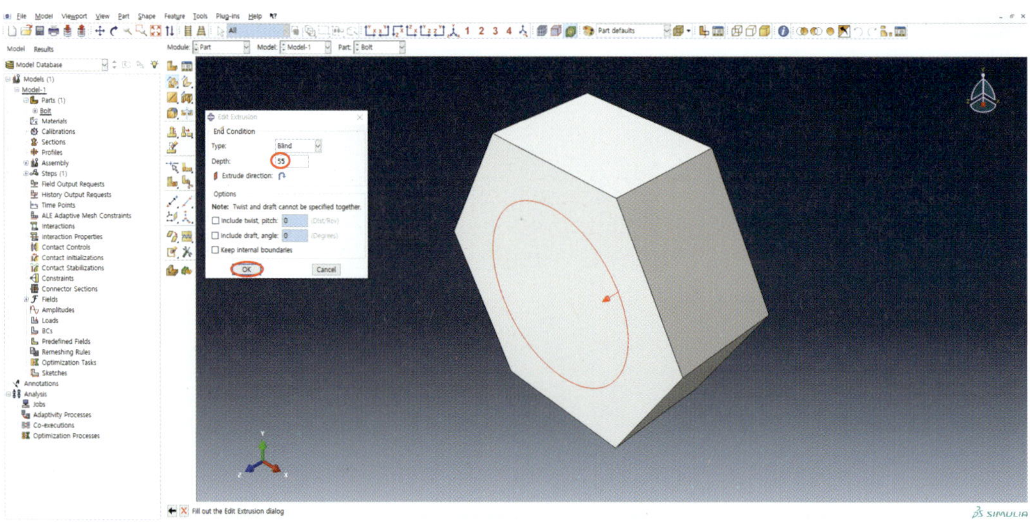

5 Tool → Datum → Axis + 2 Points → 볼트 중심축의 두 점을 선택 → Points → offset from point → 볼트 원기둥 중앙점 선택 + offset (X,Y,Z) : 0,0,16 + Done → 같은 방법으로 아래 그림과 같이 Datum 생성

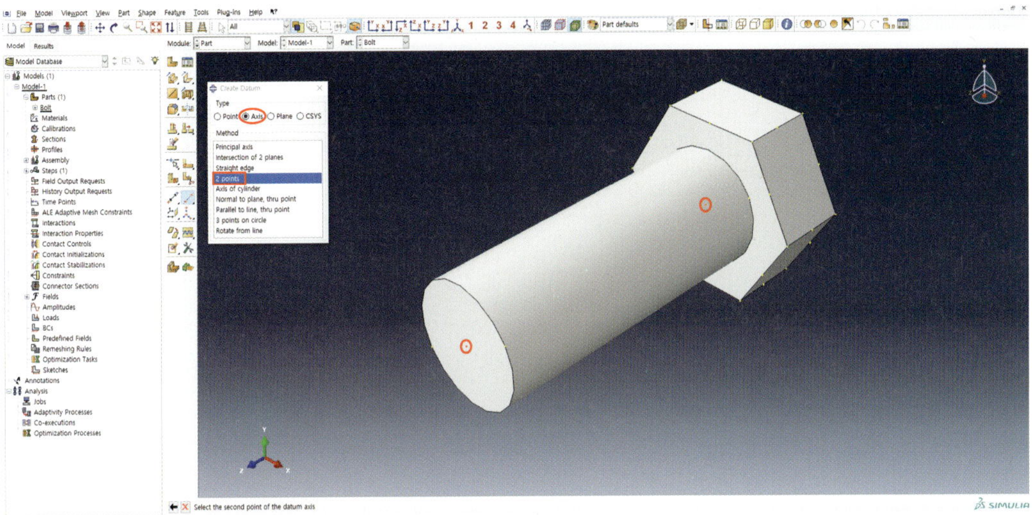

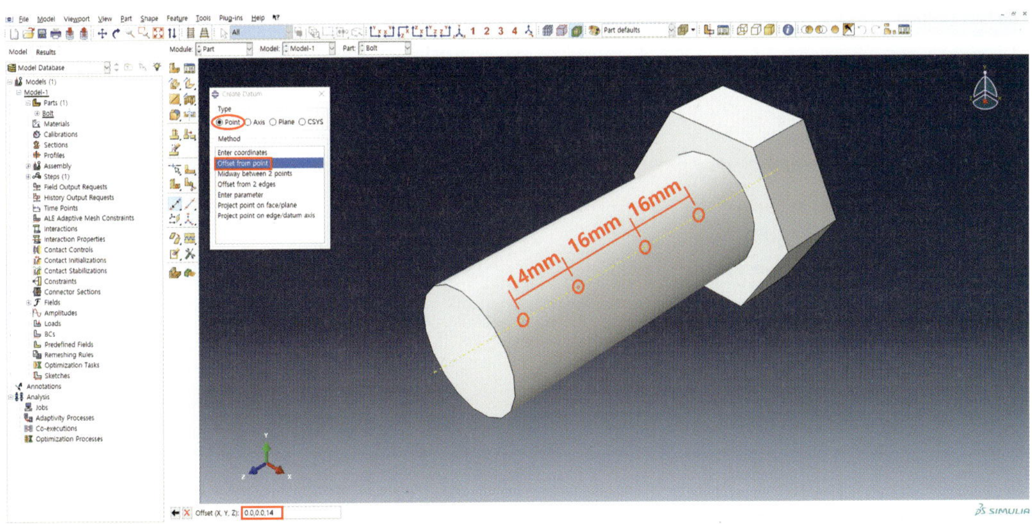

6 Tool → Partition → Cell → Define cutting plane → 3 Points → 아래 그림의 점들을 선택 → Done → 같은 방법으로 다른 모서리에 대하여 Partition 분할

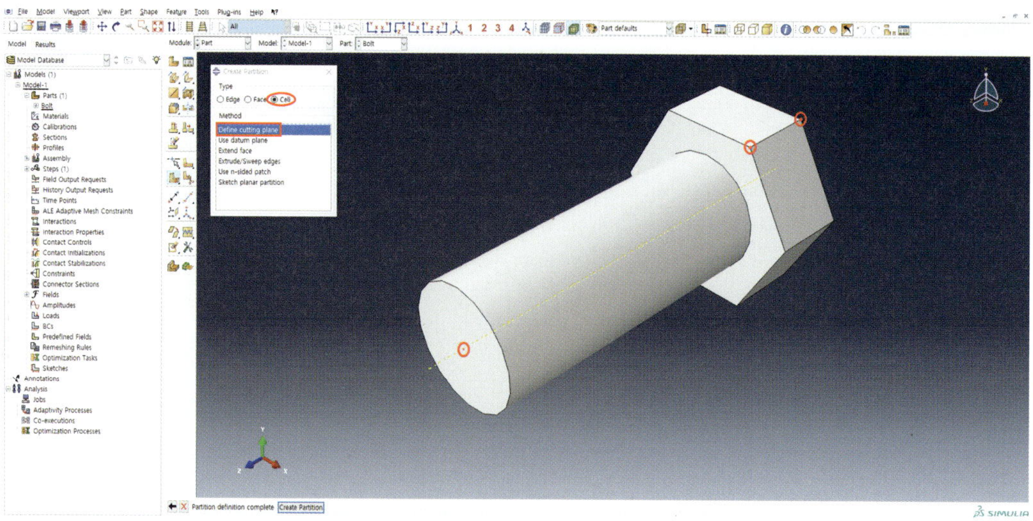

7 Cell → Define cutting plane → Point & Normal → 아래 그림의 점을 선택 + Partition을 나눌 법선을 선택 → Done → 같은 방법으로 중심축의 나머지 점에 대하여 Partition 분할

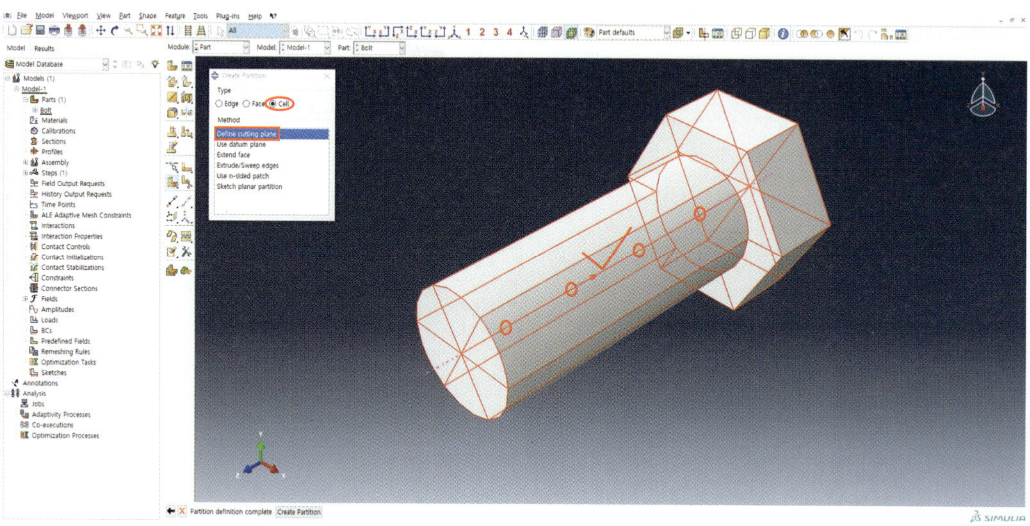

8 Bolt 부재의 Partition은 최종적으로 그림과 같이 분할된다.

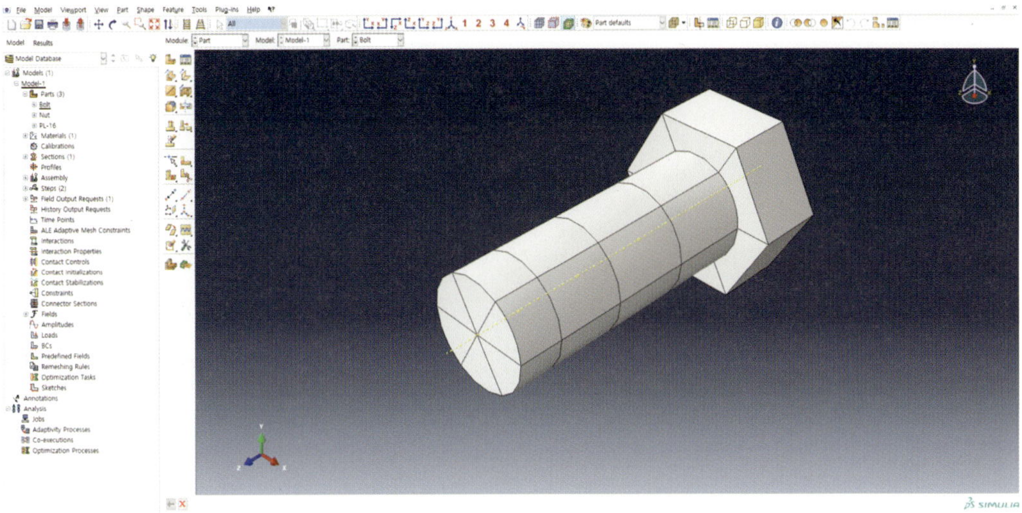

(2) Nut (너트)

1 Create Part → Name : Nut + Modeling Space : 3D + Type : Deformable + Base Feature/ Shape : Solid, Type : Extrusion → Continue → 볼트와 같은 방법으로 육각형 그리기 + Create Circle → enter X, Y : 11 → Done → Depth : 14 → OK

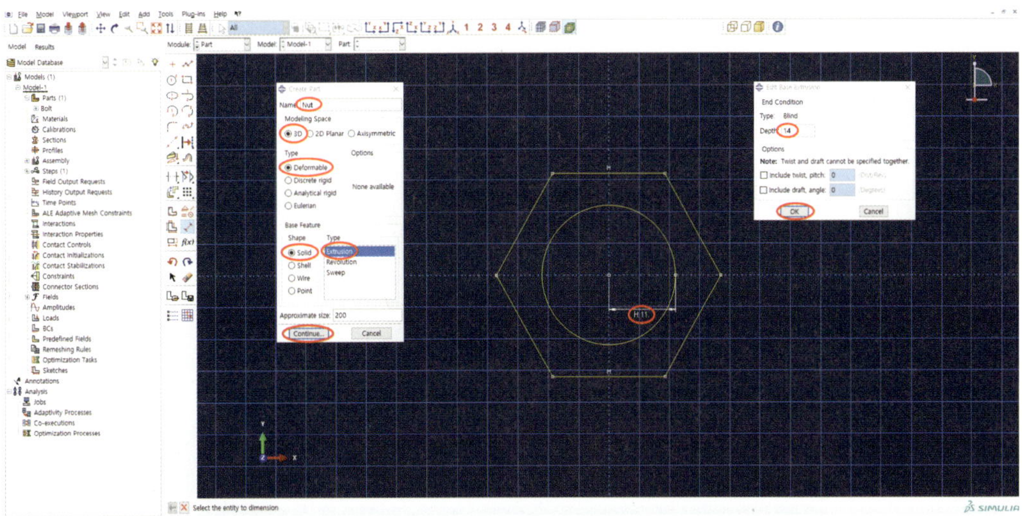

2 Tool → Partition → Cell → Define cutting plane → 3 Points → 볼트와 같은 방법으로 각각의 모서리에 대하여 Partition 분할

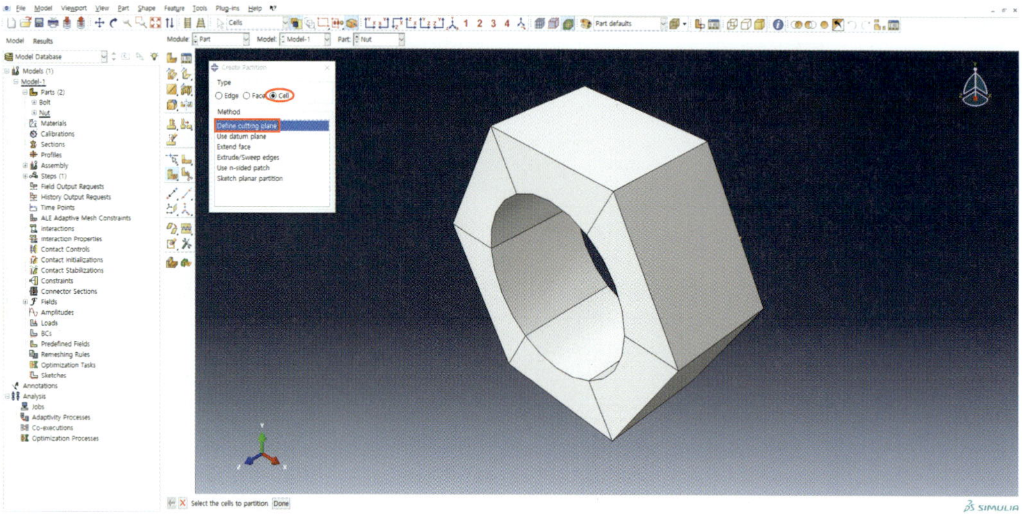

(3) Plate (플레이트)

1 Create Part → Name : PL-16 + Modeling Space : 3D + Type : Deformable + Base Feature/Shape : Solid, Type : Extrusion → Continue → Create Lines: Rectangle (4 Lines) → 임의의 사각형 생성 후 Add Dimension : 폭 400, 높이 250으로 수정 → Linear Pattern → 아래 그림과 같이 수평선으로부터 100mm, 수직선으로부터 80mm 생성 → Create Circle → enter X, Y : 12 → Translate → 원 선택 후 아래 그림과 같이 각각 의 수평선 및 수직선의 교차점으로 이동 및 복사

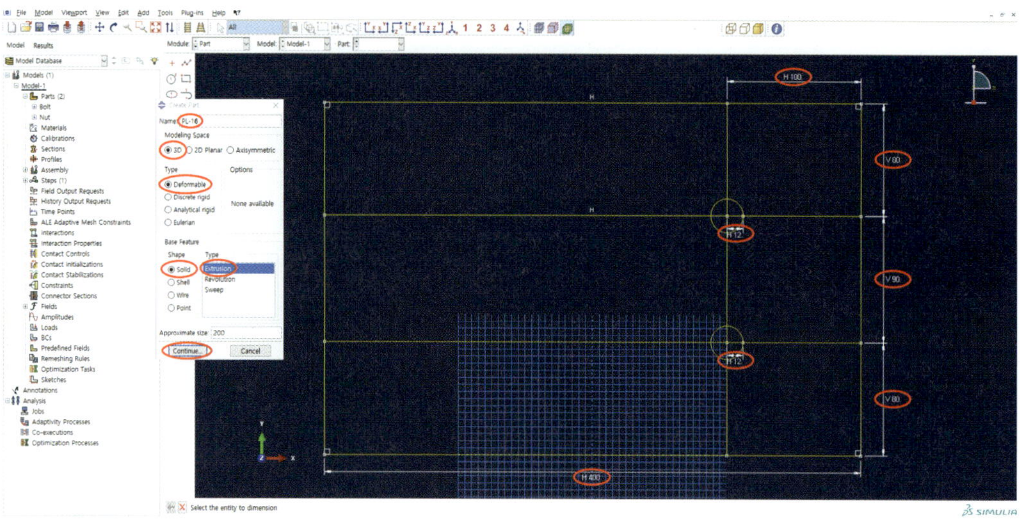

2 Delete : 내부 선 선택 → OK → Done → Depth : 16 → OK

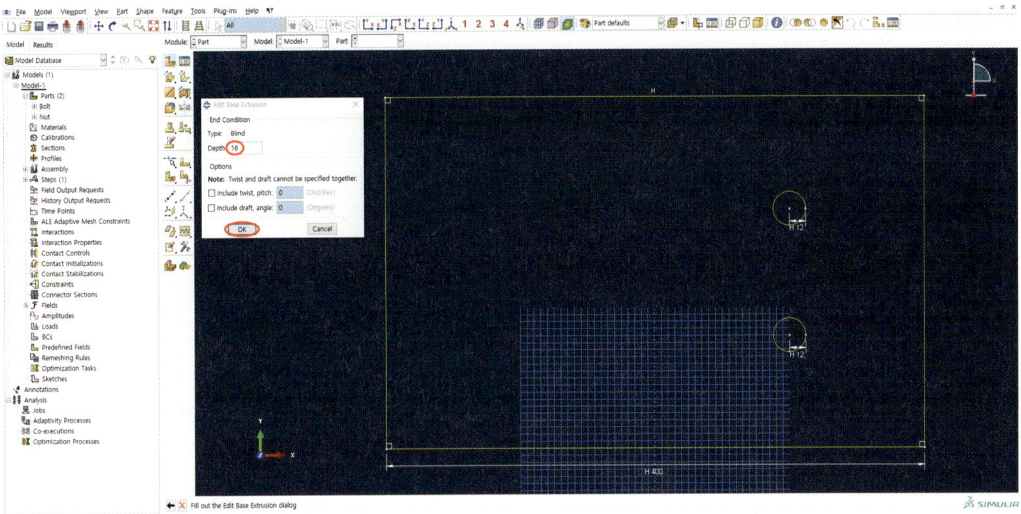

3 Tool → Partition → Face → Sketch → 플레이트 하부면 선택 + Done → Vertical and on the right : 플레이트 하부면의 모서리 선 선택 → Create Lines: Connected → 아래 그림과 같이 부재의 중앙선과 구멍을 중심으로 20mm 간격의 선을 생성 → Done

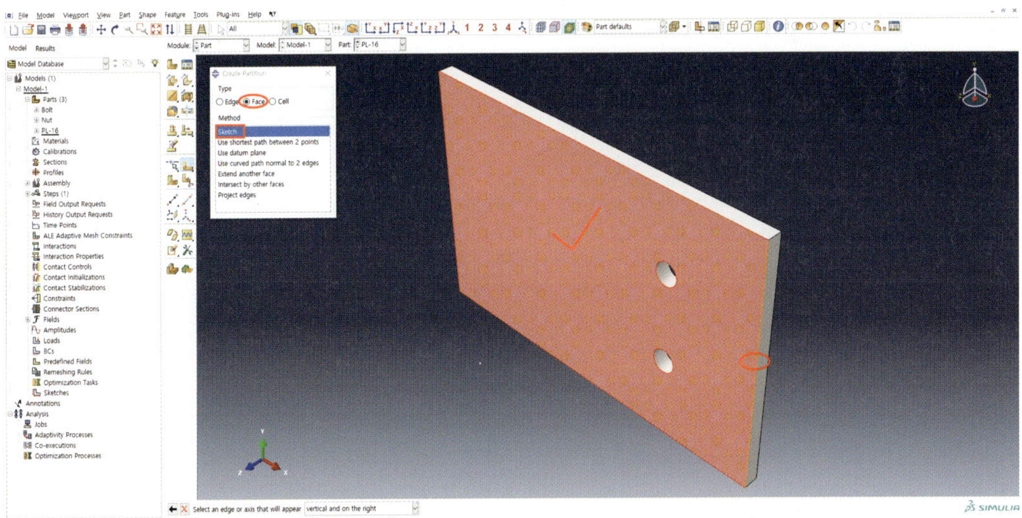

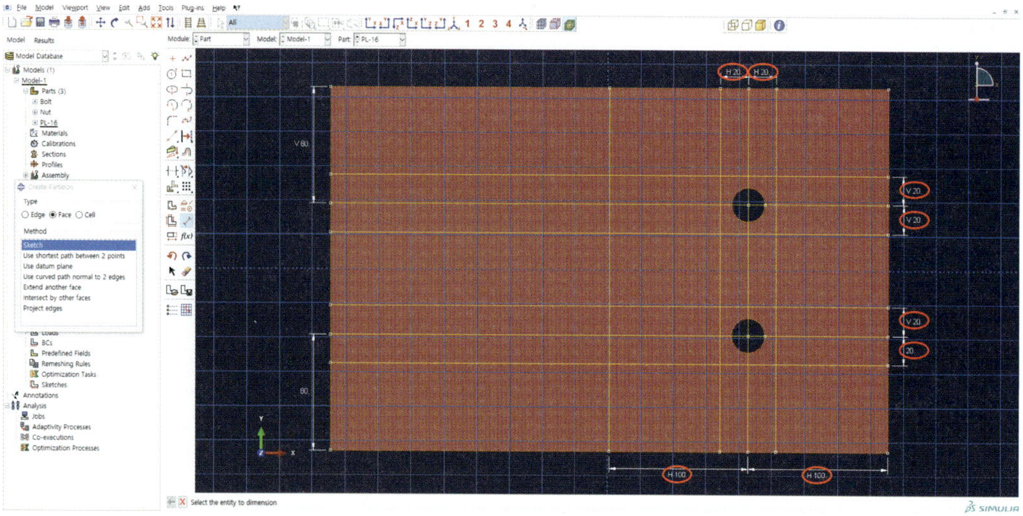

4 Cell → Define cutting plane → Point & Normal → 아래 그림과 같이 Partition 분할

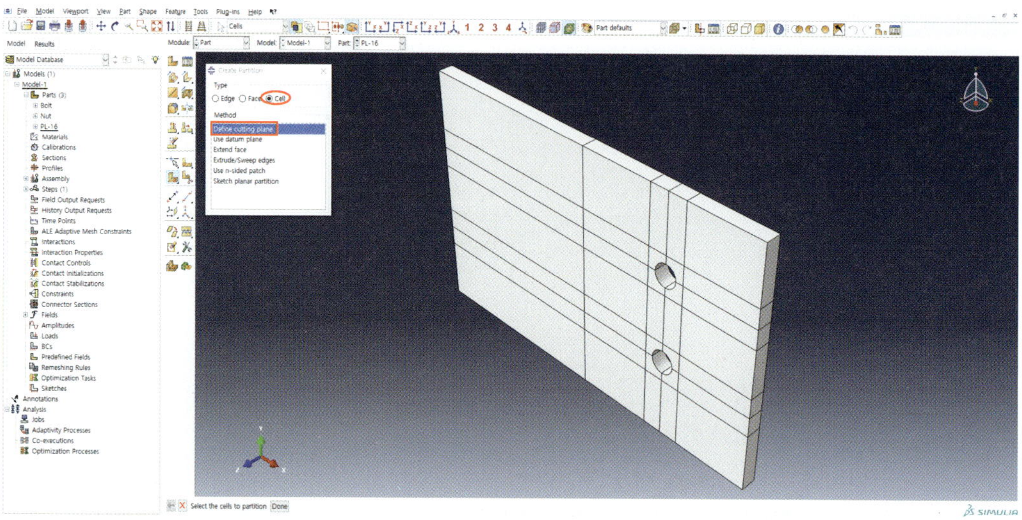

3.3.2.2 Property (재료물성 정의)

Part에서 생성한 플레이트 접합부의 물성을 정의하기 위해 Property Module로 이동한다. 여기서 해석은 탄성거동에 대해서만 수행하고자하므로 볼트, 너트 및 플레이트를 강재의 일반적인 탄성영역 물성으로 정의한다.

1 Create Material → Name : Steel + General/Density : 7.85E-009 + Mechanical/Elastic / Young's Modulus : 200000, Poisson's Ratio : 0.3

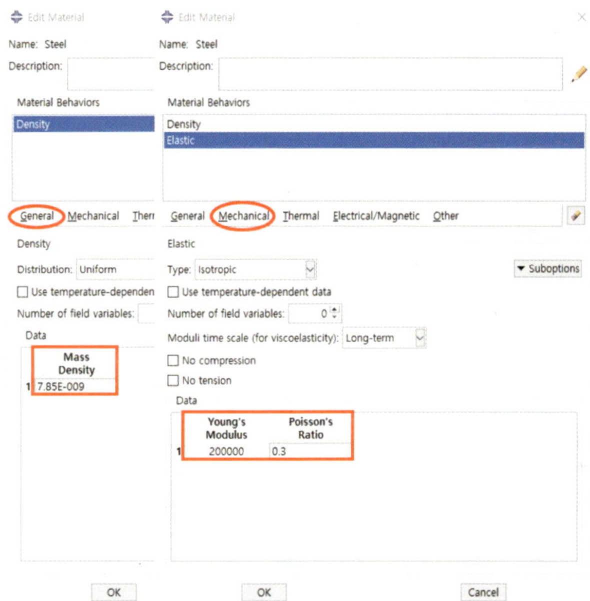

2 Create Section → Name : Steel + Category : Solid + Type : Homogeneous → Continue → Material : Steel → OK

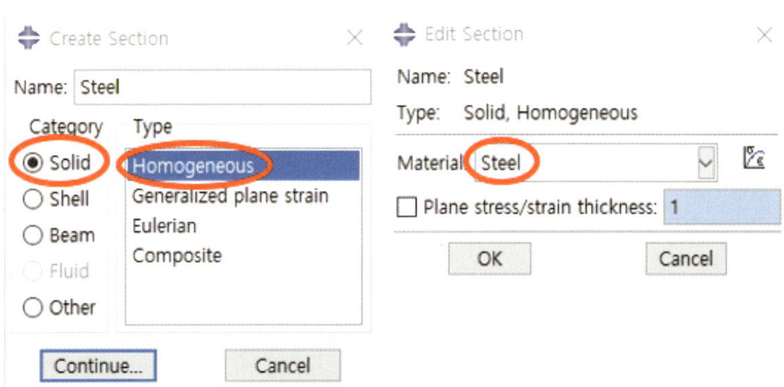

3 Assign Section → Part 전체를 선택 + Done → Section : Steel → OK

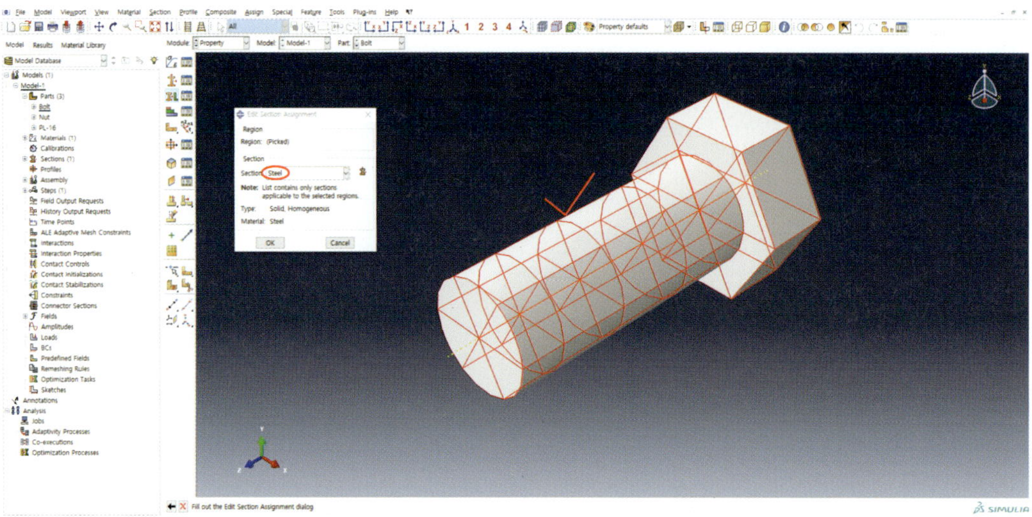

Part에 재료물성이 적용되면 회색에서 초록색으로 변경된다. 같은 방법으로 너트와 플레이트의 물성을 정의하면 아래와 같다.

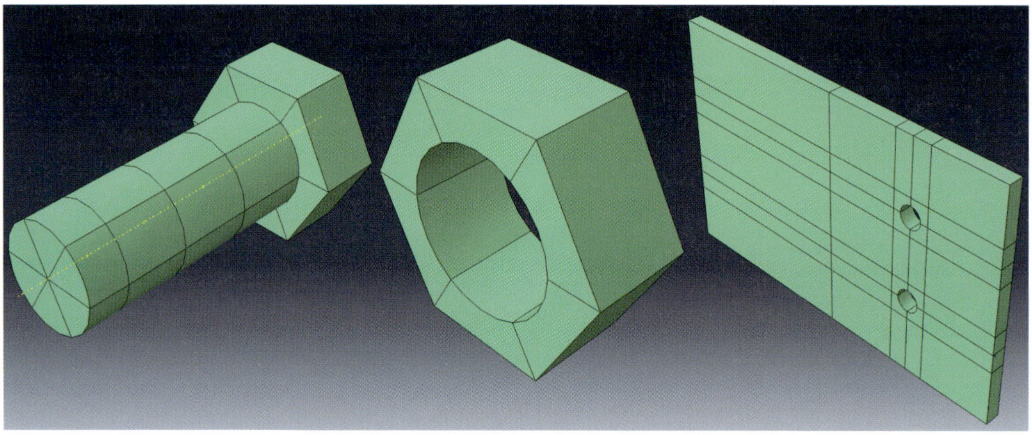

3.3.2.3 Mesh (요소의 분할)

재료물성이 정의된 각각의 Part에 대하여 유한개의 요소로 분할하는 단계이며 Mesh Module로 이동한다.

(1) Bolt (볼트), Nut (너트)

1 Seed Part → Sizing Controls + Approximate global size : 1 → OK → Done → 볼트 머리만 선택 → Assign Mesh Controls + Element Shape : Hex + Technique : Sweep Algorithm : Medial axis, Minimize the mesh transition → OK

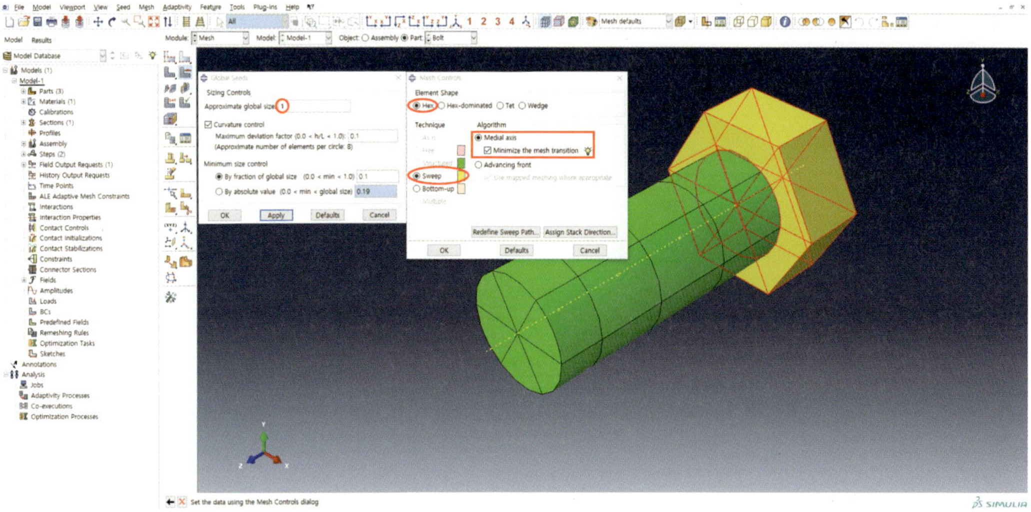

2 Assign Element Type → 요소타입 C3D8(3차원 솔리드 적분 요소) 확인 → OK → Mesh Part → Yes → 분할된 요소 확인

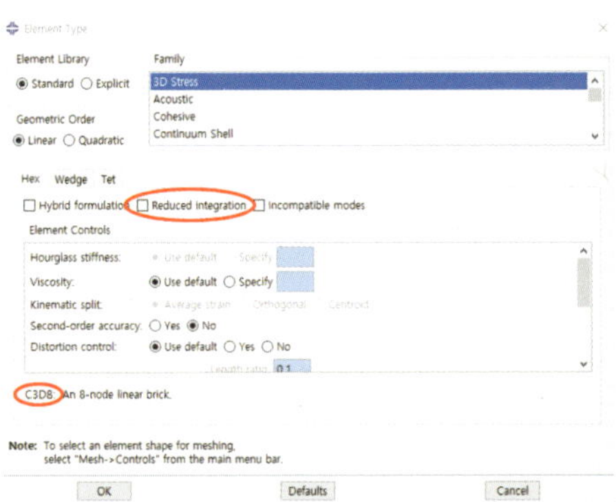

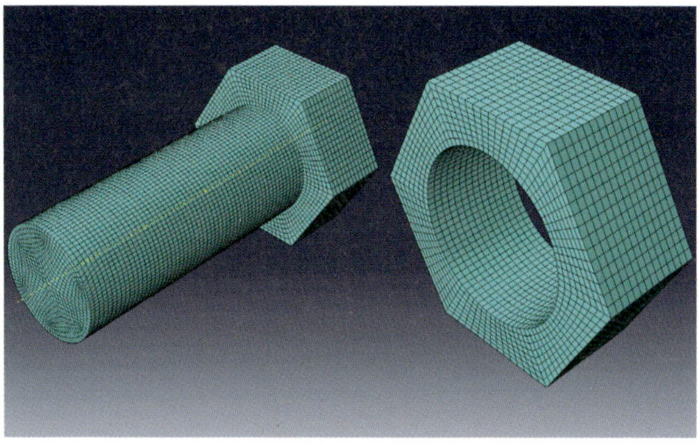

(2) Plate (플레이트)

1 Seed Edges → 아래 그림의 선들을 선택 후 Done → Basic/Method : By size + Bias : None + Sizing Controls : Approximate global size : 1 → OK

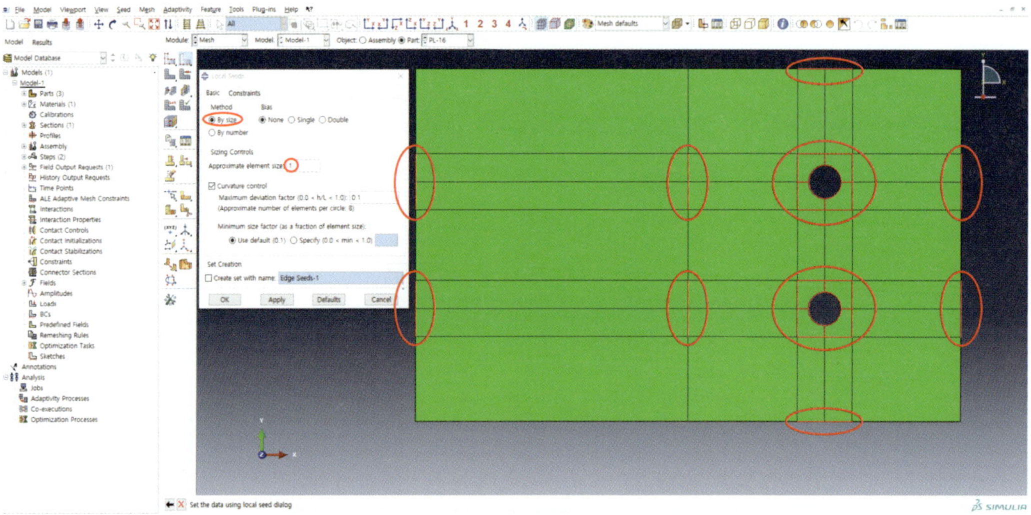

아래 그림의 선들을 선택 후 Done → Approximate global size : 10 → OK

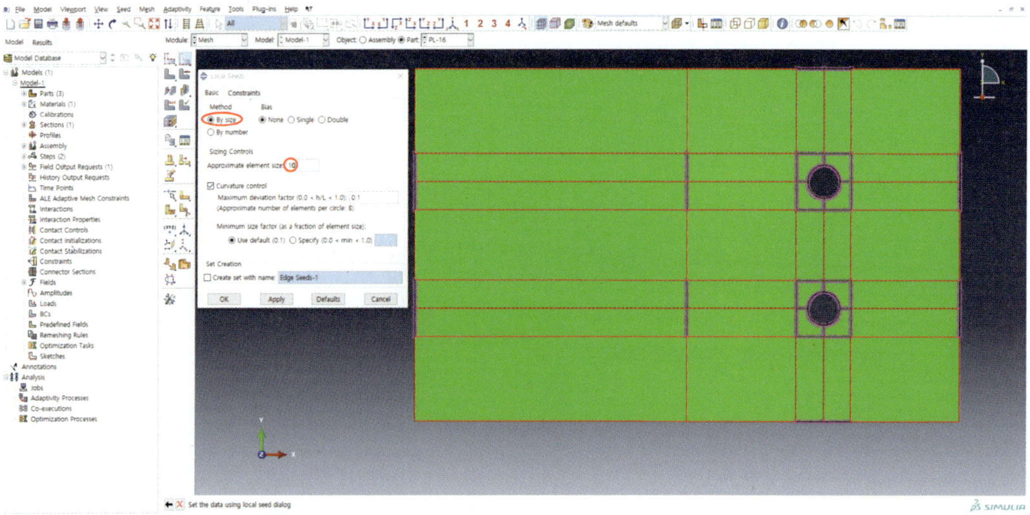

아래 그림의 선들을 선택 후 Done → By number + Number of elements : 5 → OK

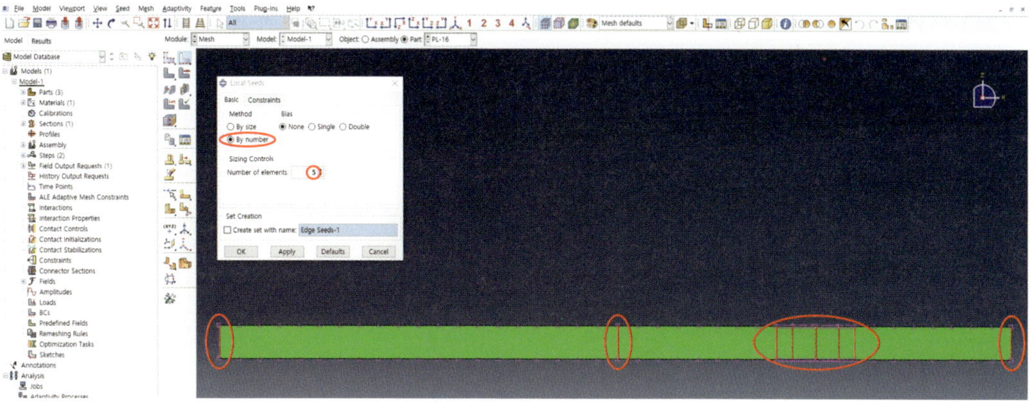

2 Assign Mesh Controls + Element Shape : Hex + Technique : Structured → OK → Assign Element Type → 요소타입 C3D8(3차원 솔리드 적분 요소) 확인 → OK

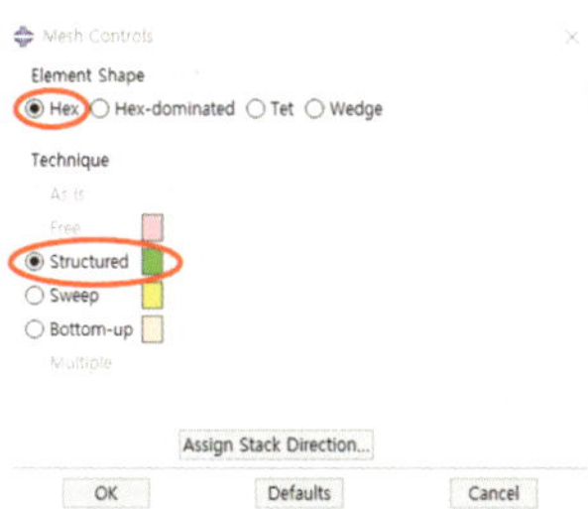

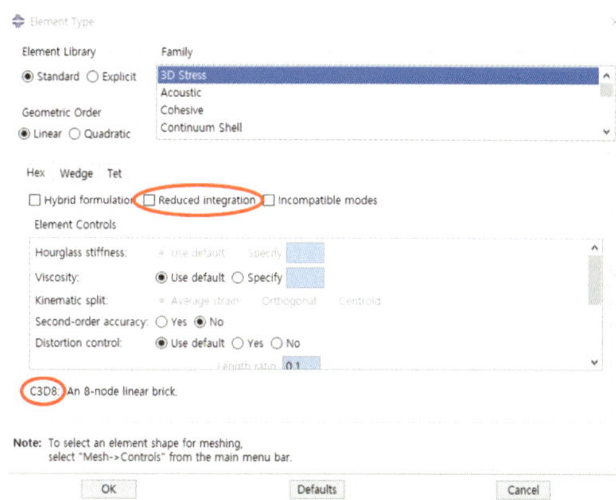

3 Mesh Part → Yes → 분할된 요소 확인

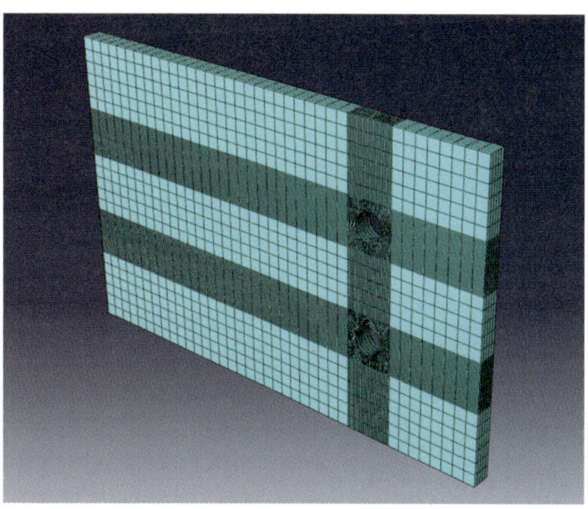

3.3.2.4 Assembly (Part의 조립)

각각의 Part를 조합하여 하나의 전체 구조물을 생성하는 단계이며 Assembly Module로 이동한다.

1 Create instance → Parts : 모두 선택 → Auto-offset from other instance 체크 → OK (×2)

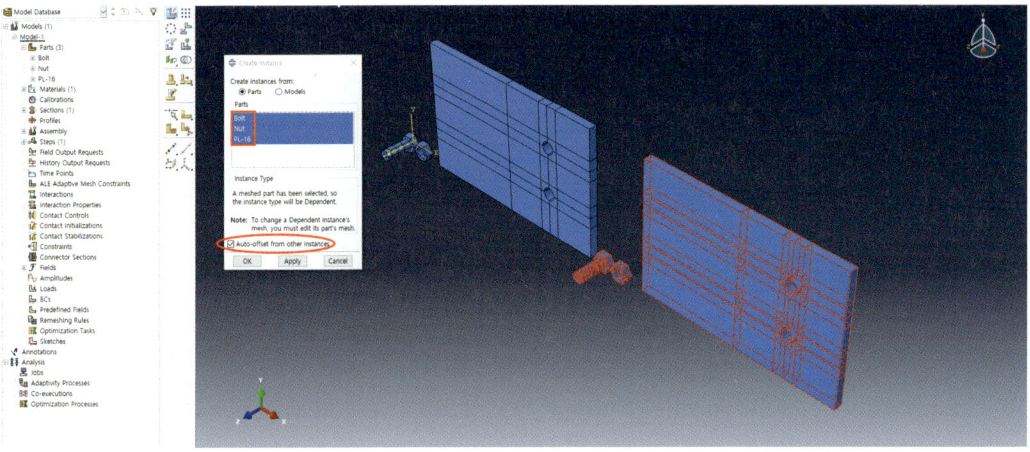

2 Rotate instance → PL-16-2 선택 + Done → 아래 그림의 Y축을 기준으로 회전축 Point 선택 → Angle of rotation : 180 → Done → OK

3 Translate Instance → PL-16-2 선택 + Done → 아래 그림의 Point 선택 → PL-16-1과 접합되도록 겹치는 위치의 Point 선택 → Done → OK

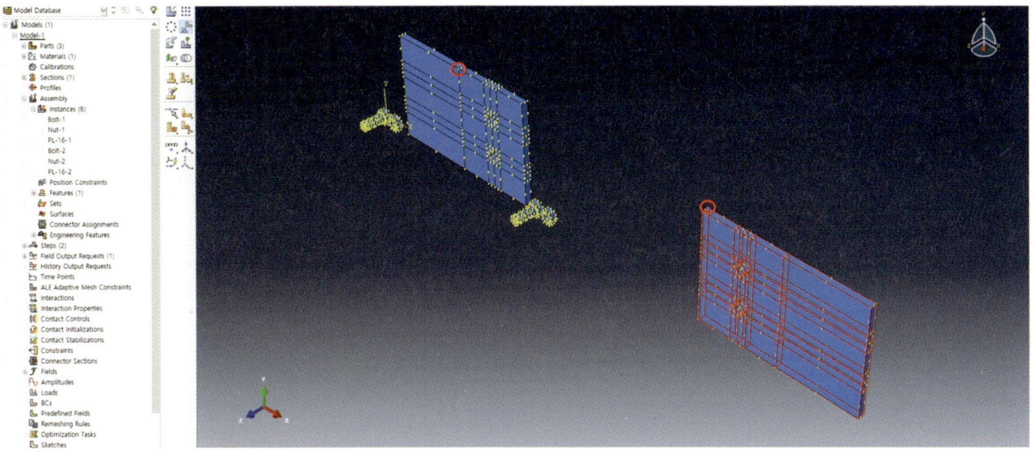

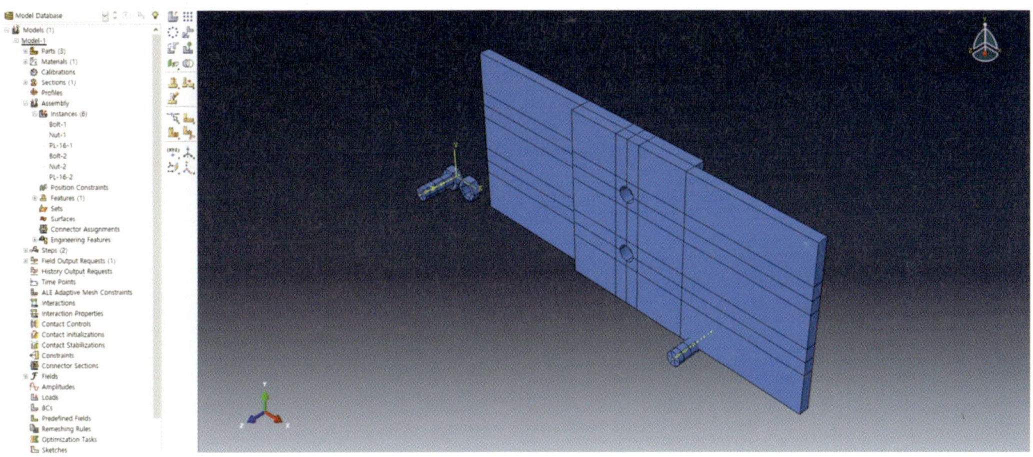

4 Translate Instance → Bolt-1 선택 + Done → 아래 그림의 Point 선택 → PL-16-1의 상부 구멍 위치의 Point 선택 → Done → OK

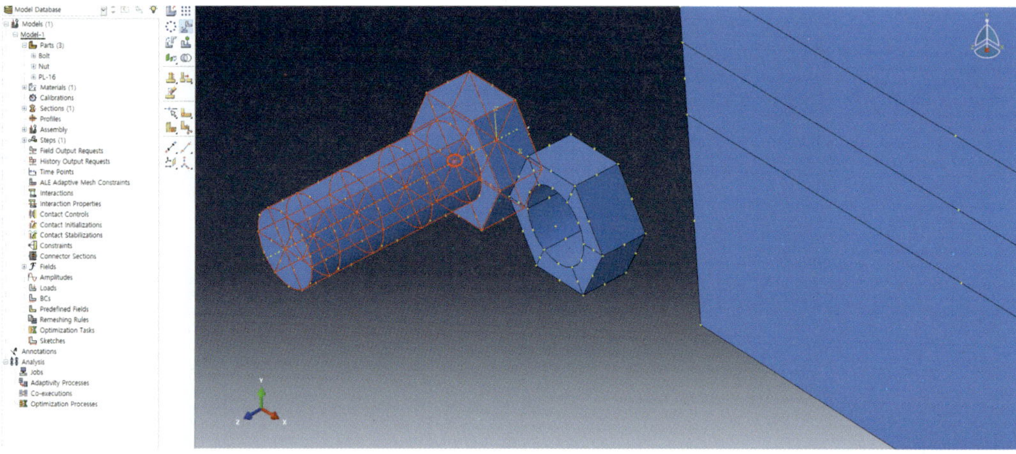

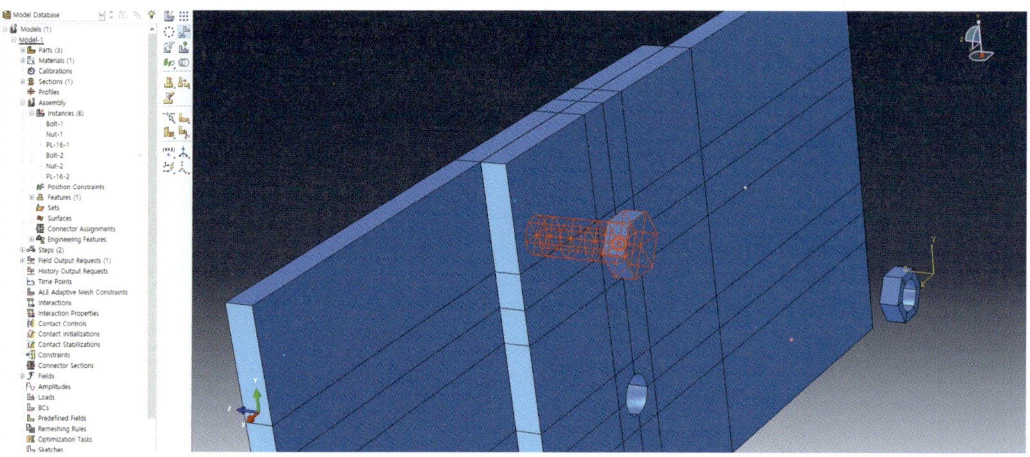

5 Translate Instance → Nut-1 선택 + Done → 아래 그림의 Point 선택 → Bolt-1에 생성한 최하단 위치의 Datum pt-3 Point 선택 → Done → OK

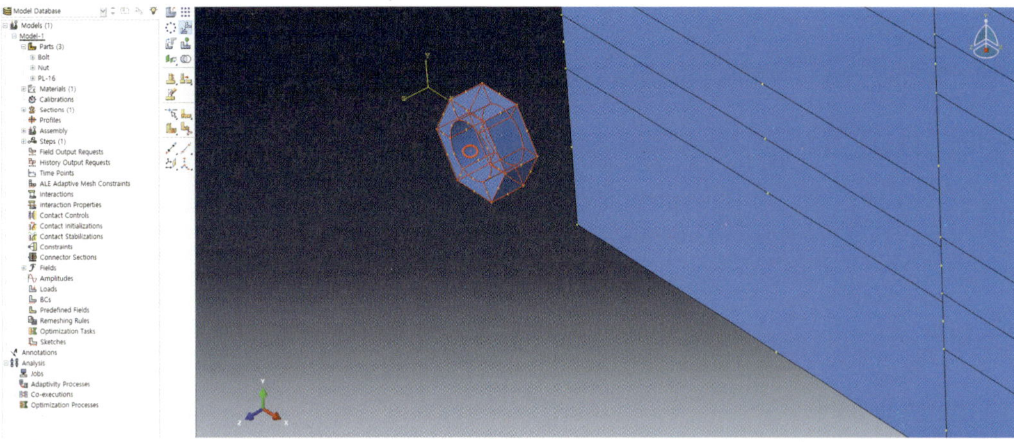

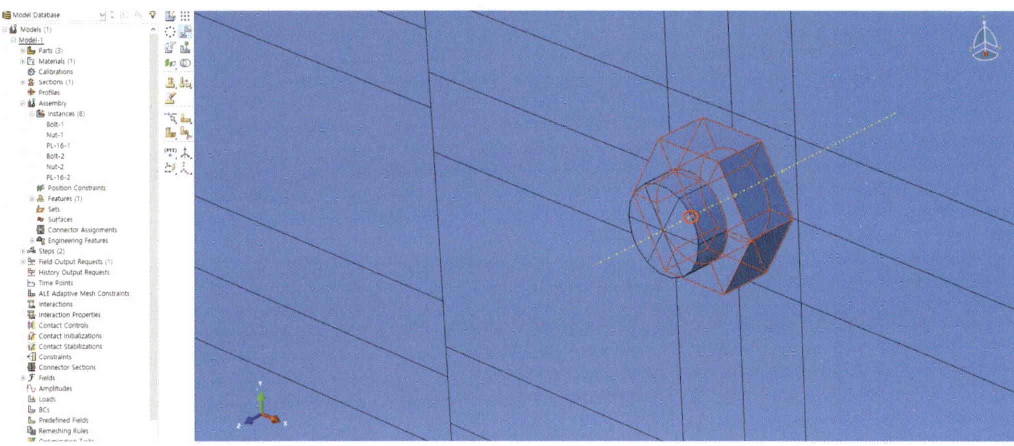

같은 방법으로 Bolt-2, Nut-2를 PL-16의 하부 구멍으로 이동시킨다.

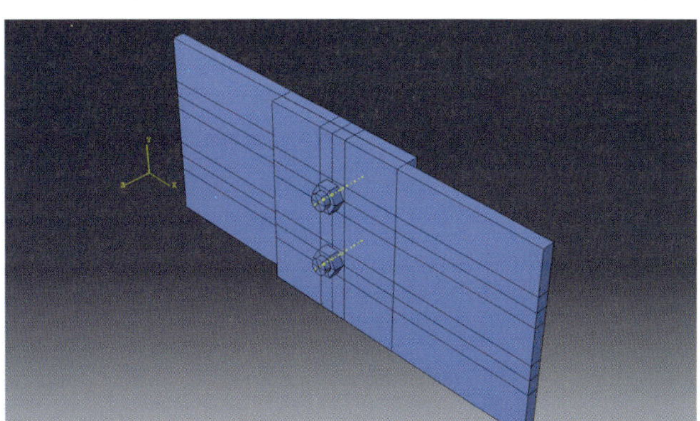

3.3.2.5 Step (해석방법 및 Output의 정의)

대상모델의 유한요소해석을 수행하기 위한 해석방법을 정의하는 단계이며 Step Module로 이동한다. 결과는 프리텐션에 의한 응력분포를 확인하는 것이 목적이므로 History Output을 삭제한다.

1 Create Step → Name : Pretension + Procedure type : General + Static, General 선택 → Continue → Basic/Incrementation(아래와 같이 입력)/Other(Default로 적용)

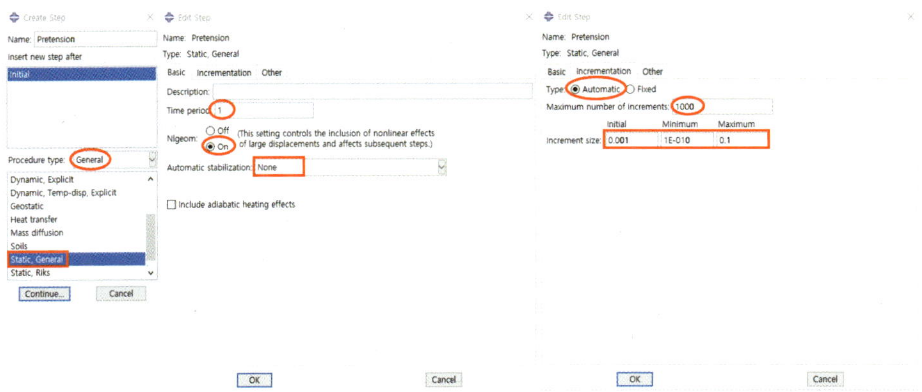

2 Field Output Requests Manager → Load/Created 더블클릭 → 모델링을 통해 확인하고자 하는 전체적인 해석결과를 선택(S, PE, LE, U, RF, CSTRESS)

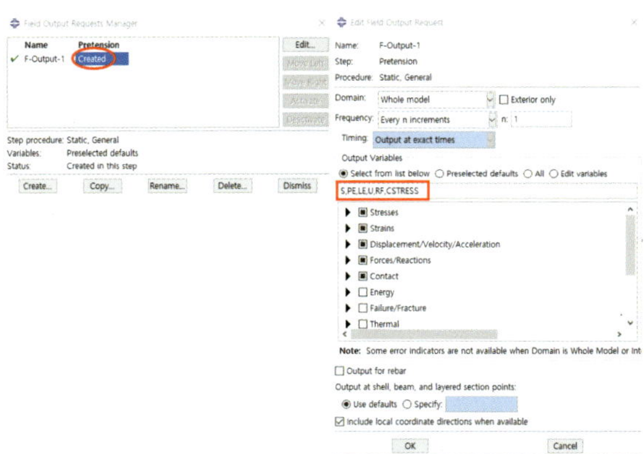

3 History Output Requests Manager → H-Output-1 Delete

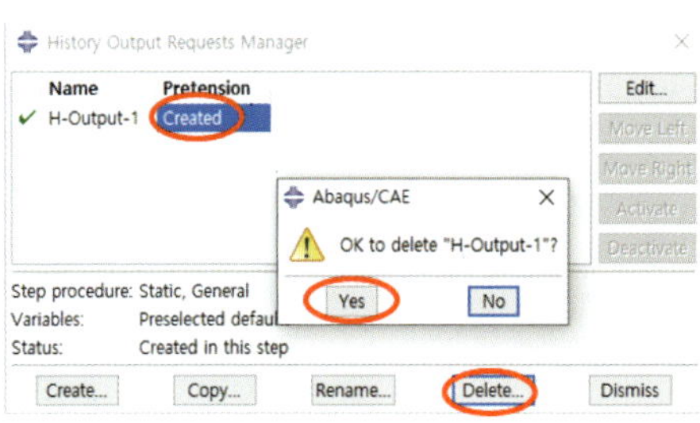

3.3.2.6 Interaction (부재간 상호관계 정의)

Assembly된 Part들의 접합 및 접촉에 대하여 정의하는 단계이며 Interaction Module로 이동한다. 볼트의 머리와 너트는 플레이트에 접촉되므로 Surface-to-surface contact를 적용하고, 볼트와 너트는 완전체결되므로 Tie를 적용한다.

1. Create Interaction Property → Name : Steel-Steel + Type : Contact → Mechanical/Tangential Behavior/Friction Coeff. : 0.5 + Mechanical/Normal Behavior/"Hard" Contact → OK

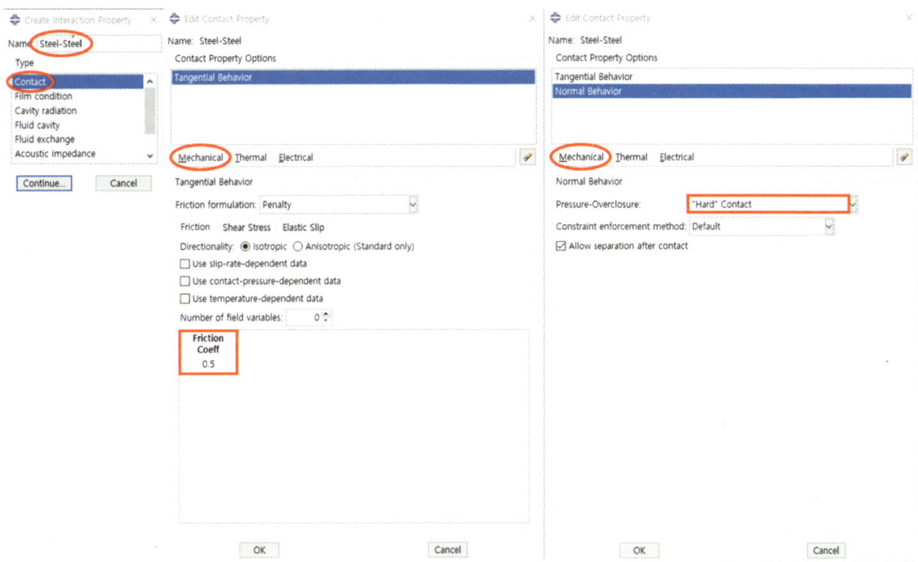

※ 부재간의 Contact를 정의하는 방법은 면과 면이 접촉할 때 접선방향(Tangential Behavior)과 법선방향(Normal Behavior)에 따른 정의가 각각 요구된다. 접촉면과 평행한 방향인 접선방향 조건은 penalty friction formulation이 있으며, 이를 정의하기 위해 마찰계수 μ를 강재와 강재의 접촉 시에 대한 일반적인 값인 0.5로 적용한다. 접촉면에 수직한 방향에 대한 법선방향 조건은 접촉에 의한 응력이 접촉 전에는 0이고 접촉 후에는 응력이 발생하는 hard contact로 적용한다. 이때 접촉에 의한 관통이 나타나지 않는 것으로 하고 있으며 이러한 가정에 의해 무한대의 응력증가가 도출된다.

2 Model Tree에서 Instance PL-16-1,2 우클릭 + Hide → Interaction Manager [icon] → Create → Name : Bolt-Plate + Type for Selected Step : Surface-to-surface contact → Continue → Select the master surface → 아래 그림의 Bolt-1,2 Surface 선택 → Done

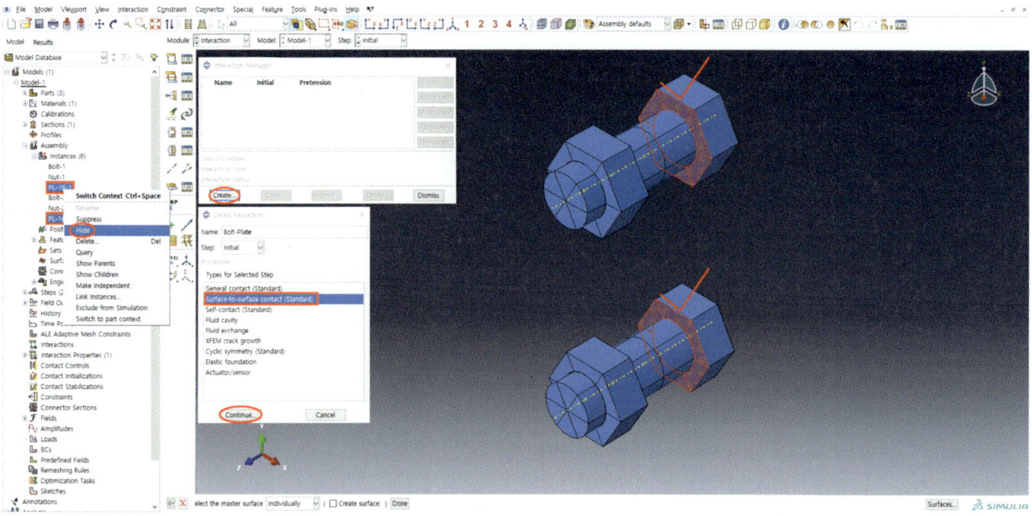

3 Model Tree에서 Instance PL-16-1,2 우(右)클릭 + Show → 볼마우스 클릭 → Choose the slave type : surface → 아래 그림의 PL-16-1 Surface 선택 → Done → Slave Adjustment : Adjust only to remove overclosure → OK

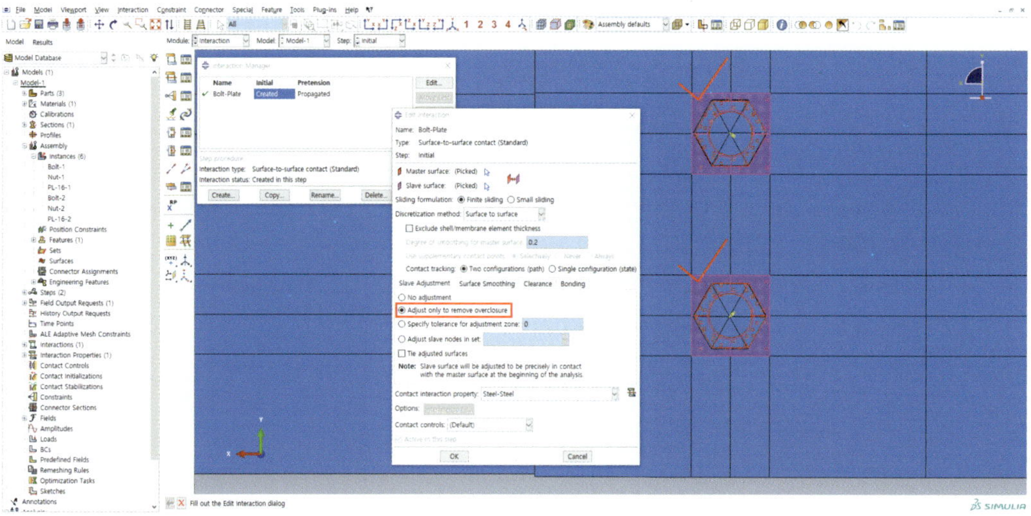

4 같은 방법으로 Bolt-1,2, PL-16-1,2 + Hide → Interaction Manager → Create → Name : Nut-Plate + Type for Selected Step : Surface-to-surface contact → Continue → Select the master surface → 아래 그림의 Nut-1,2 Surface 선택 → Done

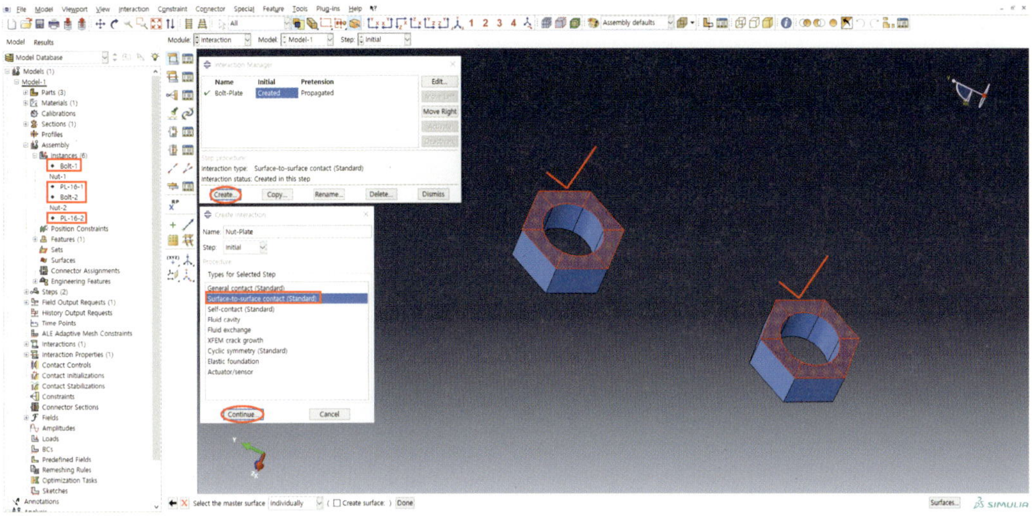

5 Bolt-1,2, PL-16-1,2 + Show → 볼마우스 클릭 → Choose the slave type : surface → 아래 그림의 PL-16-2 Surface 선택 → Done → Slave Adjustment : Adjust only to remove overclosure → OK

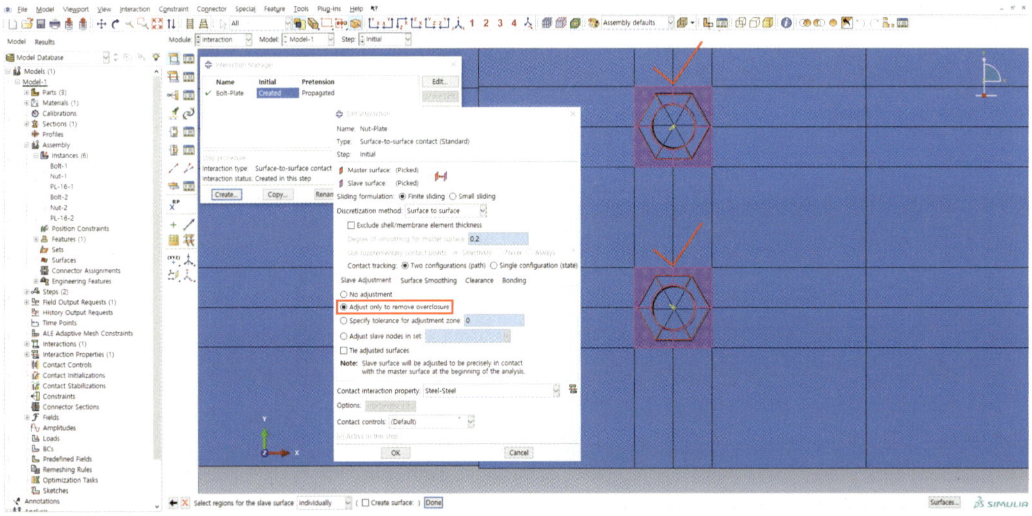

6 Bolt-1,2, Nut-1,2 PL-16-2 + Hide → Interaction Manager → Create → Name : Plate-Plate + Type for Selected Step : Surface-to-surface contact → Continue → Select the master surface → 아래 그림의 PL-16-1 Surface 선택 → Done

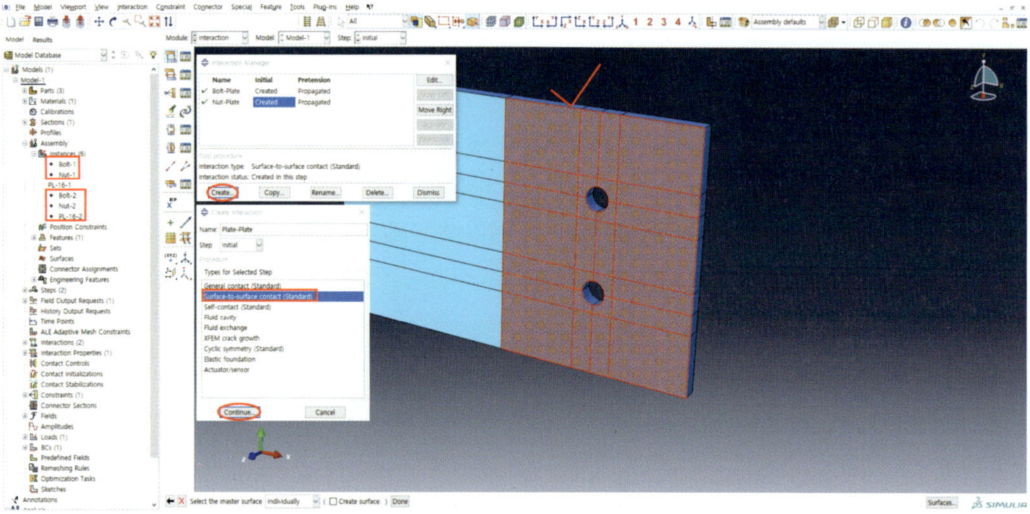

7 PL-16-1 + Hide → PL-16-2 + Show → 볼마우스 클릭 → Choose the slave type : surface → 아래 그림의 PL-16-2 Surface 선택 → Done → Slave Adjustment : Adjust only to remove overclosure → OK

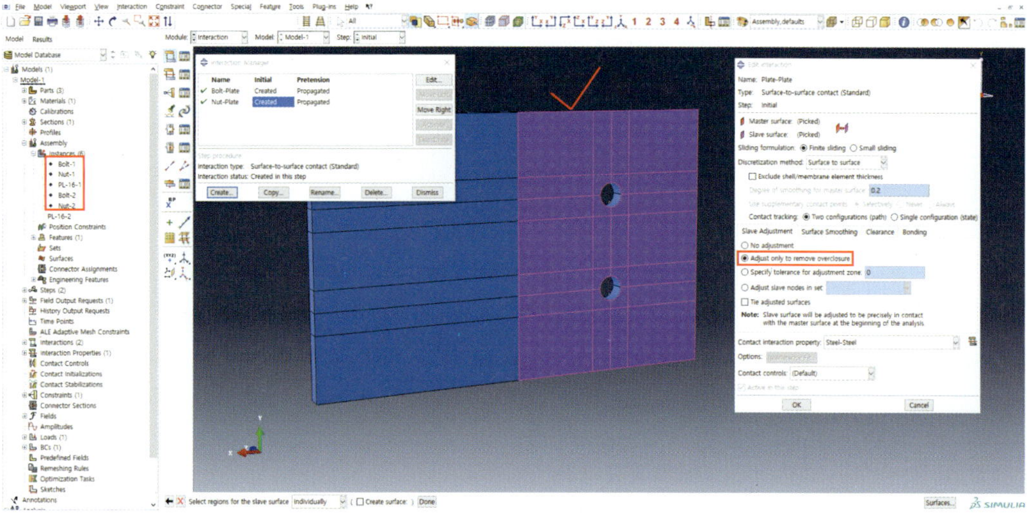

8 Nut-1,2, PL-16-1,2 + Hide → Bolt-1,2 + Show → Create Constraint → Name : Bolt-Nut + Type : Tie → Continue → 아래 그림의 Bolt-1,2 Surface 선택 → Done

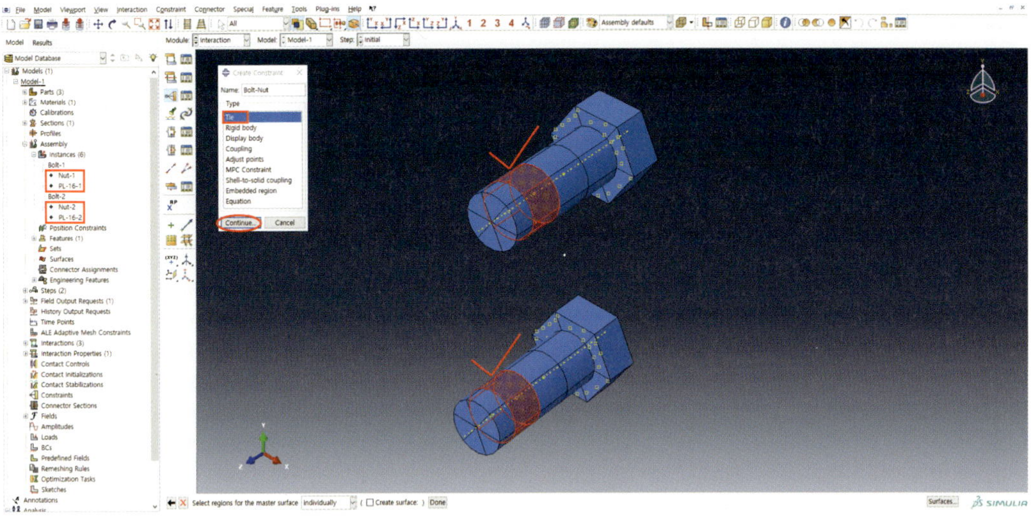

9 Bolt-1,2 + Hide → Nut-1,2 + Show → 볼마우스 클릭 → Choose the slave type : surface → 아래 그림의 Nut-1,2 Surface 선택 → Done → Use computed default → OK

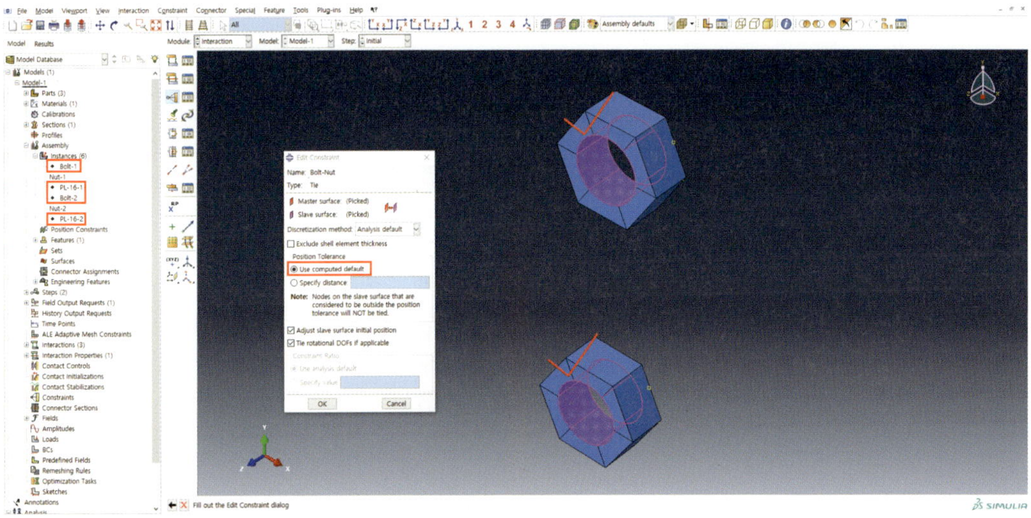

3.3.2.7 Load (경계조건 및 하중조건 정의)

모델링하고자 하는 대상 구조물의 경계조건을 정의하고 하중을 입력하는 단계이며 Load Module로 이동한다. 한쪽 플레이트의 단부는 고정단으로 적용하고, 두 개의 볼트에는 프리텐션 220000N을 각각 적용한다. 이때 볼트의 프리텐션은 두 개의 플레이트가 만나는 위치인 16mm 지점에 재하하고 Datum axis를 중심으로 작용시킨다.

1. Bolt-1,2, PL-16-1,2 + Show → Create Boundary Condition → Name : Fix + Step : Initial + Category : Mechanical + Type for Selected Step : Displacement/Rotation → Continue → 아래 그림의 PL-16-2 Surface 선택 → Continue → U1~3, UR1~3 체크 → OK

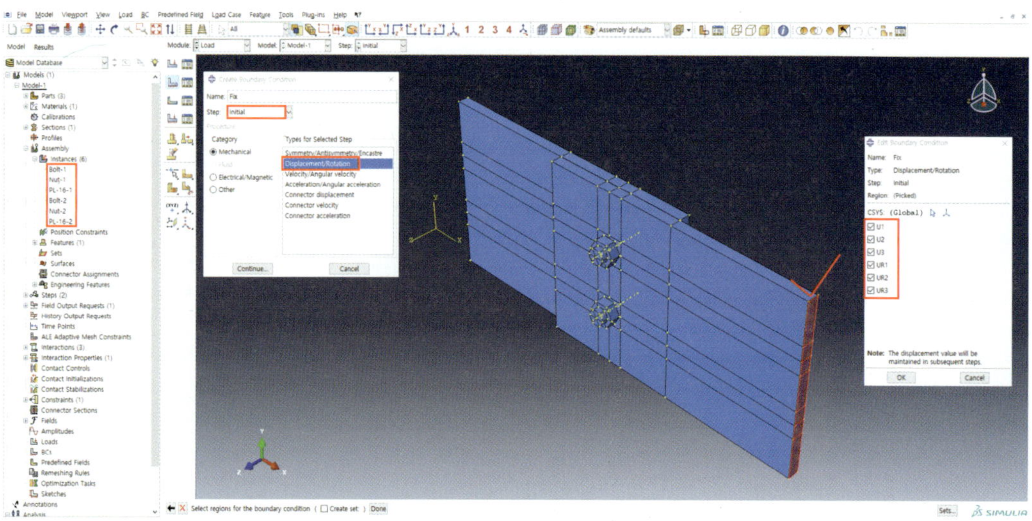

2 Nut-1,2, PL-16-1,2 + Hide → Create Load → Name : Load + Step : Pretension + Category : Mechanical + Type for Selected Step : Bolt load → Continue → 메시지창 + Yes → 아래 그림의 Bolt-1,2 내부 Surface 선택 → Brown 또는 Purple 선택 → Magnitude + 220000 입력 → OK

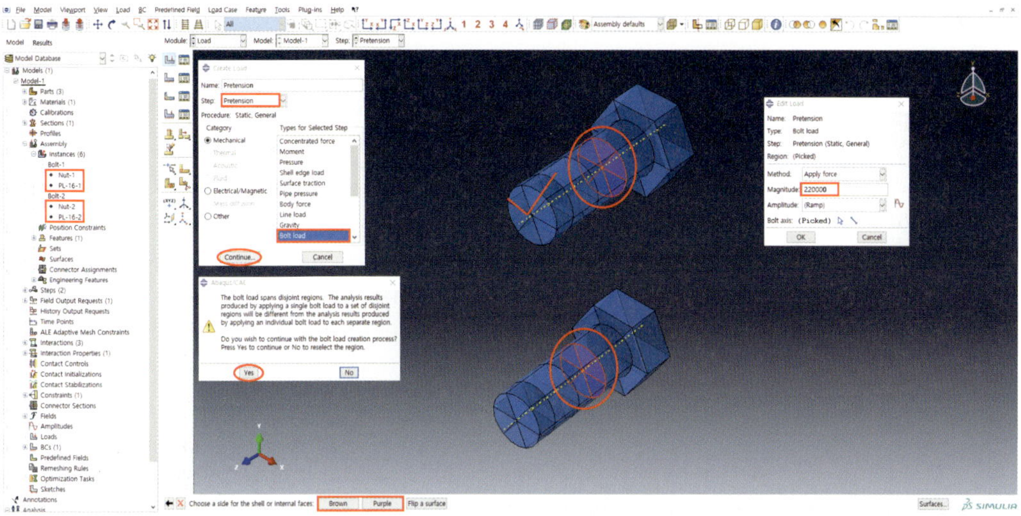

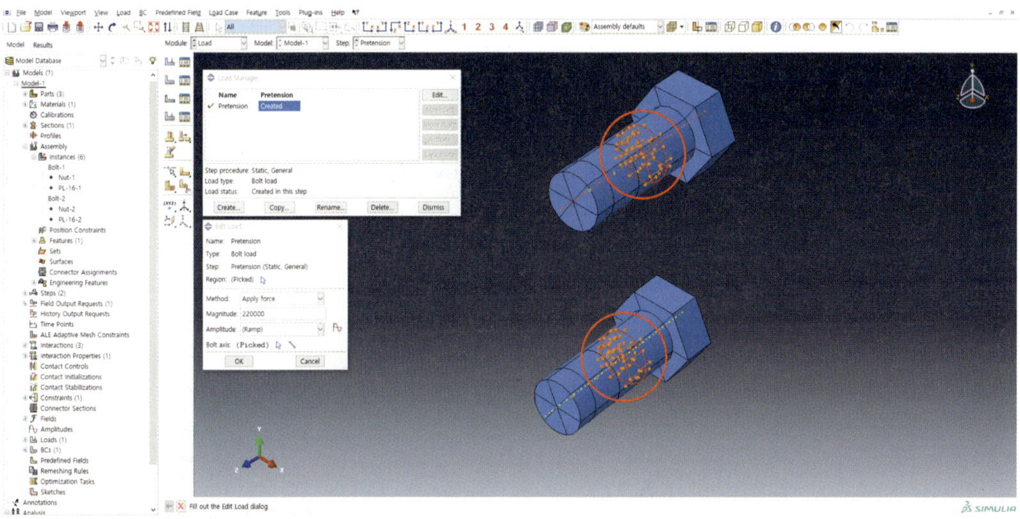

3.3.2.8 Job (유한요소해석 수행)

모델링한 대상 구조물의 유한요소해석을 수행하는 단계이며 Job Module로 이동한다.

1 Job Manager → Create → Name : Bolt_Pretension + Model-1 선택 → Continue → Parallelization 탭 선택 → Use multiple processors 체크 + 6 입력 → OK

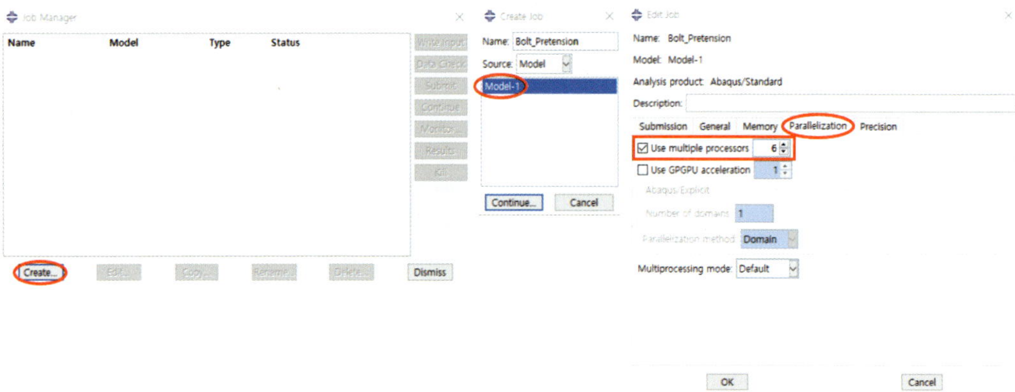

2 Job Manager → Monitor → Submit → 메시지창 + Yes

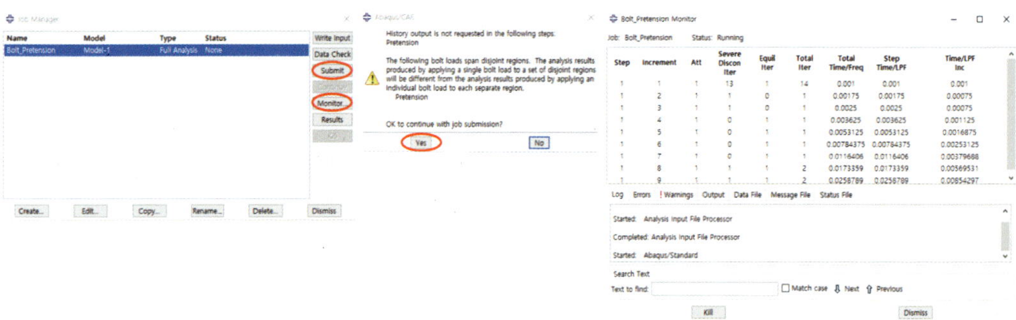

3.3.3 해석결과 확인

(1) Visualization (Output 확인)

모델링한 대상 구조물의 Output을 확인하는 단계이며 Job Manager에서 Results를 선택하면 자동으로 Visualization Module로 이동한다.

1 Job Manager → 해석 완료 후 Results 선택

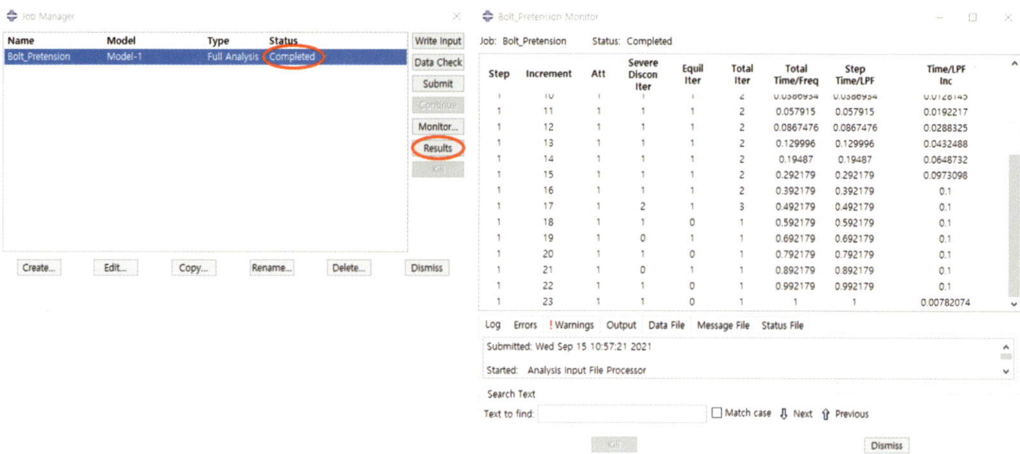

2 Plot Contours on Deformed Shape → 상부 항목에 있는 Field Output에서 확인하고자 하는 결과를 선택 → Bolt-1,2, Nut-1,2 + Remove

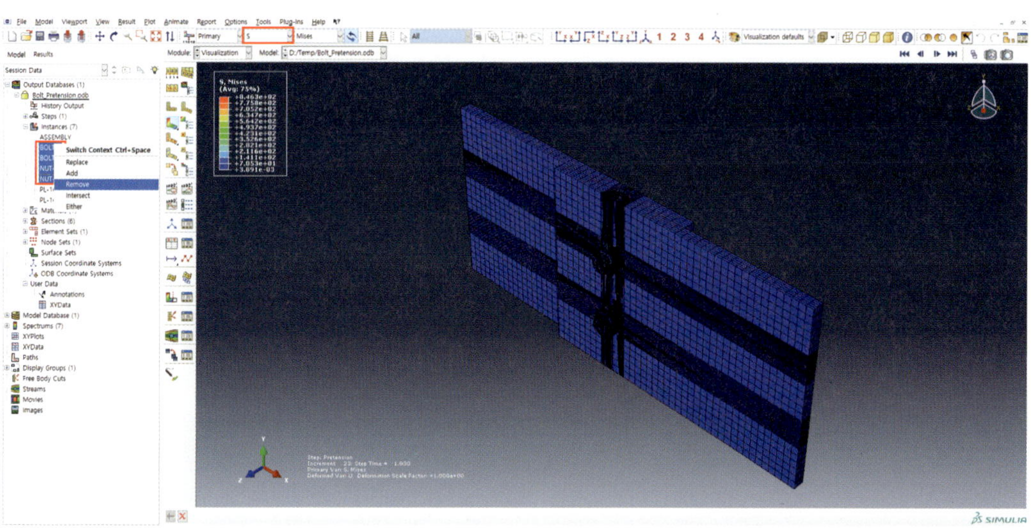

3 View Cut Manager → Y-Plane + 아래 그림의 항목 선택 + Position 조절하여 결과 확인

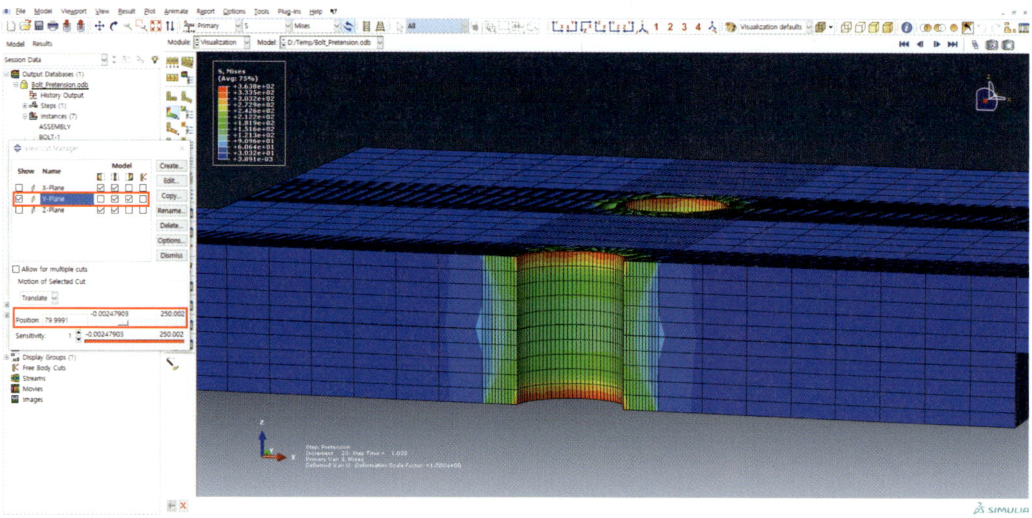

※ 해석결과로부터 고장력볼트에 표준볼트장력 220kN을 도입할 경우 볼트의 머리부분과 너트가 플레이트와 만나는 위치에서 846.3MPa가 나타나 볼트와 너트가 항복하지 않고 탄성영역 이내에서 거동하고 있다. 이때 플레이트는 볼트 프리텐션에 의해 압축응력이 집중되어 플레이트 외측 양면에서 363.8MPa가 나타났고, 이를 통해 부재들 사이의 마찰력이 발현되고 있는 것을 알 수 있다.

References

[1] Korean Society of Steel Construction (2021). *Steel structure design according to KDS 41 31 00: 2019*. Seoul: Goomibook.

[2] KS B 1010 (2019). Set of High Strength Hexagon Bolt, Hexagon Nut and Plain Washers for Friction Grip Joints. Korean Agency for Technology and Standards.

[3] KDS 41 31 00 (2019). Steel Structures Design Standard, Korea(in Korean), Ministry of Land, Infrastructure and Transport.

3.4 중심압축력을 받는 강관의 좌굴

3.4.1 개요

1 각형강관 압축부재는 압축파괴 이전에 좌굴(Buckling)이라고 불리는 횡방향 비탄성변형 발생에 의하여 극한강도가 결정된다. 단부 경계조건에 따른 유효좌굴길이, 단면의 폭두께비, 세장비 등에 의하여 국부좌굴 혹은 전체좌굴이 부재 강도를 지배하게 된다. 강재 단면은 폭께비 크기 순서에 따라 조밀(콤팩트), 비조밀(비콤팩트), 세장요소 단면으로 구분된다. 폭두께비가 작은 조밀단면의 경우에는 국부좌굴 없이 압축부재의 전체 길이에 대하여 횡방향 전체좌굴이 발생하거나 재료의 항복파괴에 의하여 극한상태에 도달하게 된다. 반대로, 폭두께비가 큰 세장요소 단면의 경우에는 국부좌굴 먼저 발생하게 되어 부재의 강성 일부분을 감소시킨 이후에 전체좌굴이 발생하여 파괴에 이르게 된다. 본 장에서는 길이 2m를 갖는 각형강관 기둥의 좌굴해석을 수행한다.

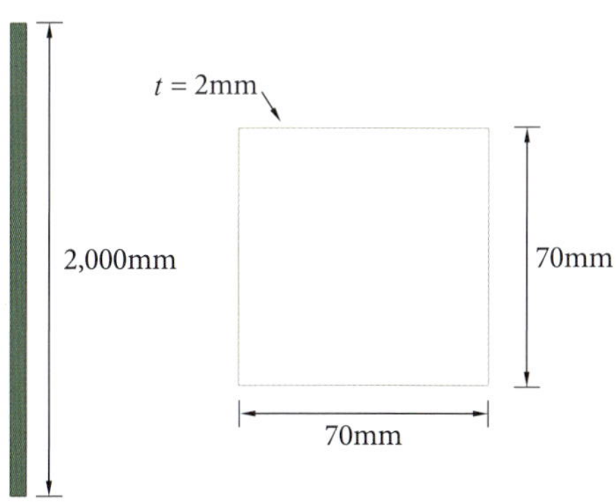

3.4.2 형상 모델링

(1) Part (부재 생성)

2mm 두께를 갖는 각형강관 기둥의 좌굴해석 시간을 최소화하기 위하여 Deformable Type의 Shell 형태로 Part를 생성한다.

1 Model Tree → Part 마우스 우측버튼 클릭 → Create → Name : Column + Modeling Space : 3D + Type : Deformable + Base Feature/Shape : Shell, Type : Extrusion → Continue → 아래 그림처럼 시험편 형상 · 치수에 맞게 Sketch → Done

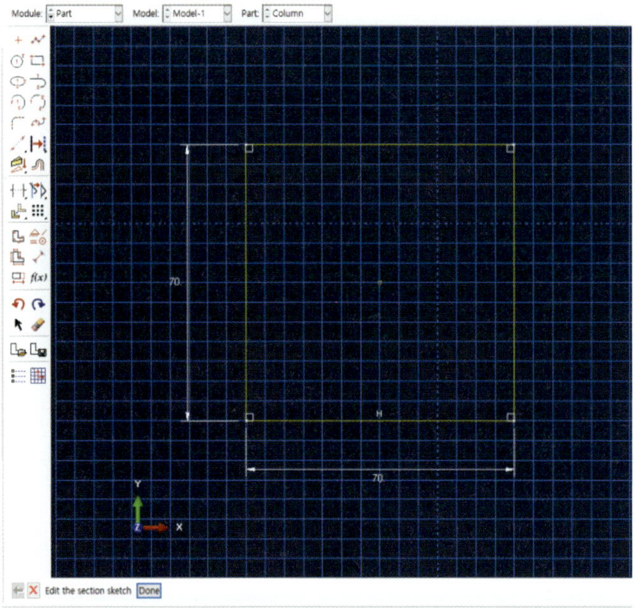

2 Depth : 2000 (mm) → OK → Column Part 생성 확인 (위 단면형상에 길이 2000mm인 기둥 생성)

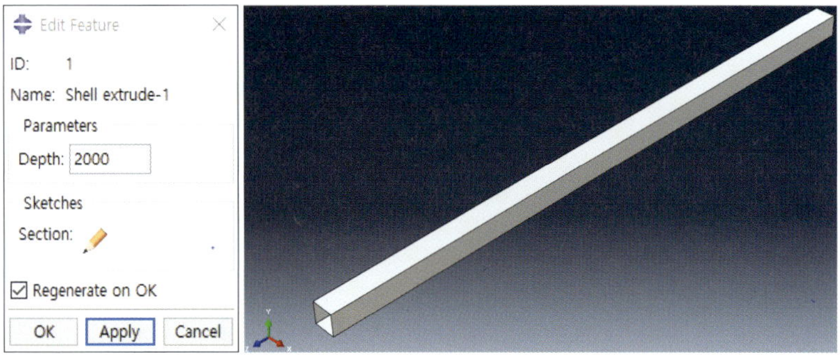

(2) Property (재료물성 정의)

2.1절에서 사용된 일반구조용강재인 SS275의 재료물성(탄성계수 205,000MPa, 포아송비 0.3)을 H형 조립보에 입력한다.

1 Model Tree → Materials 마우스 좌측버튼 더블클릭 → Mechanical → Elastic → Young's Modulus : 205000 + Possion's Ratio : 0.3 → Plastic 선택하고 아래와 같이 항복강도 이후의 진응력(yield stress)-소성진변형률(plastic strain) → OK

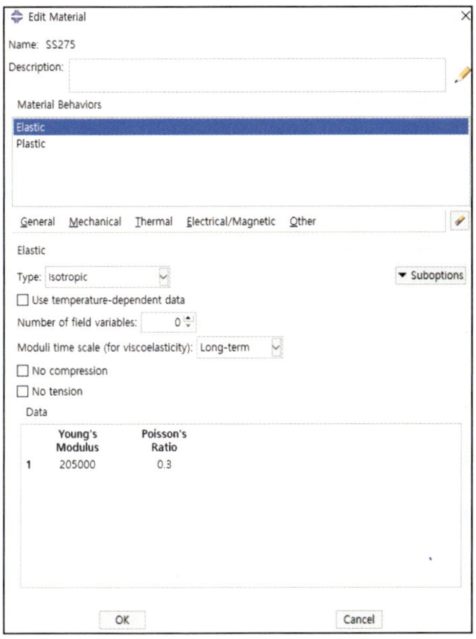

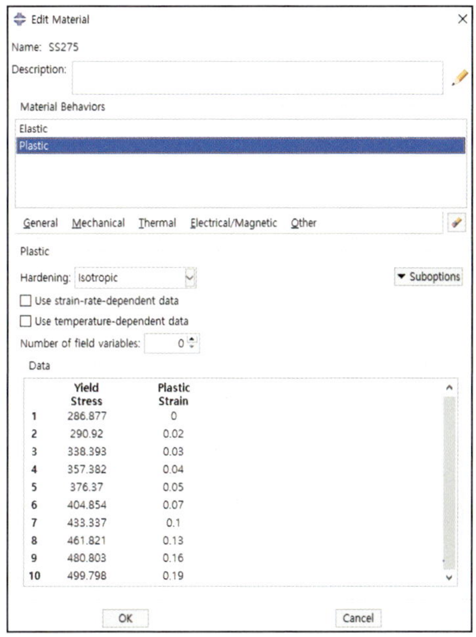

2 Model Tree → Sections → Name : Section-1 + Category : Shell + Type : Homogeneous → Continue → Shell thickness : 2 + Material : SS275 + Thickness integration point : 3 → OK → Section-1 생성 확인 → Section Assignment → Column part 선택 후 재료물성 부여 (녹색 확인)

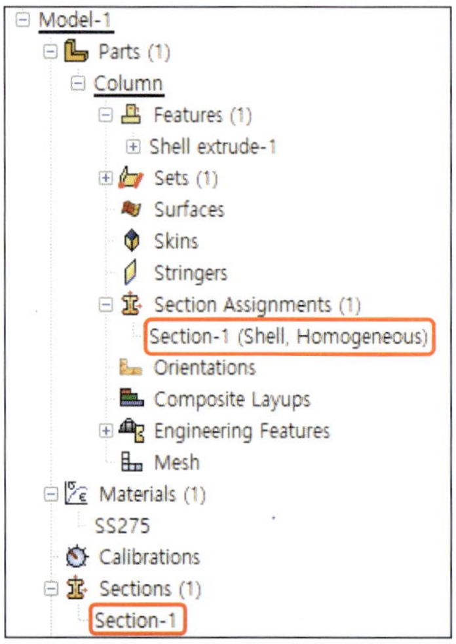

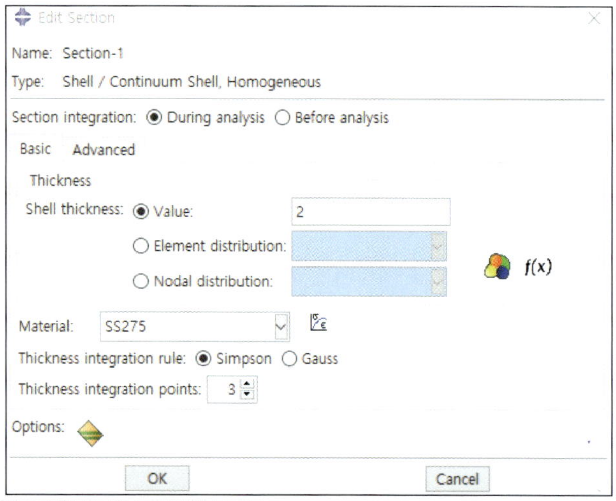

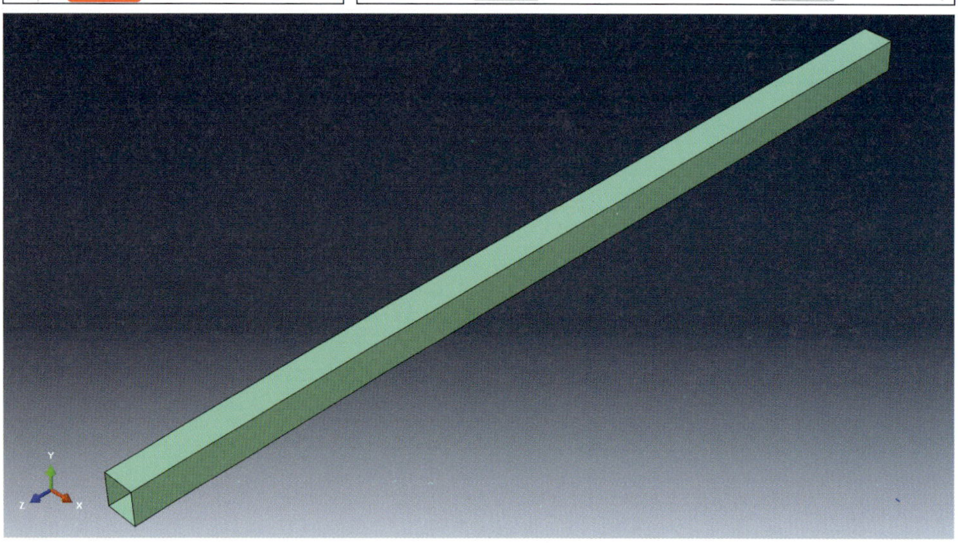

(3) Mesh (요소의 분할)

추후 Assembly module에서 Hinge와 Load bearing를 Beam에 원활히 조립하기 위해 Datum을 활용하여 Beam part를 분할(Partitioning)한다.

1 Mesh → Element Type → Column Part 선택 → Done → Element Library : Standard + Family : Shell + Geometric Order : Linear + Quad : Reduced integration → S4R Element 확인 → OK

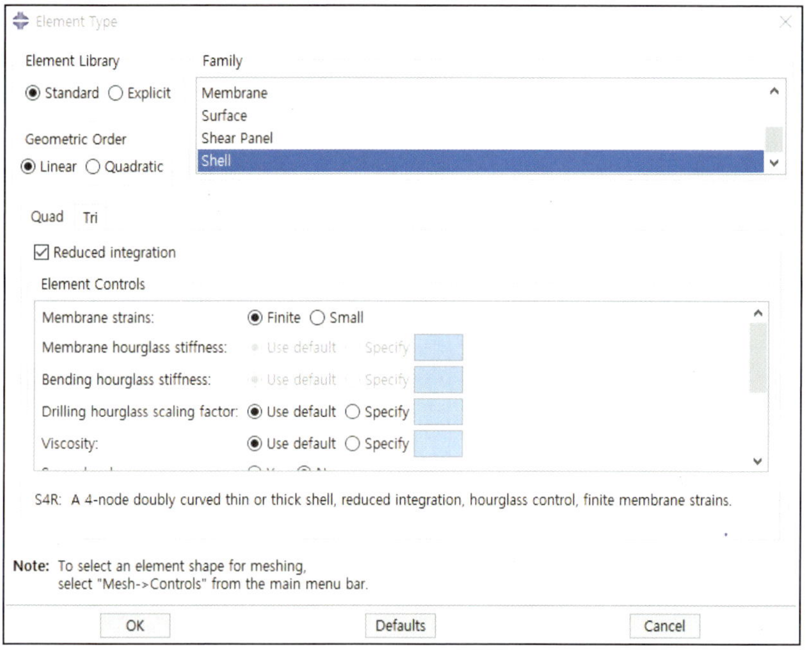

2 Tools → Seed → Part → Approximate global size : 25 → Ok → Seed 생성 확인 Tools → Mesh → Part → Ok → Mesh 생성 확인

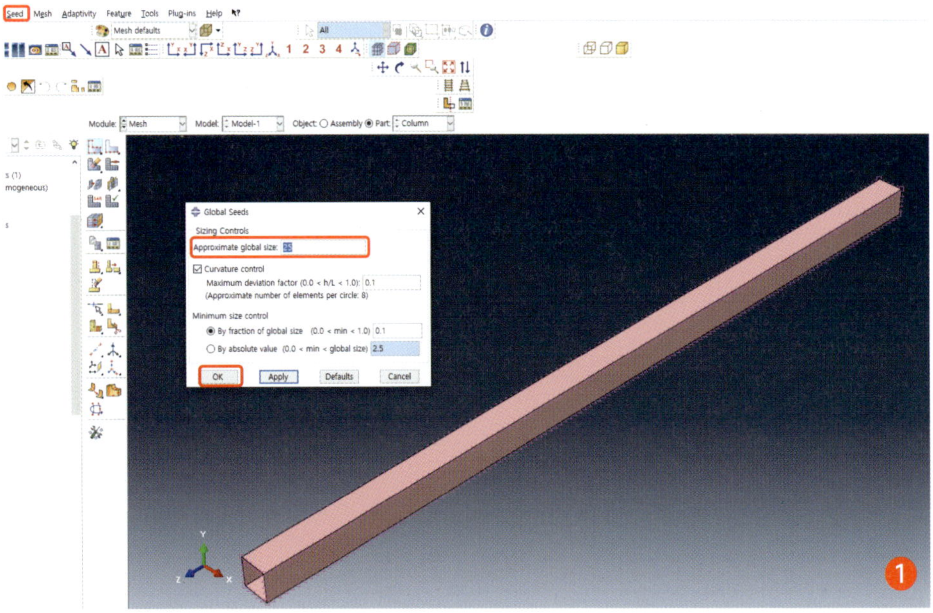

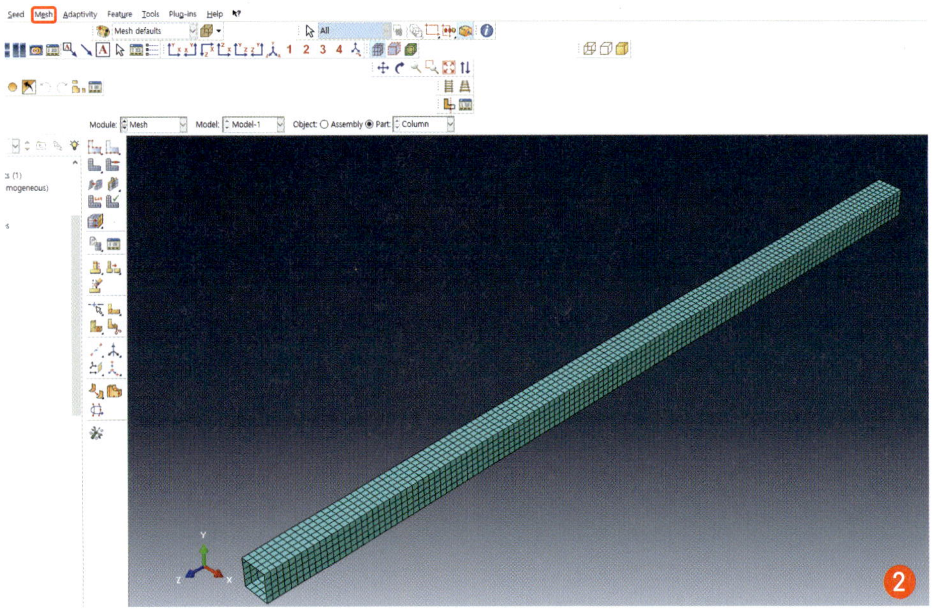

(4) Assembly (Part의 조립)

Assembly module에서 독립적(Dependent) 각형강관 기둥의 Part를 생성한다.

1 Model Tree → Assembly → Instances 마우스 왼쪽버튼 더블클릭 → Create instances from : Parts + Parts : Column 선택 → OK → 생성된 instance 확인

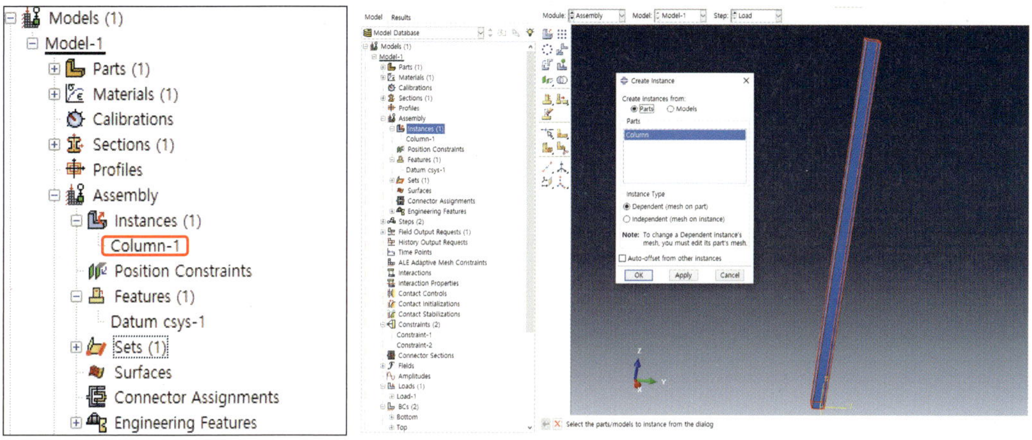

2 Tools → Datum → Type : Point + Midway between 2 points → 기둥 하부면내의 2개 Points 선택 → Datum point 생성 확인 → 위의 방식으로 상부면 Datum point 생성

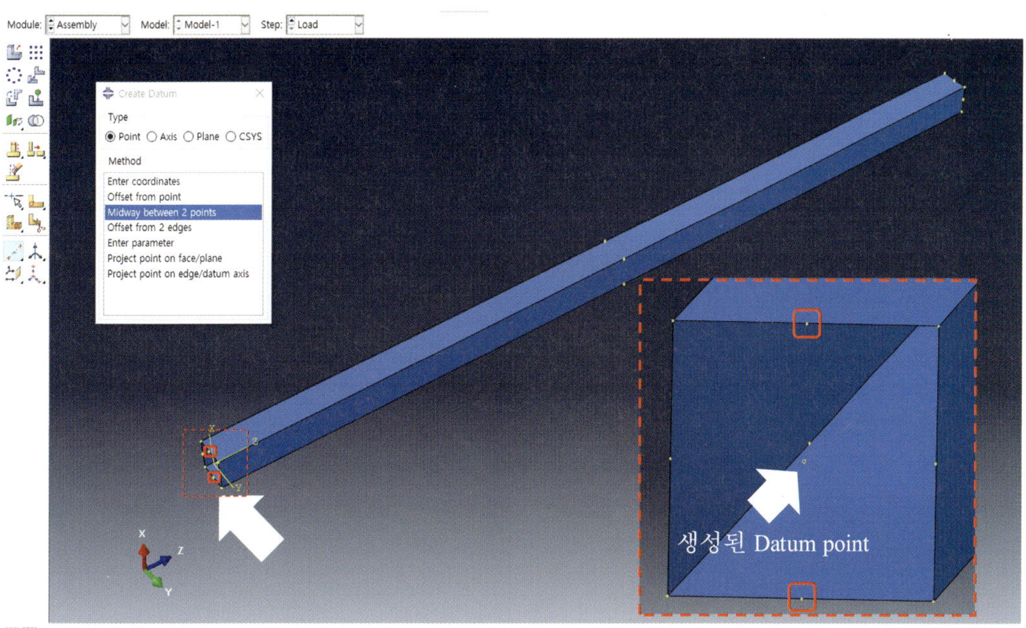

3 Tools → Reference Point → 상 · 하부면 각각의 Datum point 선택 → RP-1, RP2 생성 확인

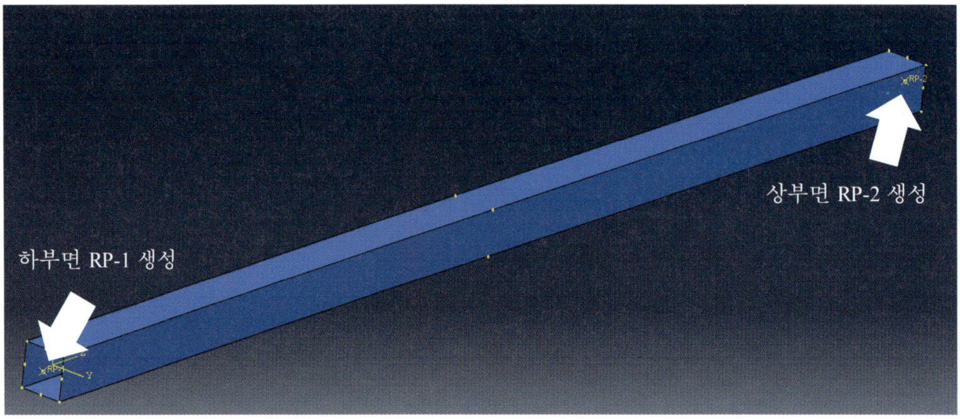

(5) Step

선형좌굴해석을 1차적으로 수행하여 좌굴모드(Buckling mode)를 구한다.

1 Model Tree → Steps 마우스 왼쪽버튼 더블클릭 → Name : Load + Static, General → Continue

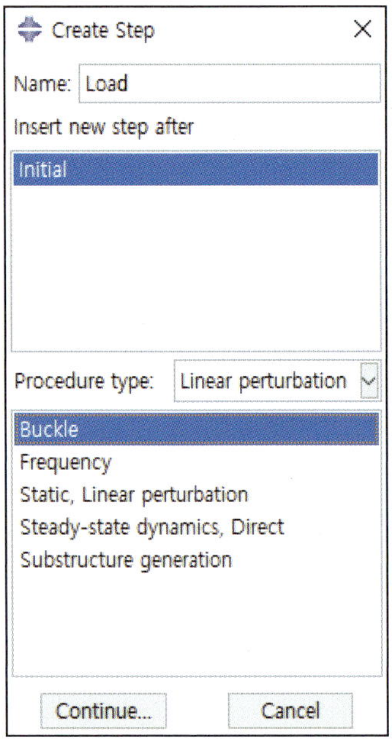

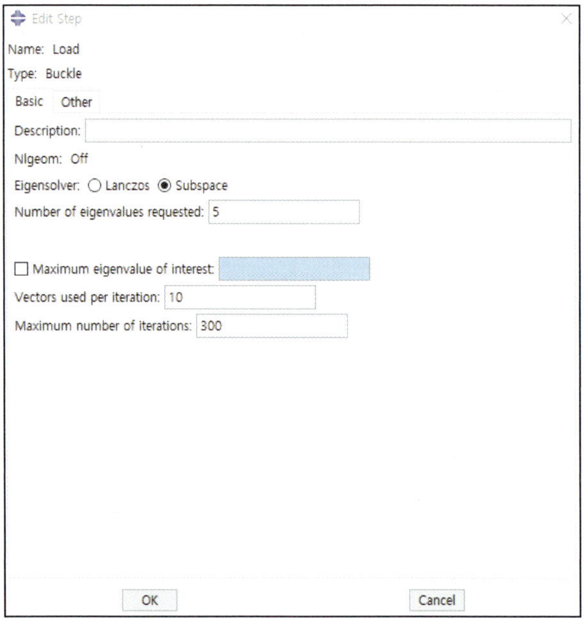

2 Model Tree → Field Output Requests → F-Output-1 마우스 왼쪽버튼 더블클릭 → ODB 파일로 Output 출력을 아래와 같이 요청설정 → Ok

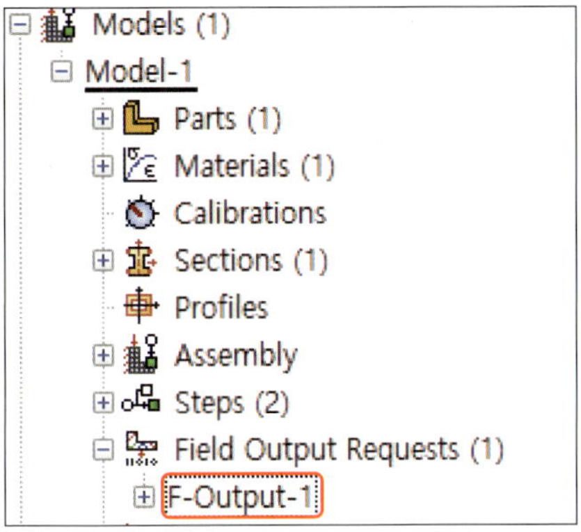

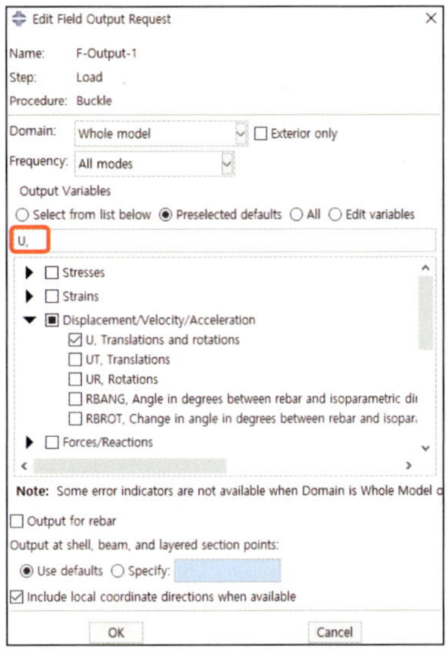

(6) Interaction (부재간 상호관계 정의)

1 Model Tree → Constraints 마우스 왼쪽버튼 더블클릭 → Name : Constraint-1 → Type : Rigid body → Continue

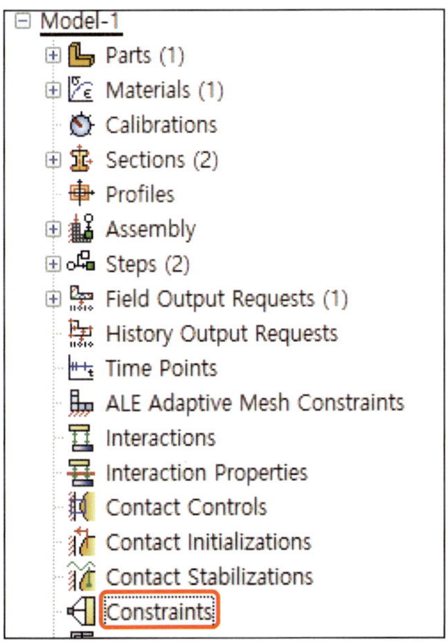

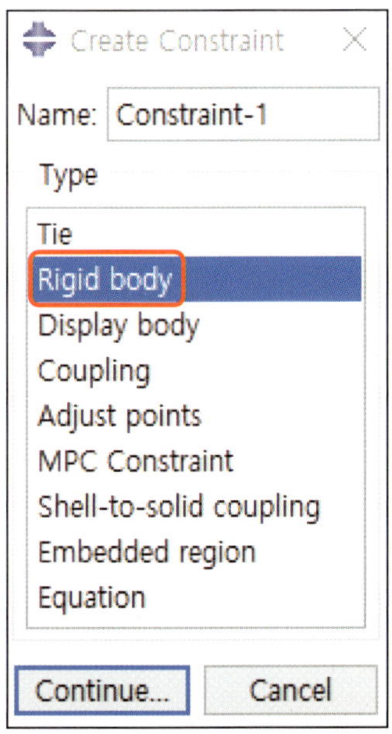

2 Region type : Tie (nodes) → Tie영역 지정을 위한 화살표 클릭 (그림 ❶) → 4모서리 선택 → Done → Reference point 지정을 위한 화살표 클릭 (그림 ❷) → RP-1 선택 → OK → 동일한 방식으로 상부면에 Constraint-2 생성

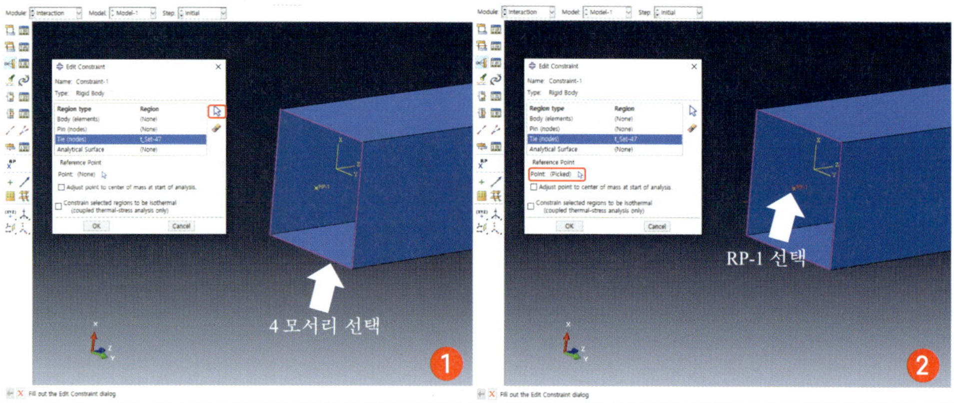

3 Model Tree → Loads → Name : Load-1 → Category : Mechanical + Types for Selected Step : Concentrated force → Continue → RP-2선택 → Done → 그림과 같이 하중입력(각형강관 기둥의 길이방향으로 압축하중 재하) → OK

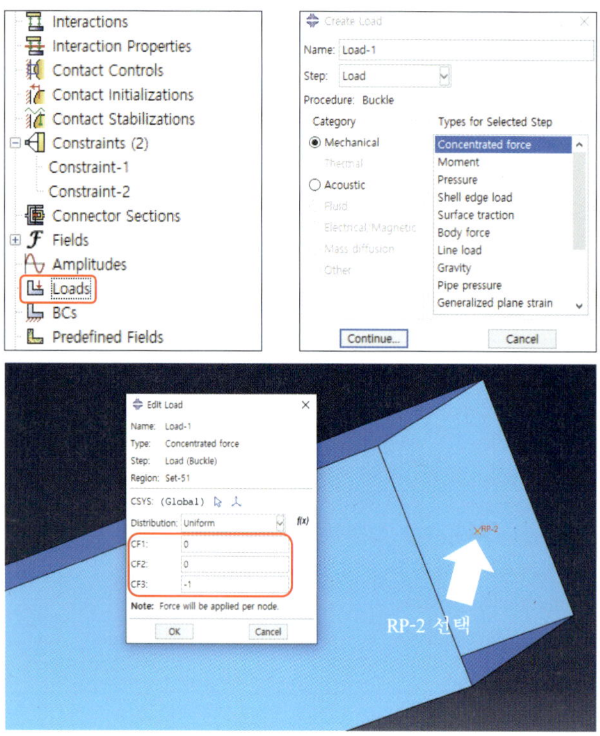

4 Model Tree → BCs → Name : Top → Category : Mechanical + Types for Selected Step : Displacement/Rotation → Continue → RP-2선택 → Done → 아래와 같이 BC 입력 (U1=U2=UR3=0)

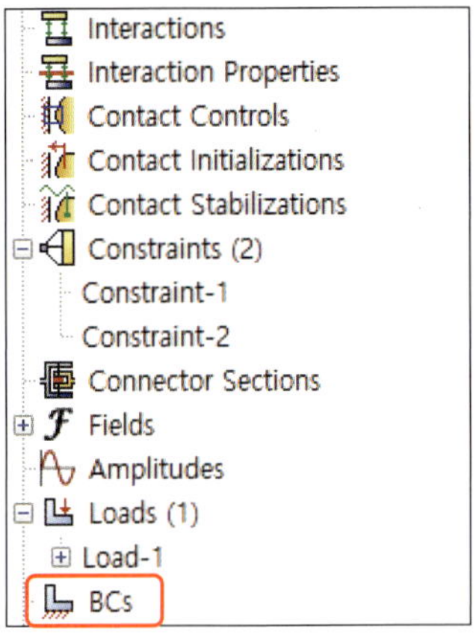

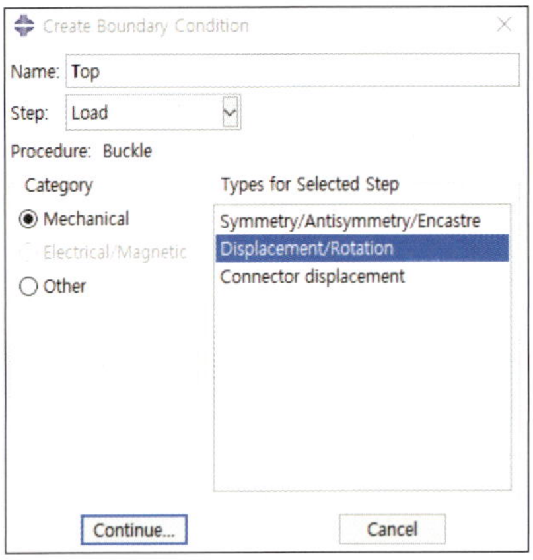

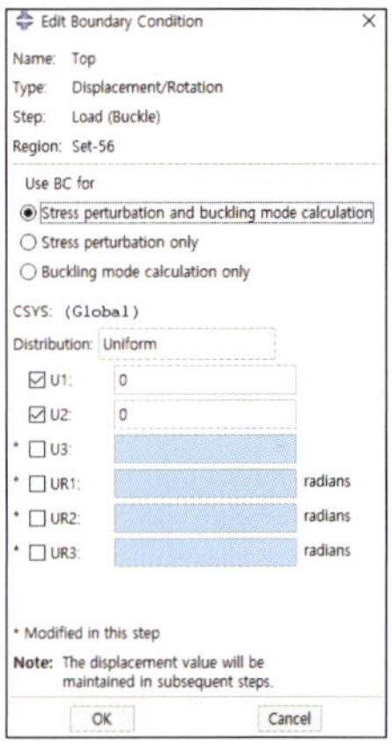

5 Model Tree → BCs → Name : Bottom → Category : Mechanical + Types for Selected Step : Displacement/Rotation → Continue → RP-1선택 → Done → 아래와 같이 BC 입력 (U1=U2=U3=UR1=UR2=UR3=0)

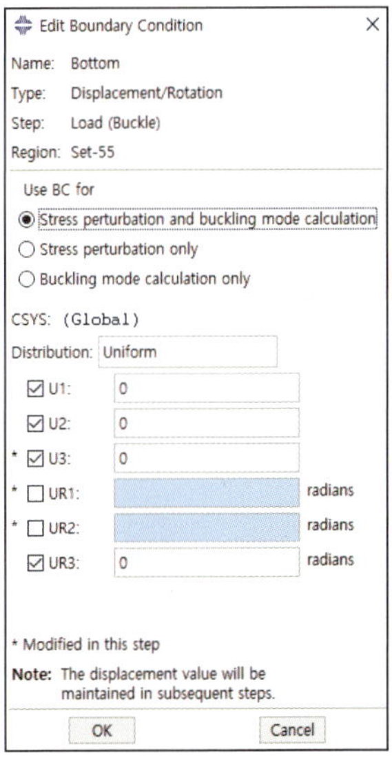

3.4.3 선형좌굴해석 결과확인

1 Model Tree → Jobs → Name : 1 + Model-1 → Continue

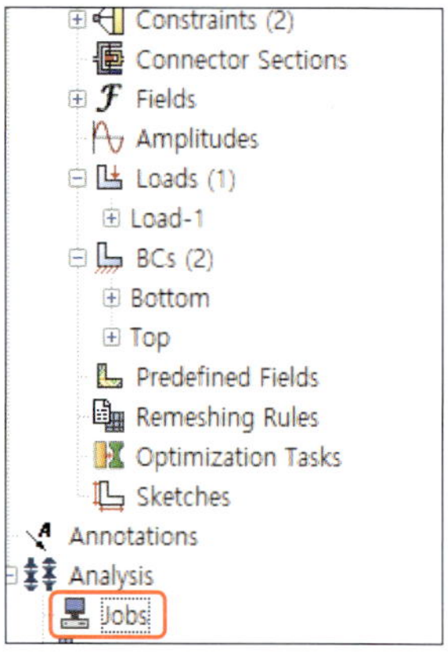

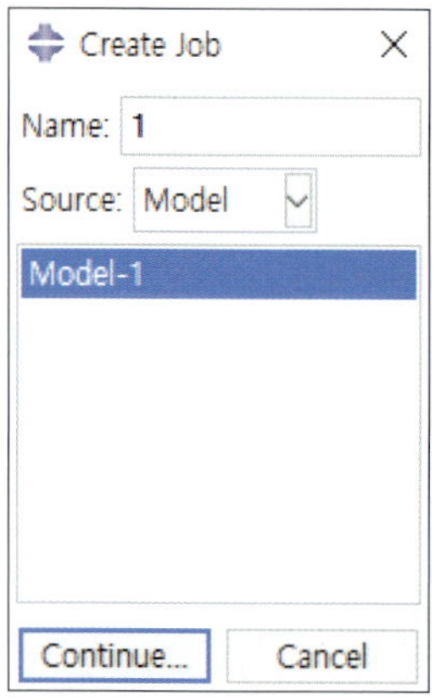

2 Results → 좌굴모드 확인

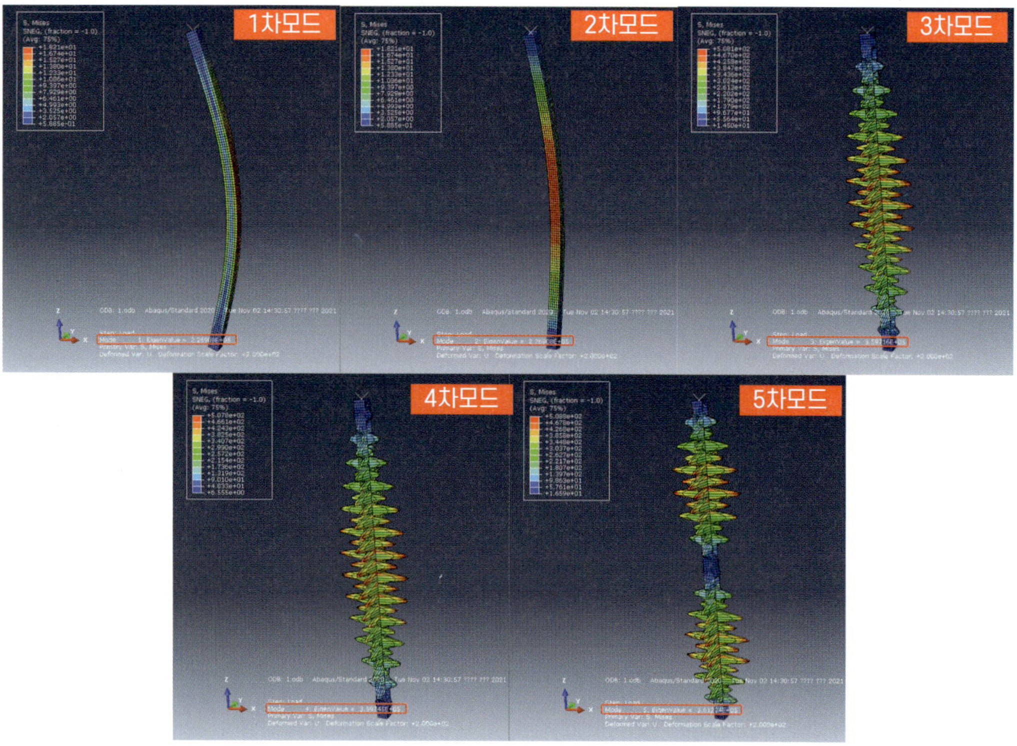

3.4.4 비선형좌굴해석

Keyword editor를 사용하여 해석에 고려할 좌굴모드에 대한 Imperfection을 입력한다.

1 Model Tree → Model-1 마우스 우측버튼 클릭 → Copy Model → Model-2 → OK

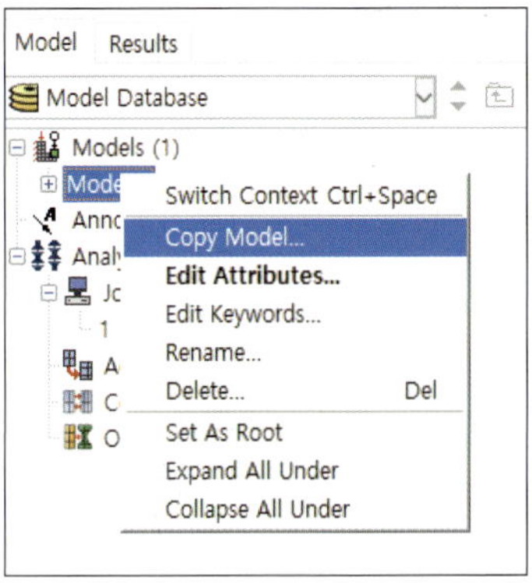

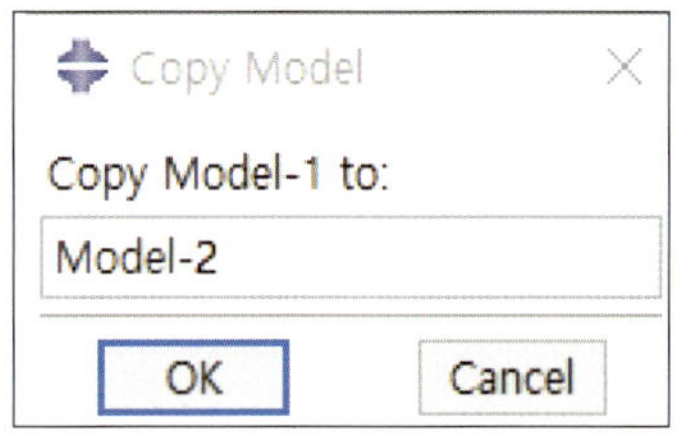

2 Model Tree → Steps → Load 마우스 우측버튼 클릭 → Replace → New procedure type : General + Static, Riks → Continue

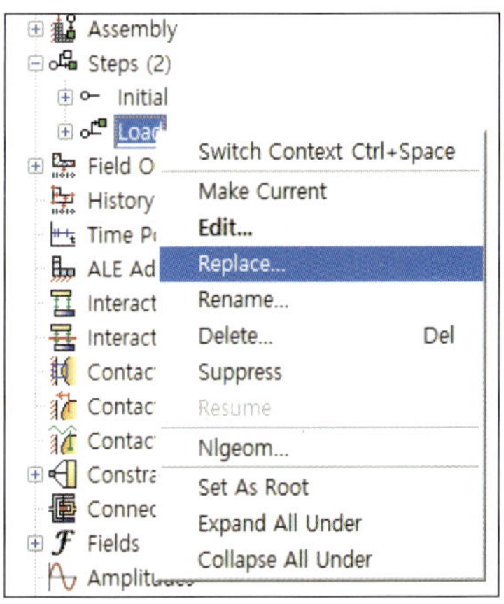

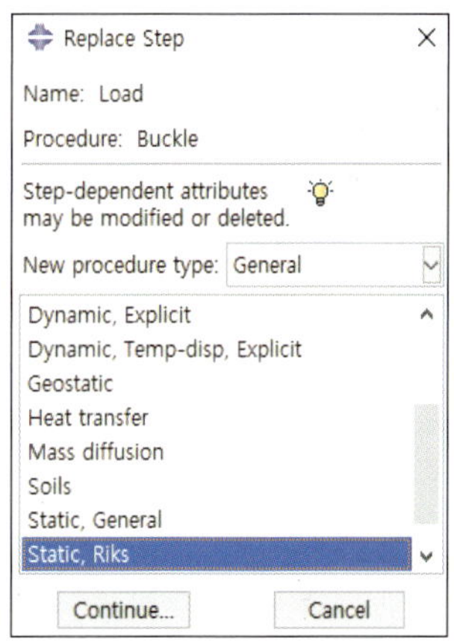

참고하기

그림과 같이 Negative 강성으로 인한 스냅백(snap back) 현상이 하중-변위 선도에 존재 할 시, 수치해석에서 Newton-Raphson 방법으로는 수렴이 안된다. 이 경우에는 접선강성 백터를 사용하여 비선형 경로에 접근하는 방식인 Riks 해석법이 적합하다.

Actual Load = Applied load × LPF

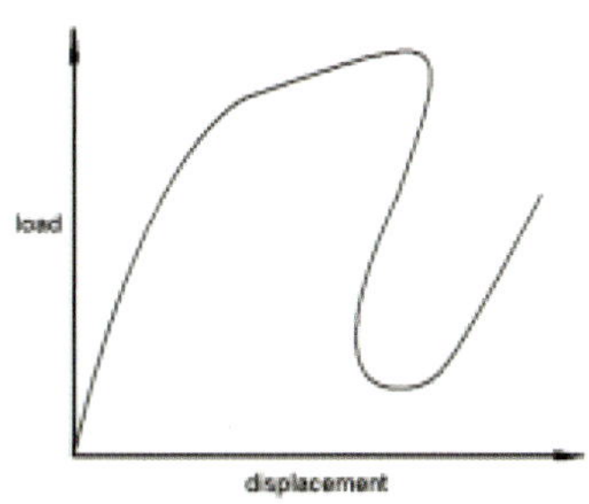

3 아래와 같이 설정 (Nlgeom On + Maximum load proportionally factor : 2 + Maximum number of increments : 100000 + Initial : 1 + Minimum : 1E-05 + Maximum : 1E+36 + Estimated total arc length 1)

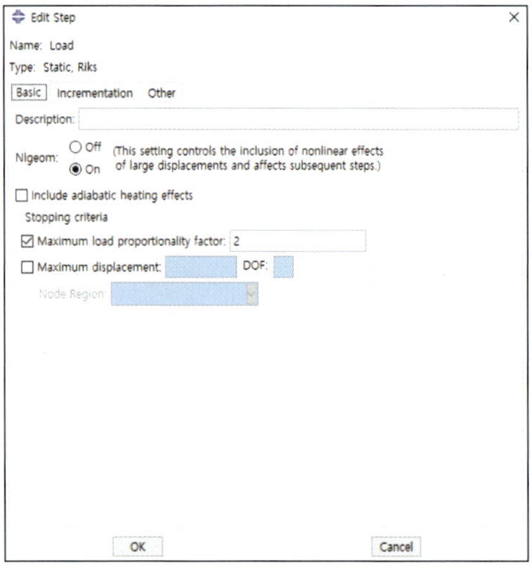

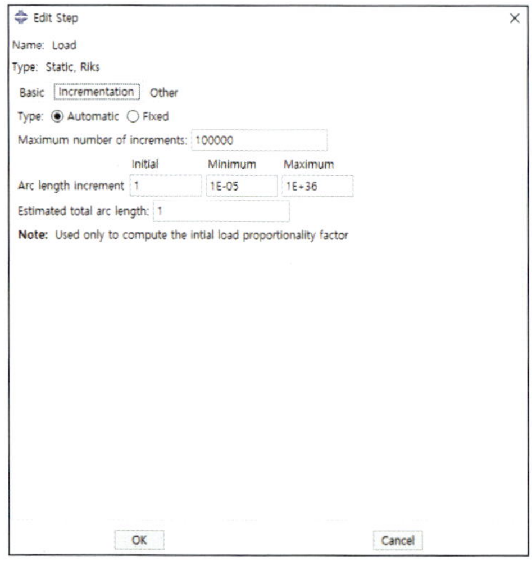

4 Loads → Load-1 마우스 우측버튼 클릭 → Delete 마우스 좌측버튼 클릭 → OK → BCs 마우스 우측버튼 클릭 → Manager 마우스 왼쪽버튼 클릭

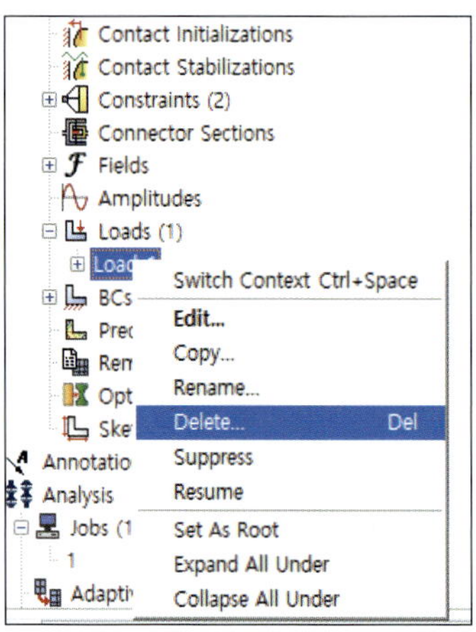

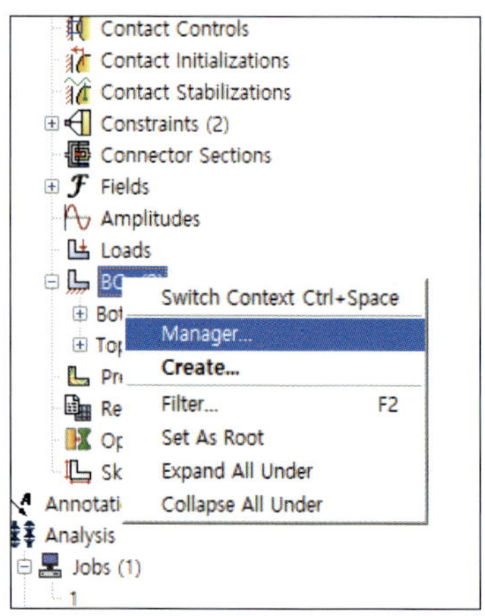

5 Load step : Top 마우스 좌측버튼 더블클릭 (아래그림 참조) → U3=-2 입력 → OK

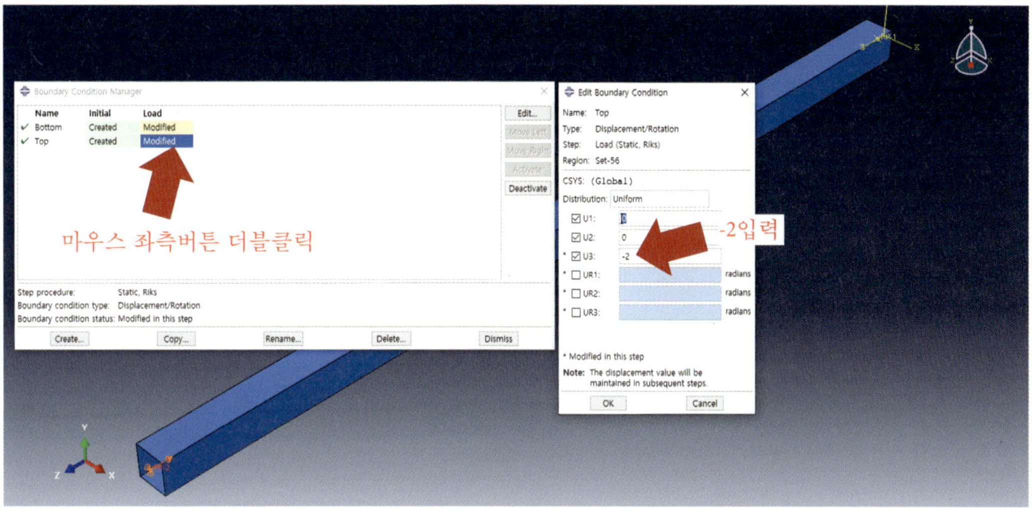

6 Jobs 마우스 좌측버튼 더블클릭 → Name : 2 + Model-2 → Continue

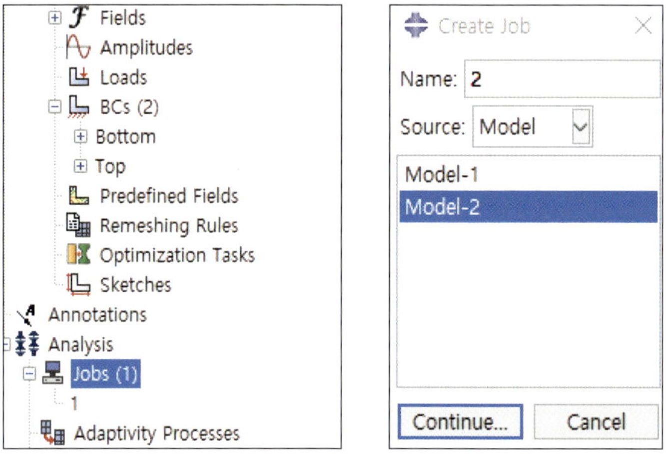

7 Model-2 마우스 우측버튼 클릭 → Edit Keywords → 아래와 같이, Imperfection Keywords 입력

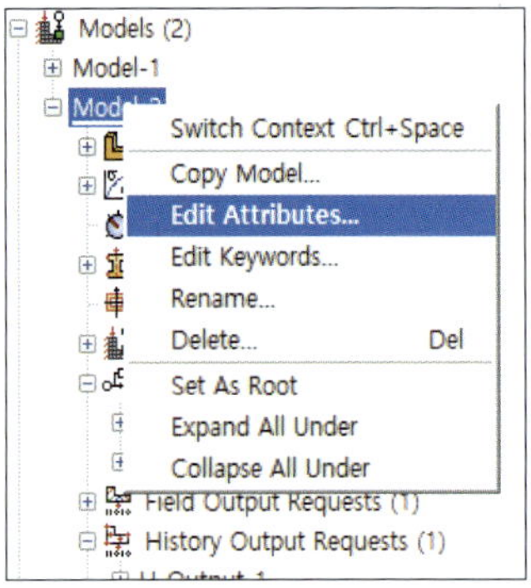

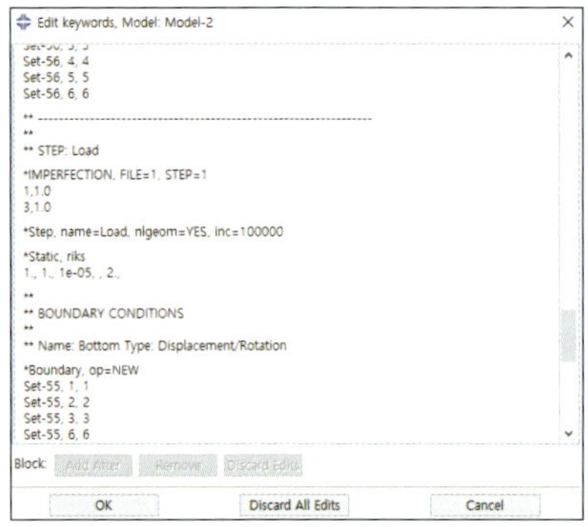

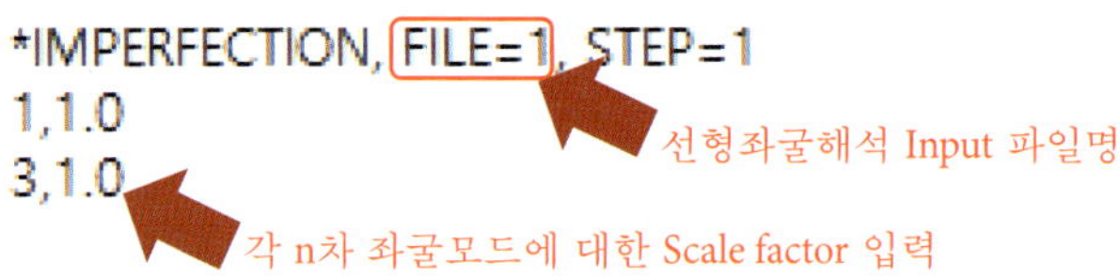

8 Model Tree → Jobs → Name : 2 + Model-2 → Continue → 2 마우스 우측버튼 클릭 → Submit → OK

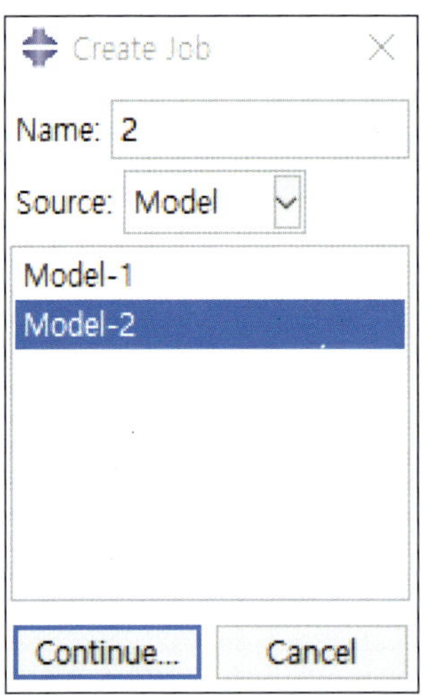

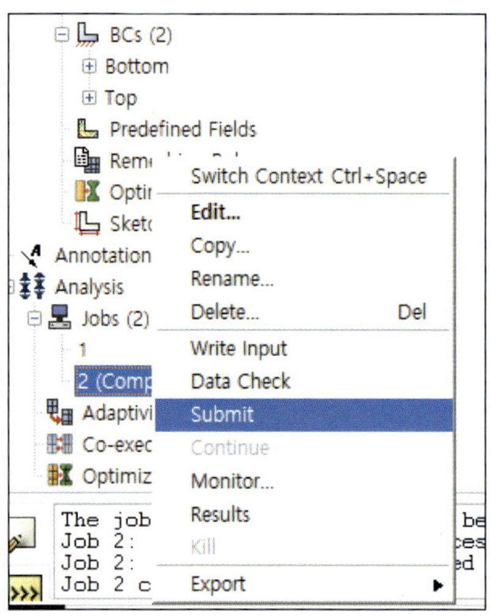

9 2 마우스 우측버튼 클릭 → Results → 결과확인

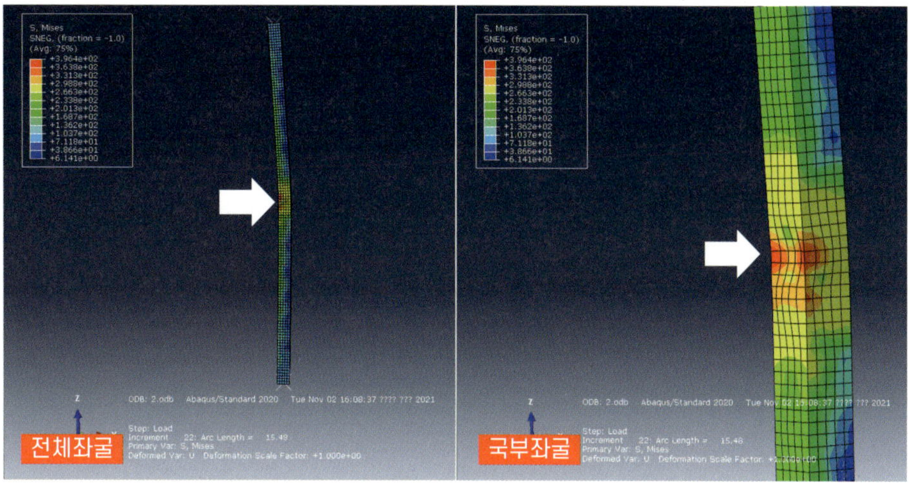

10 Output Databaases → Load proportionality factor : LPF for whole model → 결과확인

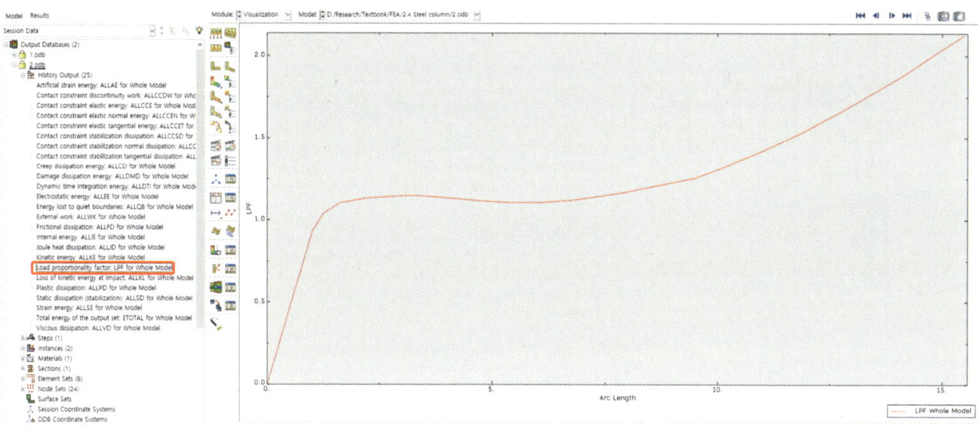

References

[1] Wang, J., Di, J., Zhang, Q. & Qin, F. (2021) Overall buckling behaviour of Q420-Q960 steel welded H-section axial compression members, *Engineering Structures*, 249:113340.

[2] Wang, F., Zhao, O. & Young, B. (2019) Testing and numerical modelling of S960 ultra-high strength steel angle and channel section stub columns, *Engineering Structures*, 204:109902.

[3] Cheng, S. Li, L.Y. & Kim, B.S. (2015) Buckling analysis of partially protected cold-formed channel section columns at elevated temperatures, *Fire Safety Journal*, 72:7-15.

[4] Narayannan, S. & Mahendran, M. (2003) Ultimate capacity of innovative cold-formed steel columns, *Journal of Constructional Steel Research*, 59:489-508.

3.5 철근콘크리트 보의 휨강도 실험에 대한 해석

3.5.1 개요

1 철근콘크리트 보는 부재의 중력방향으로 집중하중 또는 등분포하중이 작용할 경우 휨모멘트를 지지하거나 또는 부재의 축방향에 직각으로 작용하는 전단력을 지지하는 휨재이다. 보의 중앙부에서는 휨모멘트가 발생하여 중립축을 중심으로 상부에는 압축력, 하부에는 인장력이 작용한다. 이때 상부의 압축력은 콘크리트가 저항하고 하부의 인장력은 주철근으로 보강하여 저항하게 한다. 또한 전단력은 전단면(全斷面)에 대해 나타나며 이를 저항하기 위해 스터럽(Stirrup, 늑근)과 같은 전단철근으로 보강한다. 이에 대한 철근콘크리트 보 및 기둥의 전체적인 보강근의 배치를 아래 그림에 나타내었다.[1)]

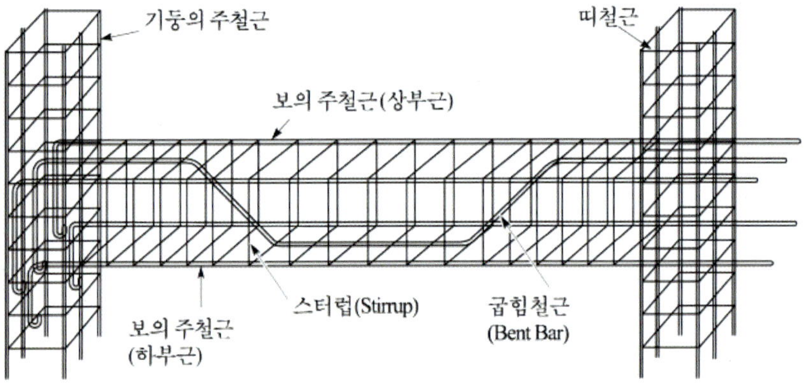

2 단면이 직사각형이고 인장측에 철근을 배치한 철근콘크리트 보 부재의 휨에 대한 거동을 살펴보면 하중 단계에 따라 아래 그림과 같이 거동하며, 보가 파괴될 때까지 하중 를 증가시키면 균열이 발생한 이후부터 일반적으로 비선형의 하중(응력) - 처짐(변형) 관계가 나타난다.[1)]

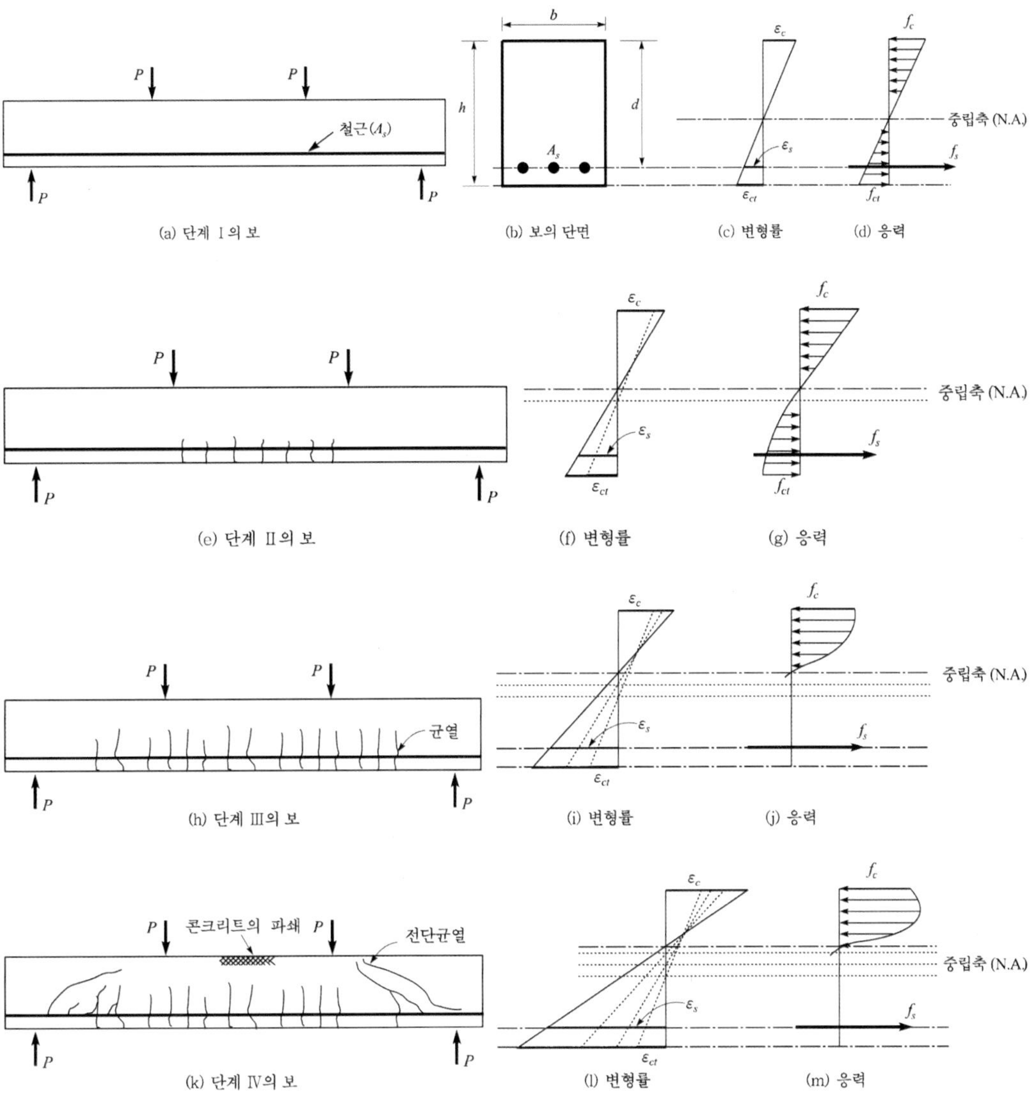

P
P
철근(A_s)
P
P
(a) 단계 I의 보
b
h
d
A_s
(b) 보의 단면
ε_c
ε_s
ε_{ct}
(c) 변형률
f_c
중립축(N.A.)
f_s
f_{ct}
(d) 응력
(e) 단계 II의 보
(f) 변형률
(g) 응력
균열
(h) 단계 III의 보
(i) 변형률
(j) 응력
콘크리트의 파쇄
전단균열
(k) 단계 IV의 보
(l) 변형률
(m) 응력

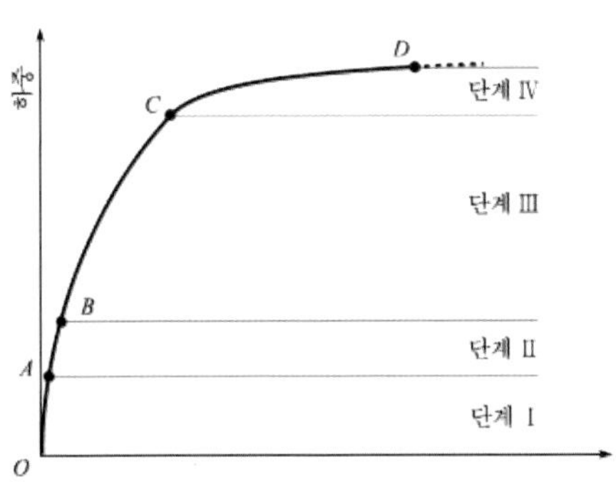

하중
D
C
B
A
O
단계 IV
단계 III
단계 II
단계 I

3 이 절에서는 철근콘크리트 보의 휨강도 실험을 모사한 CAE 모델링을 하고자 한다. 대상 철근콘크리트 보는 Seo [2021][2]가 수행한 휨 실험체이며, 폭 350mm, 높이 500mm, 전체길이 5000mm의 제원을 가진다. 철근은 인장부에 3-D25(SD400), 압축부에 2-D16(SD400)을 배치하였고, 보의 휨 파괴를 유도하고 전단파괴를 방지하기 위해 스터럽 D13(SD400)을 단부에서 가력부까지 19@100으로 보강되었다. 실험체의 휨성능을 평가하기 위해 양 단부로부터 250mm 위치에 회전단을 설치하여 순지간이 4500mm가 되도록 하였고, 4점지지 형태로 재하 실험이 수행되었다. 하중가력은 2000kN 만능시험기(U.T.M)를 이용하여 압축부 콘크리트가 파쇄될 때까지 변위제어 방법이 적용되었다. 실험체에 사용된 콘크리트 및 철근의 물성은 재료실험을 통해 아래 표와 같은 시험결과가 나타났다. 이 조건들을 바탕으로 모델링을 진행한다.

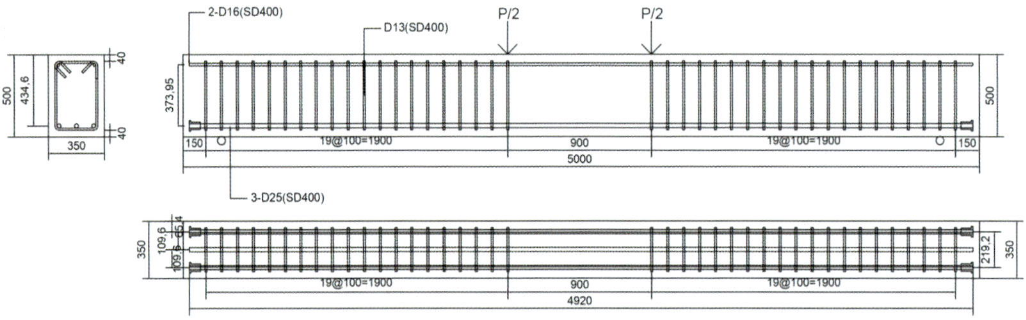

철근 인장시험 (KS D 3504)[3]

콘크리트 압축시험 (KS F 2405)[4]

철근 재료시험 결과

철근 종류	항복강도 (MPa)	인장강도 (MPa)	연신율(%)	탄성계수 (MPa)
D25	449	593.9	17.3	214,620
D16	466.4	612.4	12.6	183,369
D13	445.1	594.3	15.4	206,821

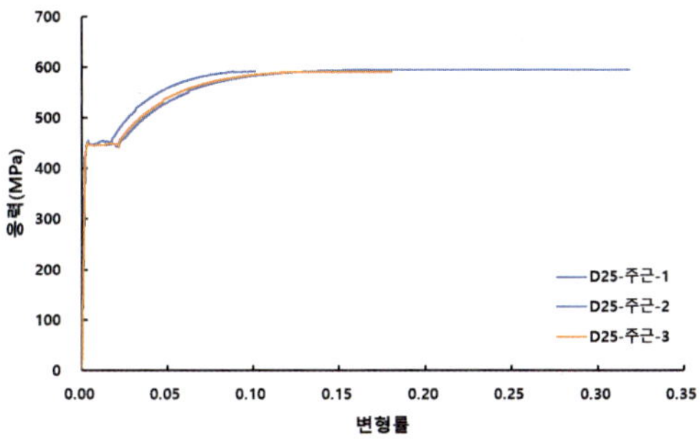

D25(SD400) 철근 인장시험 결과

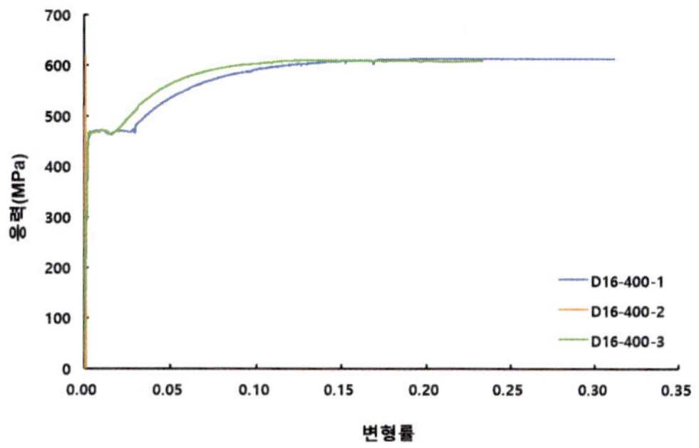

D16(SD400) 철근 인장시험 결과

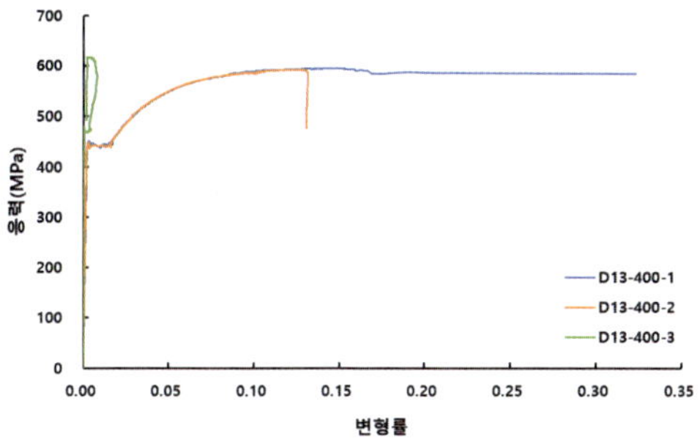

D13(SD400) 철근 인장시험 결과

콘크리트 압축강도 시험결과

구분	콘크리트 공시체
압축강도(MPa)	38.9

3.5.2 철근콘크리트 보 모델링

3.5.2.1 Part (부재 생성)

철근콘크리트 보 휨 실험체를 폭 350mm, 높이 500mm, 길이 5000mm로 생성하기 위해 Part Module에서 작업을 시작한다.

(1) Concrete (콘크리트 보)

1 Create Part [icon] → Name : Concrete + Modeling Space : 3D + Type : Deformable + Base Feature/Shape : Solid, Type : Extrusion → Continue

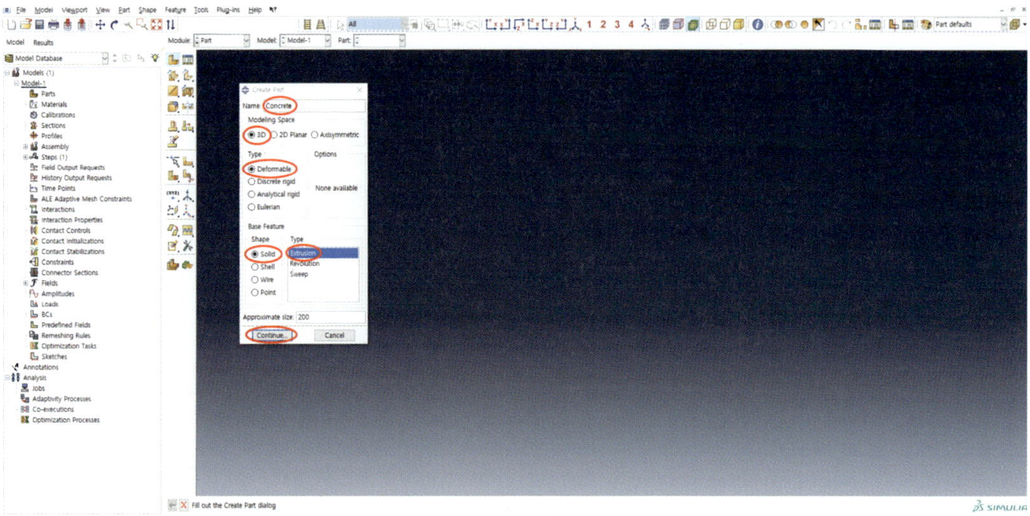

2 Create Lines: Rectangle (4 Lines) → 임의의 사각형 생성 후 Add Dimension : 폭 350, 높이 500으로 수정 → Sketch the section for the solid extrusion : Done → Depth : 5000 → OK

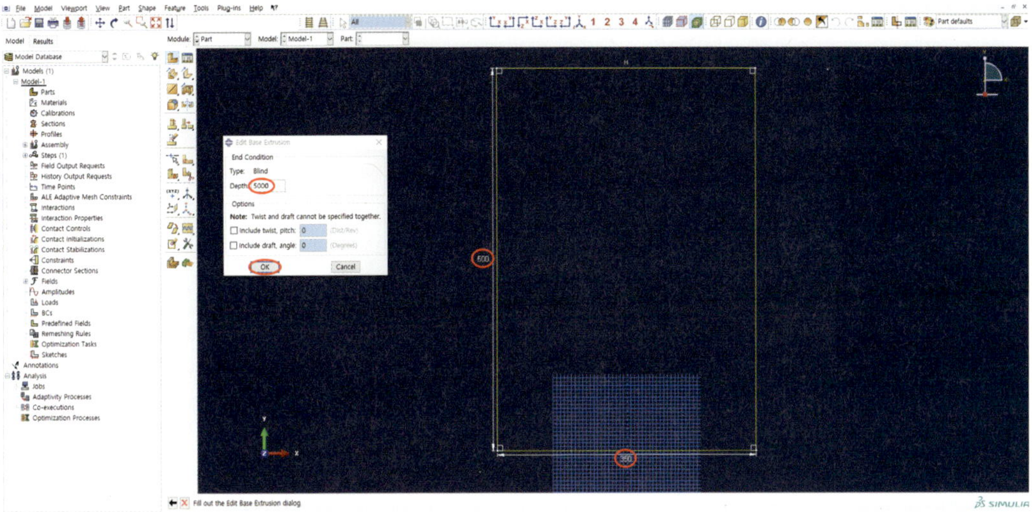

3 그림과 같이 부재가 생성된다.

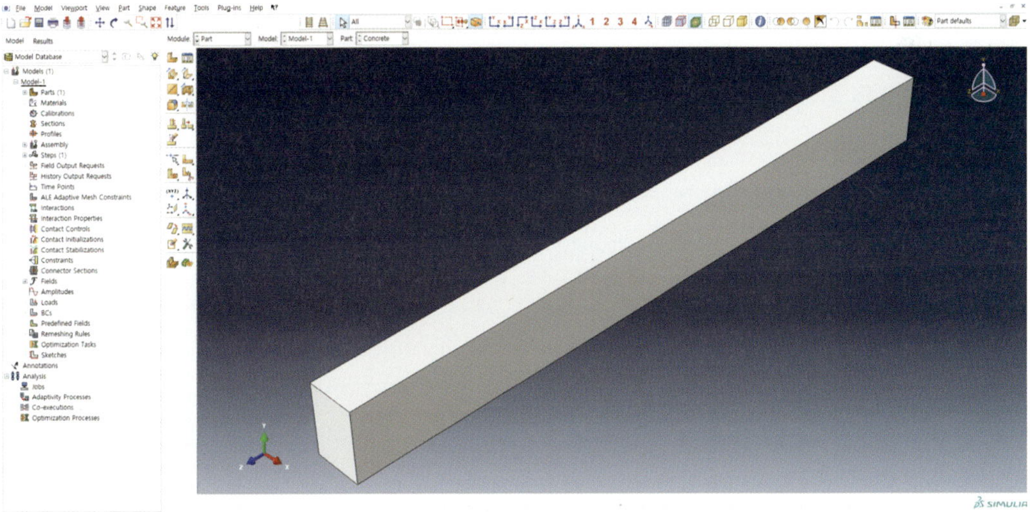

4 Tool → Partition → Face → Sketch → 보 상부면 선택 + Done → Vertical and on the right : 보 상부면의 모서리 선 선택

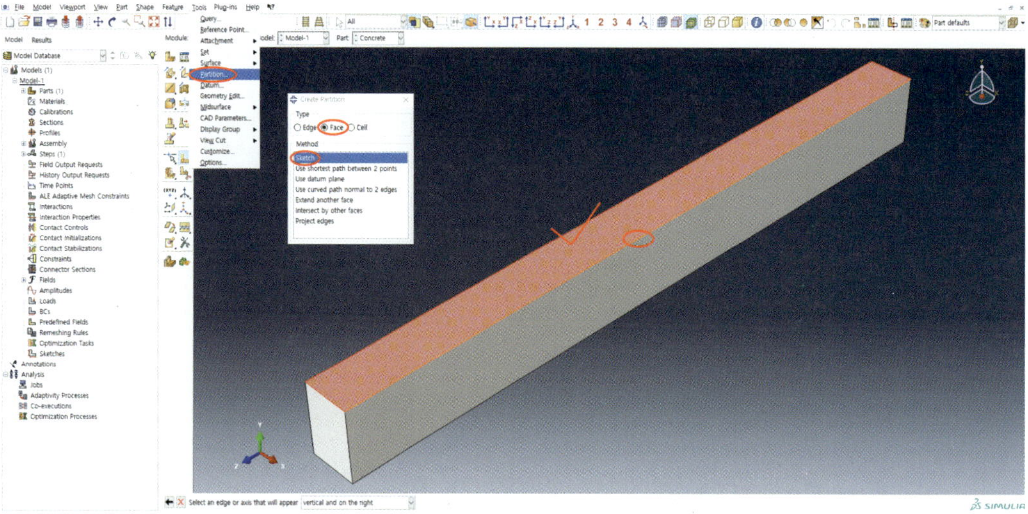

※ 가력 및 지점조건을 적용할 점 또는 선 또는 면을 지정하기 위해 Partition을 나눈다. 또한 하나의 Part에 두 개 이상의 물성을 적용하거나 복잡한 Part 형상을 단순한 형태로 나누기 위해 Partition을 적용한다.

5 Create Lines: Connected → 보의 중앙부 위치에 폭보다 크게 선을 생성 → Linear Pattern + 선을 선택한 후 위로 450, 1800 간격으로 복사 + 같은 방법으로 아래로 450, 1800 간격으로 복사 → Done

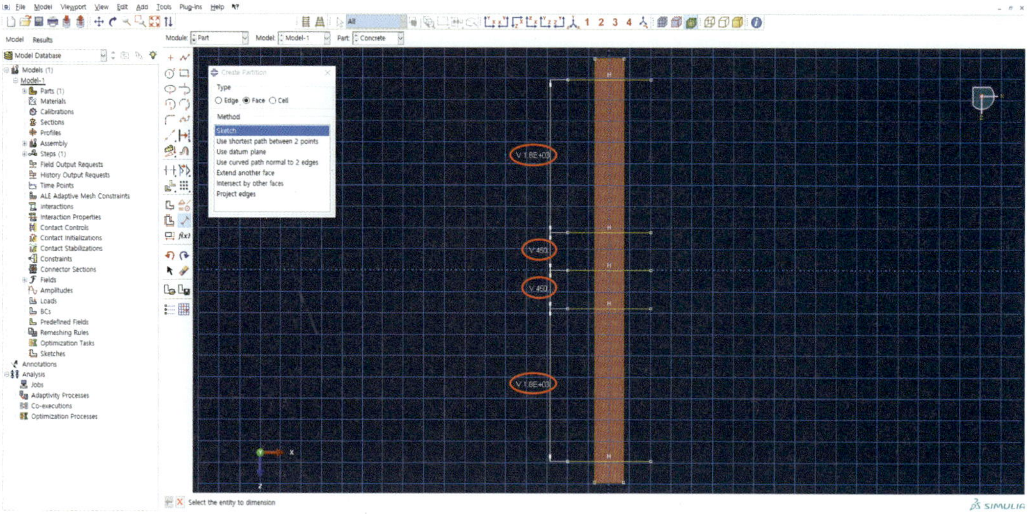

6 보 상부면의 Partition Line을 확인 → Tool → Partition → Cell → Define cutting plane → Point & Normal → 아래 그림의 교차점을 선택 + Partition을 나눌 법선을 선택 → Done → 같은 방법으로 보 상부면의 나머지 교차점과 보 단면 폭의 중앙점에 대하여 Partition 분할

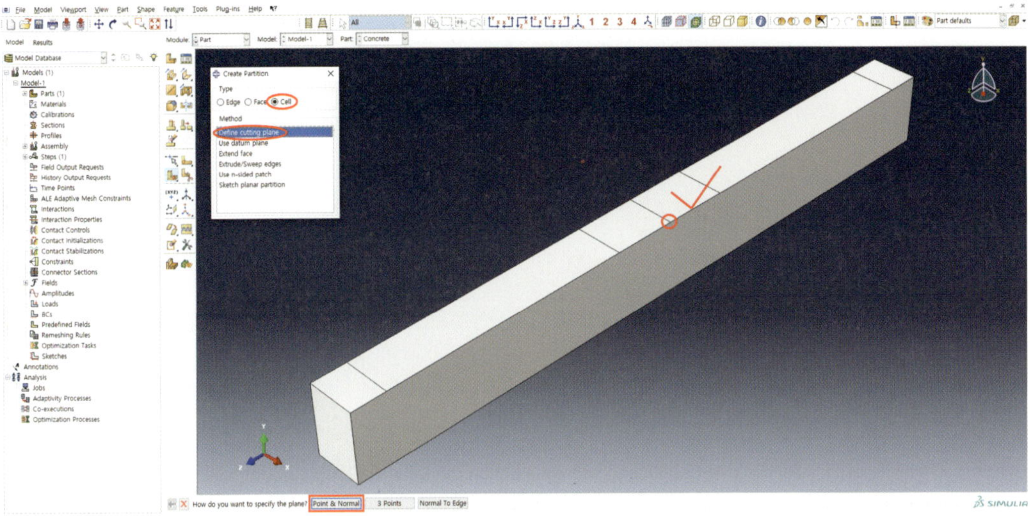

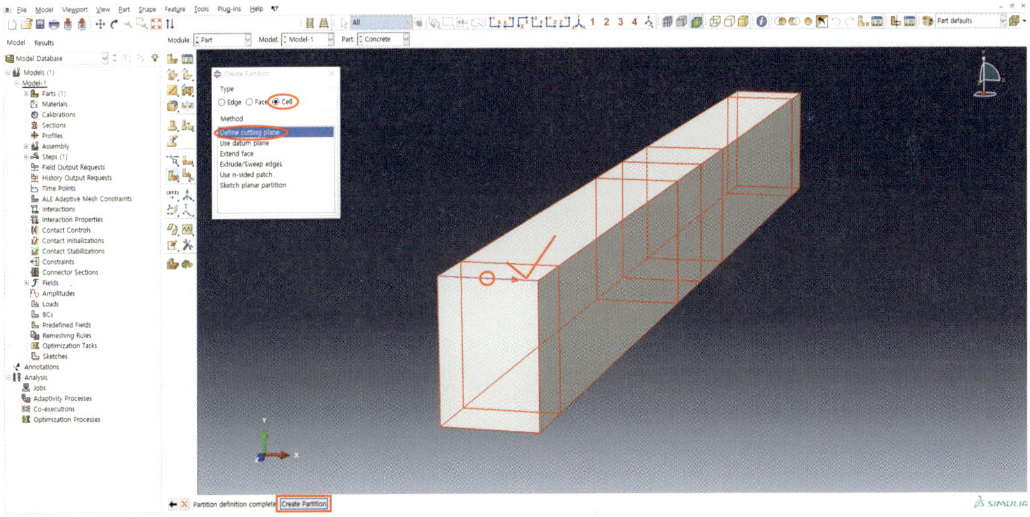

7 Concrete 부재의 Partition은 최종적으로 그림과 같이 분할된다.

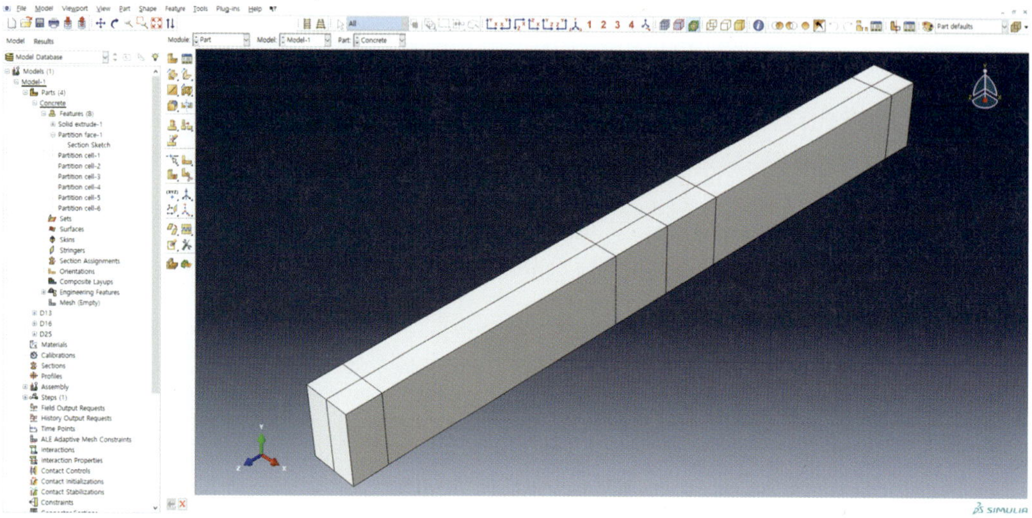

(2) D25 (하부 철근)

1 Create Part → Name : D25 + Modeling Space : 3D + Type : Deformable + Base Feature/Shape : Wire, Type : Planar → Continue → Create Lines: Connected → Add Dimension : 길이 4900으로 수정 → Done

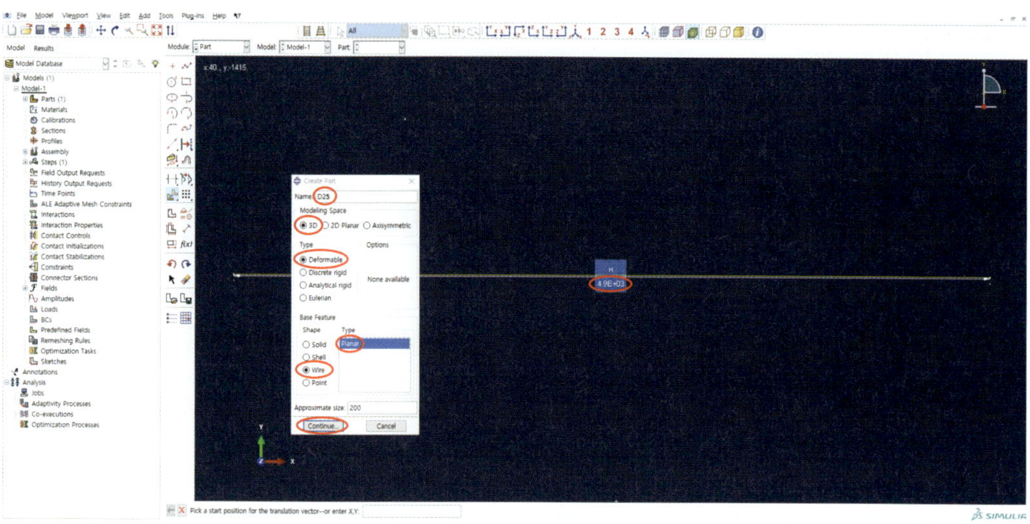

(3) D16 (상부 철근)

1 Part Manager → D25 선택 + Copy → Copy D25 to: D16 입력 → OK

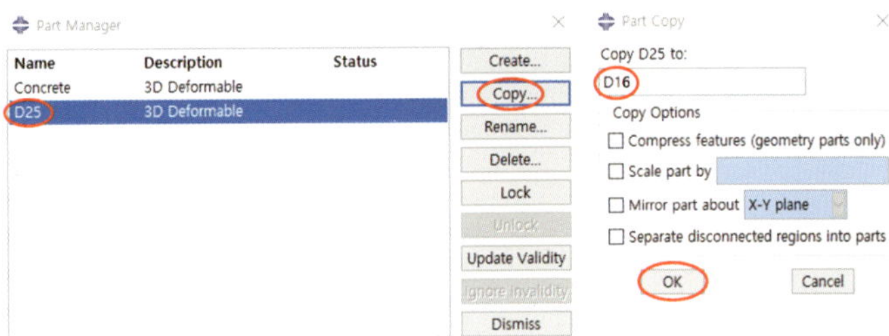

(4) D13 (스터럽)

1 Create Part → Name : D13 + Modeling Space : 3D + Type : Deformable + Base Feature/ Shape : Wire, Type : Planar → Continue → Create Lines: Rectangle (4 Lines) → 임의의 사각형 생성 후 Add Dimension : 폭 257.3, 높이 407.3으로 수정

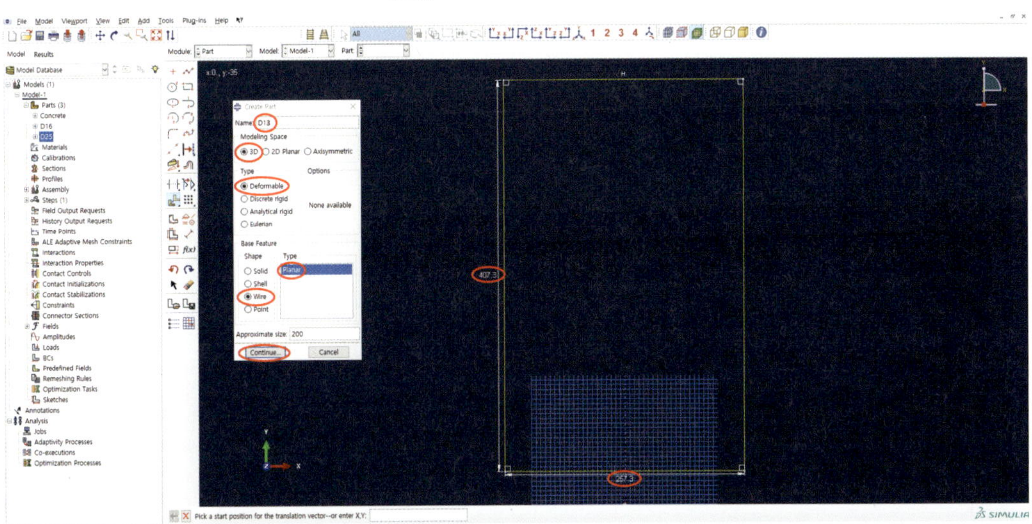

2 Create Circle → 임의의 원 생성 후 Add Dimension : 12.7 → Done → Translate → 원 선택 후 아래 왼쪽 그림과 같이 각각의 모서리 위치로 복사 → Auto-Trim → 아래 오른쪽 그림과 같이 사각형의 교차점을 제외한 나머지 부분 자르기 → Done

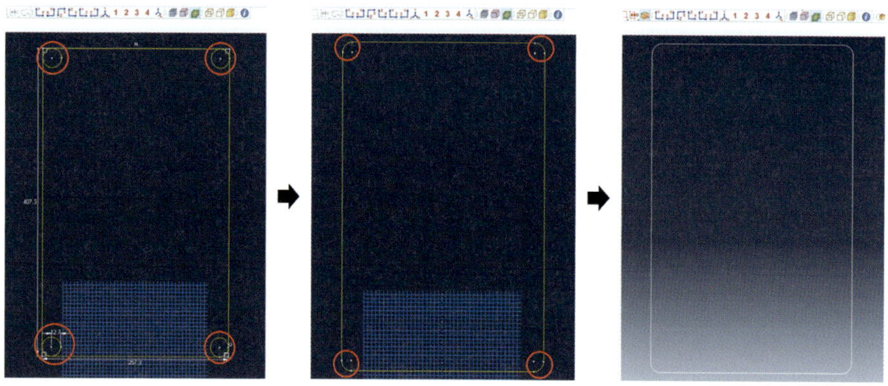

3.5.2.2 Property (재료물성 정의)

Part에서 생성한 철근콘크리트 보의 물성을 정의하기 위해 Property Module로 이동한다. 여기서 콘크리트는 압축강도가 38.9MPa이며 공시체에서 정의한 방법과 동일하게 Hognestad (1951)[5)]의 제안식을 이용한다. 철근의 경우, 각각의 철근 인장시험 결과를 물성으로 정의한다.

(1) Concrete (콘크리트 보)

1 Create Material → Name : Concrete + General/Density : 2.3E-009 + Mechanical/Elastic/ Young's Modulus : 30294, Poisson's Ratio : 0.167 → Mechanical/Plasticity/Concrete Damage Plasticity(아래와 같이 입력)

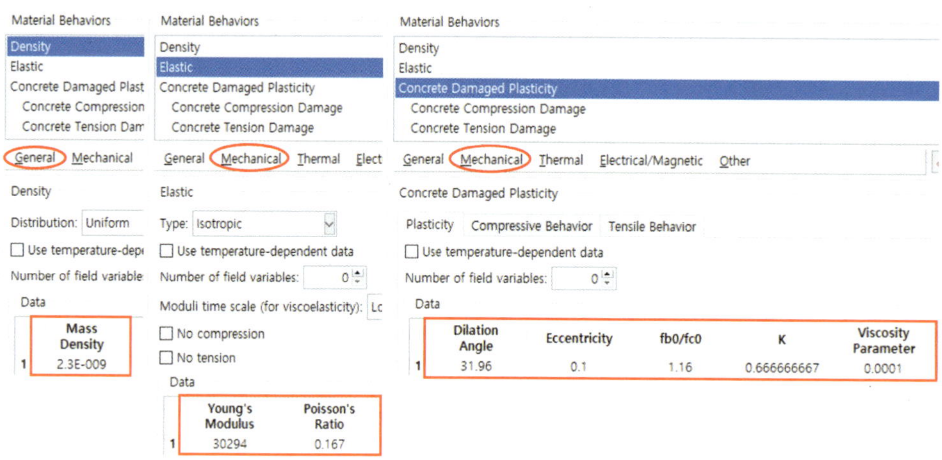

Mechanical/Plasticity/Compressive Behavior + Tensile Behavior

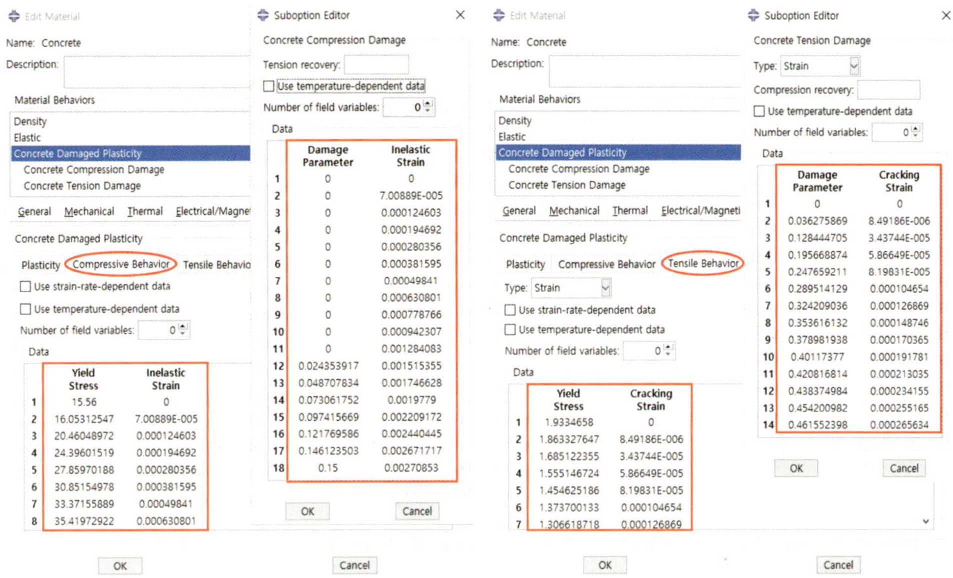

2 Create Section → Name : Concrete + Category : Solid + Type : Homogeneous → Continue → Material : Concrete → OK

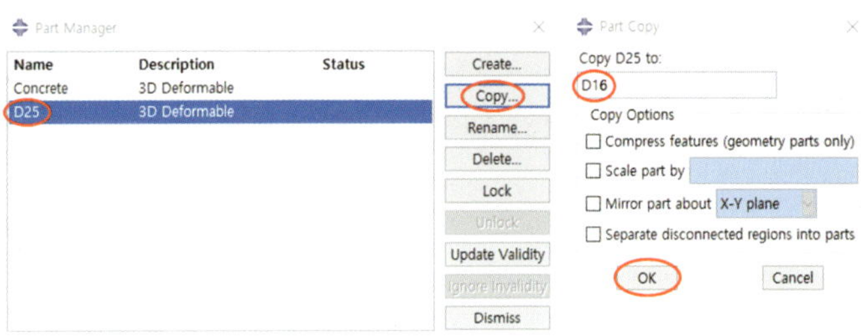

3 Assign Section → Part 전체를 선택 + Done → Section : Concrete → OK

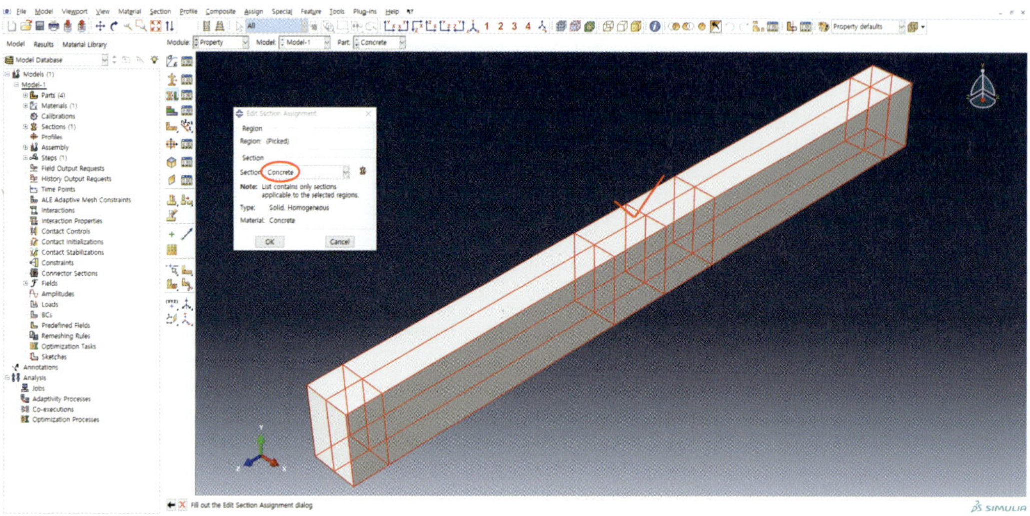

Part에 재료물성이 적용되면 회색에서 초록색으로 변경된다.

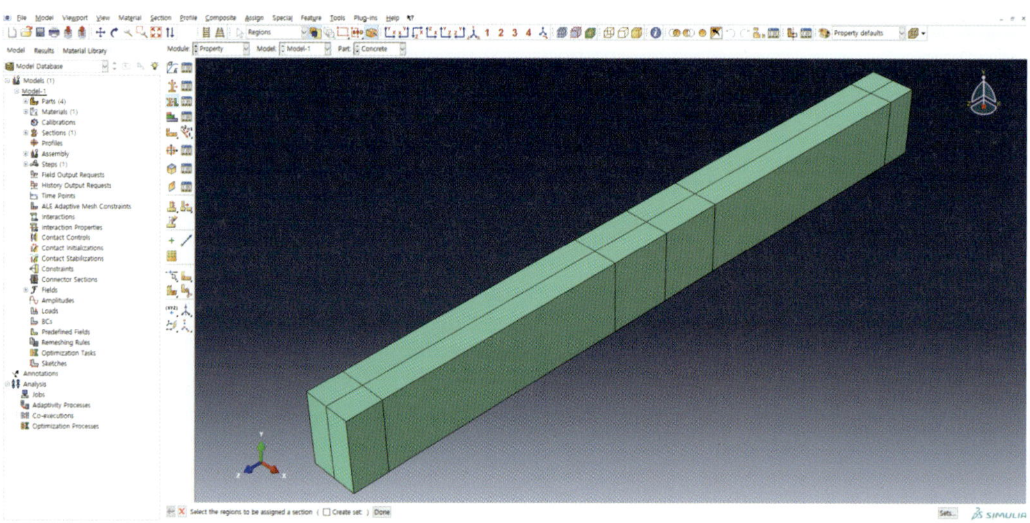

(2) D25 (하부 철근)

1. Create Material → Name : D25 + General/Density : 7.85E-009 + Mechanical/Elastic/Young's Modulus : 130280.3812, Poisson's Ratio : 0.3 → Mechanical/Plasticity/Plastic (아래와 같이 입력)

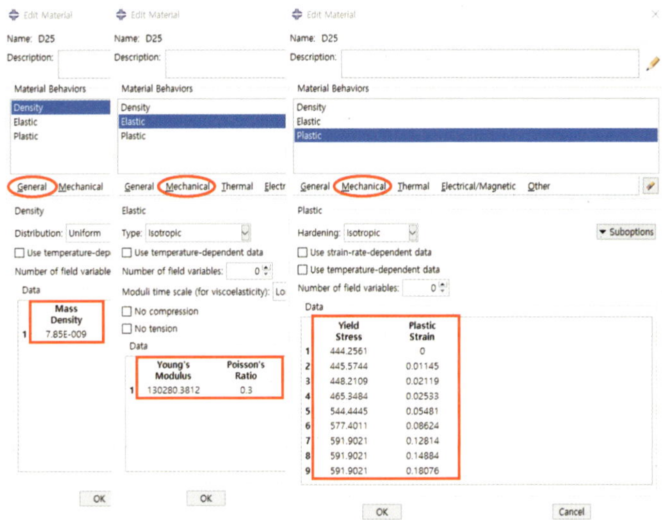

2. Create Section → Name : D25 + Category : Beam + Type : Truss → Continue → Material : D25 + Cross-sectional area : 490.87 → OK

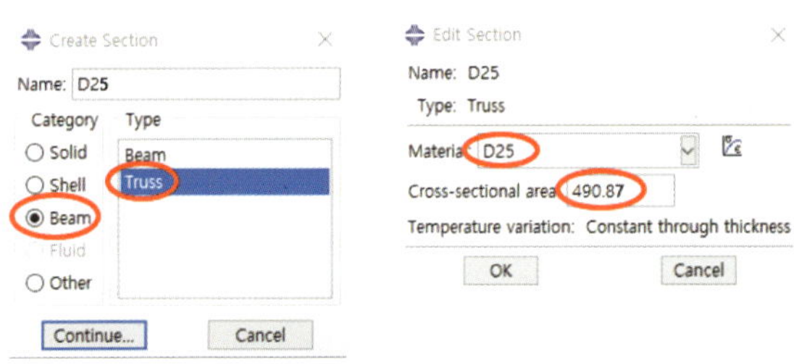

3. Assign Section → Part 전체를 선택 + Done → Section : D25 → OK

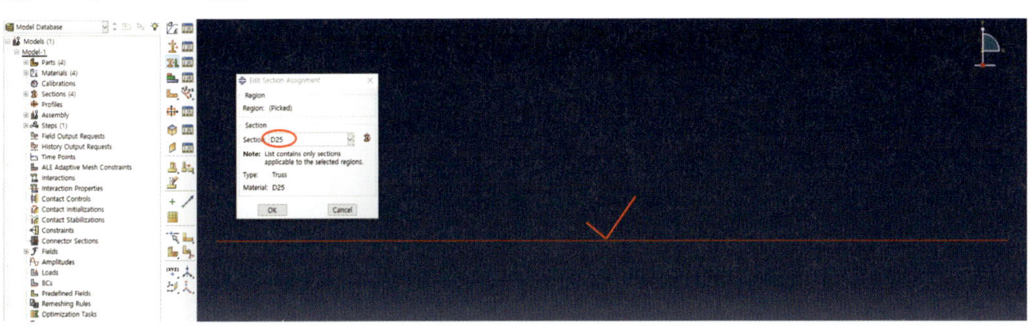

4 Assign Beam Orientation → Part 전체를 선택 + Done → 0.0, 0.0, -1.0 + Done → OK

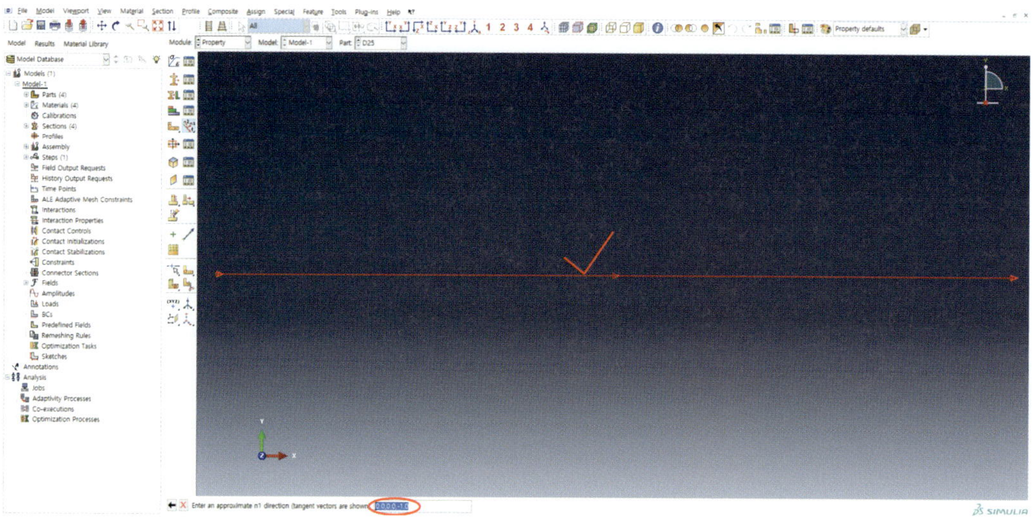

5 View → Part Display Options → Render beam profiles 체크 + Apply → 단면확인 → Render beam profiles 체크 해제 + Apply → OK

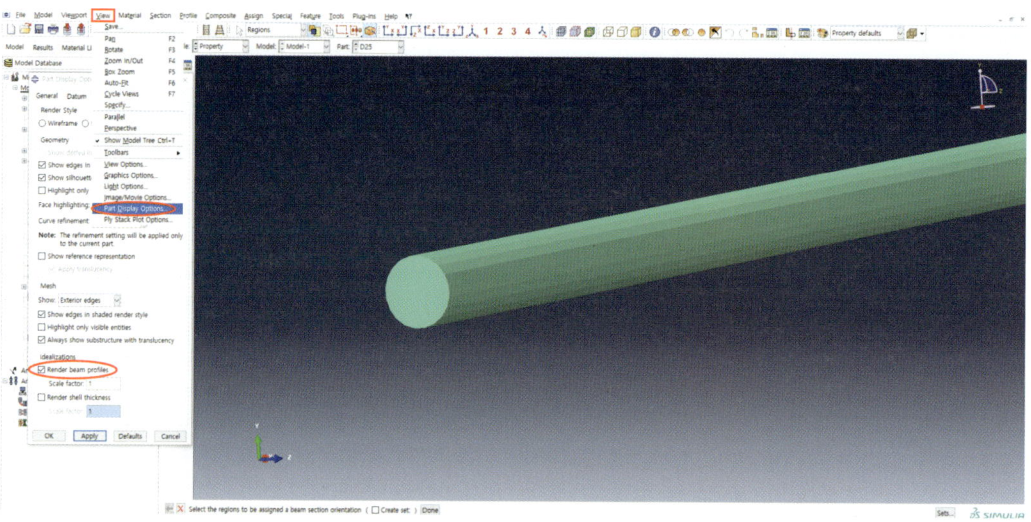

※ 1차원 또는 2차원 요소로 모델링할 경우 해석에서 고려하는 단면의 두께를 Create Section에서 정의하며 이를 Render beam profiles 또는 Render shell thickness option을 이용하여 나타낼 수 있다. 1차원 요소는 Beam Orientation을 기준으로 하여 단면 도심으로부터 두께를 고려하고 있으며, 2차원 요소는 상부면 또는 중심면 또는 하부면을 기준으로 하여 두께를 고려한다.

(3) D16 (상부 철근)

1 Create Material → Name : D16 + General/Density : 7.85E-009 + Mechanical/Elastic/Young's Modulus : 141169.0606, Poisson's Ratio : 0.3 → Mechanical/Plasticity/Plastic (아래와 같이 입력)

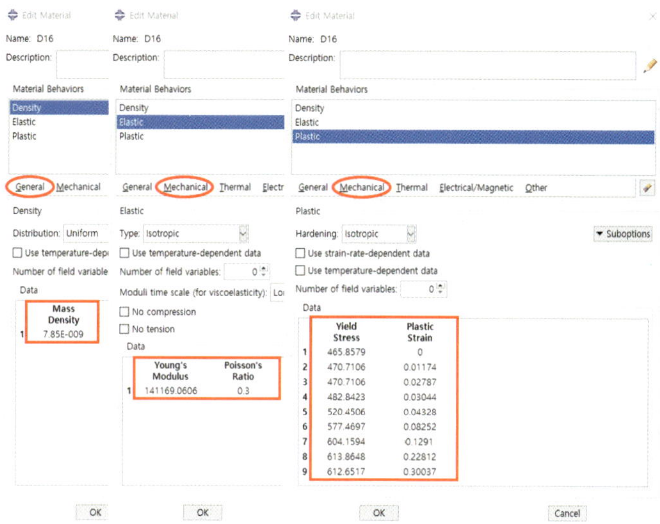

2 Create Section → Name : D16 + Category : Beam + Type : Truss → Continue → Material : D16 + Cross-sectional area : 201.06 → OK

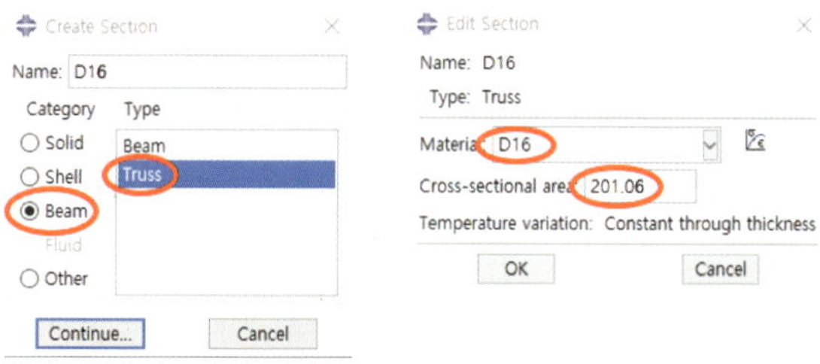

3 Assign Section → Part 전체를 선택 + Done → Section : D16 → OK

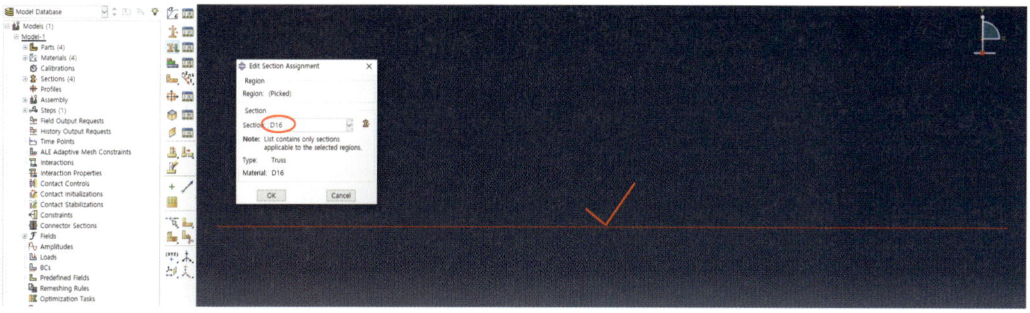

4 Assign Beam Orientation → Part 전체를 선택 + Done → 0.0, 0.0, -1.0 + Done → OK

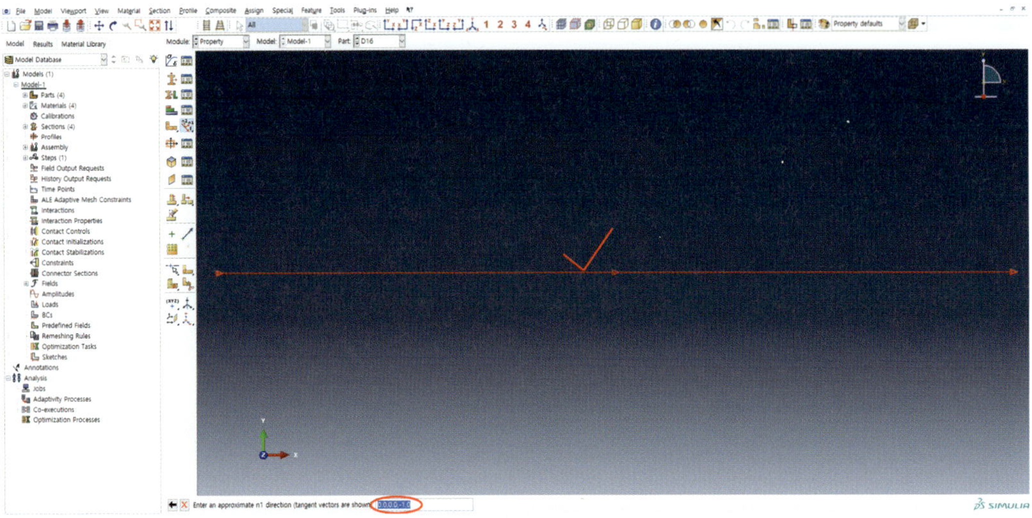

(4) D13 (스터럽)

1 Create Material → Name : D13 + General/Density : 7.85E-009 + Mechanical/Elastic/Young's Modulus : 135503.2198, Poisson's Ratio : 0.3 → Mechanical/Plasticity/Plastic (아래와 같이 입력)

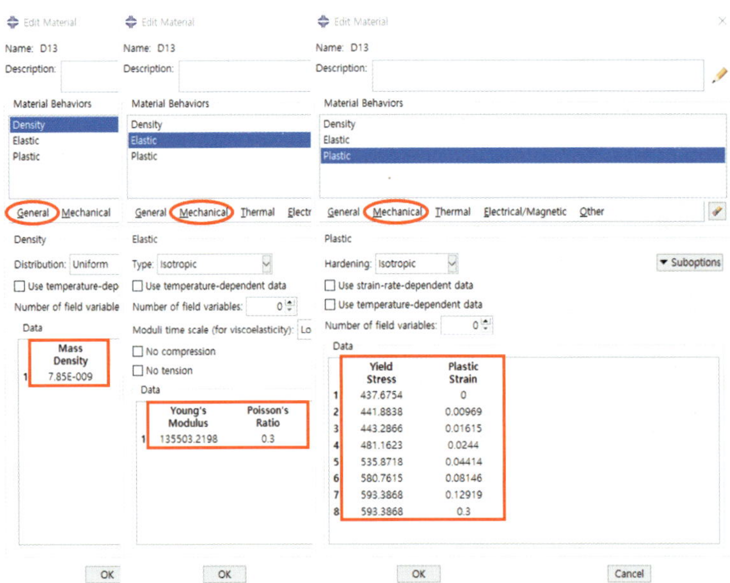

2 Create Section → Name : D13 + Category : Beam + Type : Truss → Continue → Material : D13 + Cross-sectional area : 132.73 → OK

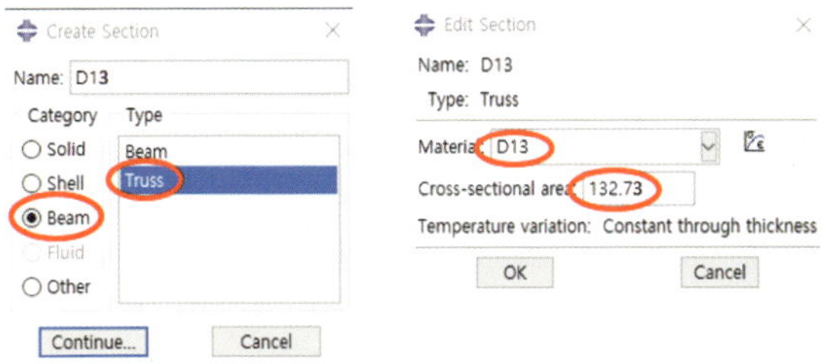

3 Assign Section → Part 전체를 선택 + Done → Section : D13 → OK

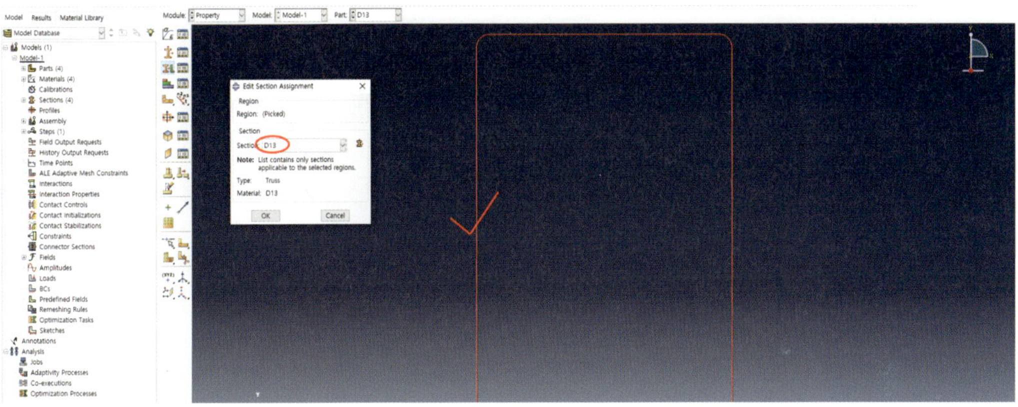

4 Assign Beam Orientation → Part 전체를 선택 + Done → 0.0, 0.0, -1.0 + Done → OK

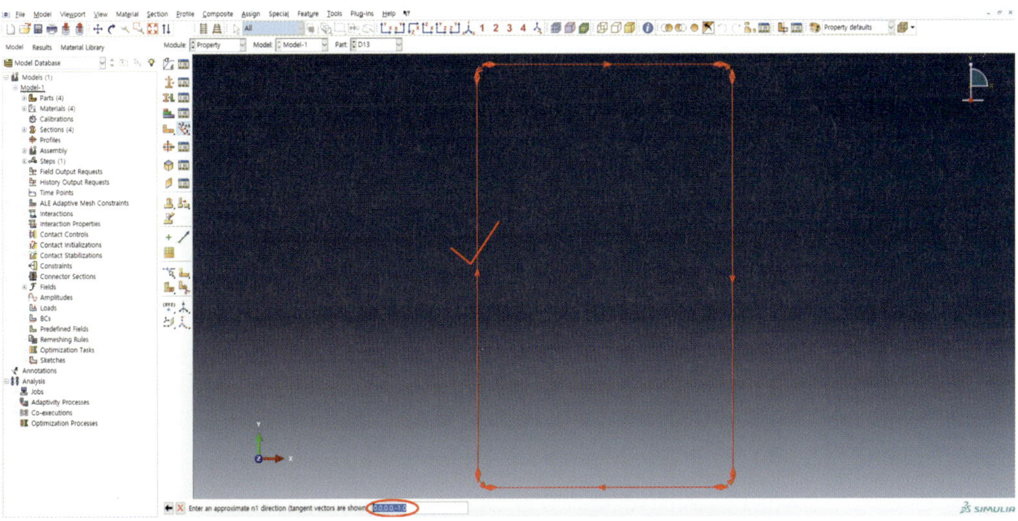

3.5.2.3 Mesh (요소의 분할)

재료물성이 정의된 각각의 Part에 대하여 유한개의 요소로 분할하는 단계이며 Mesh Module로 이동한다.

(1) Concrete (콘크리트 보)

1 Seed Edges → 아래 그림의 선들을 선택 후 Done → Basic/Method : By number + Bias : None + Sizing Controls : Number of elements : 10 → OK

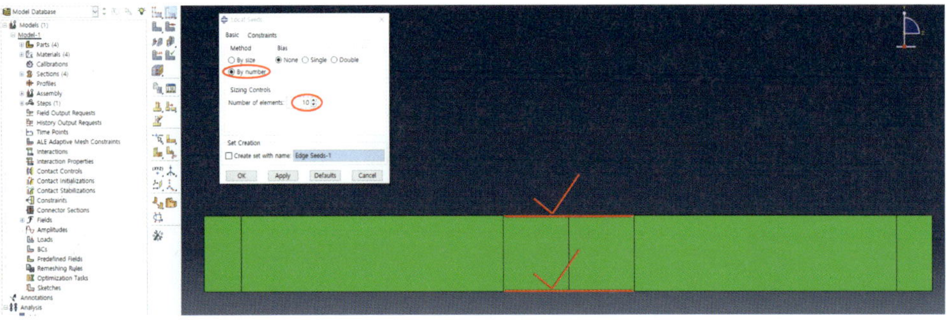

아래 그림의 선들을 선택 후 Done → Sizing Controls : Number of elements : 25 → OK

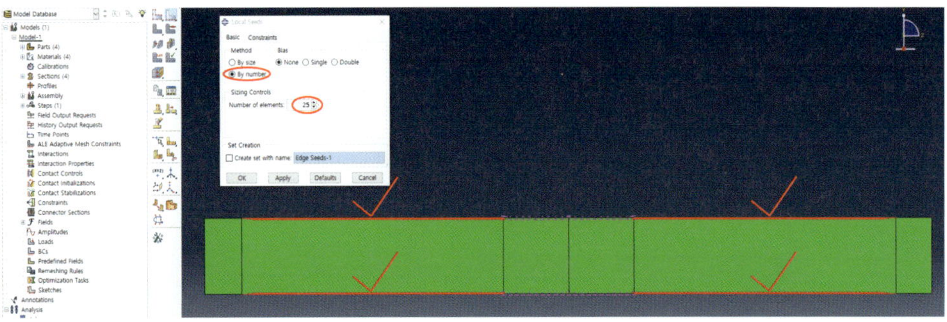

아래 그림의 선들을 선택 후 Done → Sizing Controls : Number of elements : 2 → OK

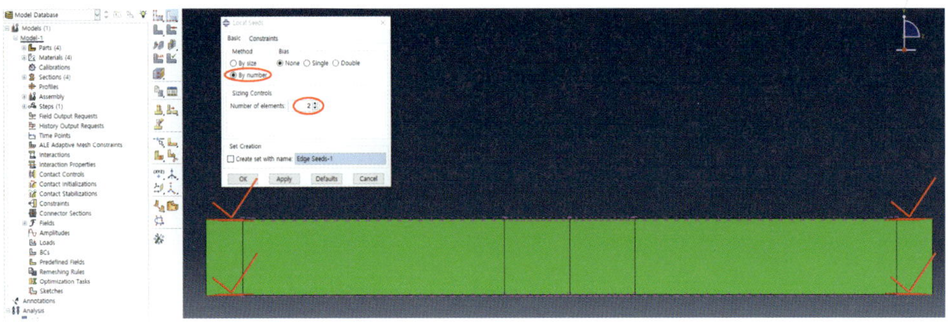

아래 그림의 선들을 선택 후 Done → Sizing Controls : Number of elements : 10 → OK

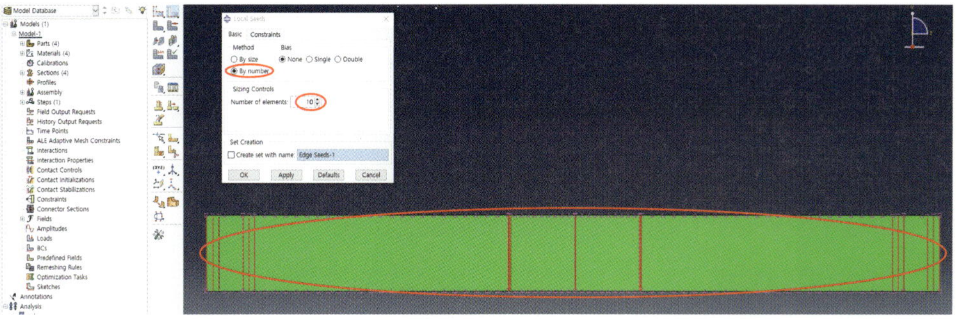

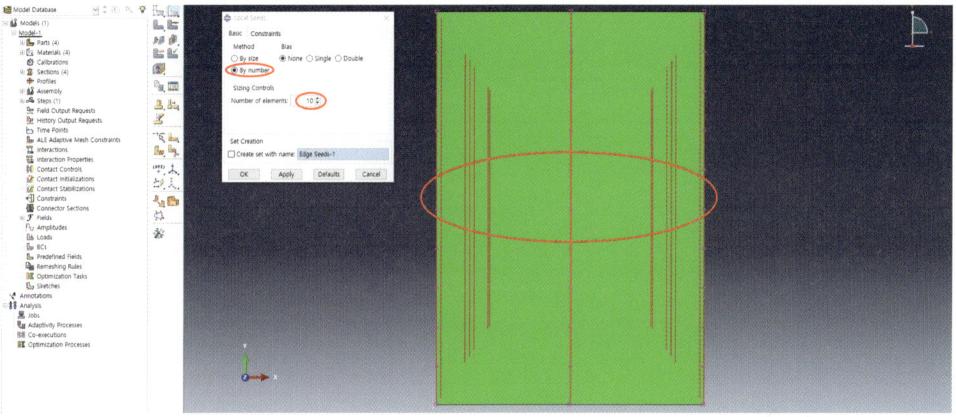

아래 그림의 선들을 선택 후 Done → Sizing Controls : Number of elements : 4 → OK

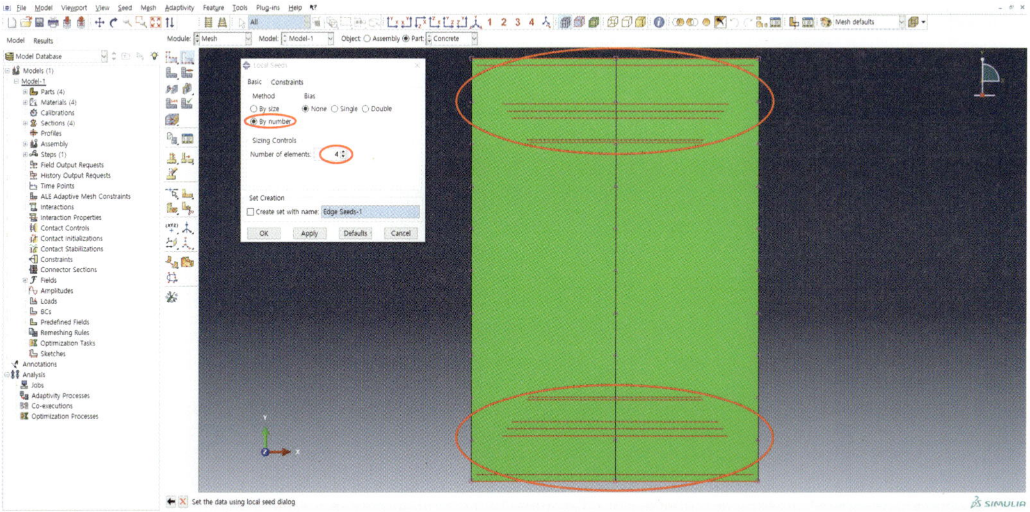

2 Assign Mesh Controls + Element Shape : Hex + Technique : Structured → OK → Assign Element Type → 요소타입 C3D8(3차원 솔리드 적분 요소) 확인 → OK

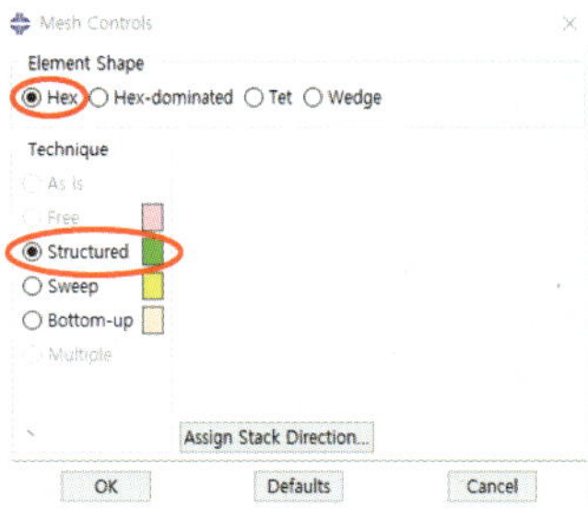

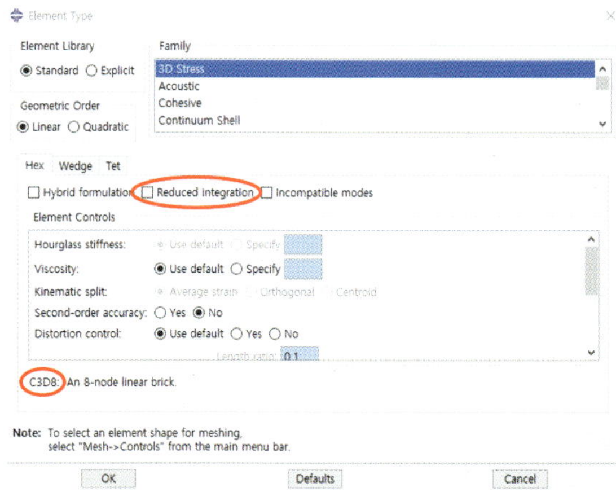

3 Mesh Part → Yes → 분할된 요소 확인

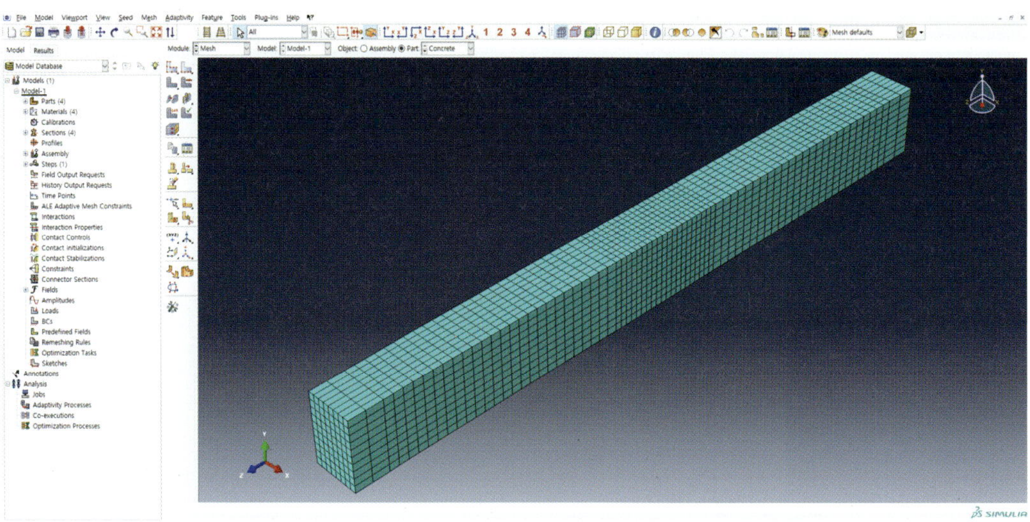

(2) D25, D16 (하부 및 상부 철근 공통)

1 Seed Part → Sizing Controls + Approximate global size : 30 → OK → Done → Assign Element Type → Family : Truss → 요소타입 C3D2(3차원 트러스 요소) 확인 → OK

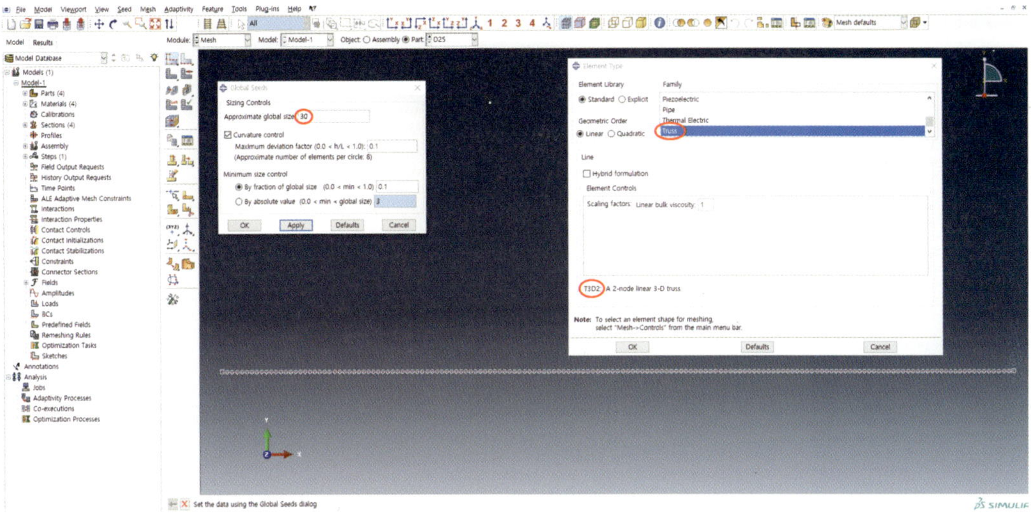

2 Mesh Part → Yes → 분할된 요소 확인

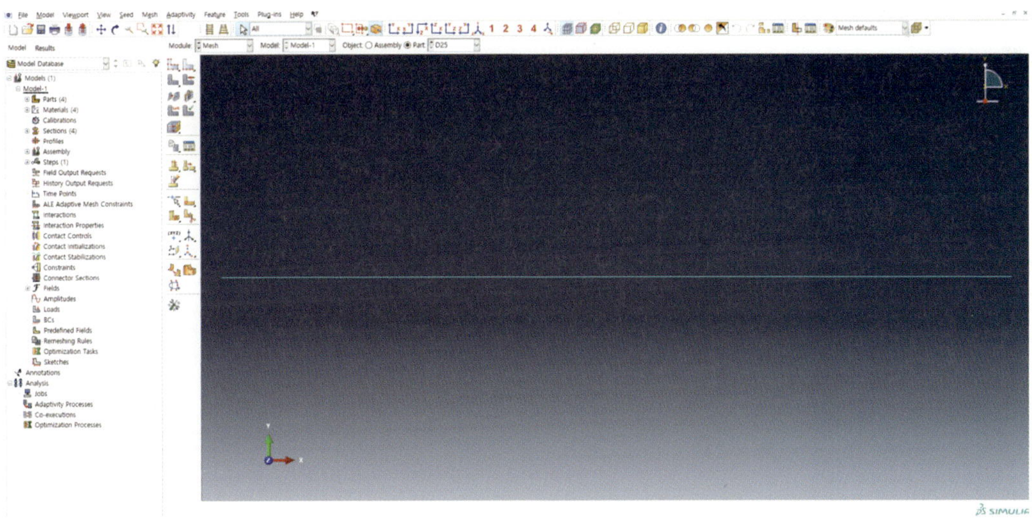

(3) D13 (스터럽)

1 Seed Part → Sizing Controls + Approximate global size : 15 → OK → Done → Assign Element Type → Family : Truss → 요소타입 C3D2(3차원 트러스 요소) 확인 → OK

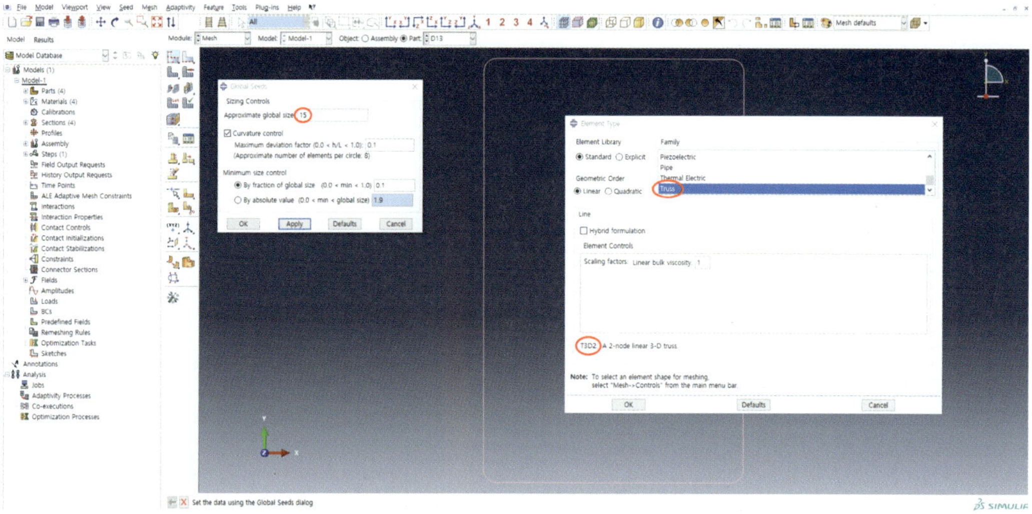

2 Mesh Part → Yes → 분할된 요소 확인

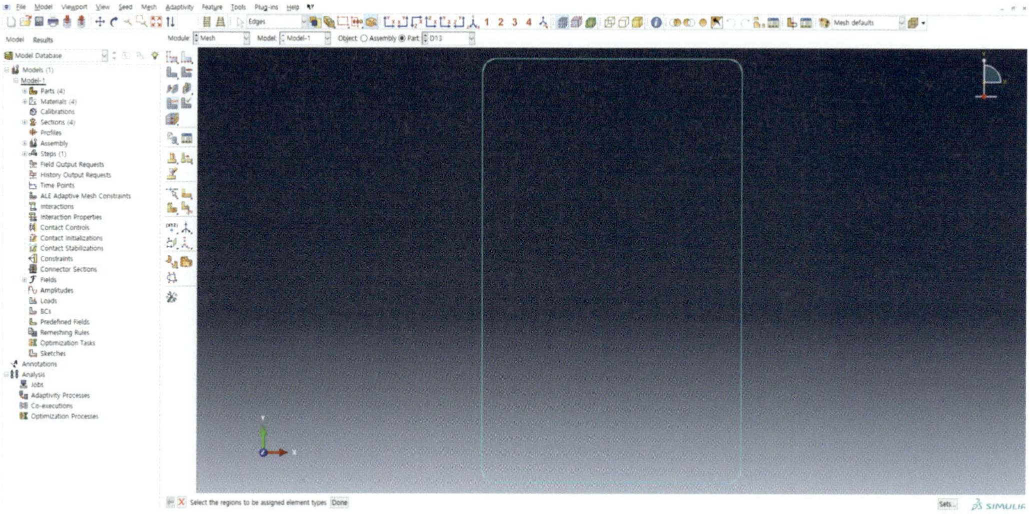

3.5.2.4 Assembly (Part의 조립)

각각의 Part를 조합하여 하나의 전체 구조물을 생성하는 단계이며 Assembly Module로 이동한다.

1 Create instance → Parts 선택 → Parts : 모두 선택 → Auto-offset from other instance 체크 → OK

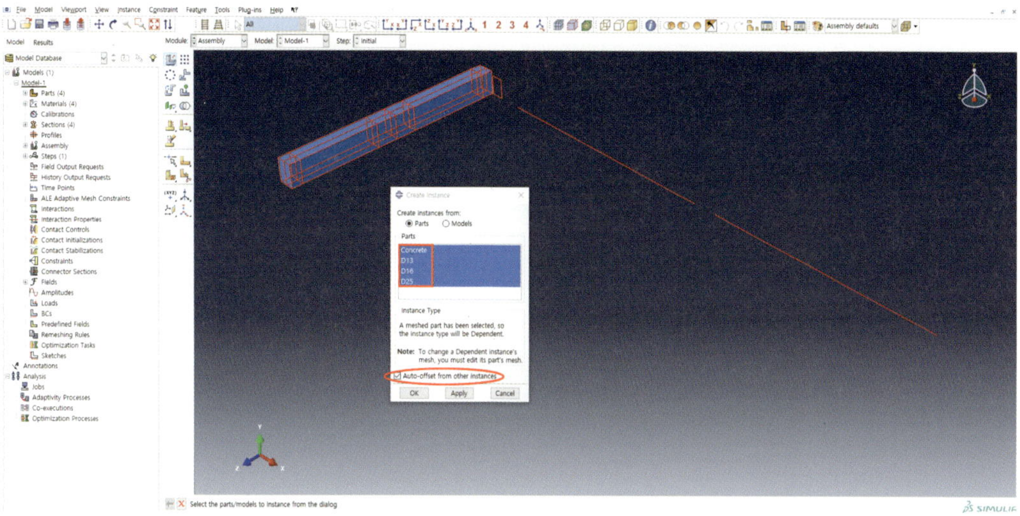

※ Part들이 다수일 경우 Assembly에서 서로 겹치게 불러들일 수 있다. 이를 방지하기 위해 Auto-offset from other instance를 체크한다.

2 Rotate instance → D16, D25 선택 + Done → 아래 그림의 Y축을 기준으로 회전축 Point 선택 → Angle of rotation : 90 → Done → OK

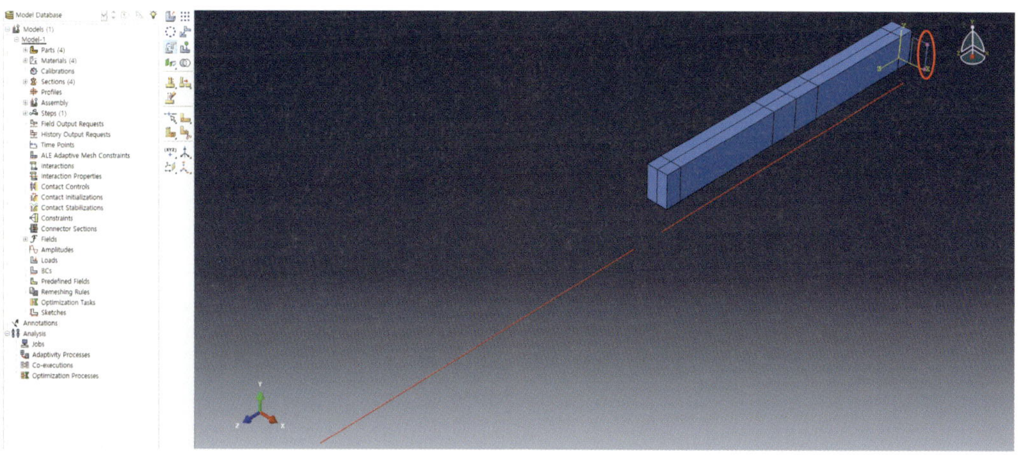

3 Translate Instance → D25 선택 + Done → 아래 그림의 Point 선택 → enter X,Y,Z : 109.6,65.4,50 → Done → OK

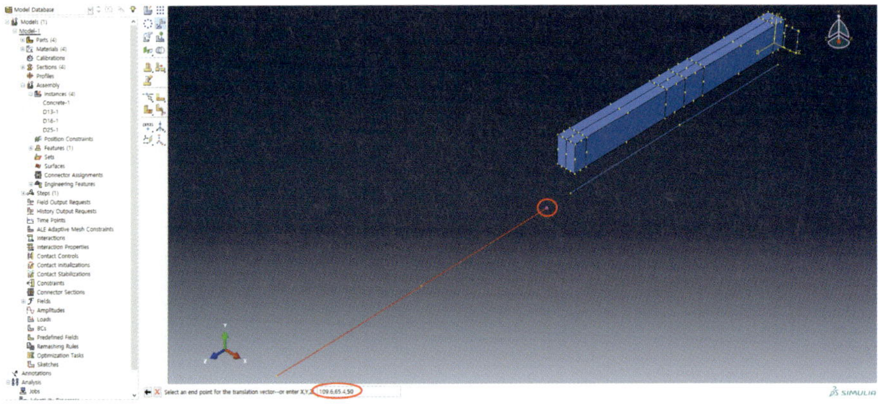

같은 방법으로 D16 : 109.6,434.6,50 / D13 : 0,46.35,150으로 입력 → Done → OK → Model Tree에서 Concrete Part 우클릭 + Hide

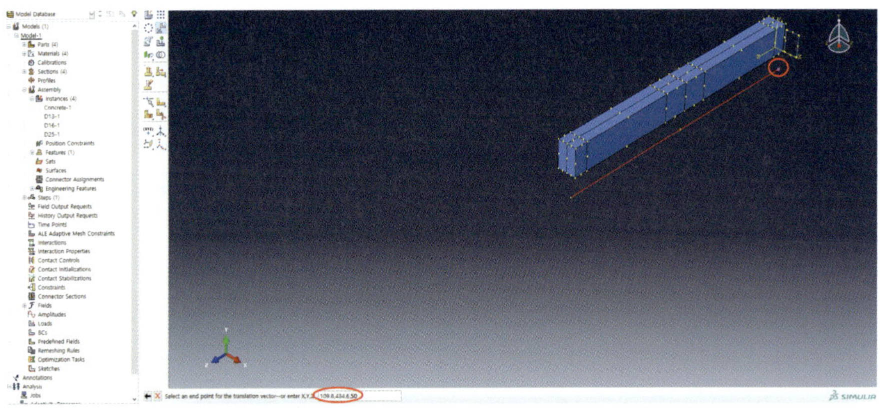

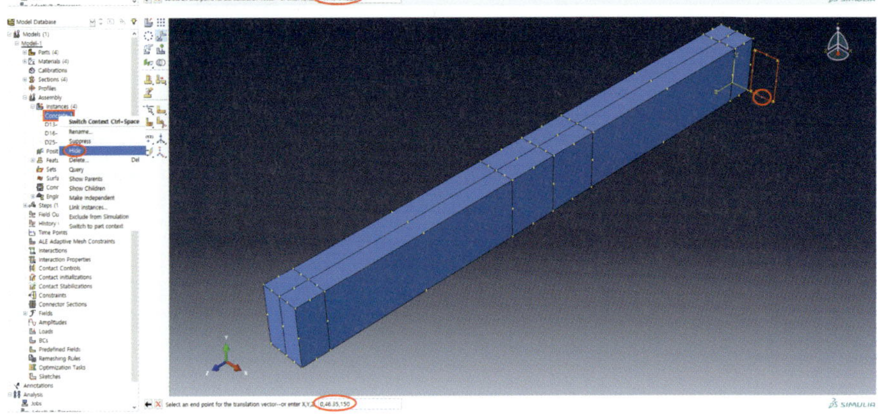

4 Linear Pattern → D16, D25 선택 + Done → Direction 1/Number : 2, Offset : 219.2 → Direction 2/Number : 1 → OK

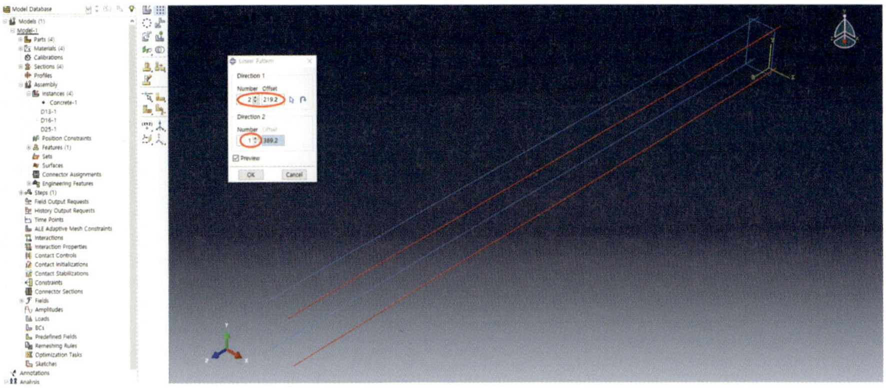

5 Linear Pattern → D13 선택 + Done → Direction 1/Number : 20, Offset : 100 + 클릭 후 좌표축 Z축을 선택 + 클릭 후 복사 방향 결정 → Direction 2/Number : 1 → OK

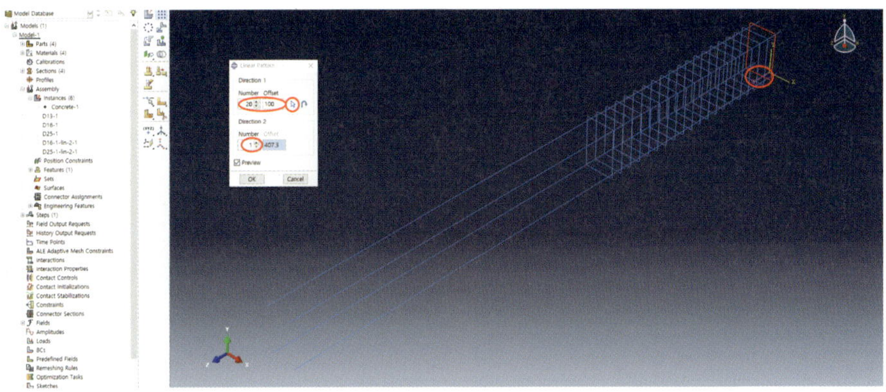

같은 방법으로 아래 그림과 같이 D13을 복사한다.

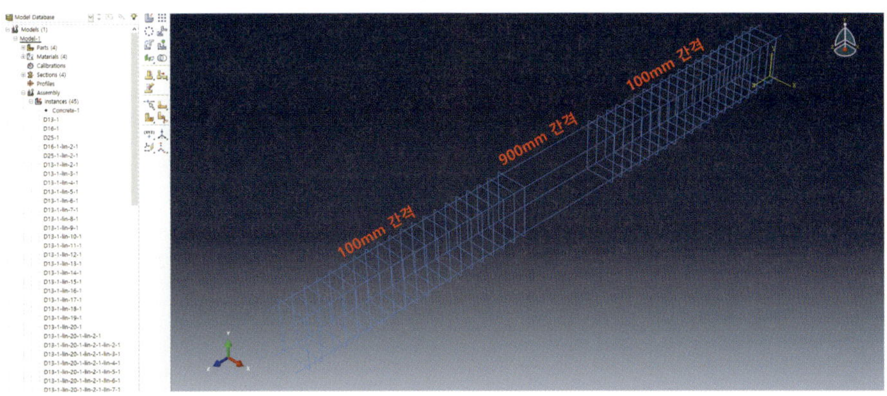

6 Model Tree에서 Concrete Part 우클릭 + Show → Tool → Reference Point → enter X,Y,Z : 0,800,2500 입력 → Done

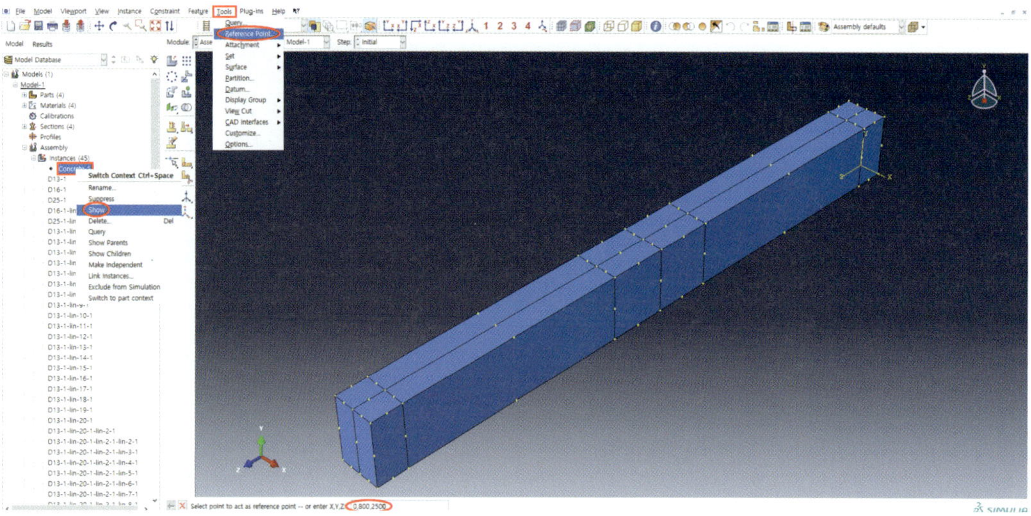

7 Tool → Set → Manager → Create → Type : Geometry + 아래 그림과 같이 각각의 Set 생성

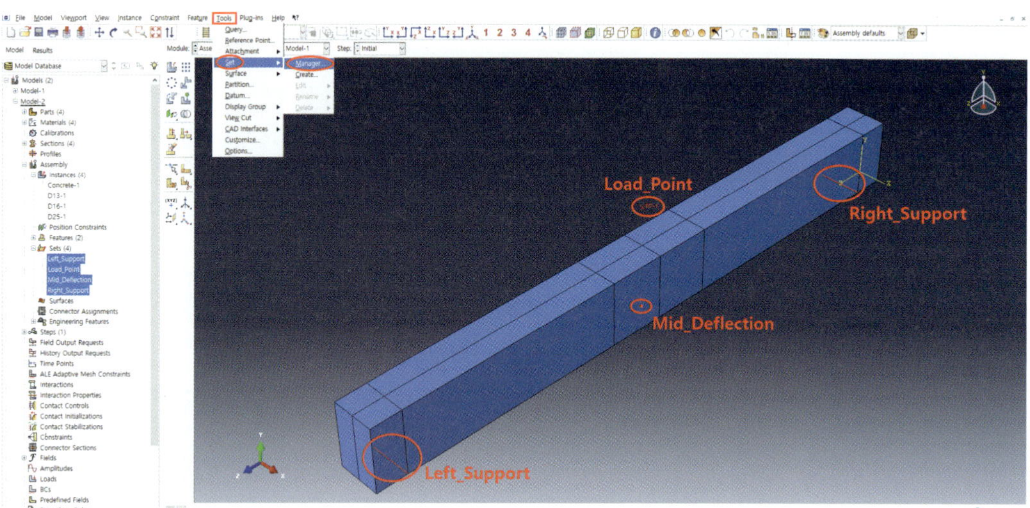

※ 여기서 지정한 Set들은 Load_Point : 가력하중 측정, Mid_Deflection : 수직변위 측정, Right_Support, Left_Support : 이동단 지정을 하기 위한 작업이다.

3.5.2.5 Step (해석방법 및 Output의 정의)

철근콘크리트 보의 유한요소해석을 수행하기 위한 해석방법을 정의하는 단계이며 Step Module로 이동한다. 공시체 압축강도 시험 해석에서 확인한 바와 같이 비선형 정적해석과 비선형 동적해석의 결과가 매우 유사하게 도출되므로 본 해석에서는 효율성을 위해 비선형 정적해석으로 진행한다.

1 Create Step → Name : Compression + Procedure type : General + Static, General 선택→ Continue → Basic/Incrementation(아래와 같이 입력) /Other(Default로 적용)

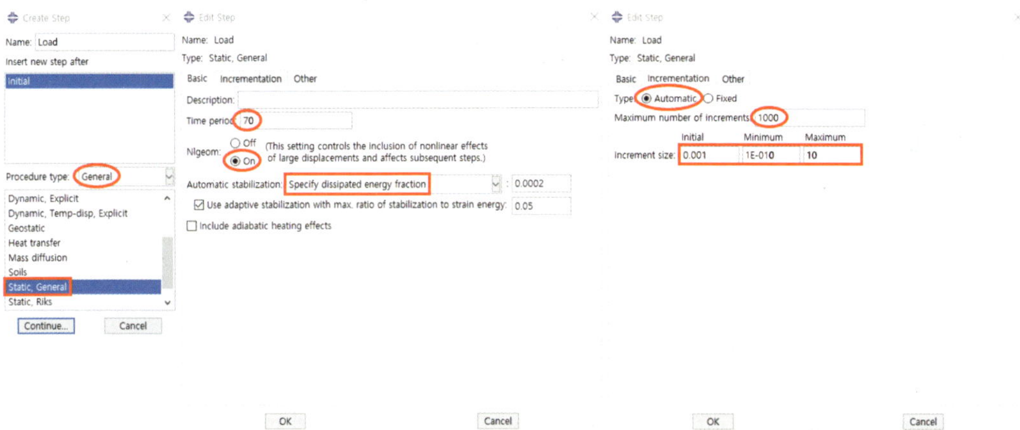

2 Field Output Requests Manager → Load/Created 더블클릭 → 모델링을 통해 확인하고자 하는 전체적인 해석결과를 선택(S, PE, LE, U, RF, DAMAGEC, DAMAGET)

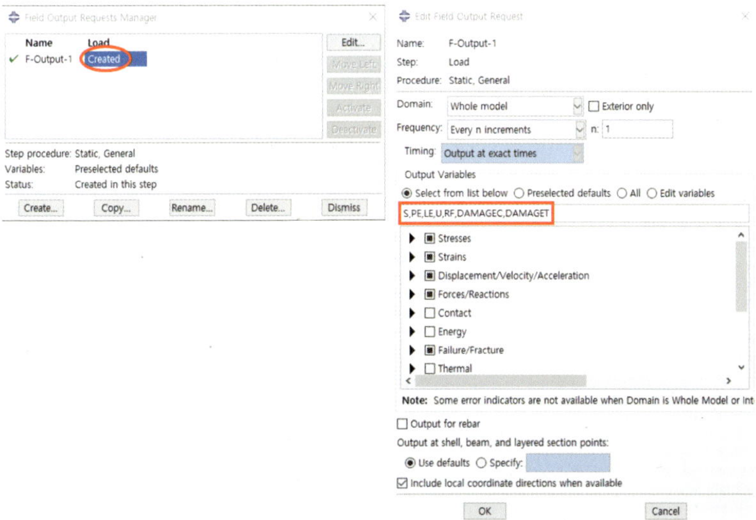

3 History Output Requests Manager → H-Output-1 Delete → Create → Load_Point와 Mid_Deflection을 각각 생성하여 아래 그림과 같이 Set을 정의 (Load_Point : U2,RF2/Mid_Deflection : U2)

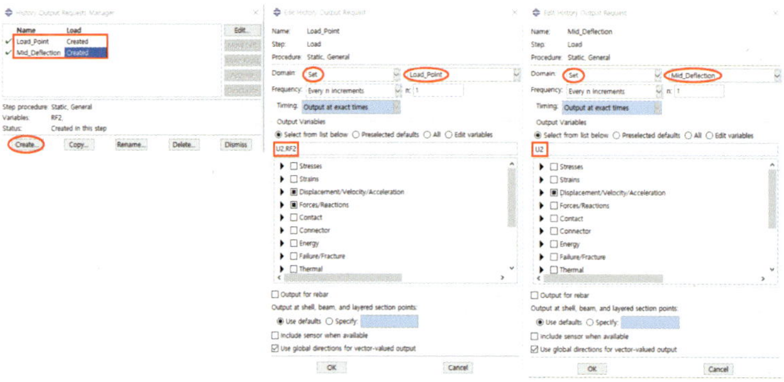

3.5.2.6 Interaction (부재간 상호관계 정의)

Assembly된 Part들의 접합 및 접촉에 대하여 정의하는 단계이며 Interaction Module로 이동한다. 철근콘크리트 보의 휨 실험에서 하중가력을 측정하기 위해 Reference Point(RP-1)와 보 상부면의 가력부를 강체(Rigid body)로 연결시켜야 한다. 그리고 철근과 콘크리트를 일체화시켜야 하므로 Embedded region을 이용하여 철근을 콘크리트에 매입시킨다.

1 Create Constraint → Name : Load + Type : Rigid body → Continue → Pin (nodes) 선택 → 아래 그림의 가력부 선을 선택 → Done → Reference Point/Adjust point to center of mass at start of analysis 체크 + 선택 → RP-1 선택 → OK

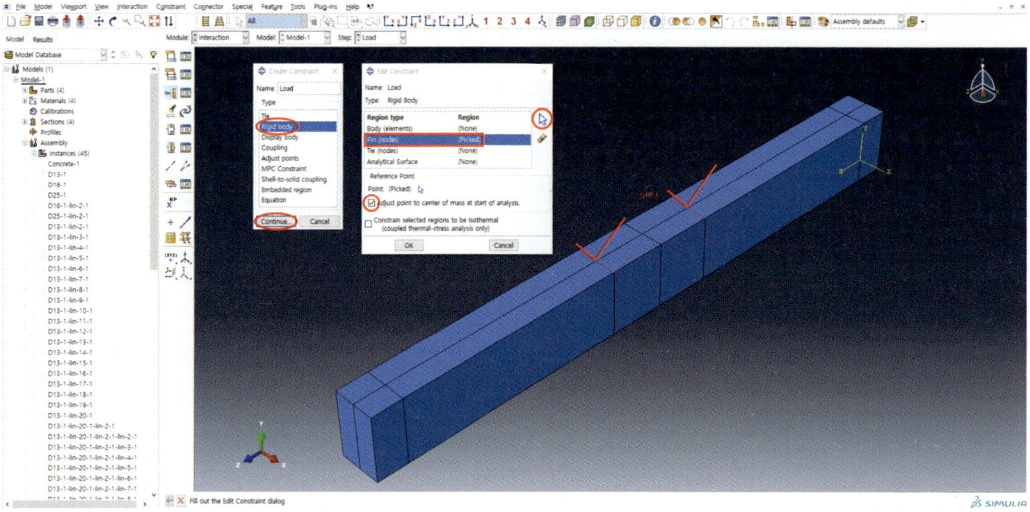

2 Model Tree에서 Concrete Part 우클릭 + Hide → Create Constraint → Name : Reinforcing + Type : Embedded region → Continue → 전체 철근을 선택 → Done

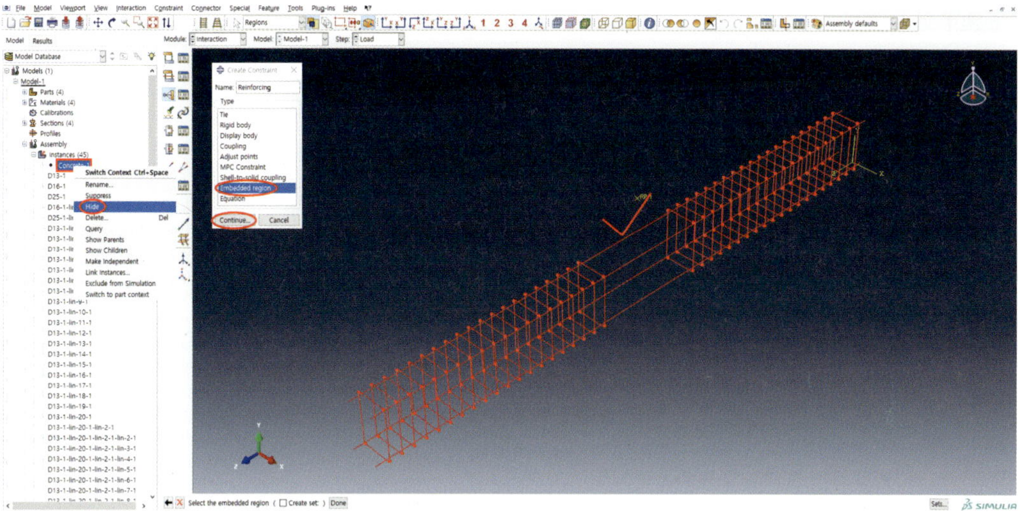

3 Model Tree에서 Concrete Part 우클릭 + Show → 볼마우스 클릭 → Select Region → 전체 콘크리트만 선택 → Done → OK

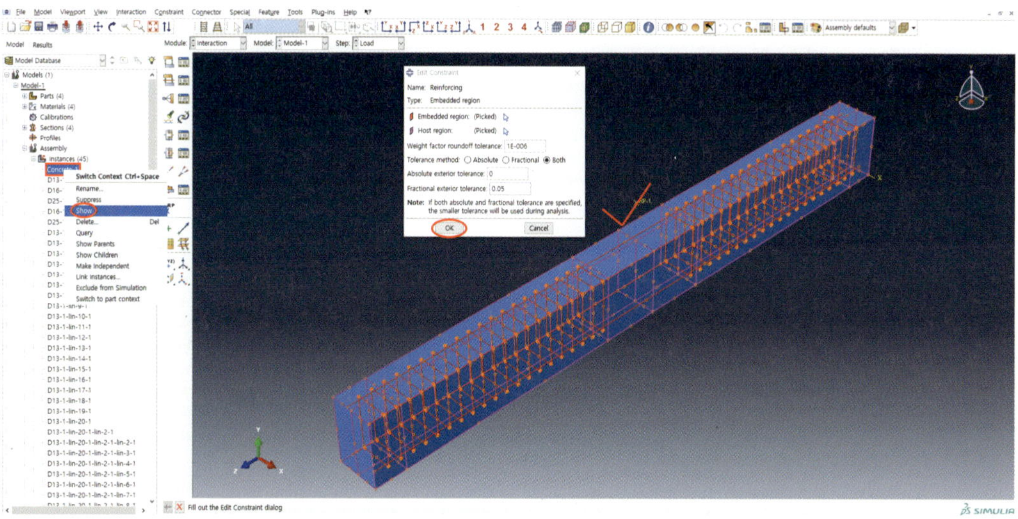

3.5.2.7 Load (경계조건 및 하중조건 정의)

모델링하고자 하는 대상 구조물의 경계조건을 정의하고 하중을 입력하는 단계이며 Load Module로 이동한다. 철근콘크리트 보의 휨 실험조건에 따라 양단부로부터 250mm 지점에 이동단 지점을 적용한다. 가력하중은 부재의 파괴 시까지 진행하기 위해 수직방향으로 70mm의 변위제어 조건으로 재하한다.

1 Create Boundary Condition → Name : Left_Support + Step : Initial + Category : Mechanical + Type for Selected Step : Displacement/Rotation → Continue → Sets → Left_Support 선택 → Continue → U2, UR3 체크 → OK

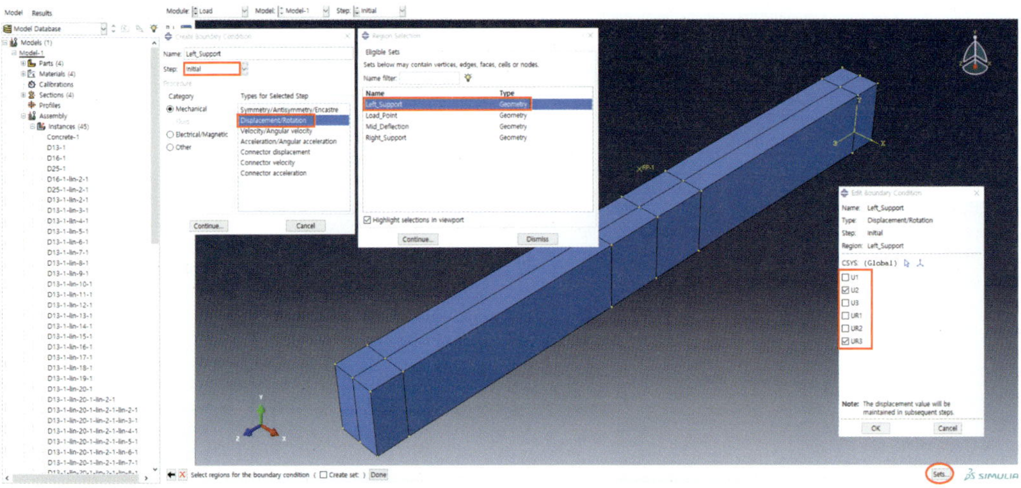

같은 방법으로 Right_Support도 이동단 지점조건을 적용한다.

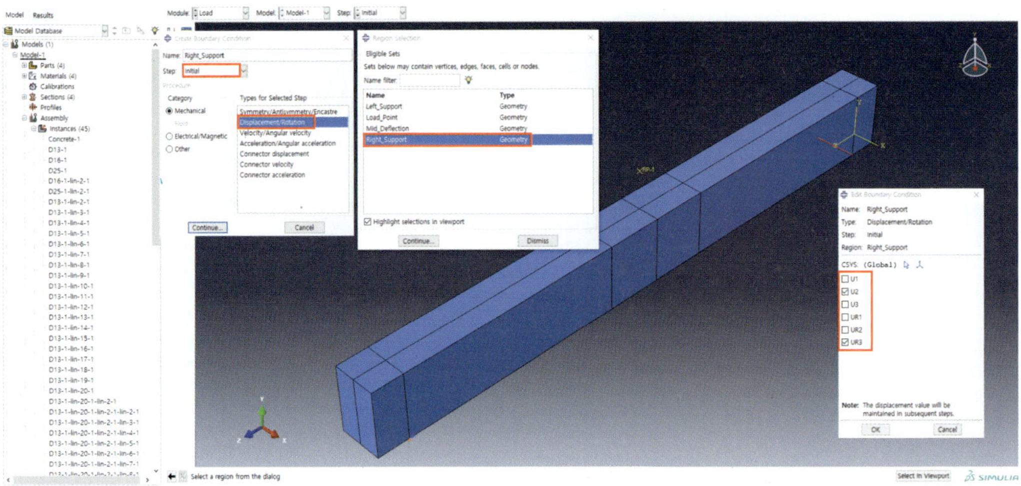

2 Create Boundary Condition → Name : Load + Step : Load + Category : Mechanical + Type for Selected Step : Displacement/Rotation → Continue → Sets → Load_Point 선택 → Continue → U2 체크 + -70 입력 → OK

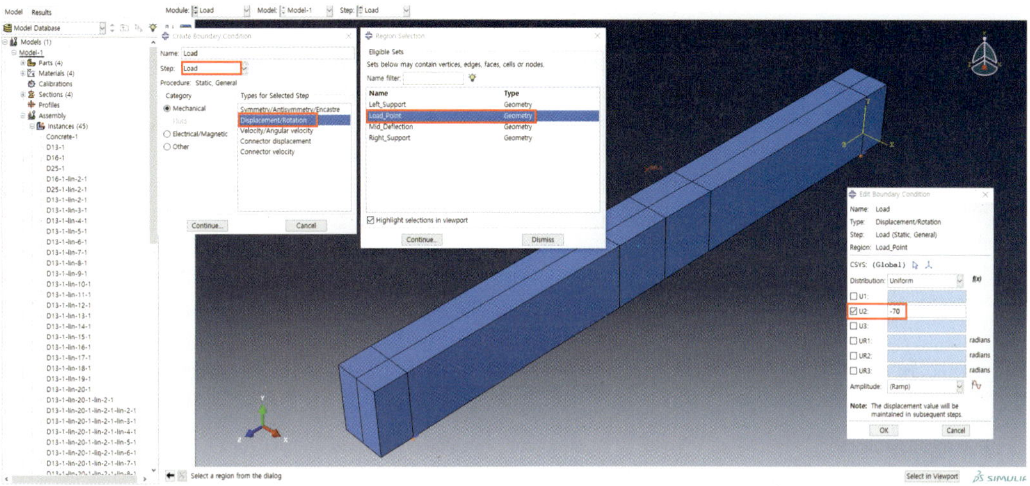

3.5.2.8 Job (유한요소해석 수행)

모델링한 대상 구조물의 유한요소해석을 수행하는 단계이며 Job Module로 이동한다.

1 Job Manager → Create → Name : RC_Beam + Model-1 선택 → Continue → Parallelization 탭 선택 → Use multiple processors 체크 + 6 입력 → OK

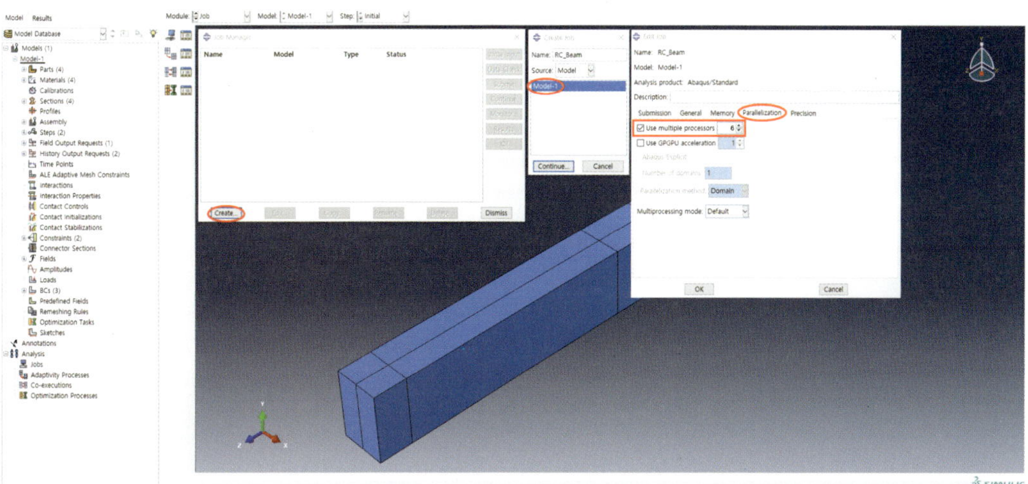

2 Job Manager → Monitor → Submit

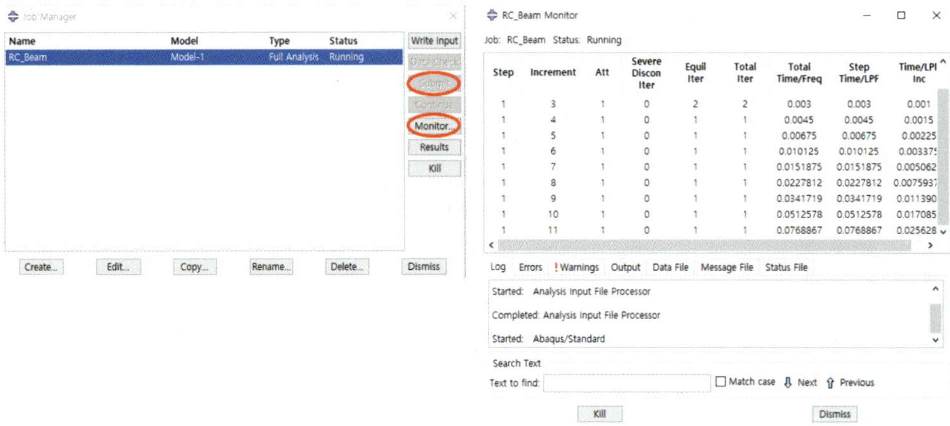

3.5.3 해석결과 확인

(1) Visualization (Output 확인)

모델링한 대상 구조물의 Output을 확인하는 단계이며 Job Manager에서 Results를 선택하면 자동으로 Visualization Module로 이동한다.

1 Job Manager → 해석 완료 후 Results 선택

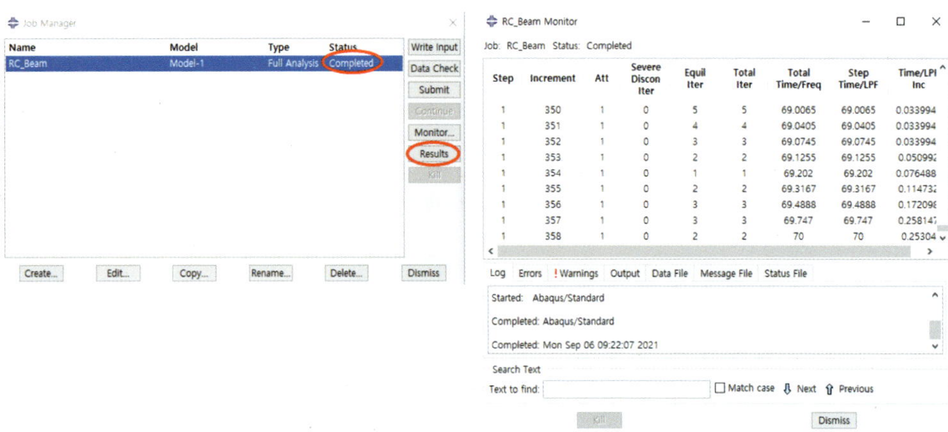

2 Plot Contours on Deformed Shape → 상부 항목에 있는 Field Output에서 확인하고자 하는 결과를 선택

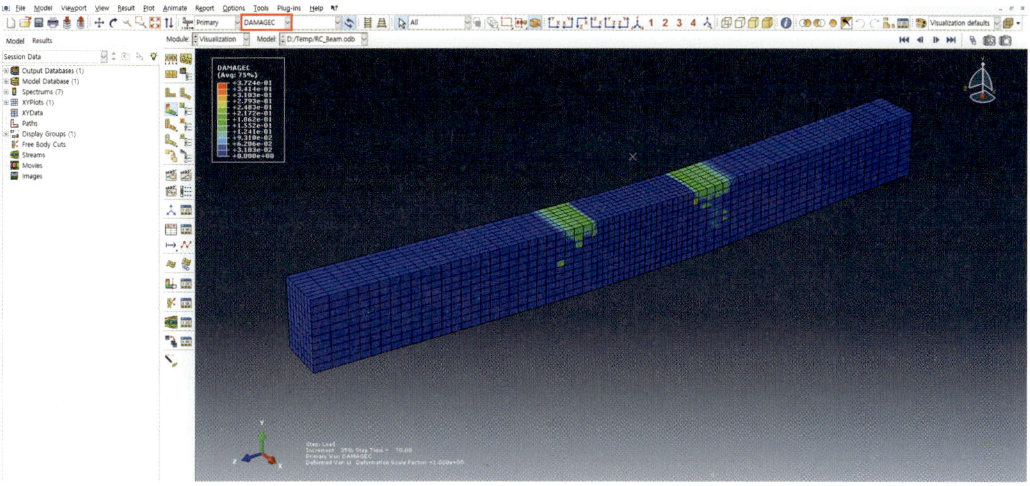

※ 콘크리트는 Property에서 정의한 Damage Parameter와 DAMAGEC 및 DAMAGET 결과의 비교를 통해 손상 및 파괴를 파악할 수 있다.

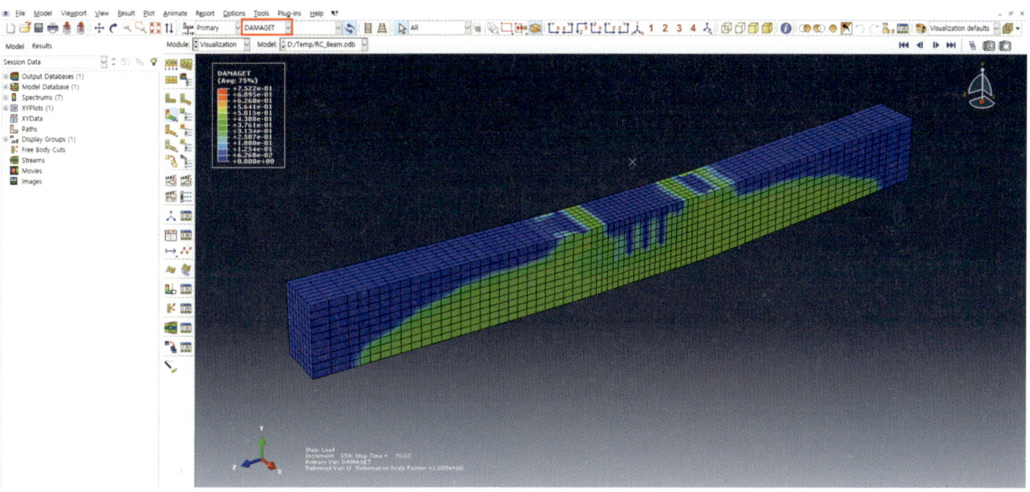

Field Output → von Mises 선택 → View → ODB Display Options → Render beam profiles 체크 → OK

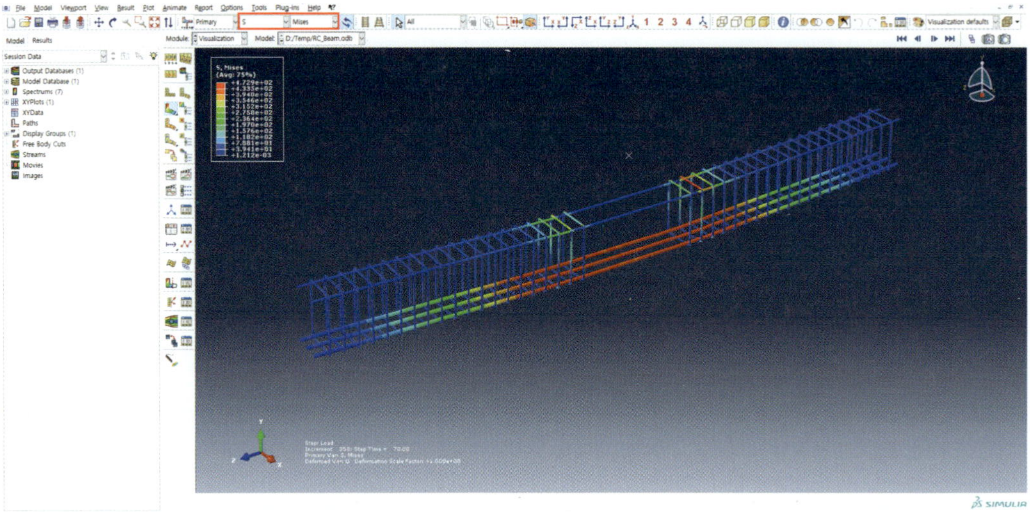

3 Tool → XY Data → Manager → Create → ODB history output → Continue → Output 항목 중 하중과 변위를 선택 → Save As → OK

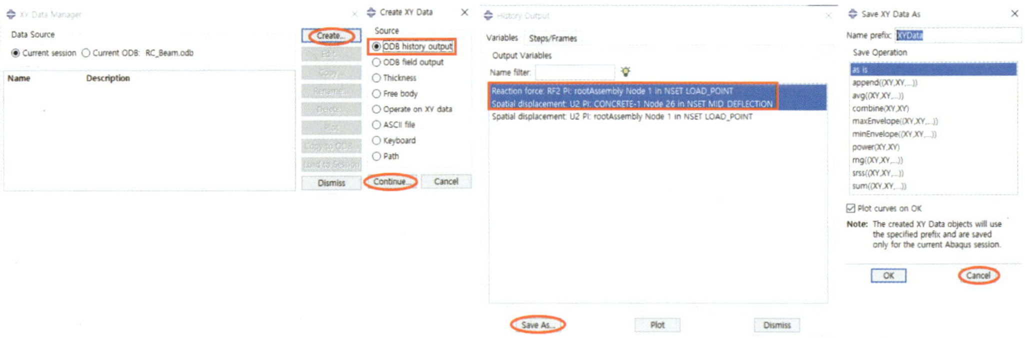

History Output에서 정의한 하중-변위 결과를 확인할 수 있다.

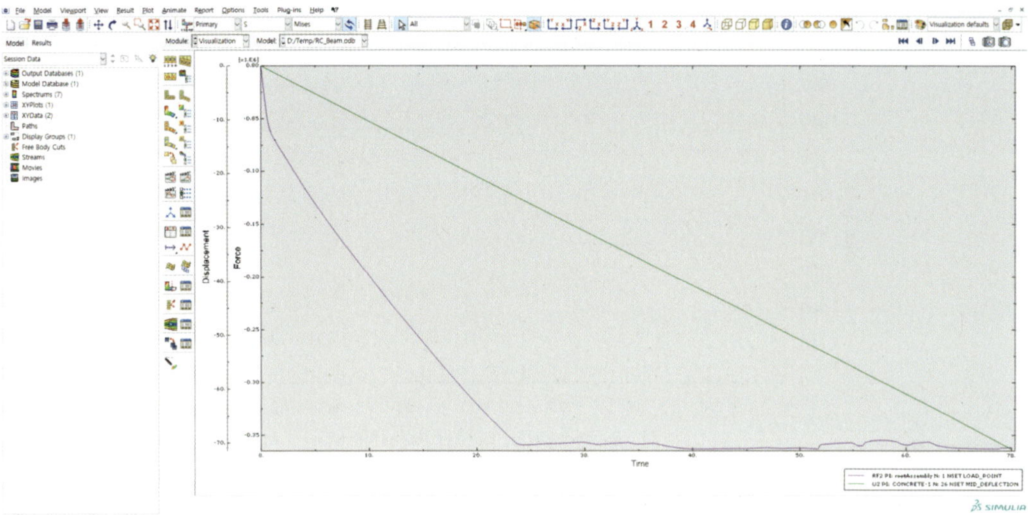

(2) Output 정리

1 Tool → XY Data → Manager → 가력하중 RF2 선택 → Y항 값을 드래그하여 복사하여 엑셀에 붙여넣기 → 수직변위 U2 선택 → Y항 값을 드래그하여 복사하여 엑셀에 붙여넣기

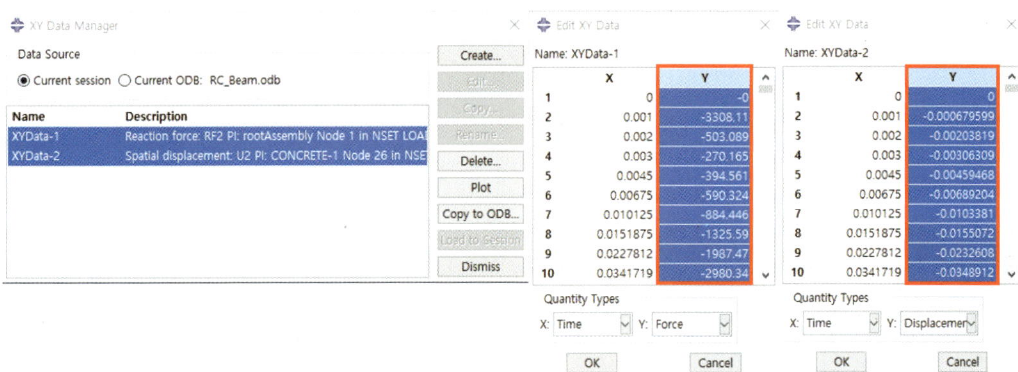

2 엑셀에서 하중 및 변위 데이터를 정리 → 그래프로 Plot하여 비교

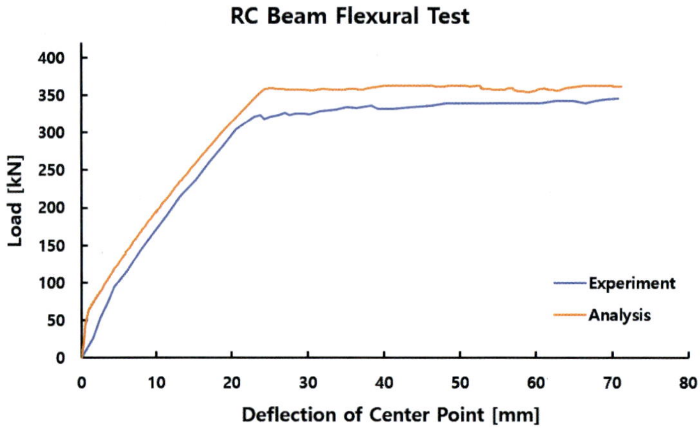

※ 실험결과로부터 RC 실험체는 항복이 수직변위 23.86mm, 가력하중 323.58kN에서 나타났고, 하중의 점진적인 증가와 함께 연성적인 거동을 하며 수직변위 70.75mm, 가력하중 345.53kN에서 파괴가 되었다. 이를 모사한 해석결과를 비교해보면 항복이 수직변위 24.49mm(+2.6%), 가력하중 358.63kN(+10.8%)로 나타났고, 파괴가 수직변위 71.16mm(+0.6%), 가력하중 361.64kN(+4.7%)로 나타났다. 항복하중이 10.8% 차이가 있었으나 전체적으로 결과가 잘 일치하고 있으며, 이러한 결과의 차이는 콘크리트의 재료적인 특성, 실험조건 등에 의해 나타날 수 있다. 따라서 실험에 대한 보다 많은 정보를 가지고 해석에 적용할 수 있다면 보다 정확한 결과를 도출할 수 있다.

References

[1] Kang, B.D. (2020). Reinforced Concrete Design. Seoul: Goomibook.

[2] Seo, W. (2020). *Flexural Behavior of NRC Beams Using Angle and Reinforcement as Tensile Reinforcements* (Master). Hanbat National University, Daejeon.

[3] KS F 2405 (2015). Standard Test Method for Compressive Strength of Concrete. Korean Agency for Technology and Standards.

[4] KS F 3504 (2016). Steel bars for concrete reinforcement. Korean Agency for Technology and Standards.

[5] Hognestad, E. (1951). A study of combined bending and axial load in reinforced concrete. University of Illinois at Urbana-Champaign.

3.6 잔류응력을 포함한 조립 H형강보

3.6.1 개요

1 용접조립 H-형강 부재를 제작하기 위하여 강판을 재단하여 상하 플랜지와 웨브를 제작한 후 용접으로 조립하며, 용접 입열은 강재를 수축·팽창시키면서 잔류응력을 발생시킨다.

2 이 절에서는 용접조립 H-형강 부재의 웨브에 잔류응력이 존재(재료항복강도의 10%,)한다는 가정하에 일반적으로 보의 휨성능을 평가하기 위해 가장 많이 사용하고 있는 4점 가력 휨 실험을 시뮬레이션한다.

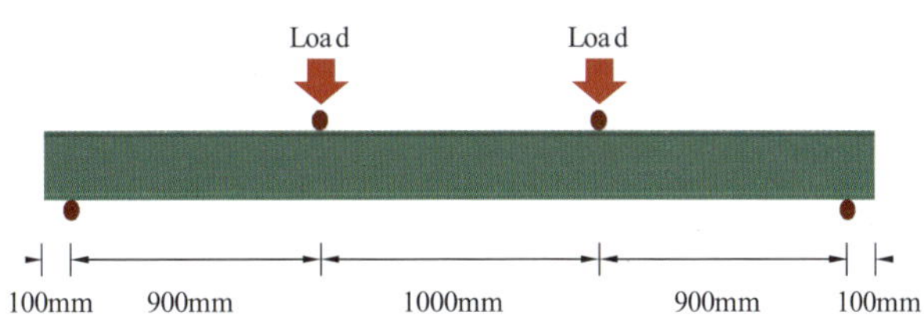

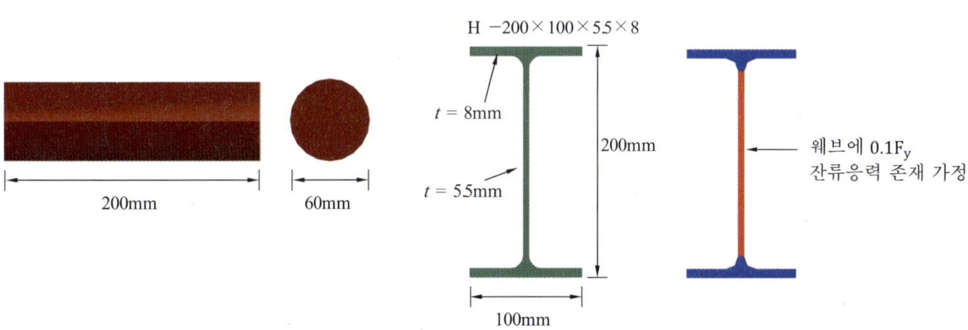

3.6.2 형상 모델링

(1) Part (부재 생성)

휨 하중에 의한 응력분포를 분석하기 위하여 H형보를 Deformable Part로 정의하고 해석결과에 큰 영향을 주지 않는 요소인 Hinge 및 Load bearing는 Discrete rigid로 정의하여 해석시간 및 접촉 조건을 최소화한다.

1 Model Tree → Part 마우스 우측버튼 클릭 → Create → Name : Beam + Modeling Space : 3D + Type : Deformable + Base Feature/Shape : Solid, Type : Extrusion → Continue → 아래 그림처럼 시험편 형상 · 치수에 맞게 Sketch → Done

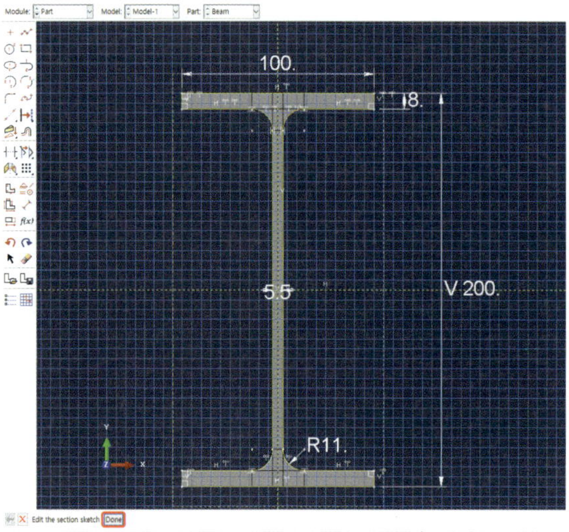

2 Depth : 3000 → OK → Beam Part 생성 확인 (위 단면형상에 길이 3000mm인 보 생성)

3 Model Tree → Part 마우스 우측버튼 클릭 → Create → Name : Rigid + Modeling Space : 3D + Type : Discrete rigid + Base Feature/Shape : Solid, Type : Extrusion → Continue → 아래 그림처럼 시험편 형상 · 치수에 맞게 Sketch → Done

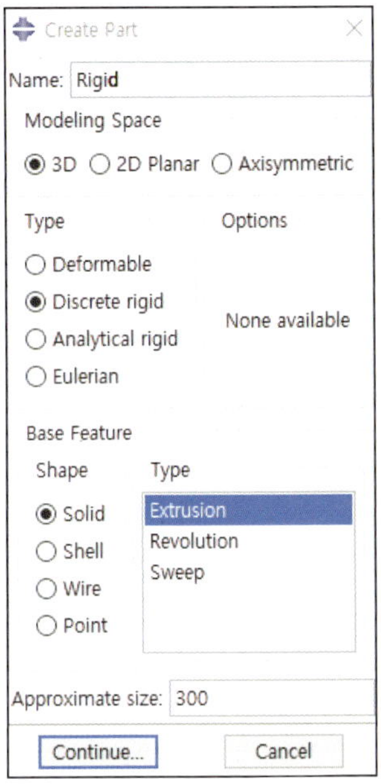

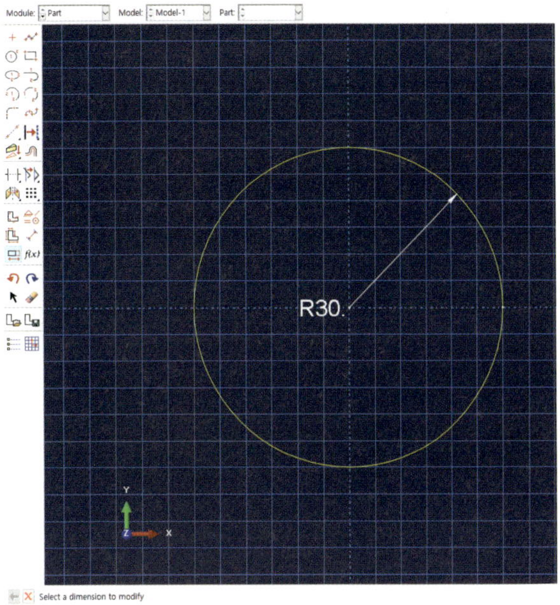

4 Depth : 200 → Ok → Rigid part 생성 확인 (반지름 30mm, 길이가 200mm인 강체 생성)

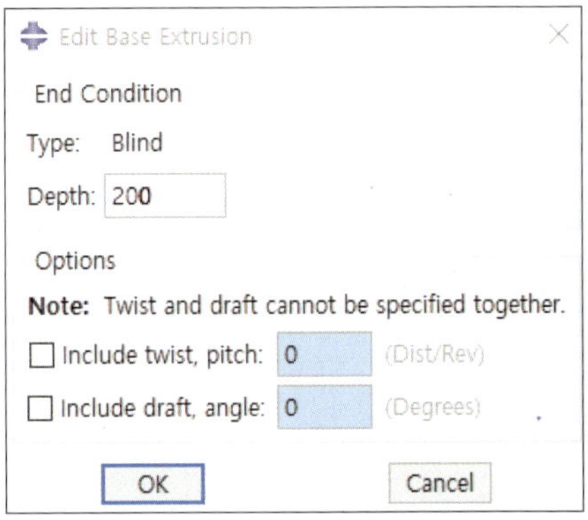

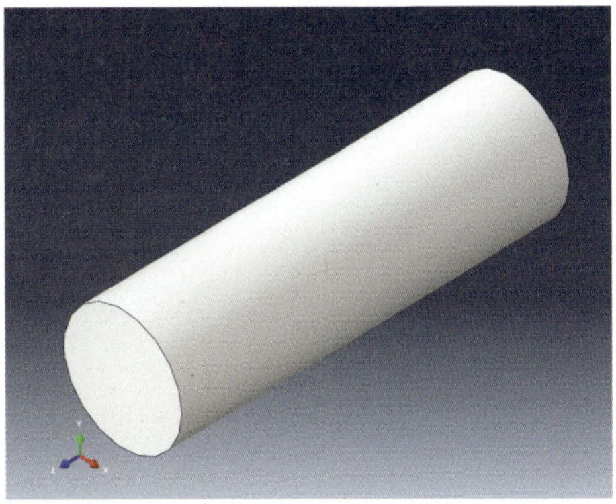

(2) Property (재료물성 정의)

2.1절의 일반구조용강재인 SS275의 재료물성(탄성계수 205,000MPa, 포아송비 0.3)을 H형 조립보에 입력한다.

1 Model Tree → Materials 마우스 좌측버튼 더블클릭 → Mechanical → Elastic → Young's Modulus : 205000 + Possion's Ratio : 0.3 → Plastic 선택하고 아래와 같이 항복강도 이후의 진응력(yield stress)-소성진변형률(plastic strain) → OK

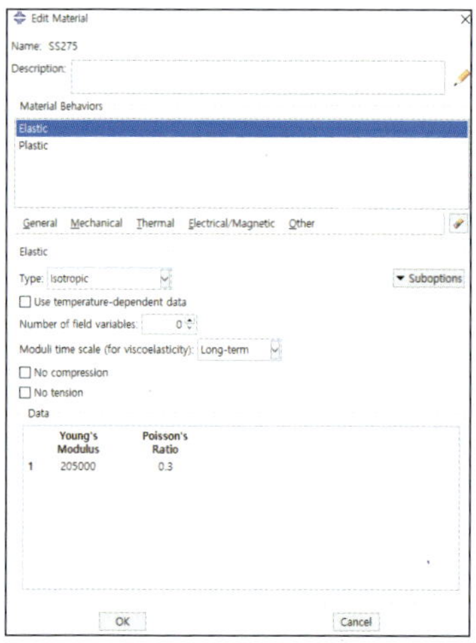

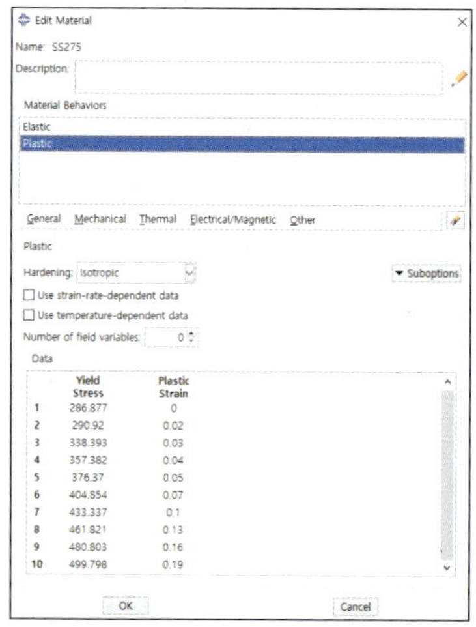

2 Model Tree → Sections → Name : Section-1 + Category : Solid + Type : Homogeneous → Continue → Material : SS275 선정 → OK → Section-1 생성 확인 → Section Assignment → Beam part 선택 후 재료물성 부여 (녹색 확인)

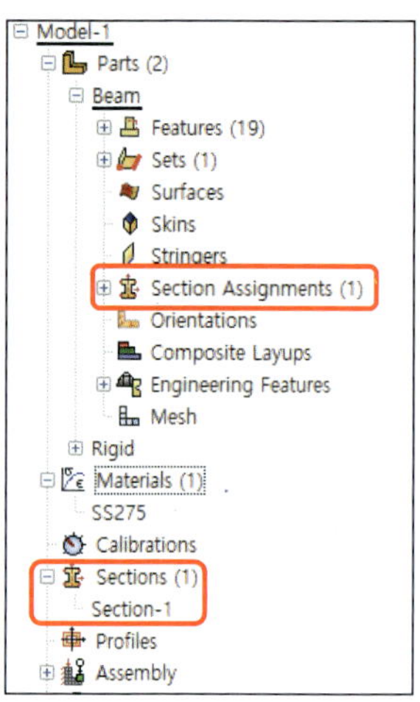

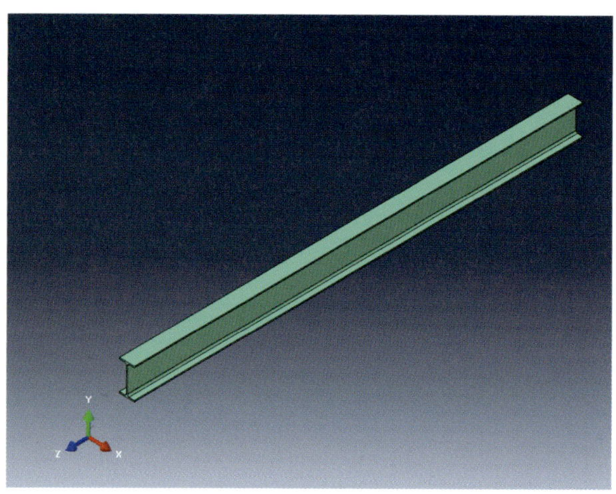

(3) Mesh (요소의 분할)

추후 Assembly module에서 Hinge와 Load bearing를 Beam에 원활히 조립하기 위해 Datum을 활용하여 Beam part를 분할(Partitioning)한다.

1. Tools → Datum → Type : Plane + Method : Offset from plane → H형 보의 단면 선택 → Enter value (그림 ①) → 방향조정(Flip) → Ok (그림 ②) → Offset : 100 (그림 ③) → Datum 생성 확인

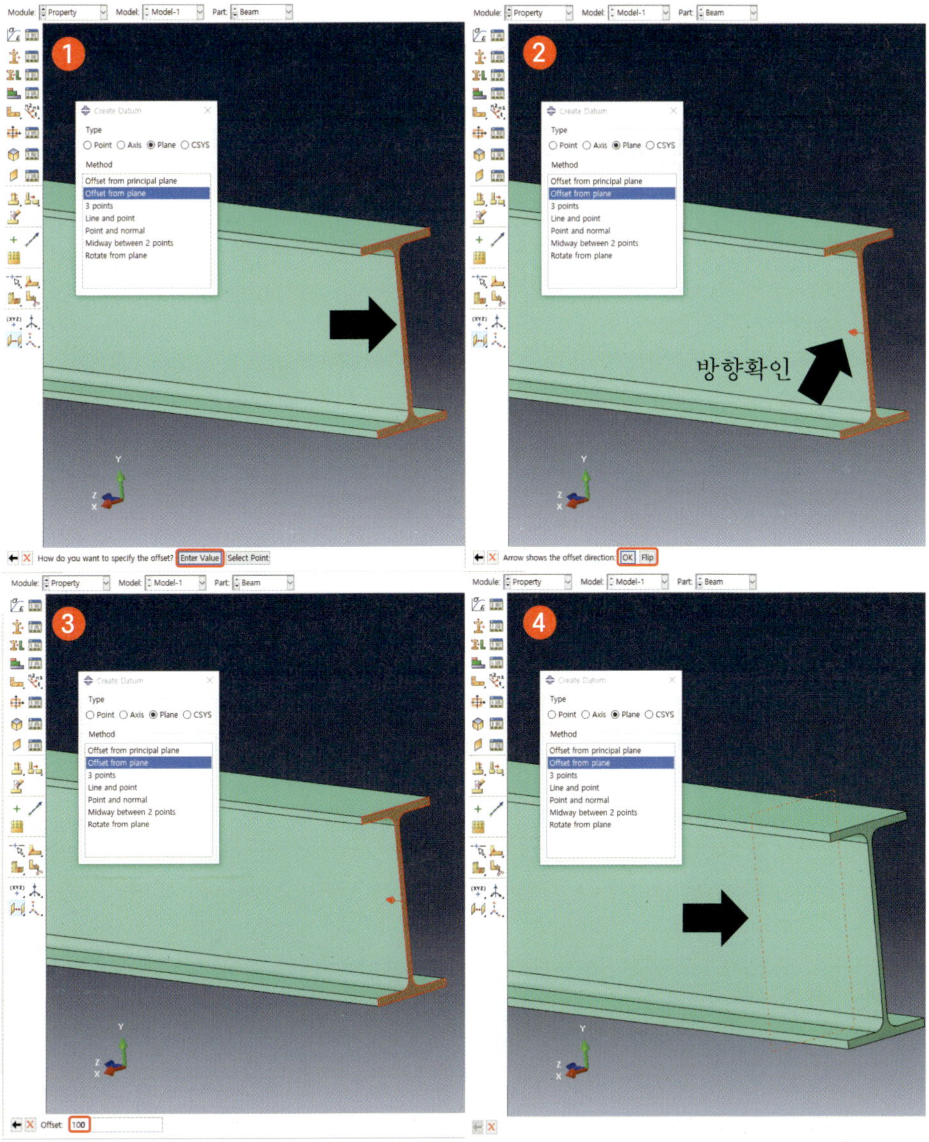

2 위의 과정을 반복하여 상기도면과 일치하는 Hinge/Load bearing 위치에 Datum을 생성한다.

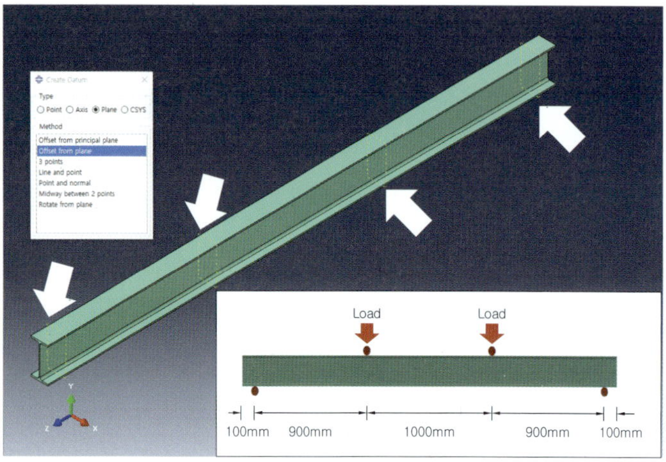

3 Tools → Partition → Type : Cell + Method : Use datum plane → Datum 선택 (그림 1) → Create Partition → Partition 생성 확인 → 모든 Datum Partition 수행

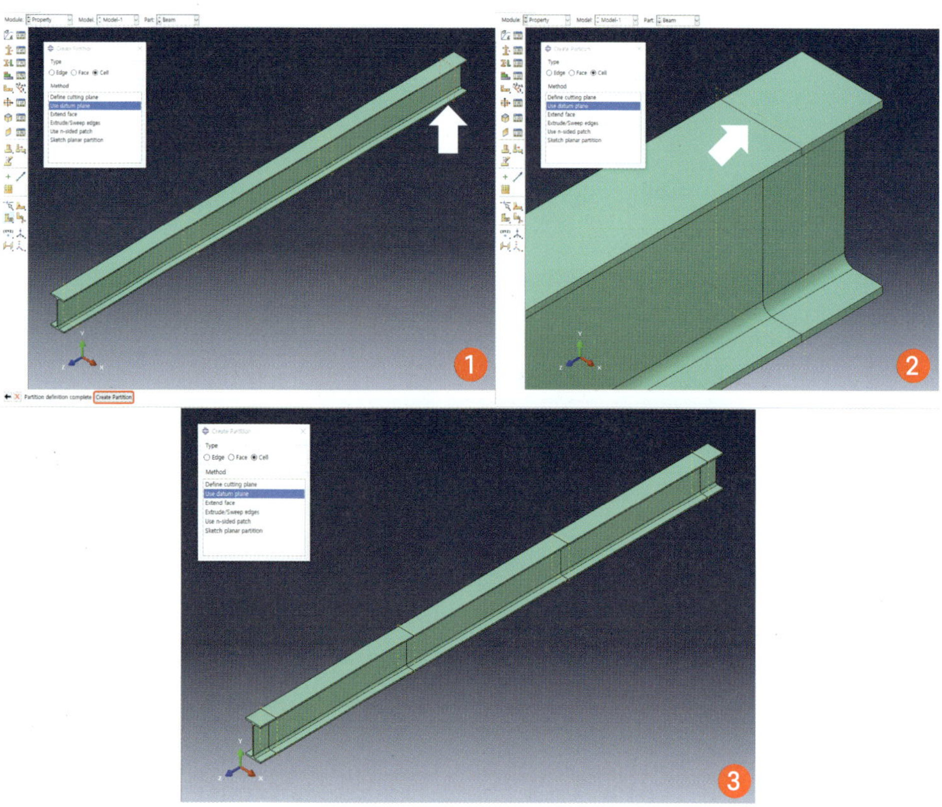

4 Tools → Partition → Type : Cell + Method : Use datum plane → Datum 선택 (그림 ❶) → Create Partition → Partition 생성 확인 → 모든 Datum Partition 수행

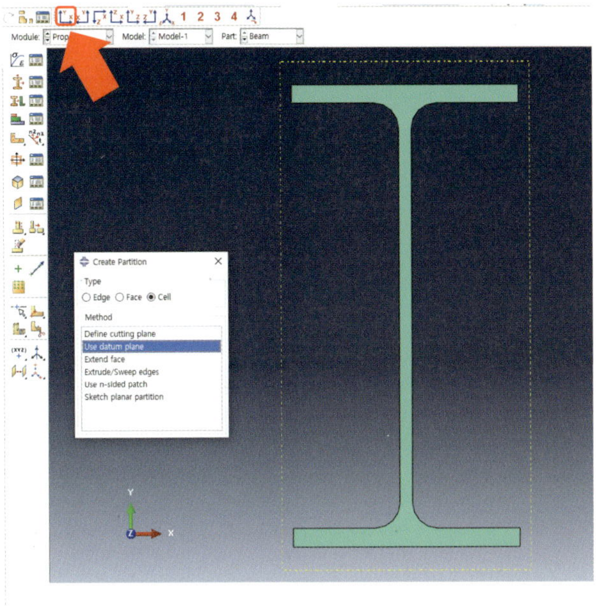

참고하기

인터페이스 툴(Tool)바에 Views가 없을 시, Tools → Toolbars → Views를 활성화 한다.

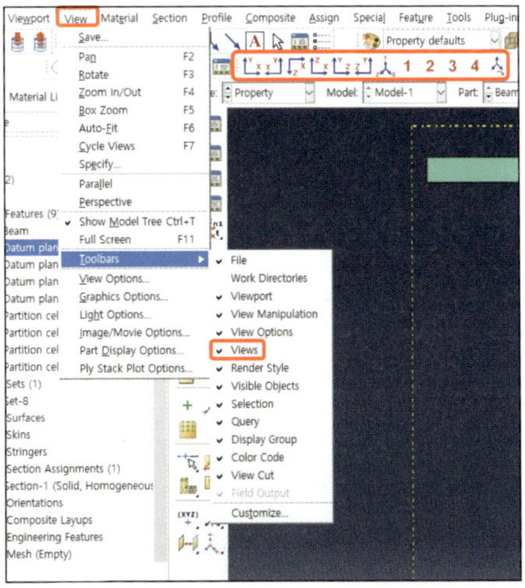

5 Tools → Partition → Type : Cell + Method : Define cutting plane (2.1절 Mesh 참고) → 그림과 같이 H형 보 단면에 Partition을 생성한다.

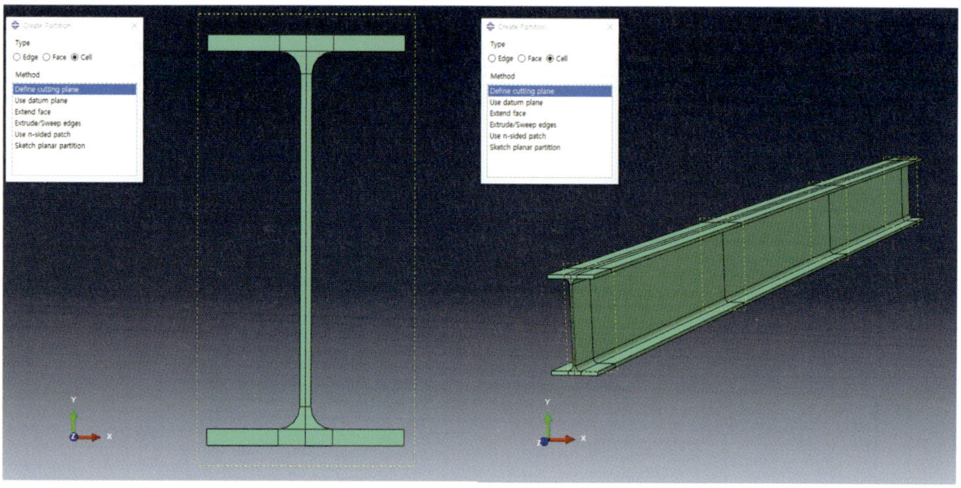

6 Mesh → Element Type → Beam Part 선택 → Done → Element Library : Standard + Family : 3D Stress + Geometric Order : Linear + Hex : Reduced integration → C3D8R Element 확인 → OK

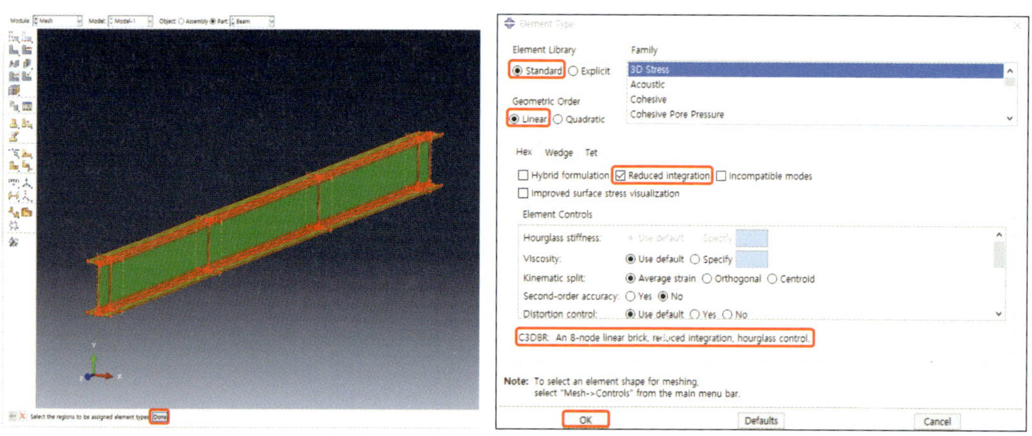

7 Tools → Seed → Part → Approximate global size : 20 → Ok → Seed 생성 확인 Tools → Mesh → Part → Ok → Mesh 생성 확인

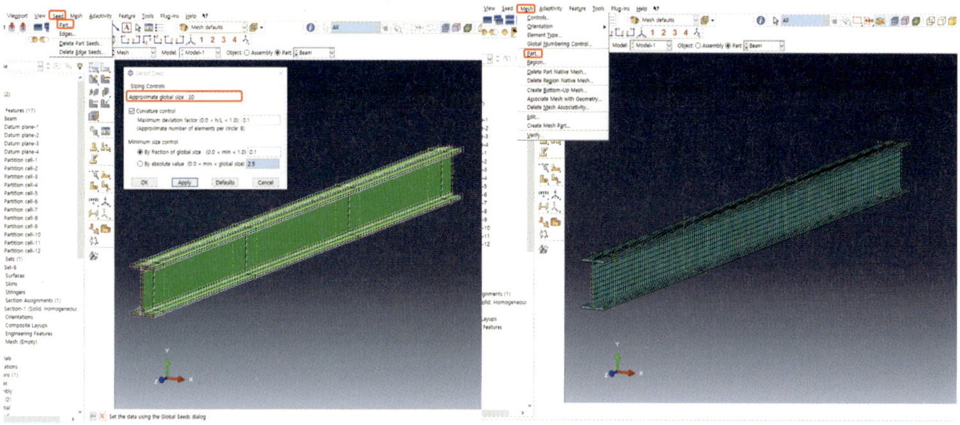

8 원형을 Extrusion하여 생성한 Rigid의 경우, Part내 Edge가 존재하지 않기 때문에 Define cutting plane을 활용할 수 없다. 면내에 Edge를 다음과 같이 생성해보자.

Tools → Partition → Type : Face + Method : Use shortest path between 2 points → Rigid part 상부면 선택 (그림 ①) → Done → Edge내의 2개점 선택 (그림 ②) → Create Partition → 분활된 2개면 + Edge내의 2개점 선택 (그림 ③) → Create Partition → Done

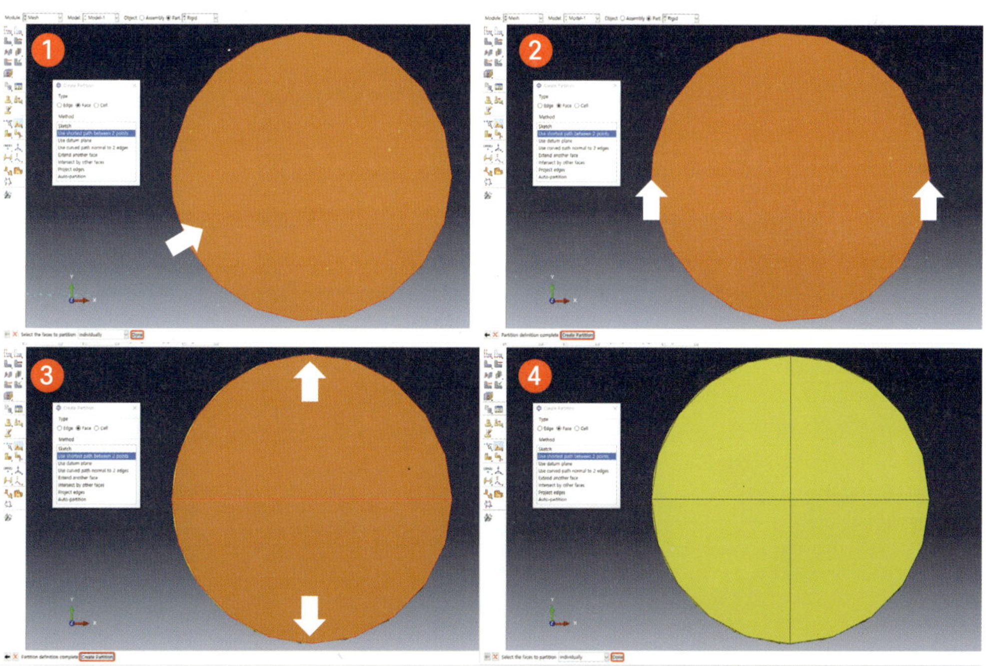

9 Tools → Partition → Type : Cell + Method : Define cutting plane → Point & Normal (그림 ❶) → Edge & Center point 선택 + Create Partition (그림 ❷) → 분할된 2개 Partition 선택 + Point & Normal (그림 ❸) → Edge & Center point 선택 + Create Partition (그림 ❹) → Done

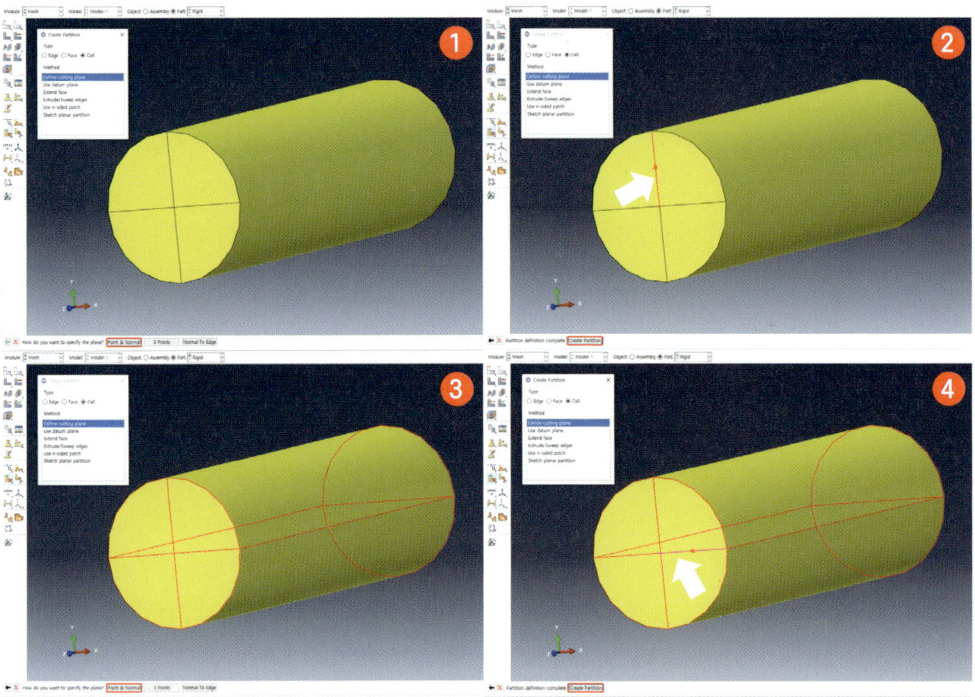

10 Tools → Reference Point → Center point 선택 → RP-1 생성 확인

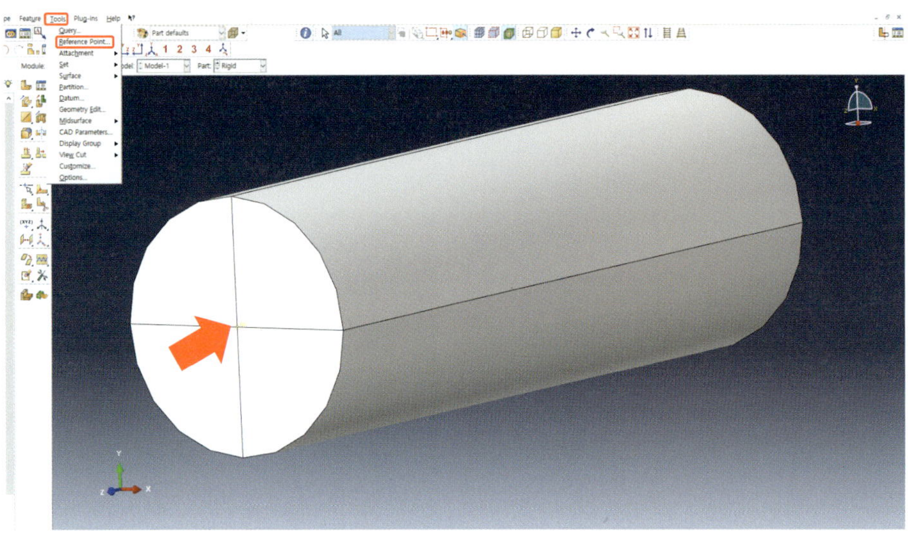

11 ABAQUS 구조해석을 위해서는 Rigid의 경우 Solid가 아닌 Shell의 형태로 변경해야 한다.
Shape → Shell → From Solid → Rigid Part 선택 → Done

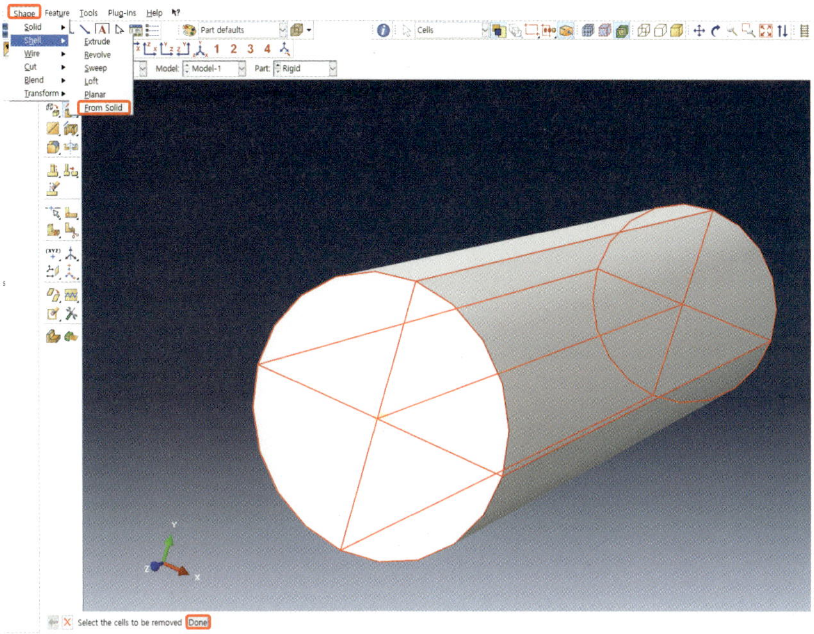

참고하기

▸ Discrete rigid body

Element를 생성하여 강체를 구현하며 Mesh 생성이 필요하다. Analytical rigid body에 비해 비교적 자유롭게 복잡한 형상을 갖는 모델을 생성할 수 있는 장점이 있으나, 곡면의 형태에 적용시, Element의 형태로 인하여 Analytical rigid body보다 더 큰 형상 오차를 갖는 단점이 있다.

▸ Analytical rigid body

Sweep 또는 Revolve를 이용하여 곡선이나 직선 혹은 surface로 이루어진 강체를 구현하며, Mesh 생성이 필요없다.

12 Seed → Part → Approximate global size : 5 → Ok → Seed 생성 확인 (그림 ❶) → Mesh → Element type → Element Library : Standard + Geometric Order : Linear + Family : Discrete Rigid Element → R3D4 확인 → Ok (그림 ❷) → Mesh → Part → Ok → Mesh 생성 확인 (그림 ❸)

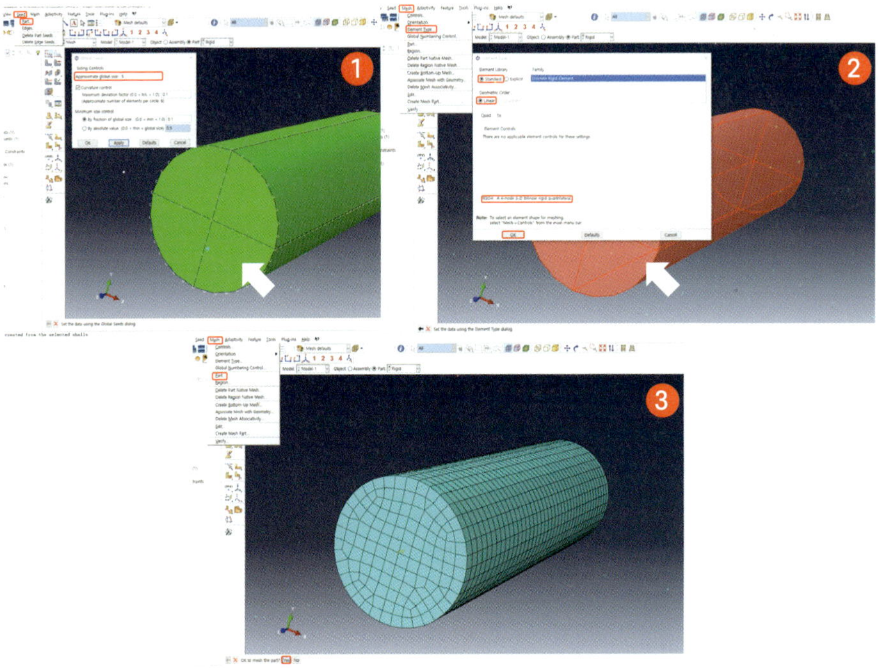

(4) Assembly (Part의 조립)

Edge to Edge 구속을 사용하여 Rigd, Beam instant를 조립한다.

1 Model Tree → Assembly → Instances 마우스 왼쪽버튼 더블클릭 → Create instances from : Parts + Parts : Beam, Rigid 선택 → Auto-offset from other instances 선택 → OK → 생성된 instance 확인 (Beam-1. Rigid-1~2)

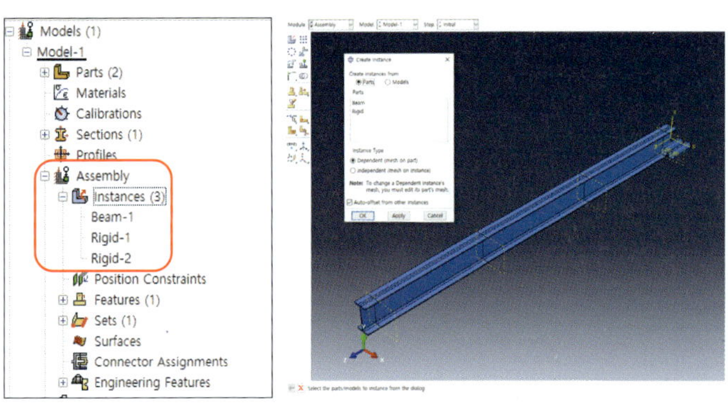

2 Assembly Display Options (2.2장 참고) 및 Edge to Edge 구속을 사용하여 각각의 Instance를 적절히 Positioning 한다.

Constraint → Edge to Edge → Rigid-1의 상부 Edge라인 선택 (그림 ❶) → Beam-1 하부면 Edge 선택 (그림 ❷) → Ok → Rigid-1 상부 Point 선택 (그림 ❸) → Beam-1 하부면 Point 선택 (그림 ❹)

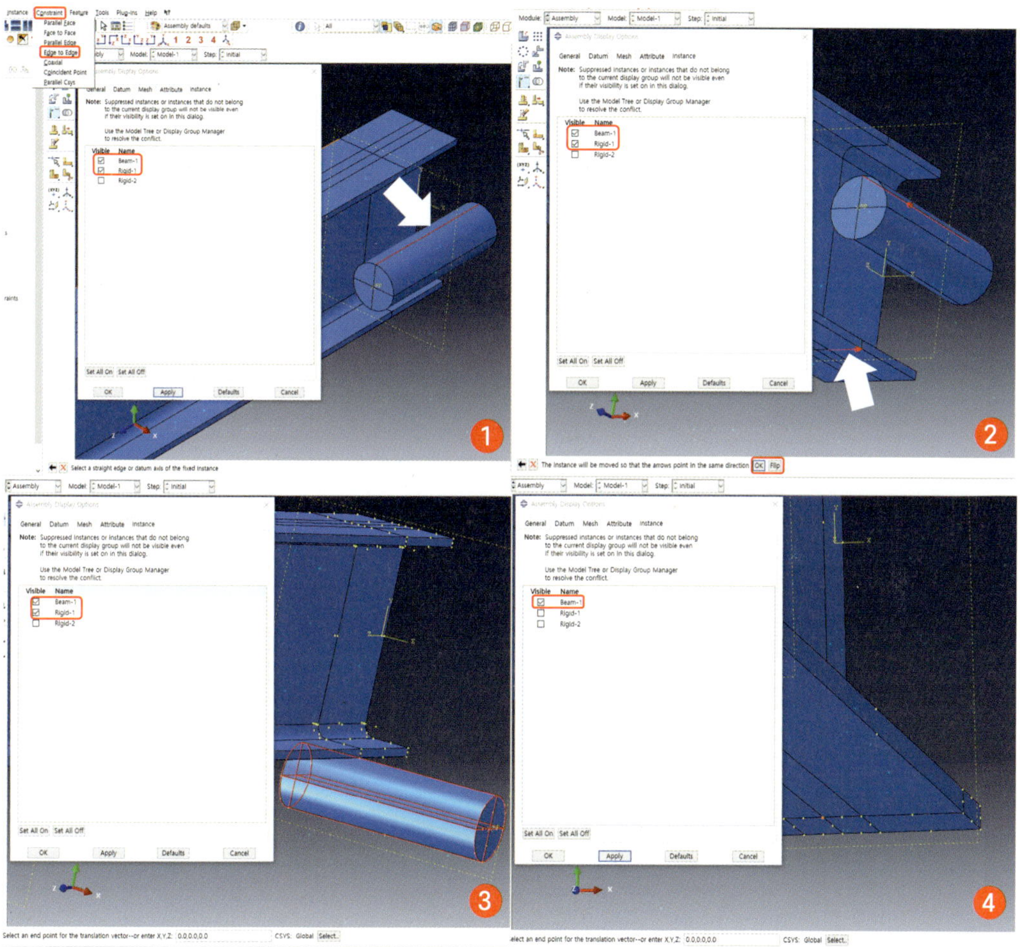

3 Instance → Linear Pattern → Rigid-1 선택 → Done (그림 ①) → Direction 1 Number : 2 + Direction 2 Number : 1 → 화살표 클릭 (그림 ②) → Local 좌표계 Z축 선택 → Offset : 2800 → Ok (그림 ③) → Rigid-1-lin-2-1 Instance 생성 확인 (그림 ④)

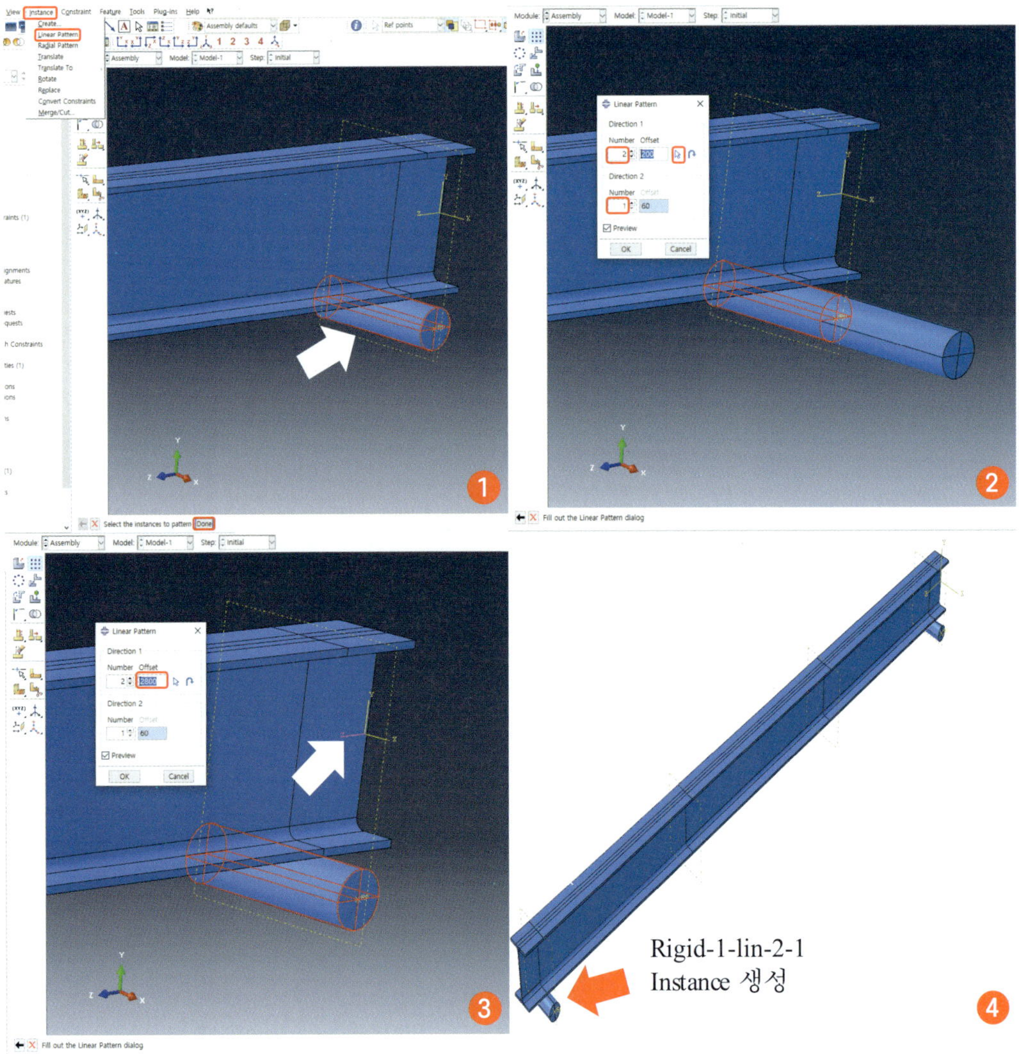

4 동일한 방식으로 Rigid-2를 Positioning 하고 Rigid-2-lin-2-1 Instance를 생성한다.

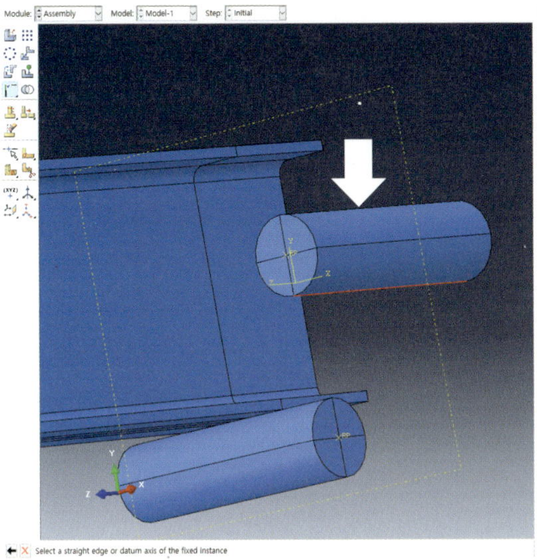

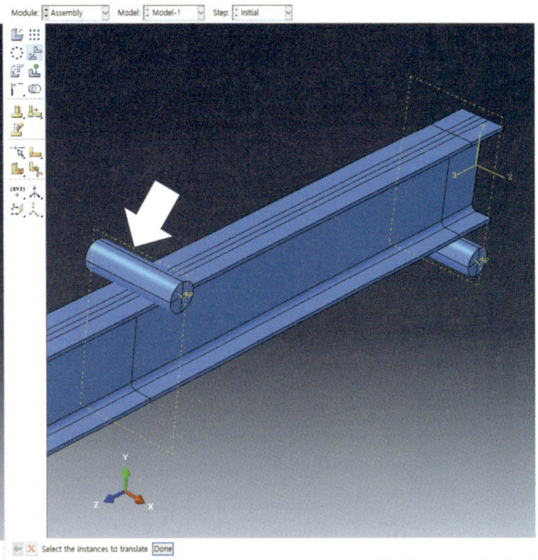

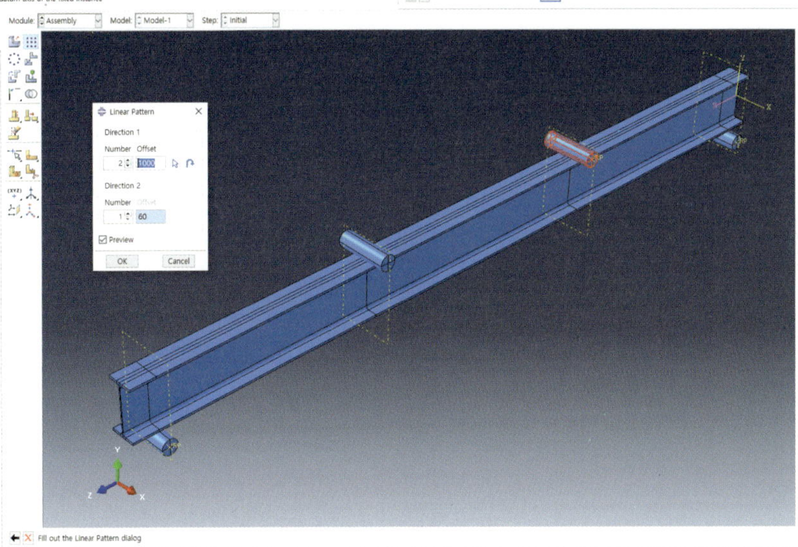

(5) Step

2.1절 인장시험편과 동일하게 Static, General step 정의

1 Model Tree → Steps 마우스 왼쪽버튼 더블클릭 → Name : Load + Static, General → Continue

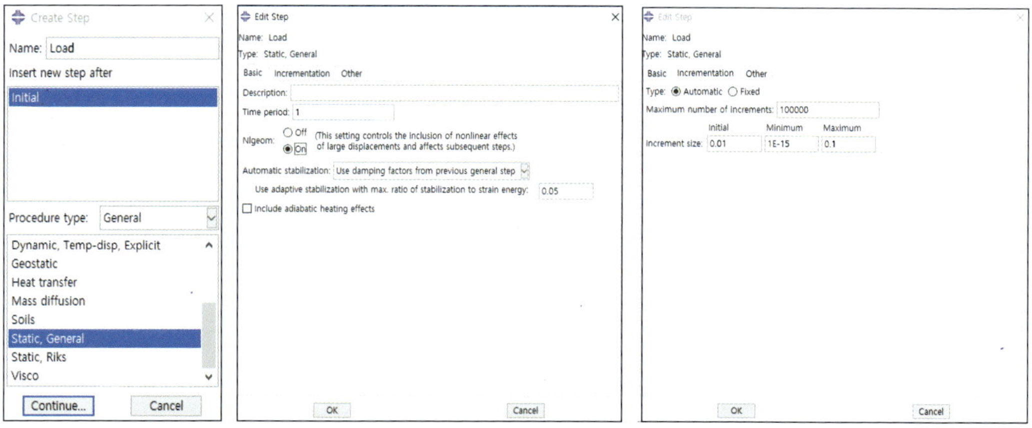

2 Model Tree → Field Output Requests → F-Output-1 마우스 왼쪽버튼 더블클릭 → ODB 파일로 Output 출력을 아래와 같이 요청 설정 → Ok

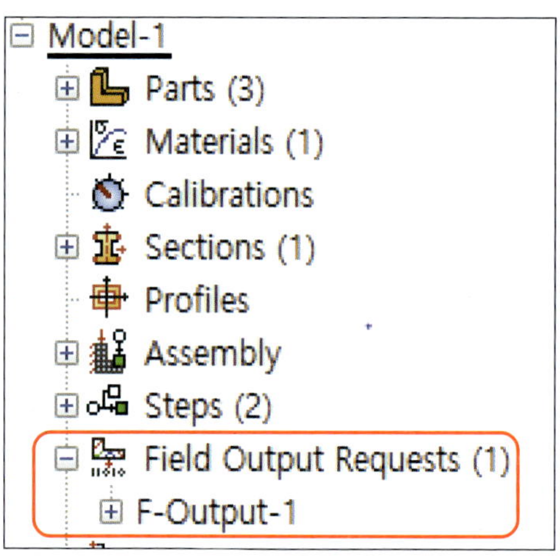

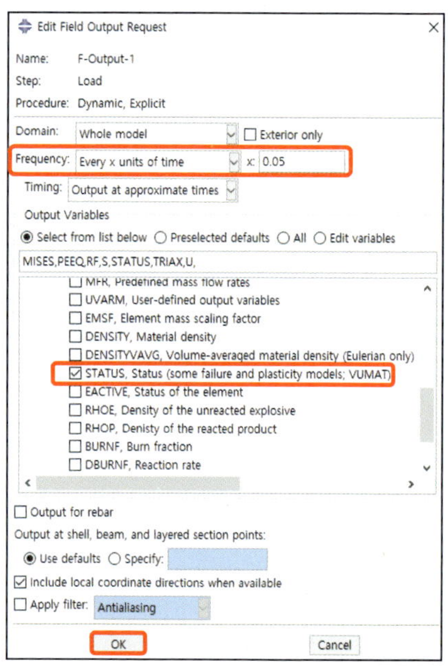

(6) Interaction (부재간 상호관계 정의)

1 Model Tree → Interaction Properties 마우스 왼쪽버튼 더블클릭 → Name : Inprop-1 → Type : Contact → Continue → Mechanical → Tangential Behavior → Friction formulation : Frictionless → Ok

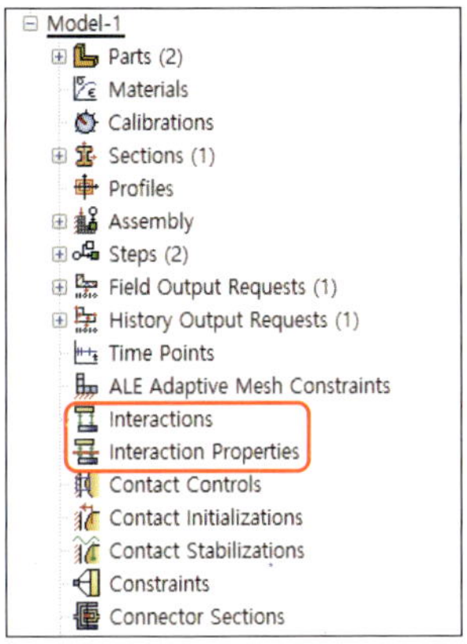

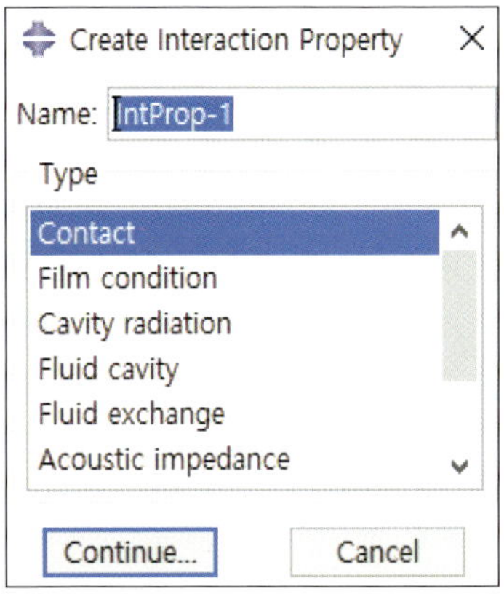

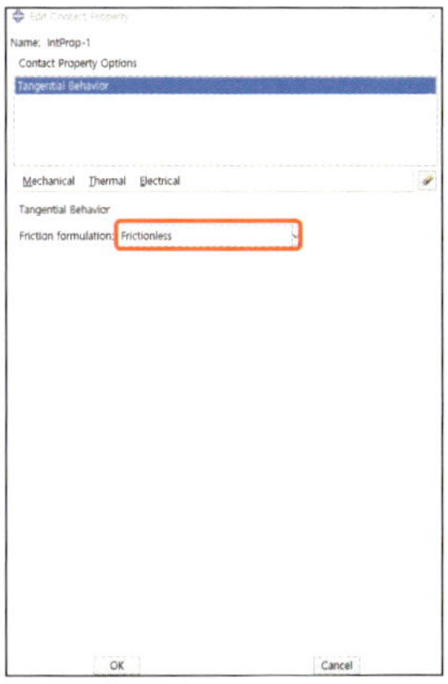

2 Interaction → Find contact pairs → 탭 아래의 Find Contact Pairs 클릭 → 보의 상하부 플랜지에 대한 4개의 Contact pairs를 선택 → Ok

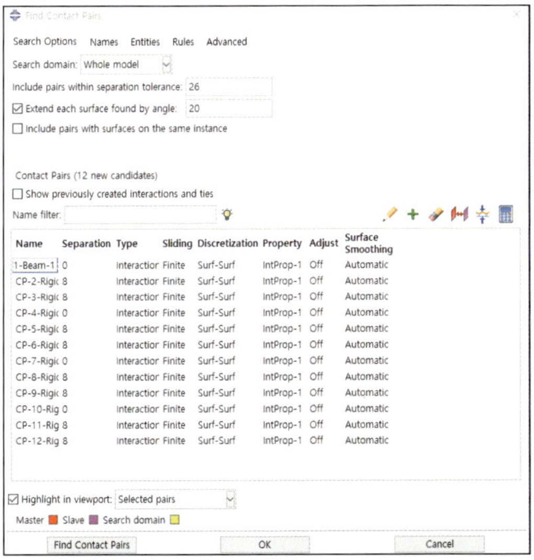

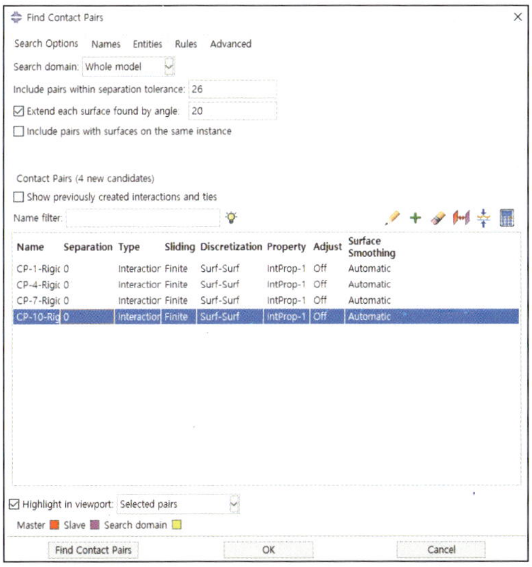

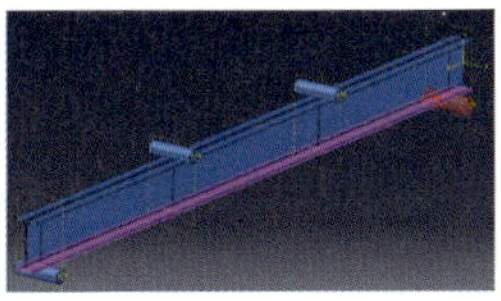
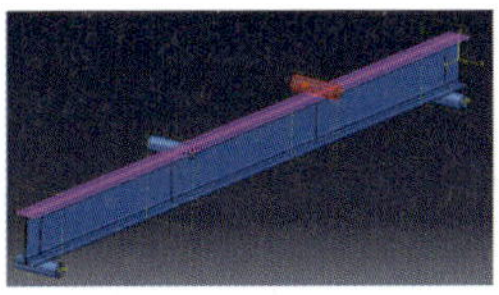
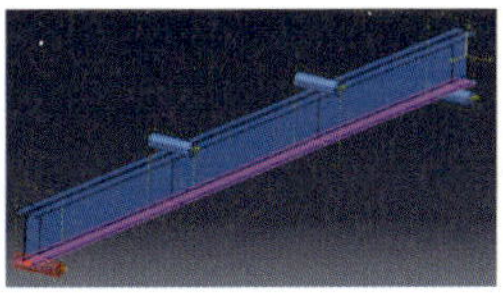
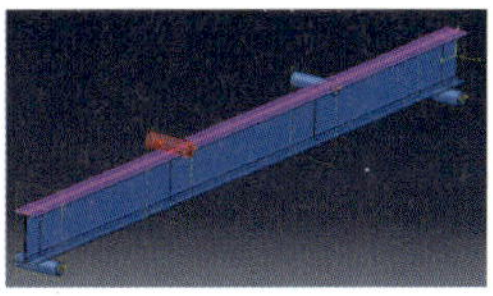

3 H형 보의 Web에 잔류응력 28MPa를 생성해보자.

Model Tree → Predefined Fields → Name : Residual_stress → Category : Mechanical + Types for Selected Step : Stress → Continue

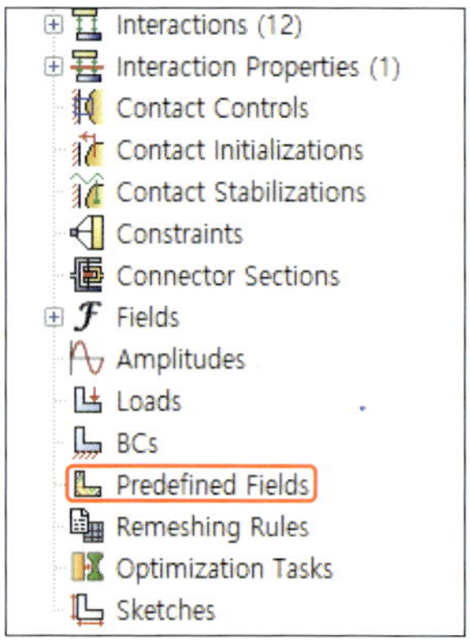

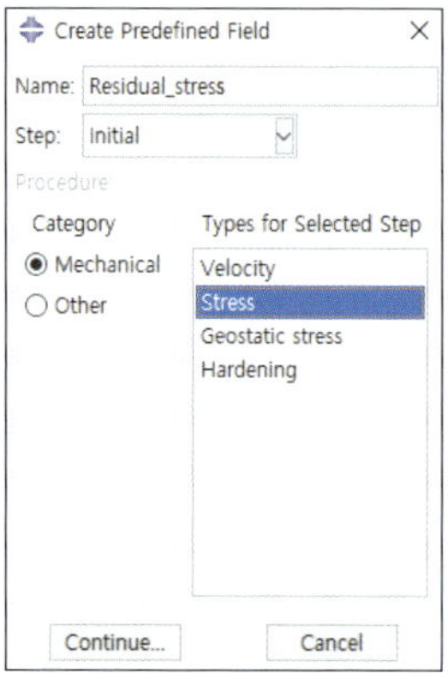

4 Web 선택 → Done → Sigma22 : 28 → Ok → 잔류응력 생성 확인 (하늘색 원)

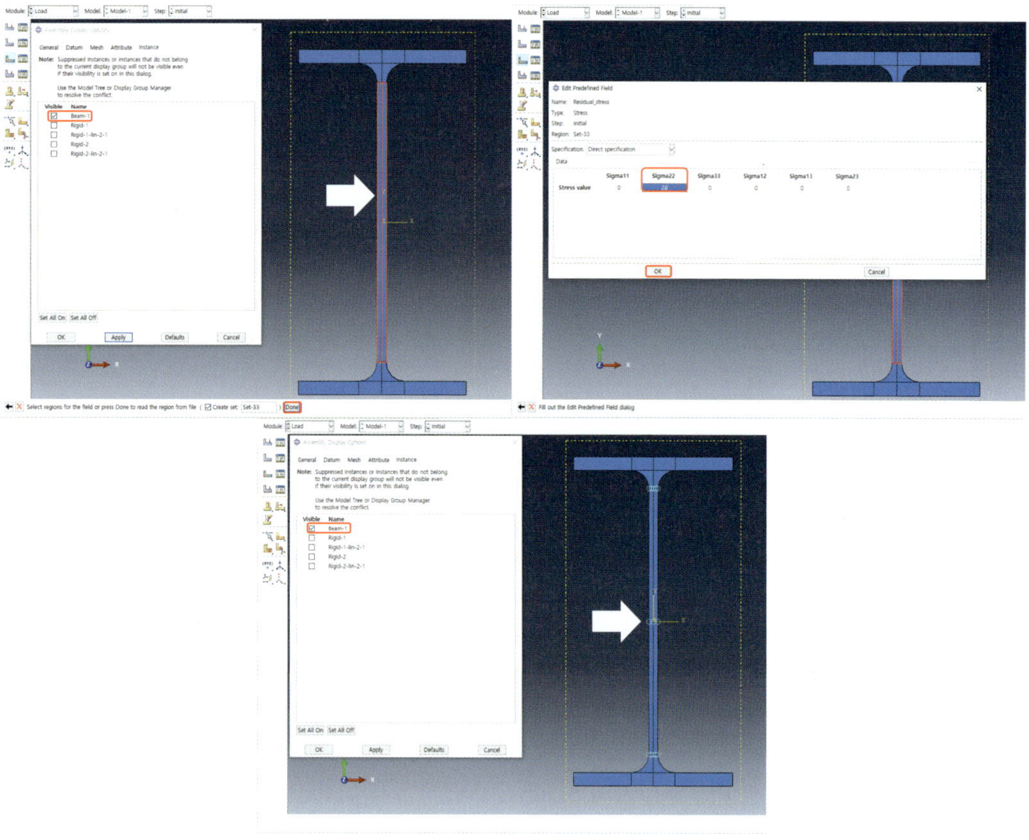

5 Model Tree → BCs 마우스 왼쪽버튼 더블클릭 → Name : Hinge + Step : Initial + Category : Mechanical + Types for Selected Step : Symmetry/Antisymmetry/Encastre → Continue → Region : Rigid-1, Rigid-1-lin-2-1 Instance들의 RP 선택 → ENCASTRE 체크 → OK

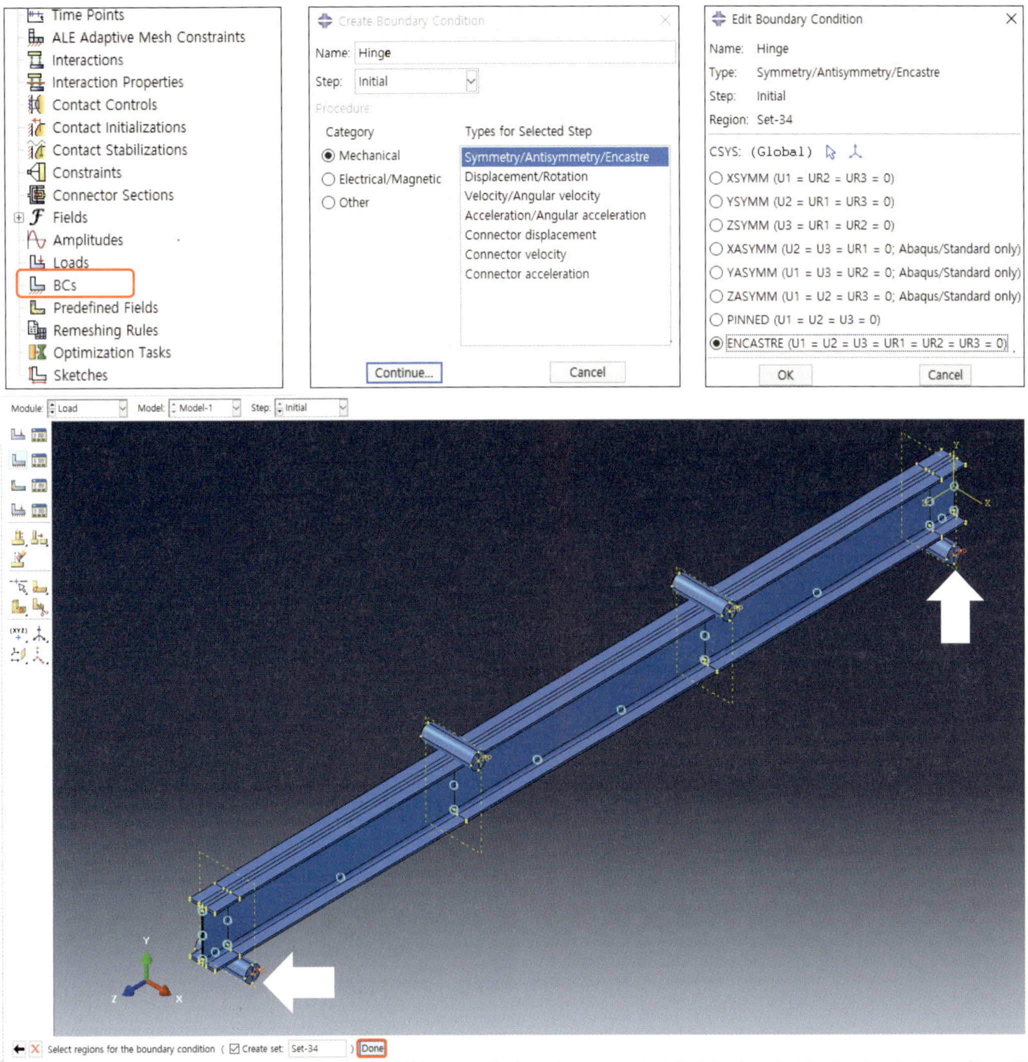

6 Model Tree → BCs 마우스 왼쪽버튼 더블클릭 → Name : Bending + Step : Load + Category : Mechanical + Types for Selected Step : Displacement/Rotation → Continue → Region : Rigid-1, Rigid-1-lin-2-1 Instance들의 RP 선택 → U1=U3=UR1=UR2=UR3=0, U2=-30 → OK

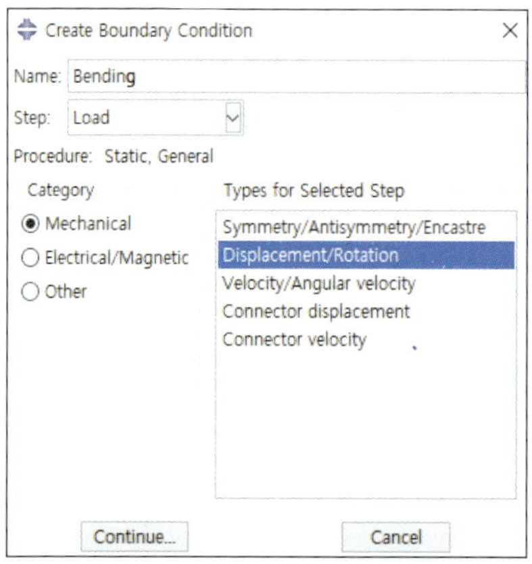

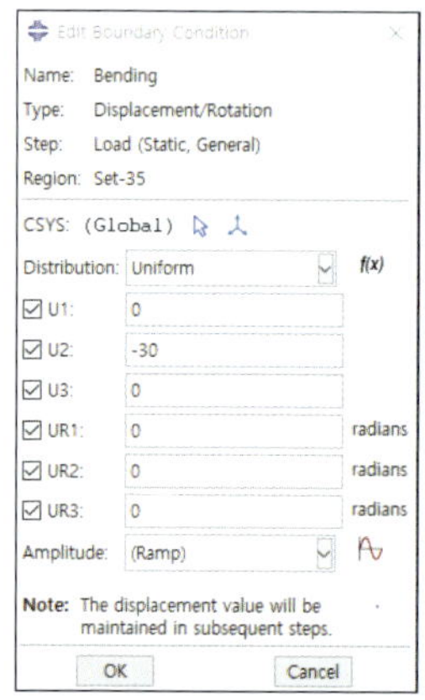

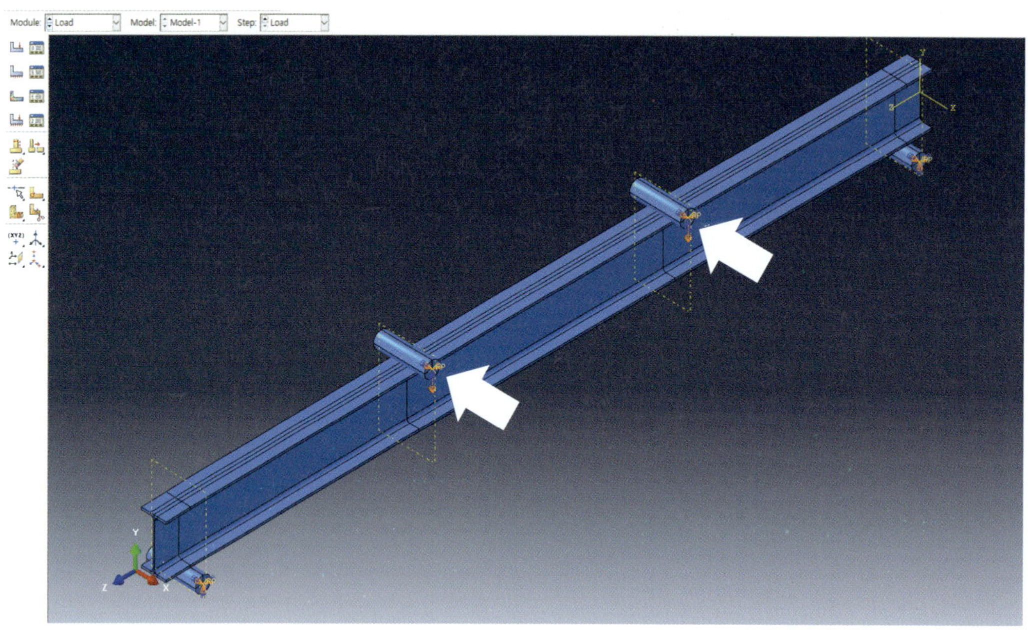

(8) Job (유한요소해석 수행)

1 Model Tree → Jobs 마우스 왼쪽버튼 더블클릭 → Name : H_Beam + Model-1 선택 → Continue → Submission (아래와 같이 입력) → OK

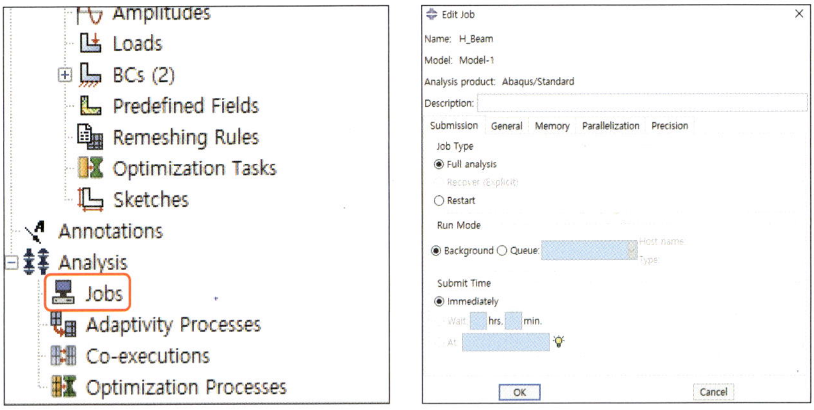

3.6.3 해석결과 확인

(1) Visualization (Output 확인)

1 Model Tree → Jobs → H_Beam 마우스 우측버튼 클릭 → Results → 하중 재하전 H형 보의 Web에서 잔류(초기)응력 28MPa가 분포되어 있음을 알 수 있다.

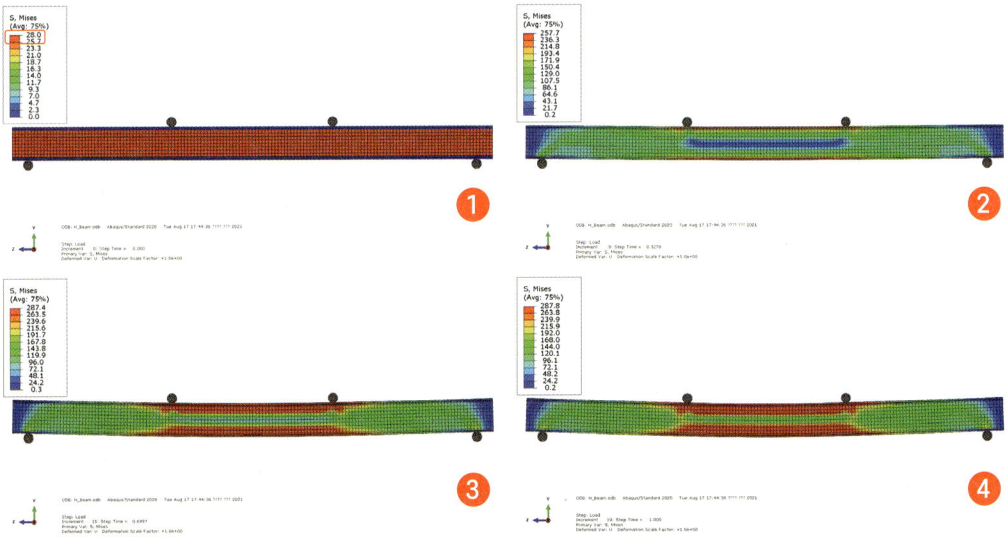

2 Results → Field Output → Primary Variable → AC YIELD → H형 보의 항복영역 확인

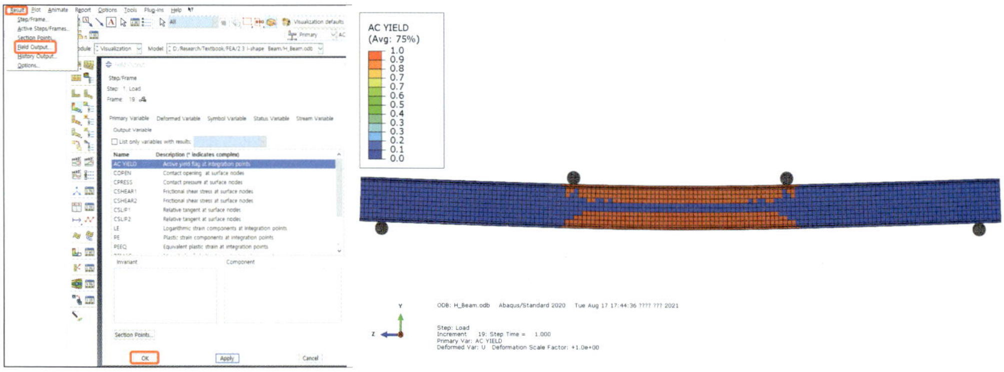

3 Options → Common Plot Options → Basic → Visible Edges : No edges → Element 윤곽선 제거 확인

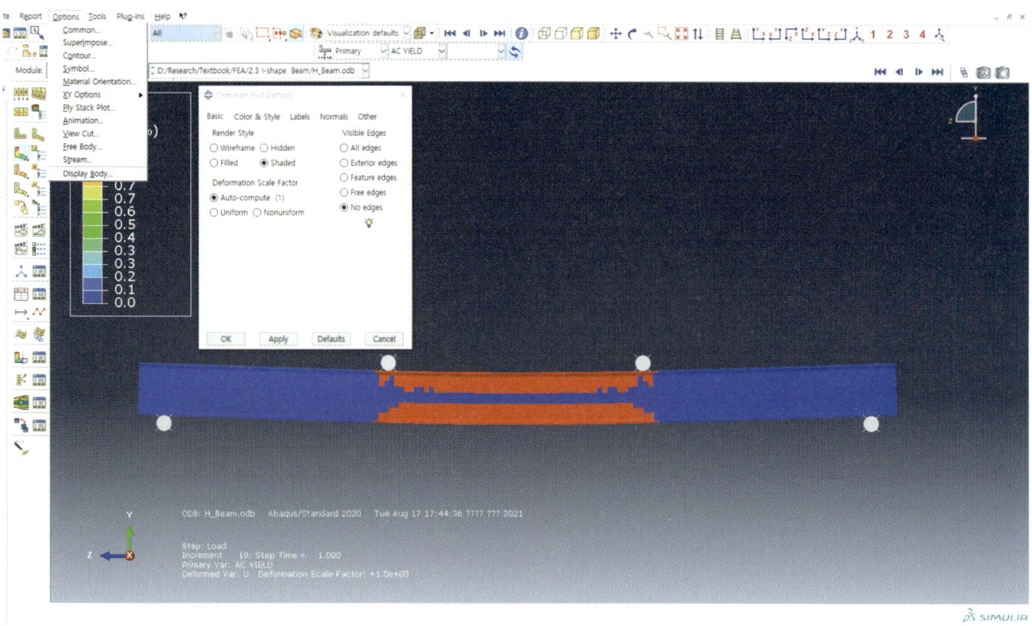

4 Replace Selected 클릭 → Select entities to replace : Part instances → Beam 선택 → Done

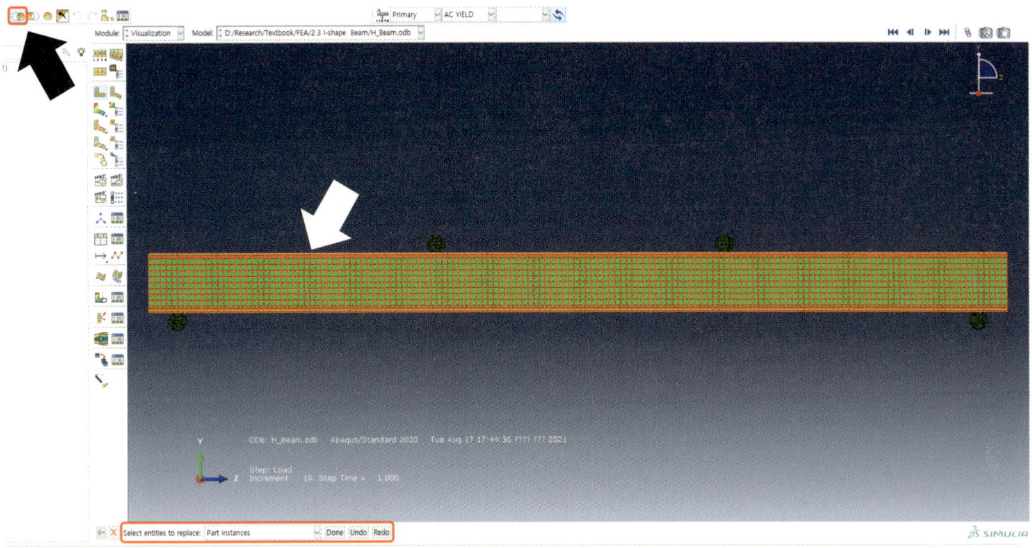

5 Tools → Path → Manager → Create → Name : Path-1 + Type : Node list → Continue

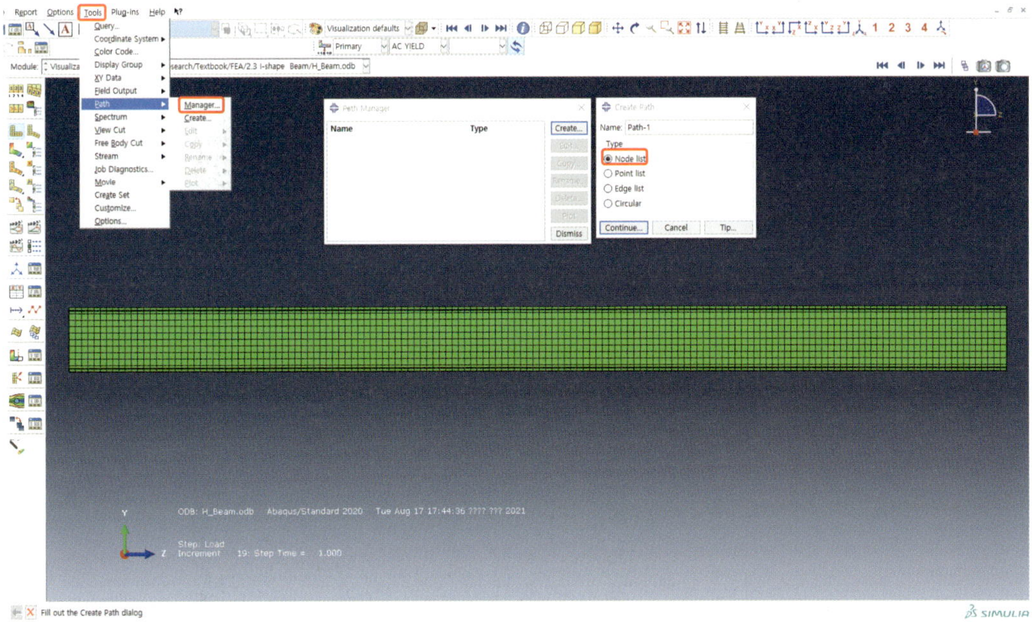

6 Edit Node List Path → Veiwport selections : Add After → H형 보의 하부 플랜지 양단 중앙점 선택

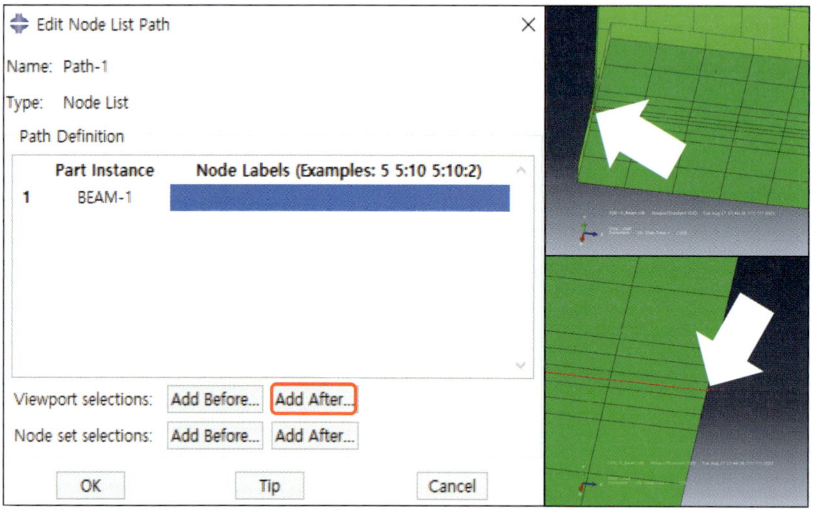

7 Node Labels 확인 → Ok → Path-1 생성 확인 → Done

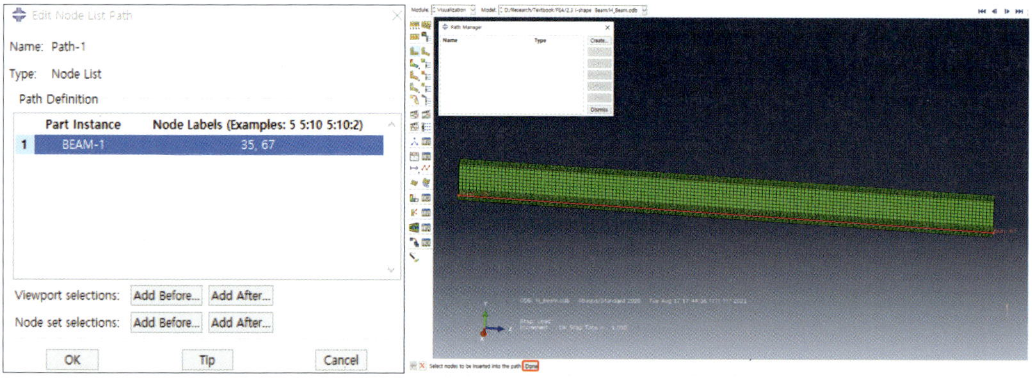

8 Tools → XY Data → Manager → Create → Source : Path → Continue

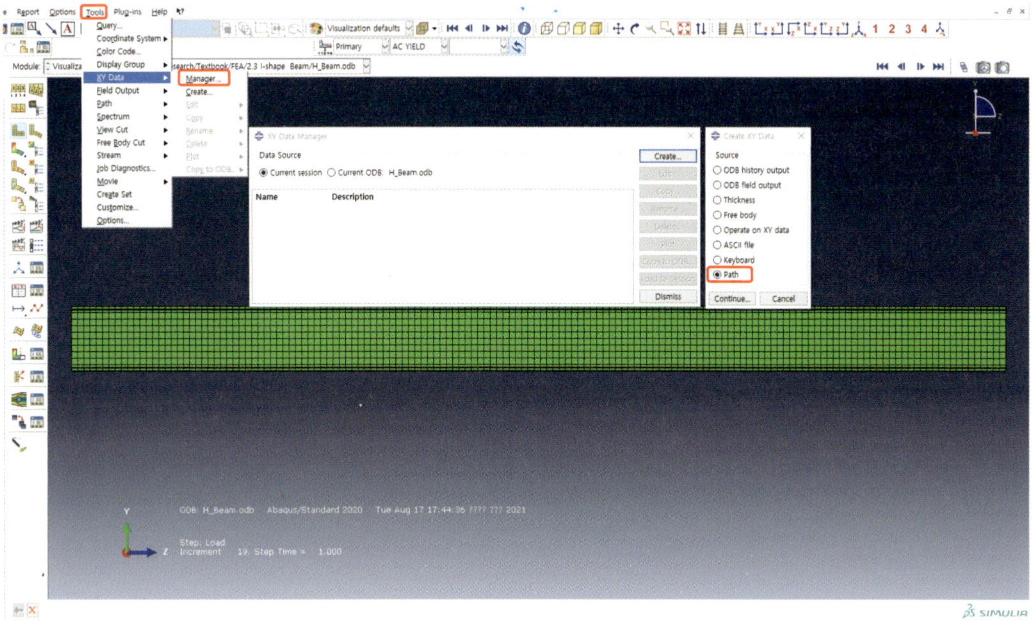

9 Path: Path-1 + Model shape : Deformed + Point Locations : Path points + Include intersections 체크 + Frame : 19 + Field output variable : S, S33 (Avg: 75%) → Plot

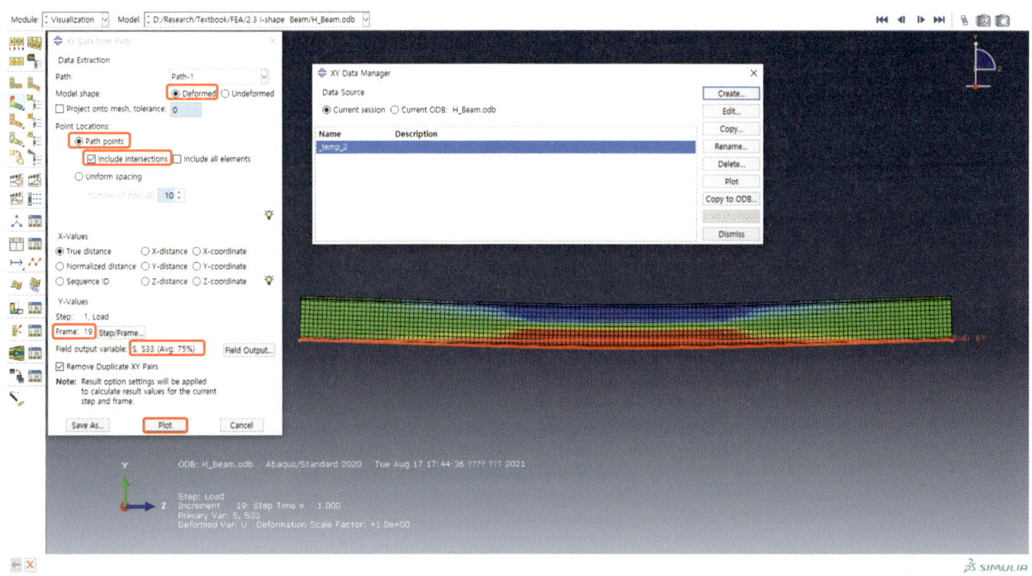

10 길이방향에 대한 H형보 하부 플랜지의 인장응력 분포도를 출력할 수 있다.

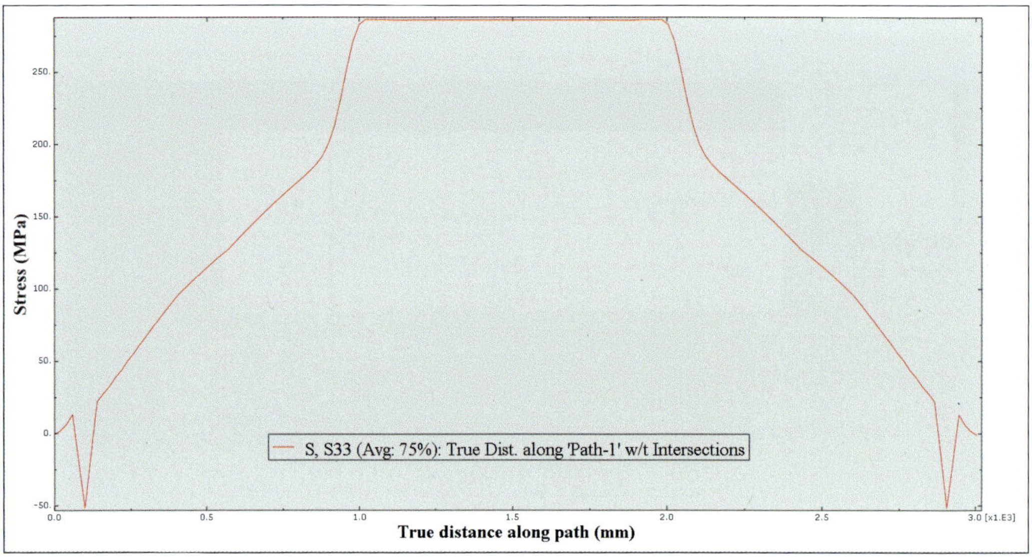

References

[1] Chen, Z., Huang, Y. & Young, B. (2022) Design of cold-formed ferritic stainless steel RHS perforated beams, *Engineering Structures*, 250:113372.

[2] Elamary, A.S., Alharthi, Y. & Sharaky I.A. (2021) Behavior of steel beams with different web profiles along the beam length, *Journal of Constructional Steel Research*, 185:106875.

[3] Deng, J., Li, J.H., Wang, Y. & Xie, W. (2018) Numerical study on notched steel beams strengthened by CFRP plates, *Construction & Building Materials*, 163:622-633.

[4] Lopes, N., Real, P.V., Silva, L.S.D. & Franssen, J.M. (2012) Numerical analysis of stainless steel beam-columns in case of fire, *Fire Safety Journal*, 50:35-50.

[5] Liu, Y. & Gannon, L. (2009) Finite element study of steel beams reinforced while under load, *Engineering Structures*, 31:2630-2642.

3.7 강판 전단벽의 비선형 해석

3.7.1 개요

빠르고 간편한 시공성과, 뛰어난 에너지 흡수능력 등의 장점으로 인하여 강판 전단벽을 사용한 구조물 내진보강 기법이 많이 적용되고 있다. 구조물의 변위기반 내진설계(Displacement-Based Design)를 하기 위해서는 부재에 수평하중을 가하여 비선형 거동을 조사하는 비선형 정적해석을 수행하여 최대 소성변위량(Maximum Plastic Displacement Capacity)을 산출한다. 본 장에서는 Pushover 해석을 통한 1mm 두께를 갖는 강판전단벽의 전단강도를 평가한다.

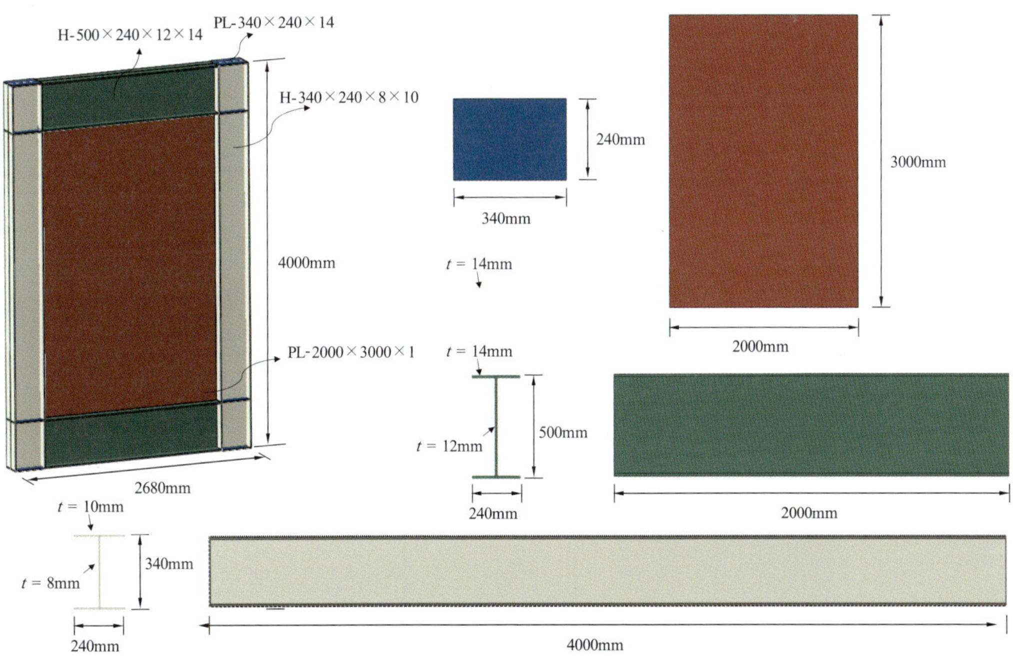

3.7.2 형상 모델링

(1) Part (부재 생성)

휨 하중에 의한 응력분포를 분석하기 위하여 H형보를 Deformable Part로 정의하고 해석결과에 큰 영향을 주지 않는 요소인 Hinge 및 Load bearing는 Discrete rigid로 정의하여 해석시간 및 접촉 조건을 최소화한다.

1 Model Tree → Part 마우스 우측버튼 클릭 → Create → Name : Beam + Modeling Space : 3D + Type : Deformable + Base Feature/Shape : Shell, Type : Extrusion → Continue → 아래 그림처럼 형상 · 치수에 맞게 Sketch → Done

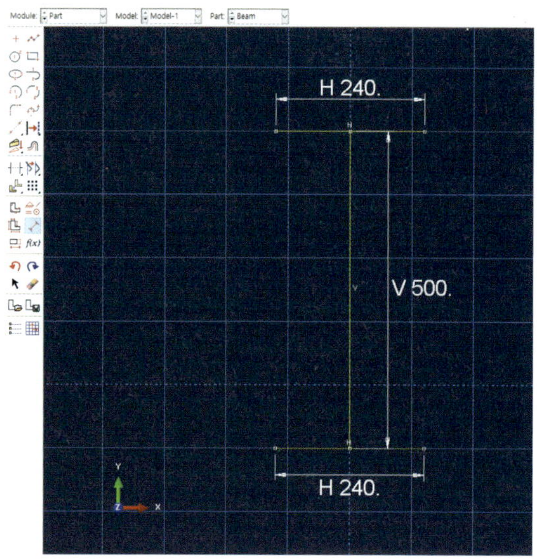

2 Depth : 2000 → OK → Beam Part 생성 확인 (위 단면형상에 길이 2000mm인 보 생성)

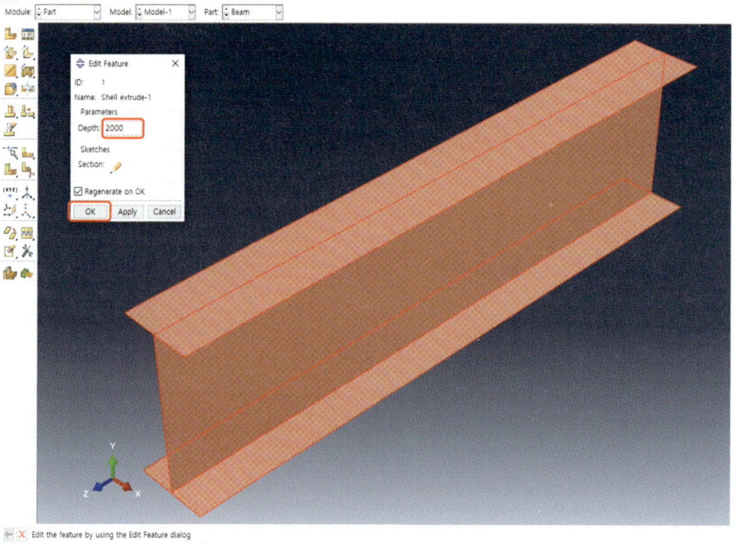

3 Model Tree → Part 마우스 우측버튼 클릭 → Create → Name : Column + Modeling Space : 3D + Type : Deformable + Base Feature/Shape : Shell, Type : Extrusion → Continue → 아래 그림처럼 형상 · 치수에 맞게 Sketch → Done → Depth : 4000 → OK → Column Part 생성 확인 (아래 단면형상에 길이 4000mm인 기둥 생성)

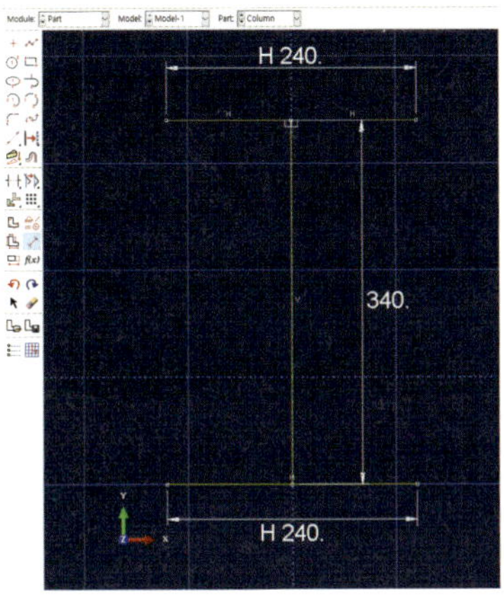

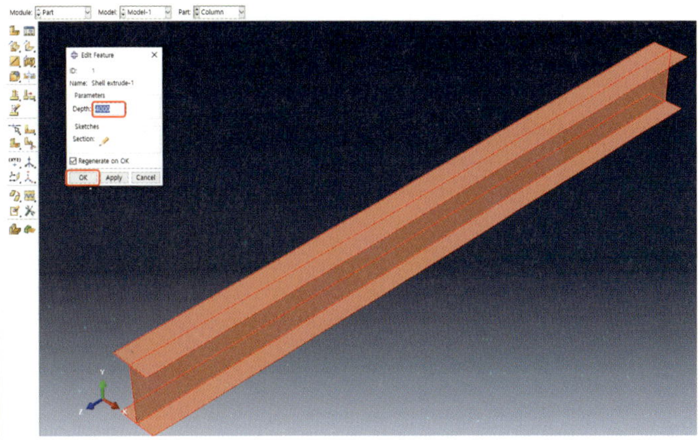

4 Model Tree → Part 마우스 우측버튼 클릭 → Create → Name : Plate + Modeling Space : 3D + Type : Deformable + Base Feature/Shape : Shell, Type : Planar → Continue → 아래 그림처럼 형상 · 치수에 맞게 Sketch → Done → Plate Part 생성 확인

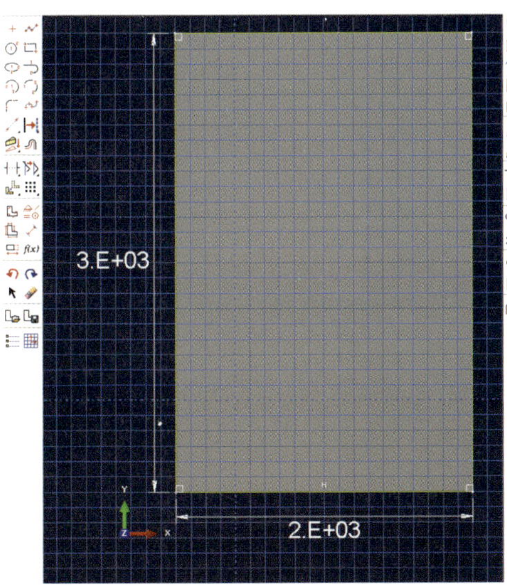

5 Model Tree → Part 마우스 우측버튼 클릭 → Create → Name : S-Plate + Modeling Space : 3D + Type : Deformable + Base Feature/Shape : Shell, Type : Planar → Continue → 아래 그림처럼 형상 · 치수에 맞게 Sketch → Done → S-Plate Part 생성 확인

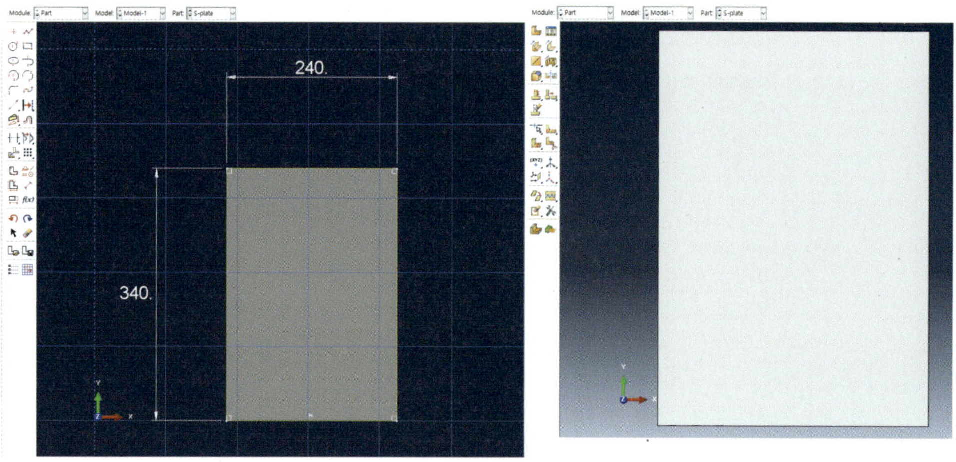

(2) Property (재료물성 정의)

2.1절의 일반구조용강재인 SS275의 재료물성(탄성계수 205,000MPa, 포아송비 0.3)을 입력한다.

1 Model Tree → Materials 마우스 좌측버튼 더블클릭 → Mechanical → Elastic → Young's Modulus : 205000 + Possion's Ratio : 0.3 → Plastic 선택하고 아래와 같이 항복강도 이후 의 진응력(true yield stress)-소성진변형률(plastic strain) → OK

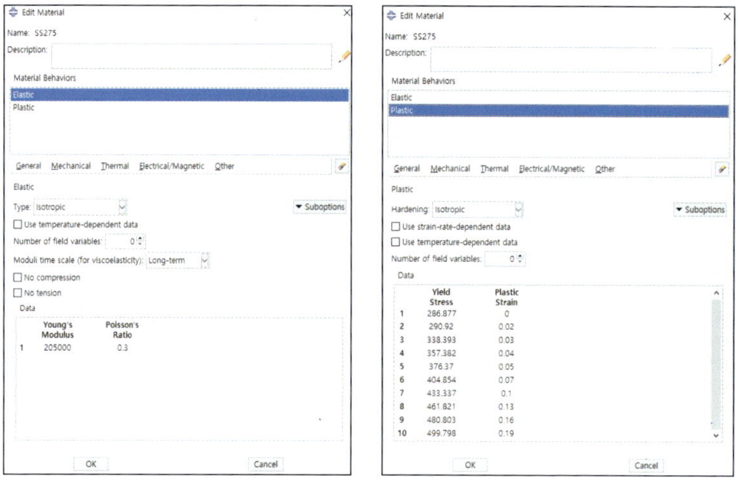

2 Model Tree → Sections → Name : Beam flange + Category : Shell + Type : Homogeneous → Continue → Shell thickness value : 14 + Material : SS275 + Thickness + Thickness integration rule : Simpson + integration points : 5 → OK → Beam flange Secion 생성 확인

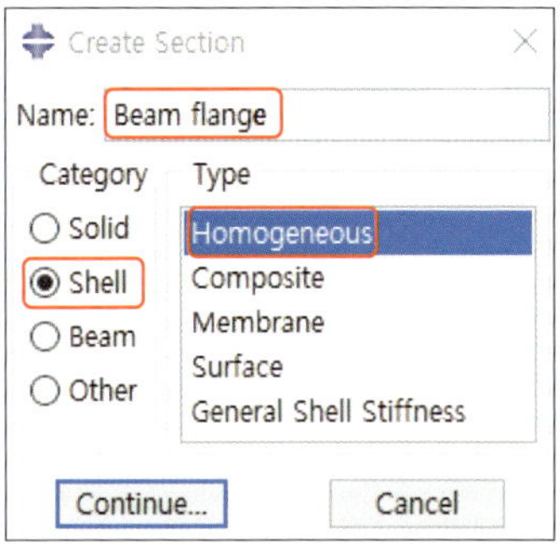

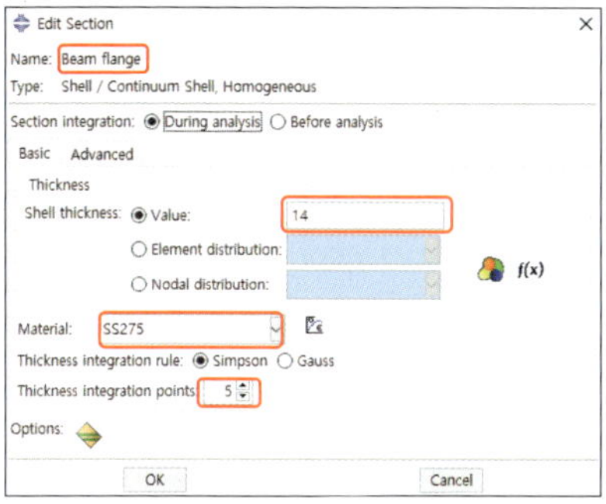

3 위의 방식으로 Beam web, Column flange, Column web, Plate, S-plate Section 생성

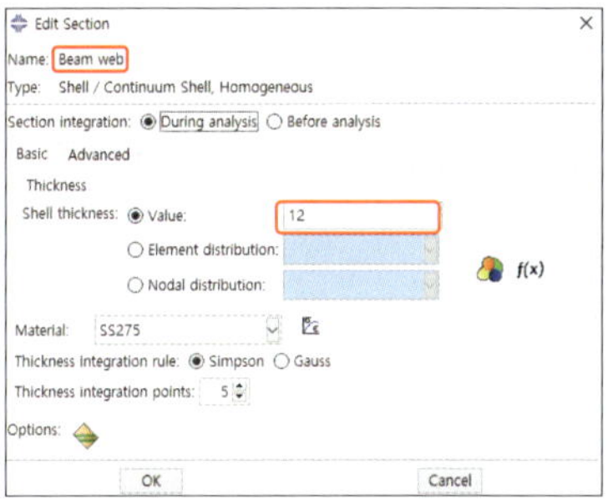

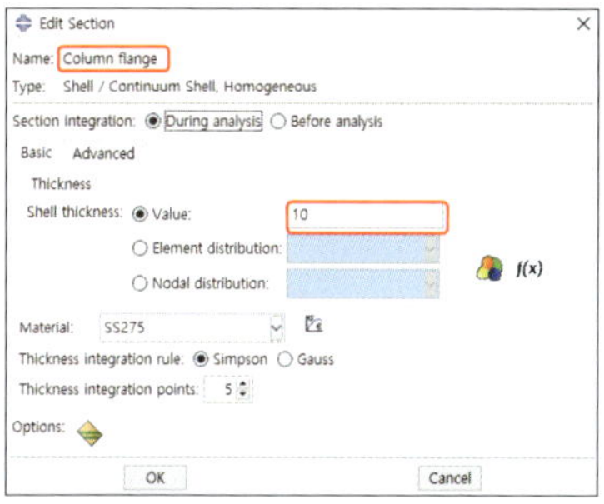

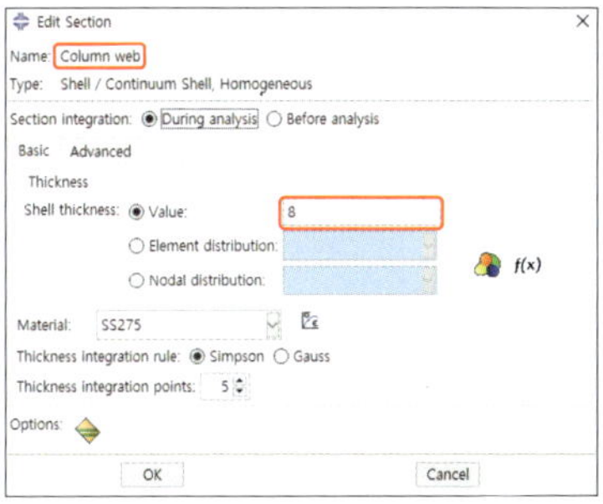

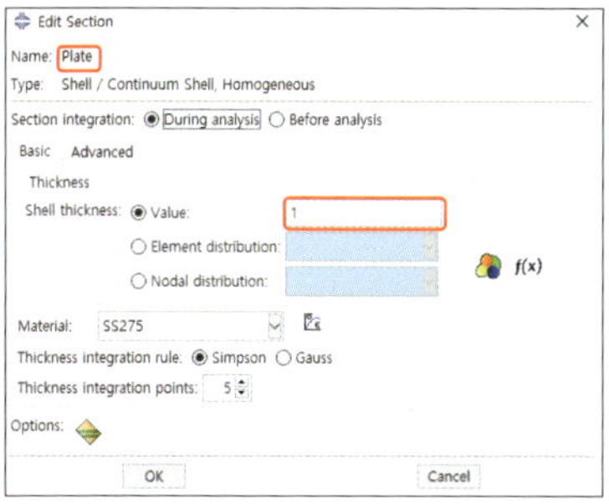

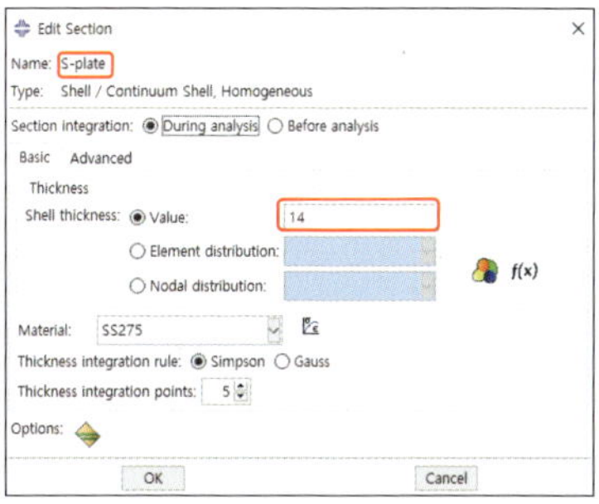

(3) Assembly (Part의 조립)

1 Model Tree → Assembly → Instances 마우스 좌측버튼 더블클릭 → Create instances from : Parts + Parts : Beam, Column, Plate, S-plate 선택 → Auto-offset from other instance 선택 → OK → 생성된 instance 확인 (Beam-1, Column-1, Plate-1, S-plate-1)

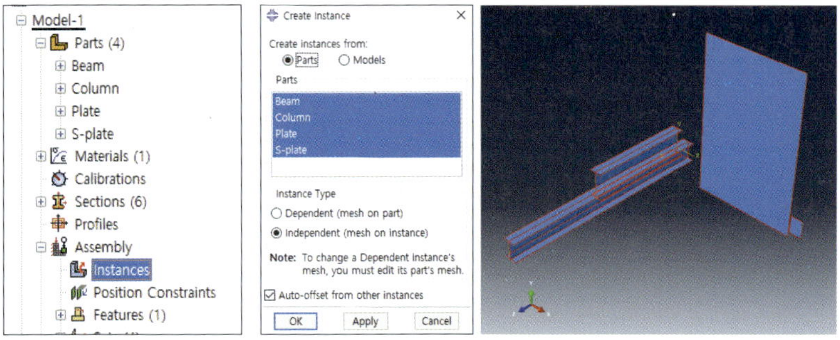

2 Instance → Rotate → Beam-1의 Web 모서리 선택 (그림 ①) → Angle of rotation : 90 → Ok → Done → Instance → Translate → Beam-1의 Web와 Flange 교차점 선택 → Plate-1 의 모서리 점 선택 (그림 ②) → Ok → Done → Beam-1과 Plate-1의 조립확인 (그림 ③)

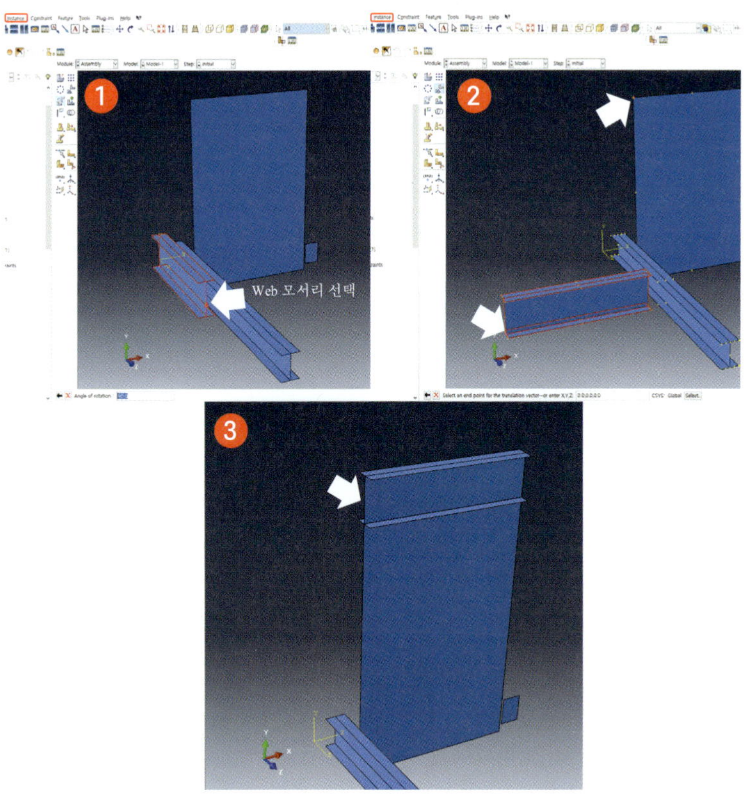

3 Instance → Rotate → Column의 Flange 두점 선택 (그림 1) → Angle of rotation : 90 → Ok → Done → Instance → Rotate → Column의 길이방향 두점 선택 (그림 2) → Angle of rotation : 90 → Ok → Done

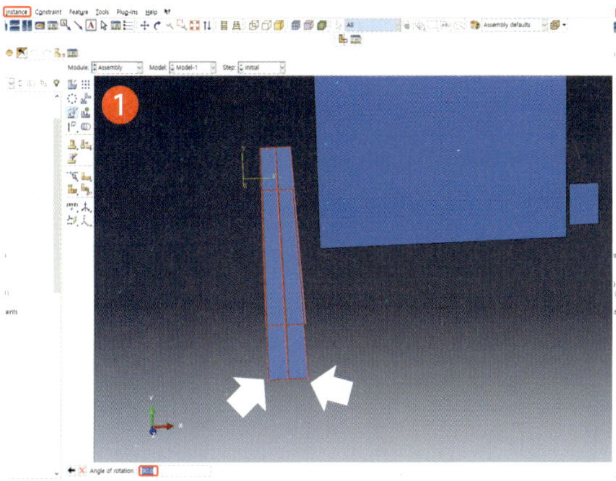

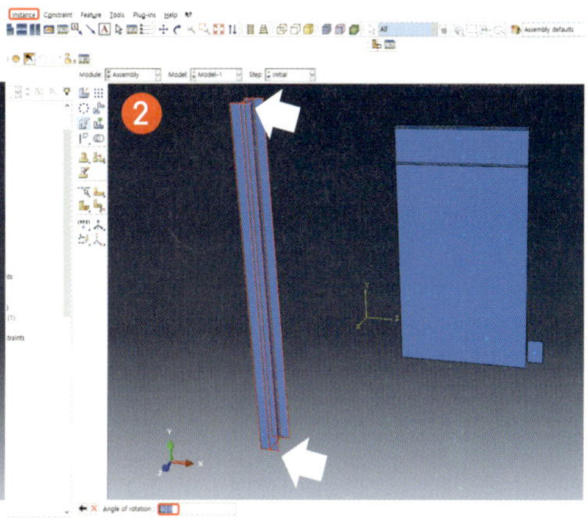

4 Instance → Translate → Column-1 상부단면의 Point 선택 → Beam-1의 Point 선택 → Ok → Done

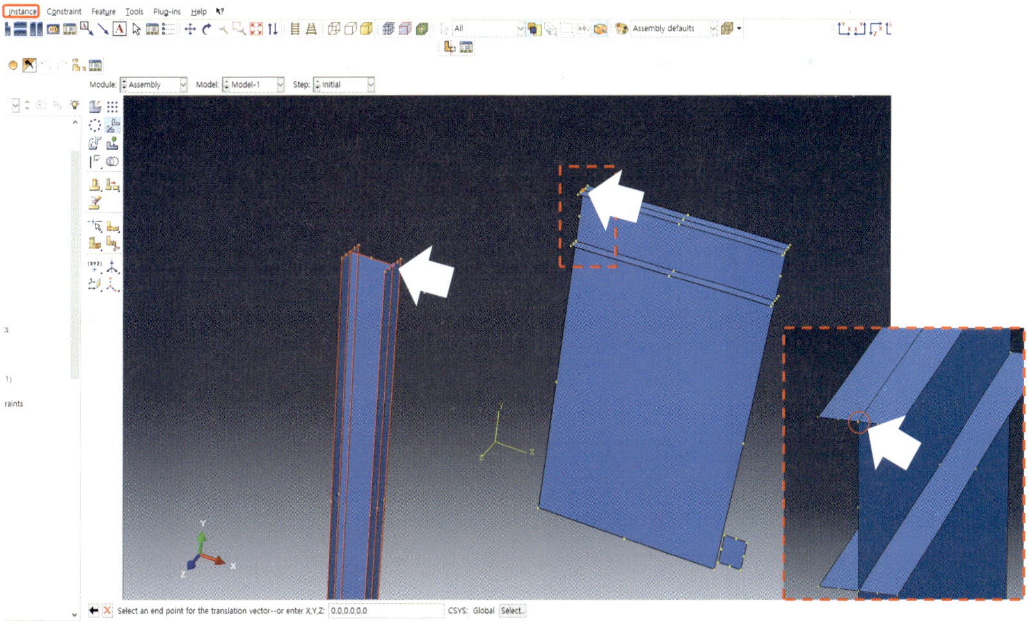

5 Constraint → Edge to Edge → S-plate-1의 모서리 선택 (그림 ①) → Beam-1의 모서리 선택 → Ok → Instance → Rotate → S-plate-1의 모서리 선택 (그림 ②) → Angle of rotation : 90 → Ok → Done (그림 ③)

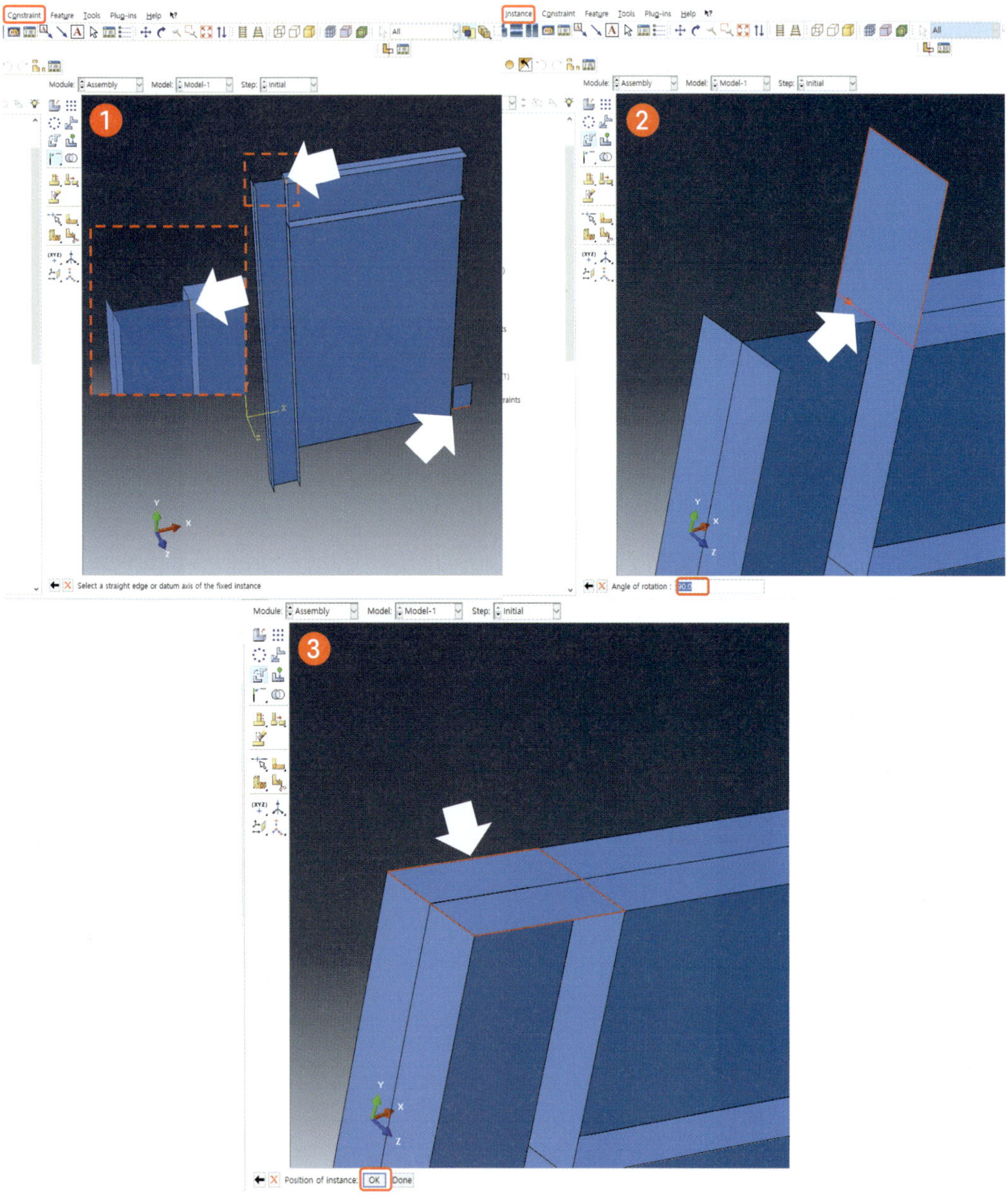

6 Instance → Linear Pattern → Beam-1 선택 → Direction 2 Number : 2 + Offset : 3500 → Ok

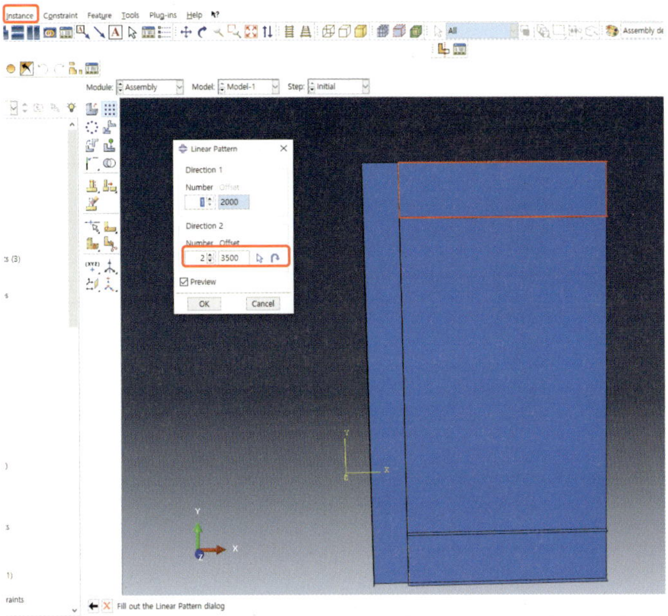

7 Instance → Linear Pattern → Column-1 선택 → Direction 1 Number : 2 + Offset : 2340 → Ok

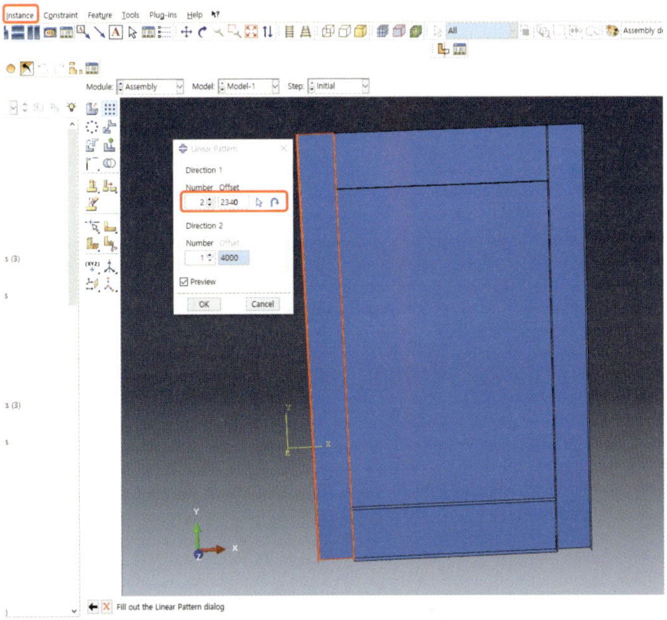

8 Instance → Linear Pattern → S-plate-1 선택 → Direction 1 Number : 2 + Offset : 2340 + Direction 2 Number : 2 + Offset : 500 → Ok

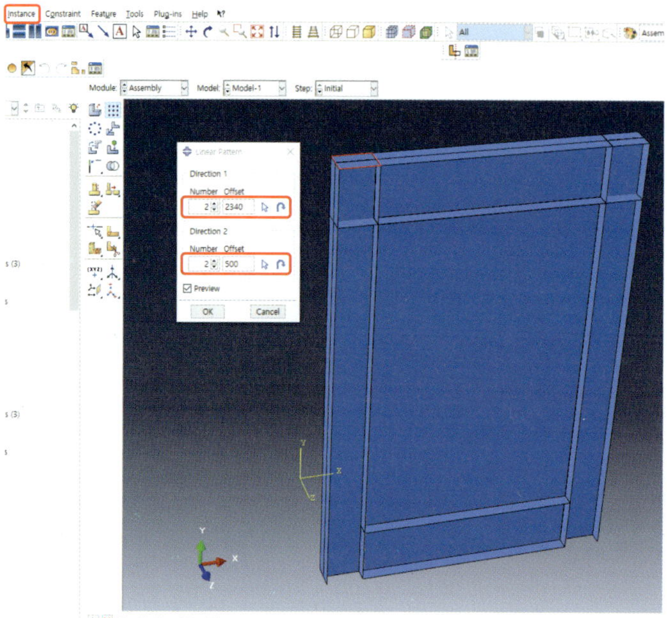

9 Instance → Linear Pattern → S-plate-1 4개 선택 → Direction 2 Number : 2 + Offset : 3500 → Ok

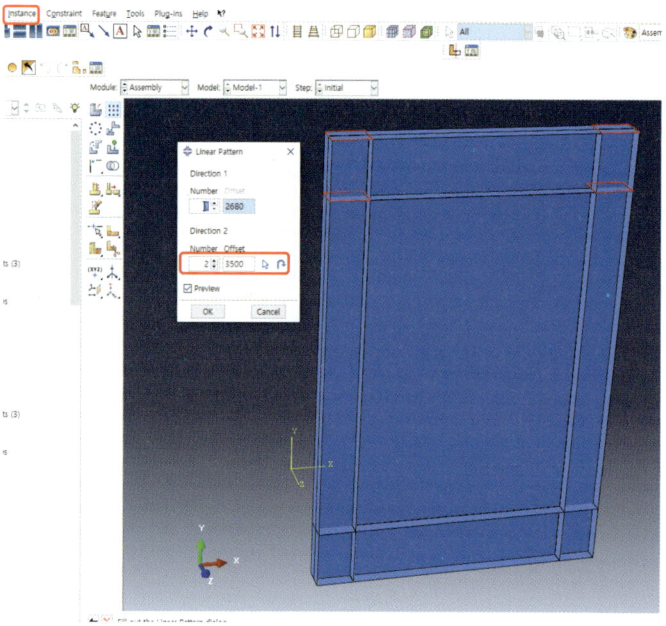

10 Instance → Merge/Cut (그림 ①) → Part name : Shear Wall + Operations : Merge + Geometry + Original Insances : Delete + Intersecting Boundaries : Retain → Continue → 객체 선택 (그림 ②) → Done

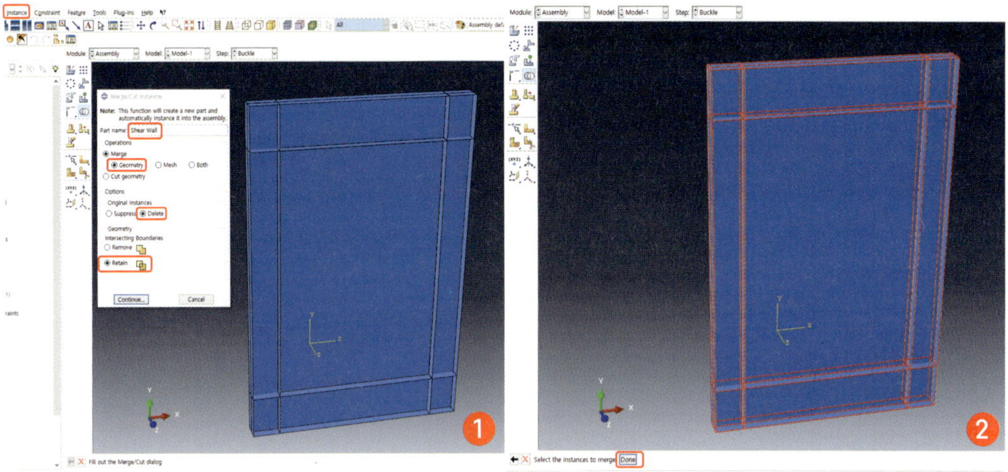

11 Model Tree → Shear Wall Part 생성확인 → View → Part Display Options → Render Shell thickness 활성화 + Scale factor : 1 → OK

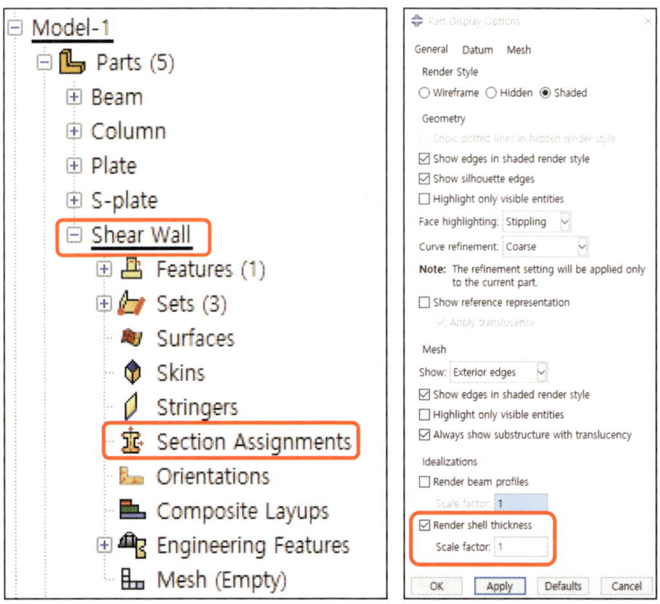

12 Model Tree → Shear Wall Part → Section Assignments 마우스 좌측버튼 더블클릭 → Beam의 Web 선택 → Done → Section : Beam web + Definition : Middle surface → OK

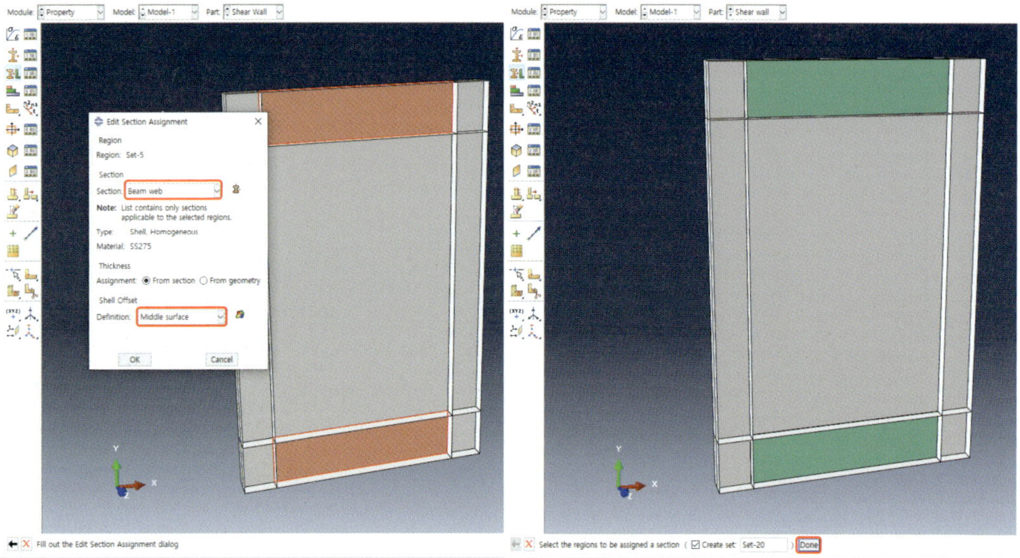

13 Model Tree → Shear Wall Part → Section Assignments 마우스 좌측버튼 더블클릭 → Column의 Web 선택 → Done → Section : Column web + Definition : Middle surface → OK

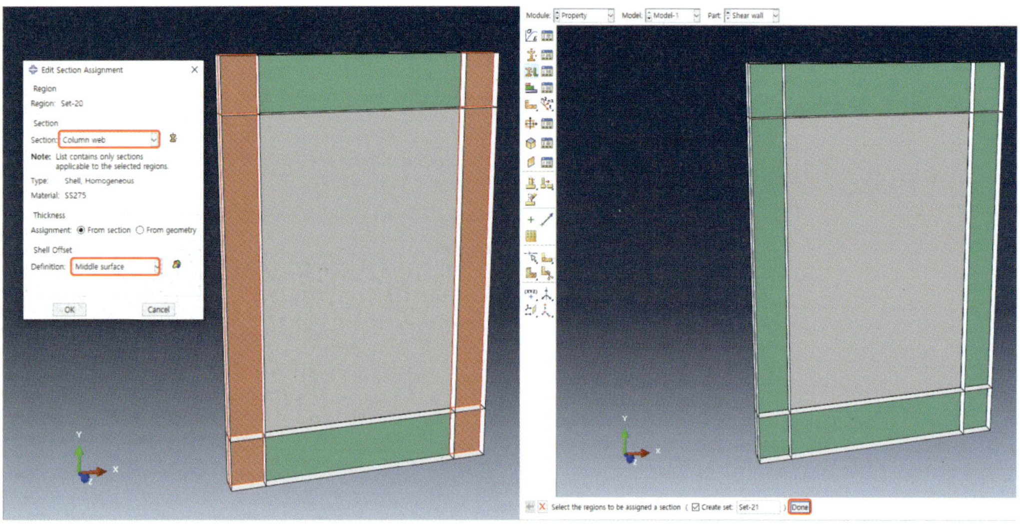

14 Model Tree → Shear Wall Part → Section Assignments 마우스 좌측버튼 더블클릭 → Plate 선택 → Done → Section : Plate + Definition : Middle surface → OK

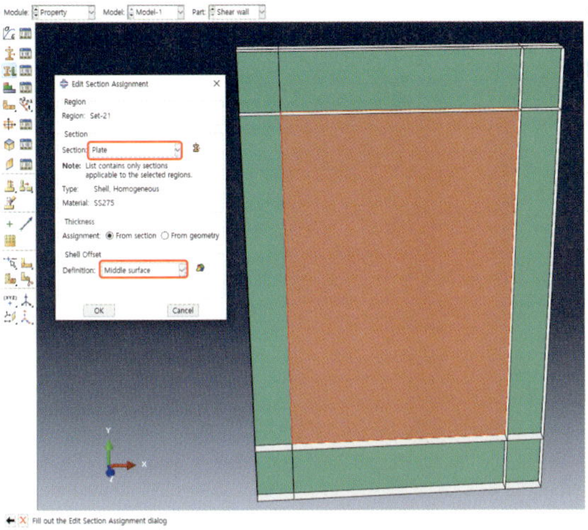

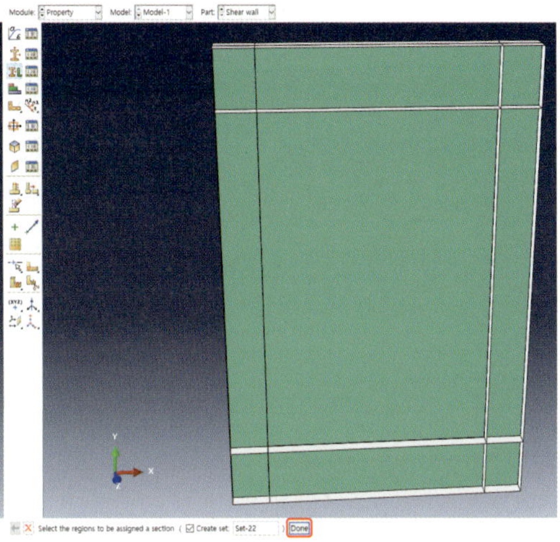

15 Model Tree → Shear Wall Part → Section Assignments 마우스 좌측버튼 더블클릭 → Beam Flange 선택 → Done → Section : Beam flange + Definition : 상부 Bottom surface, 하부 Top surface → OK

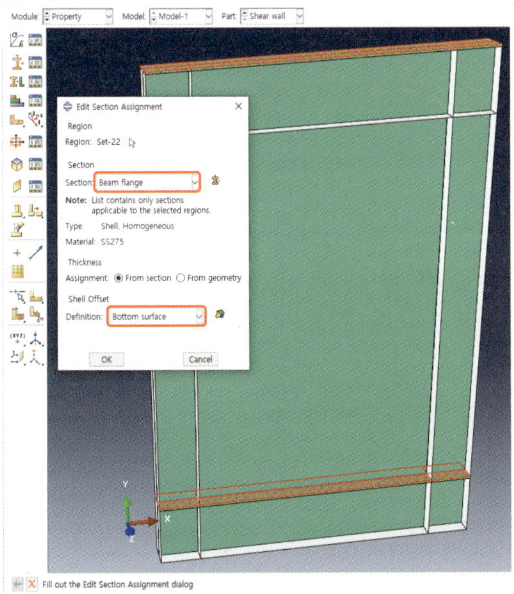

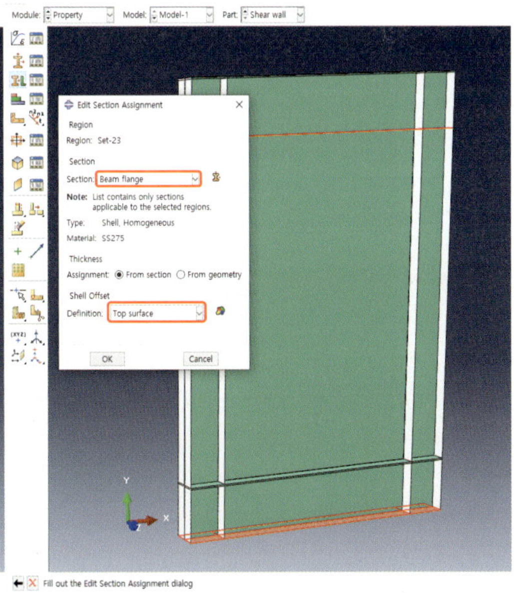

16 Model Tree → Shear Wall Part → Section Assignments 마우스 좌측버튼 더블클릭 → Column Flange 선택 → Done → Section : Beam flange + Definition : 상부 Bottom surface, 하부 Top surface → OK

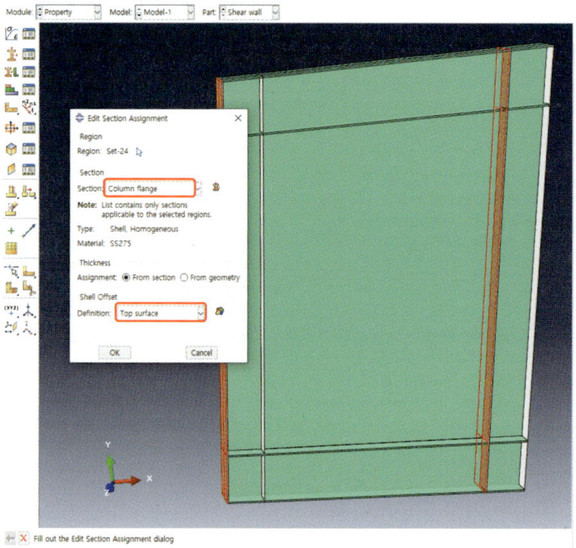

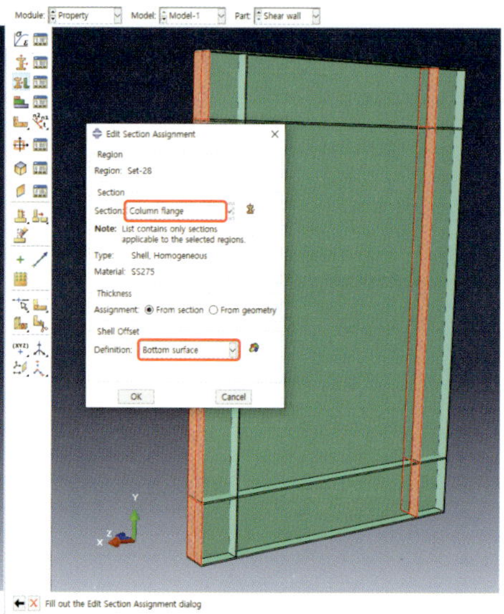

17 Instance → Translate → Shear Wall Part 모서리점 선택 → OK → 좌표계 수정 확인

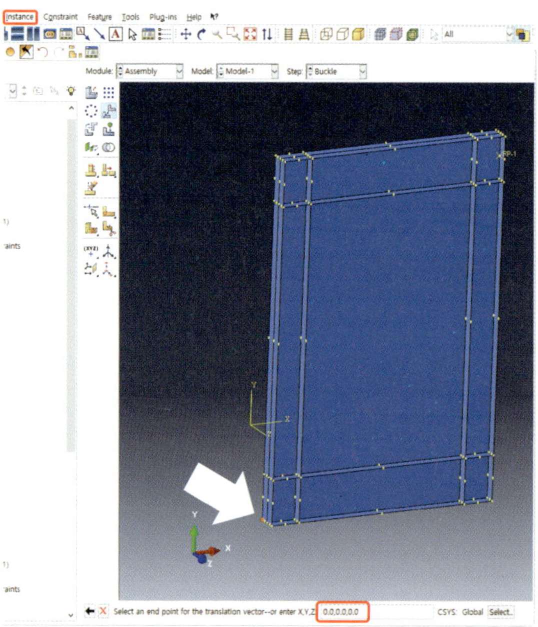

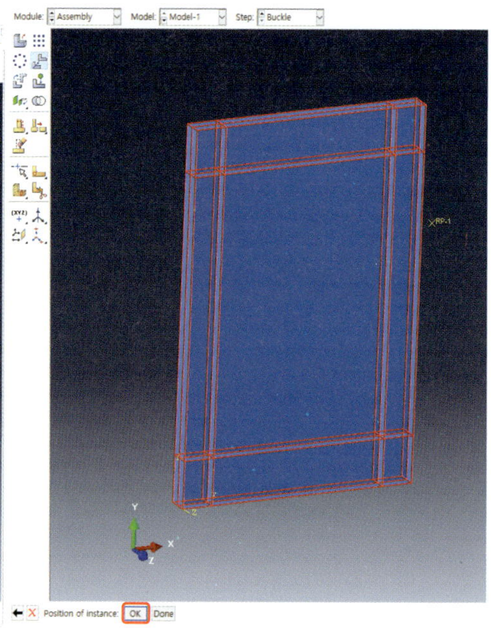

(4) Mesh (요소의 분할)

1 Mesh → Element Type → Shear Wall-1 선택 → S4R 확인 → OK

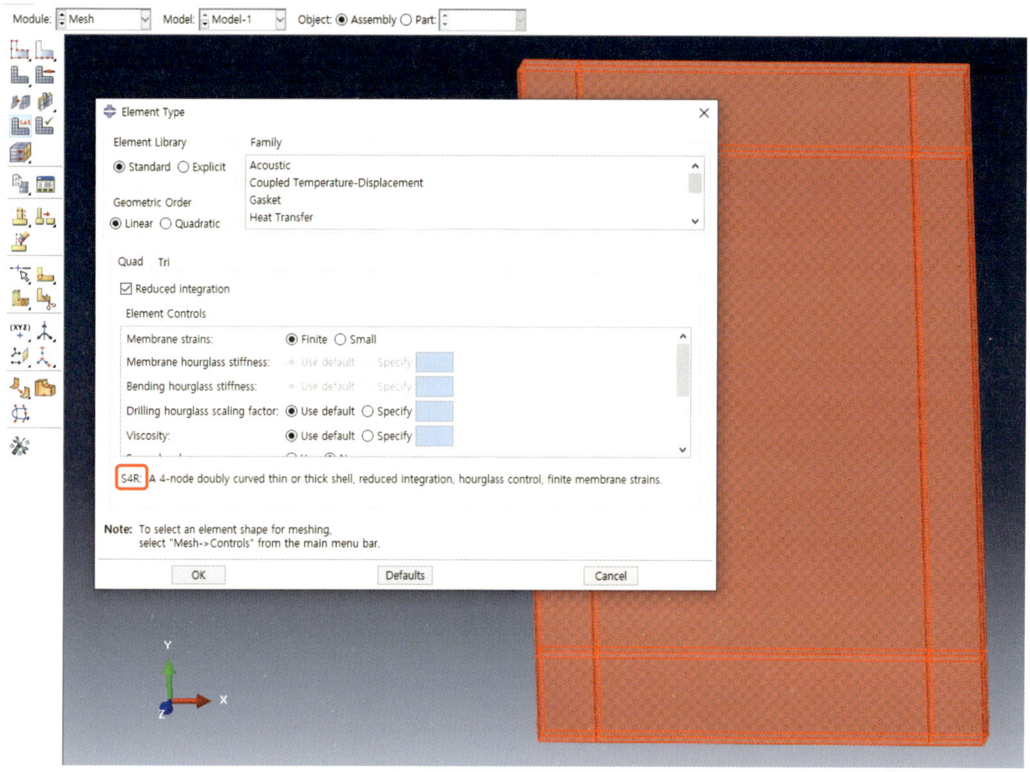

2 Seed → Edges → Shear Wall-1 Part의 전체 모서리 선택 (그림 1) → Done → Approximate element size : 100 → OK → Replace Selected 클릭 (그림 2) → Shear Plate 선택 → Done → Seed → Edges → Shear Plate 선택의 전체 모서리 선택 (그림 3) → Approximate element size : 50 → OK → Replace All 클릭 (그림 4)

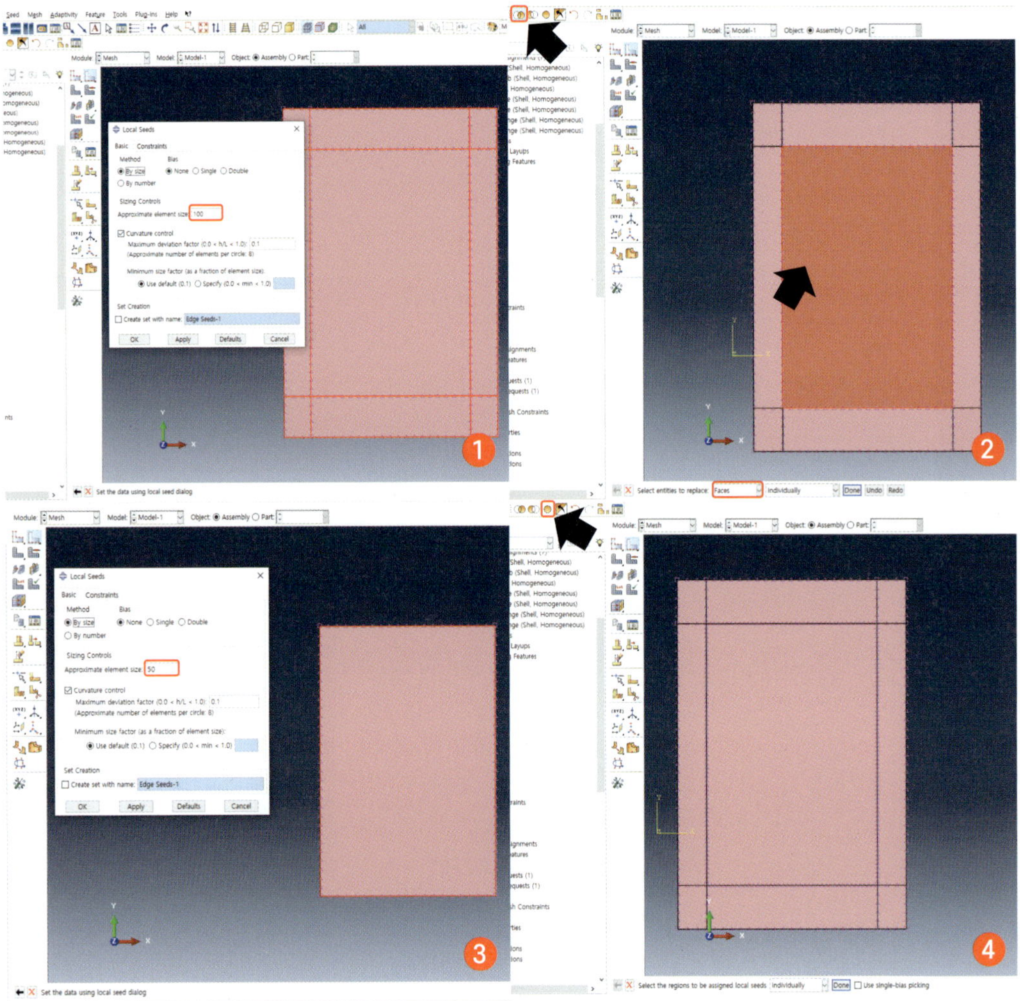

3 Mesh → Instance → Yes → Mesh 생성확인

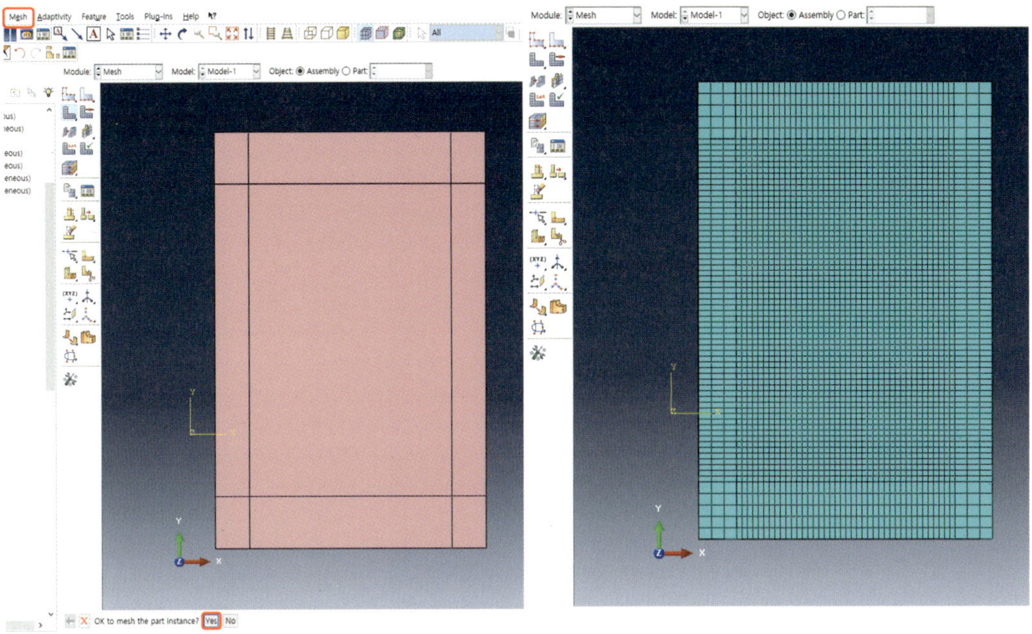

(5) Step

Model Tree → Steps 마우스 좌측버튼 더블클릭 → Name : Buckle + Procedure type : Linear perturbation + Buckle → Continue → Number of eigenvalues requested : 3 + Vectors used per iteration: 6 + Maximum number of iteration : 300 → OK

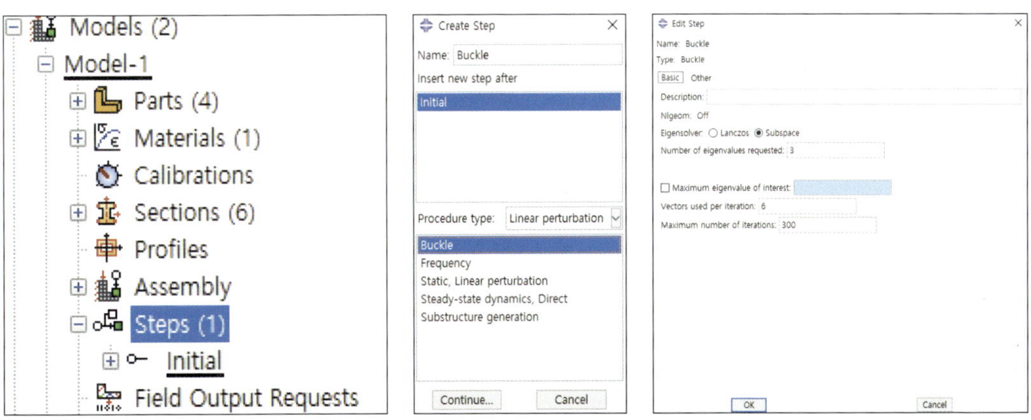

(5) Step

1 Tools → Reference Point → 변위재하 면내의 Point 선택 → RP-1 생성 확인

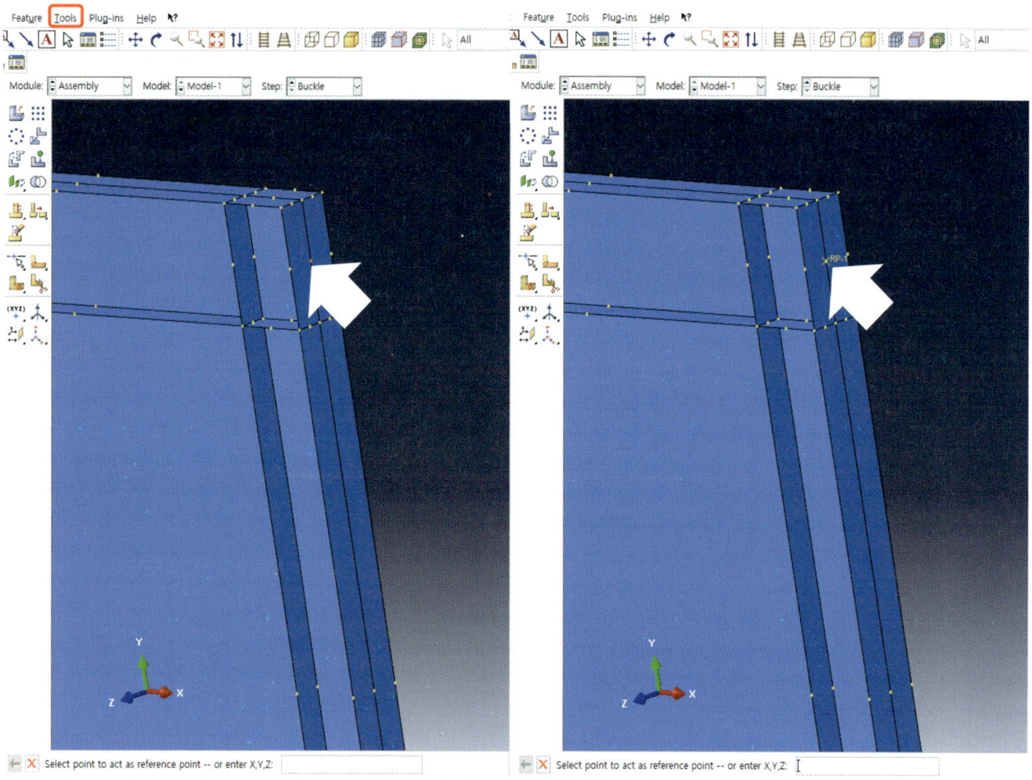

2 Model Tree → Constraints 마우스 좌측버튼 더블클릭 → Name : Constraint-1 + Type : Rigid body → Continue

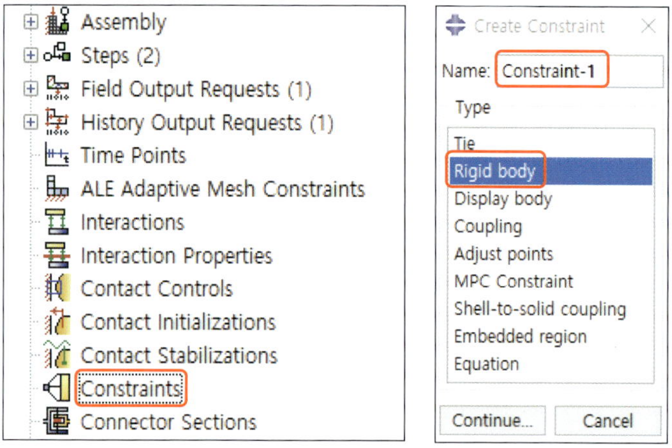

3 Tie (nodes) + 화살표 클릭 → 그림 ❶과 같이 영역선택 → Done → Point 화살표 선택 (그림 ❷) → RP-1 선택 → OK

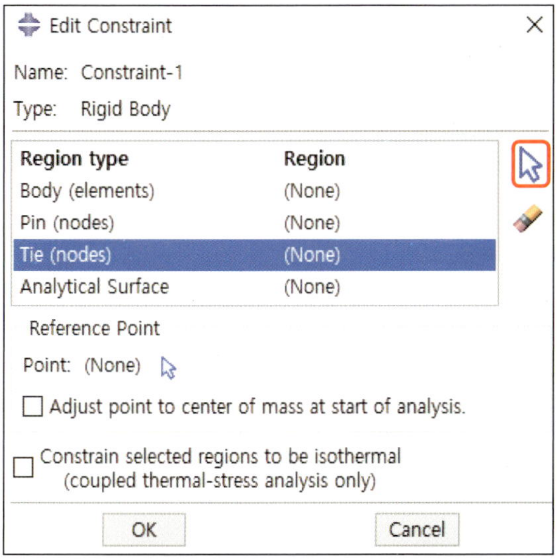

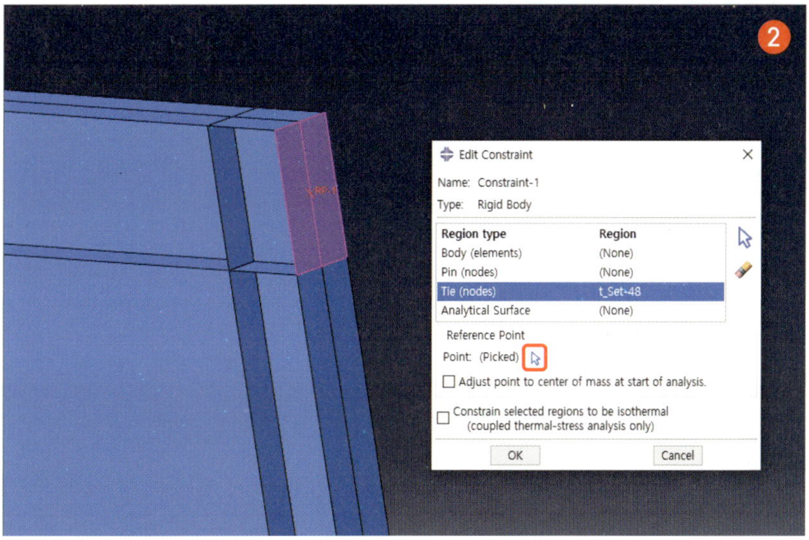

4 Model Tree → BCs 마우스 좌측버튼 더블클릭 → Name : Bottom fix + Step : Initial + Category : Mechanical + Types for Selected Step : Displacement/Rotation → Continue → 아래 그림과 같이 영역지정 → U1=U2=U3=UR1=UR2=UR3=0 → OK

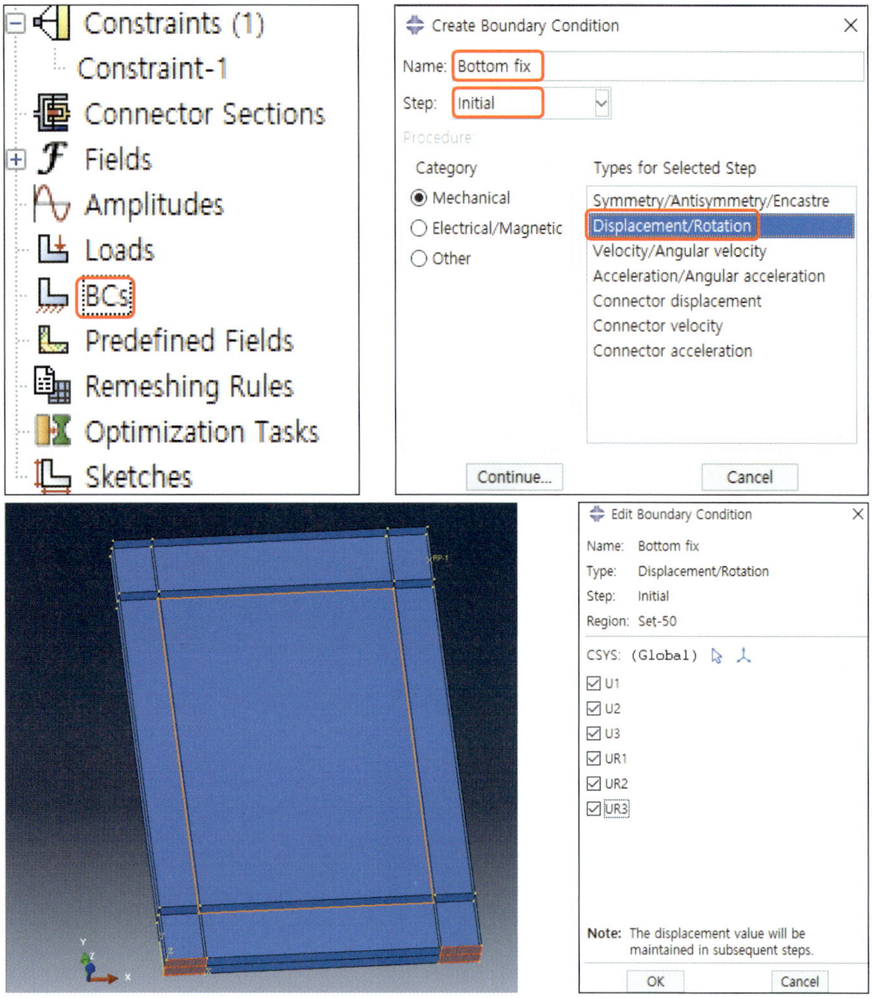

5 Model Tree → BCs 마우스 왼쪽버튼 더블클릭 → Name : U3 Fix + Step : Initial + Category : Mechanical + Types for Selected Step : Displacement/Rotation → Continue → 아래 그림과 같이 영역 선택 → U3=0 → OK

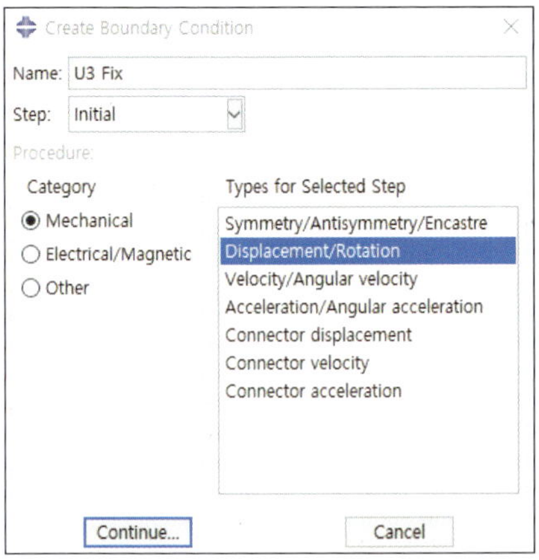

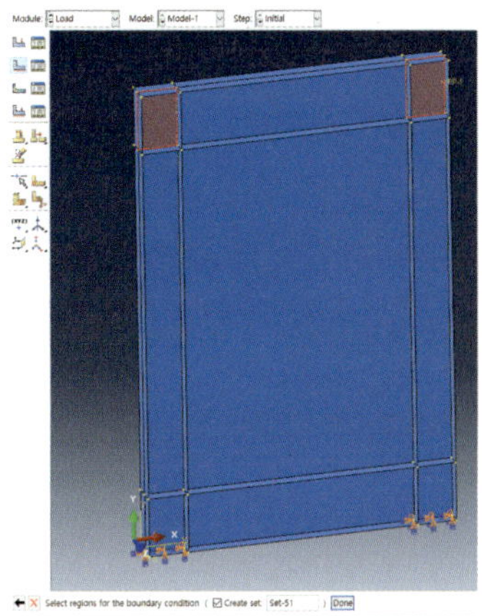

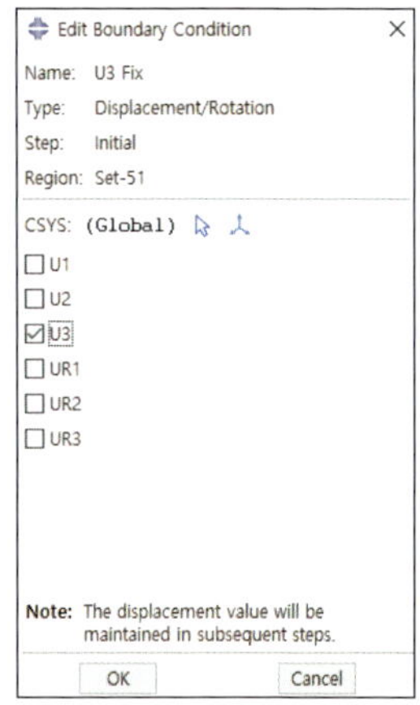

6 Model Tree → BCs 마우스 왼쪽버튼 더블클릭 → Name : Displacement + Step : Buckle + Category : Mechanical + Types for Selected Step : Displacement/Rotation → Continue → Rp-1 선택 → U1=1 → OK

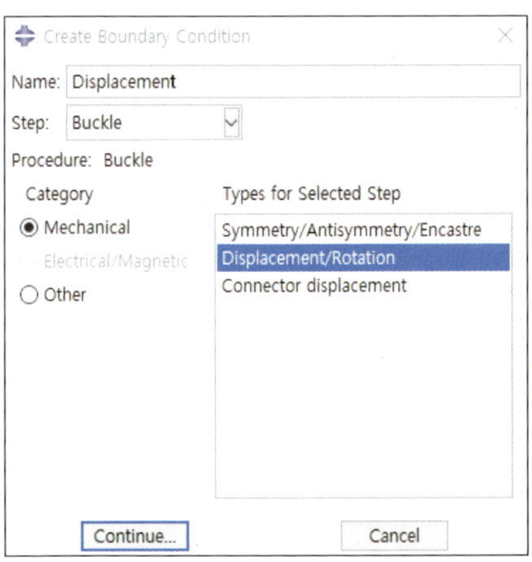

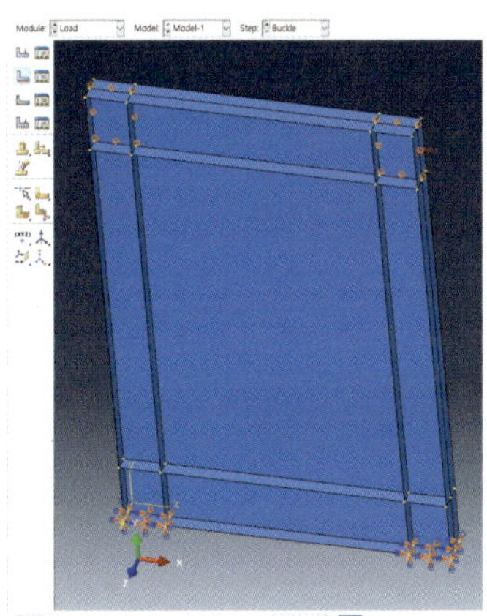

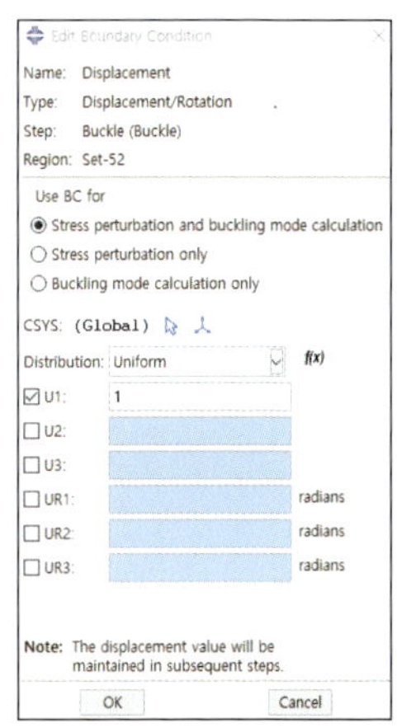

(7) Buckling analysis (좌굴해석 수행)

1 Model Tree → Jobs 마우스 왼쪽버튼 더블클릭 → Name : H_Beam + Model-1 선택 → Continue → Submission (아래와 같이 입력) → OK

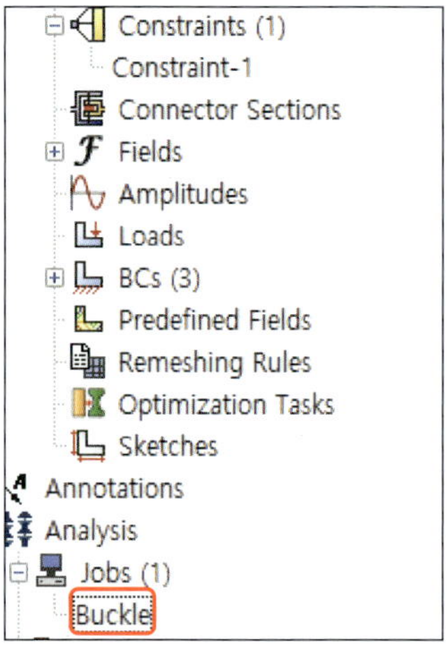

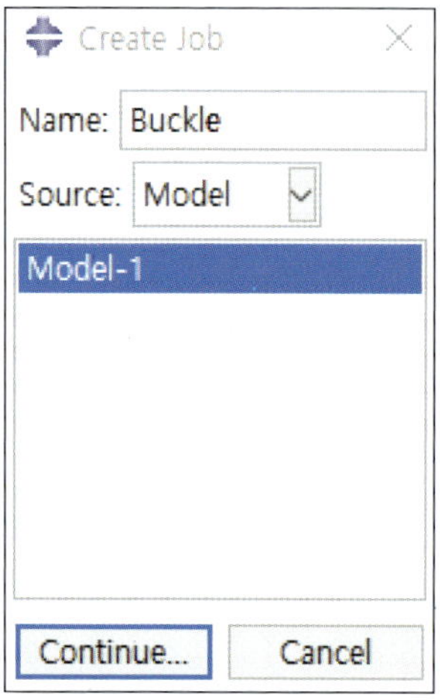

2 Model Tree → Jobs → Buckle 마우스 우측버튼 클릭 → Results → 좌굴해석결과 확인

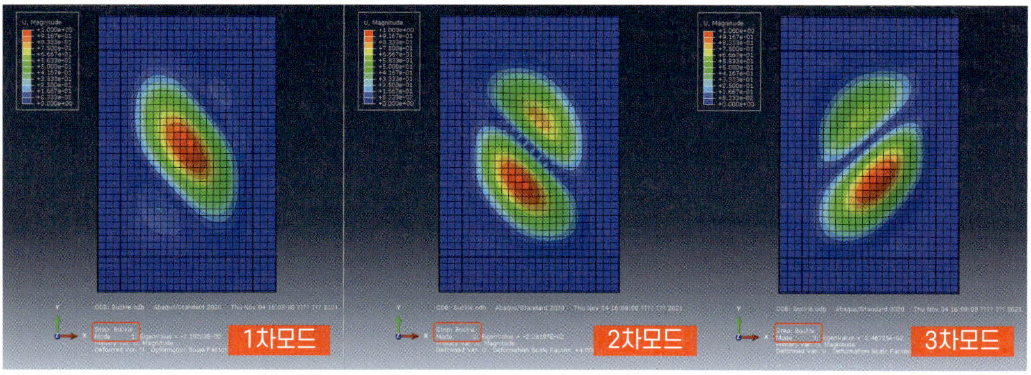

(8) Pushover analysis

1. Model Tree → Model-1 마우스 우측버튼 클릭 → Copy Model → Copy Model-1 to : Model-2 → OK → Model-2 생성 확인

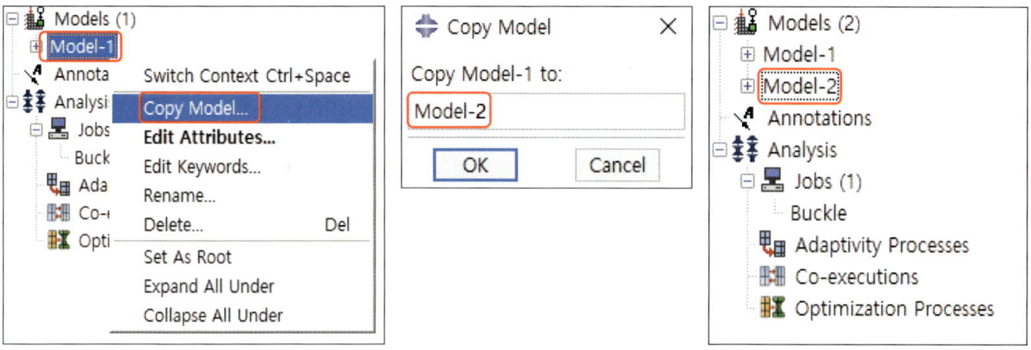

2. Model Tree → Steps → Buckle 마우스 우측버튼 클릭 → Rename → Rename Buckle to Pushover → OK → Model Tree → Steps → Pushover 마우스 우측버튼 클릭 → Replace → New procedure type: General + Dynamic, Implicit → Continue

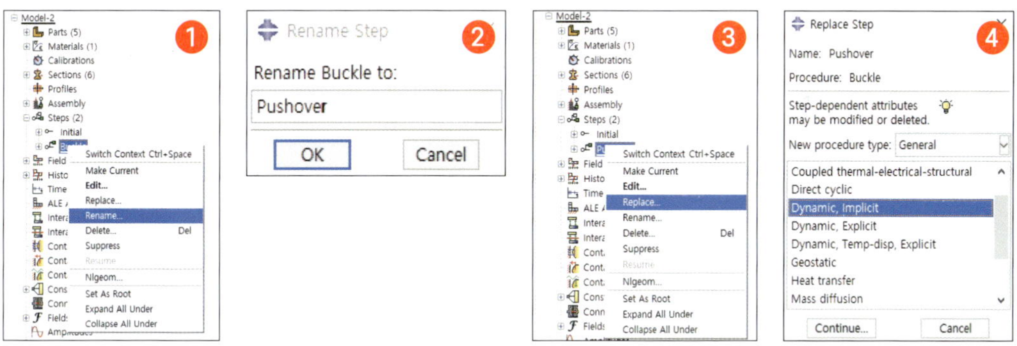

3 Basic Tab → Time period : 100 + Nlgeom On + Application : Quasi-static → OK → Incrementation Tab → Maximum number of increments : 100000 + initial size : 0.1 + Minimum size : 0.001 + Maximum size : 1 → OK

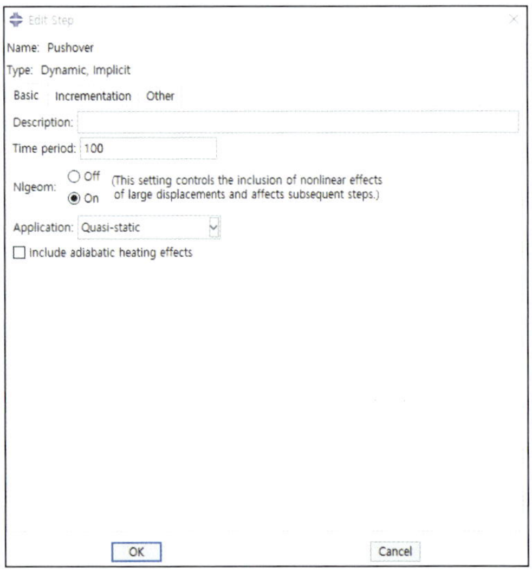

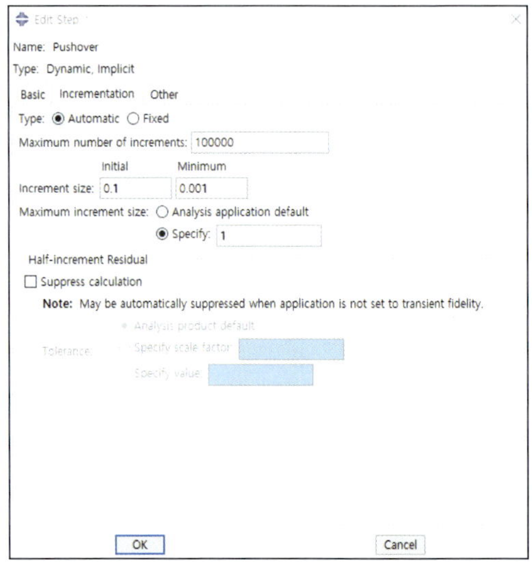

4 Model Tree → BCs → Displacement 마우스 좌측버튼 더블클릭 → U1=100 → OK

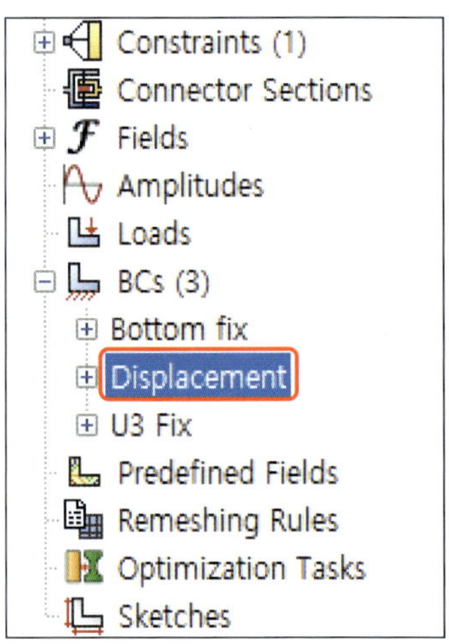

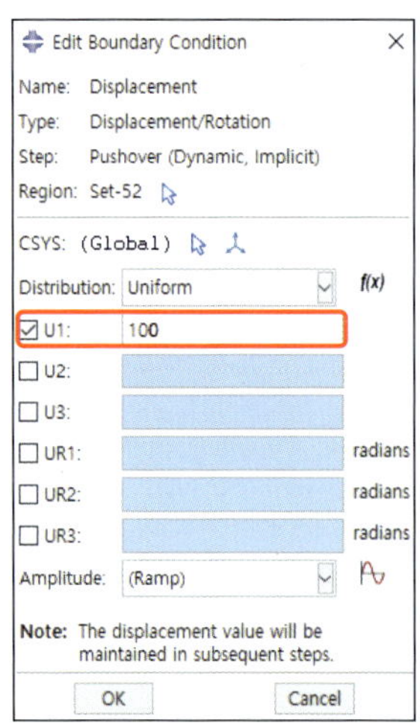

5 Model Tree → Model-2 마우스 우측버튼 클릭 → Edit Keywords → Imperfection Keyword 입력 → OK

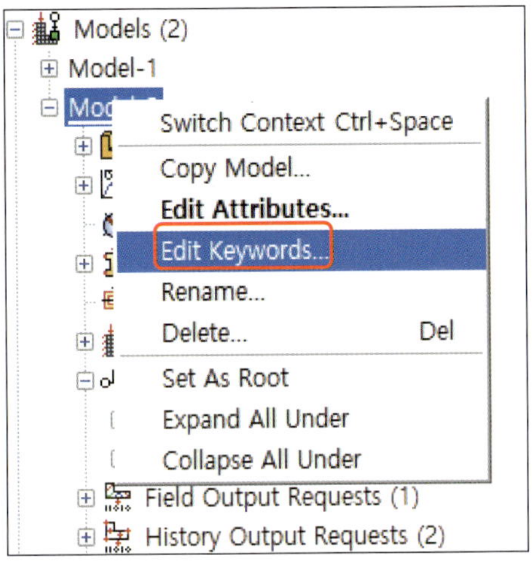

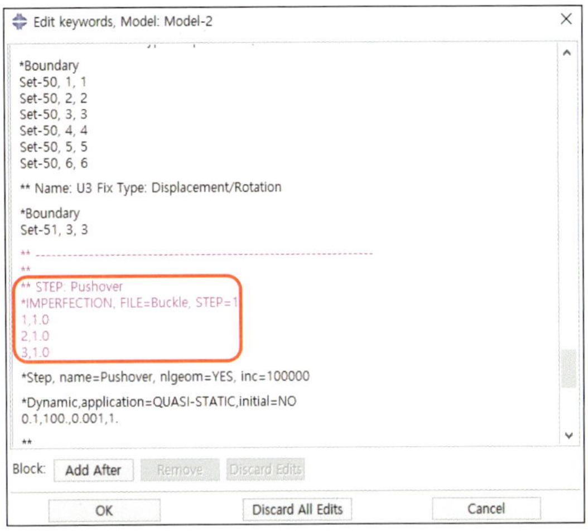

6 Model Tree → Jobs 마우스 좌측버튼 더블클릭 → Name : Pushover + Model-2 → Continue → OK

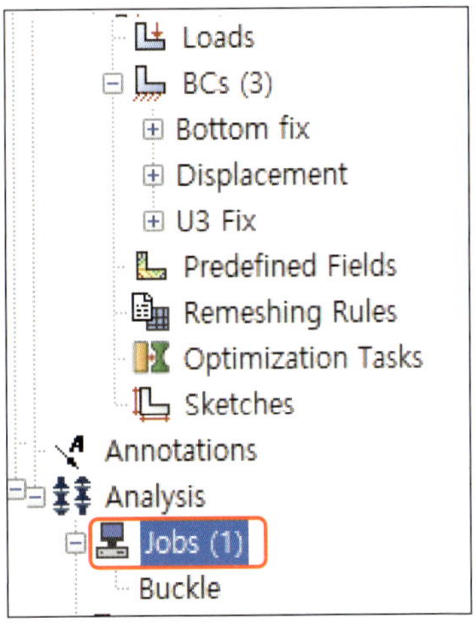

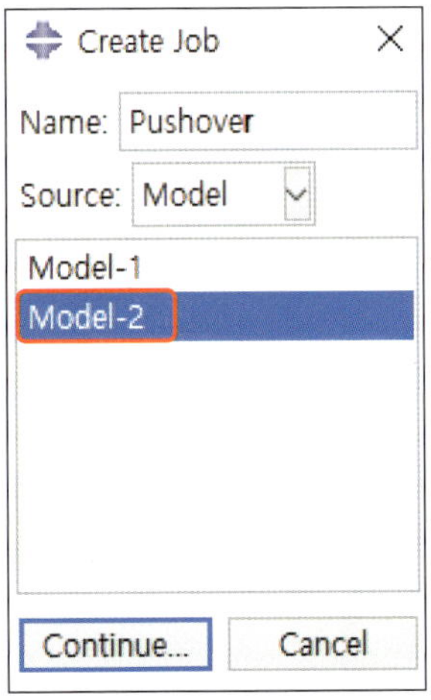

7 Model Tree → Jobs → Pushover 마우스 우측버튼 클릭 → Results → 해석결과 확인

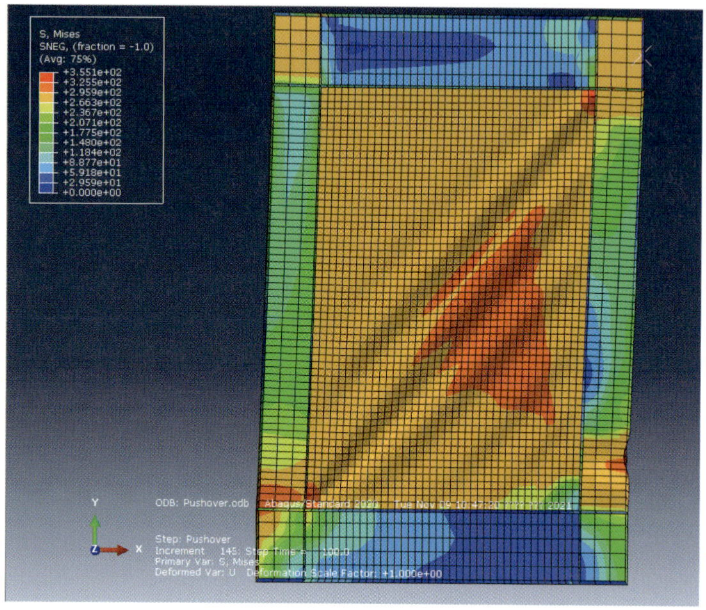

8 Model Tree → Jobs → Pushover 마우스 우측버튼 클릭 → Results → Tools → XY Data → Manager → Crete → ODB field output → Continue

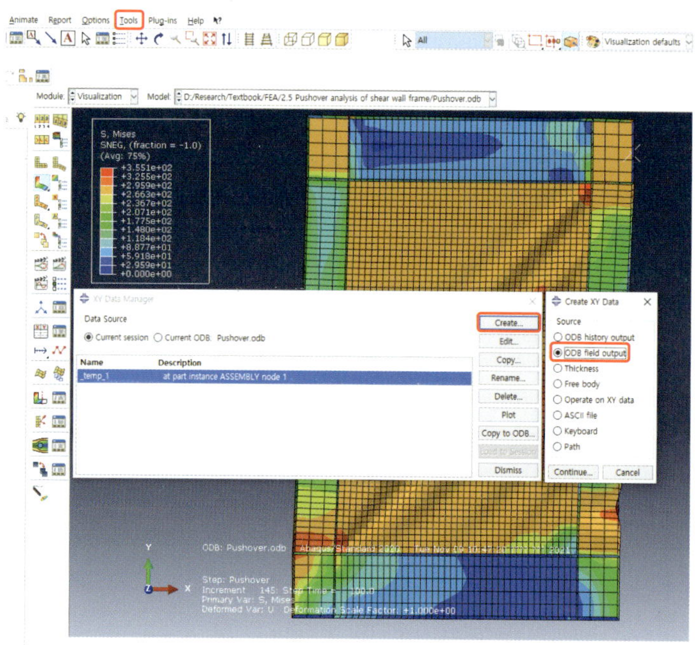

9 Variables Tab → Position : Unique Nodal + RF1 + U1 → Element/Nodes Tab → Nodes sets + REFERENCE_POINT_ 1 선택 → Plot

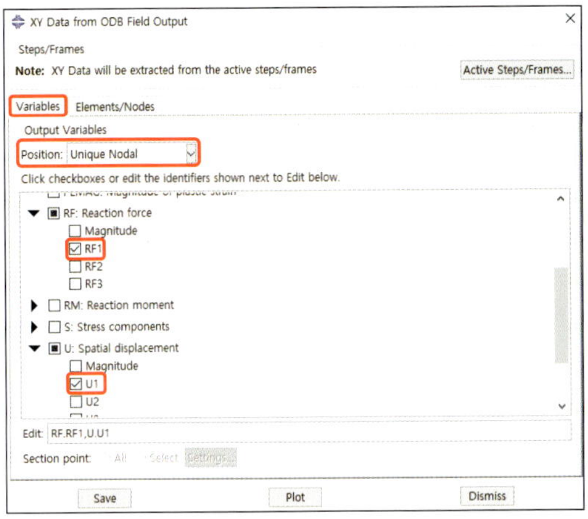

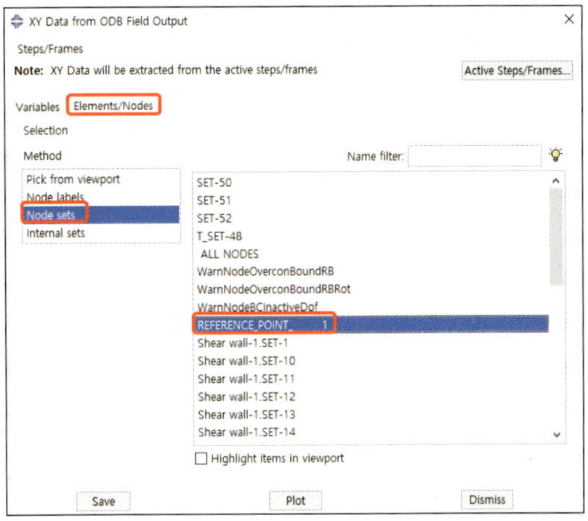

10 XY Data Manager → Create → Source : Operate on XY data → Continue

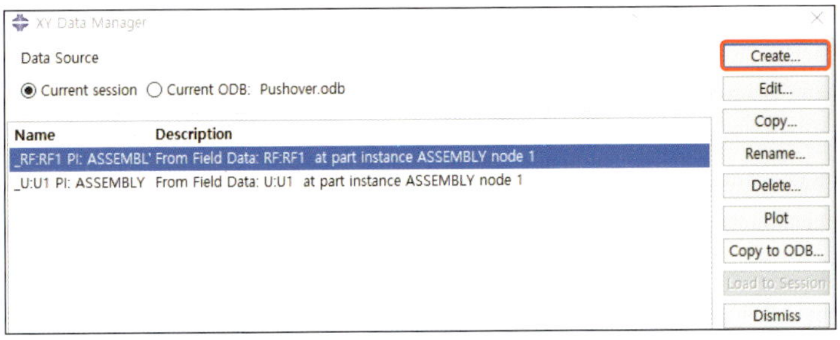

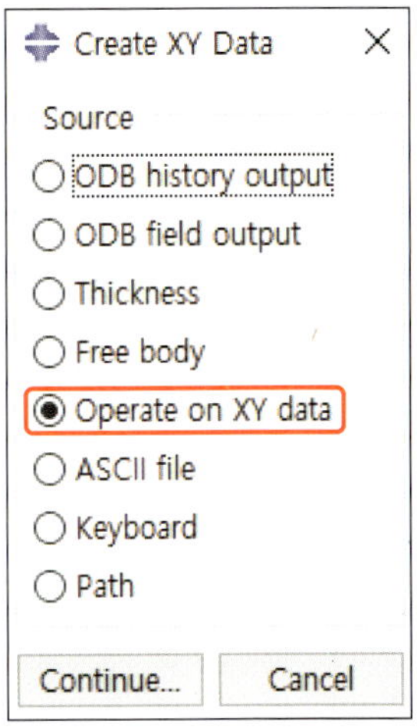

11 Comine(X.X) 함수 더블클릭 → X축: U1 + Y축: RF1 → Plot expression → Load-displacement curve 생성확인

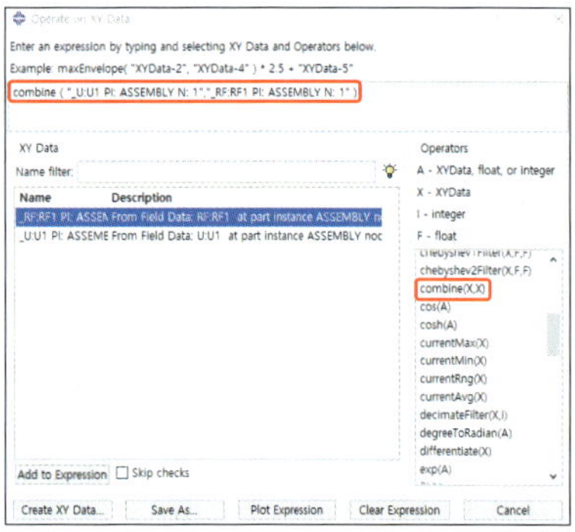

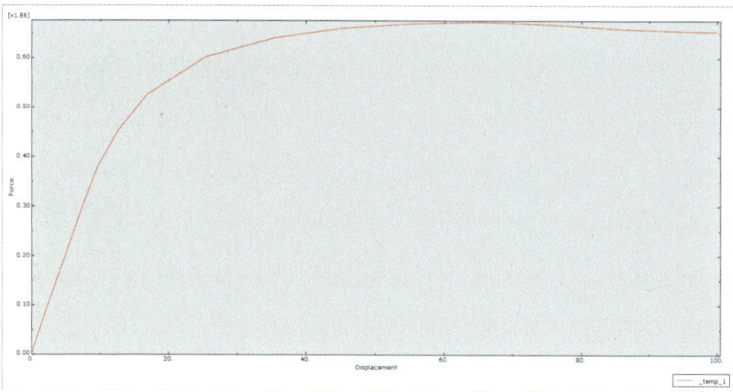

References

[1] Shin, D.H., & Kim, H.J. (2022) Post-buckling strengths of steel-plate shear walls with two-side clamped boundary conditions, *Thin-Walled Structures*, 170:108499.

[2] Reza, M.H., & Fanaie, N. (2021) Steel plate shear walls with large disconnected lengths of web plate to vertical boundary element, *Structures*, 34:4596-4615.

[3] Bahrebar, M., Lim, J.B.P, Clifton, G.C., Zirakian, T. Shahmohammadi, A. & Hajsadeghi, M. (2020) Response assessment and prediction of low yield point steel plate shear walls with curved corrugated web plates and reduced beam sections, *Structures*, 28:1729-1745.

[4] Farzampout, A., Laman, J.A. & Mofid, M. (2015) Behavior prediction of corrugated steel plate shear walls with openings, *Journal of Constructional Steel Research*, 114:258-268.

[5] Emami, F. Mofid, M. & Vafai, A. (2013) Experimental study on cyclic behavior of trapezoidally corrugated steel shear walls, *Engineering Structures*, 48:750-762.

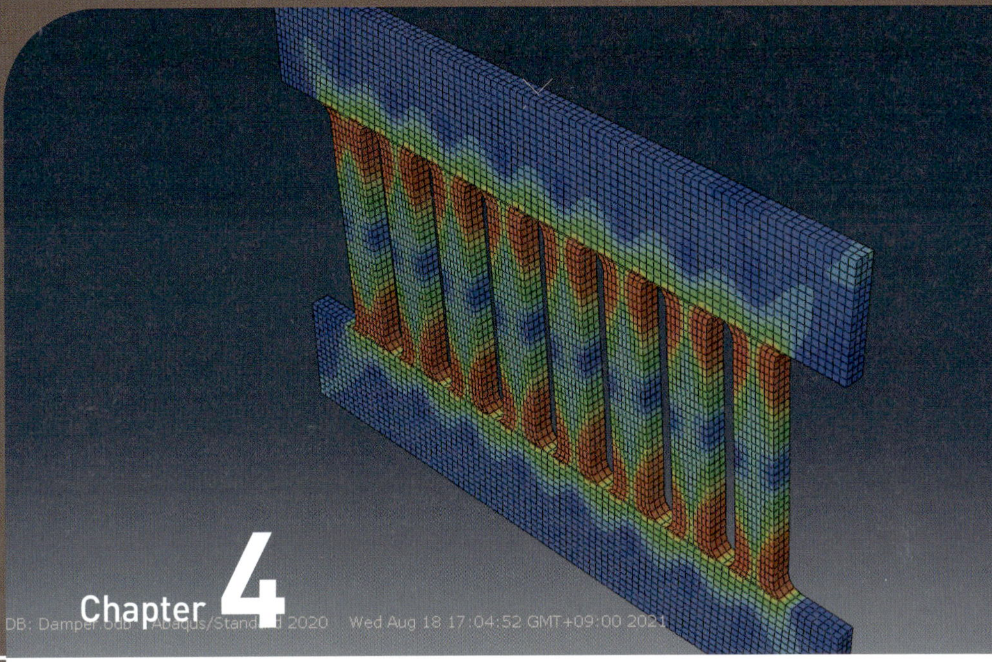

Chapter 4

골조 및 동적해석

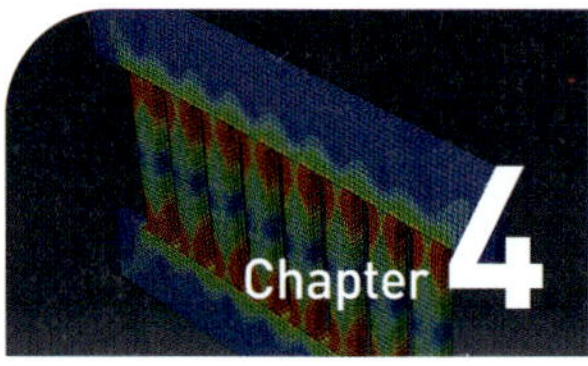

Chapter 4 골조 및 동적해석

4.1 강재슬릿댐퍼

4.1.1 개요

1 최근 크고 작은 지진들의 빈도가 증가하는 추세이며, 그에 따른 인명 및 물적 피해가 증가하고 있다. 국내에서도 2016년 경주지진과 2017년 포항지진으로 다수의 건물에 피해사례가 발생되었다. 이에 대비하여 건축물이 지진에 저항할 수 있도록 내진설계 또는 내신보강이 필요하며 내진설계의 개념으로 내진, 면진 및 제진이 있다. 그 중 제진장치를 적용함으로써 구조물의 손상 및 에너지를 제어하는 내진보강공법의 경우, 지진 발생 시 제진댐퍼로 손상 및 지진에너지를 유도하여 집중시키며 지진 발생 후에도 손상된 제진댐퍼는 교체가 가능하고 구조물은 즉시 재사용할 수 있는 장점이 있다. 재료의 항복에 의한 제진메커니즘이 가장 대중적이며 다양한 방법으로 항복메커니즘을 달성할 수 있기 때문에 다수의 강재댐퍼가 제안 및 적용되었다. 국내에서도 다양한 댐퍼 중에서 에너지 소산형 댐퍼가 보편적으로 적용되고 있고, 그 중 강재를 이용한 제진장치가 경제적이면서 진동제어 효과도 우수하고, 향후 유지관리가 용이하여 가장 널리 사용되고 있다. 강재댐퍼는 강성과 에너지소산능력이 큼과 동시에 지진 후 재사용이 가능하여 국내와 같은 중·약의 지진환경에 적합하다.

2 이 절에서는 반복가력 하에 아래 그림의 형상 및 치수를 갖는 탄소강 강재 슬릿 댐퍼(강종 일반구조용 압연강재 SS275, 두께 14mm, 8개 슬릿)를 모델링하고, ABAQUS의 Material Library에서 제공하는 Combined hardening(복합경화) 재료모델을 적용하여 지진하중 하에서 강재댐퍼의 내진성능을 평가하고자 한다. 저자에 의해 수행한 강재댐퍼 실험결과 파단형태를 아래에 추가한다.

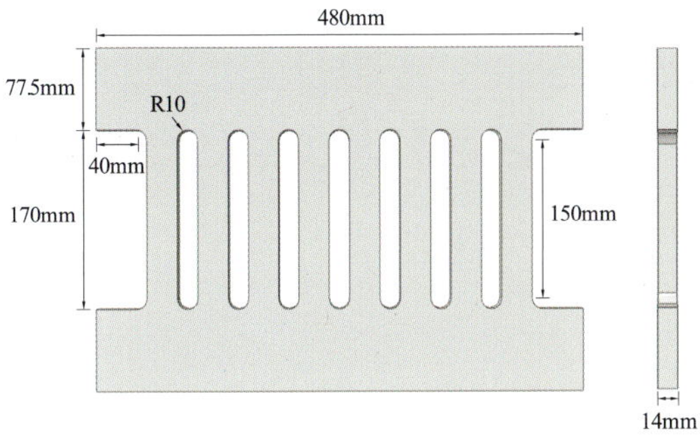

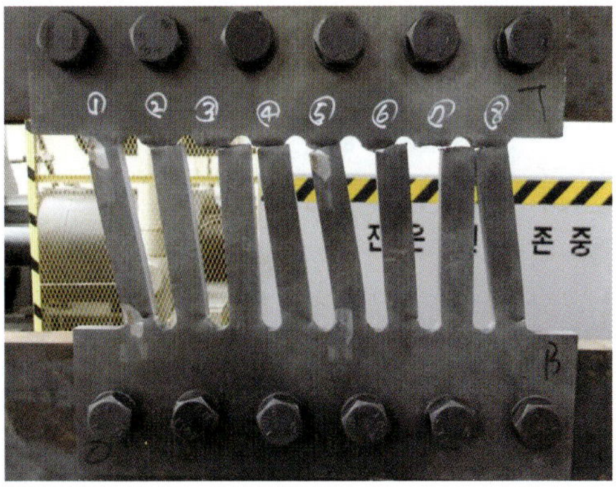

4.1.2 강재 댐퍼의 모델링

(1) Part (부재 생성)

지진하중 하에서 강재댐퍼의 거동을 모사하기 위하여 6자유도계 (U1, U2, U3, UR1, UR2, UR3)를 갖는 3D Deformable part 해석모델을 Extrusion을 사용하여 생성한다.

1 Model Tree → Part에서 마우스 오른쪽 버튼을 클릭하여 Create를 선택 → Name : Slit Damper + Modeling Space : 3D + Type : Deformable + Base Feature/Shape : Solid, Type : Extrusion Approximate size : 1000 → Continue,

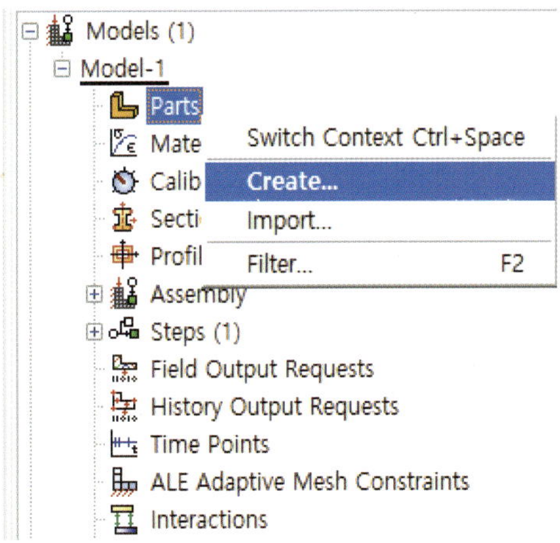

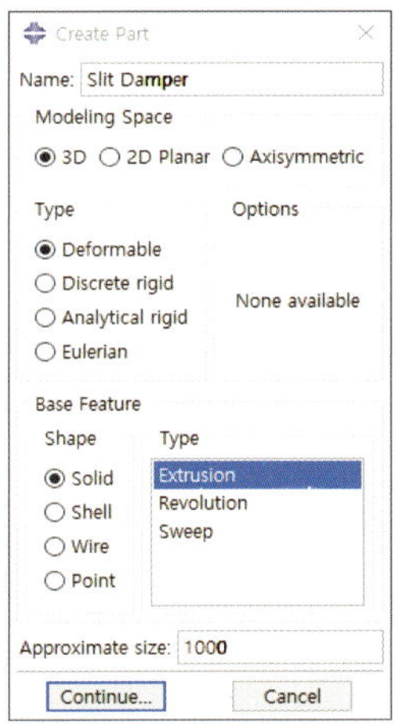

2 아래의 그림과 같이 강재 댐퍼의 형상 · 치수에 맞게 Sketch → Done, Depth : 14 → OK

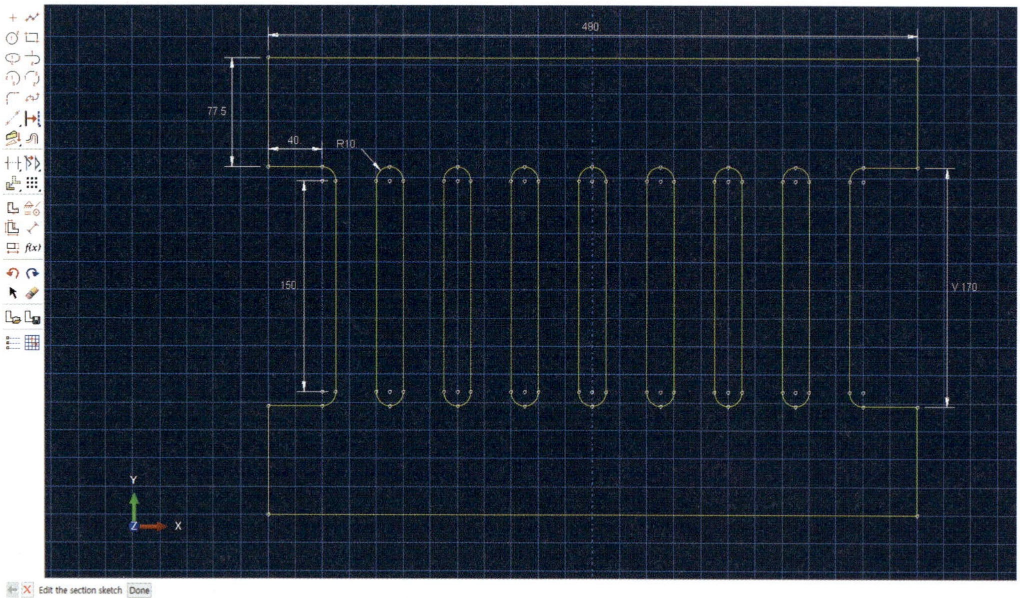

3 그림과 같이 강재 댐퍼가 생성된다.

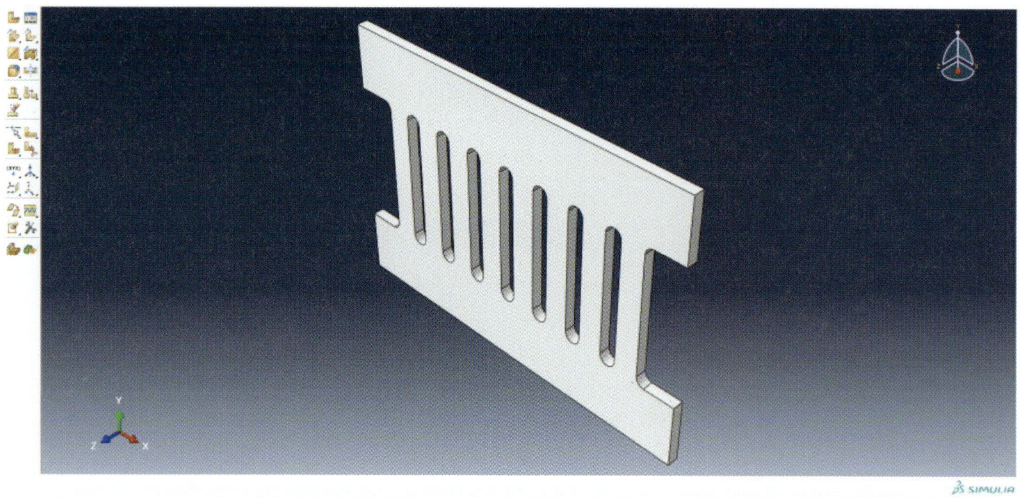

(2) Material Property (재료물성 정의)

탄성구간을 넘어 소성영역에서의 적절한 비선형 이력을 모사하기 위하여 강재 슬릿 댐퍼의 재료에 복합경화모델(Combined hardening)을 적용한다.

참고하기

일반적으로 강재의 항복 이후 소성변형이 증가하면서 응력이 증가하는 경화현상을 동반한다. ABAQUS는 소성영역에서 강재의 경화현상을 모사하기 위하여 등방경화모델(Isotropic hardening) 및 이동경화모델(Kinematic hardening)을 모두 고려한 복합경화모델(Combined hardening)을 제공하고 있으며, 이는 von Mises 항복기준을 토대로 표현이 가능하다.

등방경화모델(Isotropic hardening)은 소성변형에 의해 항복곡면의 크기가 응력공간의 모든 방향으로 증가하는 경화현상으로써, 항복이후 비선형 등방경화모델을 함수로 표현하면 다음과 같다.

$$R(p) = Q(1 - e^{-bp})$$

여기서, 상수 Q는 재료의 경화가 최고 응력에 도달했을 때, $r(p)$의 안정화된 값이다. b는 안정화될 때까지의 증가율을 결정하는 변수이다.

이동경화모델(Kinematic hardening)은 항복곡면의 크기는 일정하고 응력 공간 내에서 백응력(α, back stress)에 의해 이동하는 경화현상으로써 이동경화모델을 결정하는 백응력(α)의 함수는 다음과 같다.

$$\alpha = \frac{C}{\gamma}(1 - e^{-r\varepsilon_p})$$

여기서, C는 초기접선계수라고 칭하는 이동경화모델의 경화계수이고 γ는 비선형 복원 계수로써 백응력 α의 함수 속도를 결정하는 계수이다.

복합경화모델(Combined hardening)의 함수는 등방경화모델의 함수와 이동경화모델의 백응력 함수를 모두 고려하며 포화점에서의 식은 다음과 같이 표현한다.

$$\sigma_{\max} = \sigma_0 + \frac{C}{\gamma} + R$$

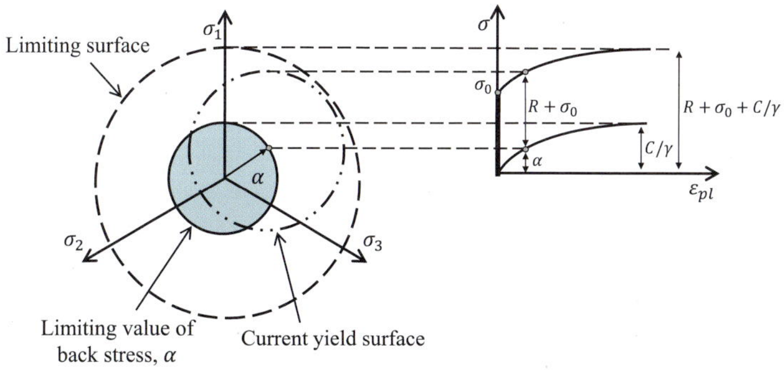

1 강재 슬릿댐퍼에 탄성영역(Elastic)의 물성(탄성계수 205,000MPa, 포아송비 0.3)을 정의하기 위해, 아래 그림과 같이 Model Tree → Material → Name : SS275 → Mechanical → Elasticity → Elastic + Young's Modulus : 205,000 + Poisson's Ratio : 0.3

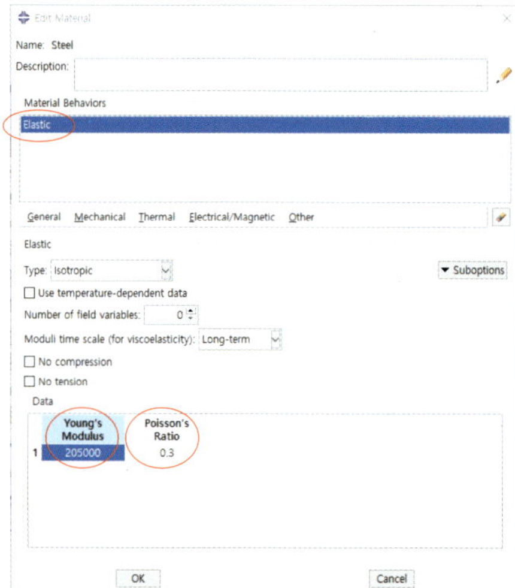

2 강재 슬릿댐퍼에 경화 모델을 적용한 소성영역(Plastic)의 물성을 정의하기 위해, 아래 그림과 같이 Mechanical → Plasticity → Plastic, Hardening : Combined, Data Type : Parameters, Yield Stress at Zero Plastic Strain : 275MPa / Kinematic Hard Parameter C1 : 1000 / Gamma 1 : 10, 우측중간 Suboptions : Cyclic Hardening, Use parameter check, Equiv Stress : 275MPa / Q-infinity : 100 / Hardening Param b : 30 → OK

* 여기서 Hardening parameter Q, b, C, 는 해당 부재의 인장-압축 반복가력 재료시험 데이터에서 추출.

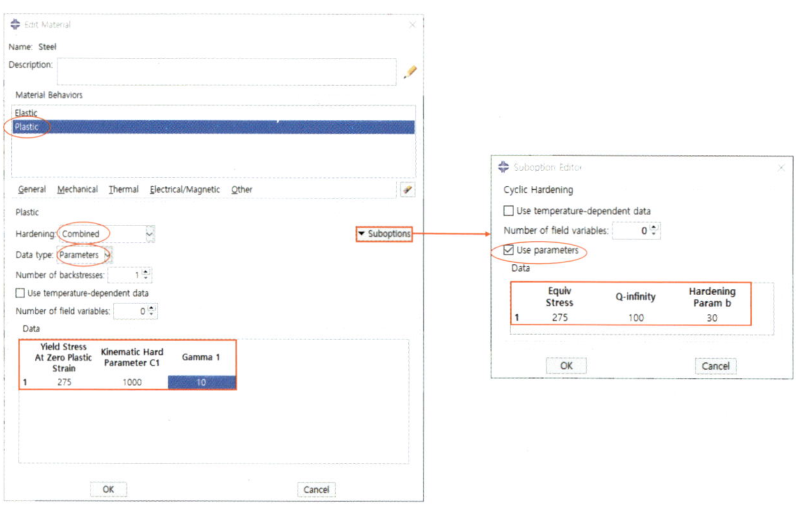

3 Model Tree → Sections → Name : Section-1 / Category : Solid / Type : Homogeneous → Continue, Material : SS275 선정 → OK, Section-1 생성 확인, Section Assignment → 댐퍼에 재료물성 부여(녹색으로 변경)

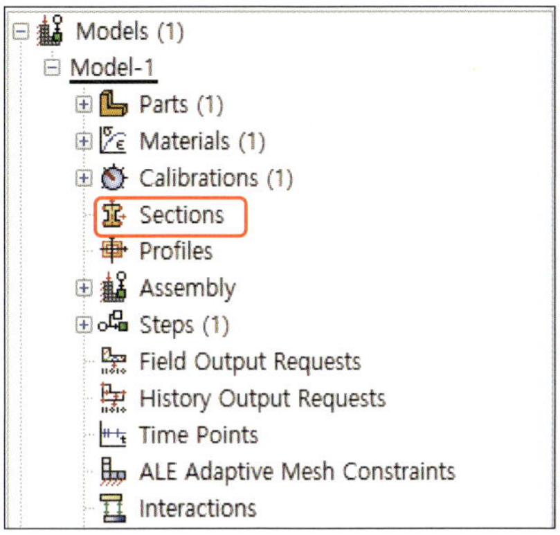

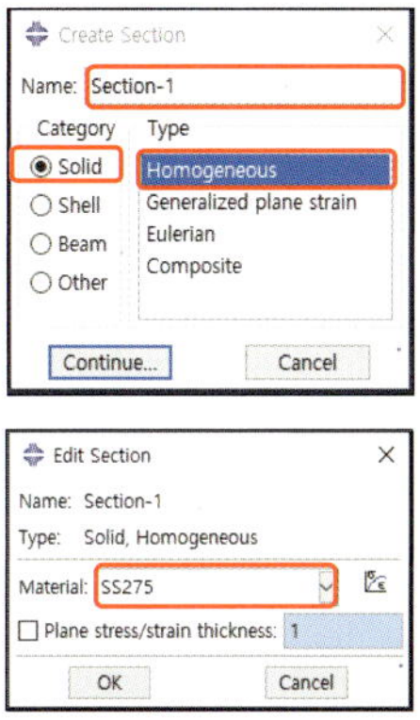

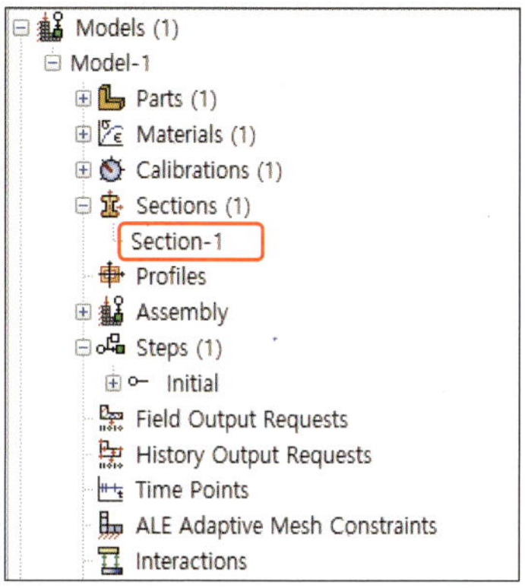

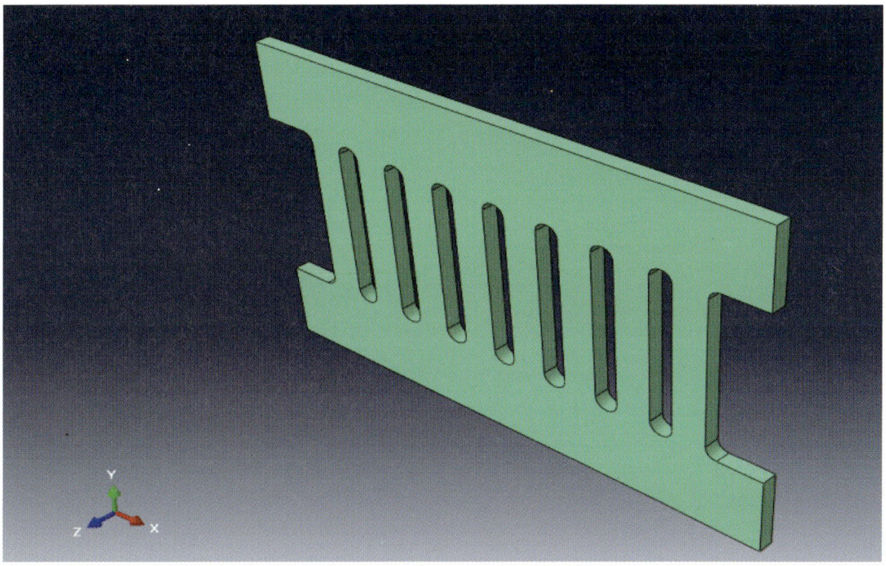

(3) Assembly (Part의 조립)

Part module에서 생성한 구성요소(댐퍼)에 대한 독립적인 instance를 Assembly module에서 생성한다.

1 Model Tree → Assembly → Instances 마우스 왼쪽버튼 더블클릭, Create instances from : Parts + Parts : Slit Damper 선택 → OK → 화면에서 생성된 instance 확인

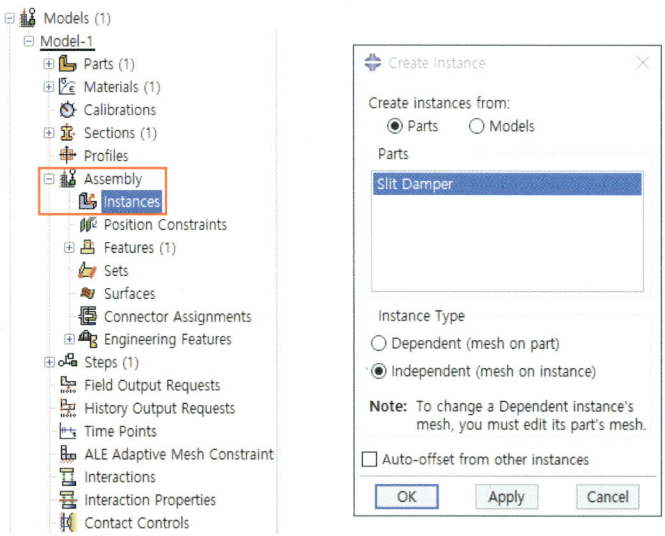

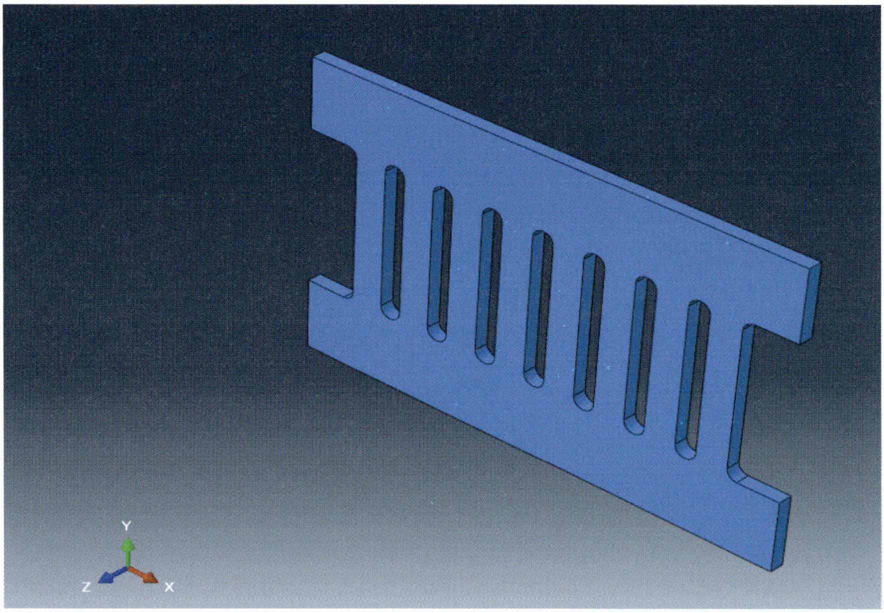

2 댐퍼에 RP(Reference Point, 참조점)를 설정하기 위해 상단의 메뉴에서 Tools → Reference point → Select point to act as reference point : 원하는 점을 선택(댐퍼의 중앙), 아래의 그림과 같이 RP-1점 생성. (RP점은 추후 RP점에 강제변위를 부여하기 위해 생성한다)

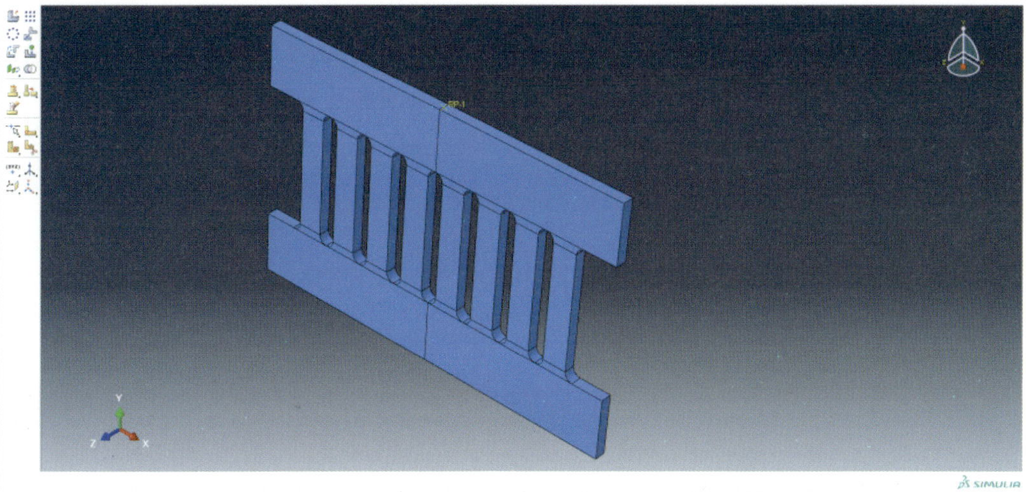

(4) Mesh (요소의 분할)

해석을 위한 요소(element)를 생성과 메쉬분할하는 단계이다. 이 단계에서는 정확한 Seed 설정(메쉬 분할을 위한 크기 설정)을 위해서 Partition 기능을 적용하여 부재의 영역을 일관되게 분할 후, 균일한 C3D8R Mesh를 생성한다.

1 Tools → Partition → Type : Cell / Method : Define cutting plane → Point & Normal (그림 ①) → Point 와 Edge 선택 (그림 ②), Create Partition → Partition 생성 확인(노란색) → Done (그림 ③), Seed → Part → Approximate global size : 3.4(그림 ④) → OK

평판(Plate)의 영역을 분할하기 위해, Partition 기능을 사용한다.

상단의 Tools → Create Partition → Type : Cell + Method : Define cutting plane 선택 →How do you want to specify the plane : Point & Normal(한 점과 한 면을 선택하여서 분할하는 기능) → Select the cells to partition : 분할하는 영역 선택 → Select a point : 아래의 그림 점 선택 → Select a normal direction(straight edge or datum axis) : 분할하고 싶은 면에 대한 수직면 선택 → 아래의 그림과 같이 분할이 된다. Partition definition complete : Create Partition

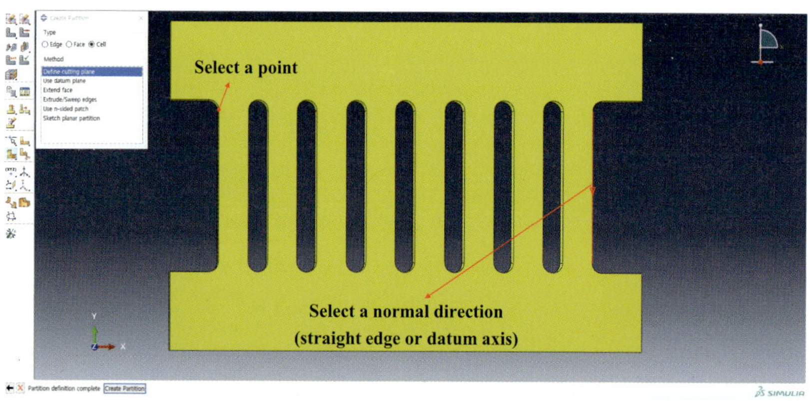

동일 방법으로, 아래의 그림과 같이 댐퍼를 분할한다.

분할을 진행되면서 댐퍼의 색이 노란색에서 녹색으로 바뀌는데, 노란색의 의미는 Mesh Seed는 적용할 수 있지만, 응력이 어느 한 곳에 집중되는 등의 문제점이 발생할 수 있으며 해석이 약간 부정확할 수 있고 녹색은 Mesh Seed의 적용이 가장 적합하다는 의미이다. 즉, Mesh Seed를 적용하는 영역이 정형적이거나 일관적일수록 가장 적합하다.

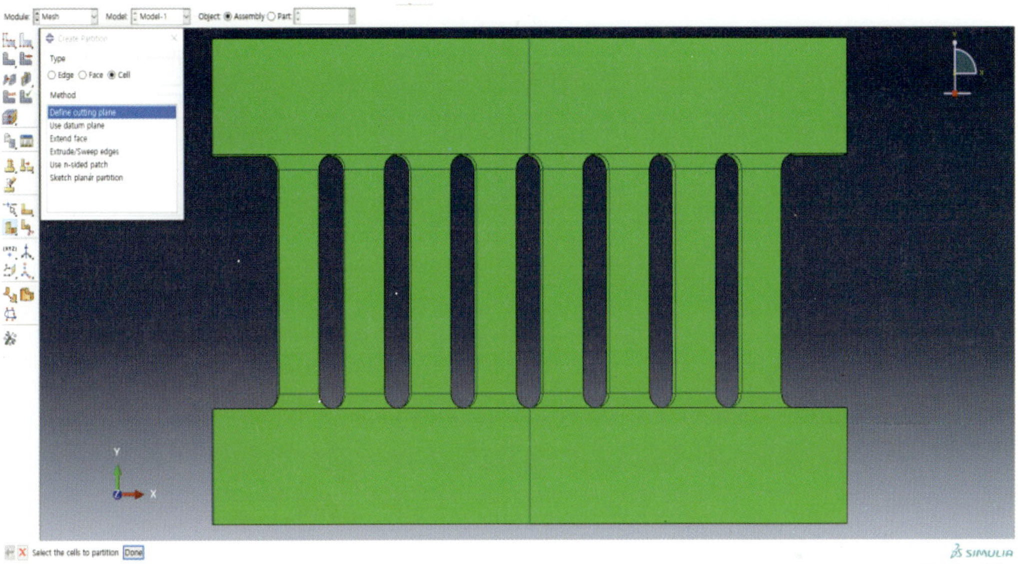

2 Mesh Seed를 설정(선택된 요소의 메쉬크기 설정, 본 예제에서는 대략 5mm)하기 위해, Seed Part Instance → Approximate global size : 5 → Apply

2 설정한 Mesh Seed를 입히기 위해 상단의 Mesh → Region → Select the regions to be meshed → 전체 선택 후 Done ↵

아래의 그림과 같이 Mesh 작업이 수행된다.

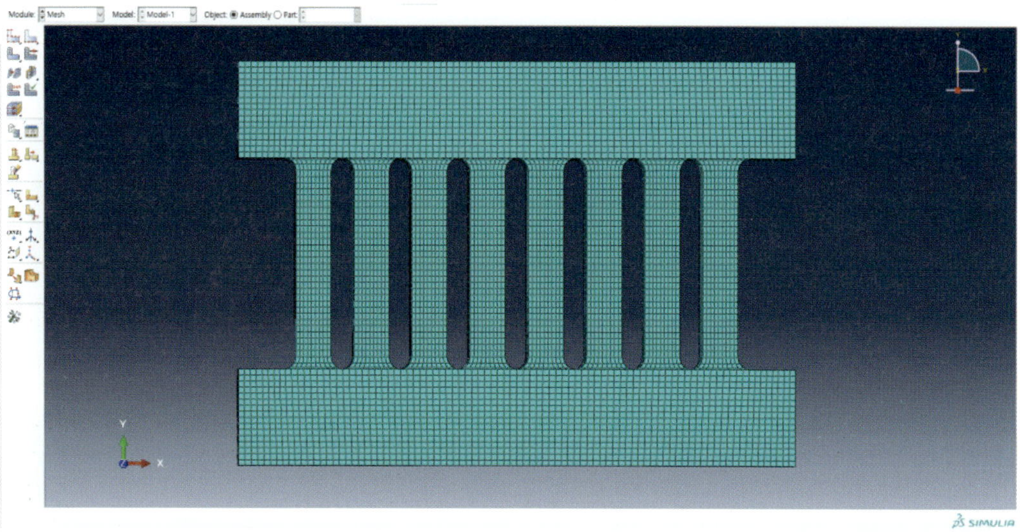

3 Element type를 설정하기 위해 상단의 Mesh → Element types → Select the regions to be assigned element types → 전체 선택 후 Done ↵

Family : 3D Stress, Reduced integration(저감적분법, C3D8R 확인) check → OK ↵

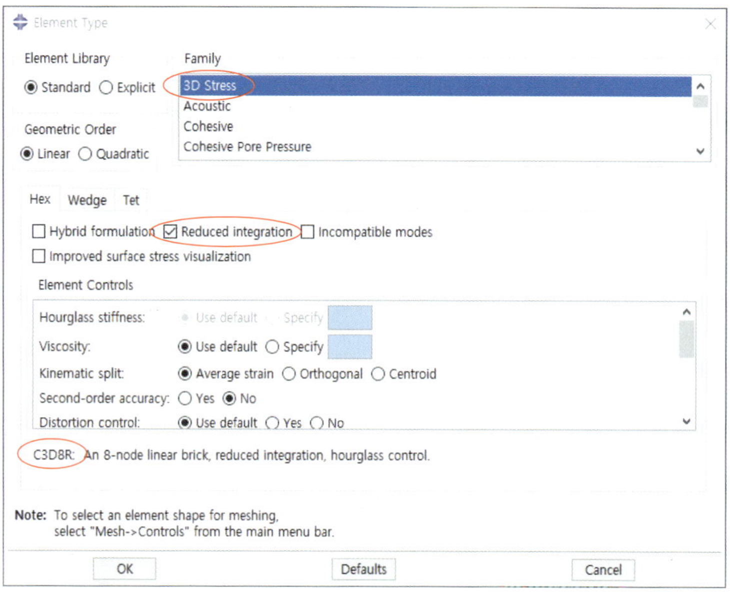

(5) Step(해석과정 설정 단계)

해석을 위한 각 과정(Step)의 단계를 정의하고, 원하는 Output을 설정하는 단계로써, 댐퍼의 경우에는 Initial, Load로 총 2단계로 구성하여 댐퍼의 해석과정을 설정한다.

1 Module/Step에서 Load 단계를 설정하기 위하여
Create Step → Name : Load,
Procedure : General / Static, General → Continue →
Edit Step/ Basic 선택 : Nlgeom(대변형 고려 기능)을 On →
Edit Step/ Incrementation 선택 : Maximum number of increments : 10000(대개 10의 배수), Increment size(initial) : 0.00001, Increment size(Minimum) : 0.000001, Increment size(Maximum) : 1 → OK (이 부분은 해석의 수렴과 발산에 영향을 줄 수 있으므로 다양한 시도를 통해 각 해석모델에 적합한 increment를 설정해야 한다)

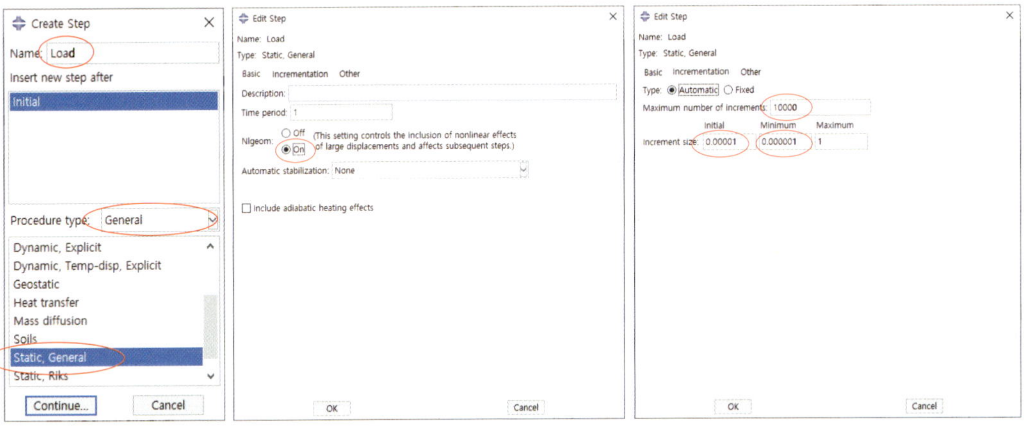

Step Manager에서 설정한 단계를 확인할 수 있다.

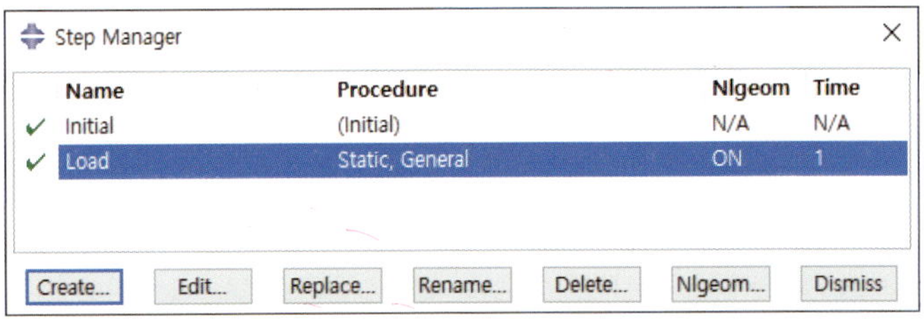

2 해석을 진행한 후에, 필요하거나 얻고자 하는 결과 값을 설정하는 Output 단계이다. Output은 크게 Field Output과 History Output이 있으며, Field Output은 모델(변형된 형상 및 응력분포 등, Contour)과 X-Y플롯을 위하여 사용되고, History Output은 X-Y플롯을 위해 사용이 된다. 먼저 Field Output의 설정은 다음과 같이 Load 단계에서 원하는 값을 선택하여서 설정을 한다.

Model Tree → Field Output Requests → Load(created) Edit → Edit Field Output Request에서 원하는 값 설정 후 → OK

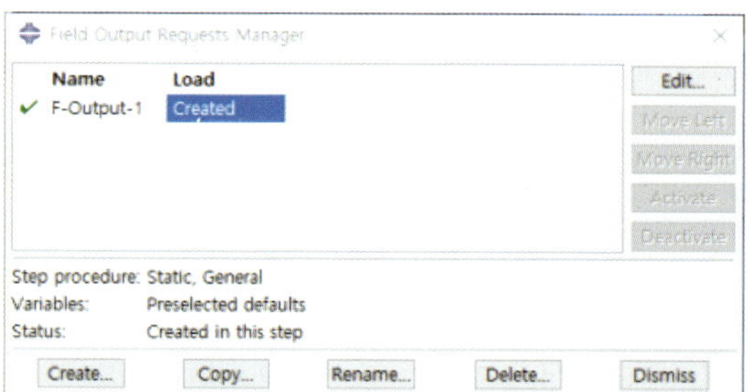

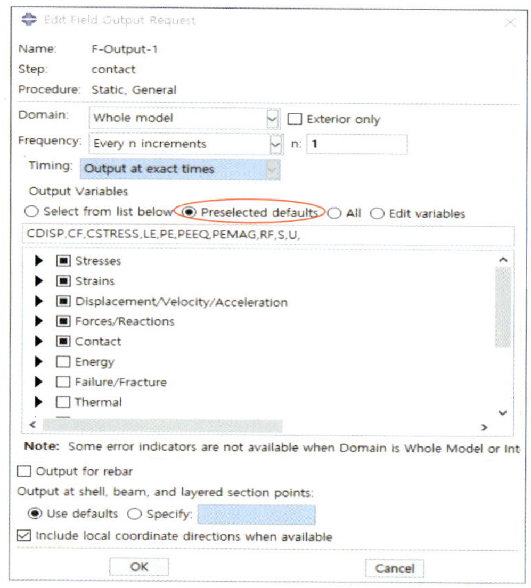

3 History Output의 경우에도 Field Output과 같이 Load 단계에서 원하는 값을 선택한다. 하지만, Domain을 Whole model인 전체를 선택하는 것이 아니라, 원하는 부분(Set)을 지정한 후 선택한다. Reference point를 Set 설정한다.

Set 설정 방법 : 상단의 메뉴에서 Tools → Set → Create → Name : RP1 → Select the geometry for the set : RP-1점 선택 → Done, 아래와 같이 Reference point를 Set으로 설정이 되었다.

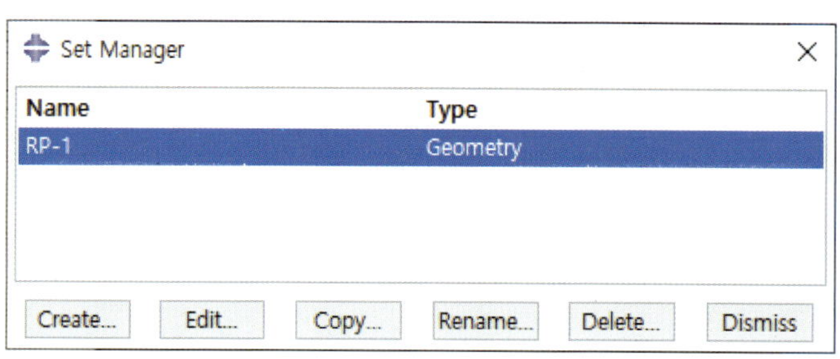

History Output을 설정하기 위하여,

Model Tree → History Output Requests→ 기존의 History Output내용은 Delete를 이용하여 삭제하고 Create를 이용하여 새로 생성한다.

Name : H-Output-1, Step : Load, Continue →

Domain : Set / RP1 선택

Output Variables에서 해석결과로부터 보고자 하는 값을 선택. (이 예제에서 댐퍼의 경우, 가력방향인 X방향의 내력과 횡변위의 변화를 추적하기 위해서, RF1과 U1의 값을 선택하였다.

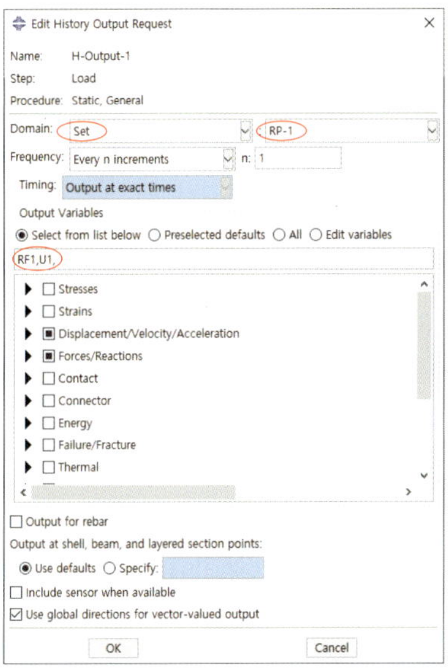

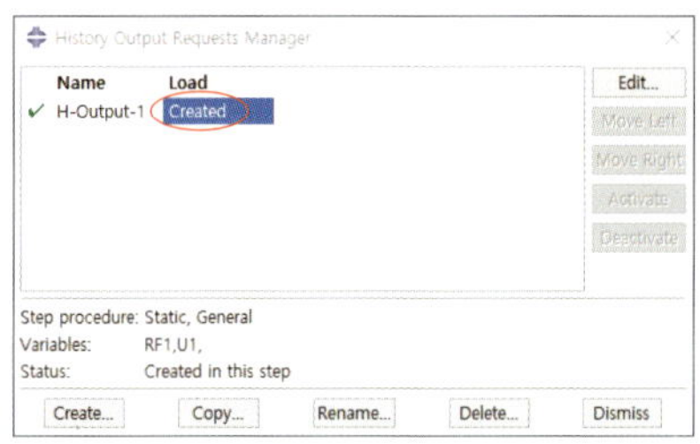

(6) Interaction(상호관계 설정)

Assembly된 Part들의 접합 및 접촉에 대하여 정의하는 단계이며 Interaction Module로 이동한 다. 다수의 Part가 존재하는 경우 Part들이 서로 만나는 부분에 대하여 각각 정의하여야 하지만 댐퍼의 경우 단일 Part이므로 접합 및 접촉에 대한 정의가 요구되지 않는다. 하지만 반복 횡력을 가했을 때 발생하는 변위와 하중을 쉽게 파악하기 위하여 Reference Point(RP-1)와 댐퍼 상부면을 강체(Rigid body)로 연결시켜야 한다.

1 Module/ Interaction 선택

Create Constraint → Name : Load_Surface,

Type : Rigid body → Tie (nodes),

마우스 커서 선택 → 댐퍼 상부면을 선택 → Done ↵

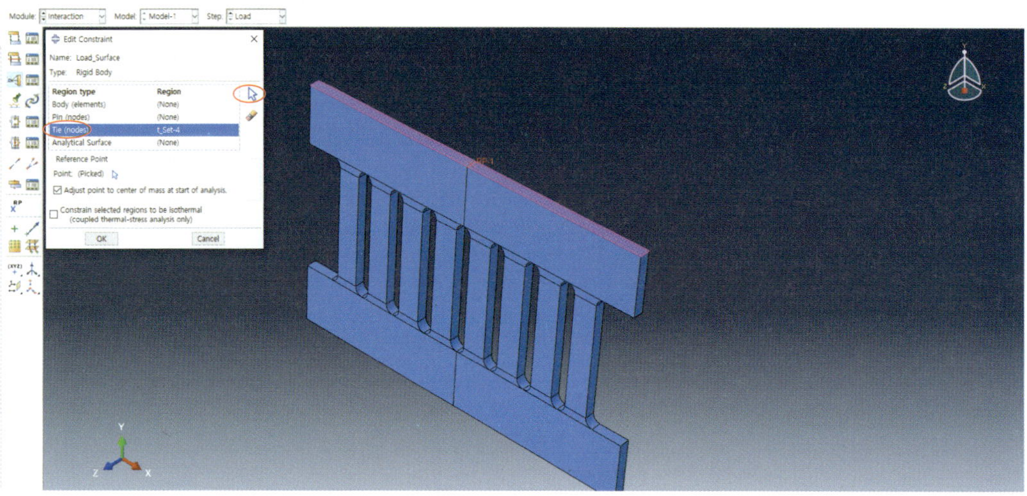

Reference Point/Adjust point to center of mass at start of analysis 체크,

마우스 커서 선택 → RP-1 선택 → OK ↵

(선택된 댐퍼 상부면과 RP-1를 연결하여 같이 거동할 수 있도록 설정이 완료된다)

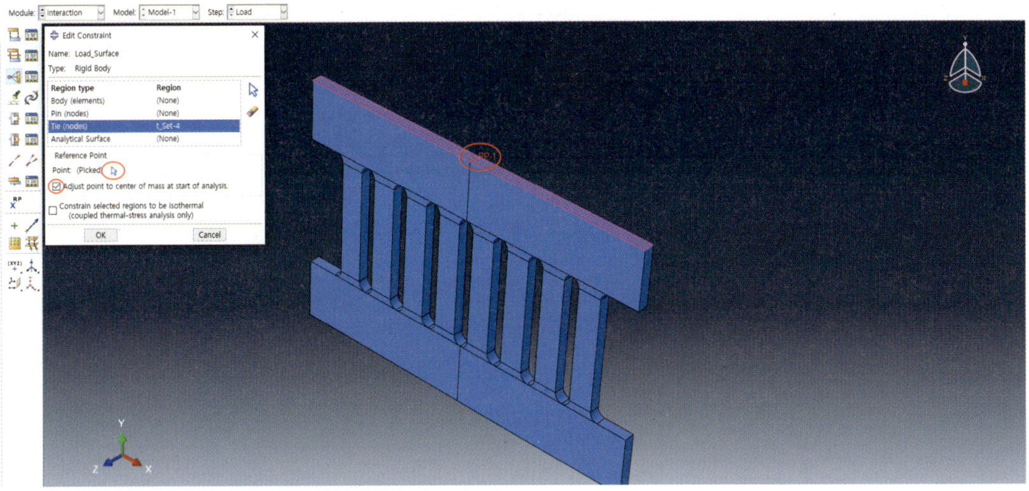

(7) Load (경계조건 및 하중조건 정의)

모델링하고자 하는 대상 구조물의 경계조건(Boundary conditions)을 정의하고 하중(Load)을 입력하는 단계이며 Load Module로 이동한다. 경계조건은 3차원 전체좌표축을 기준으로 설정할 수 있으며 각각의 Part 또는 다수의 Part에 대하여 적용이 가능하다. 하중의 경우 값을 직접 입력하는 하중제어 조건과 변위를 입력하는 변위제어 조건을 적용할 수 있다. 댐퍼의 경우 항복점을 넘어서 비선형 거동까지 확인하여야 하므로 변위제어 조건이 적합하다.

1 Model Tree(또는 Module/ Load 선택) → BCs 마우스 왼쪽버튼 더블클릭
Name : Fixed + Step : Initial, Category : Mechanical / Type for Selected Step : Displacement/ Rotation → Continue → 댐퍼 하부면을 선택 → Done → U1, U2, U3 체크 → OK ↵
(댐퍼하부면의 1(X), 2(Y), 3(Z)방향 변위 모두 구속조건 설정된다)

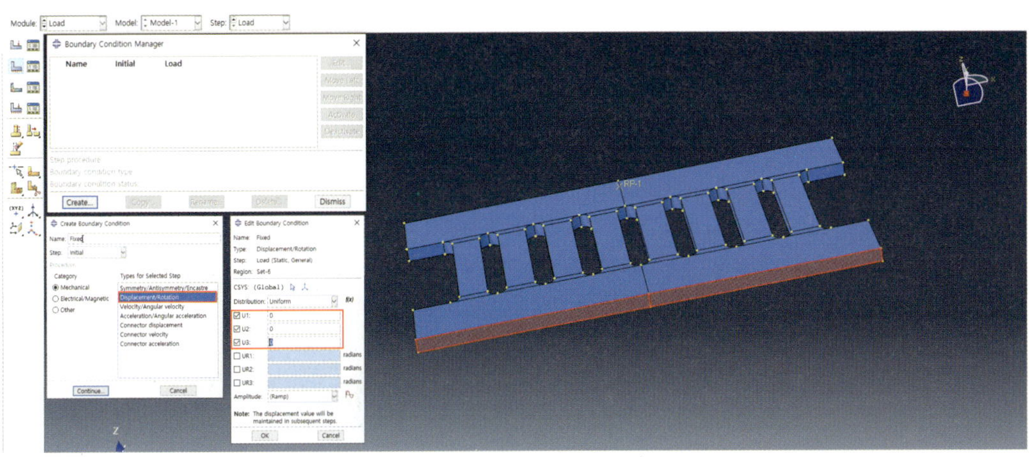

2 Model Tree → BCs 마우스 왼쪽버튼 더블클릭

Name : R Fixed + Step : Load,

Category : Mechanical / Type for Selected Step : Displacement/Rotation → Continue →

댐퍼 측면을 선택 → Done → U3 체크 → OK

(댐퍼측면의 3(Z)방향 변위 구속조건 설정된다. 하중직각방향의 면외변형 구속)

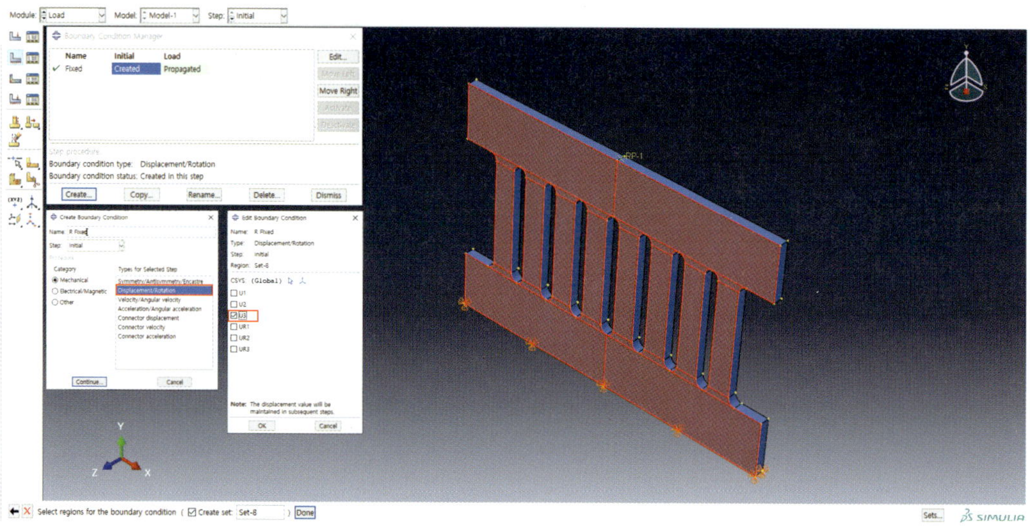

2 Model Tree → BCs 마우스 왼쪽버튼 더블클릭

Name : Load + Step : Load,

Category : Mechanical / Type for Selected Step : Displacement/Rotation → Continue →

댐퍼 상부면 선택 → Done → U1 체크,

반복하중을 적용해야 하므로 Create Amplitude →

Name : Amp-1 / Type : Tabular → Edit Amplitude : 적용하고자하는 Amplitude Data 입력 → Amp-1적용 → OK (실험 시 적용한 하중프로토콜을 입력한다, 동일변위 10mm로 인장, 압축 반복가력)

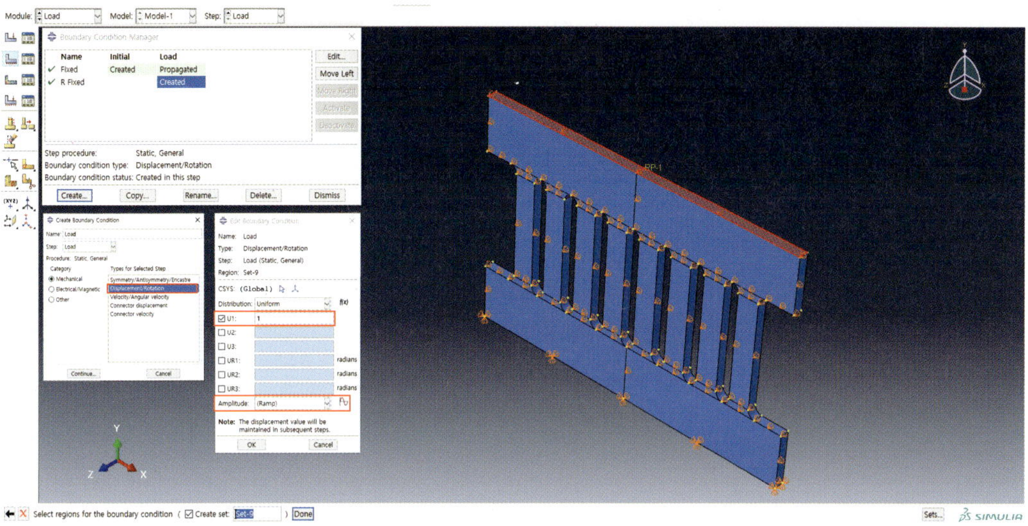

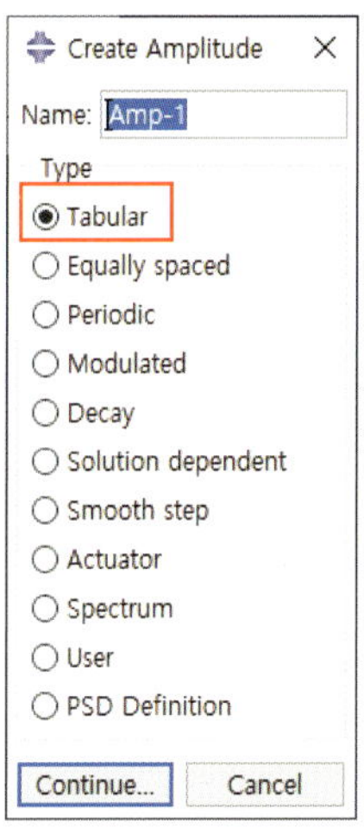

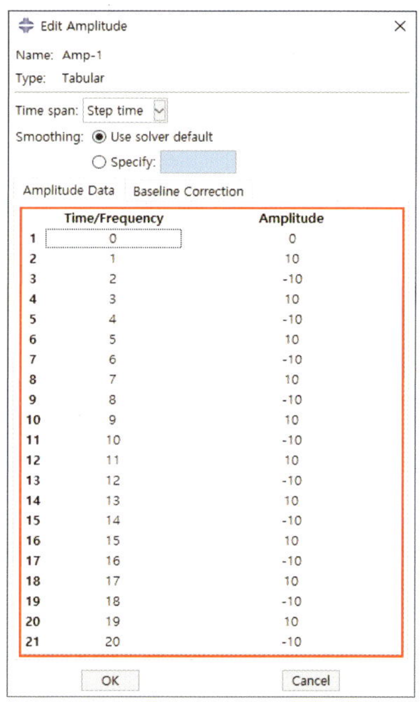

	Time/Frequency	Amplitude
1	0	0
2	1	10
3	2	-10
4	3	10
5	4	-10
6	5	10
7	6	-10
8	7	10
9	8	-10
10	9	10
11	10	-10
12	11	10
13	12	-10
14	13	10
15	14	-10
16	15	10
17	16	-10
18	17	10
19	18	-10
20	19	10
21	20	-10

여기서, Load 단계의 Time period를 Amplitude Data의 개수만큼 동일하게 입력해준다.

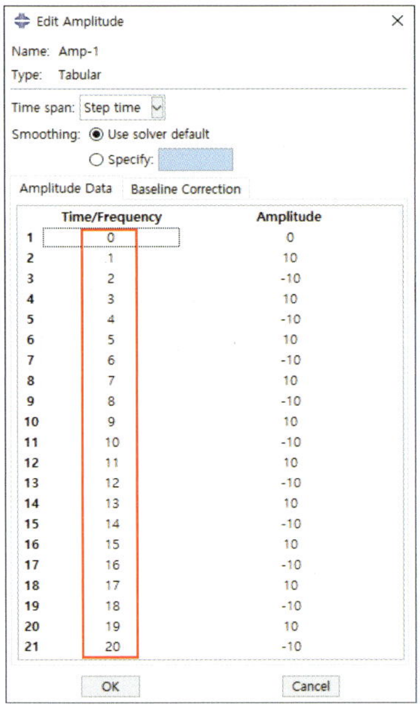

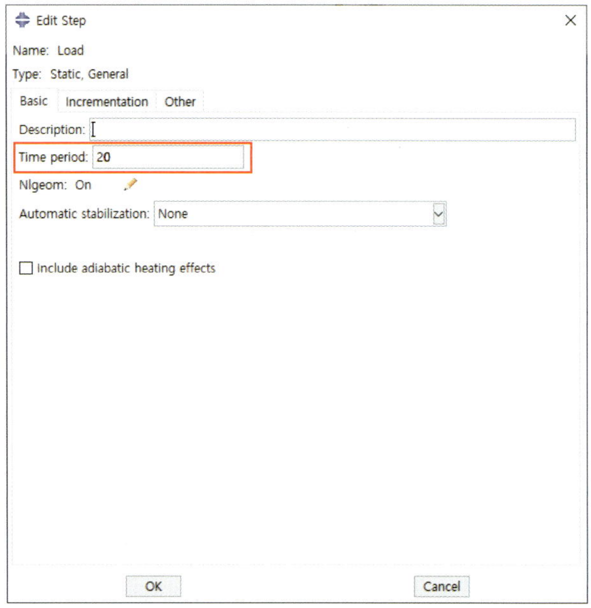

(8) Job (해석진행 단계)

해석을 실행하고 모니터링하는 단계이다.

1 해석을 진행하기 위해서

Model Tree (또는 Module/Job 선택) → Jobs 마우스 왼쪽버튼 더블클릭

Name : Damper / Model-1 선택 → Continue → OK

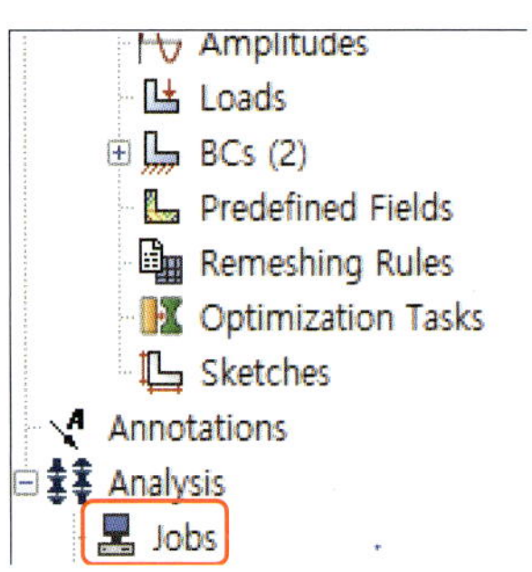

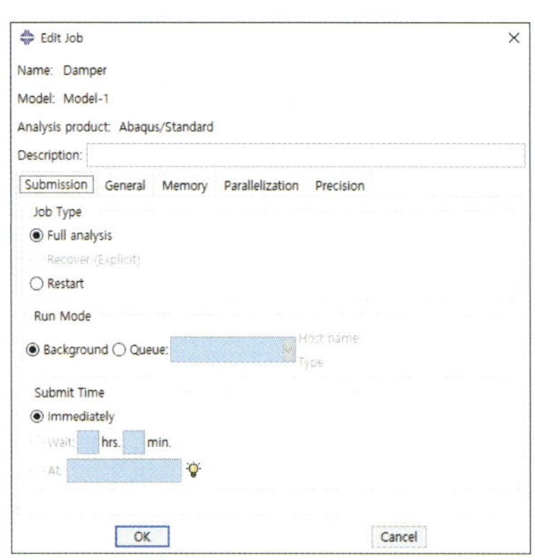

아래와 같은 해석 Monitoring Table이 생성된다.

Write Input의 기능은 ABAQUS input 파일인 Damper.inp 파일을 생성할 수 있고 Submit은 해석을 요청하여 진행하는 기능이고 Monitor는 해석 진행 중 진행 상황을 실시간으로 확인이 가능하며 Results는 해석이 완료된 후 결과를 볼 수 있는 기능이다.

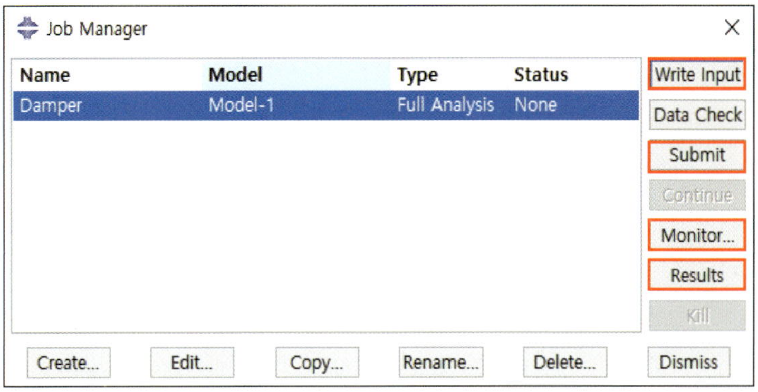

2 Submit을 이용하여 해석을 진행한다.

Model Tree → Jobs → Damper → Monitor → 해석 진행상황 확인

(해석의 수렴 및 발산 여부를 확인할 수 있고 해석이 발산되면 Errors나 Warnings 메시지를 확인하여 수렴이 될 수 있도록 조치를 취한다)

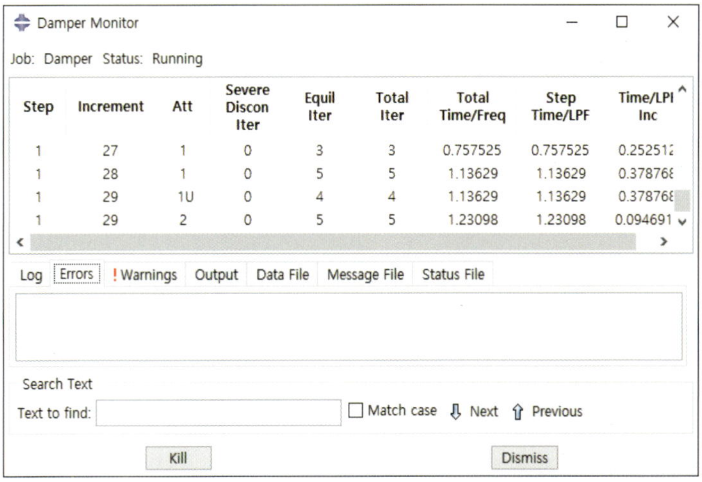

4.1.3 해석결과 확인

(1) Visualization (Output 확인)

해석결과를 통해서 원하는 데이터를 얻고, 모델링한 대상 구조물의 Output을 확인하는 단계이며 Job Manager에서 Results를 선택하면 자동으로 Visualization Module로 이동한다. 해석결과 파일의 확장자명은 odb 형식이다. 이때 Output은 Step의 Field Output과 History Output 에서 선택한 항목에 대해서만 결과가 도출되므로 추가적인 Output이 필요할 경우 Step에서 추가 선택하여 재해석을 진행해야 한다.

1 Job Manager → 해석 완료 후 Results 선택

Model Tree → Jobs 마우스 왼쪽버튼 클릭 → Results 클릭하여 Completed 확인

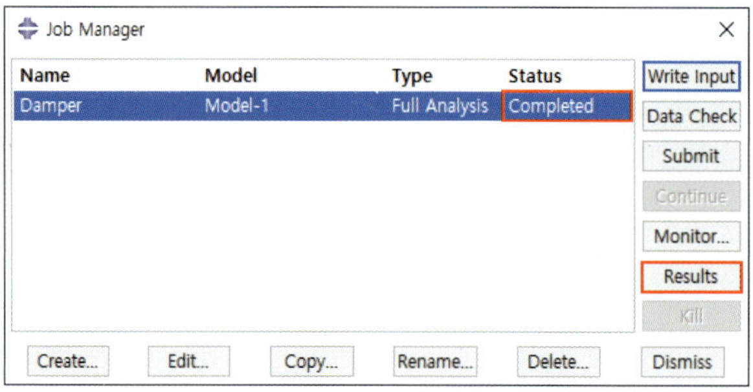

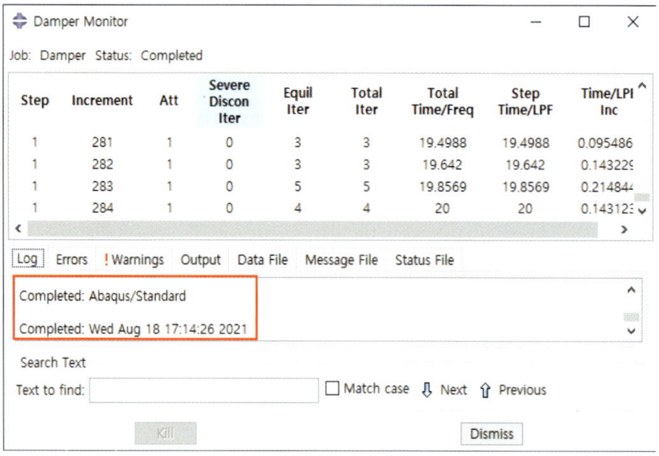

2 Model Tree → Jobs → Damper 마우스 우측버튼 클릭

Results → 상단의 Step/Frame → 시간이력에 따른 파단결과 확인

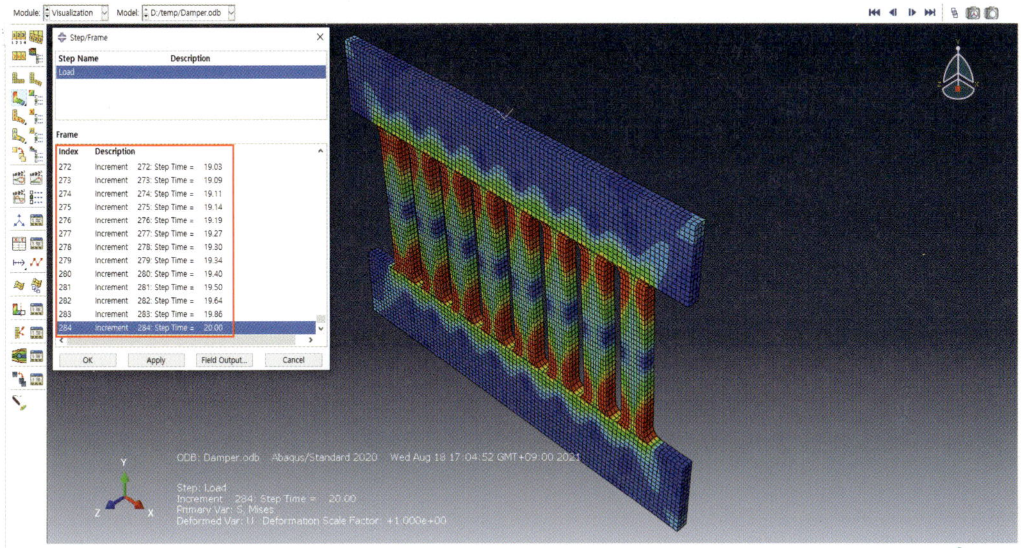

SIMULIA

3 Plot Contours on Deformed Shape → von Mises 응력결과가 도출됨

상부 항목에 있는 Field Output에서 확인하고자 하는 결과를 선택

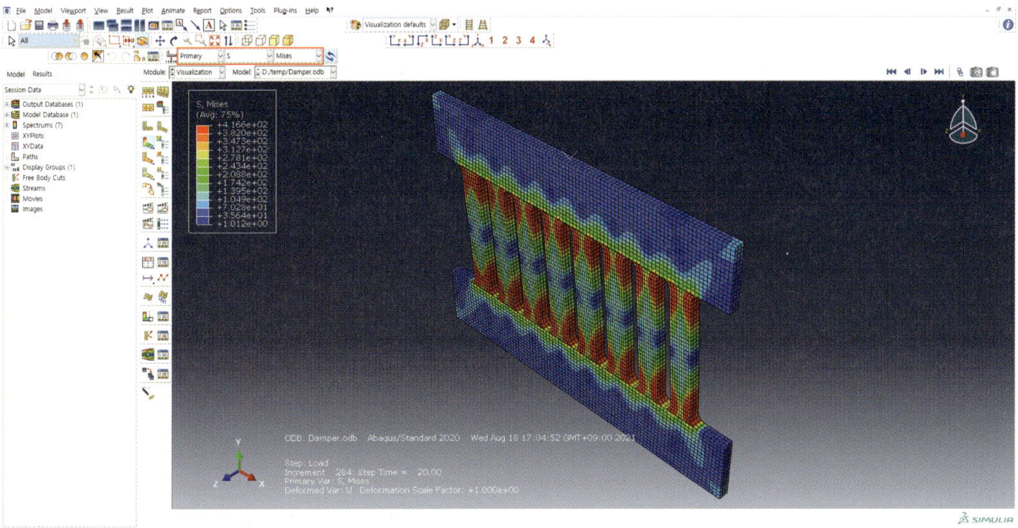

SIMULIA

4 X-Y plot을 하기 위해

상단의 Tools → XY Data → Create → Create XY Data / Source : ODB history output, Continue, 모두 드래그하여 Plot하면 아래와 같은 그래프가 도출된다.

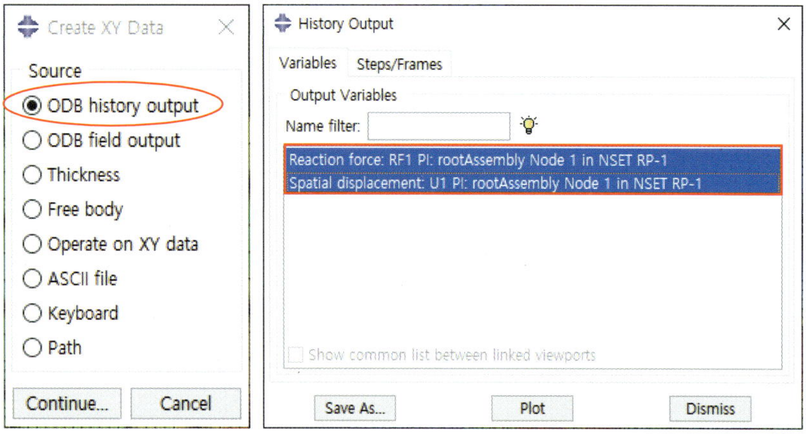

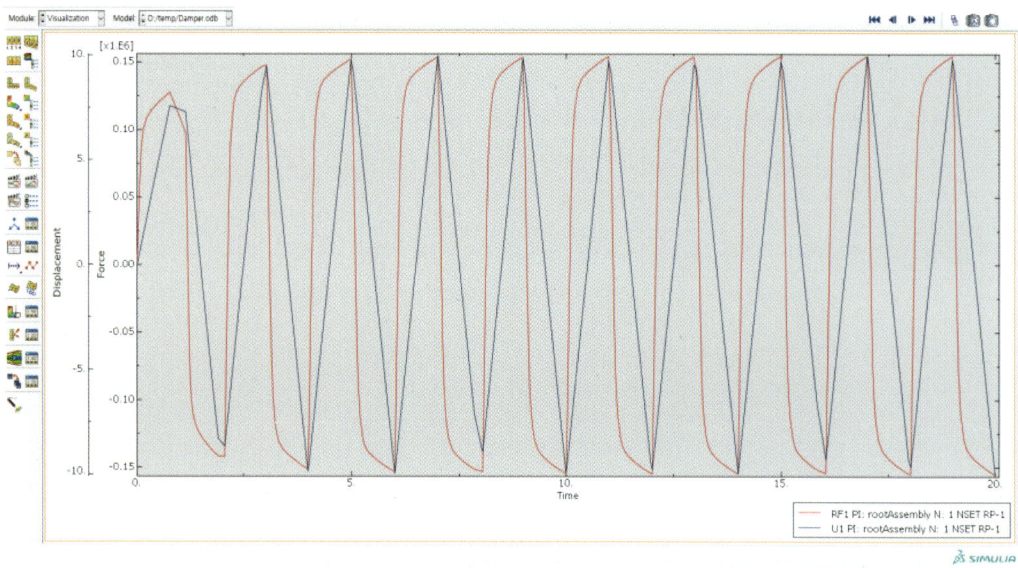

(2) Output 정리

History Output의 결과 값을 이용하여 지정한 점의 응력-변형률 결과를 얻을 수 있다.

1 상단의 Tools → XY Data → Manager → Plot한 데이터가 존재하며 Edit을 이용하면 나열된 값을 얻을 수 있다.

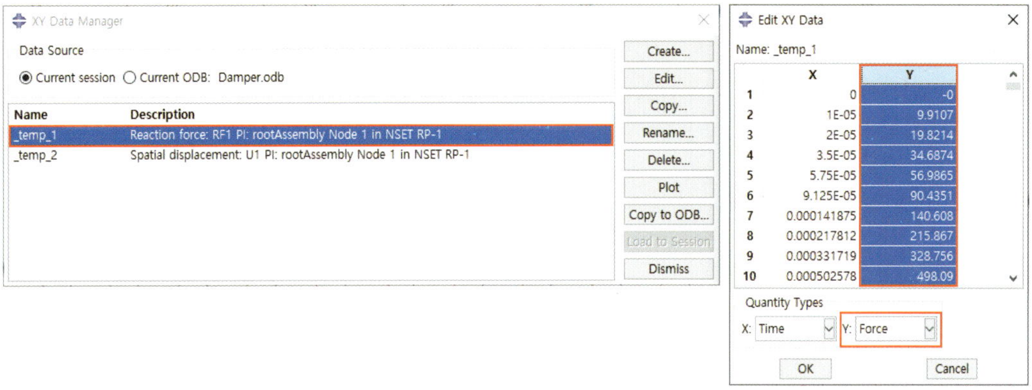

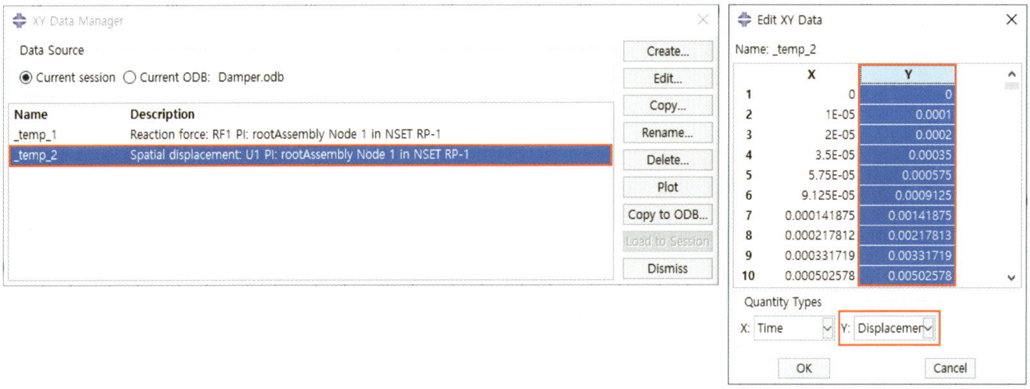

2 위 두 반력(reaction force RF1)과 변위(Spatial displacement U1) 데이터를 복사하여 엑셀에 붙여넣기 → 하중 및 변위 데이터 정리 → 그래프로 Plot 가능

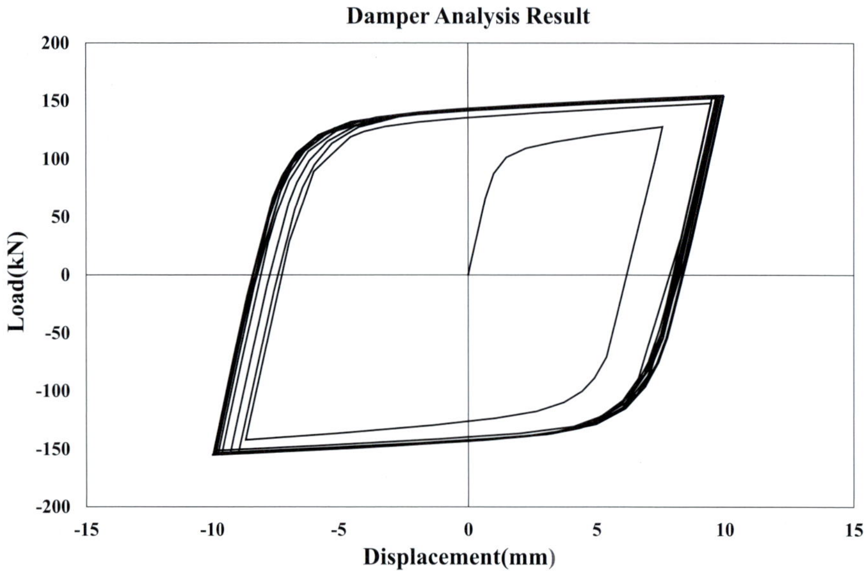

References

[1] Hwang, B.K., Kim, T.S., Kim, Y. J. & Kim, J.W. (2022) A comparative study on hysteretic characteristics of austenitic stainless steel and carbon steel slit dampers under cyclic loading, *Journal of Building Engineering*, 45:103553.

[2] Park, H.Y, & Oh, S.H (2020) Structural performance of beam system with T-stub type slit damper, Engineering Structures, 205:109858.

[3] Kim, J.K, & Jeong, J.Y. (2016) Seismic retrofit of asymmetric structures using steel palte slit dampers, *Journal of Constructional Steel Research*, 120:232-244.

[4] Lee, C.H., Lho, S.H., Kim, D.H., Oh, J.T. & Ju, Y.K. (2016) Hourglass-shaped strip damper subjected to monotonic and cyclic loadings, Engineering Structures, 119:122-134.

[5] Lee, C.H., Ju, Y.K., Min, J.K., Lho, S.H. & Kim, S.D. (2015) Non-uniform steel strip dampers subjected to cyclic loadings, *Engineering Structures*, 99:192-204.

[6] Oh, S.H., Kim, Y.J., & Ryu, H.S. (2009) Seismic performance of steel structures with slit dampers, *Engineering Structures*, 31:1997-2008.

4.2 강구조물 시간이력해석

4.2.1 개요

1 일반적으로 내진해석 방법은 등가정적해석법과 동적해석법으로 나누어진다. 등가정적해석법(Equivalent Static Analysis)은 구조물에 작용하는 지진하중을 정적인 횡력으로 가정하여 단순화 시킨 해석법이다. 동적해석에 비해 시간과 비용이 적게 드는 장점이 있어 주로 저층 구조물에 사용되지만, 공진효과를 반영하지 못하기 때문에 고층건물이나 비정형 건축물의 해석에는 적합하지 않다.

2 동적해석법은 응답 스펙트럼 해석(Response Spectrum Anlaysis)과 시간 이력해석(Time History Analysis)등이 있으며, 그중 시간이력 해석은 내진설계보다는 구조물의 내진성능 평가에 사용되는 방법이다. 지진에 의한 지반의 움직임을 해석에 반영하여 구조물의 성능을 정밀하게 평가할 수 있다는 장점이 있다.

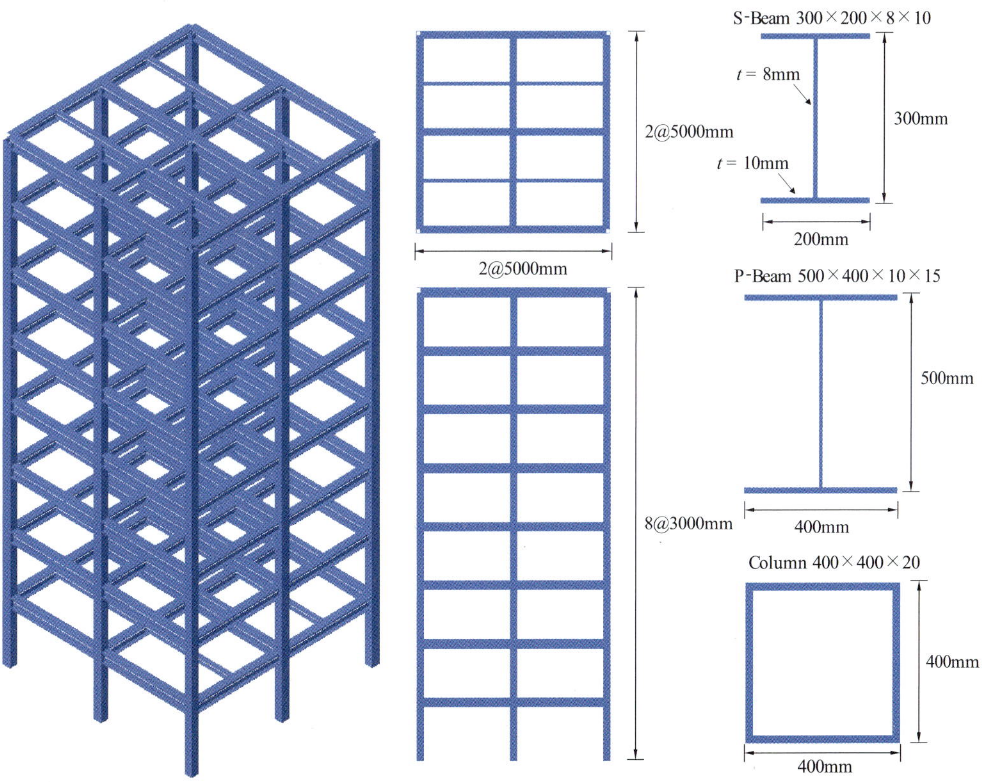

4.2.2 형상 모델링

(1) Part (부재 생성)

휨 하중에 의한 응력분포를 분석하기 위하여 H형보를 Deformable Part로 정의하고 해석결과에 큰 영향을 주지 않는 요소인 Hinge 및 Load bearing는 Discrete rigid로 정의하여 해석시간 및 접촉 조건을 최소화한다.

1 Model Tree → Part 마우스 우측버튼 클릭 → Create → Name : Column + Modeling Space : 3D + Type : Deformable + Base Feature/Shape : Wire, Type : Planar → Continue → 아래 그림처럼 형상·치수에 맞게 Sketch → Done → Column Part 생성 확인 (길이 3000mm인 기둥 생성)

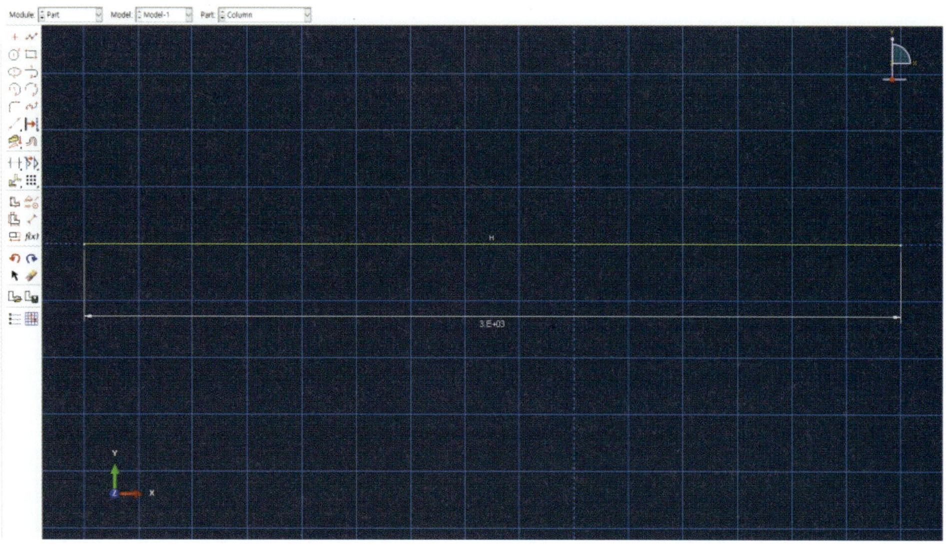

2 Model Tree → Part 마우스 우측버튼 클릭 → Create → Name : P-Beam + Modeling Space : 3D + Type : Deformable + Base Feature/Shape : Wire, Type : Planar → Continue → 아래 그림처럼 형상 · 치수에 맞게 Sketch → Done → P-Beam Part 생성 확인 (길이 5000mm인 큰 보 생성)

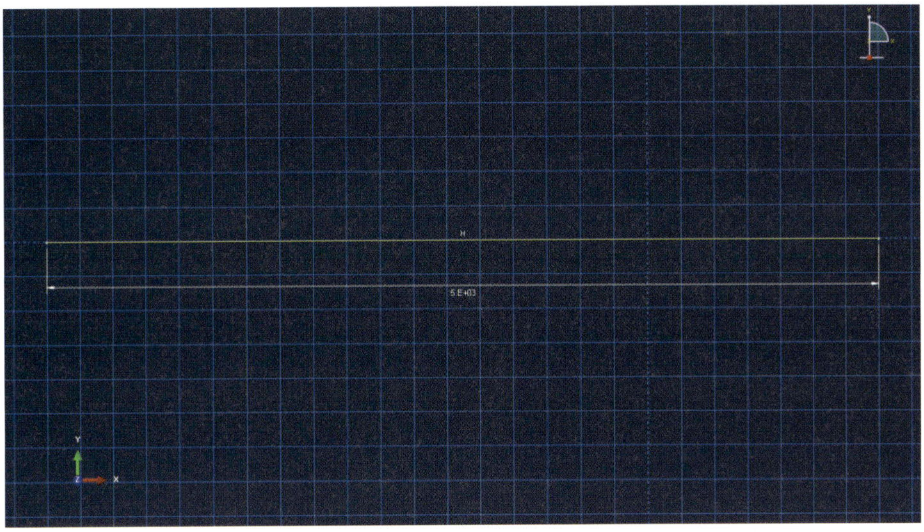

3 Model Tree → Part 마우스 우측버튼 클릭 → Create → Name : S-Beam + Modeling Space : 3D + Type : Deformable + Base Feature/Shape : Wire, Type : Planar → Continue → 아래 그림처럼 형상 · 치수에 맞게 Sketch → Done → S-Beam Part 생성 확인 (길이 5000mm인 작은 보 생성)

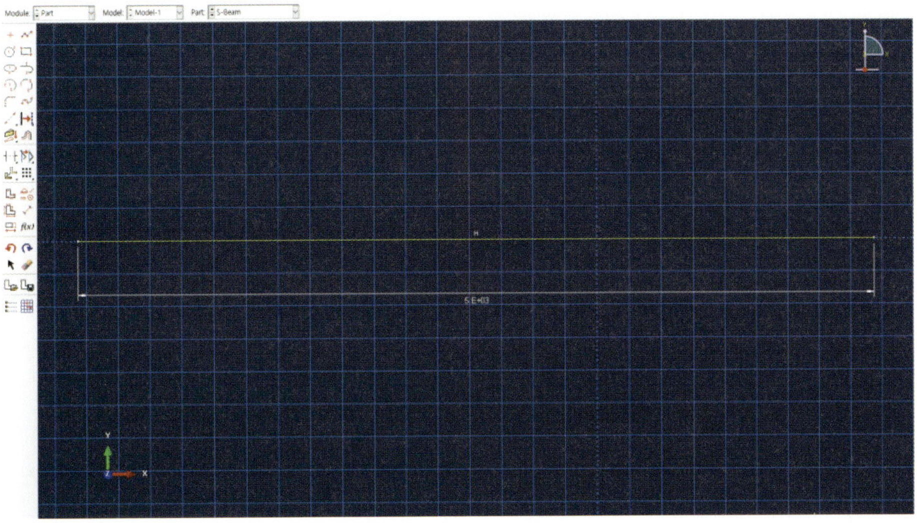

(2) Property (재료물성 정의)

2.1절의 일반구조용강재인 SS275의 재료물성(탄성계수 205,000MPa, 포아송비 0.3)을 입력한다.

1. Model Tree → Materials 마우스 좌측버튼 더블클릭 → General → Density → Mass Density : 7.8E-09 → Mechanical → Elastic → Young's Modulus : 205000 + Possion's Ratio : 0.3 → Plastic 선택 후 아래와 같이 입력

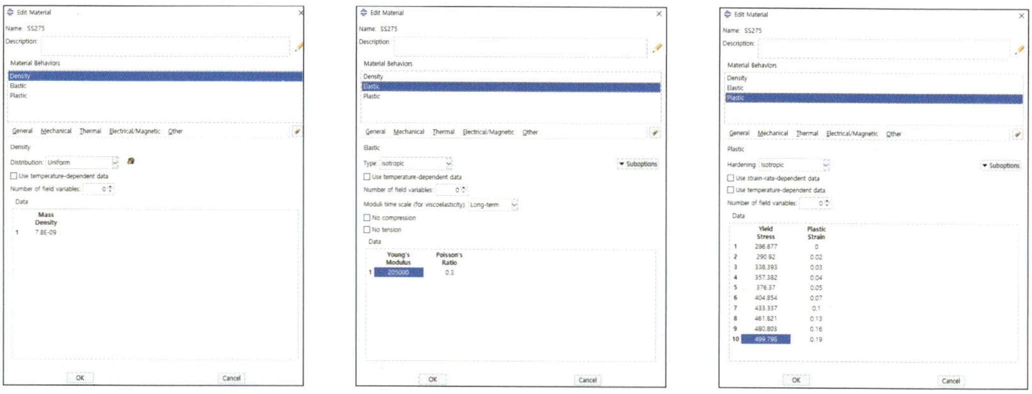

2. Model Tree → Profiles → Name : Column + Shape : Box → Continue → Width (a) : 400 + Height (b) : 400 + Thickness : Uniform + Thickness : 20 → OK → Column Profile 생성 확인

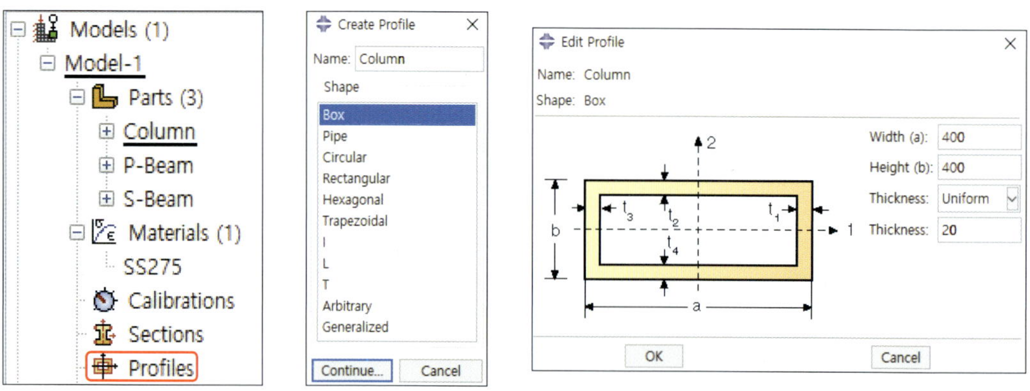

3 Model Tree → Profiles → Name : P-Beam + Shape : I → Continue → l : 250 + h : 500 + b1 : 400 + b2 : 400 + t1 : 15 + t2 : 15 + t3 : 10 → OK → P-Beam Profile 생성 확인

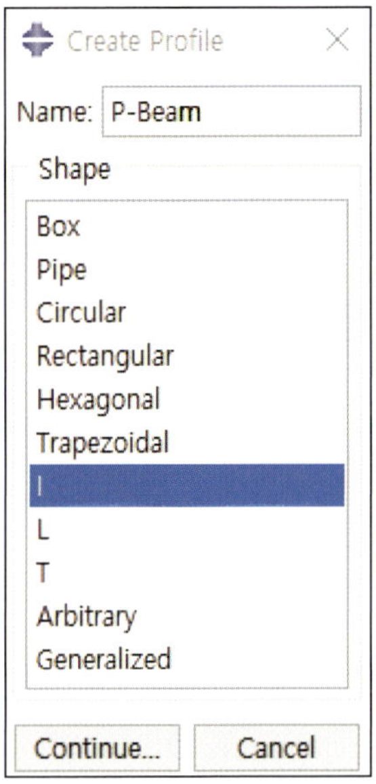

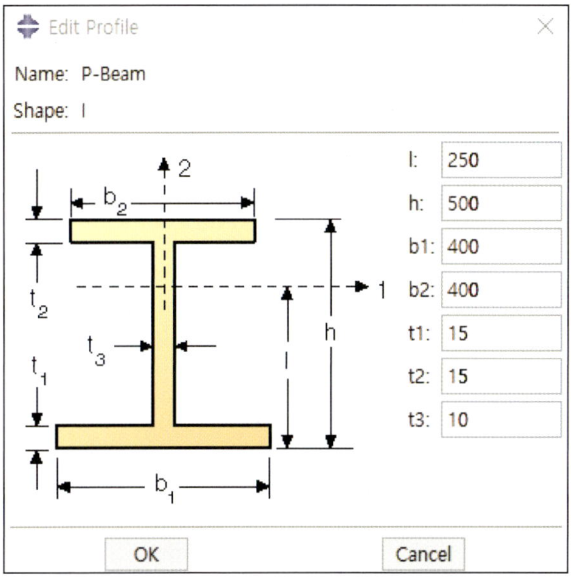

4 Model Tree → Profiles → Name : S-Beam + Shape : I → Continue → l : 150 + h : 300 + b1 : 200 + b2 : 200 + t1 : 10 + t2 : 10 + t3 : 8 → OK → S-Beam Profile 생성 확인

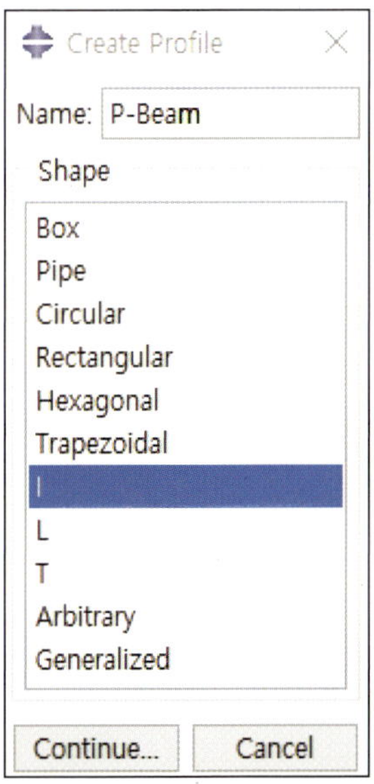

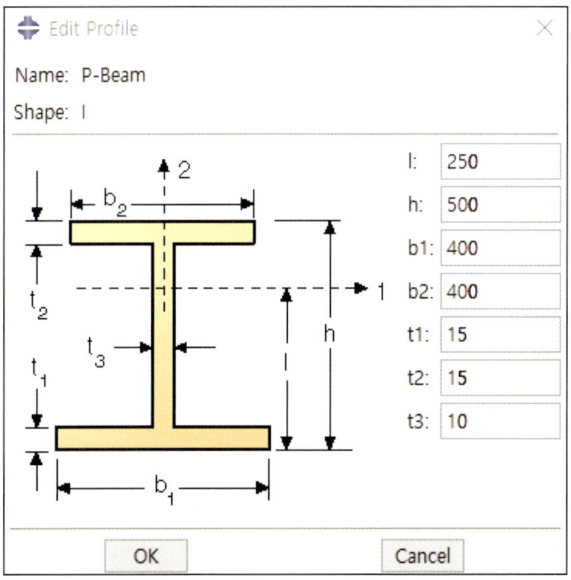

5 Model Tree → Sections → Name : Column + Category : Beam + Type : Beam → Continue → Profile name : Column + Material name : SS275 + Section Poission's ratio : 0.3 → OK → Column Secion 생성 확인

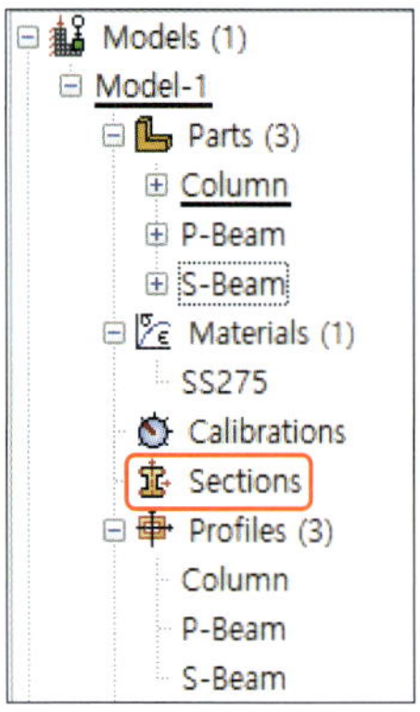

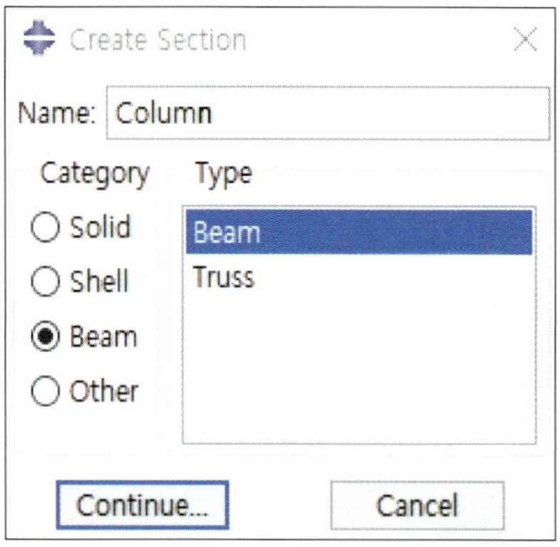

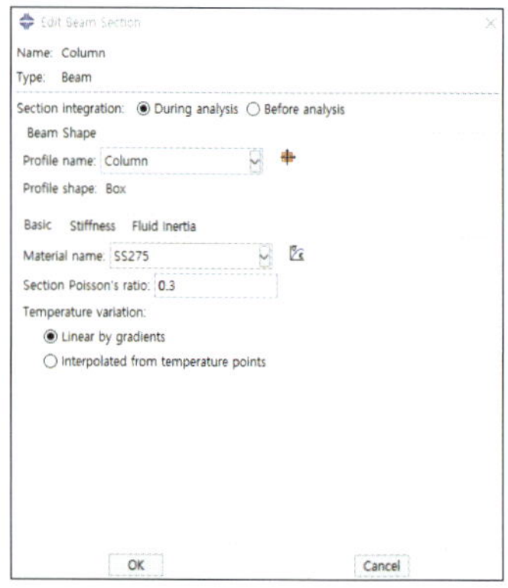

6 Model Tree → Sections → Name : P-Beam + Category : Beam + Type : Beam → Continue → Profile name : P-Beam + Material name : SS275 + Section Poission's ratio : 0.3 → OK → P-Beam Secion 생성 확인

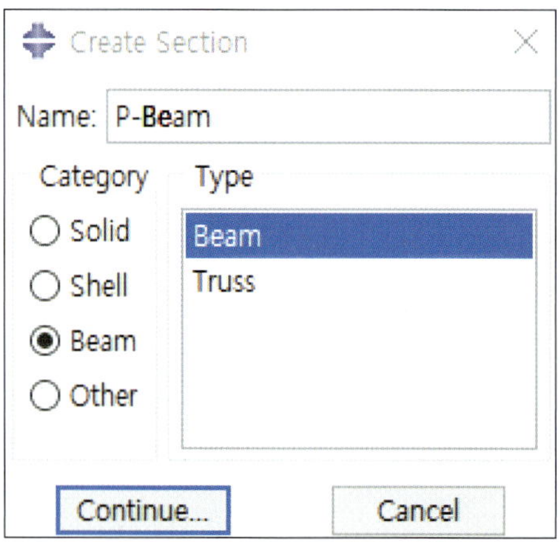

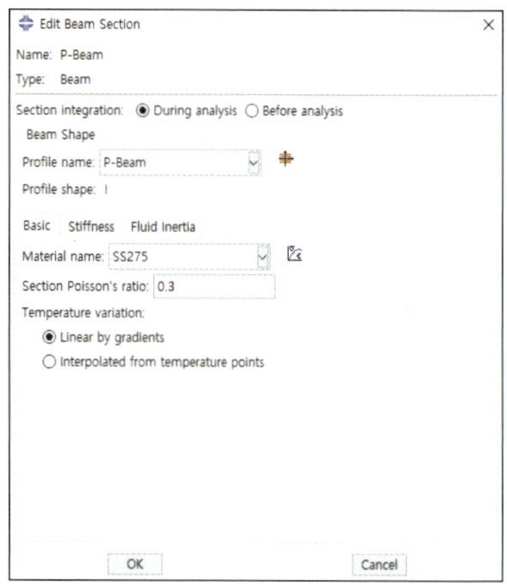

7 Model Tree → Sections → Name : S-Beam + Category : Beam + Type : Beam → Continue → Profile name : S-Beam + Material name : SS275 + Section Poission's ratio : 0.3 → OK → S-Beam Secion 생성 확인

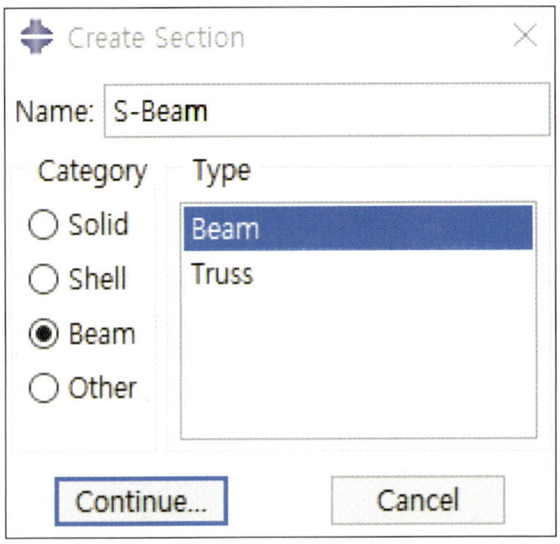

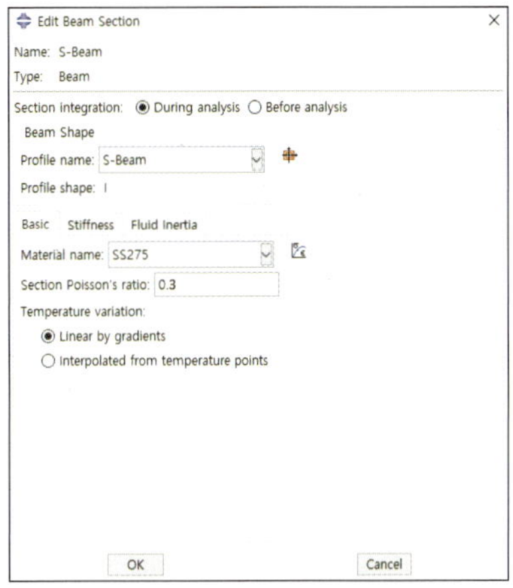

(3) Assembly (Part의 조립)

1 Model Tree → Assembly → Instances 마우스 좌측버튼 더블클릭 → Create instances from : Parts + Parts : Column, P-Beam 선택 → Auto-offset from other instances 선택 → OK → 생성된 instance 확인 (Column-1, P-Beam-1)

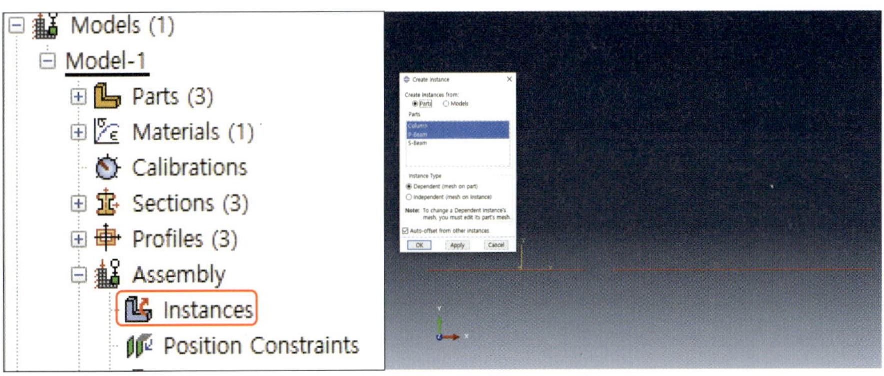

2 Instance → Rotate → Column-1 선택 (그림 1) → Z축 선택 → Angle of rotation : 90 → Ok (그림 2) → Done → Instance → Translate → Column-1의 Point 선택 (그림 3) → Enter X,Y,Z : 0,0,0 → Ok → Done → 좌표계 확인 (그림 4)

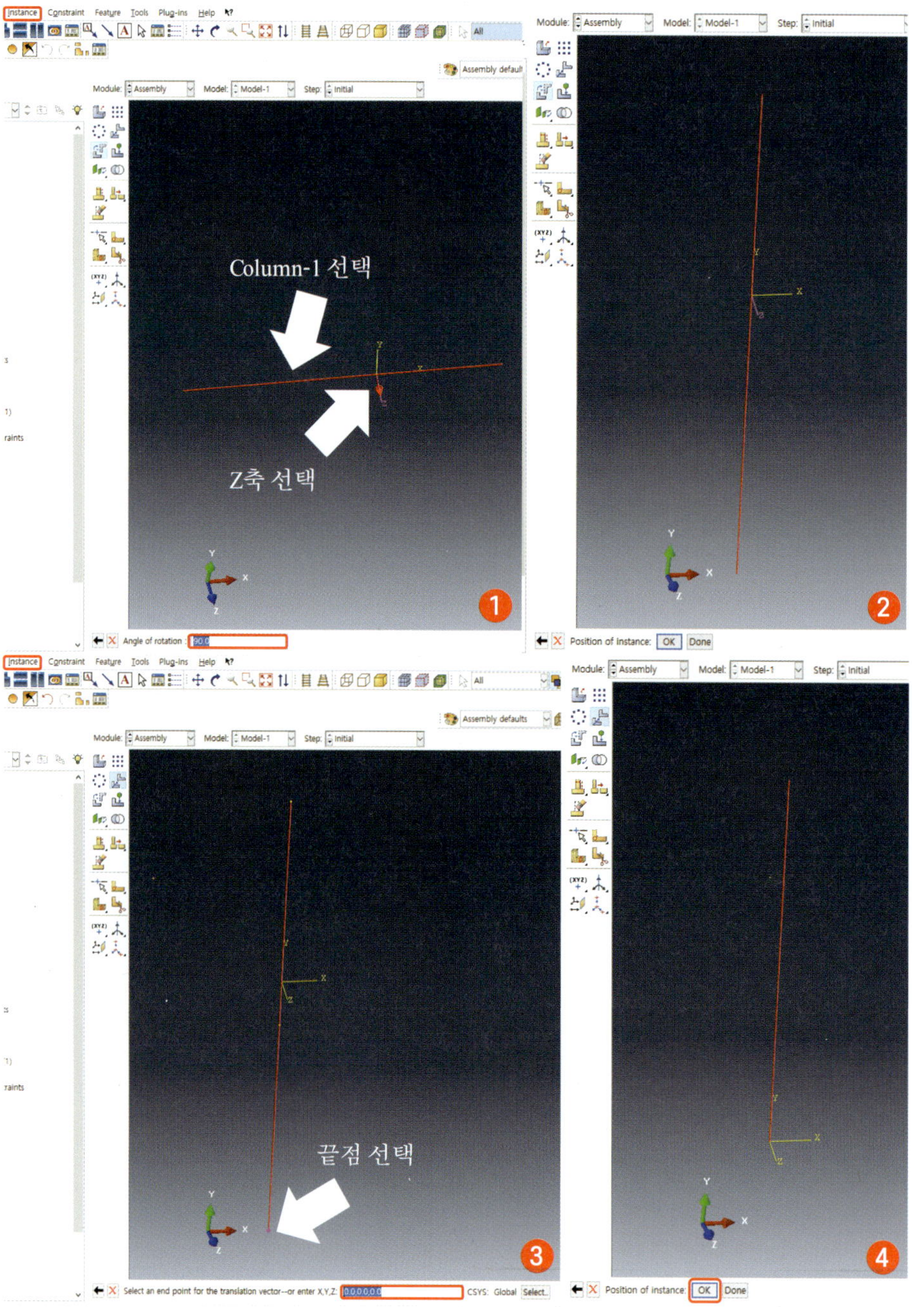

3 Instance → Translate → P-Beam-1의 선택 (그림 ❶) → Done → P-Beam-1의 Point 선택 → Column-1의 Point 선택 → Ok (그림 ❷)→ Done

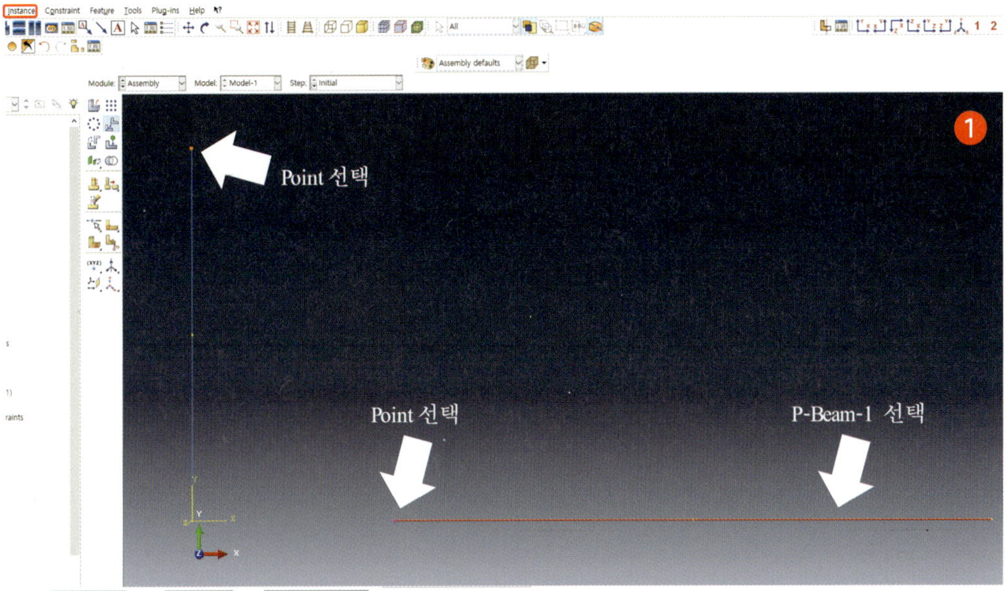

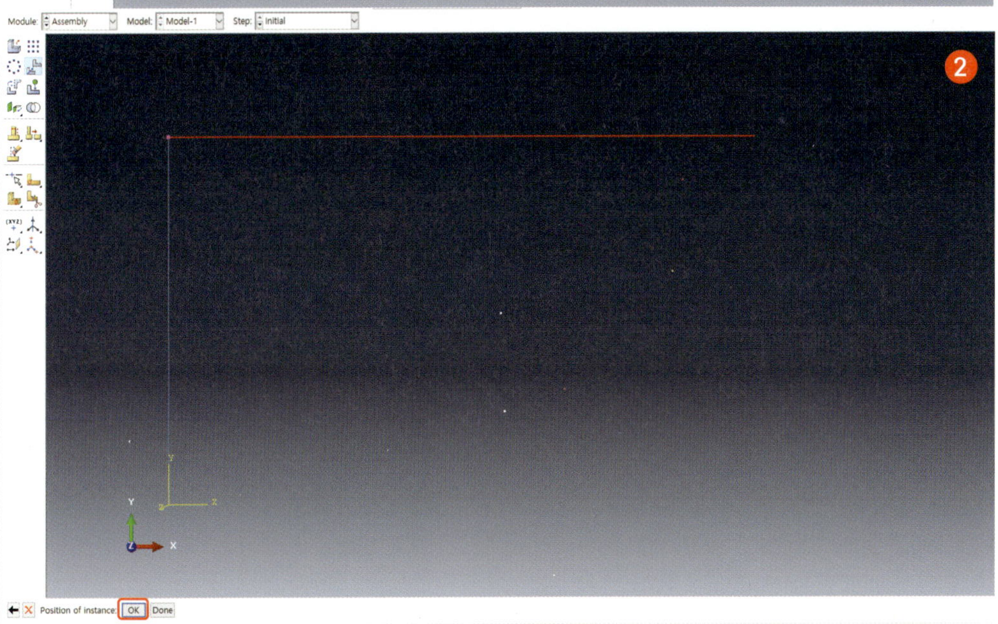

4 Instance → Linear Pattern → Column-1 선택 (그림 ❶) → Done → Direction 1, Number : 3 + Offset : 5000 + Direction 2, Number : 3 + Offset : 5000 → Direction 2 화살표 클릭 (그림 ❷) → Z축 선택 → Ok → 생성된 기둥 Instances 확인

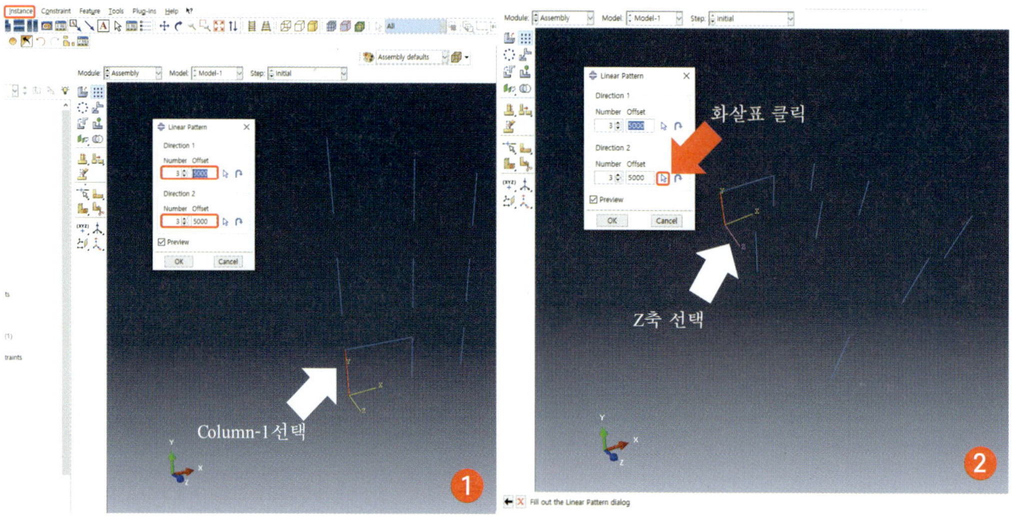

5 Instance → Linear Pattern → P-Beam-1 선택 (그림 ❶) → Done → Direction 1, Number : 2 + Offset : 5000 + Direction 2, Number : 3 + Offset : 5000 → Direction 2 화살표 클릭 (그림 ❷) → Z축 선택 → Ok → 생성된 큰 보 Instances 확인

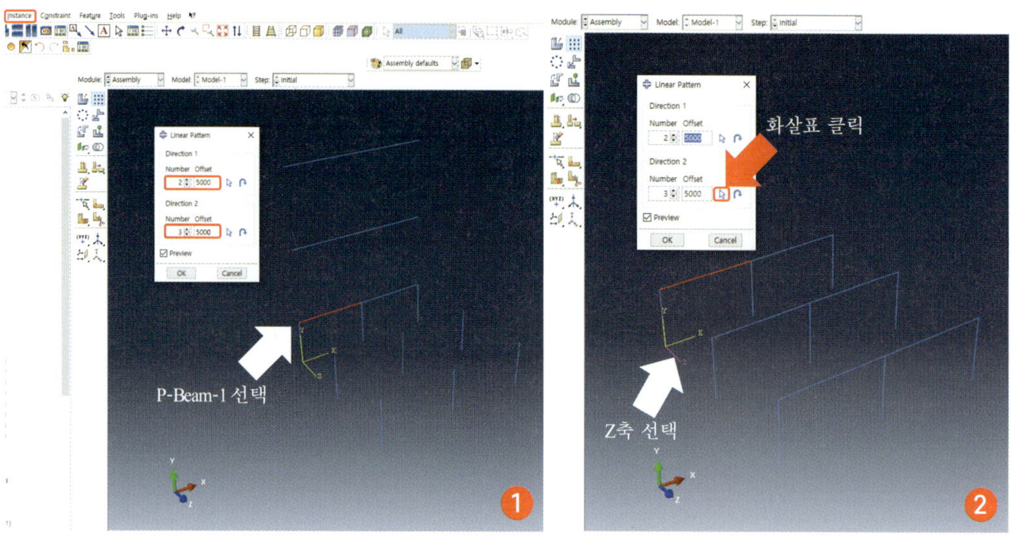

6 Model Tree → Assembly → Instances 마우스 좌측버튼 더블클릭 → Create instances from : Parts + Parts : P-Beam 선택 (그림 1) → Auto-offset from other instances 선택 → OK → 생성된 P-Beam-2 instance 확인 → Instance → Rotate → P-Beam-2 선택 (그림 2) → Y축 선택 → Angle of rotation : 90 → Ok → Done → Instance → Translate → P-Beam-2의 Point 선택 (그림 3) → Column-1의 Point 선택 → Ok → Done → P-Beam-2 이동 확인

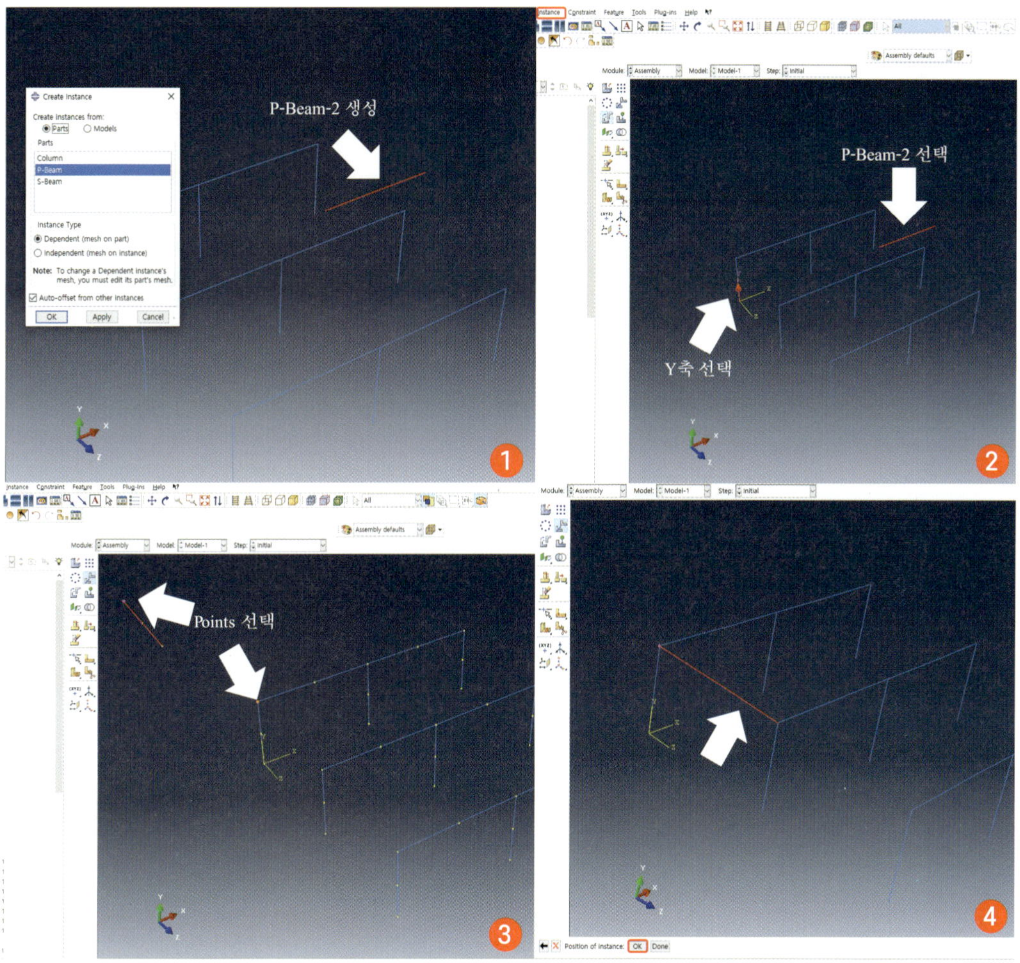

7 Instance → Linear Pattern → P-Beam-2 선택 (그림 ❶) → Done → Direction 1, Number : 3 + Offset : 5000 + Direction 2, Number : 2 + Offset : 5000 → Direction 2 화살표 클릭 (그림 ❷) → Z축 선택 → Ok → 생성된 큰 보 Instances 확인

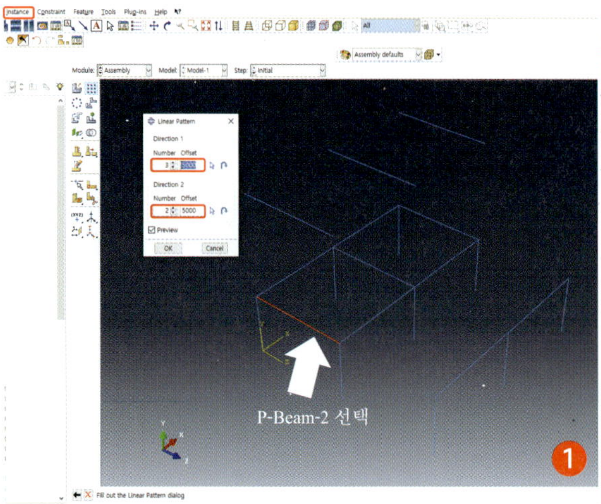

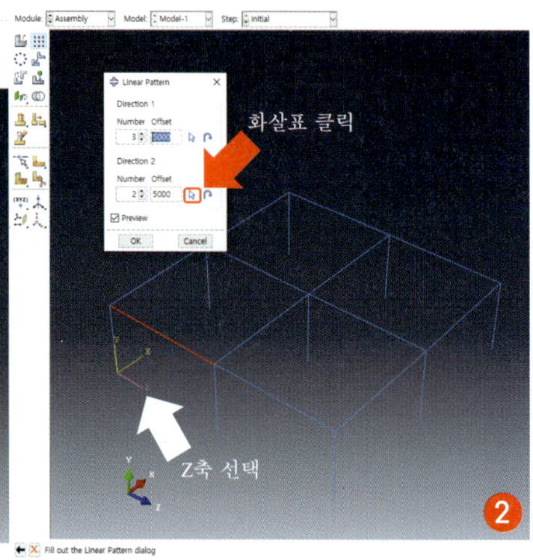

8 Model Tree → Assembly → Instances 마우스 좌측버튼 더블클릭 → Create instances from : Parts + Parts : S-Beam 선택 (그림 ①) → Auto-offset from other instances 선택 → OK → 생성된 S-Beam-1 instance 확인 → Instance → Translate → S-Beam-1의 Point 선택(그림 ②) → P-Beam-2의 Point 선택 → Ok → Done → P-Beam-2 이동 확인 (그림 ③) → Instance → Linear Pattern → S-Beam-1 선택 (그림 ④) → Done → Direction 1, Number : 2 + Offset : 5000 + Direction 2, Number : 2 + Offset : 5000 → Direction 2 화살표 클릭 → Z축 선택 → Ok → 생성된 작은 보 Instances 확인

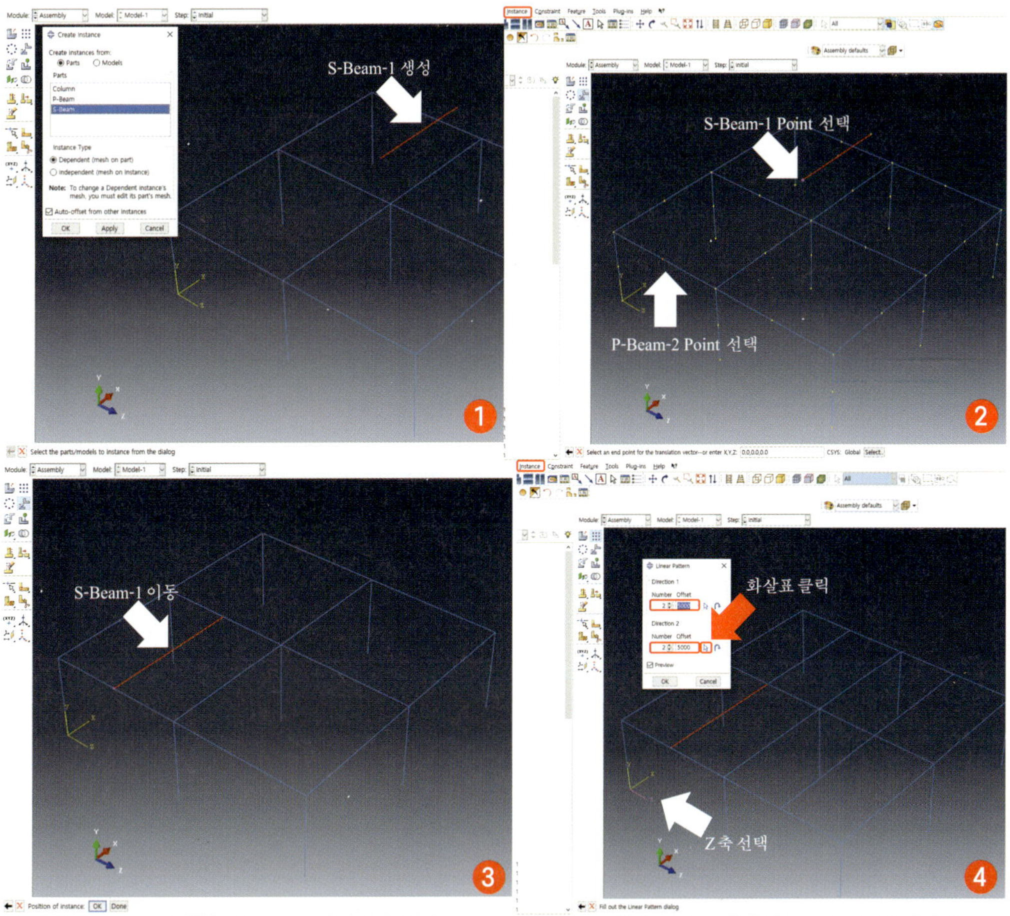

9 Instance → Linear Pattern → 골조 선택 (그림 ①) → Direction 1 Number : 1 + Direction 2 Number : 8 + Offset : 3000 → Ok

10 Instance → Merge/Cut (그림 ①) → Part name : Steel building + Operations : Merge + Geometry + Original Insances : Delete + Intersecting Boundaries : Retain → Continue → 객체 선택 (그림 ②) → Done

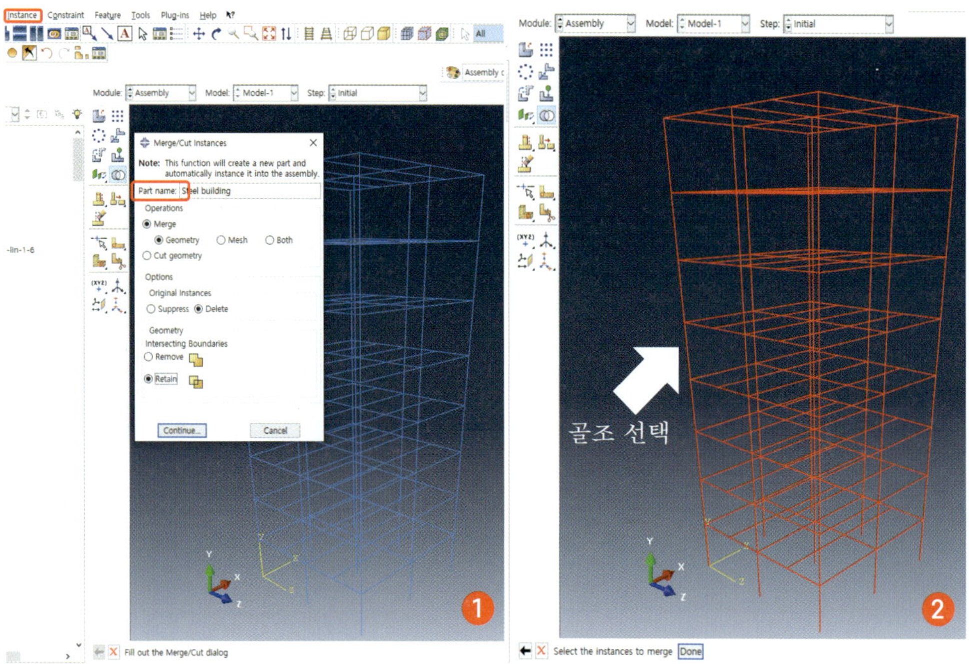

11 Model Tree → Steel building Part 생성확인 → View → Part Display Options → Render beam profiles 활성화 + Scale factor : 1 → OK

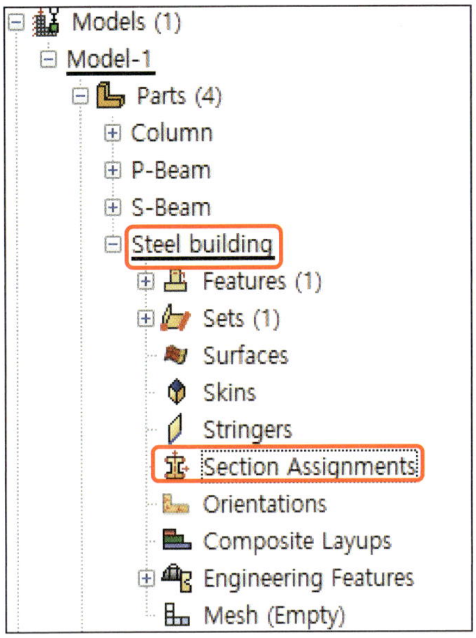

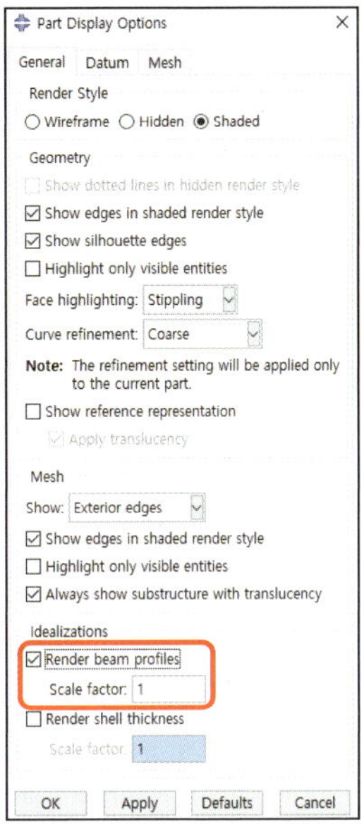

12 Model Tree → Steel building → Section Assignments 마우스 좌측버튼 더블클릭 → Sectiom : Column → OK → Done

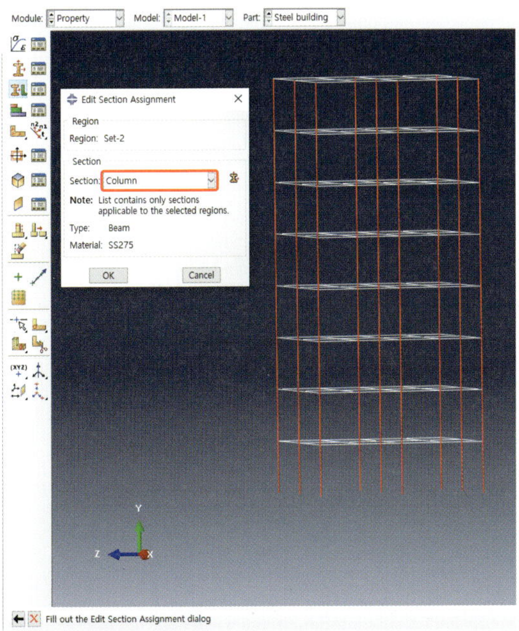

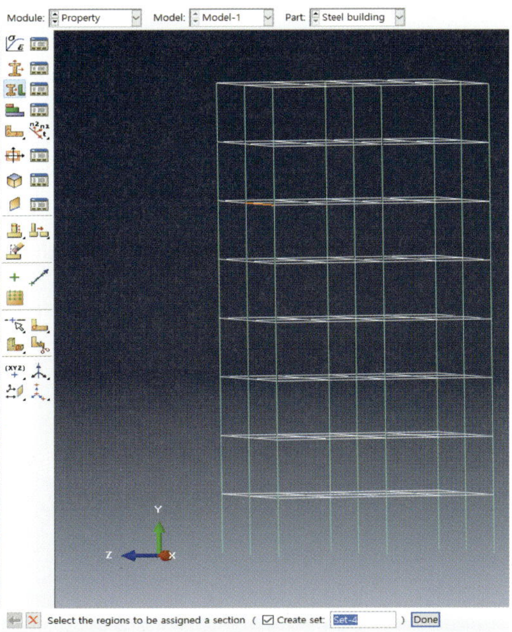

13 Assign → Beam Section Orientation → Steel building Part의 기둥 선택 → Enter an approximate n1 direction : 0,0,-1 → OK → 각형각주 생성 확인

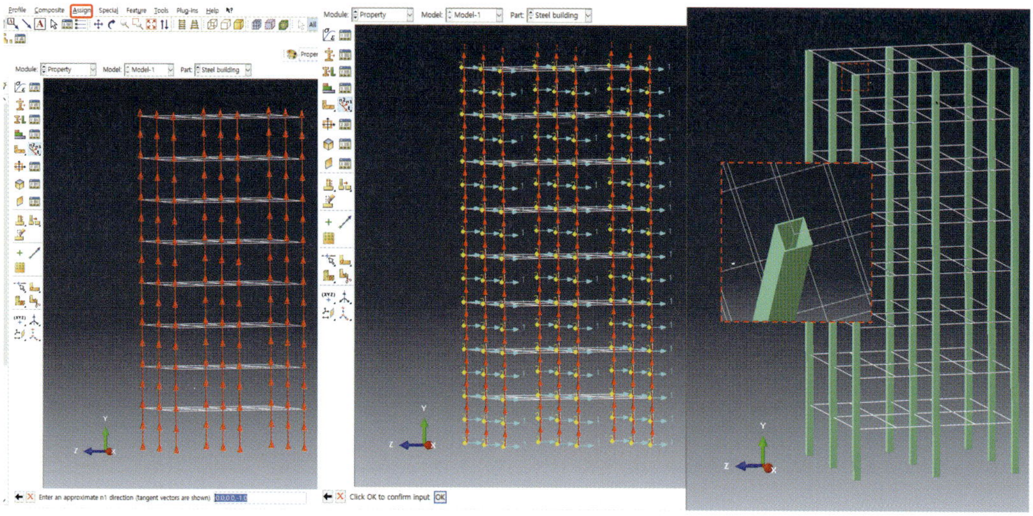

14 X-Z 평면 View 클릭 → Assign → Beam Section Orientation → Steel building Part의 Z축 길이 방향 큰 보 Instances 선택 → Done → Enter an approximate n1 direction : 1,0,0 → OK → Done

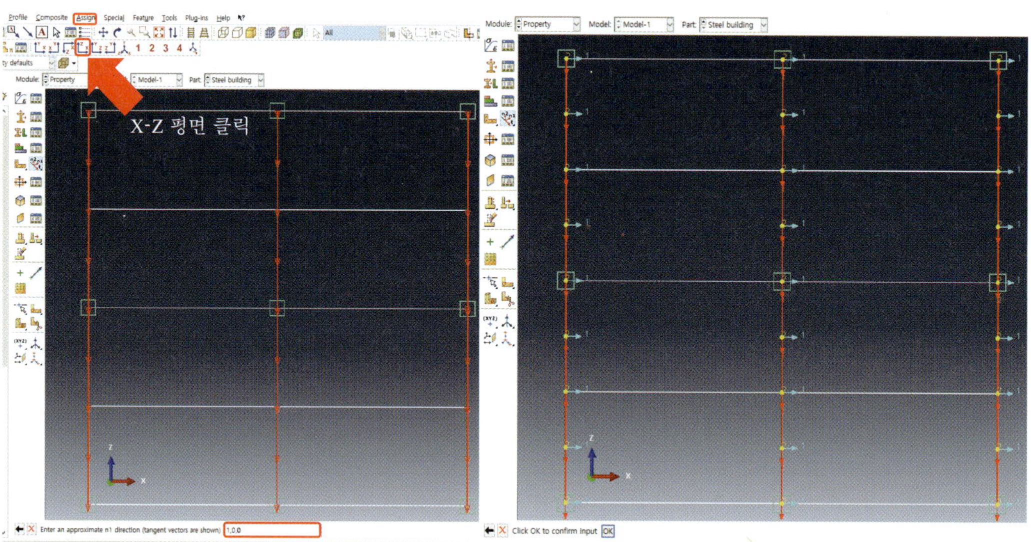

15 Assign → Beam Section Orientation → Steel building Part의 X축 길이 방향 큰 보 및 작은 보 Instances 선택 → Done → Enter an approximate n1 direction : 0,0,-1 → OK → Done

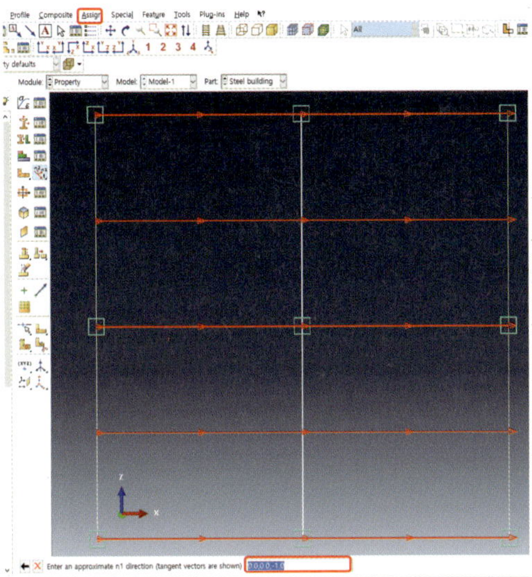

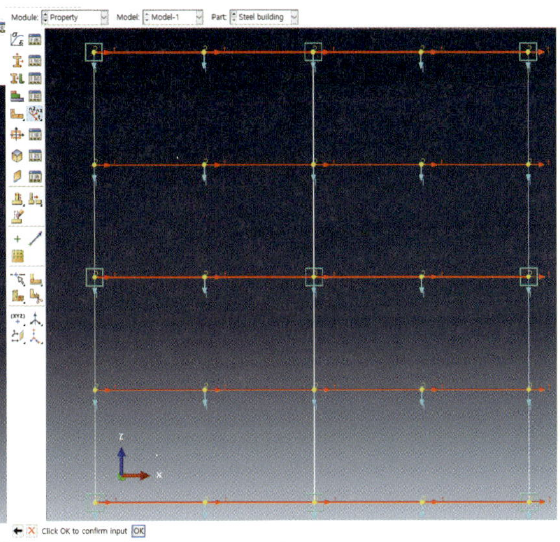

16 Model Tree → Steel building → Section Assignments 마우스 좌측버튼 더블클릭 → 큰 보 : P-Beam + 작은 보 : S-Beam → Done → OK

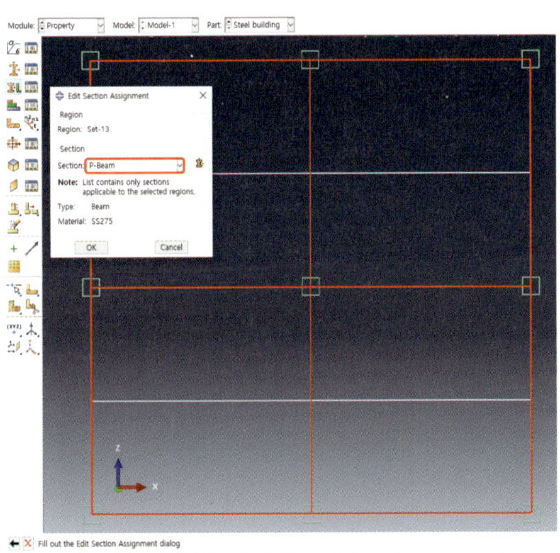

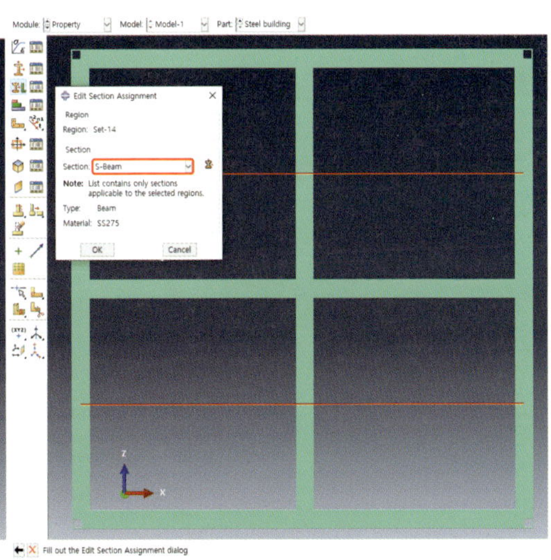

(4) Mesh (요소의 분할)

1 Mesh → Element Type → Steel building → Element B31 확인 → OK

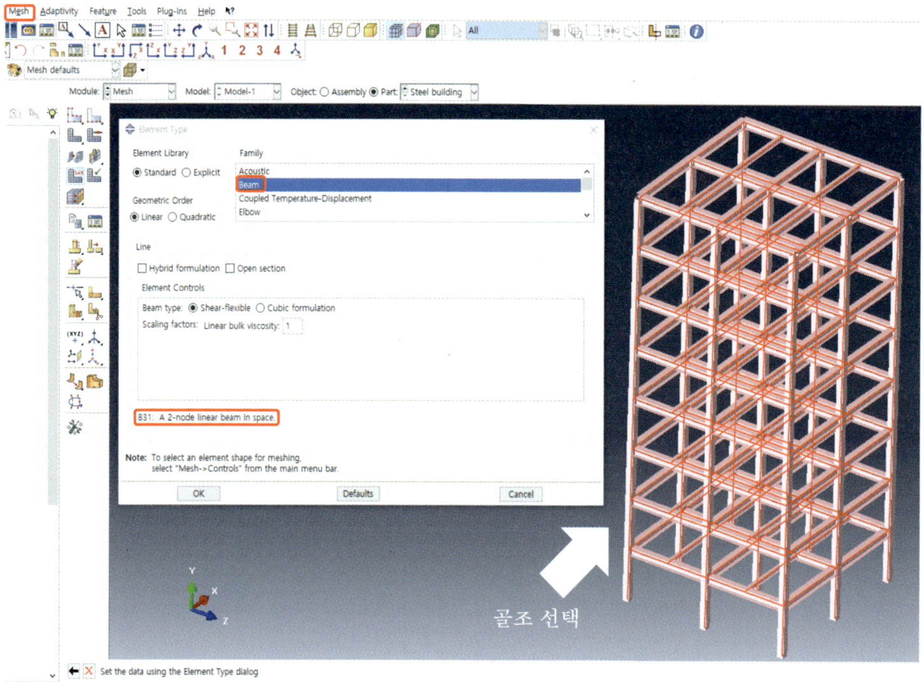

2 Seed → Part → Approximate global size : 500 → OK → Mesh → Part → OK

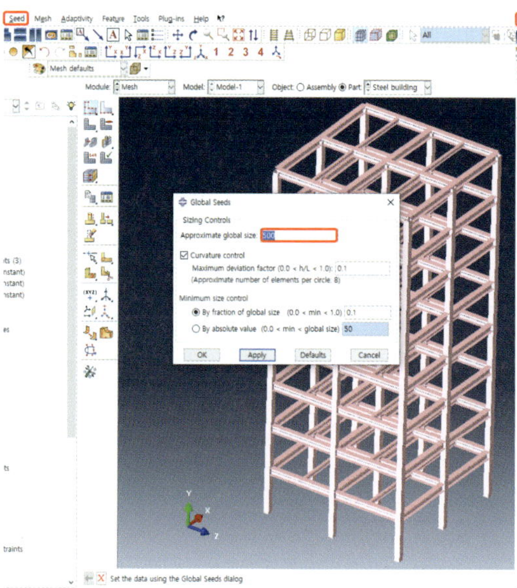

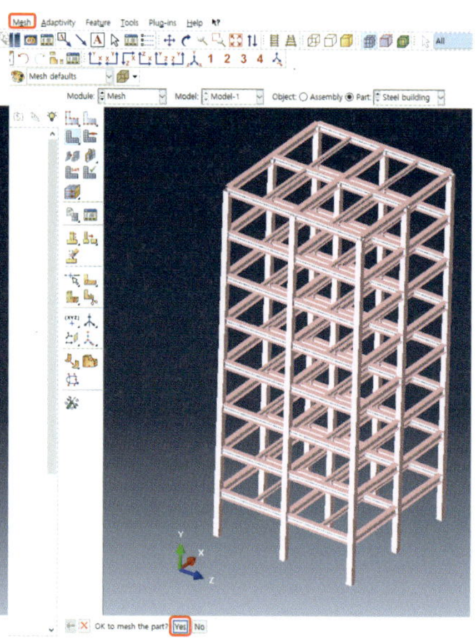

(5) Step

1 Model Tree → Steps 마우스 좌측버튼 더블클릭 → Name : Gravity analysis + Procedure type : General + Dynamic, Explicit → Continue → Time period : 1 + Nlgeon : On → OK

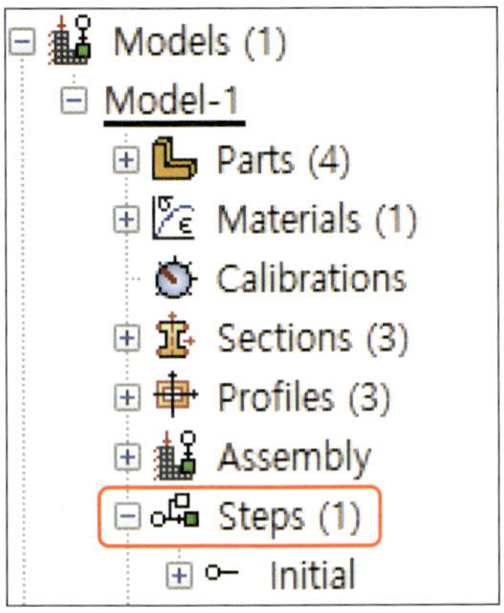

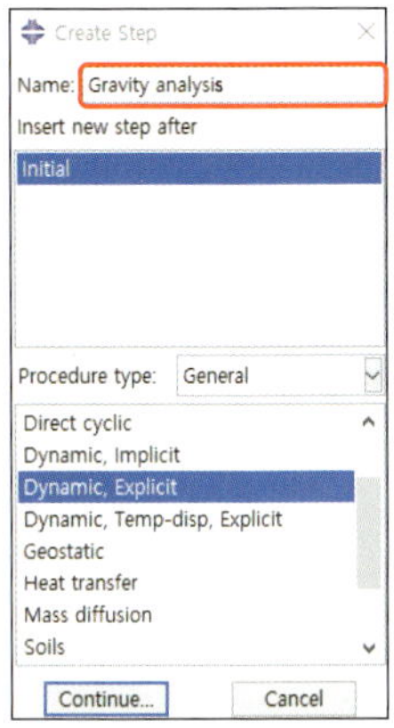

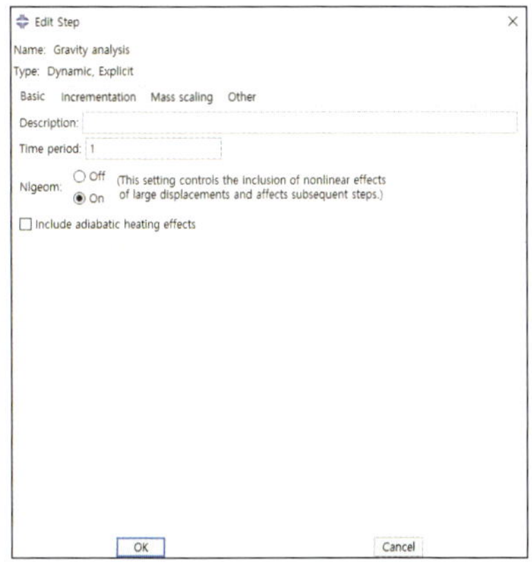

2 Model Tree → Steps 마우스 좌측버튼 더블클릭 → Name : Time history analysis + Procedure type : General + Dynamic, Explicit → Continue → Time period : 15 + Nlgeon : On

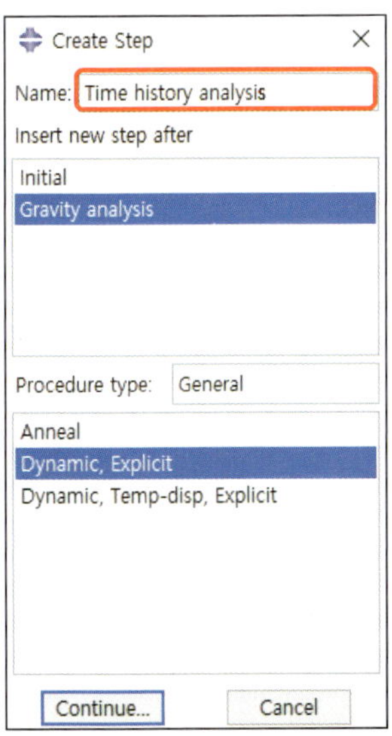

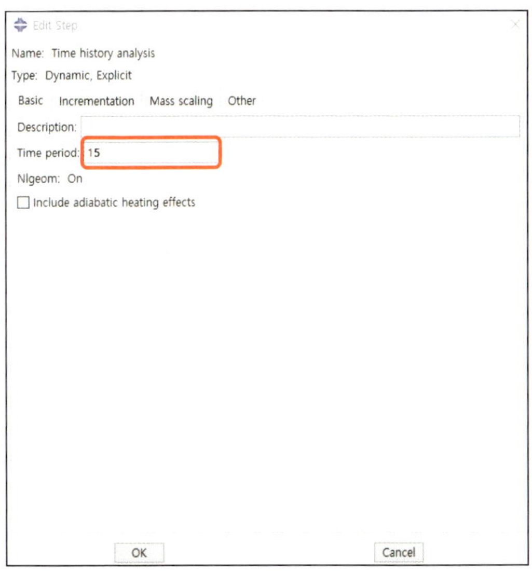

3 Mass scaling Tab → Create → Objective : Semi-automatic mass scaling + Application : Whole model + Scale : At beginning of step + Scale by factor : 100 → OK (Edit Mass scaling) → OK (Edit Step)

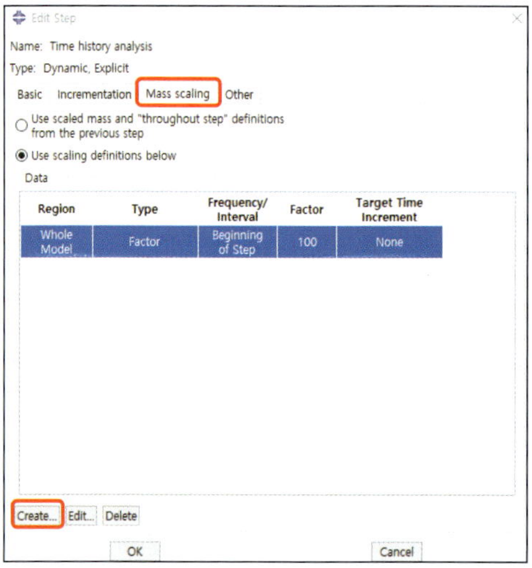

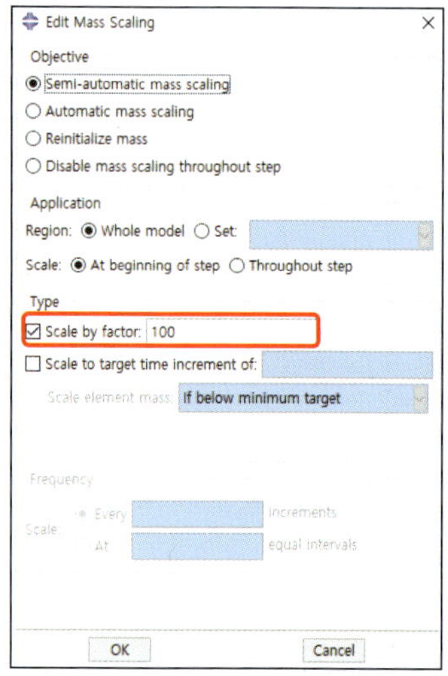

4 Model Tree → Field Output Requests → F-Output-1 마우스 좌측버튼 더블클릭 → Frequency : Every x units of time + x=0.1 → OK → Model Tree → History Output Requests → H-Output-1 마우스 좌측버튼 더블클릭 → Frequency : Every x units of time + x=0.1 → OK

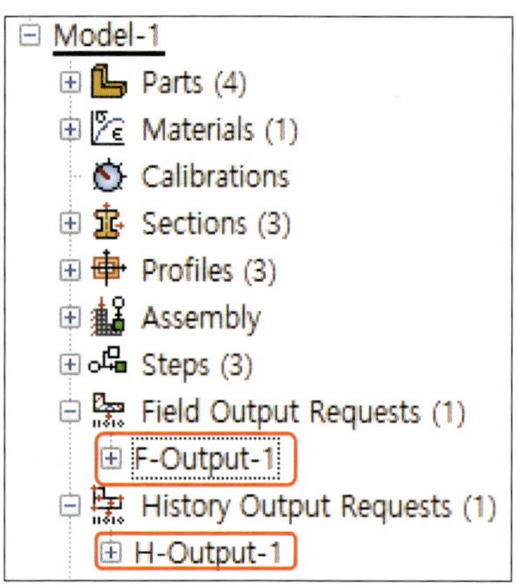

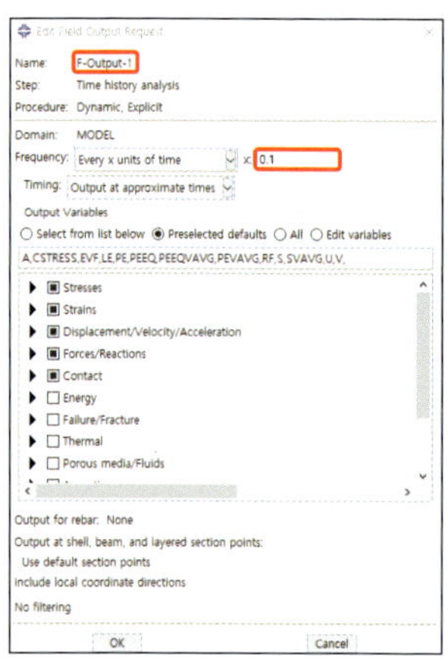

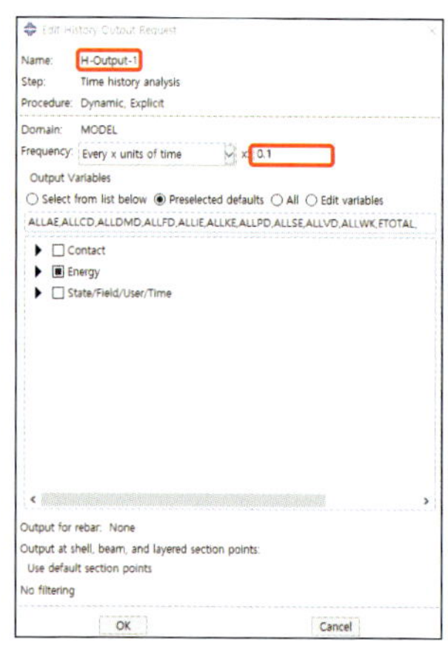

(6) Interaction (부재간 상호관계 정의)

1 Model Tree → Amplitudes 마우스 좌측버튼 더블클릭 → Name : Time history data + Type : Tabular → Continue

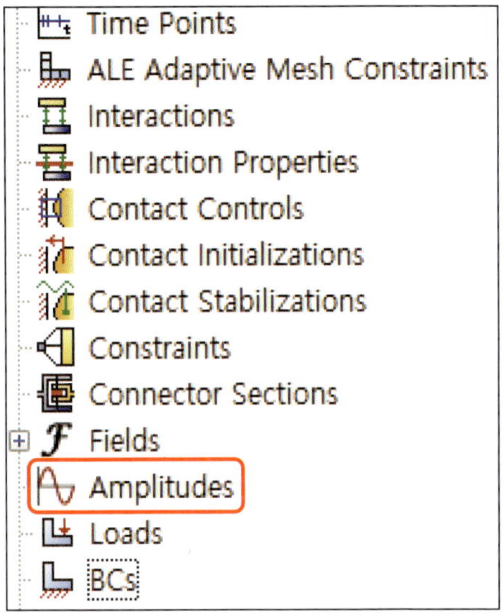

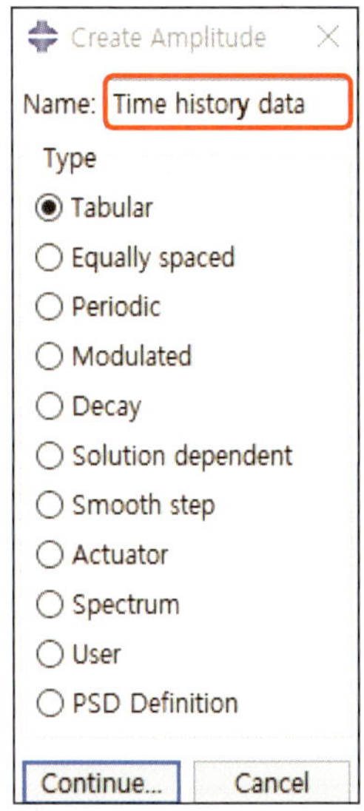

2 Excel 지진파 데이터 복사 → Amplitude data Table에 붙여넣기 → OK

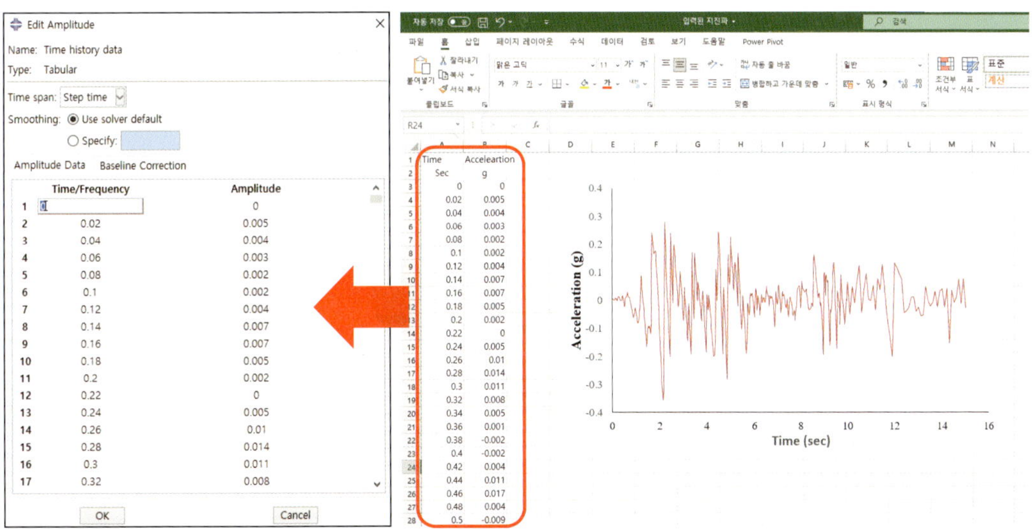

3 Model Tree → Loads 마우스 좌측버튼 더블클릭 → Name : Gravity + Step : Gravity analysis + Category : Mechanical + Types for Selected Step : Gravity → Continue → Region : (whole Model) + Component 2=-9806.65 → OK → Y축방향 자중입력 확인

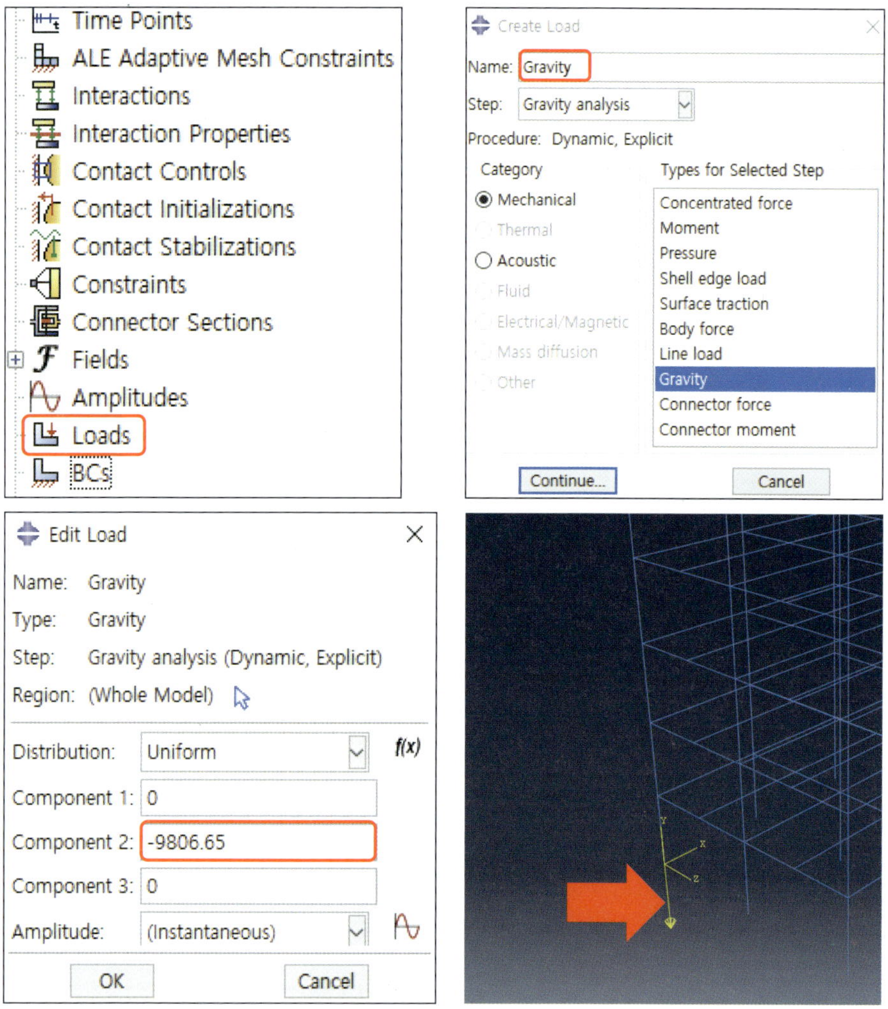

4 Model Tree → BCs 마우스 좌측버튼 더블클릭 → Name : Fixed + Step : Initial + Category : Mechanical + Types for Selected Step : Displacement/Rotation → Continue → 아래 그림과 같이 영역지정 → U1=U2=U3=UR1=UR2=UR3=0 → OK

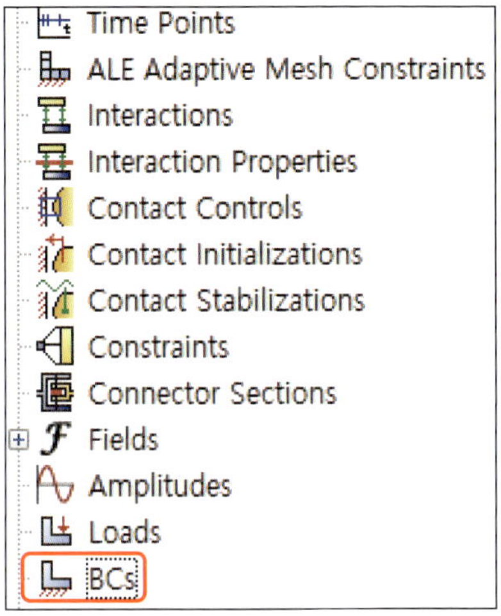

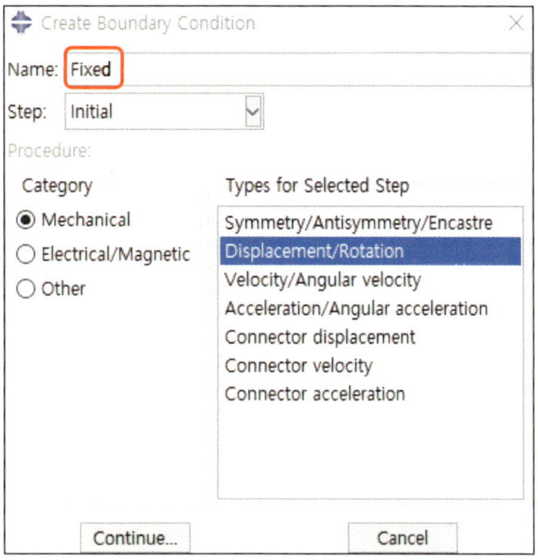

5 Model Tree → BCs 마우스 왼쪽버튼 더블클릭 → Name : U3 Fix + Step : Initial + Category : Mechanical + Types for Selected Step : Displacement/Rotation → Continue → 아래 그림과 같이 Nodes 선택 → U3=0 → OK

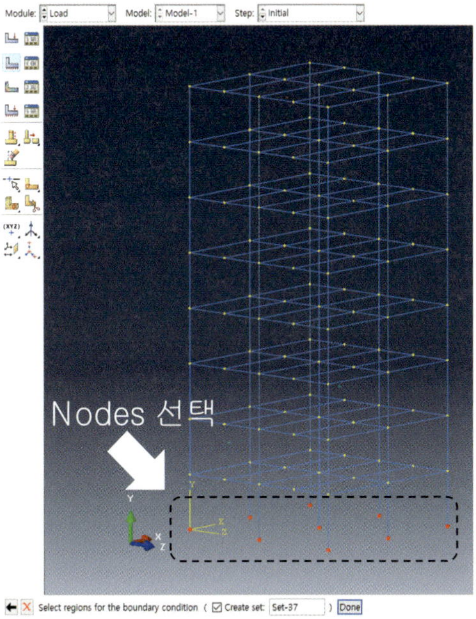

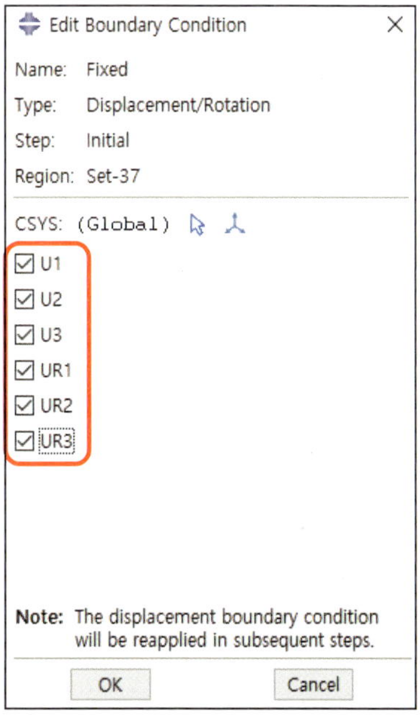

6 Z축 방향 지진입력을 위하여 Time history step의 경계조건 수정

Model Tree → BCs 마우스 우측클릭 → Manager → Time history 마우스 좌측버튼 더블클릭 → U3 비활성화 → OK (Edit Boundary Condition) → Dismiss (Boundary Condition Manager)

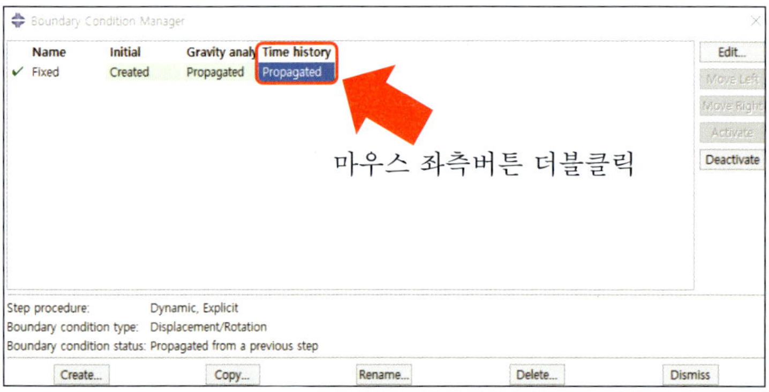

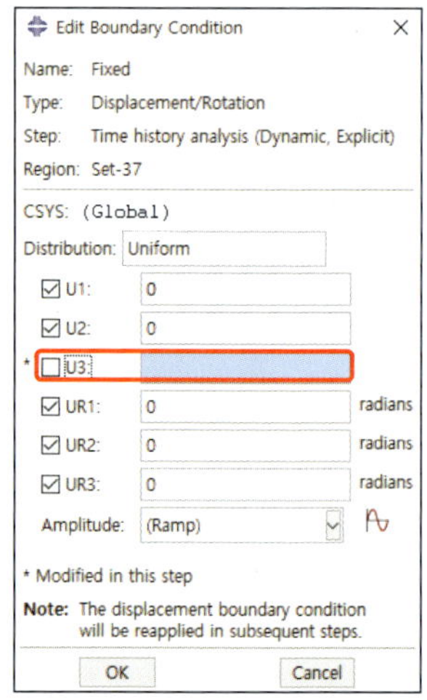

7 Model Tree → BCs 마우스 왼쪽버튼 더블클릭 → Name : Earthquake + Step : Time history analysis + Category : Mechanical + Types for Selected Step : Acceleration/Angular acceleration → Continue → 아래 그림과 같이 Nodes 선택 → Done

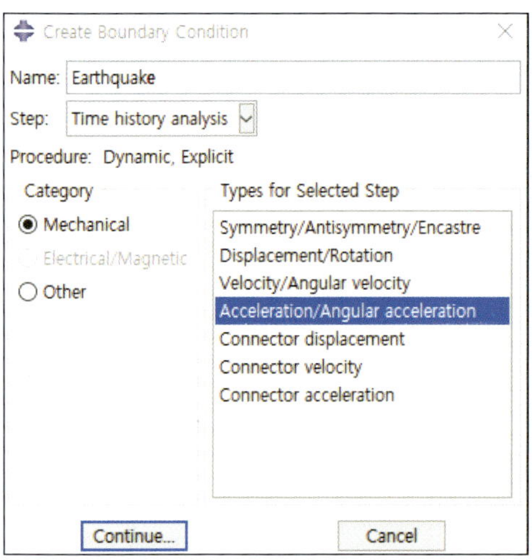

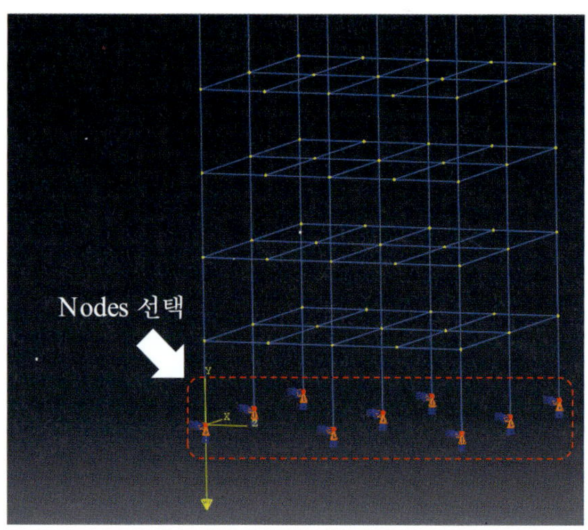

8 Edit Boundary Condition → A3=9806.65 → Amplitude : Time histroy data → OK

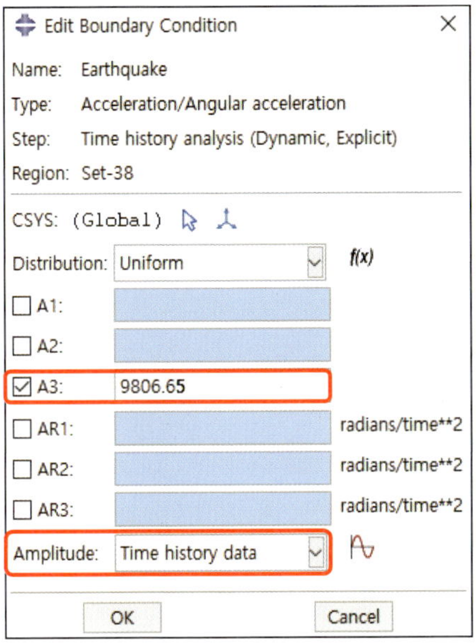

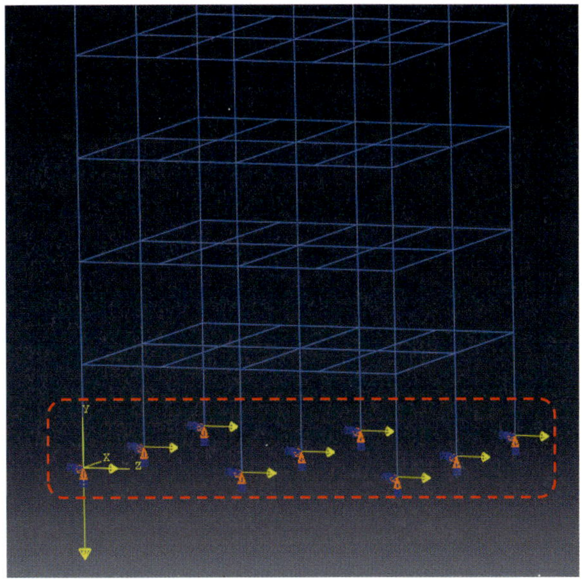

(7) Analysis

1 Model Tree → Jobs 마우스 왼쪽버튼 더블클릭 → Name : Time-history-analysis + Model-1 선택 → Continue → Time-history-analysis 마우스 우측버튼 클릭 → Submit → Monitor → 해석진행 확인

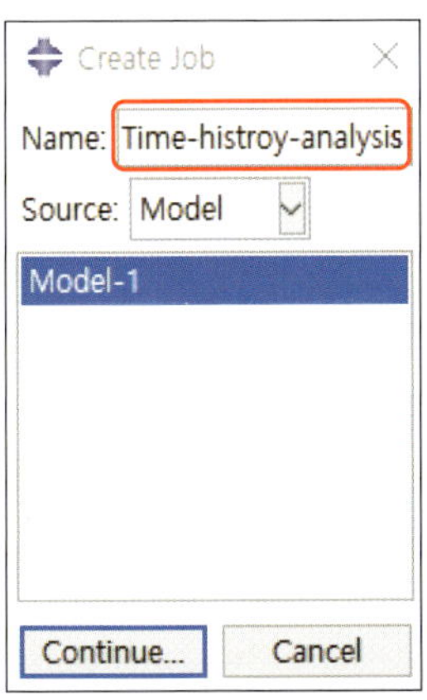

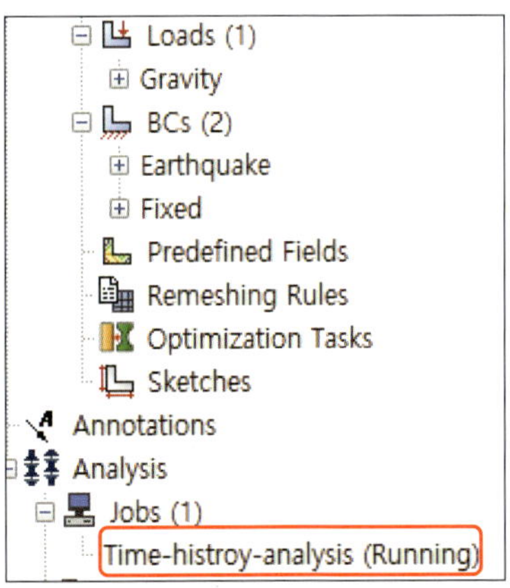

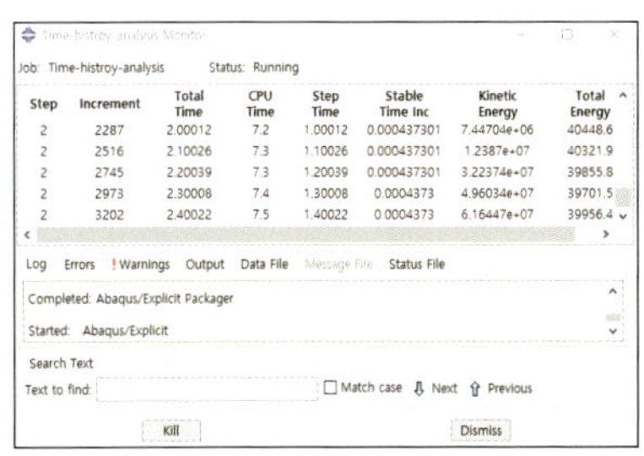

2 Model Tree → Time-history-analysis → Results → 해석결과 확인

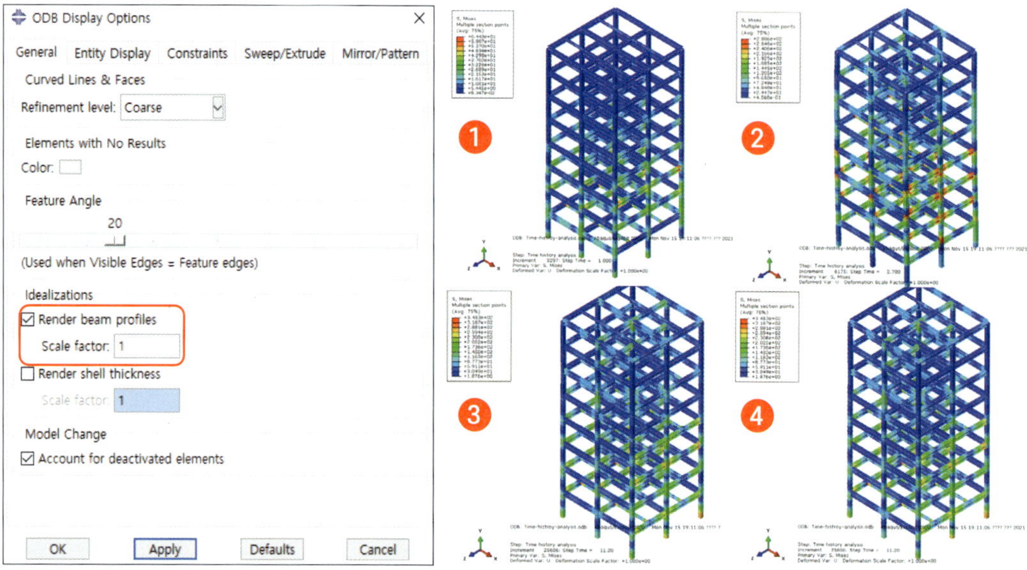

3 Tools → XY Data → Manager → Create → ODB field output → Continue → U3, V3 체크

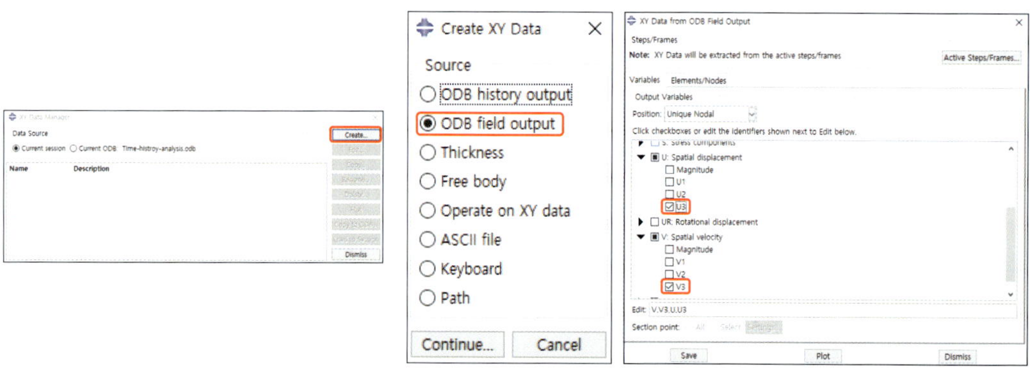

4 Elements/Nodes Tab → Method : Pick from viewpoint + Edit Selection → 아래 그림과 같이 Node 선택 → Plot → 속도 및 변위응답 확인

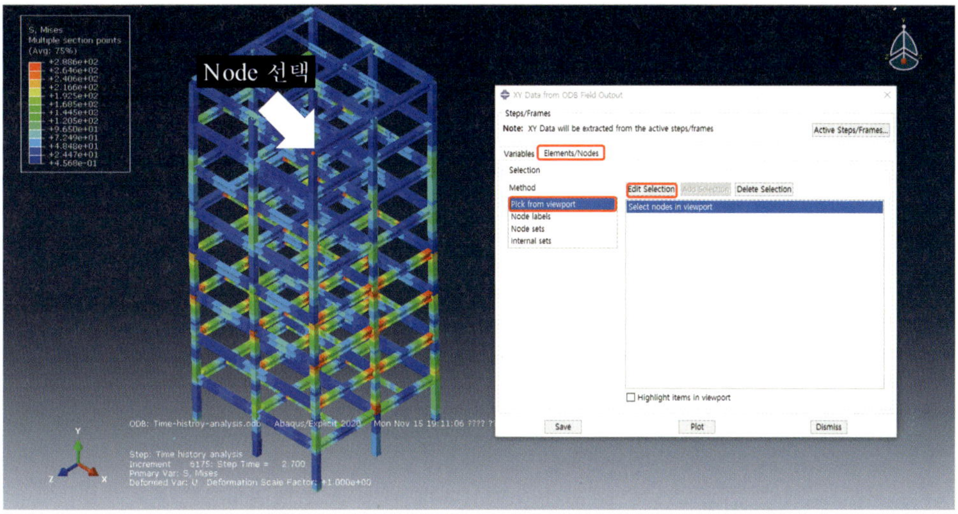

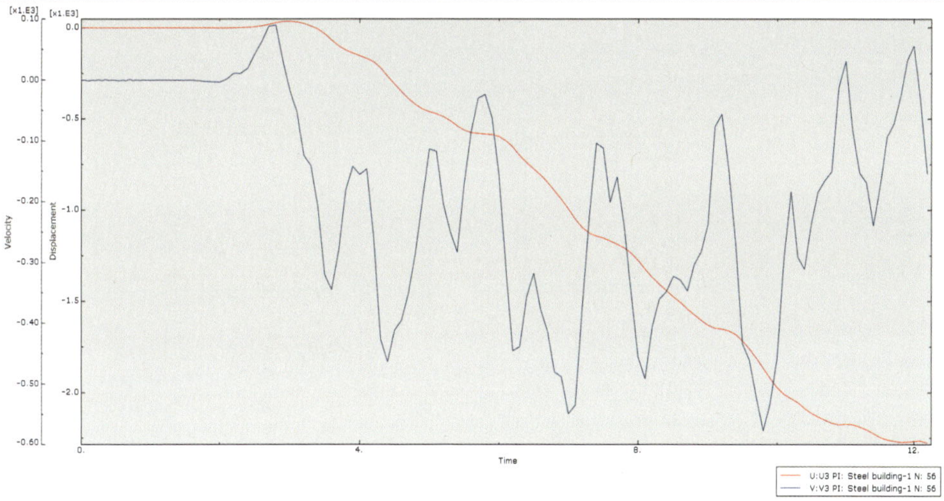

5 Tools → XY Data → Manager → Create → ODB field output → Continue → U3, V3 체크

References

[1] Liu, S.W., Bai, R. & Chan, S.L. (2016) Dynamic time-histroy elastic analysis of steel frames using one element per member, *Structures*, 8:300-309.

[2] Nguyen, P.C, & Kim, S.E. (2014) Distributed plasticity approach for time-histroy analysis of steel frames including nonlinear connections, *Journal of Constructional Steel Research*, 100:36-49.

4.3 강구조물 보-기둥 접합부 연쇄붕괴

4.3.1. 개요

1 강구조의 접합부는 구조체의 거동 및 응력전달과 같은 구조적인 문제와 제작 및 설치 등의 시공적인 문제에 큰 영향을 미치므로 응력전달 방법, 건축물의 형태나 규모, 시공성 및 경제성 등을 고려하여야 한다. 강구조의 접합은 스티프너(stiffener), 거셋 플레이트(gusset plate), 브래킷 (bracket) 등 접합소재와 용접, 볼트로 구성되며 골조의 구조해석에서 요구한 지점, 절점의 능력을 충분히 발휘할 수 있는 접합, 절점 및 파스너로 구성할 필요가 있다. 여기서 보-기둥 접합부는 하중 또는 모멘트를 받을 때, 연결부재 사이의 모멘트에 대한 부재 상대회전각의 특성에 따라 전단접합(단순접합), 부분강접합(반강접합), 완전강접합(모멘트접합)으로 구분되어 진다. 아래 그림에서와 같이 전단접합은 보의 단부에서 모멘트가 전달되지 않는 접합부이며, 반강접합은 부재 단부의 회전저항에 따른 단부 모멘트를 발생시킬 수 있는 접합부이다. 강접합의 경우 이론적으로 보 단부에서 회전을 허용하지 않고 100%에 가까운 단부 모멘트를 기둥에 전달시키는 접합부이다.[1)]

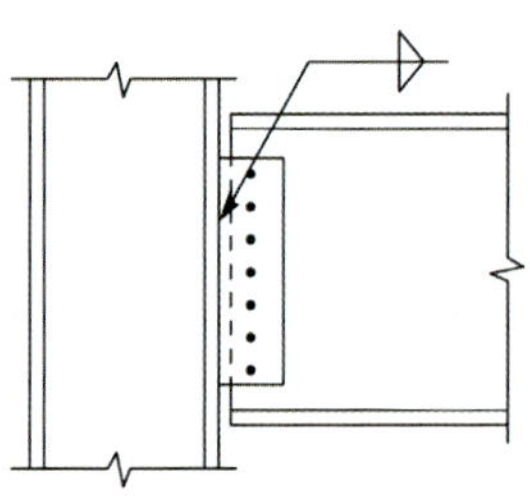

전단접합(단순접합)

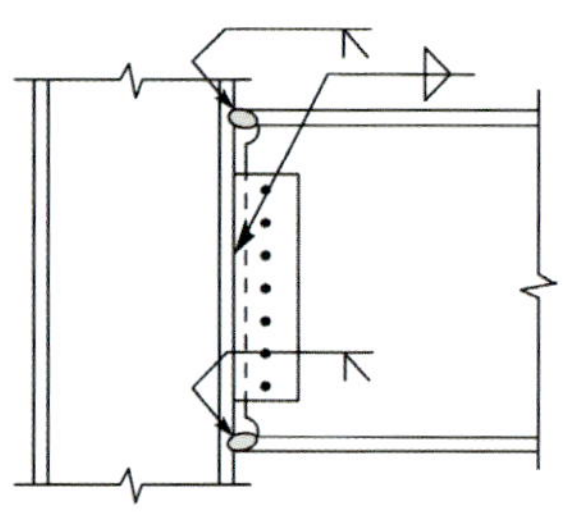

강접합(모멘트접합)

2 보-기둥 강접합부는 보 단부에 작용하는 휨모멘트, 축력, 전단력을 보 단부에서 회전을 허용하지 않고 기둥에 전달하기 위해 적합한 강도와 강성을 가져야 한다. 이러한 강접합부는 철골모멘트저항골조시스템에서 지진력에 의한 횡력을 저항하고 설계하고자 하는 구조시스템의 연성능력에 따라 보통, 중간 및 특수모멘트골조에 대한 보-기둥 접합부로 설계된다. FEMA 350[2)] 및 AISC 341[3)]에서는 철골모멘트골조의 보-기둥에 대한 내진접합부로 실험을 통해 검증된 다양한 인증접합부(Prequalified welded connection) 상세를 제시하고 있다. 아래 그림과 같이 일반적으로 많이 사용하고 있는 보-기둥 강접합부의 플랜지 용접 접합, 웨브 고장력볼트 접합의 접합상세를 Welded Unreinforced Flange-Bolted Web (WUF-B) 접합부라 한다.[1)] 이 WUF-B 접합부는 보통모멘트골조에만 사용되며 최소의 비탄성 변형능력을 발휘하도록 설계된다.

3 GSA 2003[4] 및 DoD 2005[5]에서는 연쇄붕괴를 평가하는 방법으로 대체경로법을 권고하고 있으며, 이는 기둥제거 시나리오를 기반으로 하고 있다. 이 기둥제거 시나리오에 따른 철골 보-기둥 구조물의 구조적 응답을 확인하기 위해 Sadek et al[6]이 WUF-B 접합부에 대한 연쇄붕괴 실험을 수행하였다. 따라서 본 장에서는 Sadek et al[6]이 수행한 WUF-B 접합부 실험을 모사한 CAE 모델링을 하고자 한다. 모델링 대상은 실험체는 6.10m의 경간과 3.66m의 기둥으로 구성되어 있으며, 각각의 기둥에 대하여 두 개의 대각 가새가 기둥 상부 및 바닥을 지지하고 있다. 이 가새는 다층 구조물의 상부로 연속된 바닥골조시스템에 의한 횡구속 효과를 모사하기 위해 설치되었다. 실험체의 물성은 패널존의 보강판, 보, 기둥에 대하여 ASTM A992(F_y = 345MPa), 보-기둥 접합부의 전단 탭과 연속판에 대하여 ASTM A36(F_y = 250MPa), 그리고 ASTM A490의 고력볼트가 사용되었으며, 재료실험을 통해 아래 표와 같은 시험결과가 나타났다.

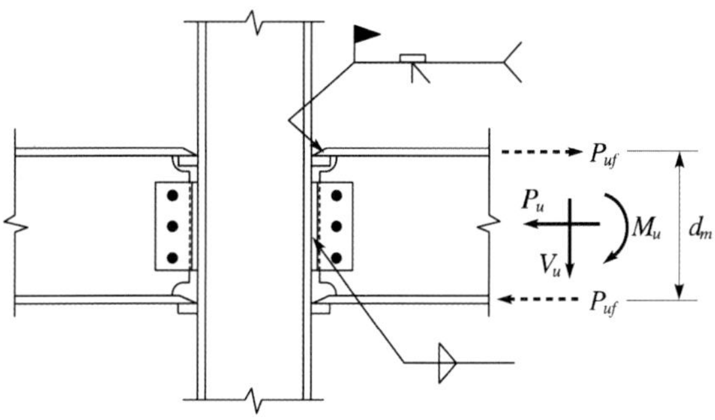

하중가력은 2700kN 성능의 유압 액츄에이터를 실험체의 중앙부 기둥 상단에 재하시켜 하중을 더 이상 저항할 수 없을 때까지 변위제어 방법을 적용하였다. 이러한 실험 조건들과 함께 전체시스템의 대칭성을 고려하여 1/2 모델로 모델링을 진행한다.

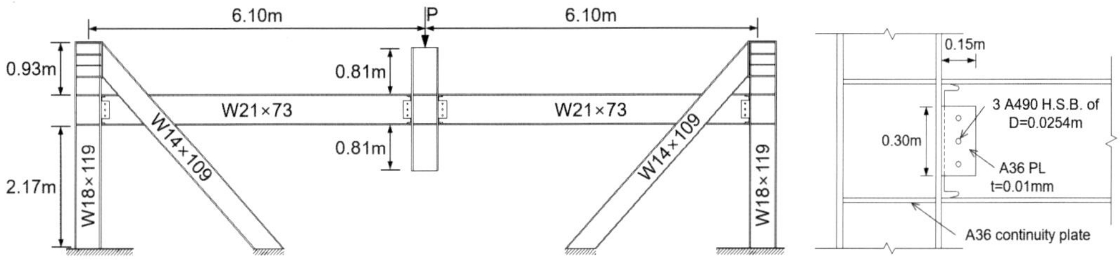

실험체의 재료시험 결과[6]

Specimen	Component	Yield Stress (MPa)	Ultimate Stress (MPa)	Yield Strain	Ultimate Strain
WUF-B	Shear tab	309	465	0.0016	0.183
	Continuity plate	288	450	0.0015	0.2
	Beam web	395	500	0.0019	0.189
	Beam flange	359	496	0.0017	0.174
	Column	352	456	0.0018	0.19

4.3.2 철골 보-기둥 접합부 모델링

4.3.2.1 Part (부재 생성)

볼트의 프리텐션을 고려한 철골 보-기둥 접합부 실험체를 생성하기 위해 Part Module에서 작업을 시작한다.

(1) Bolt-Nut (볼트-너트)

1 Create Part → Name : Bolt-Nut + Modeling Space : 3D + Type : Deformable + Base Feature/Shape : Solid, Type : Extrusion → Continue → Create Lines: Connected → Add Dimension : 길이 47.66mm으로 수정 → Rotate → Copy → Done → 선 중앙을 선택 → Angle of rotation : 60˚ → 같은 방법으로 복사하여 아래 그림과 같이 생성

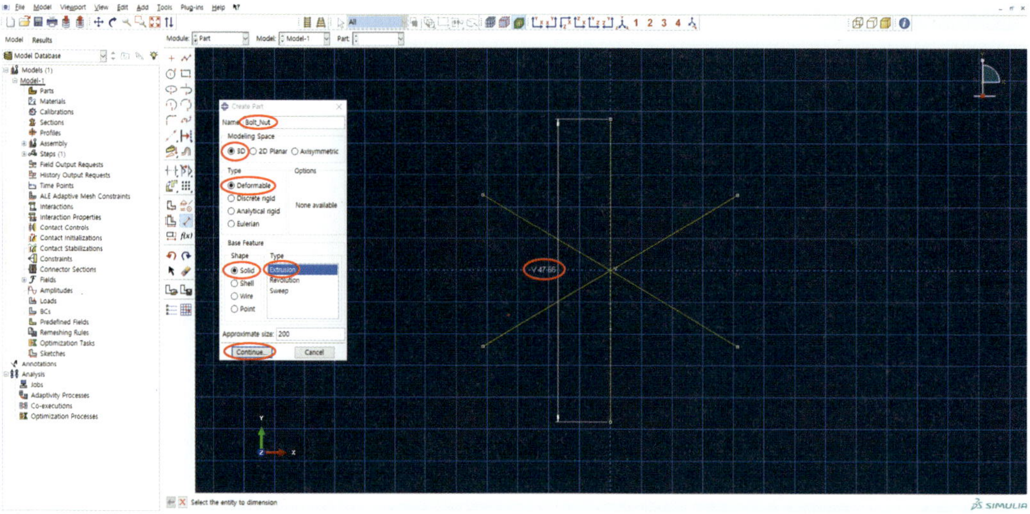

2 Create Lines : Connected : 끝점들을 연결 → Delete : 내부 대각선 선택 → OK

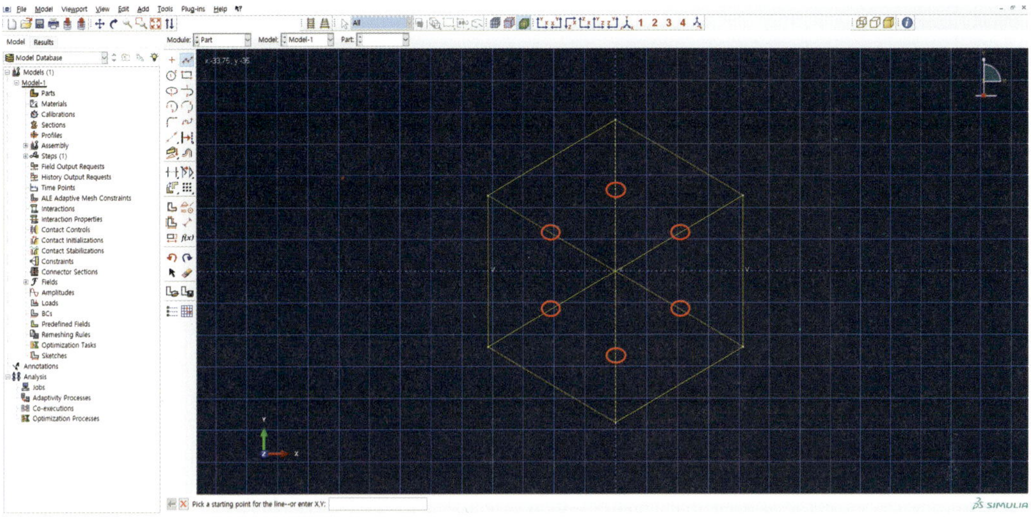

3 Done → Depth : 15.48mm → OK

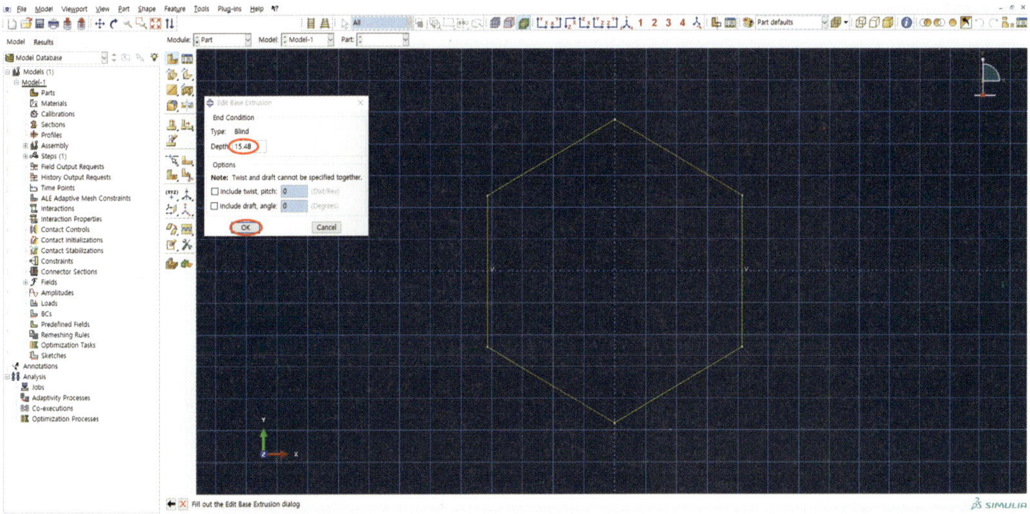

4 Create Solid: Extrude → 볼트 하부면 선택 + Done → Vertical and on the right : 볼트 모서리 선 선택 → Create Circle → enter X, Y : 12.7mm → Done → Depth : 36.5125mm → OK

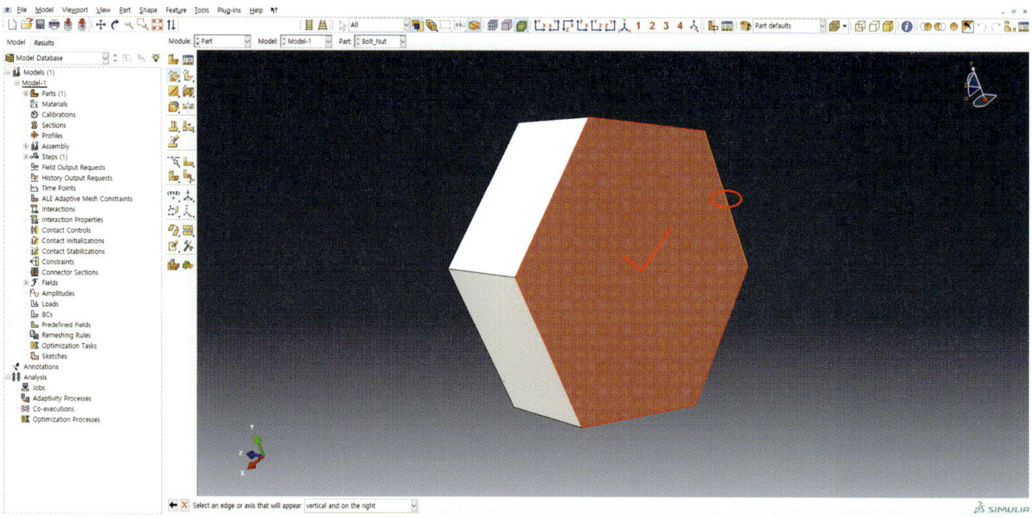

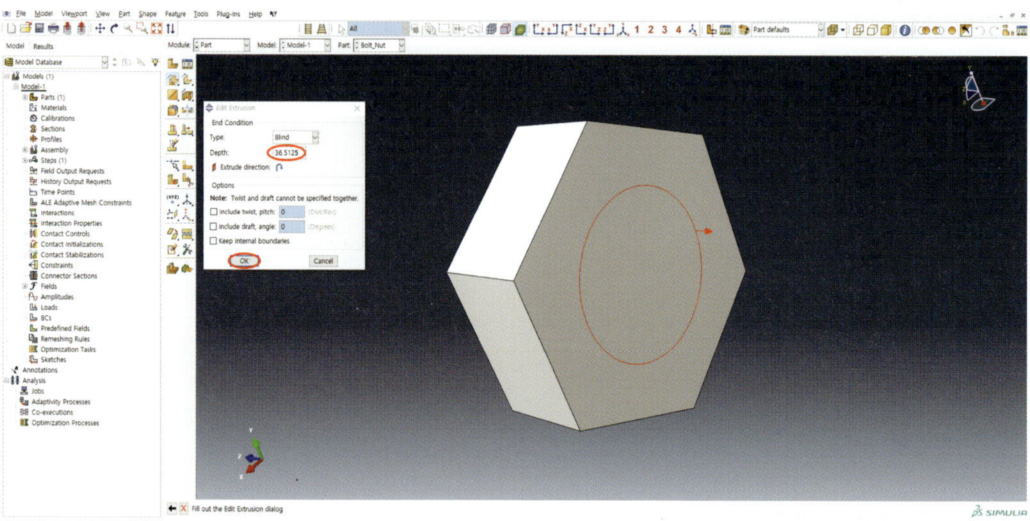

5 Create Solid: Extrude → 볼트 기둥 하부면 선택 + Done → Vertical and on the right : 기둥 외곽선 선택 → 볼트 머리와 같은 방법으로 생성 후 Depth : 25mm → OK

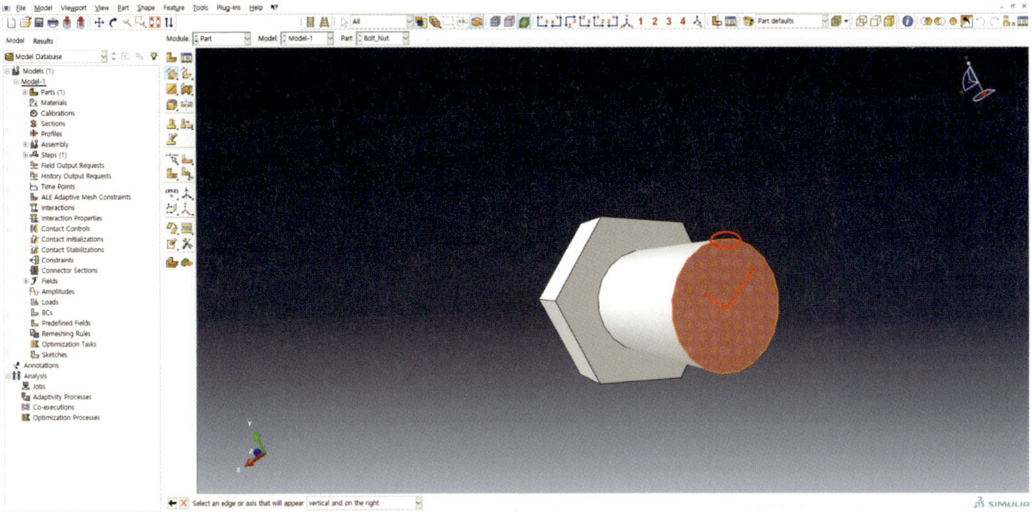

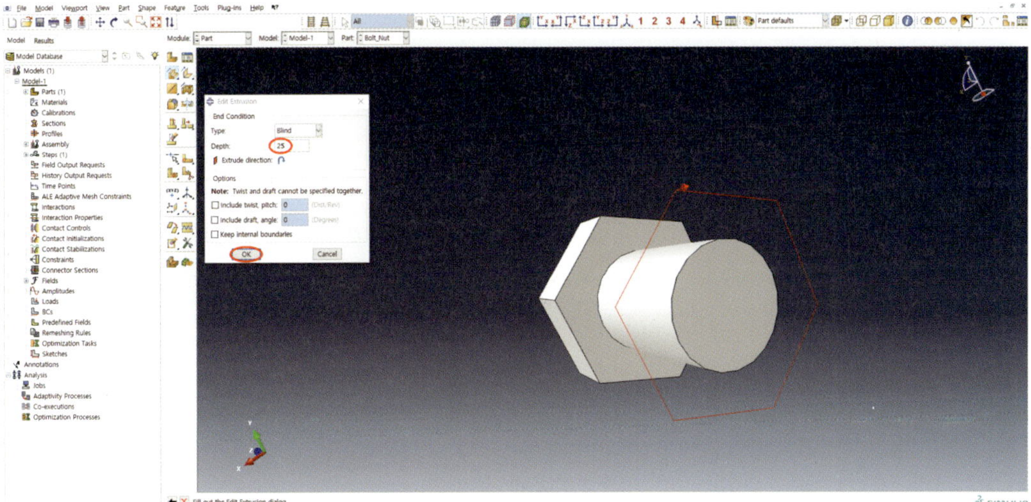

6 Create Solid: Extrude → 너트 하부면 선택 + Done → Vertical and on the right : 너트 외곽선 선택 → 볼트 기둥과 같은 방법으로 생성 후 Depth : 17.9375mm → OK

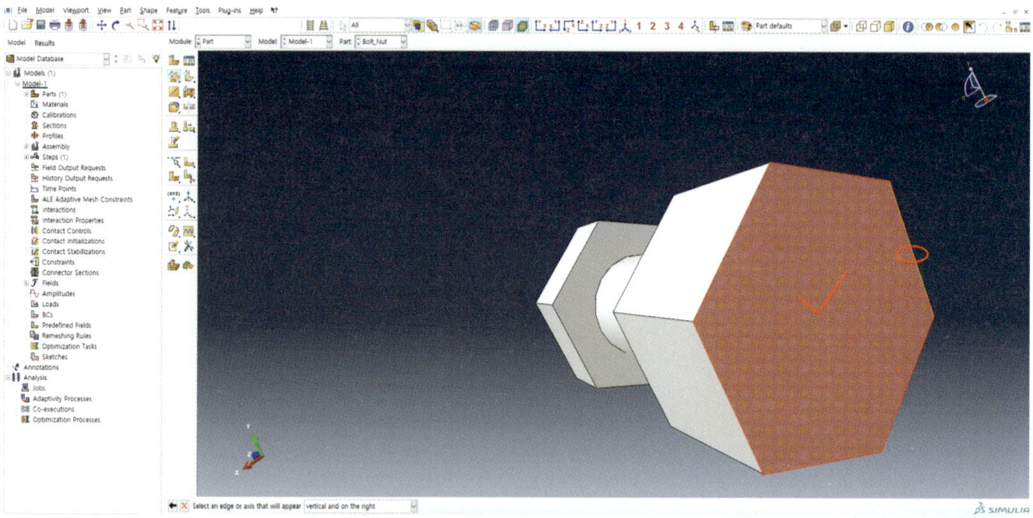

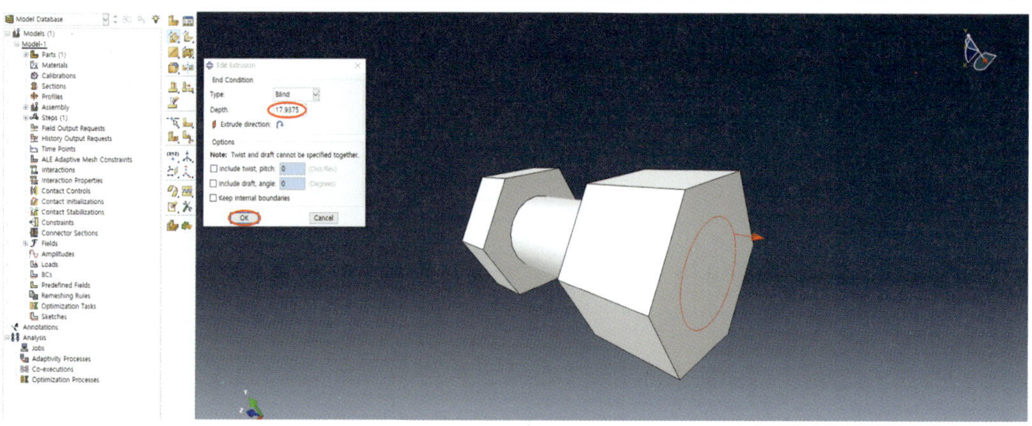

7 그림과 같이 부재가 생성된다.

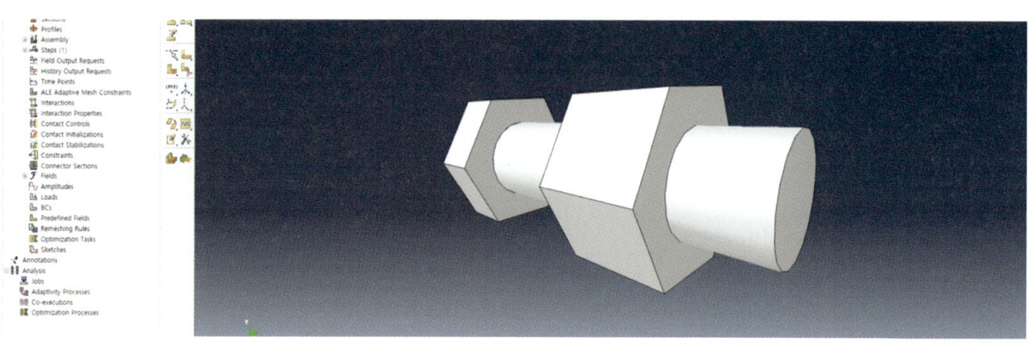

8 Tool → Datum → Axis + 2 Points → 볼트 중심축의 두 점을 선택 → Points → Midway between 2 points → 볼트 중심축의 두 점을 선택 + Done

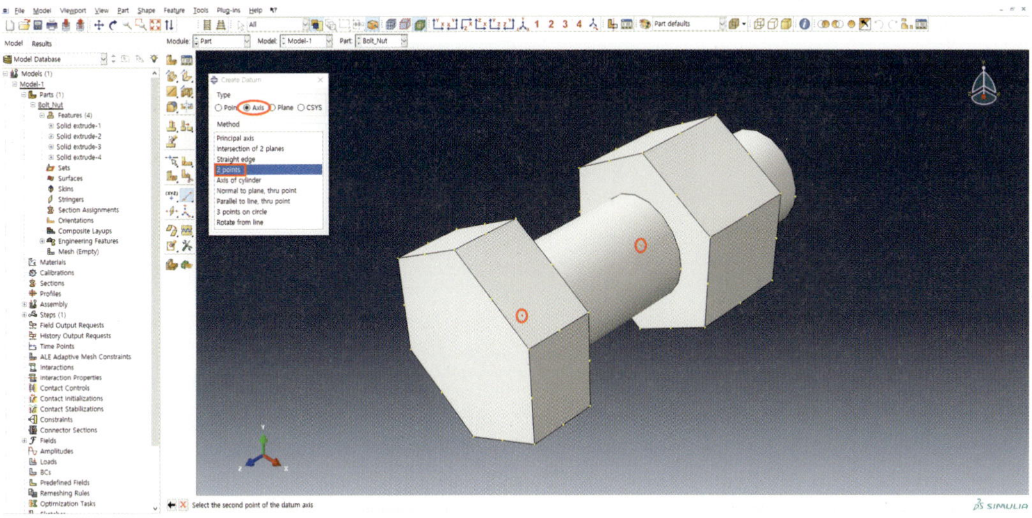

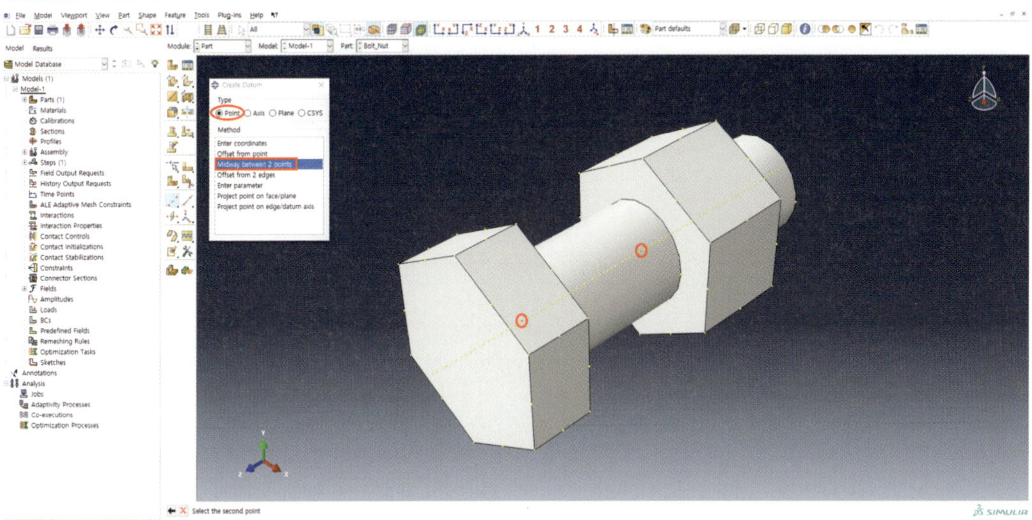

9 Tool → Partition → Cell → Define cutting plane → Point & Normal → 아래 그림의 점을 선택 + 법선 선택 → Done → 같은 방법으로 아래 그림과 같이 각 경계면을 Partition 분할

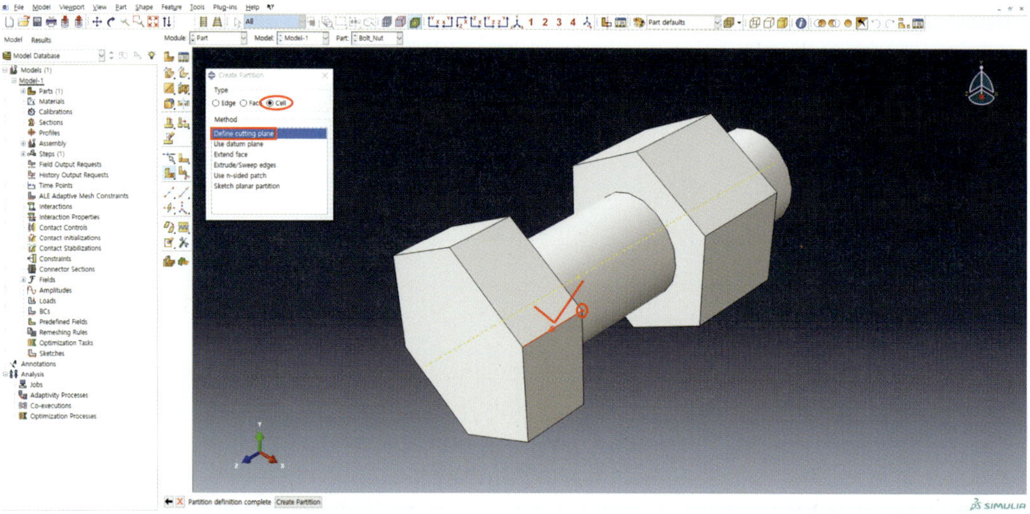

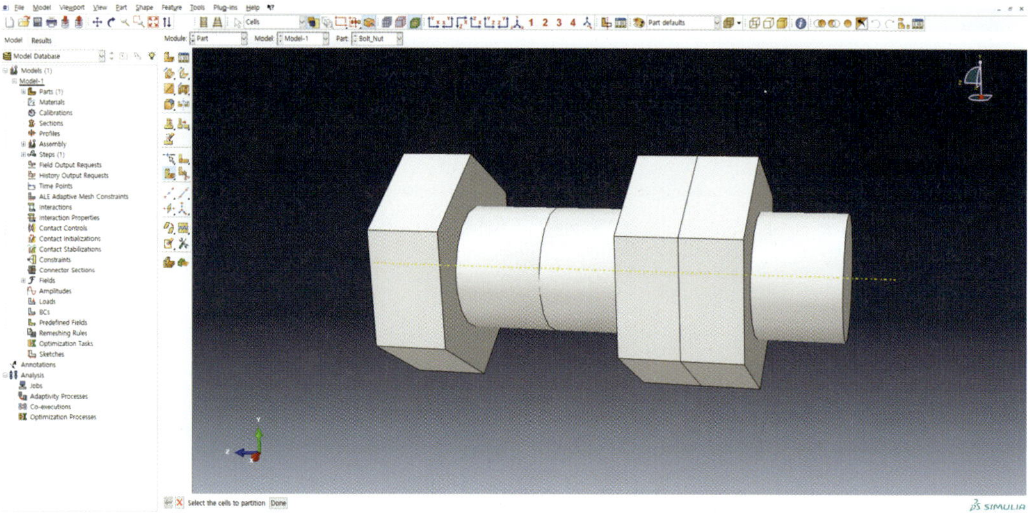

(2) Continuity_Plate (연속판=수평스티프너)

보와 기둥이 접합되는 부분에서의 패널존을 보강하기 위한 연속판은 모델링에서 PL-428.63 × 96.84, PL-214.31 × 96.84, PL-455.61 × 104.78 3종류가 사용된다. 이때 PL-428.63 × 96.84과 PL- 214.31 × 96.84은 Solid, PL-455.61 × 104.78은 Shell 요소로 모델링된다.

1. Create Part → Name : Continuity_Plate + Modeling Space : 3D + Type : Deformable + Base Feature/Shape : Solid, Type : Extrusion → Continue → Create Lines: Rectangle (4 Lines) → 임의의 사각형 생성 후 Add Dimension : 폭 428.63mm, 높이 96.84mm로 수정 → Sketch the section for the solid extrusion : Done → Depth : 19.05mm → OK

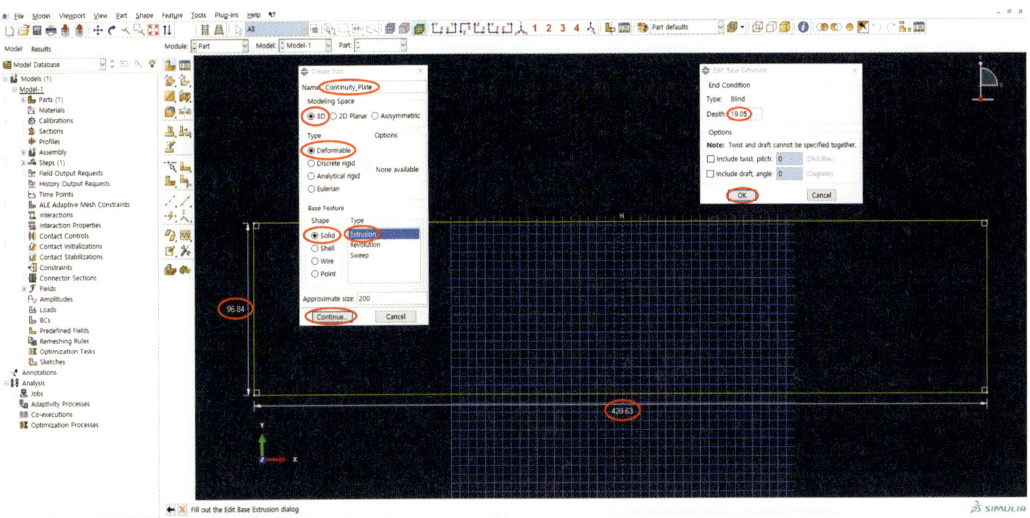

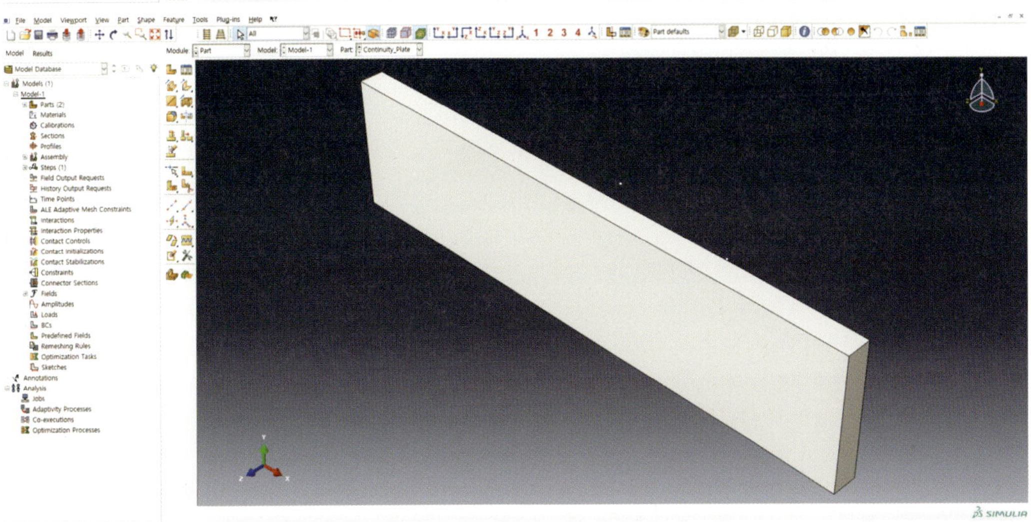

2 Create Part → Name : Continuity_Plate_1/2 + Modeling Space : 3D + Type : Deformable + Base Feature/Shape : Solid, Type : Extrusion → Continue → Create Lines: Rectangle (4 Lines) → 임의의 사각형 생성 후 Add Dimension : 폭 214.31mm, 높이 96.84mm로 수정 → Sketch the section for the solid extrusion : Done → Depth : 19.05mm → OK

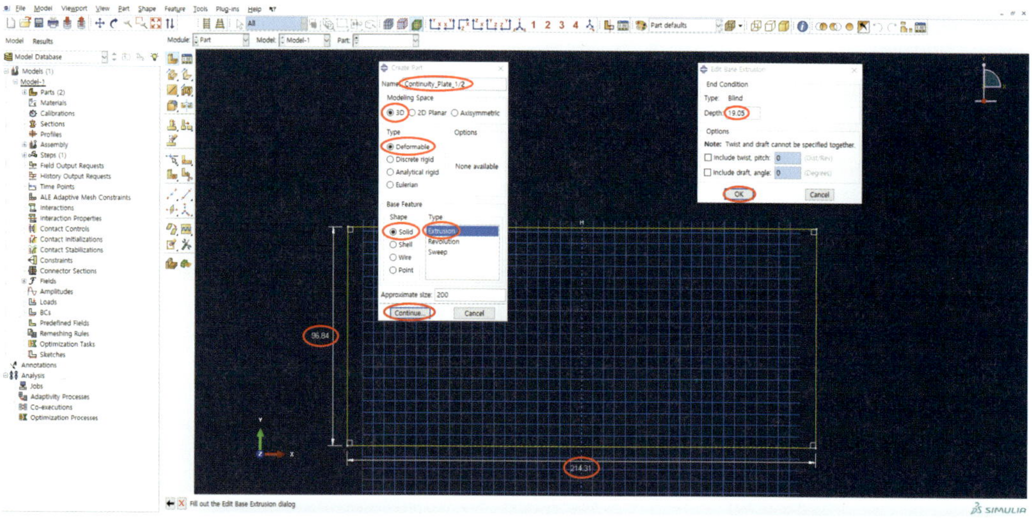

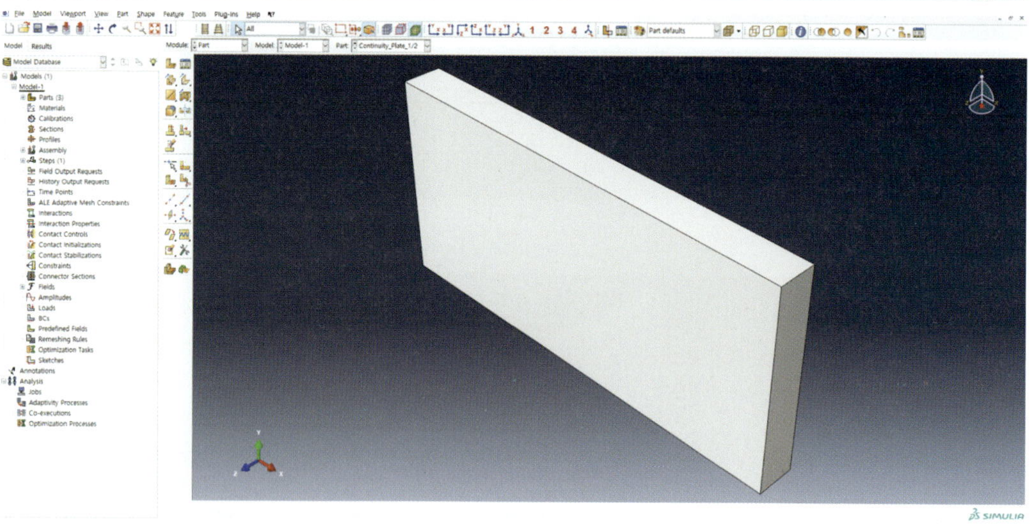

3 Create Part → Name : Continuity_Plate_Shell + Modeling Space : 3D + Type : Deformable + Base Feature/Shape : Shell, Type : Planar → Continue → Create Lines: Rectangle (4 Lines) → 임의의 사각형 생성 후 Add Dimension : 폭 455.61mm, 높이 104.78mm로 수정 → Sketch the section for the solid extrusion : Done → Depth : 19.05mm → OK

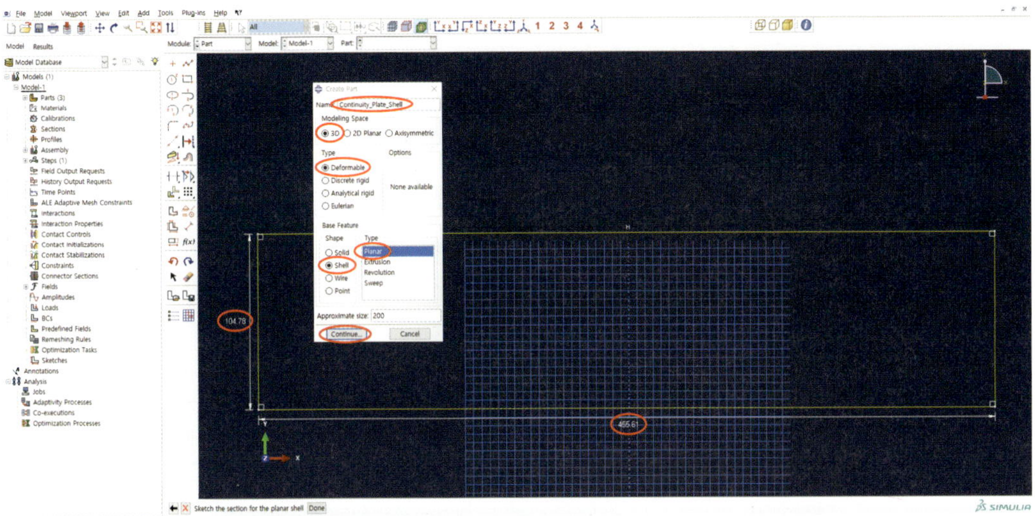

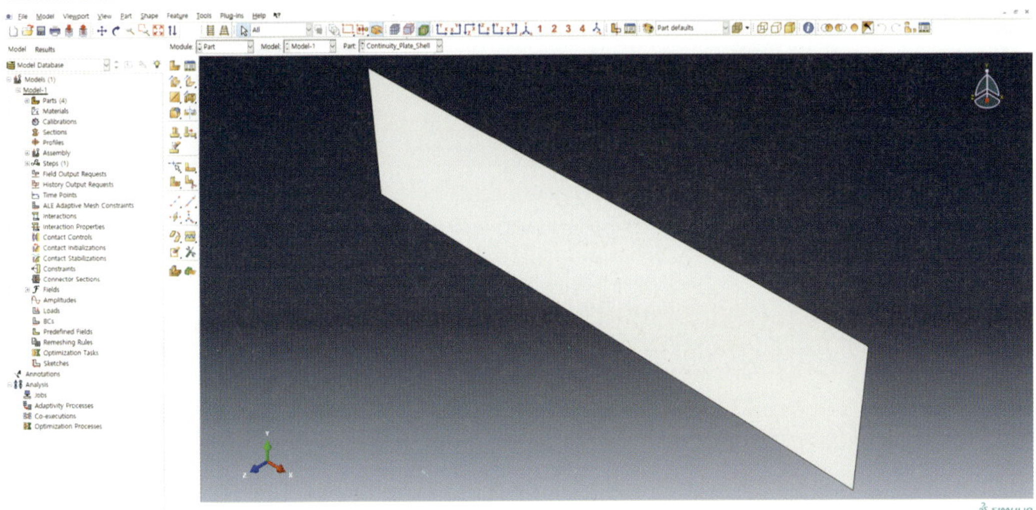

(3) W18×119 (기둥)

W18×119 기둥은 외곽부 기둥과 중앙부 기둥이 있으며, 대칭성을 적용하기 위해 중앙부 기둥을 1/2 모델링한다. 여기서 기둥과 보가 연결되는 영역에는 Solid, 그 외의 영역에는 Shell 요소로 모델링한다.

1. Create Part → Name : W18*119_SideColumn + Modeling Space : 3D + Type : Deformable + Base Feature/Shape : Solid, Type : Extrusion → Continue → Create Lines: Connected → Add Dimension : 아래 그림과 같이 폭 285.75mm, 높이 455.6125mm의 H형강 형상으로 수정

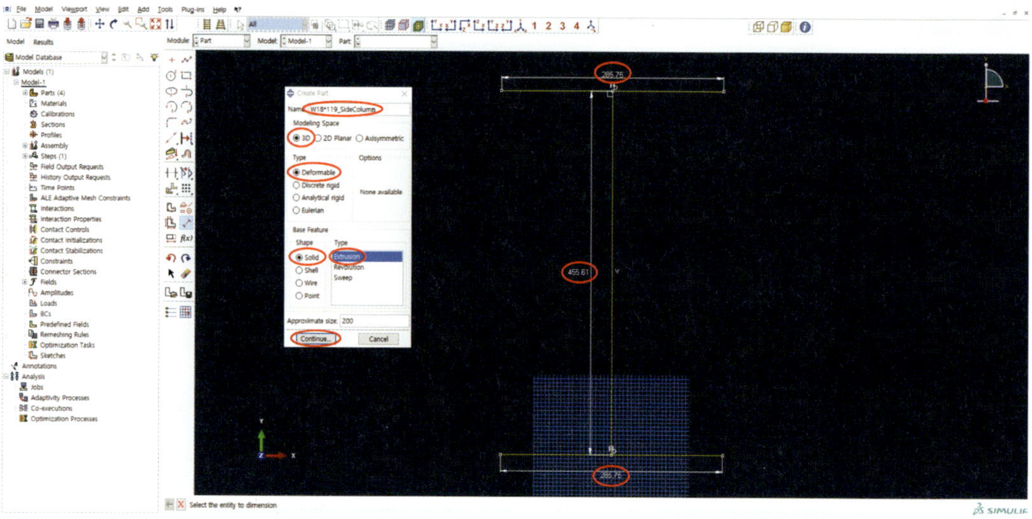

2 Linear Pattern : 플랜지 두께가 26.9875mm, 웨브 두께가 15.875mm가 되도록 플랜지로부터 위아래로 13.49375mm, 웨브로부터 좌우로 7.9375mm 간격으로 생성 → Delete : 내부 중심선 선택 → OK → Auto-Trim → 아래 그림이 되도록 돌출된 부분과 공제할 부분을 제거 → Done → Depth : 1040 → OK

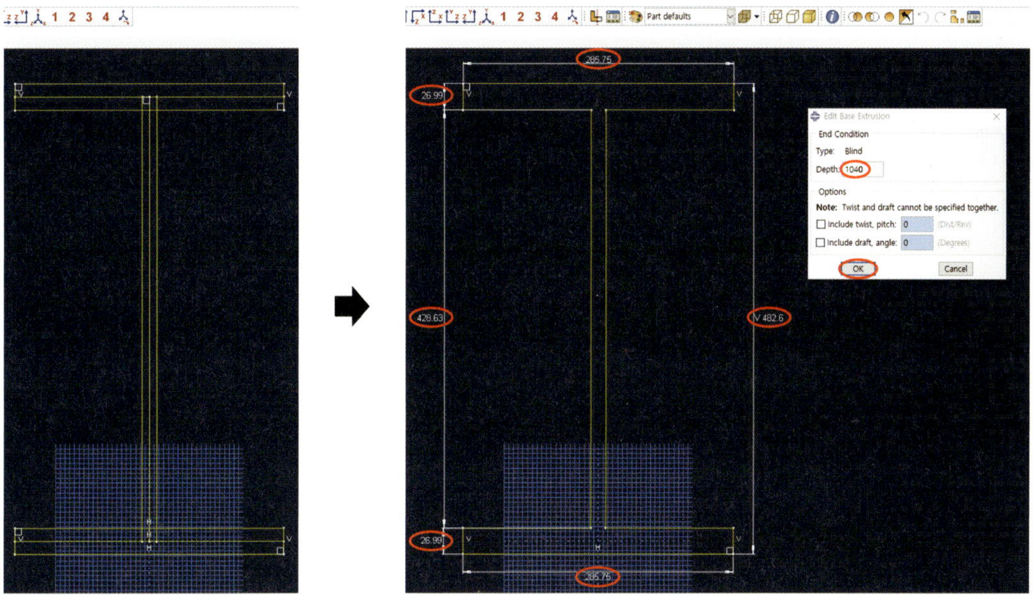

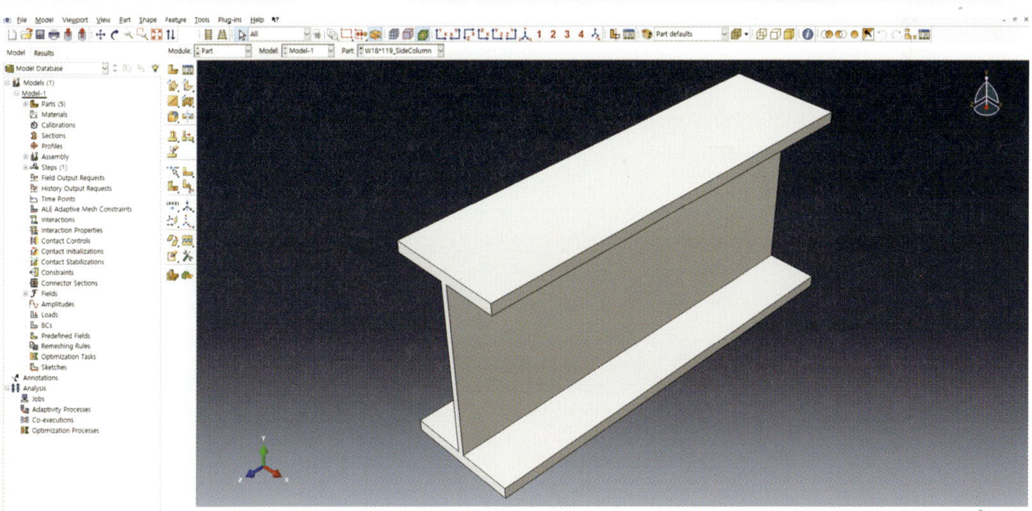

3 Create Shell: Extrude → H형강의 하부 단면 + 웨브의 외곽선 선택

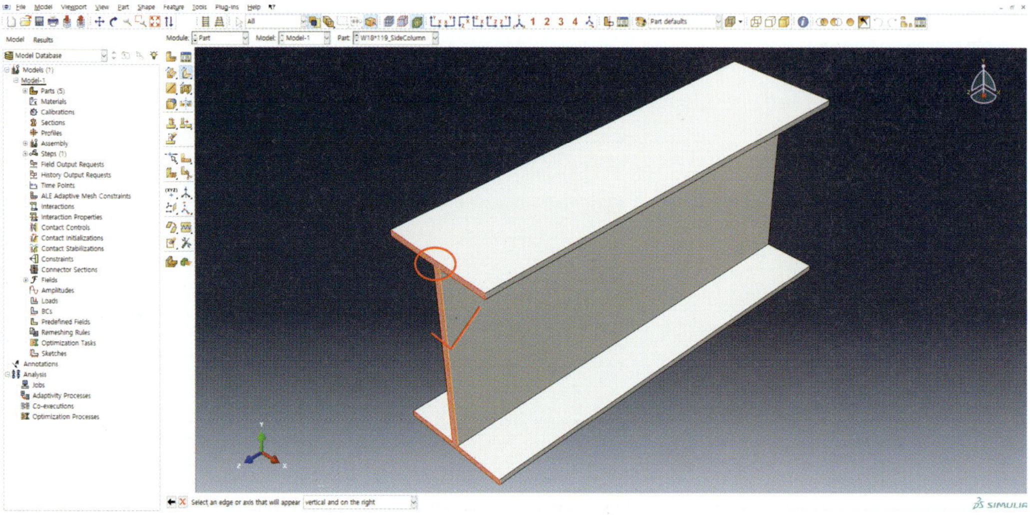

4 Create Lines: Connected → 단면 중심선을 생성 → Done → Depth : 1934.275mm → OK

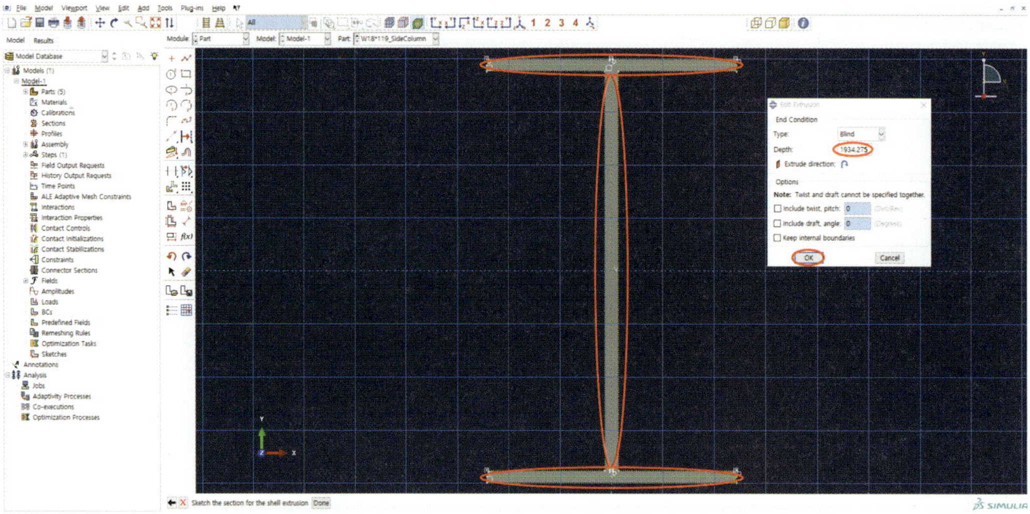

5 Create Shell: Extrude → 같은 방법으로 H형강의 상부 단면 + 웨브의 외곽선 선택 → Create Lines: Connected → 단면 중심선을 생성 → Done → Depth : 664.275mm → OK

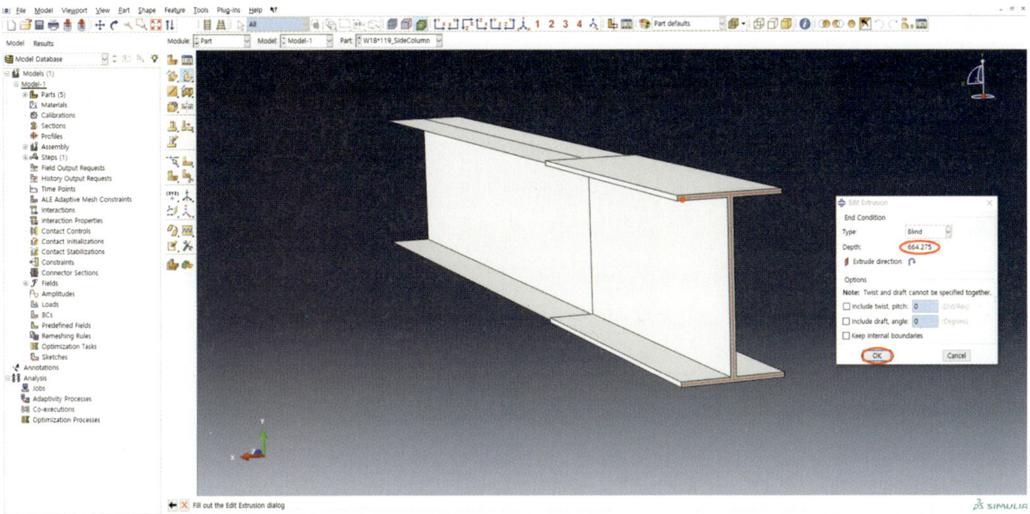

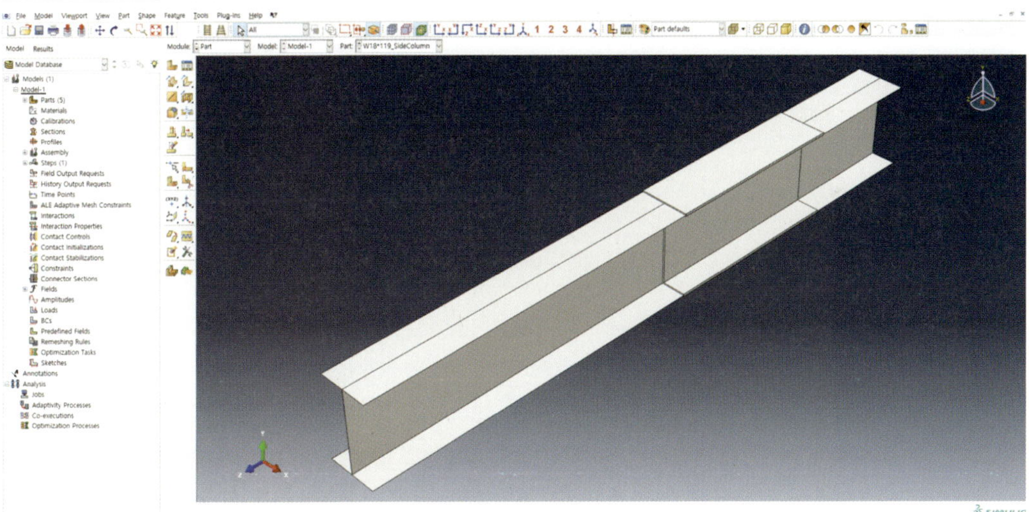

6 Create Solid: Extrude → H형강 Solid 단면의 플랜지 선택 + Done → Vertical and on the right : 플랜지 외곽선 선택 → Linear Pattern : 상부 수평선로부터 386.65mm, 304.8mm, 348.55mm 간격으로 생성

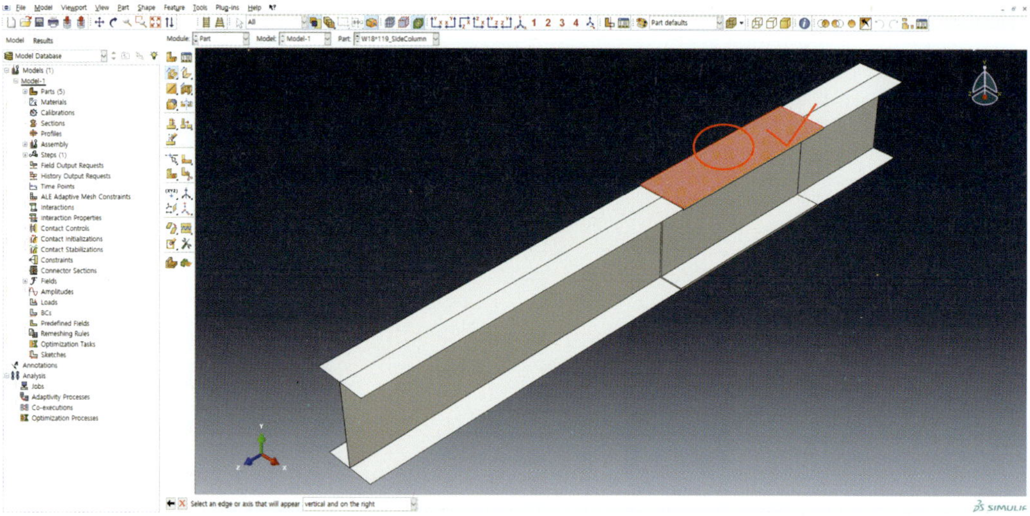

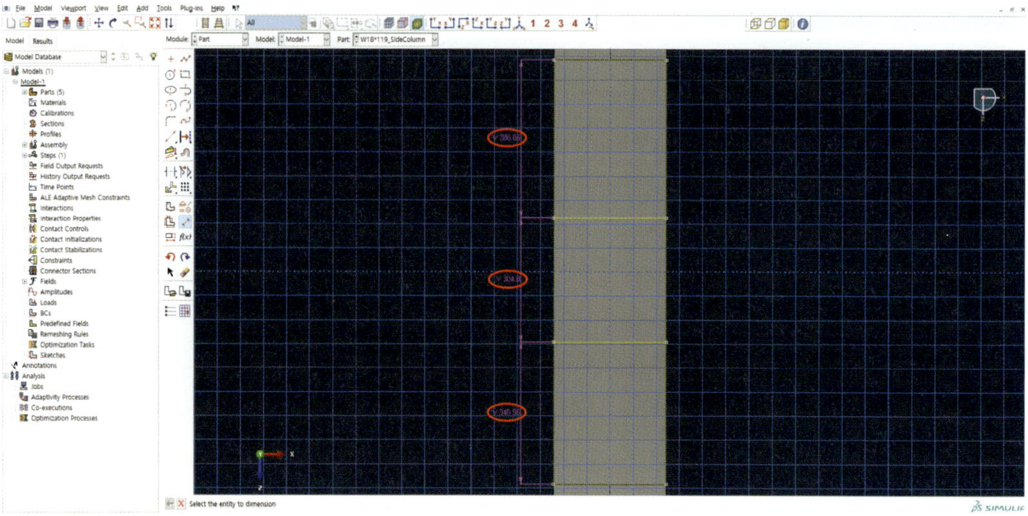

7 Create Lines: Connected → 두께 12.7mm, 간격 11.1125mm의 사각형 2개를 생성 → Auto-Trim : 아래 오른쪽 그림과 같이 선을 제거 → Done → Depth : 152.4mm → OK

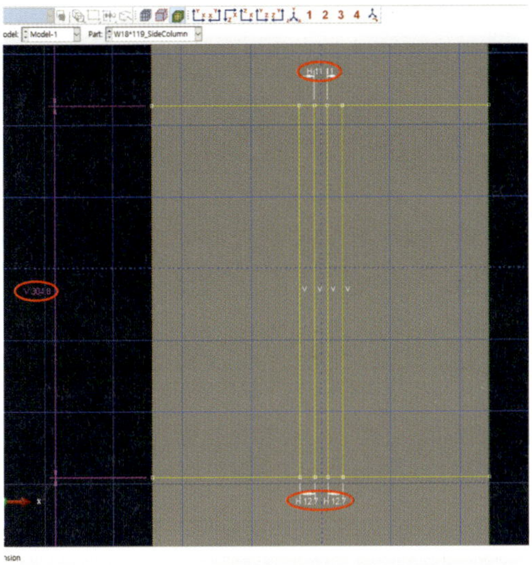

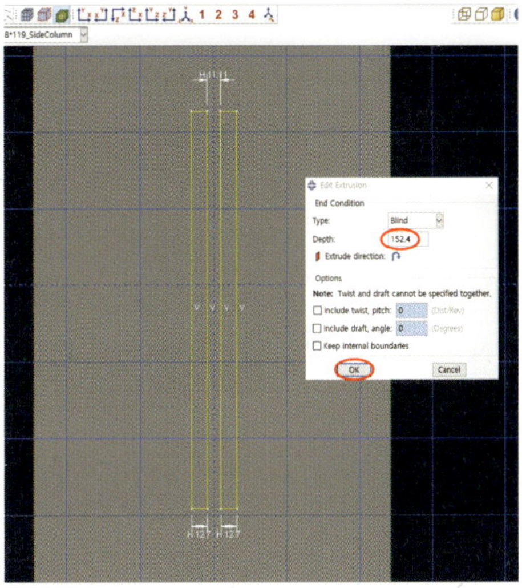

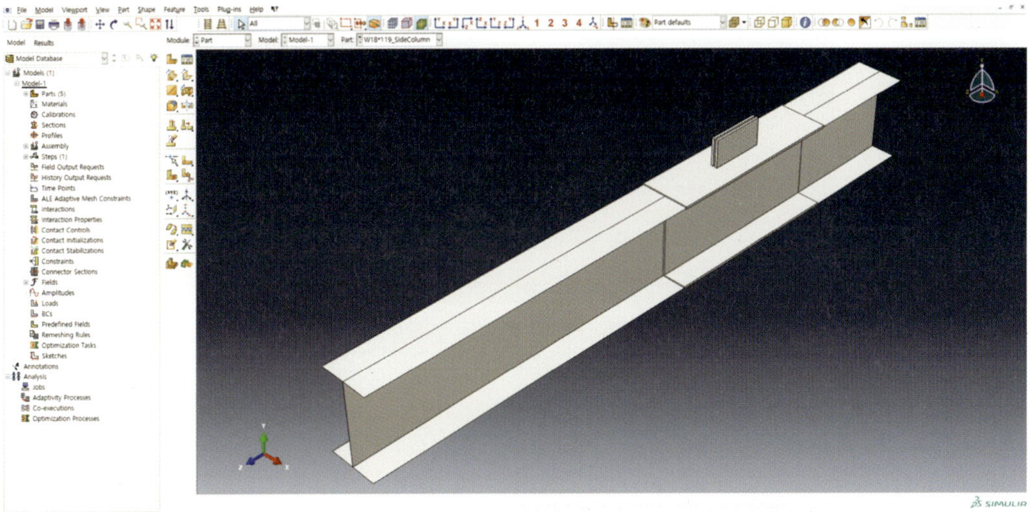

8 Create Cut: Extrude → 전단탭의 임의의 면 선택 → Vertical and on the right : 전단탭 외곽선 선택 → Create Circle → enter X, Y : 12.7mm → Linear Pattern : 101.6mm 간격으로 상하부에 생성 → Done → Type : Through All → OK

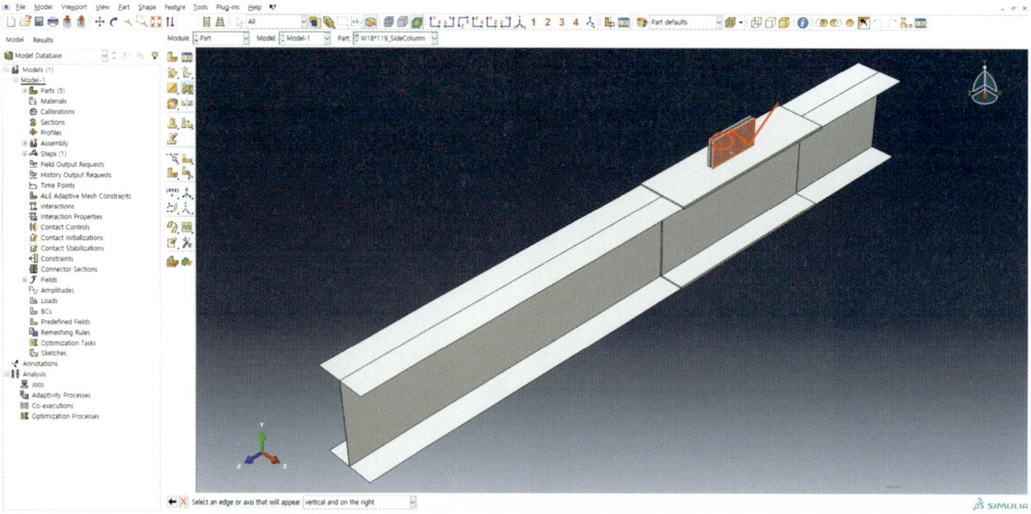

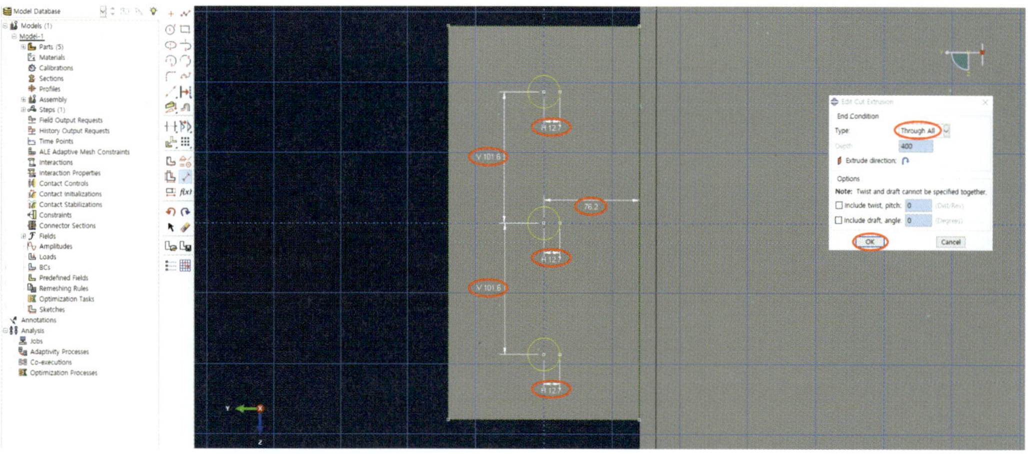

9 Tool → Partition → Face → Sketch → 빨간색 부분을 선택 + Done → Through all

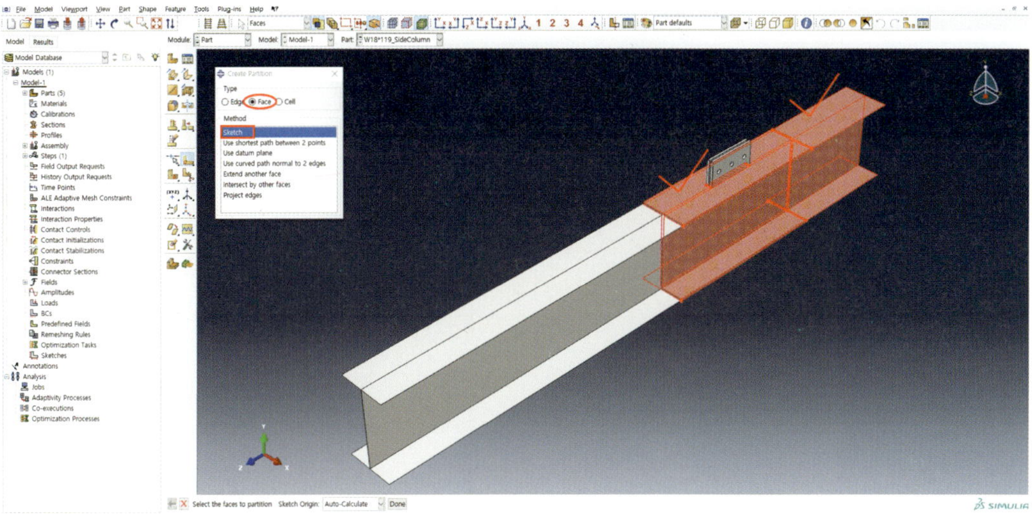

10 Select a sketch plane + 보라색 부분 선택 → vertical and on the right + 외곽 점선 선택

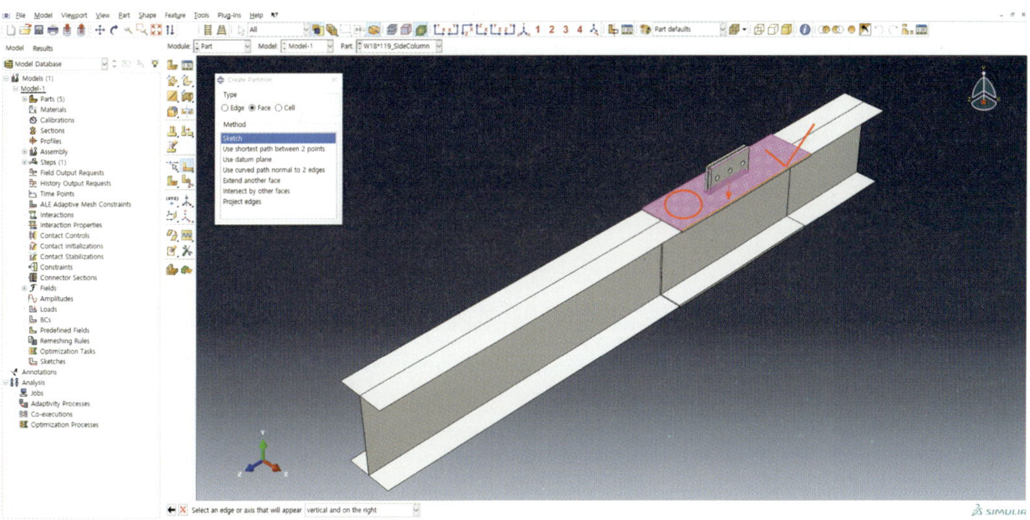

11 Linear Pattern : 아래 그림의 선을 기준으로 위로 56.6996, 202.525, 193 간격을 생성하고 아래로 269.175, 19.05, 98.425, 304.8, 98.425, 19.05 간격을 생성

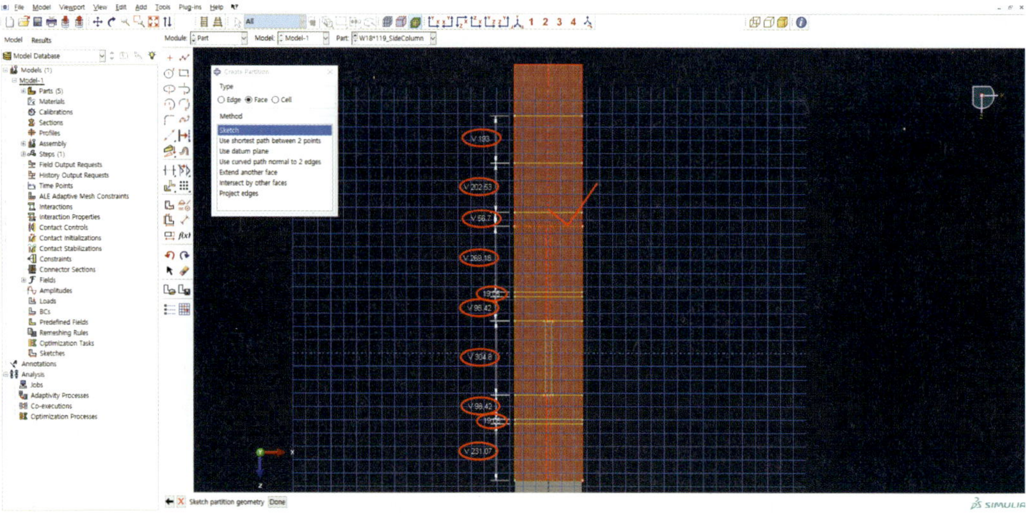

12 Cell → Define cutting plane → Point & Normal → 아래 그림의 점과 법선 선택 → Done → 같은 방법으로 아래 그림과 같이 각 경계면을 Partition 분할

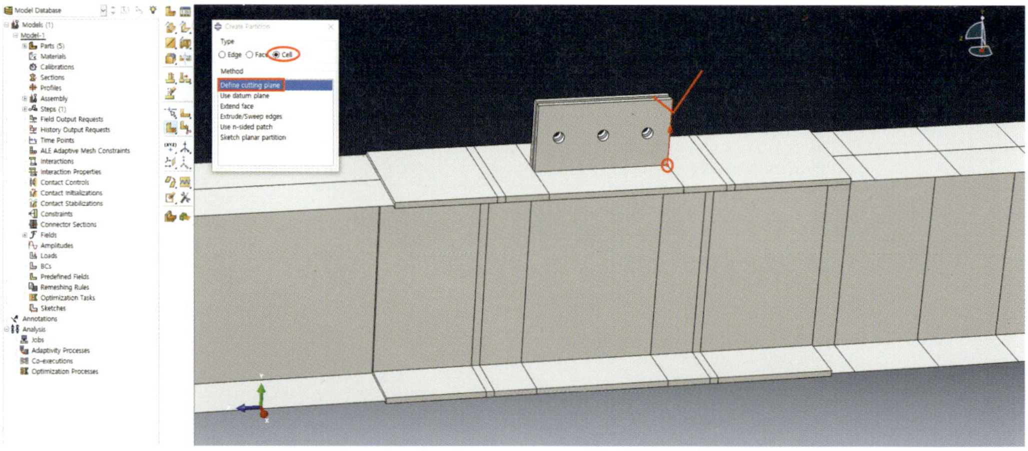

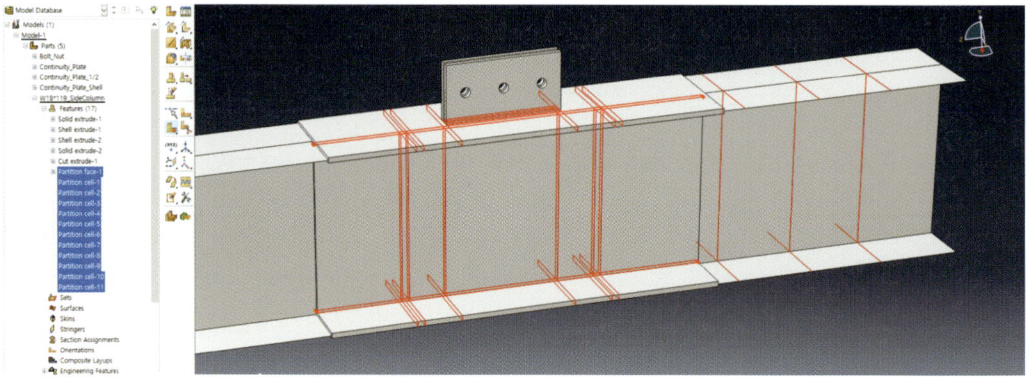

13 Model Tree → Model-1/Parts/W18*119_SideColumn 우클릭 + Copy → Copy W18*119_SideColumn to : W18*119_MiddleColumn 입력 → OK

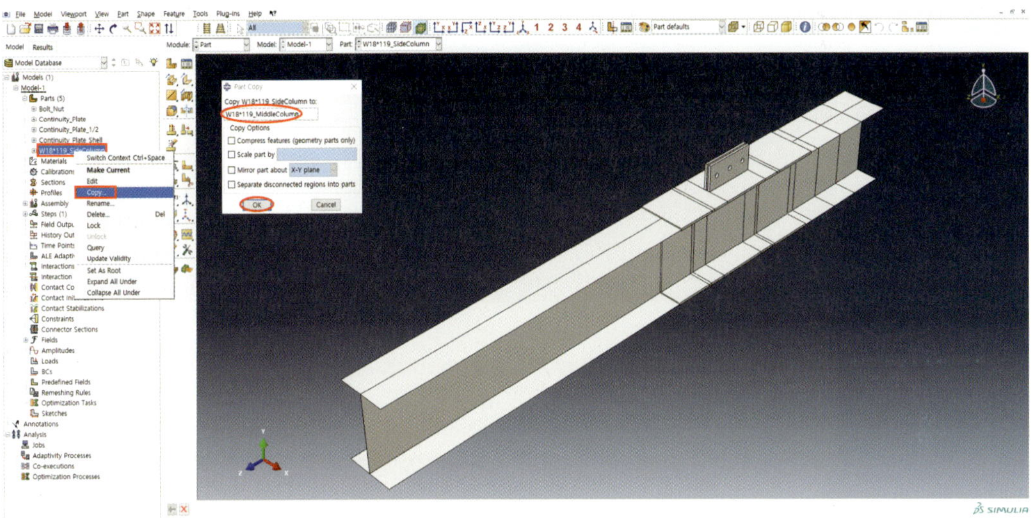

14 Create Cut: Extrude → 아래 그림의 플랜지 두께 Solid 단면 선택 → Vertical and on the right : 외곽선 선택 → Create Lines: Rectangle (4 Lines) → 임의의 사각형 생성 후 Add Dimension : 폭 1000, 높이 4000으로 수정 → Translate → 사각형 선택 후 아래 그림의 점을 -227.80625, -200으로 이동 + Done → Type : Through All → OK

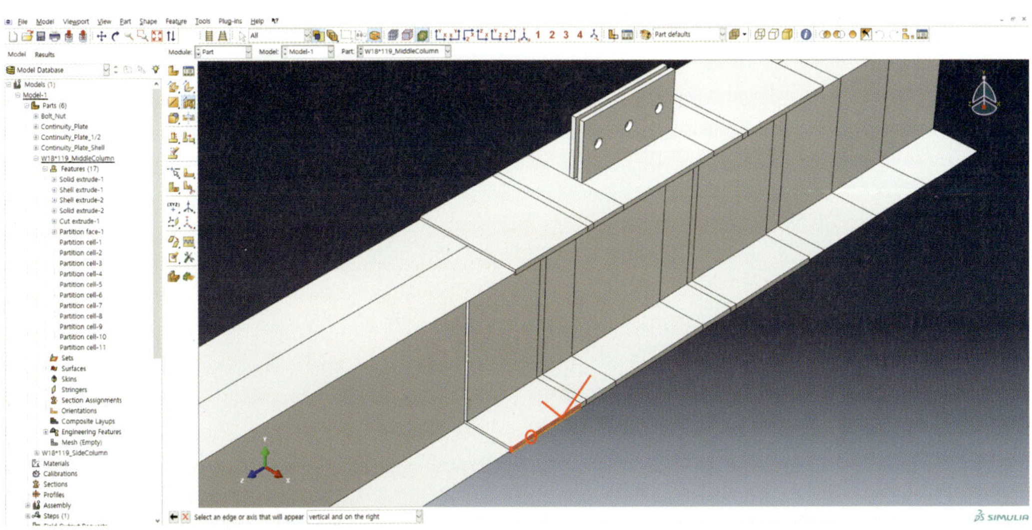

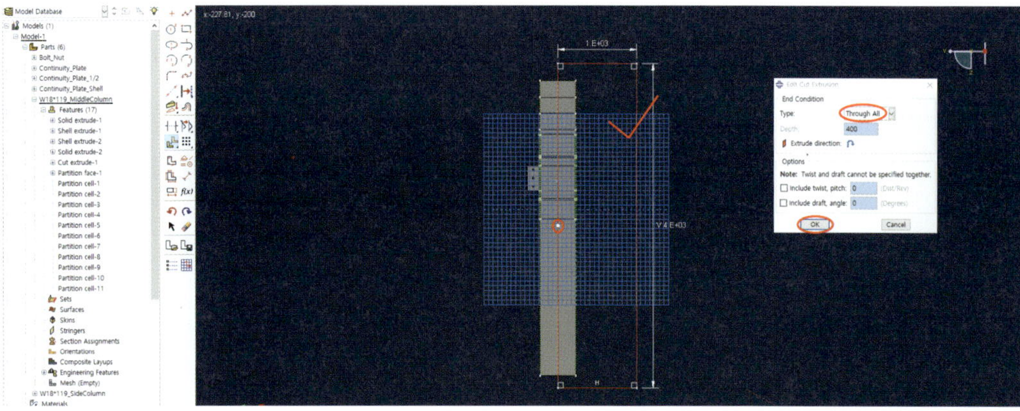

15 Model Tree → W18*119_MiddleColumn/Shell extrude-1 더블클릭 + Depth : 559.5 → OK → 같은 방법으로 Shell extrude-2 더블클릭 + Depth : 559.5 → OK

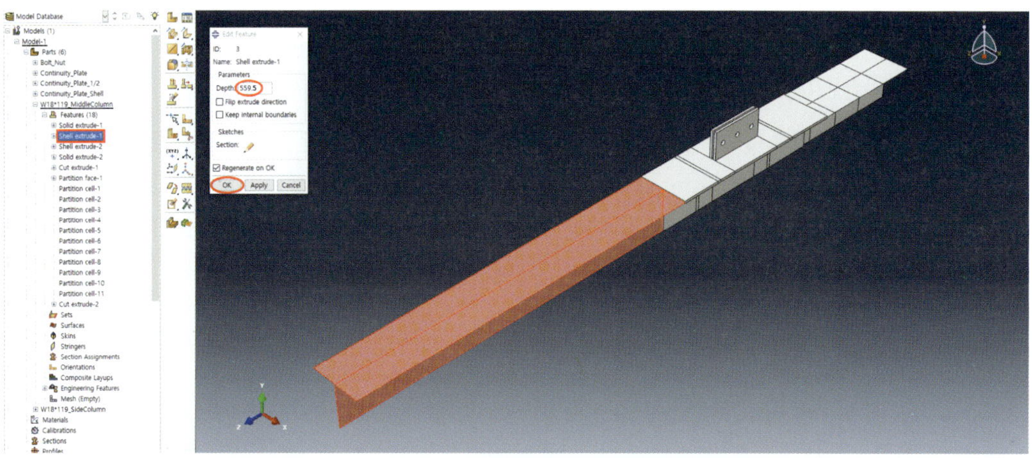

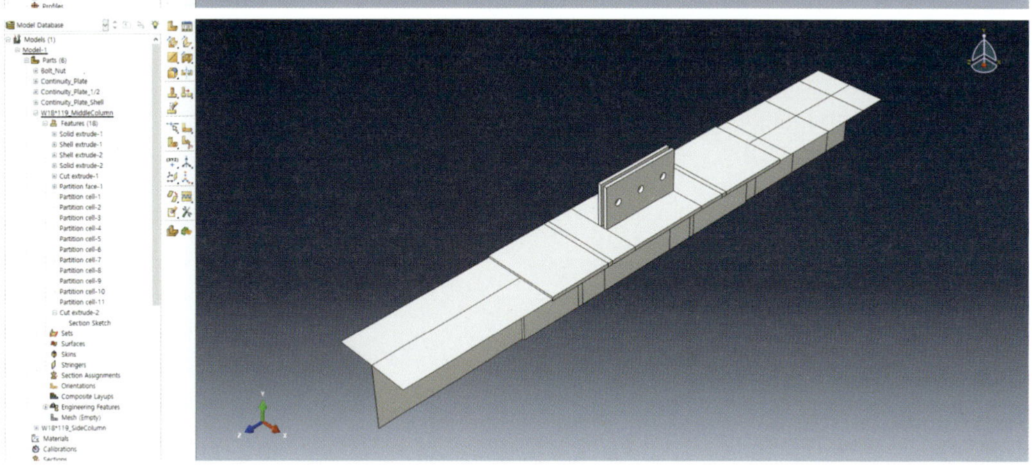

(4) W21×73 (보)

철골 보는 현장에서 기둥과 연결하기 위해 전단탭이 볼트연결되고 보 플랜지가 기둥 플랜지에 용접된다. 이러한 목적으로 보 단부에는 용접 작업구(Weld access hole)가 있으며 이를 모델링에 적용한다. 또한 모델링에 사용되는 요소는 기둥과 동일하게 기둥과 보가 연결되는 영역에는 Solid, 그 외의 영역에는 Shell 요소로 모델링한다.

1 Create Part → Name : W21×73 + Modeling Space : 3D + Type : Deformable + Base Feature/Shape : Solid, Type : Extrusion → Continue → Create Lines: Connected → W18×119 기둥 모델링 방법과 동일하게 아래 그림과 같이 H형강 H-539.75×209.55×11.1125×19.05 [mm] 형상으로 수정 → Done → Depth : 267.2mm → OK

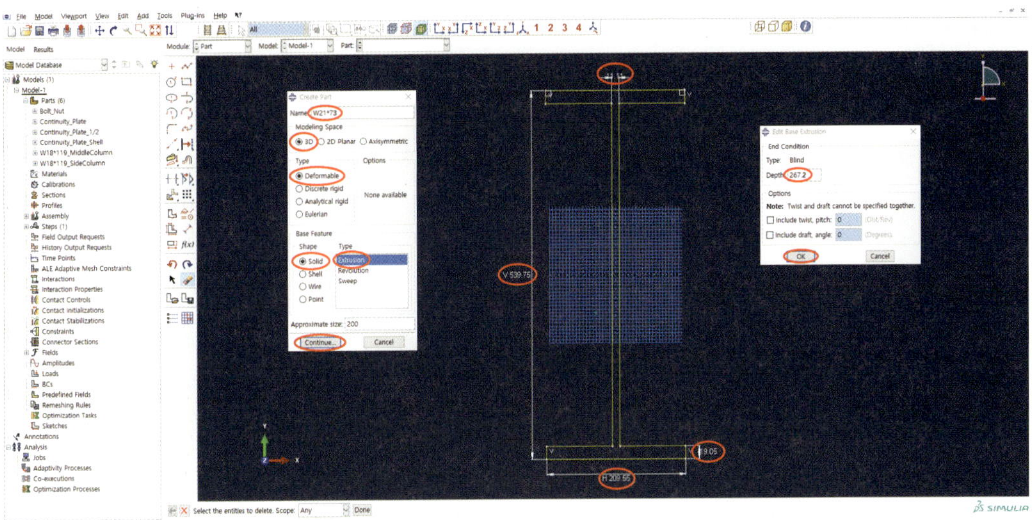

2 Create Cut: Extrude → 웨브의 측면 선택 → Vertical and on the right : 웨브의 외곽선 선택 → Create Lines: Connected → 아래 그림과 같이 용접 작업구를 생성 → Create Circle → 아래 그림과 같이 볼트구멍을 생성 → Done → Type : Through All → OK

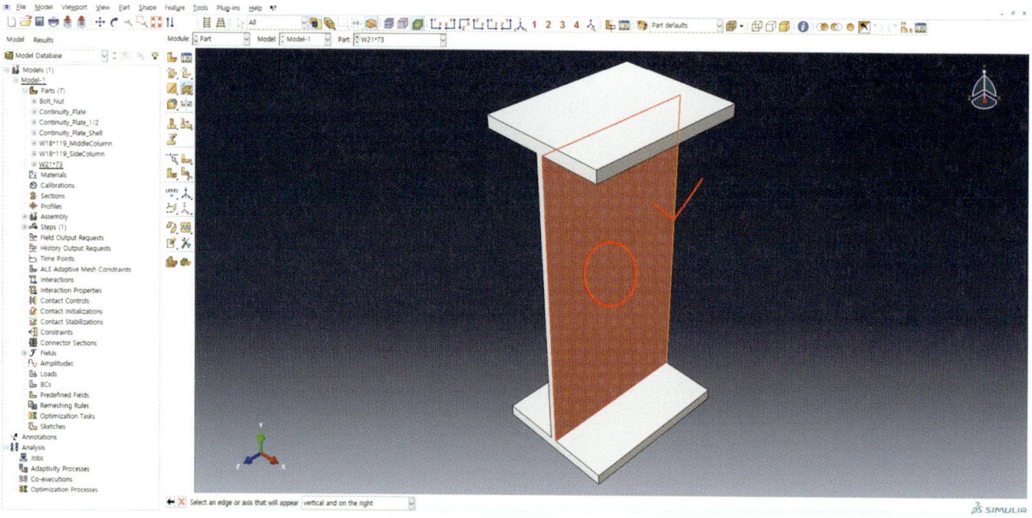

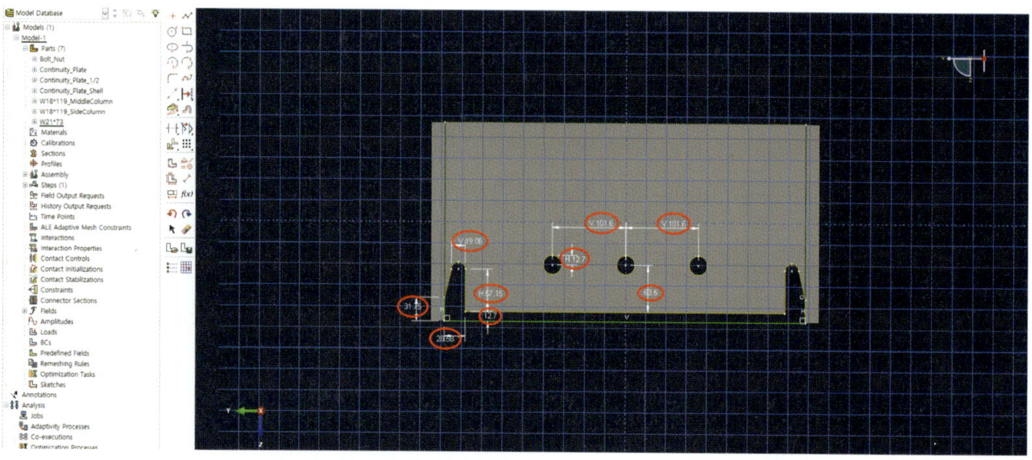

3 Create Shell: Extrude → 아래 그림의 H형강의 단면 + 웨브의 외곽선 선택 → Create Lines: Connected → 단면 중심선을 생성 → Done → Depth : 2539.5mm → OK

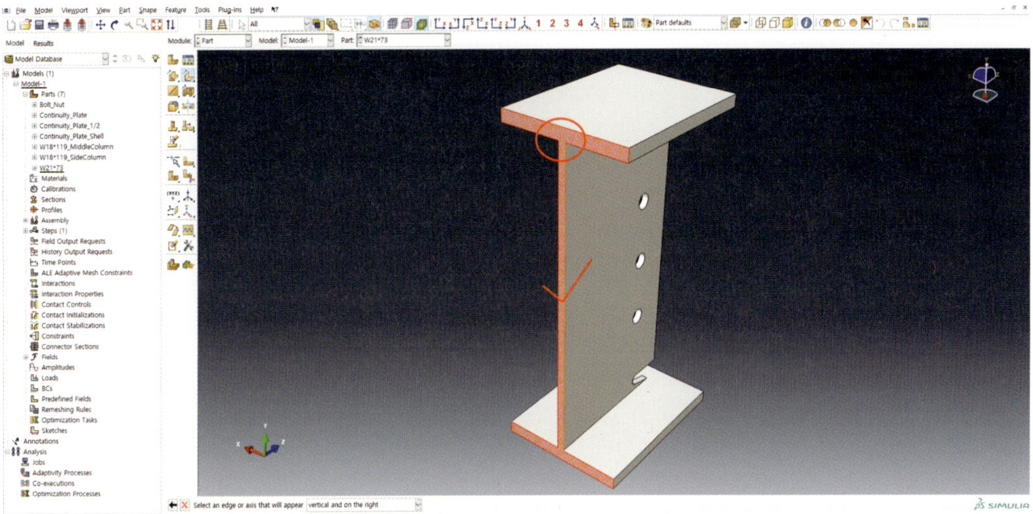

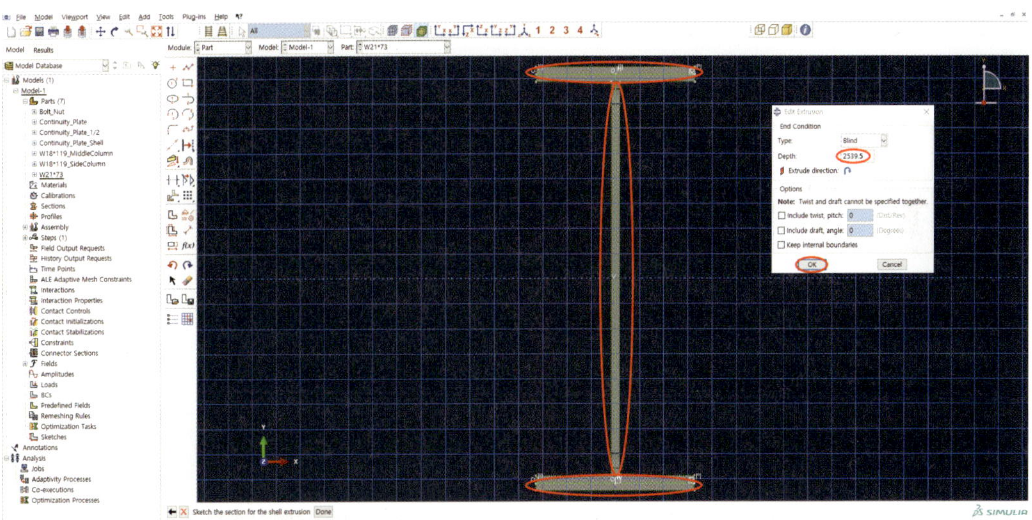

4 Tool → Partition → Face → Sketch → Shell 요소 전체(빨간색)를 선택 + Done → Through all → Select a sketch plane + 보라색 부분 선택 → vertical and on the right + 외곽선 선택

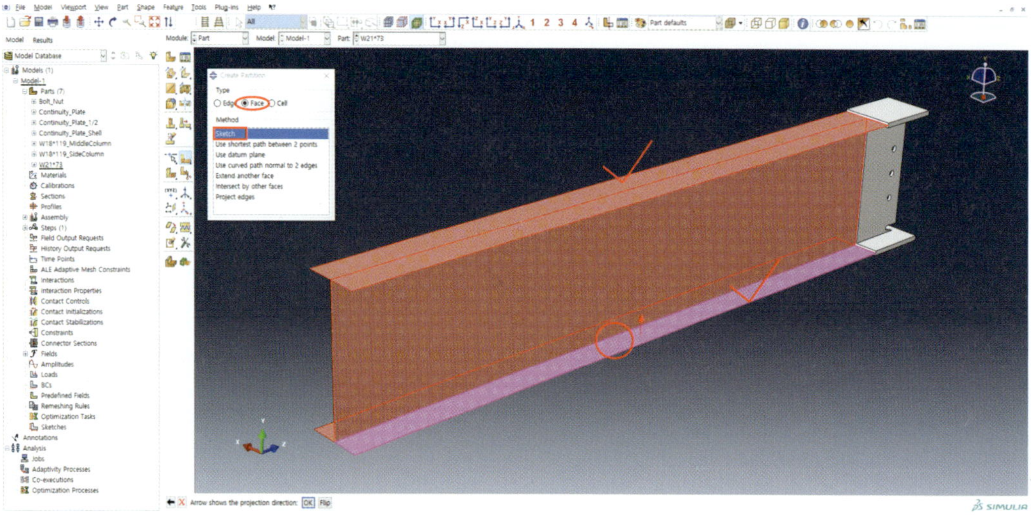

5 Create Lines: Connected [icon] → Add Dimension [icon] : 폭 400mm로 수정 → 아래 그림과 같이 Shell 요소의 중앙부에 배치

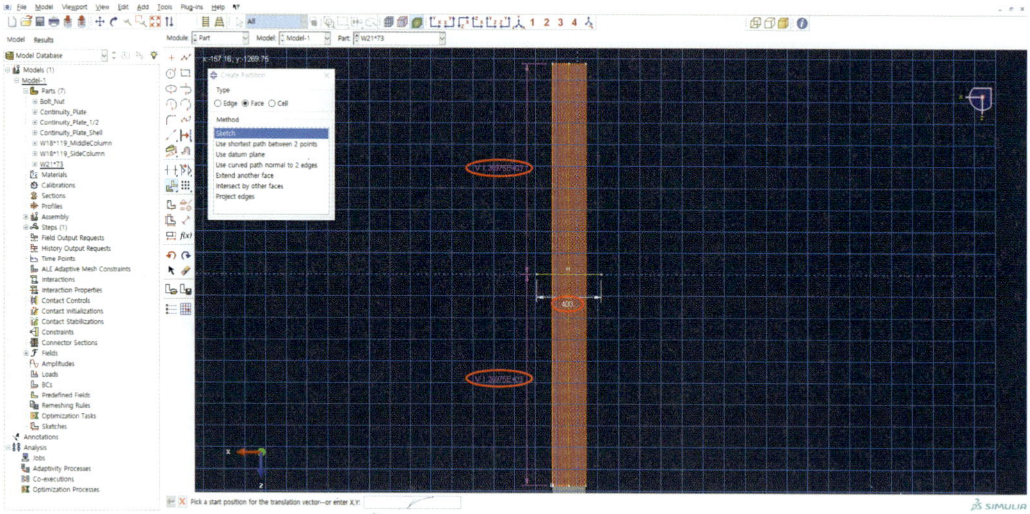

6 Cell → Define cutting plane → Point & Normal → 아래 그림의 점과 법선 선택 → Done → 같은 방법으로 아래 그림과 같이 용접 작업구의 Partition 분할

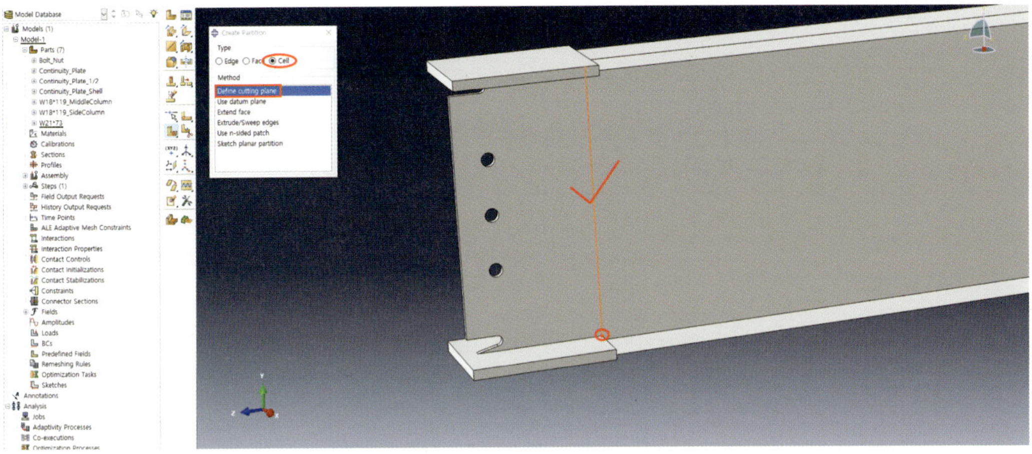

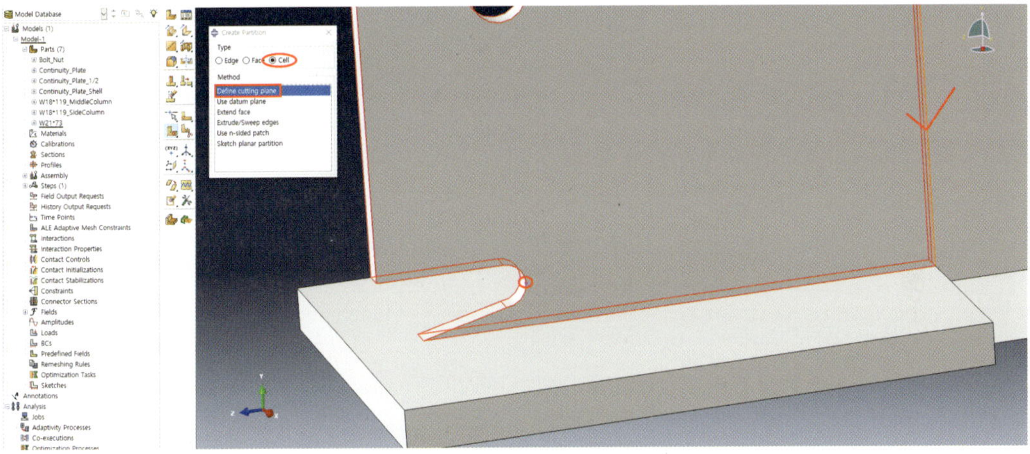

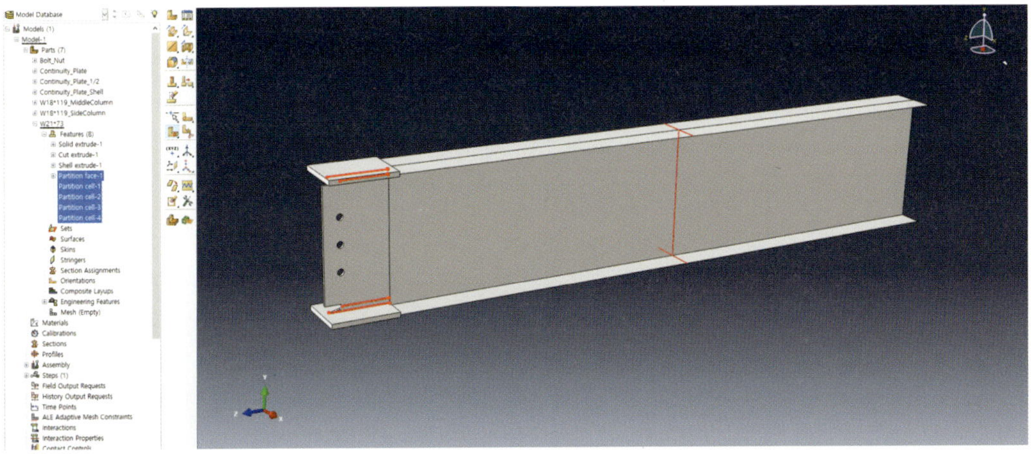

4.3.2.2 Property (재료물성 정의)

Part에서 생성한 플레이트 접합부의 물성을 정의하기 위해 Property Module로 이동한다. 재료의 물성은 실험체의 재료실험 결과를 바탕으로 한 Ramber-Osgood model로 탄성영역 이후의 거동을 정의한다. 여기서 Shell 요소는 공칭응력-공칭변형률을 적용하지만, Solid 요소의 경우 부재의 단면수축을 고려하는 진응력-진변형률을 적용한다.

Shear Tab

True yield stress σ_{tt}^{pl} (Mpa)	True plastic strain ε_{tt}^{pl}
250	0
271.5427989	0.005697807
292.4305971	0.008346441
313.8612951	0.012378856
336.1229641	0.018384403
359.6249834	0.027128621
384.9369578	0.039576569
412.8367108	0.056905402
444.3687694	0.08049762
480.9148812	0.111905084
524.2782302	0.152774934
562.65	0.19062036

High Strength Bolt

True yield stress σ_{tt}^{pl} (Mpa)	True plastic strain ε_{tt}^{pl}
940	0
952.6988229	0.004944321
962.0615558	0.006320523
972.0398891	0.008305547
982.9094772	0.011161223
995.0655256	0.015256018
1009.072964	0.021104633
1025.736987	0.029419387
1046.201958	0.041174402
1072.08969	0.057681154
1105.692286	0.080669014
1248	0.182321557

Continuity Plate

Yield stress σ_{t}^{pl} (Mpa)	Plastic strain ε_{t}^{pl}	True yield stress, σ_{tt}^{pl} (Mpa)	True yield strain, ε_{tt}^{pl}
250	0	250	0
269	0.005716318	270.5376895	0.005700042
288	0.008410451	290.4222098	0.00837528
307	0.012563837	310.8570979	0.012485567
326	0.018840311	332.1419414	0.018665031
345	0.028137313	354.7073731	0.027748731
364	0.041647089	379.1595404	0.0408032
383	0.060929083	406.3358388	0.059145018
402	0.087994785	437.3739034	0.084336355
421	0.125406353	473.7960744	0.118144173
440	0.176390405	517.6117781	0.162450771
450	0.21	544.5	0.19062036

W18×119 (Column)

Yield stress σ_{t}^{pl} (Mpa)	Plastic strain ε_{t}^{pl}	True yield stress, σ_{tt}^{pl} (Mpa)	True yield strain, ε_{tt}^{pl}
345	0	345	0
355	0.00506997	356.7998394	0.005057161
365	0.007013507	367.55993	0.006989027
375	0.009968004	378.7380015	0.009918651
385	0.014423348	390.552989	0.014320321
395	0.021083836	403.3281152	0.020864648
405	0.030952551	417.5357831	0.030483181
415	0.045445435	433.8598556	0.044443048
425	0.066544344	453.2813463	0.064423837
435	0.09700092	477.1954002	0.09258002
445	0.140606306	507.569806	0.131559968
456	0.21	551.76	0.19062036

W21×73 (Beam Flange)

Yield stress σ_{t}^{pl} (Mpa)	Plastic strain ε_{t}^{pl}	True yield stress, σ_{tt}^{pl} (Mpa)	True yield strain, ε_{tt}^{pl}
345	0	345	0
359	0.005198912	360.8664093	0.005185444
373	0.007370206	375.7490869	0.007343179
387	0.010707243	391.1437031	0.010650327
401	0.015777344	407.3267148	0.015654175
415	0.023388015	424.7060263	0.023118706
429	0.034674632	443.8754169	0.034087012
443	0.051215398	465.6884212	0.049947016
457	0.075180721	491.3575896	0.07248876
471	0.109525653	522.5865824	0.103932584
485	0.158235841	561.7443829	0.146898021
496	0.21	600.16	0.19062036

W21×73 (Beam Web)

Yield stress σ_{t}^{pl} (Mpa)	Plastic strain ε_{t}^{pl}	True yield stress, σ_{tt}^{pl} (Mpa)	True yield strain, ε_{tt}^{pl}
345	0	345	0
360	0.005284147	361.9022931	0.005270235
375	0.007631849	377.8619436	0.007602874
390	0.011304211	394.4086421	0.011240795
405	0.016974895	411.8748323	0.016832431
420	0.025613949	430.7578585	0.025291408
435	0.038599571	451.7908133	0.037873239
450	0.057865559	476.0395016	0.056253254
465	0.086093944	505.0336839	0.082587722
480	0.126964342	540.9428843	0.119527595
495	0.185473997	586.8096283	0.170142692
500	0.21	605	0.19062036

1 Material Manager → Create → Name : Shear_Tab + General/Density : 7.85E-009 + Mechanical/Elastic/Young's Modulus : 125000, Poisson's Ratio : 0.3 → Mechanical/Plasticity/Plastic(상기 재료물성을 이용하여 아래 그림과 같이 입력)

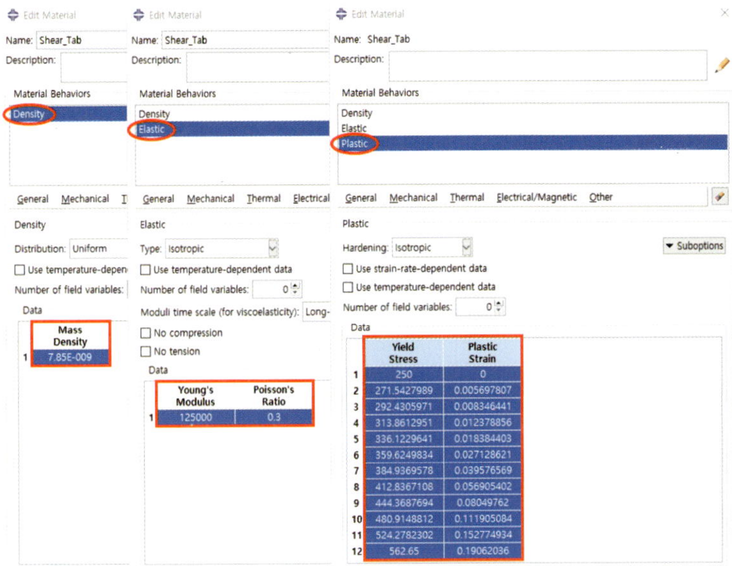

2 같은 방법으로 다른 Part의 재료물성을 생성한다.

High_Strength_Bolt + Young's Modulus : 470000, Plastic(표 및 아래 그림 참고)

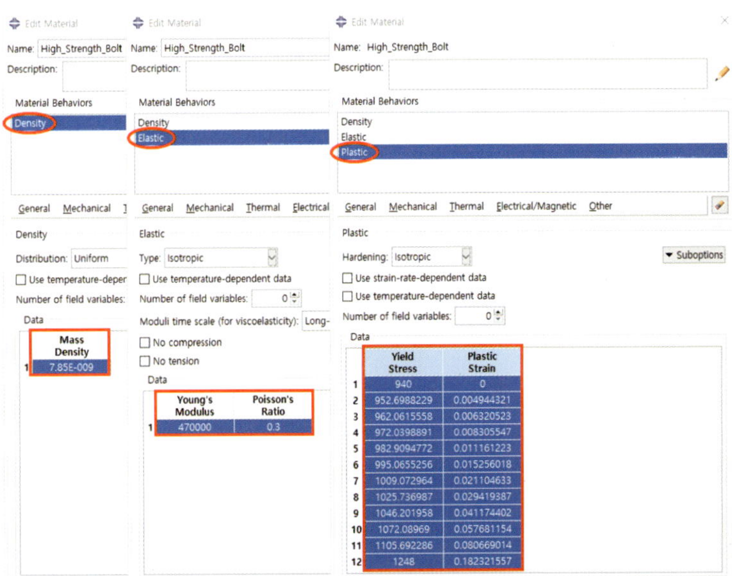

Continuity_Plate + Young's Modulus : 125000, Plastic(표 및 아래 그림 참고)

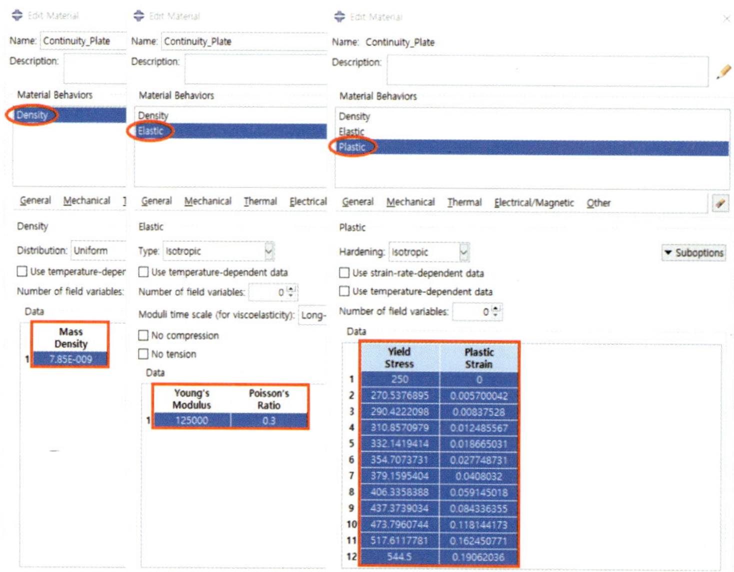

3 Material Manager → Continuity_Plate 선택 → Copy → Copy Continuity_Plate to : Continuity_Plate_Shell → OK → Plastic 선택 : 재료물성을 이용하여 아래 그림과 같이 수정

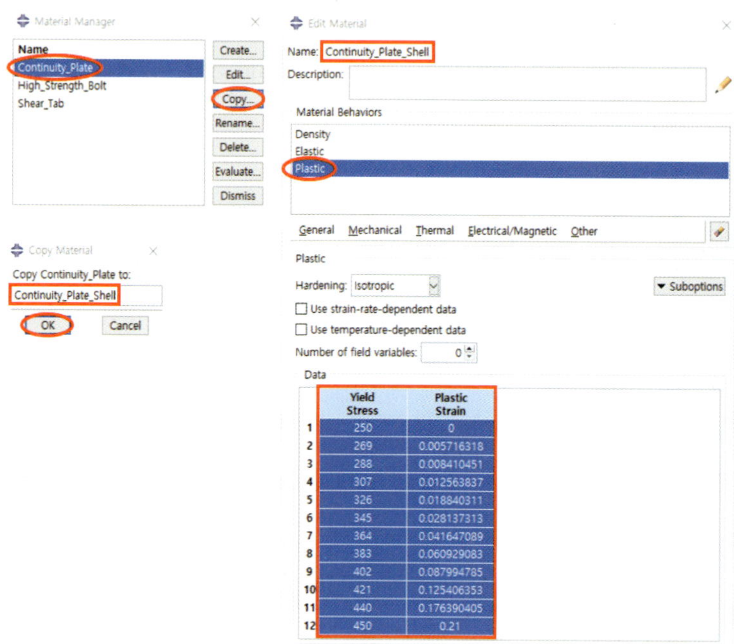

W18*119_Column + Young's Modulus : 191666.6667, Plastic(표 및 아래 그림 참고) → Copy → W18*119_Column_Shell + Plastic(표 및 아래 그림 참고)

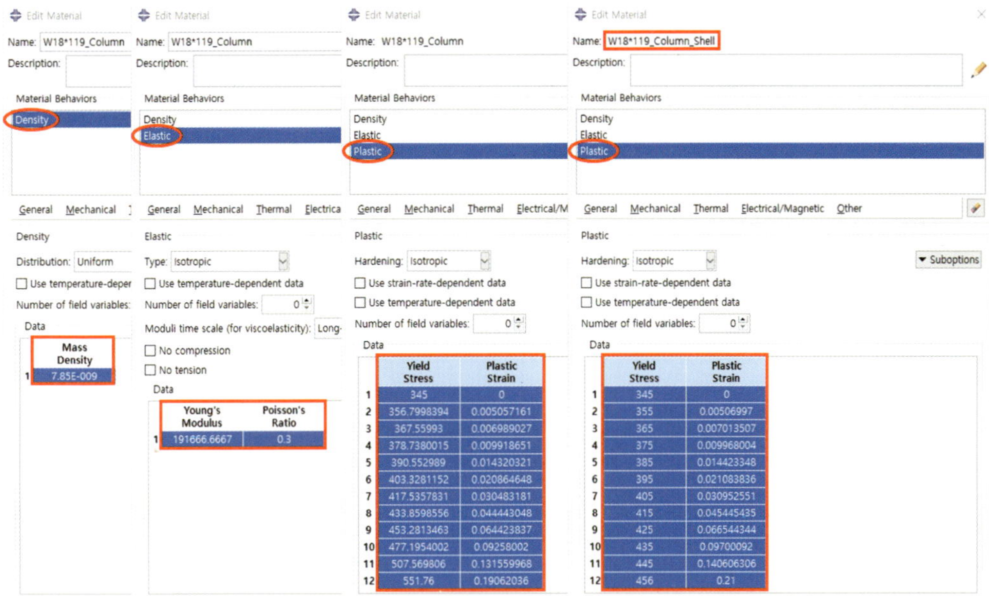

W21*73_Flange + Young's Modulus : 191666.6667, Plastic(표 및 아래 그림 참고) → Copy → W21*73_Flange_Shell + Plastic(표 및 아래 그림 참고)

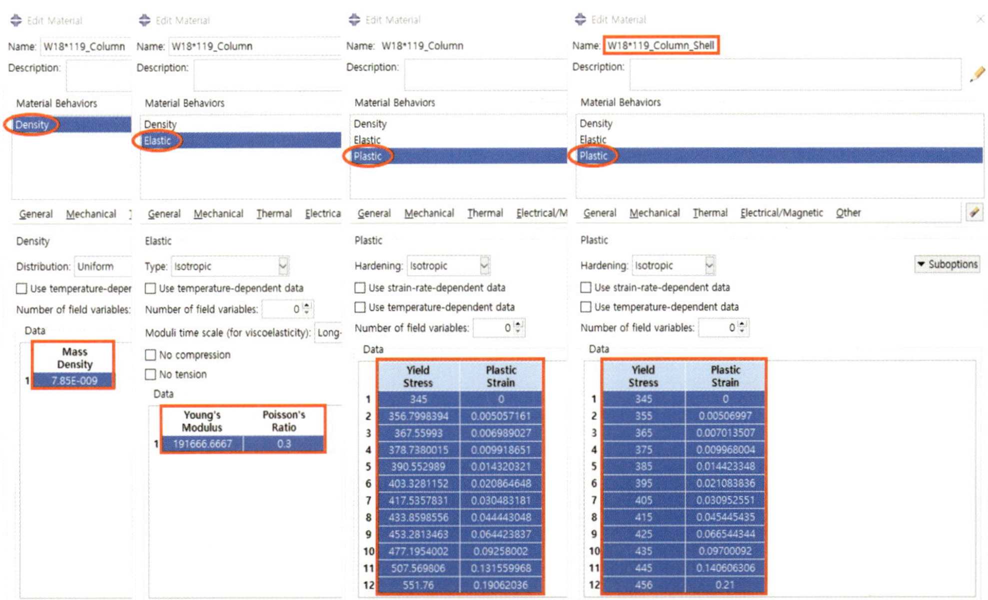

W21*73_Web + Young's Modulus : 191666.6667, Plastic(표 및 아래 그림 참고) → Copy → W21*73_Web_Shell + Plastic(표 및 아래 그림 참고)

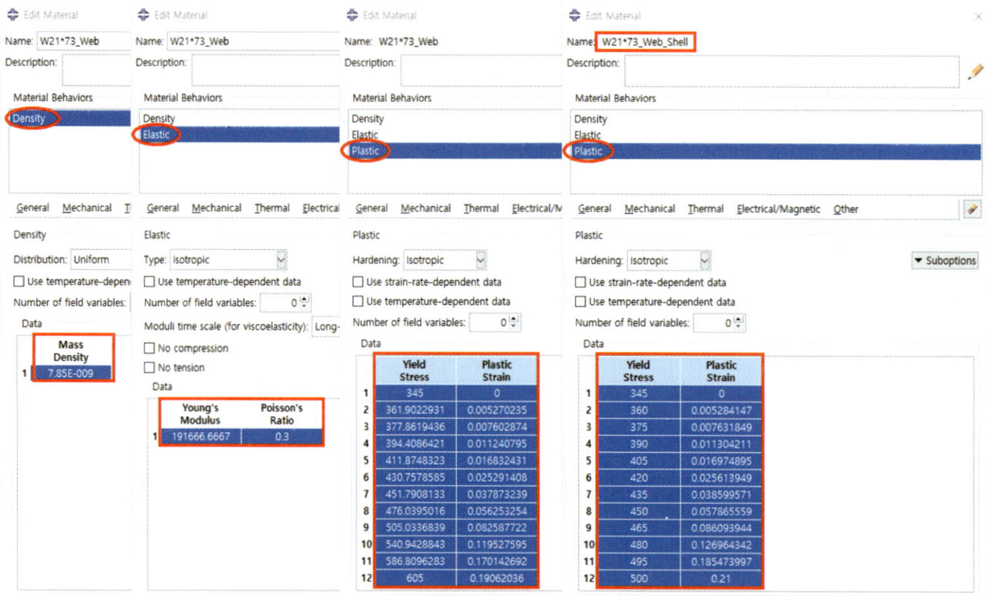

4 Create Section → Name : Continuity_Plate + Category : Solid + Type : Homogeneous → Continue → Material : Continuity_Plate → OK

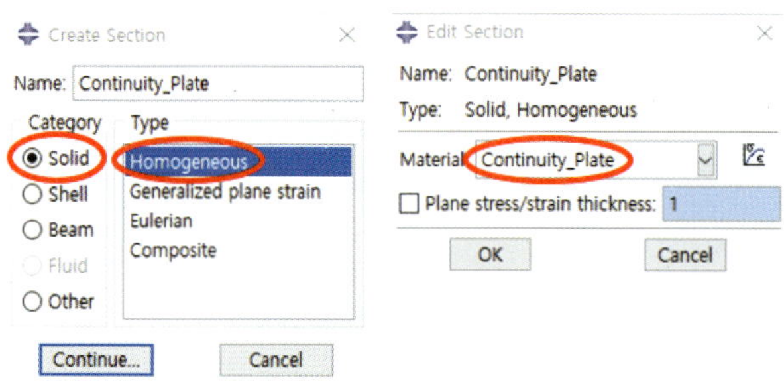

5 Create Section → Name : Continuity_Plate_Shell + Category : Solid + Type : Homogeneous → Continue → Value : 19.05mm → Material : Continuity_Plate_Shell → OK

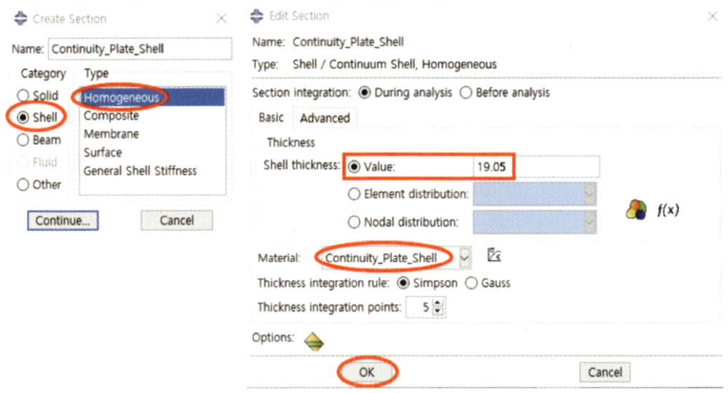

6 같은 방법으로 다른 Part의 단면특성을 정의한다.

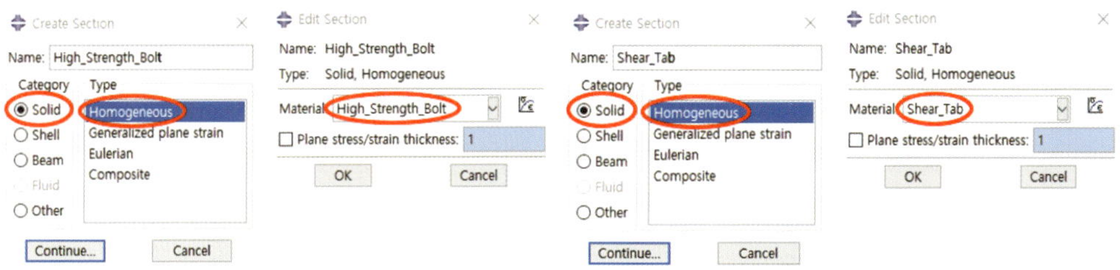

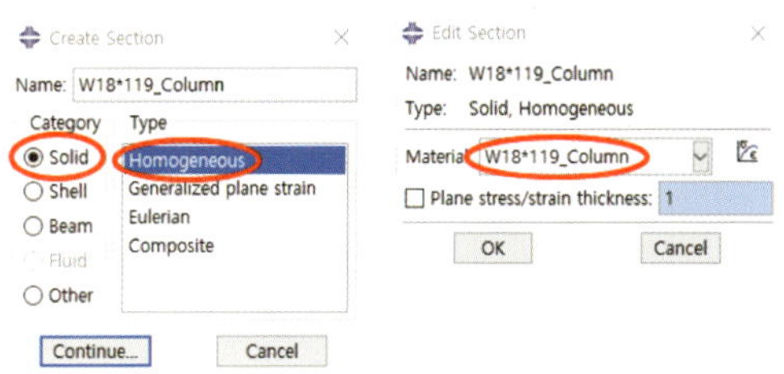

W18*119_Column_Shell_Flange + Value : 26.9875mm → W18*119_Column_Shell_Web + Value : 15.875mm

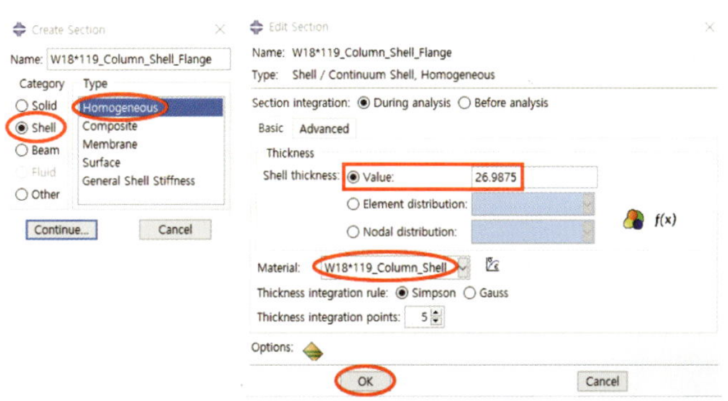

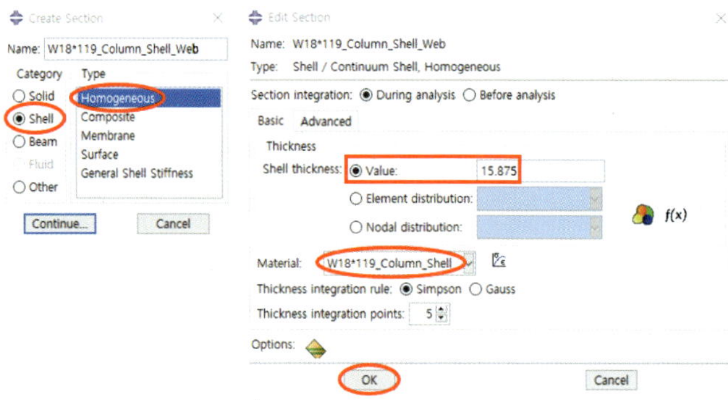

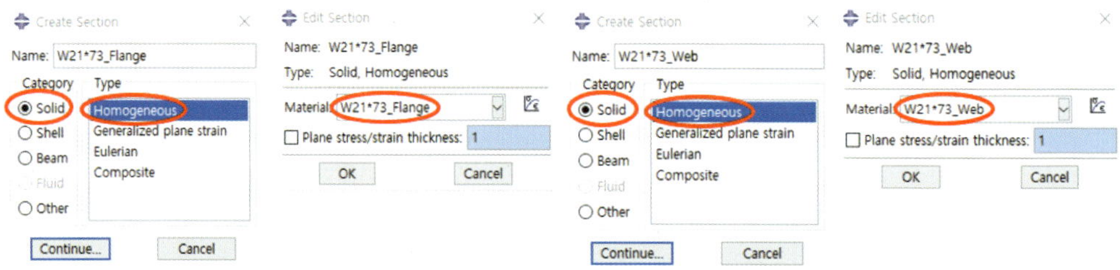

W21*73_Flange_Shell + Value : 19.05mm → W21*73_Web_Shell + Value : 11.1125mm

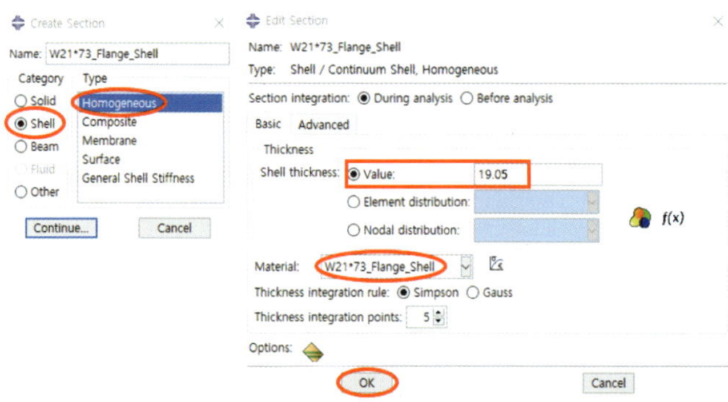

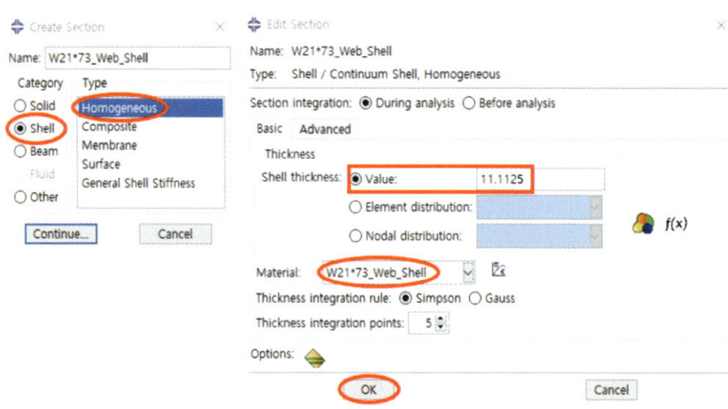

7 Assign Section → Bolt_Nut Part 전체를 선택 + Done → Section : High_Strength_Bolt → OK

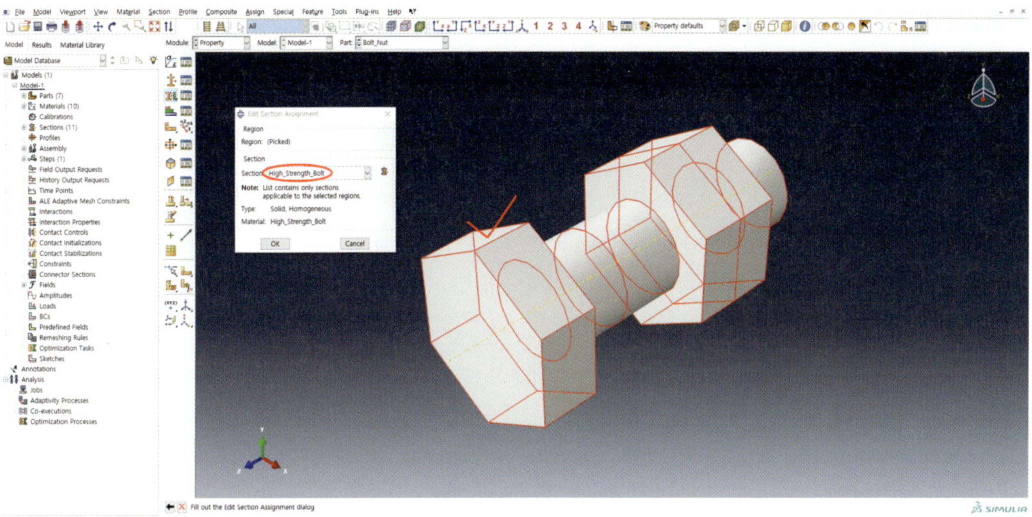

같은 방법으로 Continuity_Plate, Continuity_Plate_1/2 Part에 Continuity_Plate 재료물성을 정의하고, Continuity_Plate_Shell Part에 Continuity_Plate_Shell 재료물성을 정의한다. Part에 재료물성이 적용되면 아래와 같이 회색에서 초록색으로 변경된다.

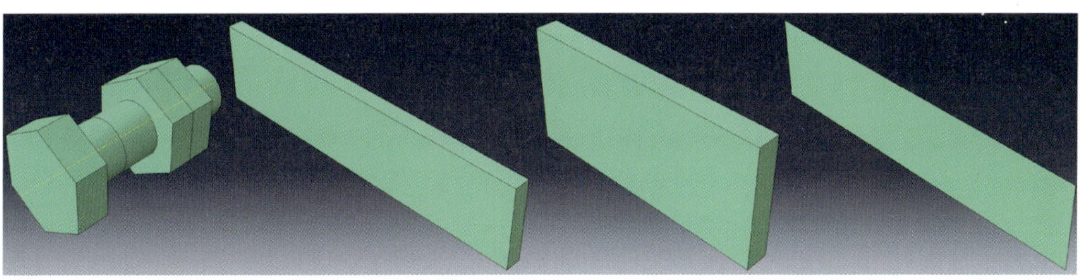

8 Assign Section → W18*119_SideColumn Part의 Solid 요소 부분을 선택 + Done → Section : W18*119_Column → OK

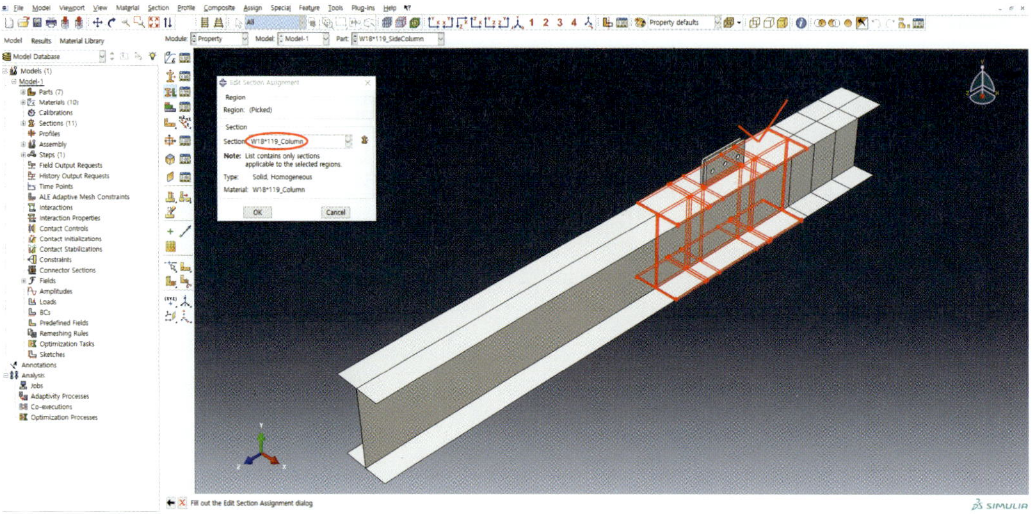

기둥 Part의 Shell 요소 중 웨브 부분에 W18*119_Column_Shell_Web, 플랜지 부분에 W18*119_Column_Shell_Flange, 전단탭 부분에 Shear_Tab 재료물성을 정의한다.

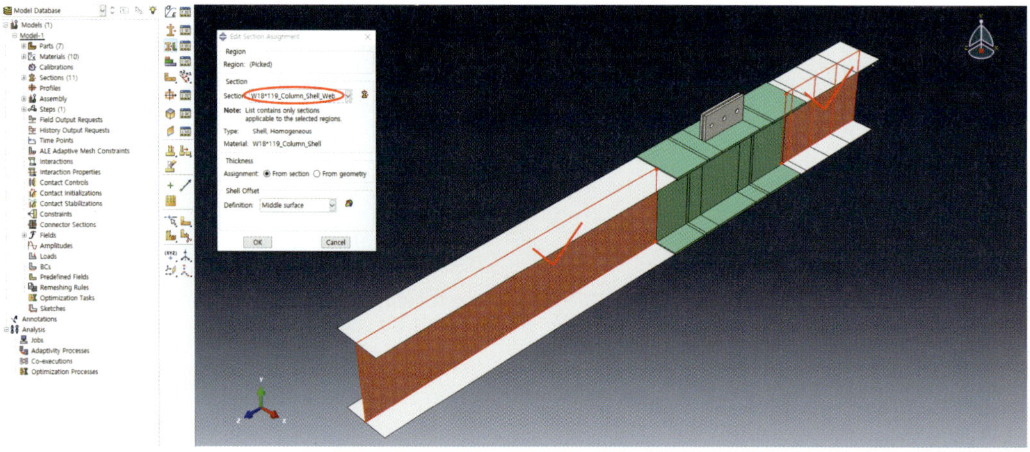

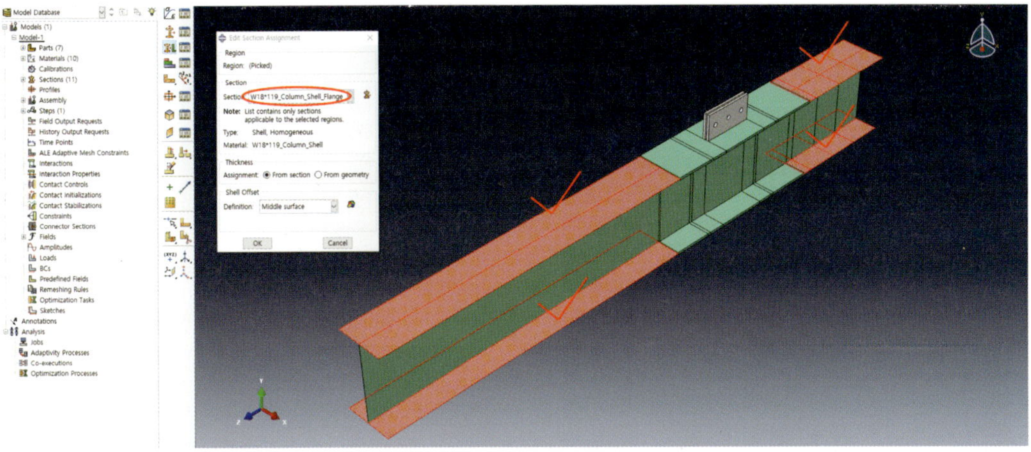

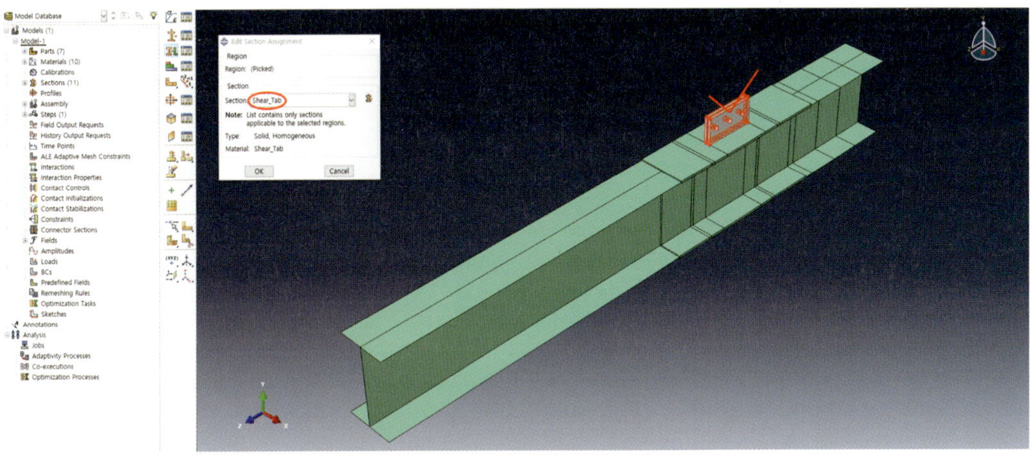

같은 방법으로 W18*119_MiddleColumn Part에 재료물성을 정의하면 아래와 같이 회색에서 초록색으로 변경된다.

9 Assign Section [icon] → W21*73 Part의 Solid 요소 중 웨브 부분을 선택 + Done → Section : W21*73_Web → OK

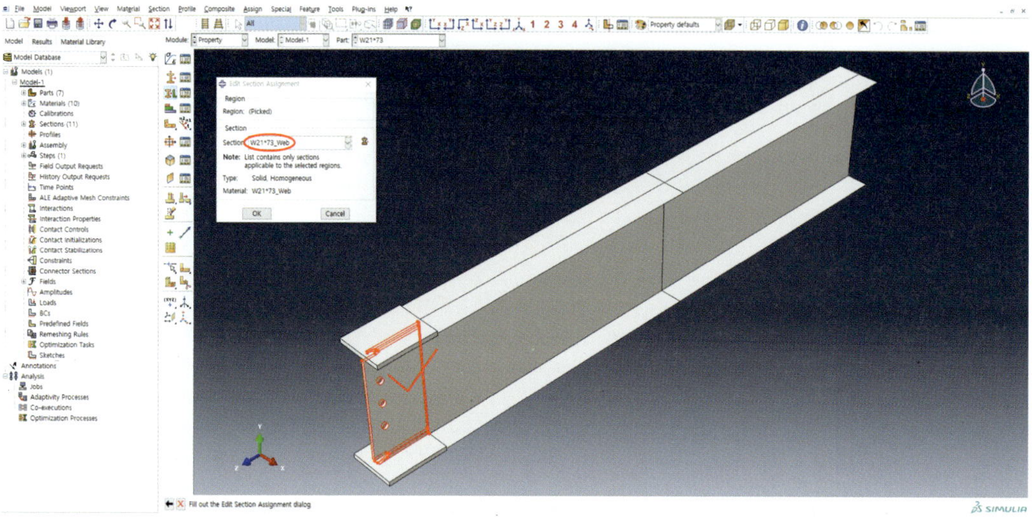

보 Part의 Solid 요소 중 플랜지 부분에 W21*73_Flange, Shell 요소 중 웨브 부분에 W21*73_Web_Shell, 플랜지 부분에 W21*73_Flange_Shell 재료물성을 정의한다. Part에 재료물성을 정의하면 아래와 같이 회색에서 초록색으로 변경된다.

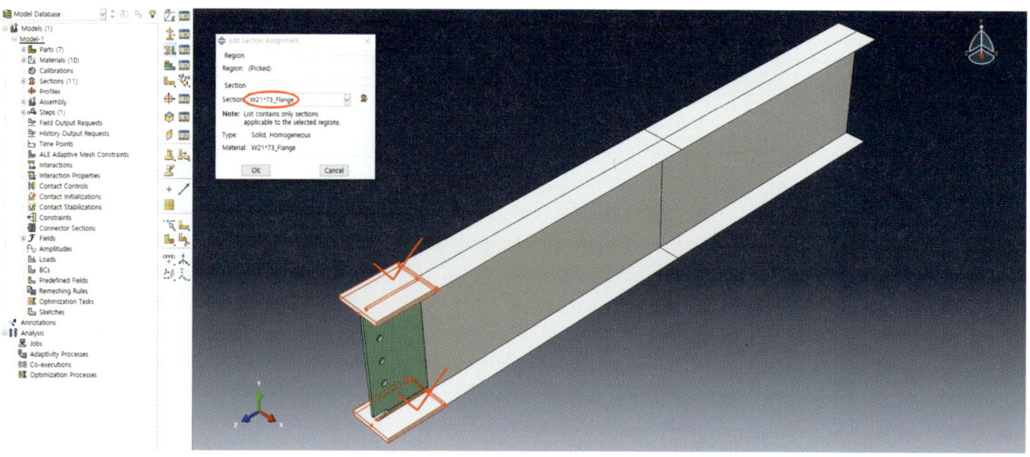

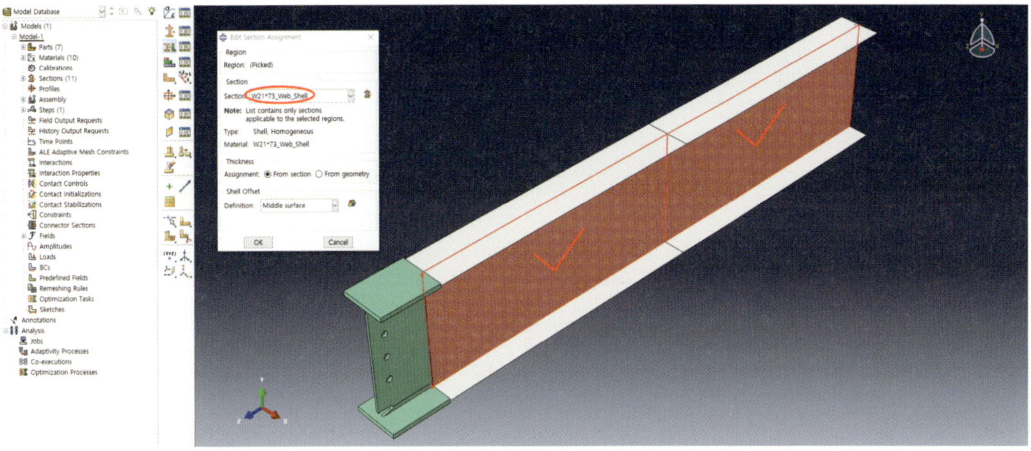
Edit Section Assignment
Region
Region: (Picked)
Section
Section: W21*73_Web_Shell
Note: List contains only sections applicable to the selected regions.
Type: Shell, Homogeneous
Material: W21*73_Web_Shell
Thickness
Assignment: From section From geometry
Shell Offset
Definition: Middle surface
OK
Cancel

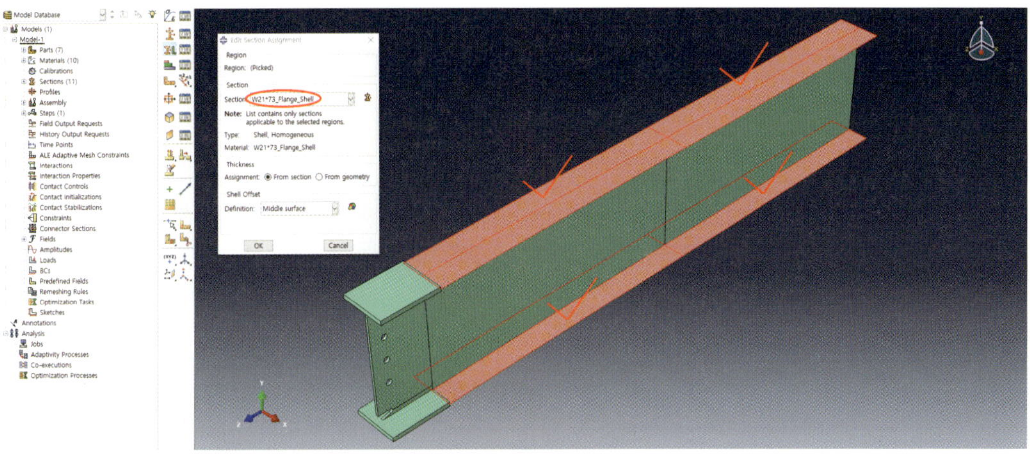
Edit Section Assignment
Region
Region: (Picked)
Section
Section: W21*73_Flange_Shell
Note: List contains only sections applicable to the selected regions.
Type: Shell, Homogeneous
Material: W21*73_Flange_Shell
Thickness
Assignment: From section From geometry
Shell Offset
Definition: Middle surface
OK
Cancel

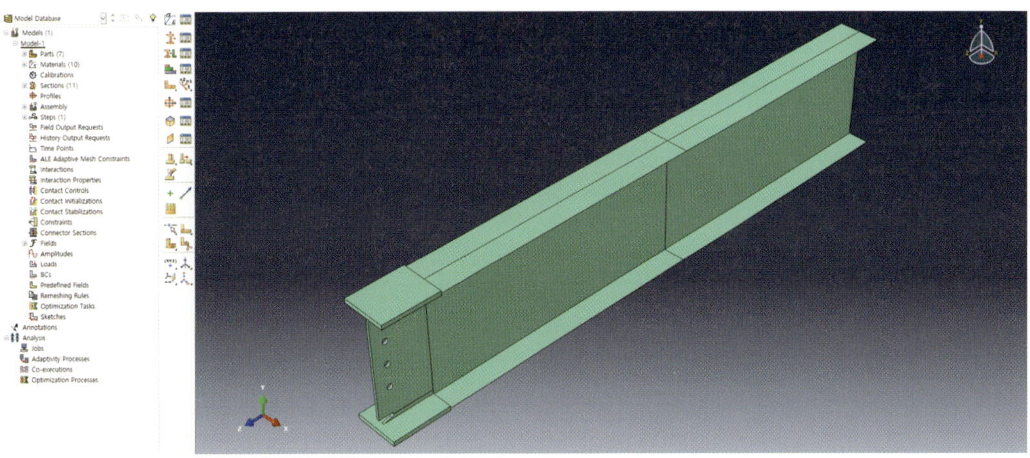

4.3.2.3 Mesh (요소의 분할)

재료물성이 정의된 각각의 Part에 대하여 유한개의 요소로 분할하는 단계이며 Mesh Module로 이동한다.

(1) Bolt_Nut

1 Part 전체 선택 → Assign Mesh Controls + Element Shape : Hex + Technique : Sweep + Algorithm : Medial axis, Minimize the mesh transition → OK → Seed Part → Sizing Controls + Approximate global size : 20 → OK → Assign Element Type → 요소타입 C3D8(3차원 솔리드 적분 요소) 확인 → OK → Mesh Part → Yes → 분할된 요소 확인

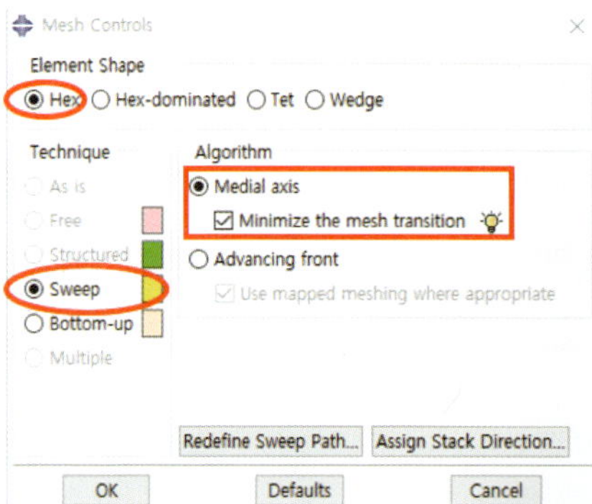

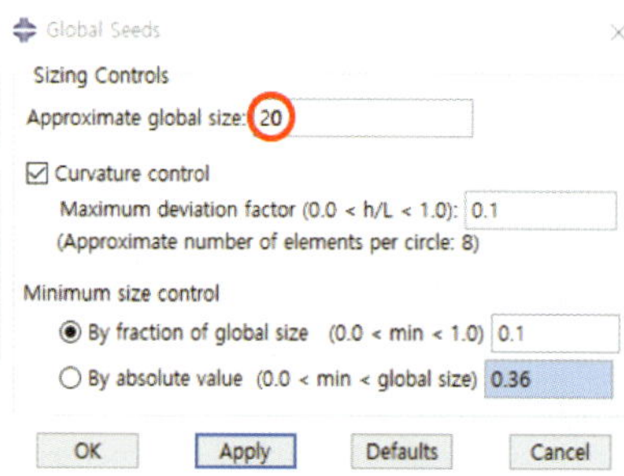

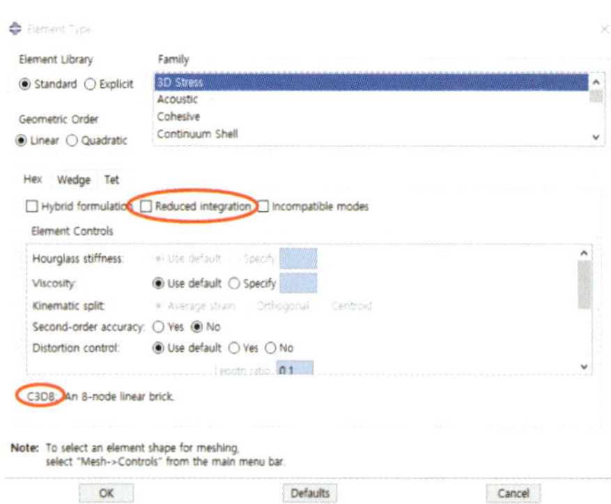

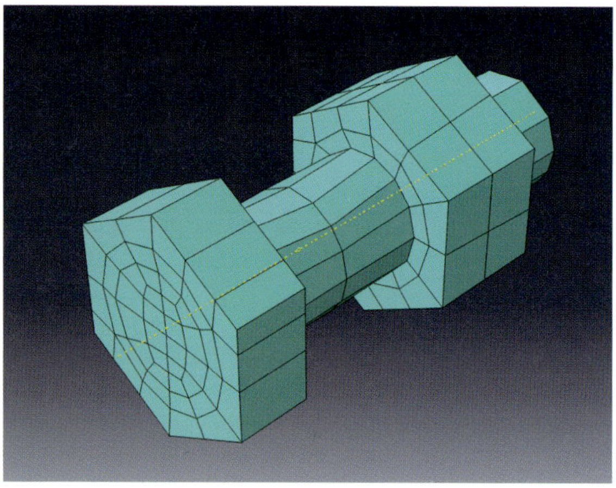

(2) Continuity_Plate, Continuity_Plate_1/2, Continuity_Plate_Shell

1 Continuity_Plate, Continuity_Plate_1/2 Part에 대하여 각각 전체 선택 → Assign Mesh Controls + Element Shape : Hex + Technique : Structured → OK → Seed Part → Sizing Controls + Approximate global size : 20 → OK → Assign Element Type → 요소타입 C3D8(3차원 솔리드 적분 요소) 확인 → OK → Mesh Part → Yes → 분할된 요소 확인

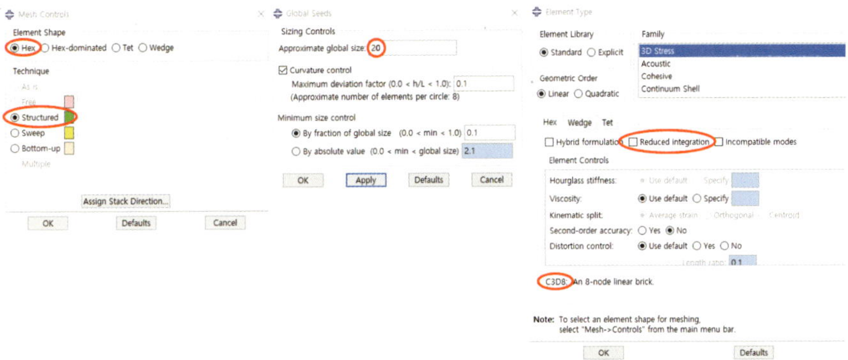

2 Continuity_Plate_Shell Part에 대하여 전체 선택 → Assign Mesh Controls + Element Shape : Quad + Technique : Structured + Algorithm Options : Minimize the mesh transition → OK → Seed Part → Sizing Controls + Approximate global size : 20 → OK → Assign Element Type → 요소타입 S4R(4절점 쉘 저감적분 요소) 확인 → OK → Mesh Part → Yes → 분할된 요소 확인

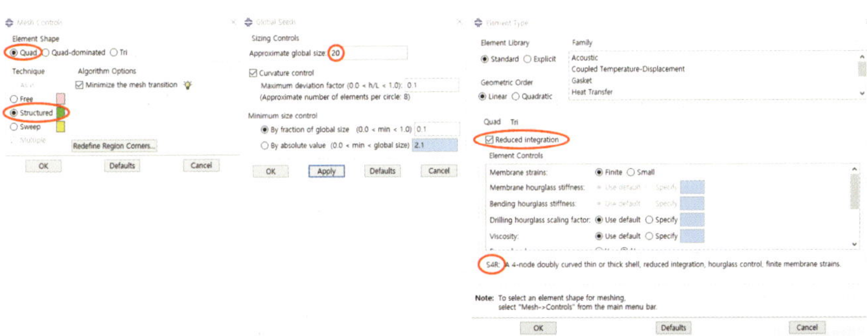

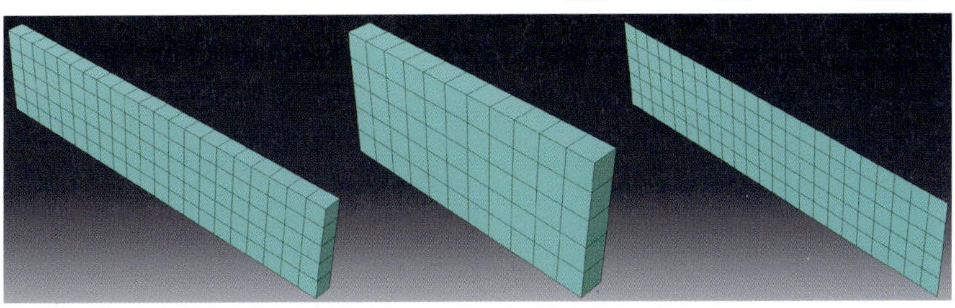

(3) W18*119_SideColumn, W18*119_MiddleColumn

1 기둥의 Shell 요소 부분을 선택 → Assign Mesh Controls + Element Shape : Quad + Technique : Structured → OK → Assign Element Type → 요소타입 S4R(4절점 쉘 저감 적분 요소) 확인 → OK

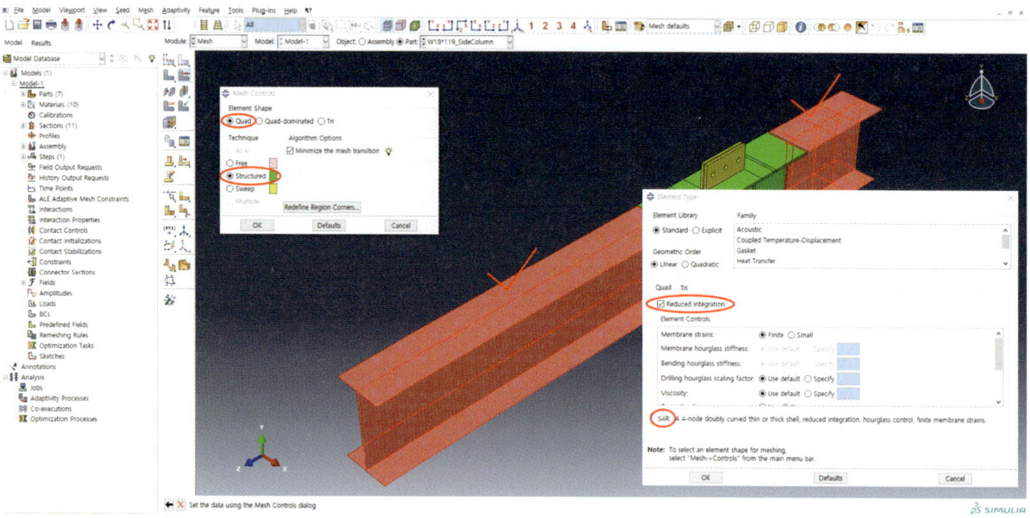

기둥의 Solid 요소 부분을 선택 → Assign Mesh Controls + Element Shape : Hex + Technique : Structured → OK → Assign Element Type → 요소타입 C3D8(3차원 솔리드 적분 요소) 확인 → OK

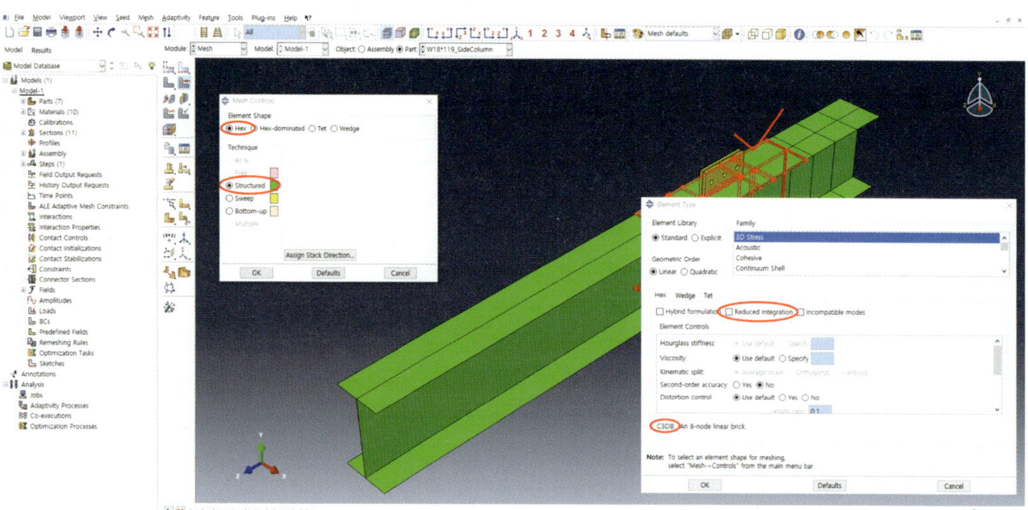

전단탭 부분을 선택 → Assign Mesh Controls + Element Shape : Hex + Technique : Sweep + Algorithm : Advancing front, Use mapped meshing where appropriate → OK → Assign Element Type → 요소타입 C3D8(3차원 솔리드 적분 요소) 확인 → OK

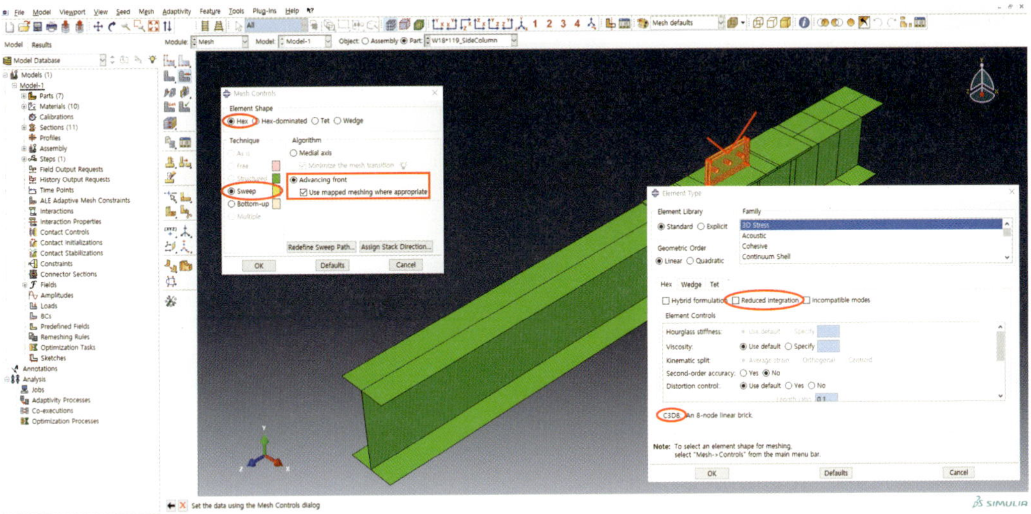

2 Seed Edges → 아래 그림의 선들을 선택 후 Done → Basic/Method : By number + Bias : None + Sizing Controls : Approximate global size : 15 → OK

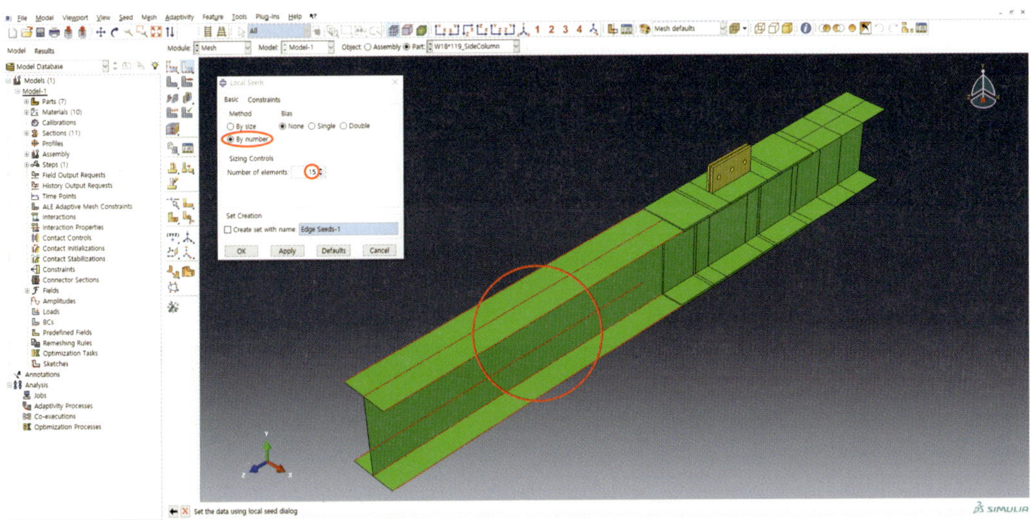

전단탭 볼트구멍을 제외한 기둥의 나머지 선들을 선택 후 Done → Basic/Method : By size + Bias : None + Sizing Controls : Approximate global size : 20 → OK

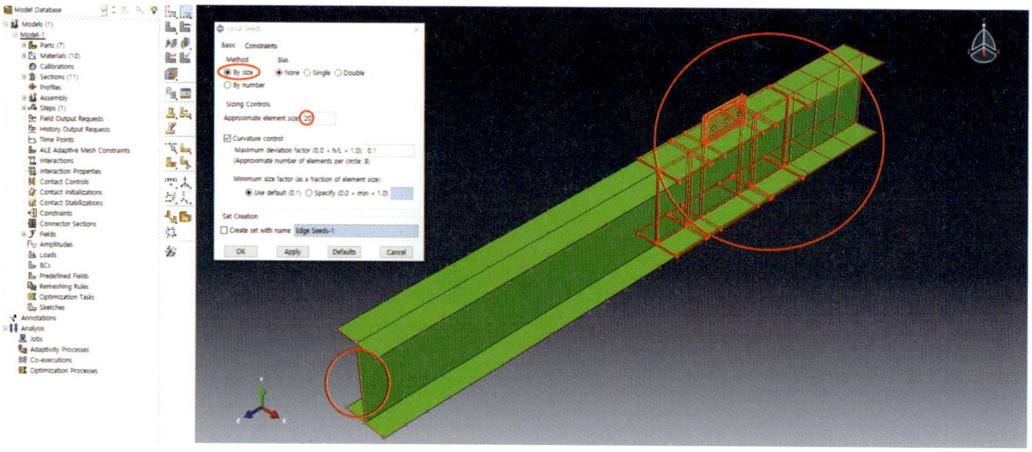

전단탭 볼트구멍의 선들을 선택 후 Done → Basic/Method : By number + Bias : None + Sizing Controls : Approximate global size : 13 → OK

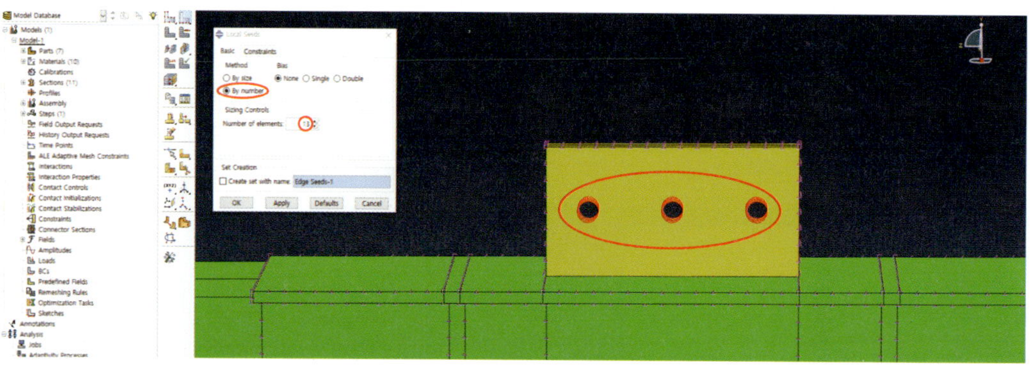

같은 방법으로 W18*119_MiddleColumn Part의 mesh 분할 작업을 수행 → Mesh Part → Yes → 분할된 요소 확인

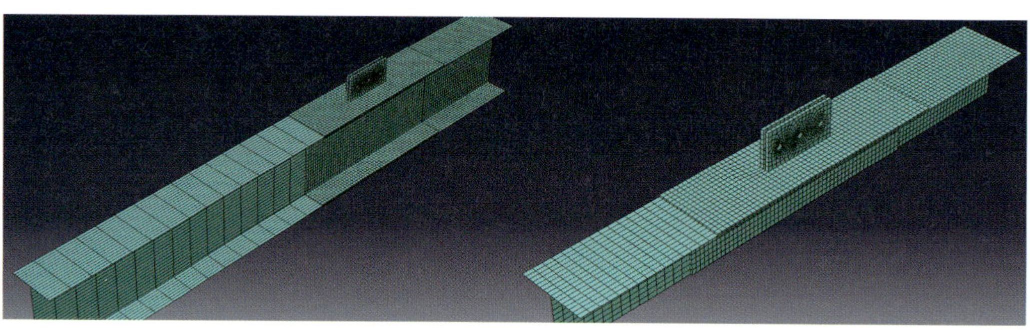

(4) W21*73

1 보의 Shell 요소 부분을 선택 → Assign Mesh Controls + Element Shape : Quad + Technique : Structured → OK → Assign Element Type → 요소타입 S4R(4절점 쉘 저감 적분 요소) 확인 → OK

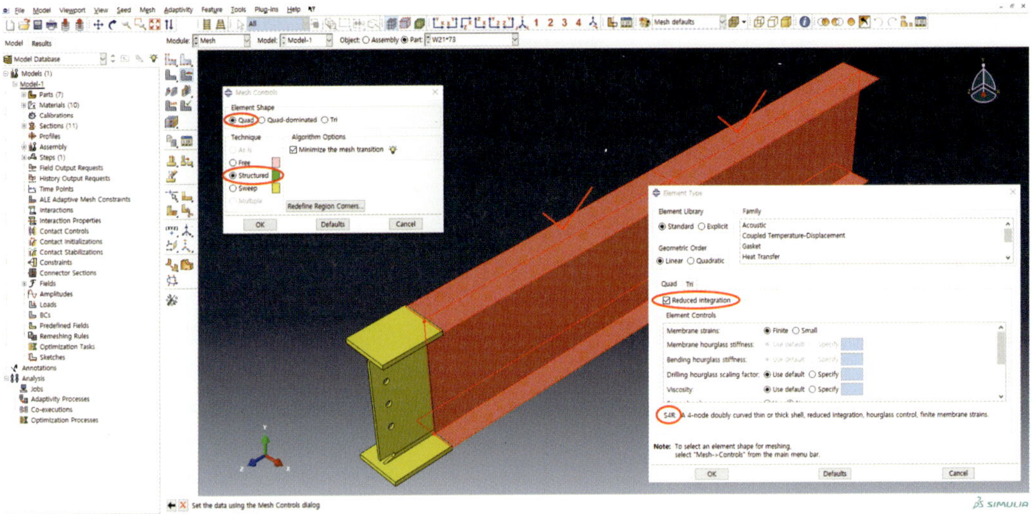

보의 Solid 요소 부분을 선택 → Assign Mesh Controls + Element Shape : Hex-dominated + Sweep + Algorithm : Advancing front, Use mapped meshing where appropriate → OK → Assign Element Type → 요소타입 C3D8(3차원 솔리드 적분 요소) 확인 → OK

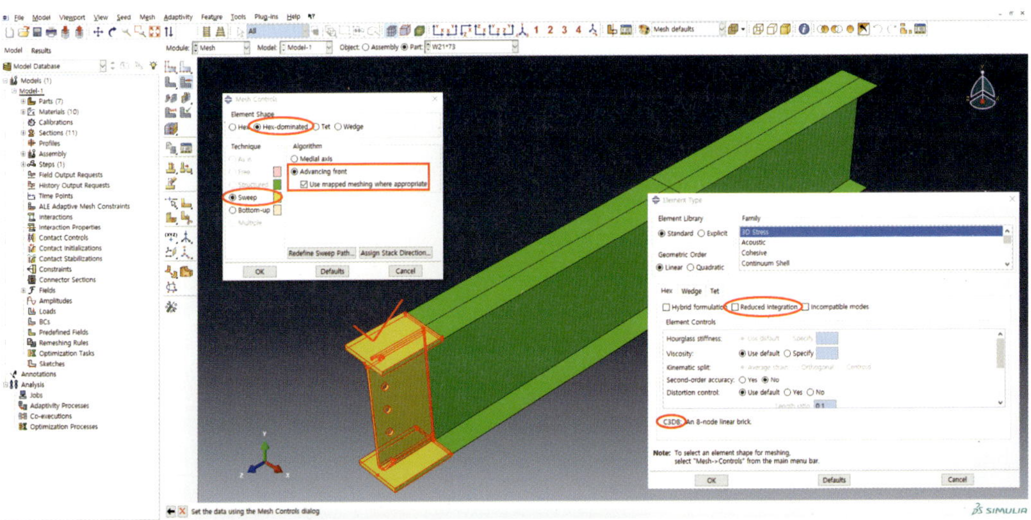

2 Seed Edges → 아래 그림의 선들을 선택 후 Done → Basic/Method : By size + Bias : None + Sizing Controls : Approximate global size : 180(첫번째 그림), 100(두번째 그림) → OK

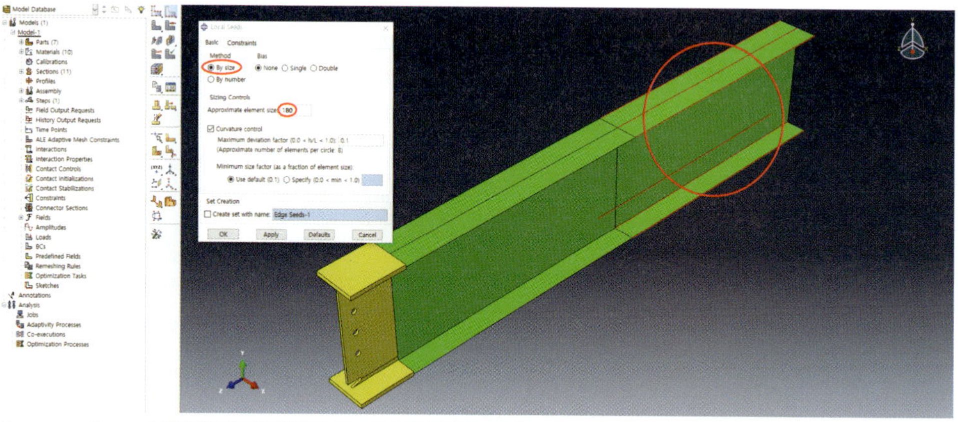

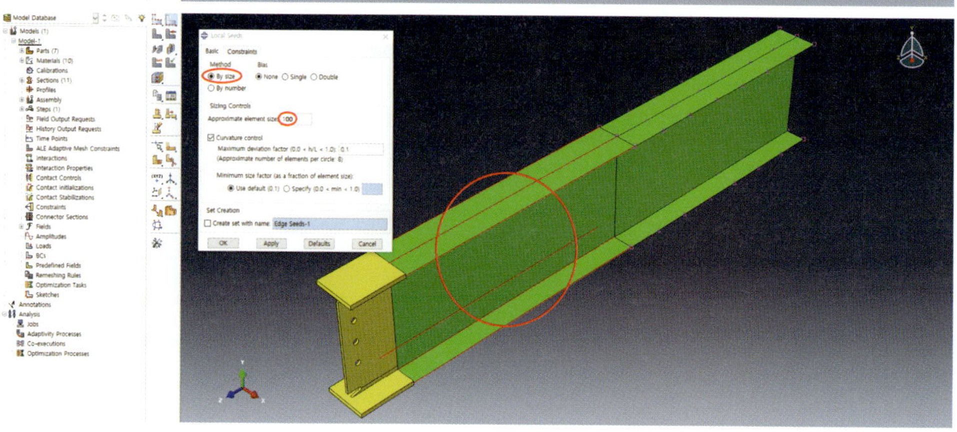

전단탭 볼트구멍을 제외한 기둥의 나머지 선들을 선택 후 Done → Basic/Method : By size + Bias : None + Sizing Controls : Approximate global size : 20 → OK

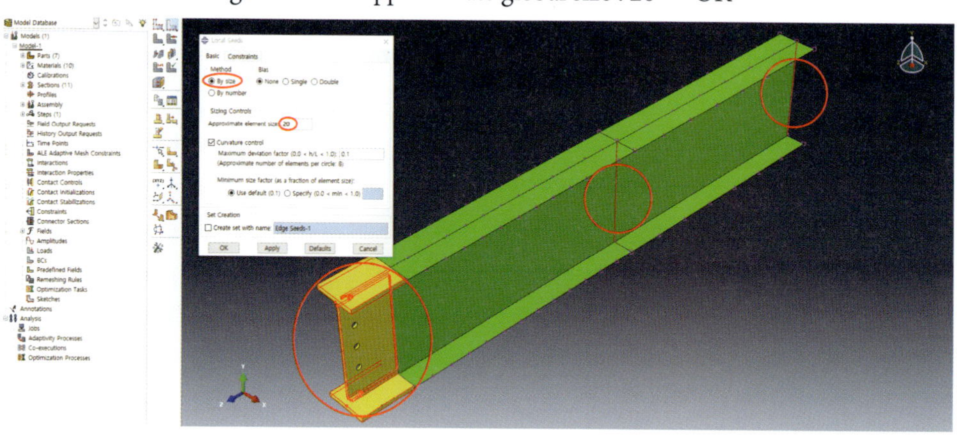

전단탭 볼트구멍의 선들을 선택 후 Done → Basic/Method : By number + Bias : None + Sizing Controls : Approximate global size : 13 → OK → Mesh Part → Yes → 분할된 요소 확인

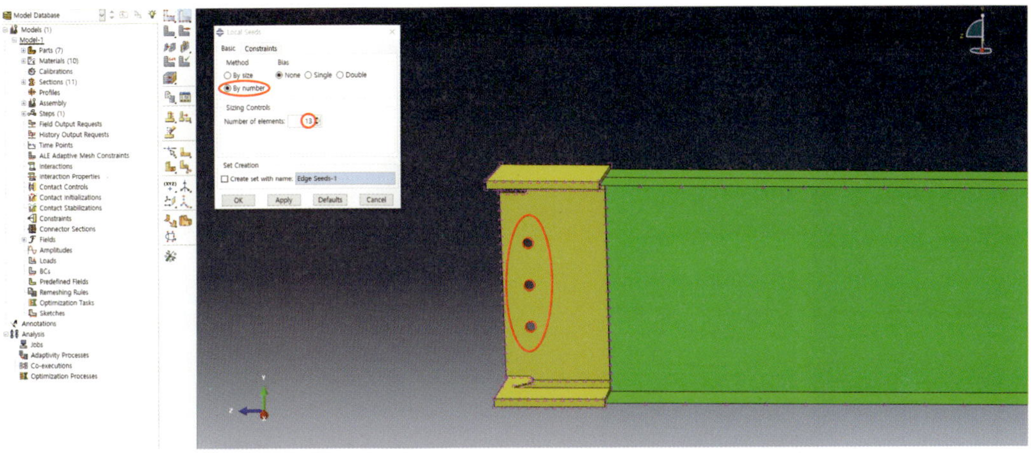

4.3.2.4 Assembly (Part의 조립)

각각의 Part를 조합하여 하나의 전체 구조물을 생성하는 단계이며 Assembly Module로 이동한다.

1 Create instance → Parts : W18*119_SideColumn 선택 → Auto-offset from other instance 체크 → OK (×2) → Rotate instance → W18*119_SideColumn-1 선택 + Done → 아래 그림의 Point 선택 → Angle of rotation : 90 + Done → OK

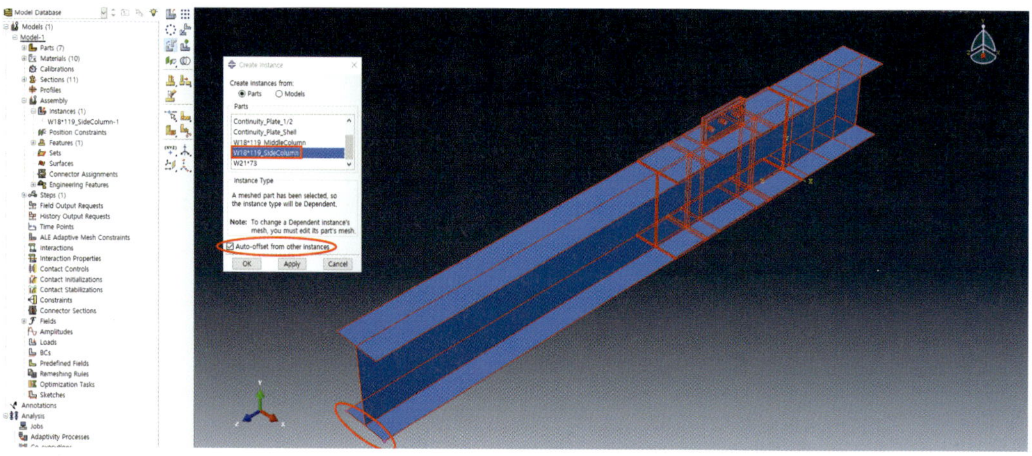

2 Rotate instance → W18*119_SideColumn-1 선택 + Done → 아래 왼쪽 그림의 Point 선택 → Angle of rotation : 90 + Done → OK → Translate Instance → W18*119_SideColumn-1 선택 + Done → 아래 가운데 그림의 Point 선택 → enter X,Y,Z : 0,0,0 + Done → OK

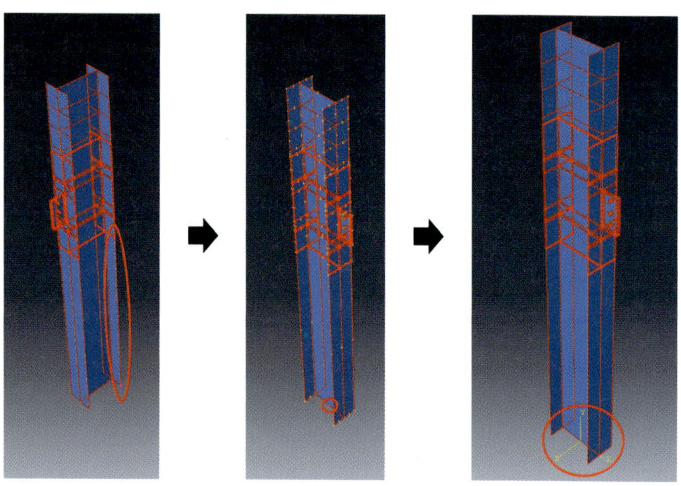

3 Create instance → Parts : W21*73 선택 → Auto-offset from other instance 체크 → OK (×2) → Rotate instance → W21*73-1 선택 + Done → 아래 그림의 Point 선택 → Angle of rotation : -90 + Done → OK

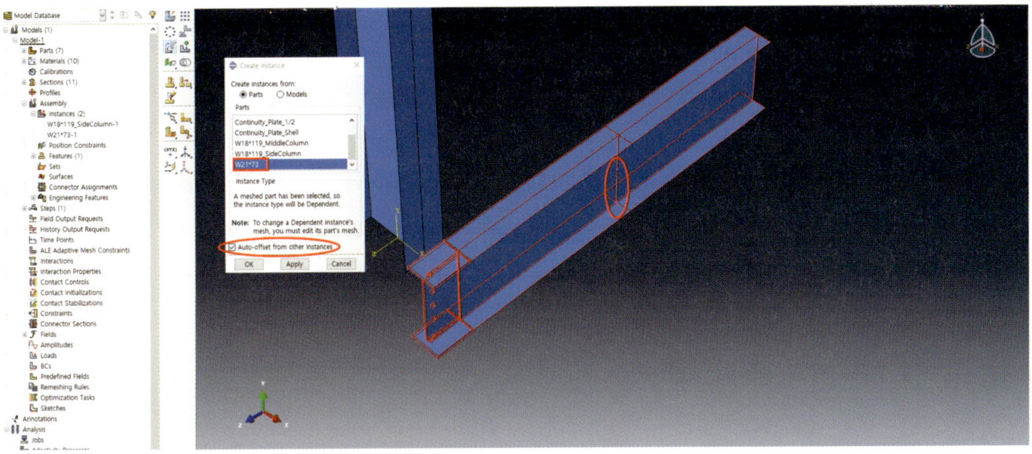

4 Translate Instance → W21*73-1 선택 + Done → 아래 왼쪽 그림의 Point 선택 → W18*119_SideColumn-1과 접합되도록 겹치는 위치의 Point 선택(가운데 그림) + Done → OK

5 Linear Pattern → W21*73-1 선택 + Done → Default 값 적용 → OK → Rotate instance → W21*73-1-lin-2-1 선택 + Done → 아래 왼쪽 그림의 Point 선택 → Angle of rotation : 180 + Done → OK

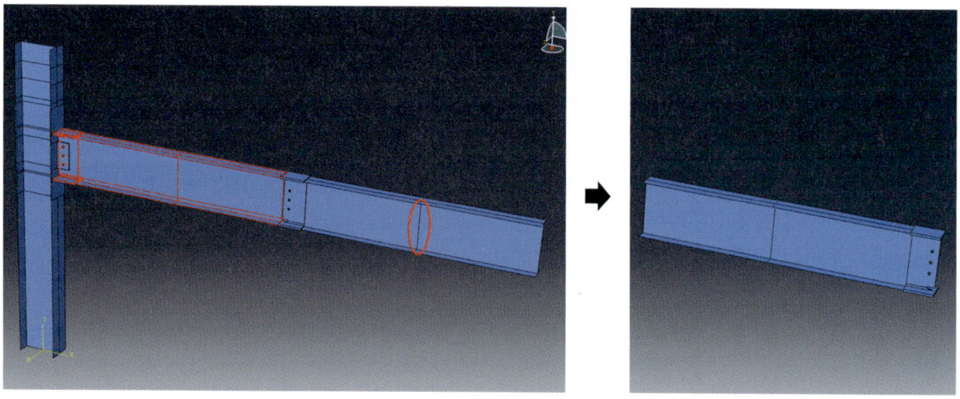

6 Translate Instance → W21*73-1-lin-2-1 선택 + Done → 아래 왼쪽 그림의 상부 플랜지 Point 선택 → W21*73-1의 상부 플랜지 Point 선택 + Done → OK

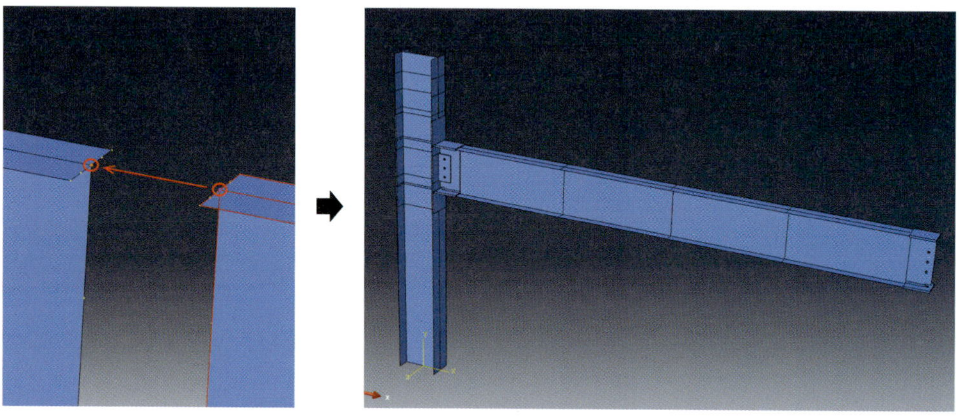

같은 방법으로 W18*119_MiddleColumn을 생성하여 반대방향의 보 단부로 이동시킨다.

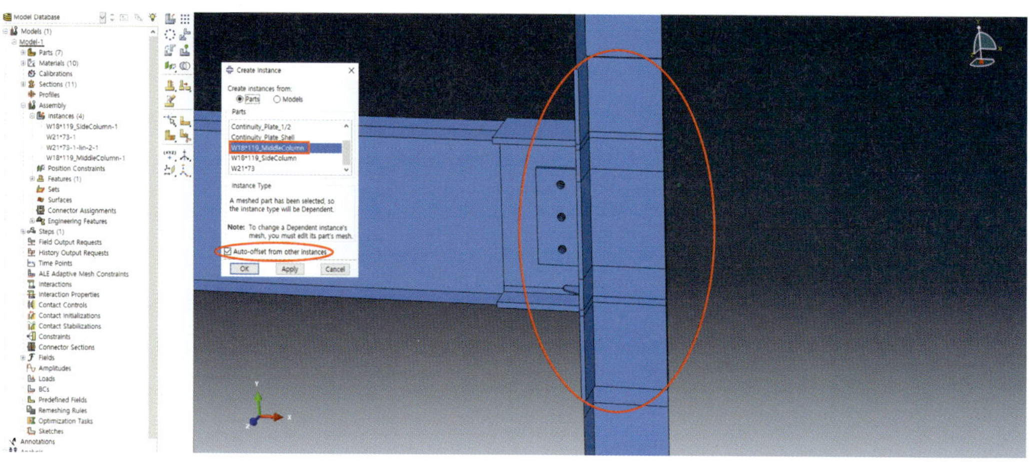

7 Create instance → Parts : Continuity_Plate, Continuity_Plate_1/2, Continuity_Plate_Shell 선택 → Auto-offset from other instance 체크 → OK (×2) → Rotate instance → Continuity_Plate Part 모두 선택 + Done → 아래 그림의 Point 선택 → Angle of rotation : 90 + Done → OK

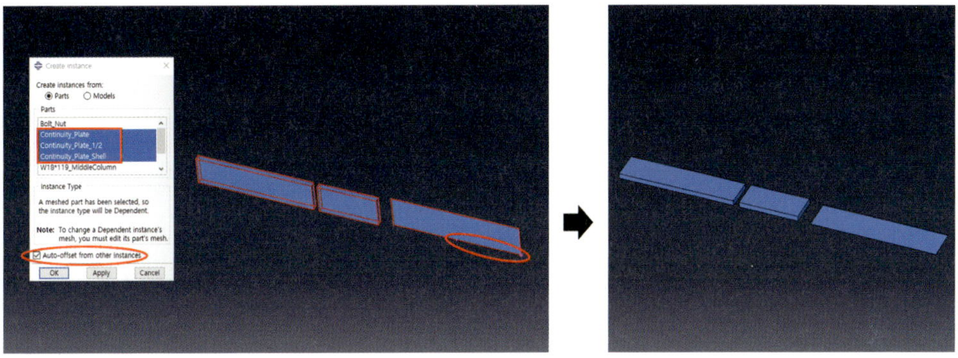

8 Translate Instance → Continuity_Plate-1 선택 + Done → 아래 왼쪽 그림의 Point 선택 → 아래 오른쪽 그림의 W18*119_SideColumn-1 내부 Point 선택 + Done → OK

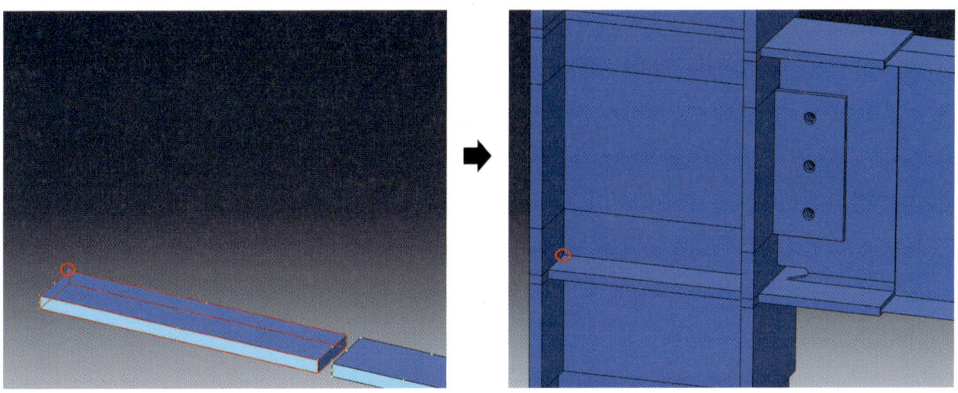

같은 방법으로 Continuity_Plate와 Continuity_Plate_1/2, Continuity_Plate_Shell을 추가 생성하여 아래 그림과 같이 이동시킨다. 또한 기둥 웨브를 중심으로 대칭이 되도록 Plate들을 추가 배치한다.

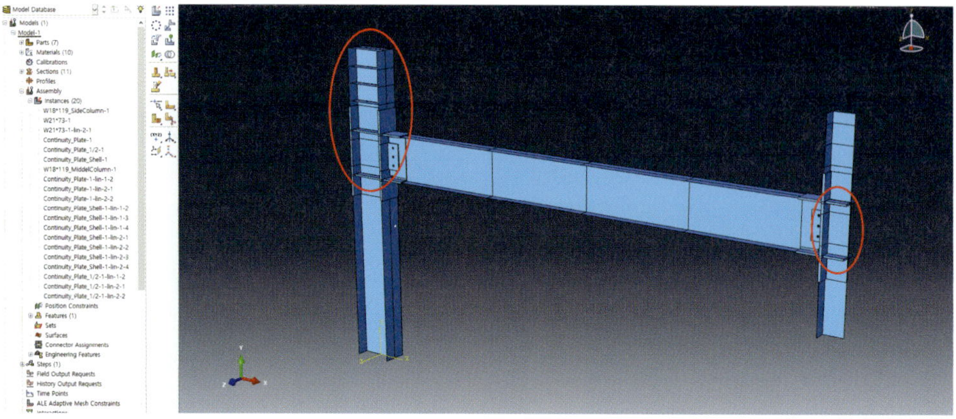

9 Create instance → Parts : Bolt_Nut 선택 → Auto-offset from other instance 체크 → OK (×2) → Translate Instance → Bolt_Nut-1 선택 + Done → 아래 왼쪽 그림의 Point 선택 → 아래 오른쪽 그림의 W18*119_SideColumn-1 전단탭 Point 선택 + Done → OK

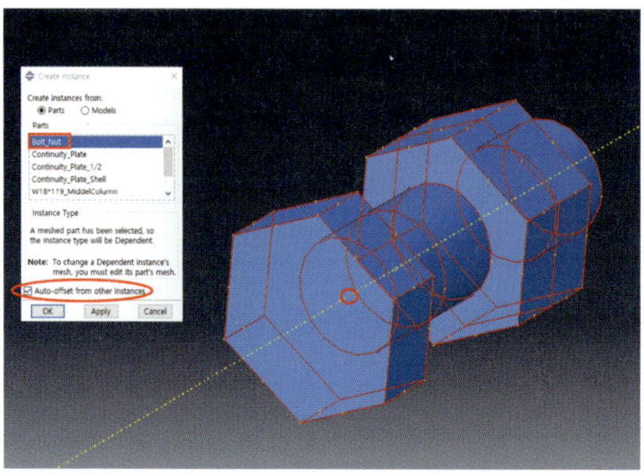

같은 방법으로 Bolt_Nut를 추가 생성하여 아래 그림과 같이 이동시킨다.

4.3.2.5 Step (해석방법 및 Output의 정의)

대상모델의 유한요소해석을 수행하기 위한 해석방법을 정의하는 단계이며 Step Module로 이동한다. 하중의 증가에 따른 중앙부 기둥의 변위를 측정하기 위해 History Output에서 Set을 정의한다.

1 Tool → Reference Point → 아래 그림과 같이 중앙부 기둥 상부 Point 선택 → Done

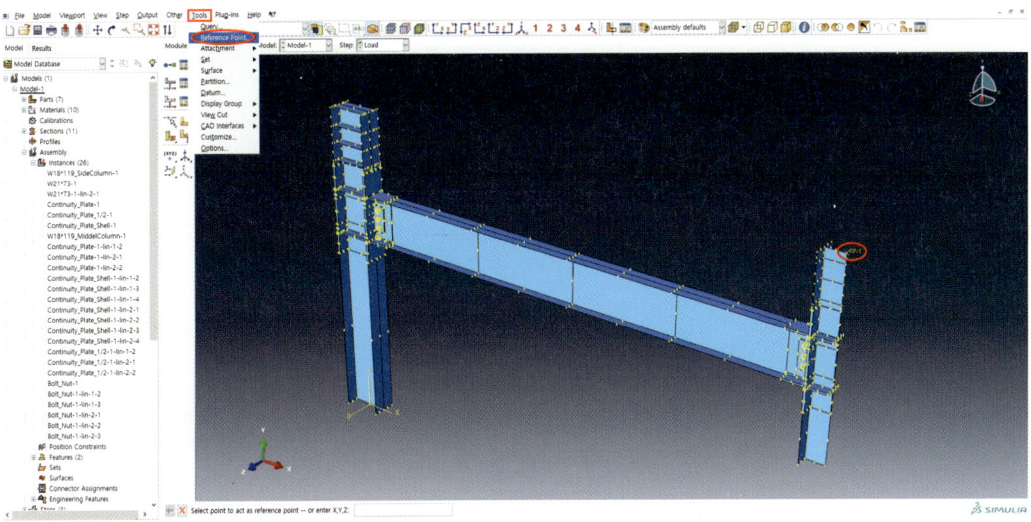

같은 방법으로 Reference Point를 아래와 같이 추가 생성한다.

RP-2 : (2991, 0, 965)	RP-6 : (2991, 0, -965)
RP-3 : (3174, 0, 965)	RP-7 : (3174, 0, -965)
RP-4 : (3348, 0, 965)	RP-8 : (3348, 0, -965)
RP-5 : (3531, 0, 965)	RP-9 : (3531, 0, -965)

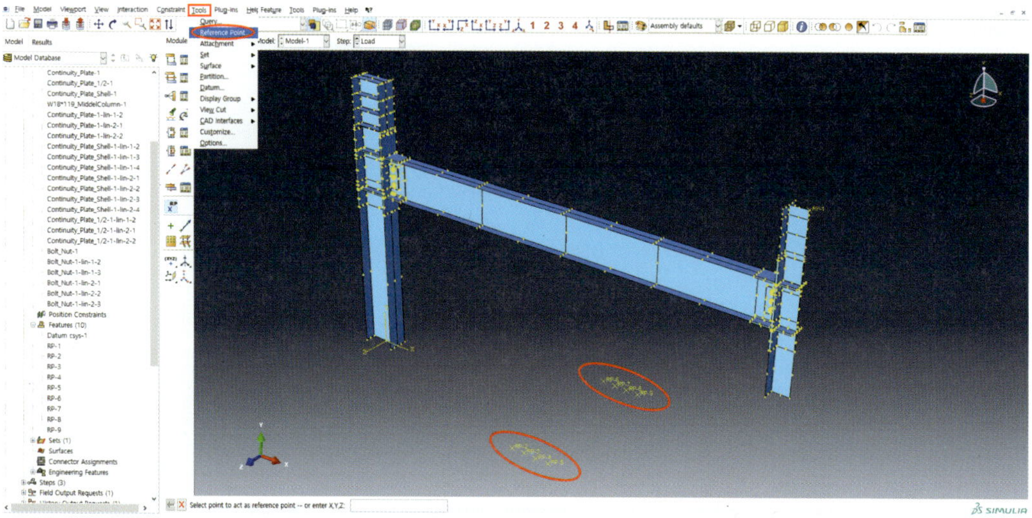

2 Tool → Set → Manager → Create → Type : Geometry + 아래 그림과 같이 각각의 Set 생성

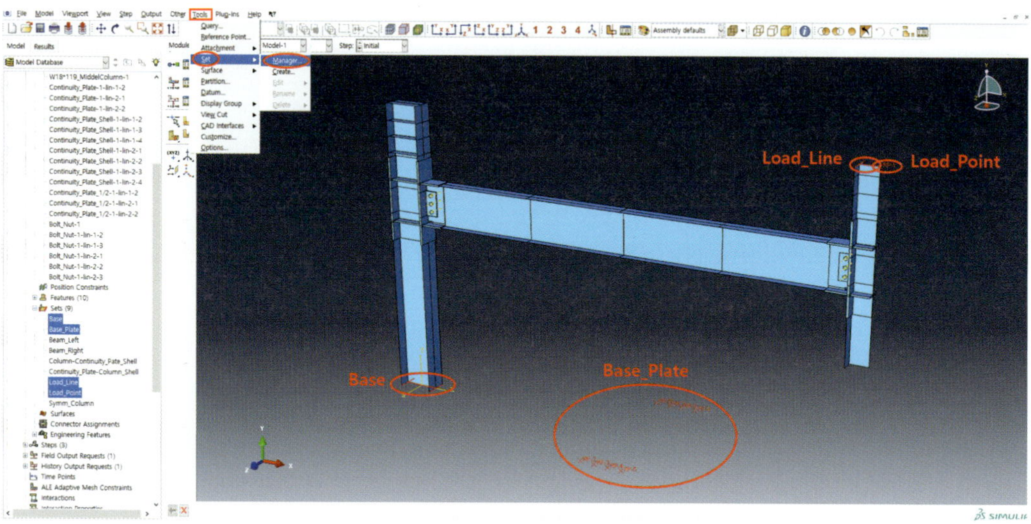

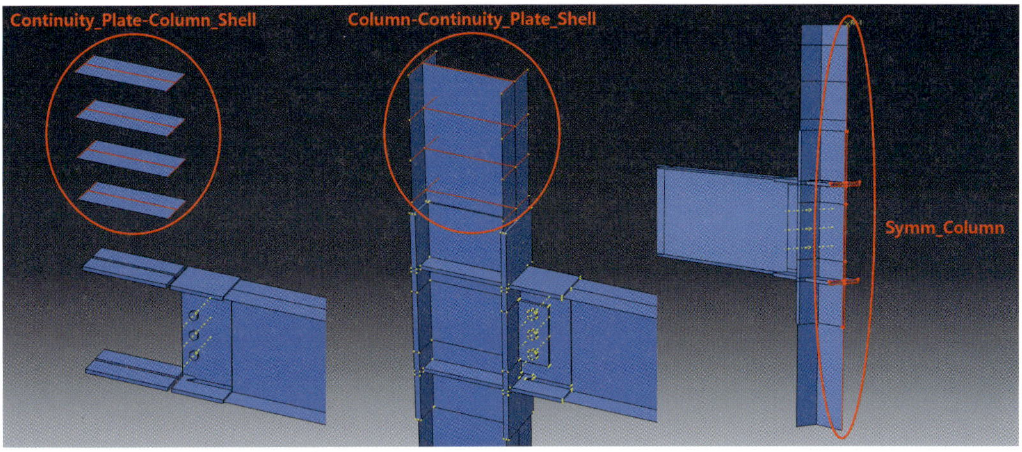

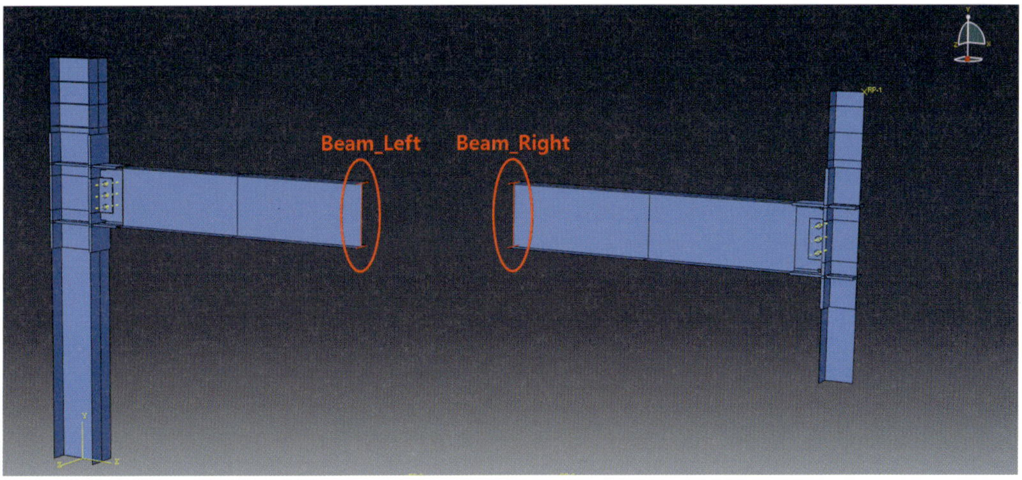

※ 여기서 지정한 Set들은 Load_Point, Load_Line : 가력하중 측정 / Base, Base_Plate : 지반조건 / Symm_Column : 1/2 모델링을 위한 대칭면 / Continuity_Plate-Column_Shell, Column-Continuity_Plate_Shell : 기둥과 연속판의 접합면 / Beam_Left, Beam_Right : 보의 접합면이다.

3 Create Step [icon] → Name : Pretension + Procedure type : General + Static, General 선택 → Continue → Basic/Incrementation(아래와 같이 입력)/Other(Default로 적용)

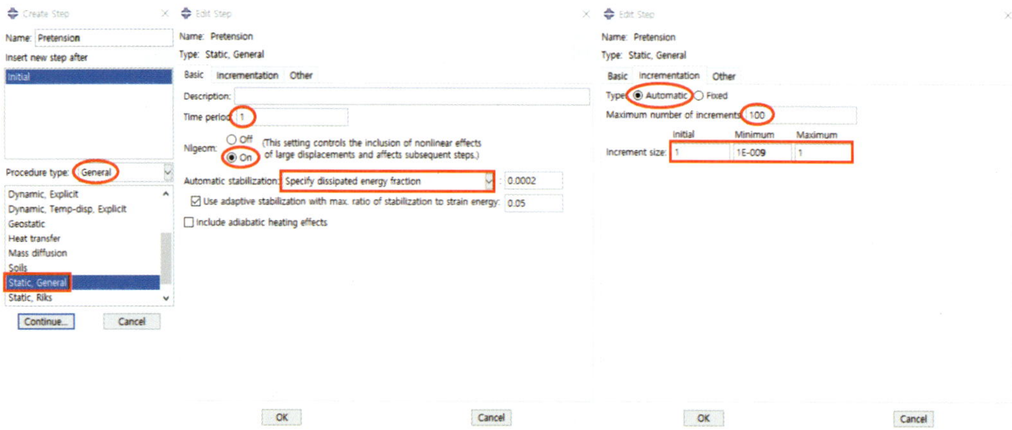

Create Step [icon] → Name : Load + Procedure type : General + Static, General 선택 → Continue → Basic/Incrementation(아래와 같이 입력)/Other(Default로 적용)

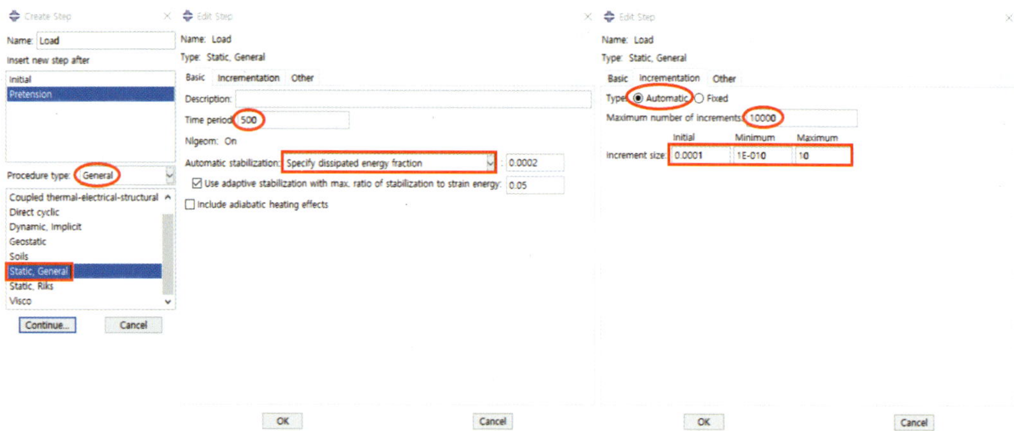

4 Field Output Requests Manager → Pretension/Created 더블클릭 → 모델링을 통해 확인하고자 하는 전체적인 해석결과를 선택(S, LE, U)

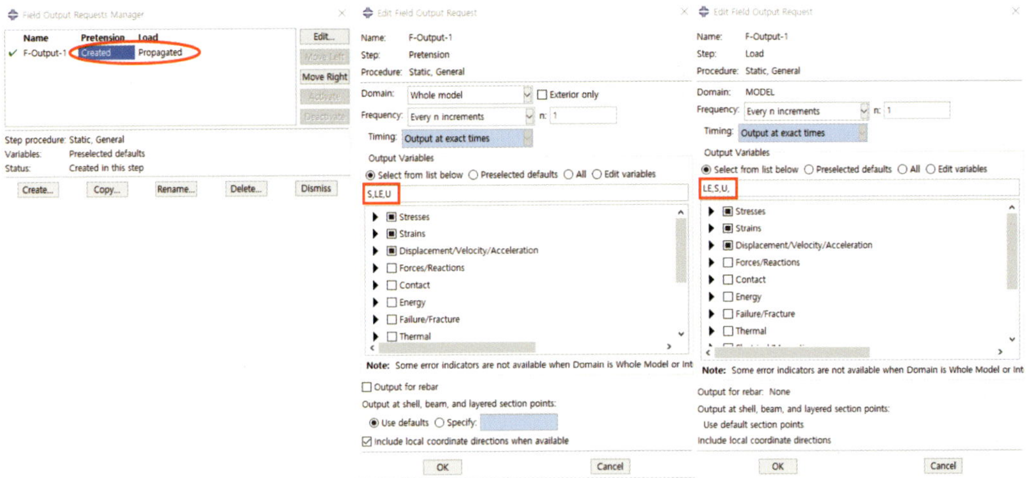

5 History Output Requests Manager → Pretension/Created 클릭 + Move Right → Load/Created 더블클릭 → 아래 그림과 같이 Set을 정의(U2, RF2)

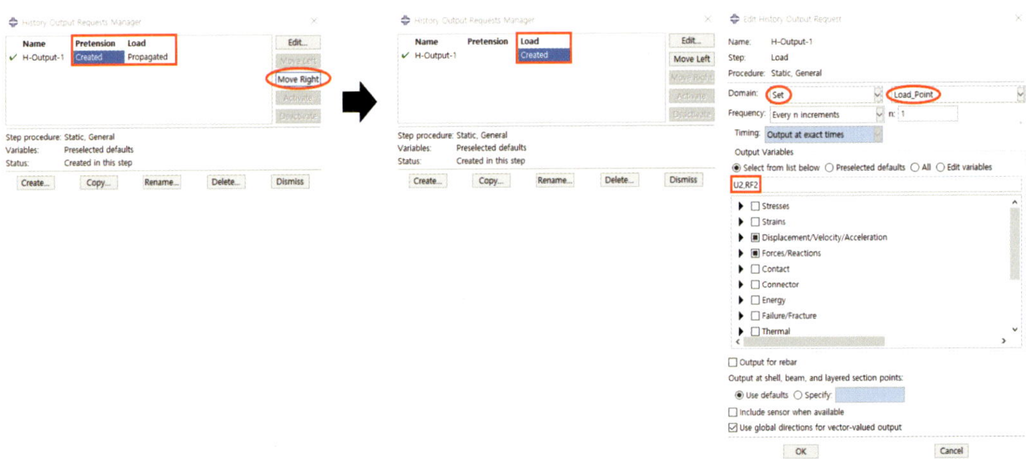

4.3.2.6 Interaction (부재간 상호관계 정의)

Assembly된 Part들의 접합 및 접촉에 대하여 정의하는 단계이며 Interaction Module로 이동한다. 볼트-너트와 보 웨브는 기둥의 전단탭과 접촉되므로 Surface-to-surface contact를 적용한다. 기둥과 보 플랜지, 기둥과 연속판은 용접되므로 Tie를 적용한다. 여기서 하중가력을 측정하기 위해 Reference Point(RP-1)와 중앙부 기둥 상부면의 가력부를 강체(Rigid body)로 연결시켜야 한다.

1. Create Interaction Property → Name : Steel-Steel + Type : Contact → Mechanical/Tangential Behavior/Friction Coeff : 0.5 + Mechanical/Normal Behavior/"Hard" Contact → OK

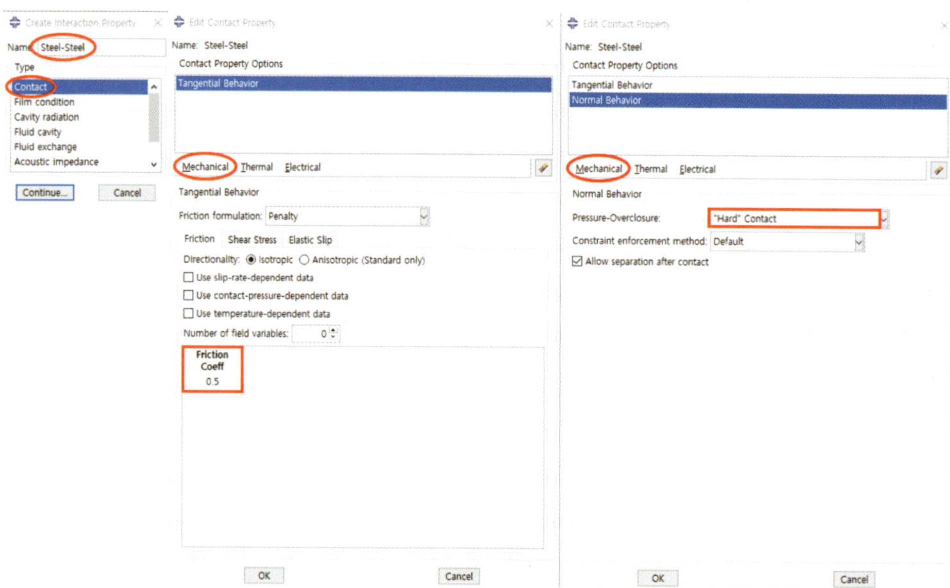

2 Tool → Surface → Manager → Create → Beam_Flange-Column Type : Geometry + Continue → 아래 그림과 같이 각각의 Surface 생성

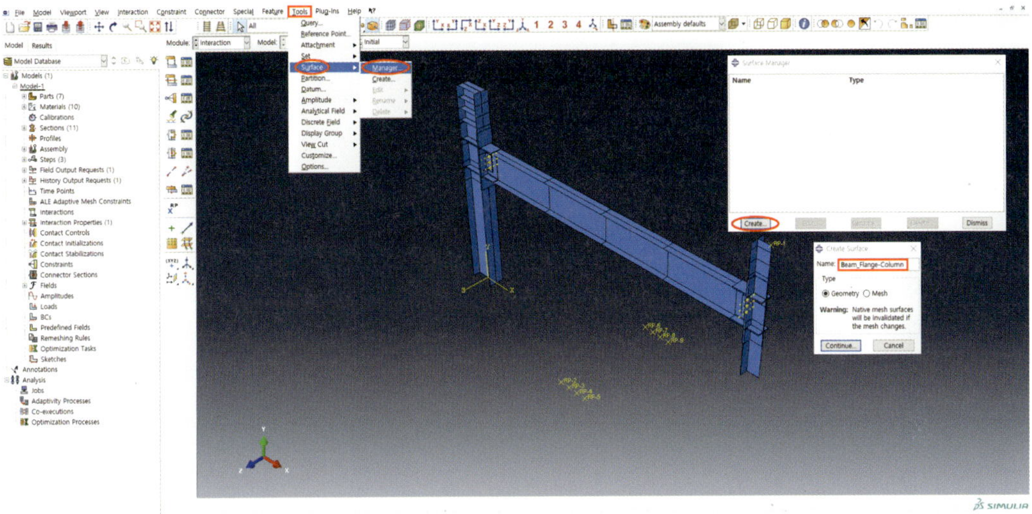

※ Part들이 서로 접촉되는 면을 지정해 주기 위해 Surface를 지정한다. 여기서 Surface는 면과 면이 만나므로 짝을 이루어 생성해야 하며, Model Tree에서 Instance를 적절히 Hide 및 Show를 이용하여 지정한다.

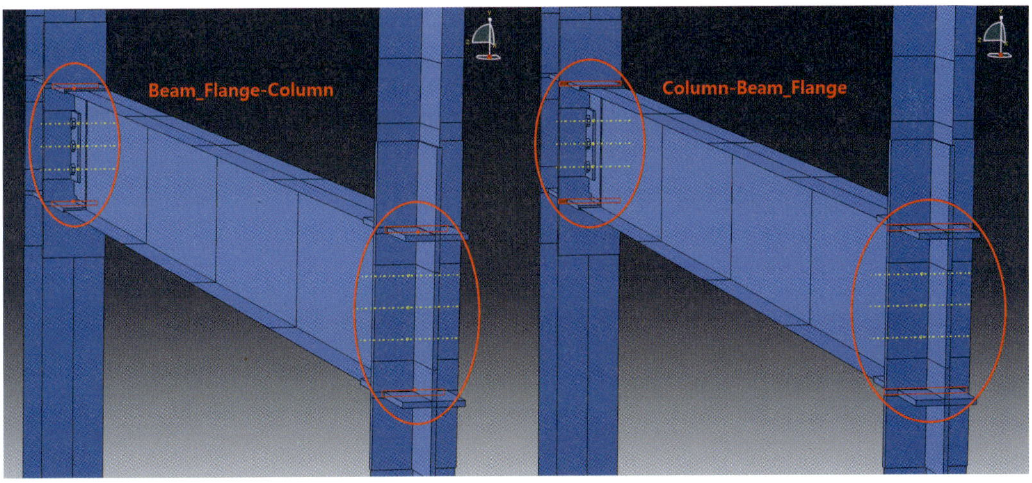

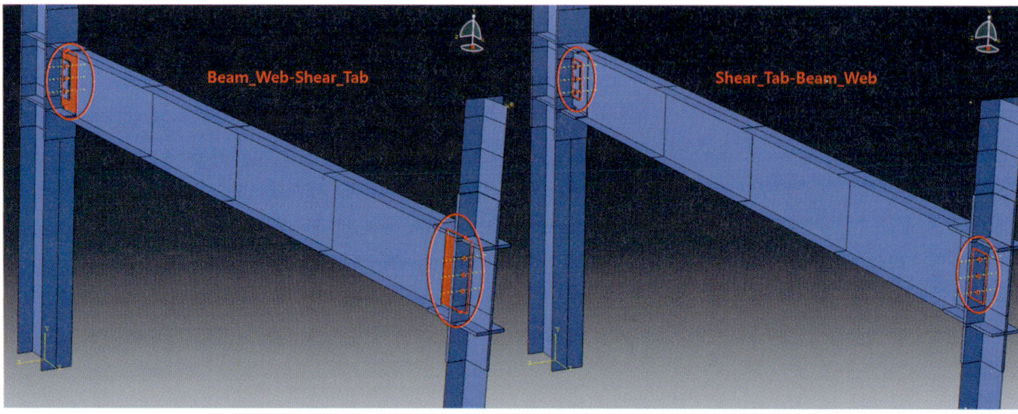
Beam_Web-Shear_Tab
Shear_Tab-Beam_Web

Bolt_Nut-Shear_Tab-Web
Shear_Tab-Web-Bolt_Nut

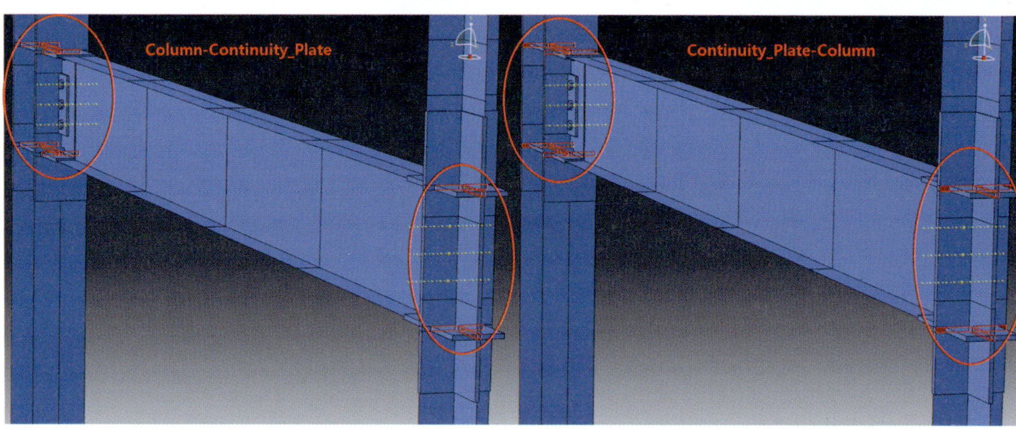
Column-Continuity_Plate
Continuity_Plate-Column

3 Interaction Manager → Create → Name : Bolt_Nut-Shear_Tab-Web + Type for Selected Step : Surface-to-surface contact → Continue → Surfaces → Bolt_Nut-Shear_Tab-Web + Highlight selections in viewport 체크 → Continue → Surface → Shear_Tab-Web-Bolt_Nut → Continue → Slave Adjustment/Specify tolerance for adjustment zone : 1 + 체크 → OK

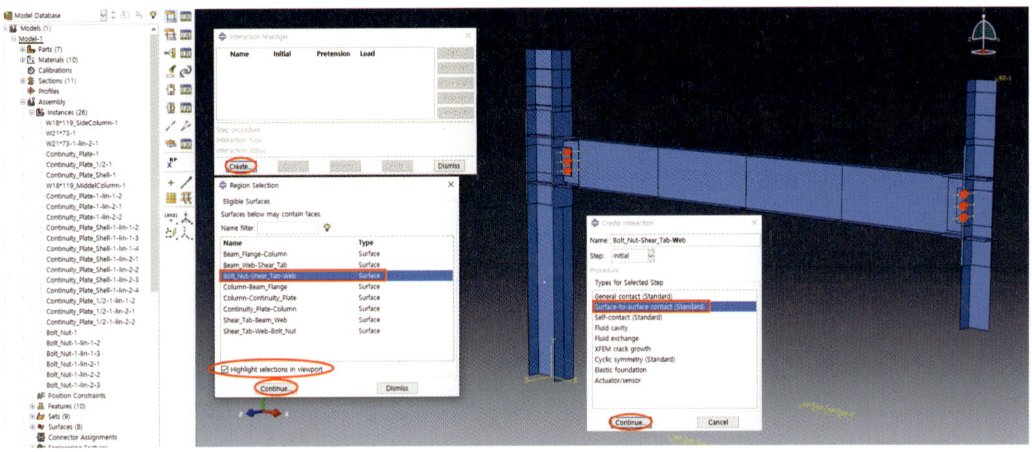

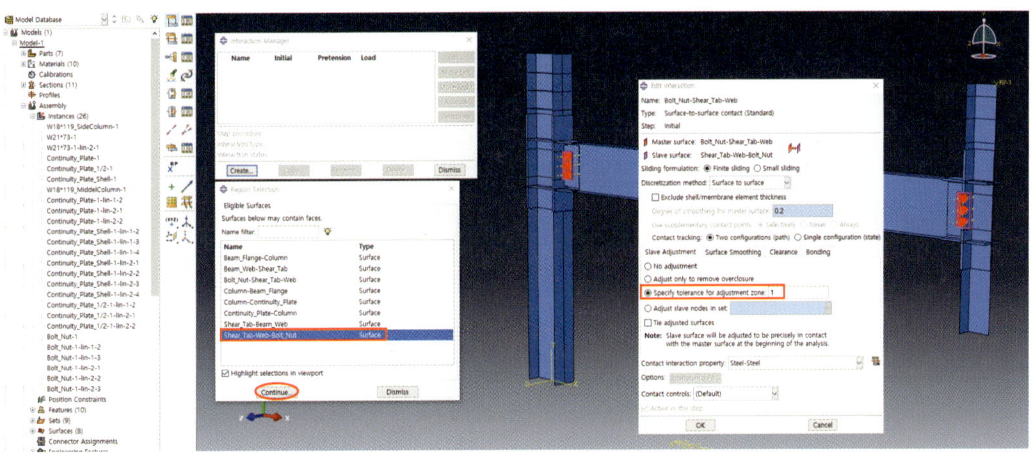

4 Interaction Manager → Create → Name : Shear_Tab-Beam_Web + Type for Selected Step : Surface-to-surface contact → Continue → Surfaces → Shear_Tab-Beam_Web + Highlight selections in viewport 체크 → Continue → Surface → Beam_Web-Shear_Tab → Continue → Slave Adjustment/No adjustment + 체크 → OK

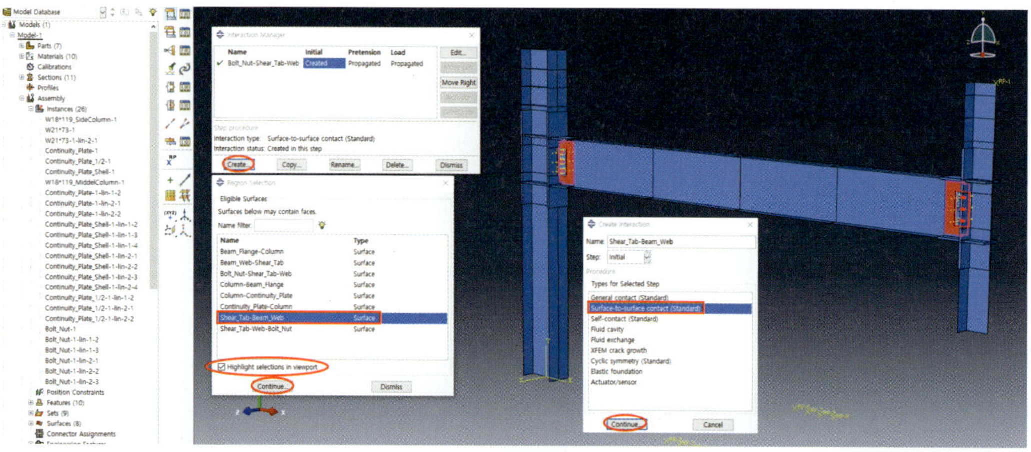

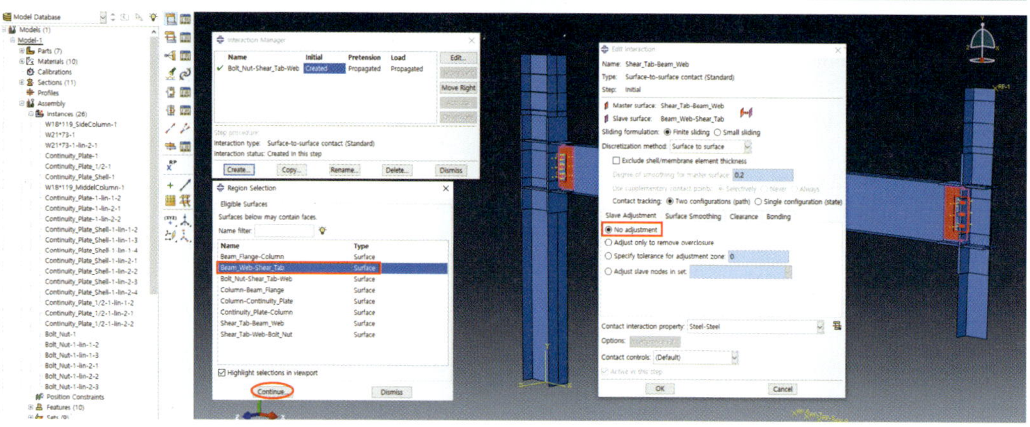

5 Create Constraint → Name : Beam + Type : Tie → Continue → Node Region + Sets → Beam_Left → Continue → Node Region → Beam_Right → Continue → Use computed default → OK

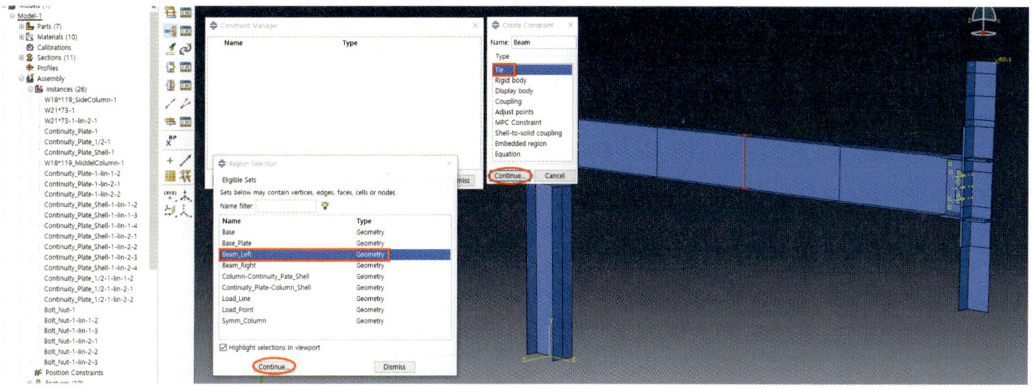

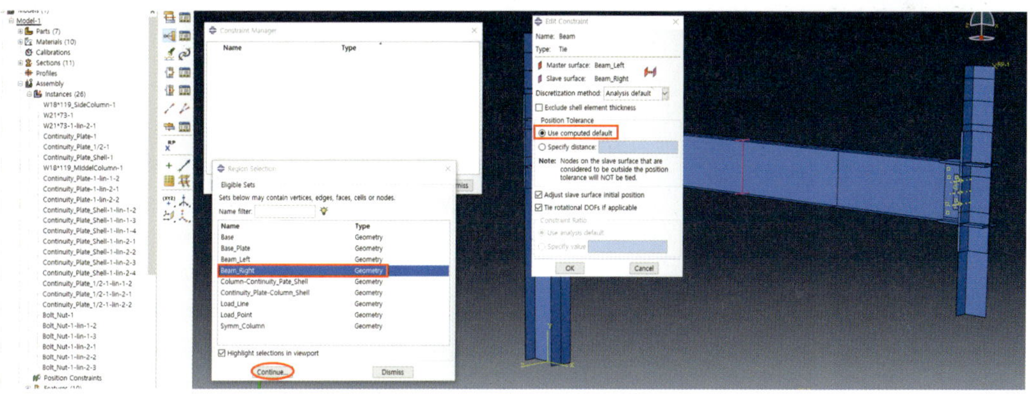

6 Create Constraint → Name : Column-Beam_Flange + Type : Tie → Continue → Surface + Surfaces → Column-Beam_Flange → Continue → Beam_Flange-Column → Continue → Use computed default → OK

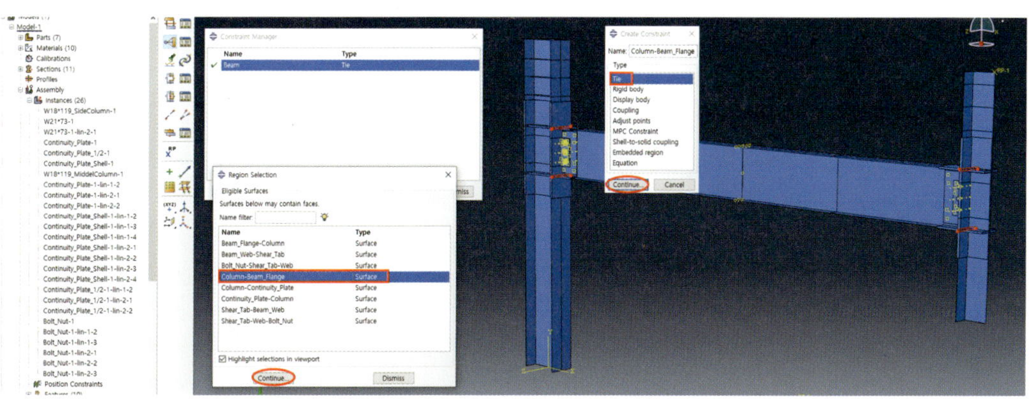

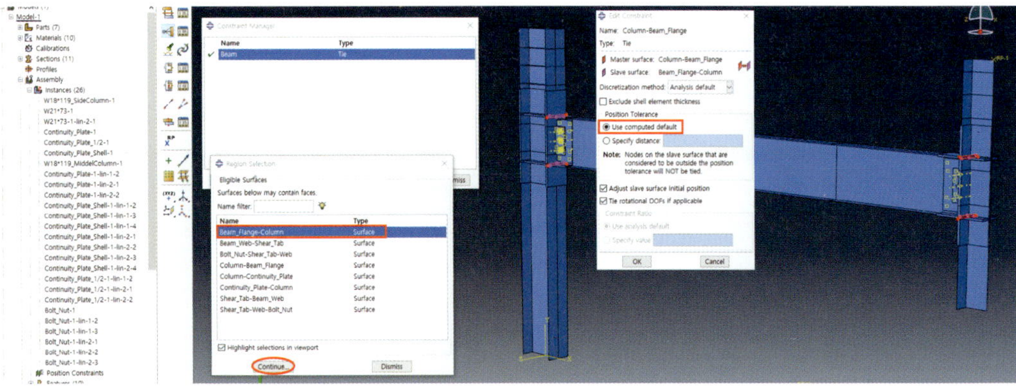

같은 방법으로 Column-Continuity_Plate와 Column-Continuity_Plate_Shell에 대하여 추가로 Tie 접합을 생성한다.

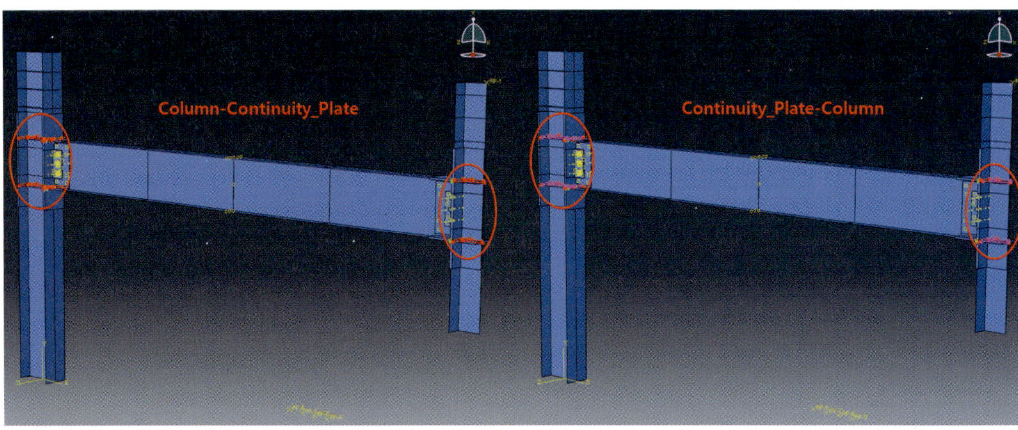

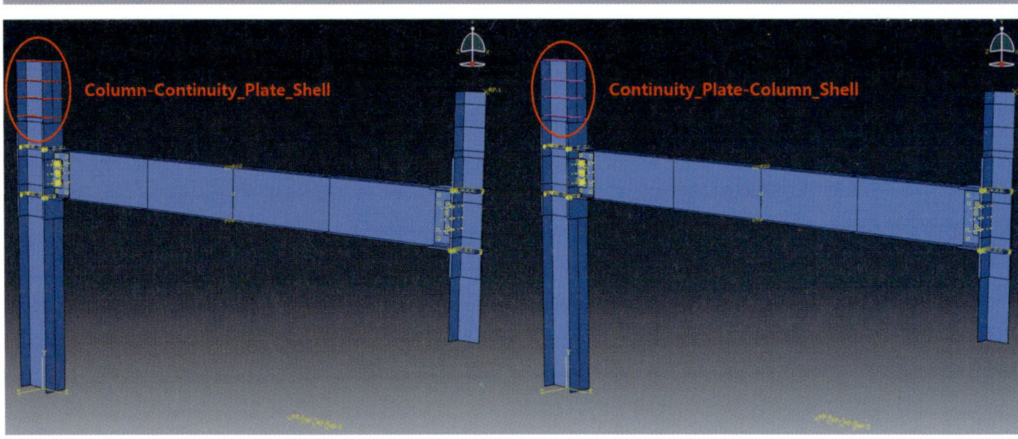

7 Create Constraint → Name : Load + Type : Rigid body → Continue → Tie (nodes) + 선택 → Sets → Load_Line → Continue → Reference Point/Adjust point to center of mass at start of analysis 체크 + 선택 → RP-1 선택 → OK

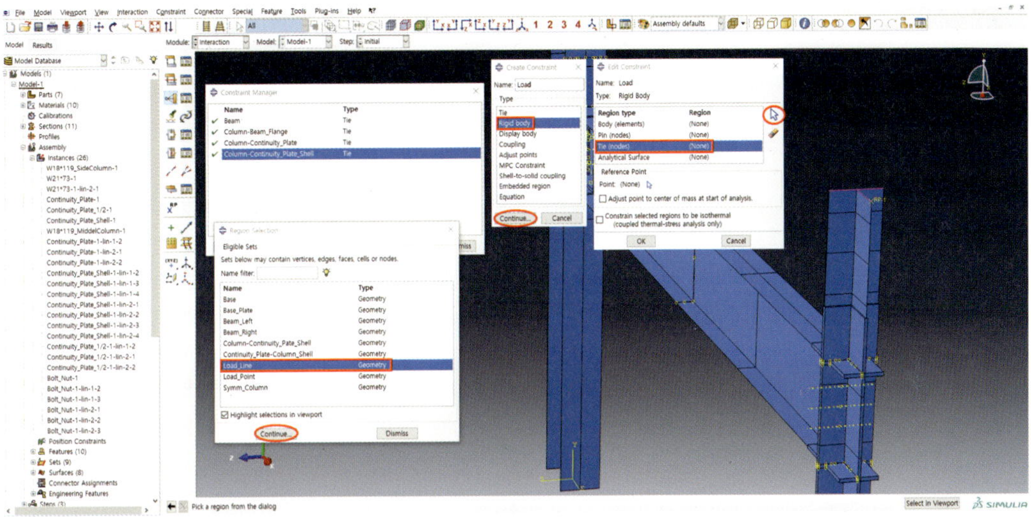

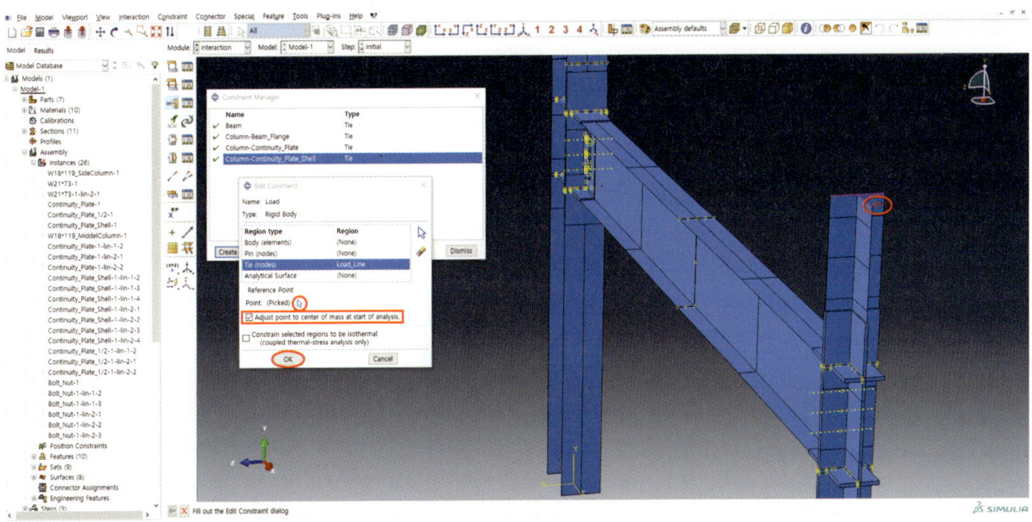

8 Create Wire Feature → + 선택 → 아래 그림의 기둥 모서리 점을 선택 → RP-2 선택

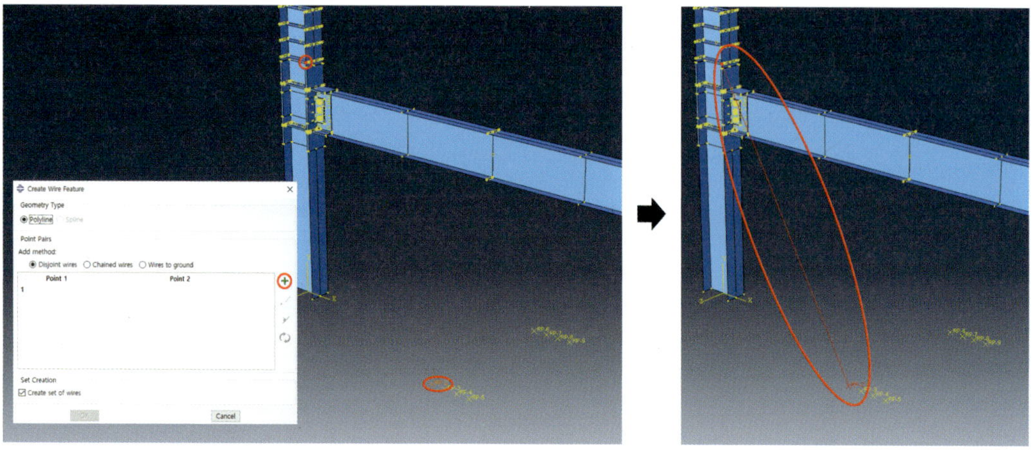

기둥의 상부 모서리 점들을 RP-3, RP-4, RP-5에 대응되도록 연결 → OK

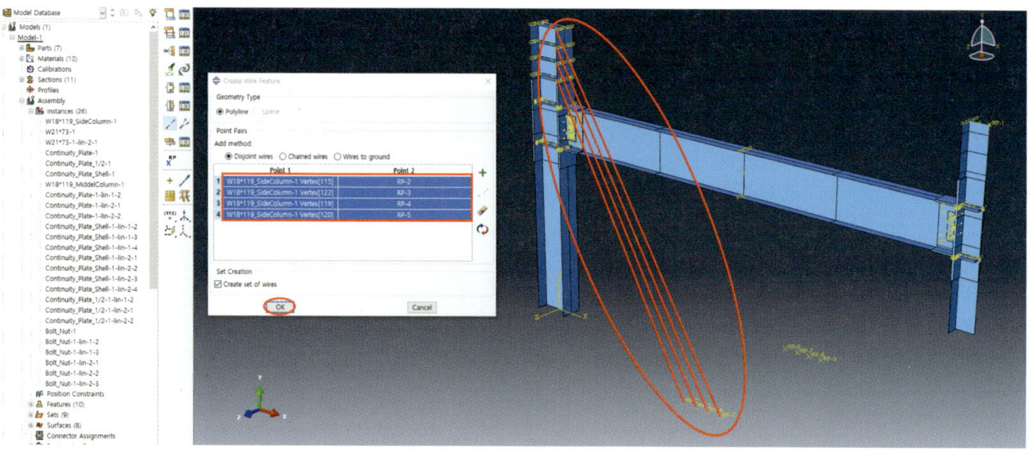

같은 방법으로 기둥의 반대측 모서리를 RP-6, RP-7, RP-8, RP-9에 Wire를 연결한다.

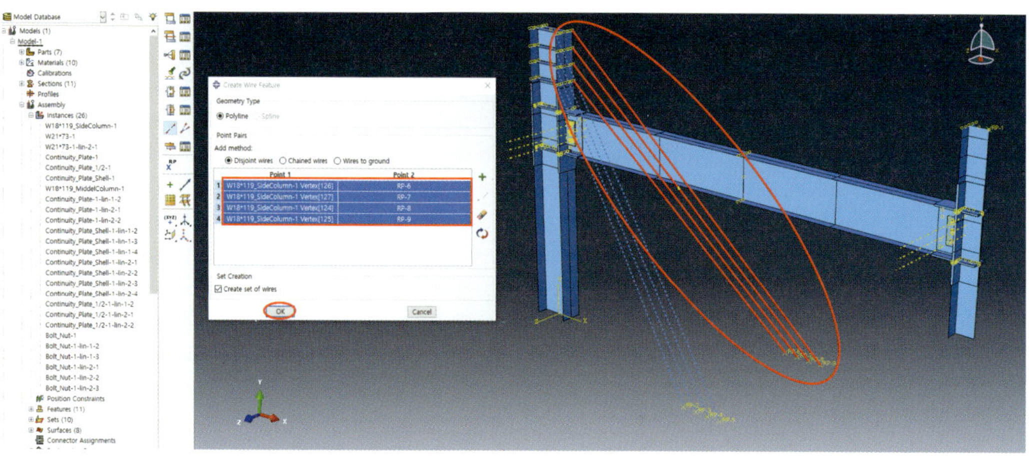

9 Create Connector Section → Name : Brace + Connection Category : Basic + Translational type : Cartesian + Rotational type : Cardan → Continue → + 선택 + Elasticity → 아래 가운데 그림과 같이 입력 → + 선택 + Plasticity → 아래 오른쪽 그림과 같이 입력 → OK

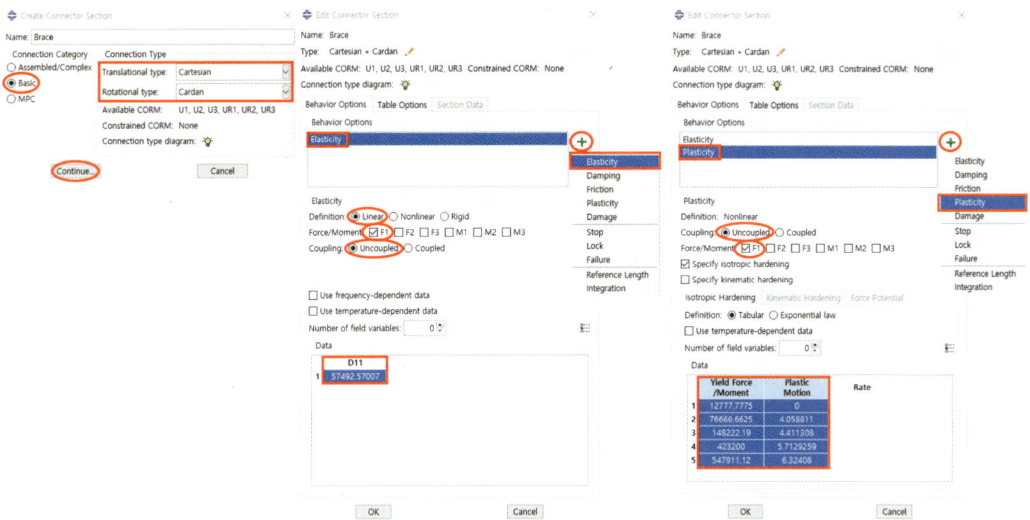

※ 상부층에 의한 횡구속 효과를 모사하기 위해 설치된 W14*109 대각 가새는 Sadek et al6)로부터 보고된 실험 시 측정값을 적용한다. 이 값은 축방향의 하중-변위로 정의되는 스프링 거동으로 입력한다.

10 Create Connector Assignment → Sets → Wire-1-Set-1 선택 → Continue → Section : Brace → Orientation 1 탭 선택 + Specify CSYS: 선택 → Rectangular → Continue

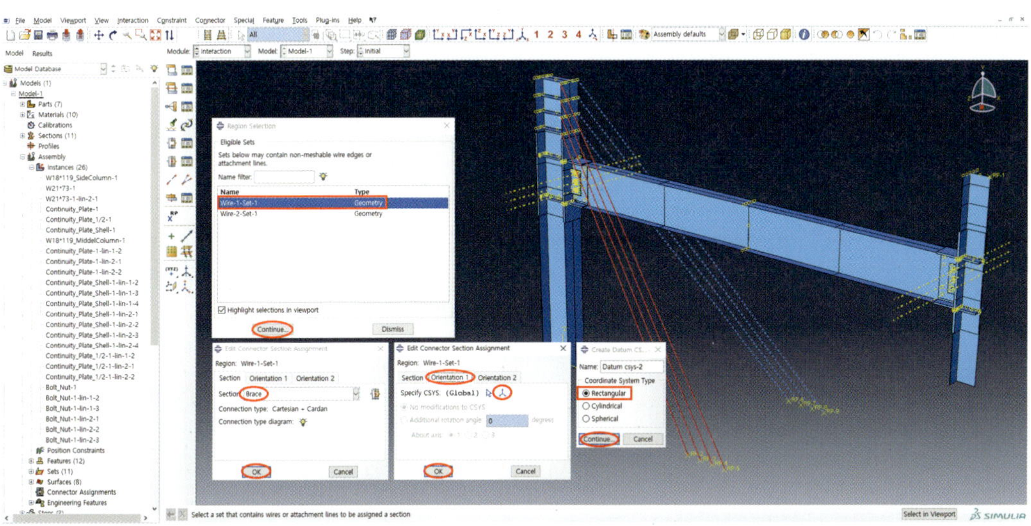

아래 왼쪽 그림의 기둥의 상부 모서리 점을 선택 → RP-2 선택 → Create Datum 클릭 → → Create Datum CSYS + Cancel

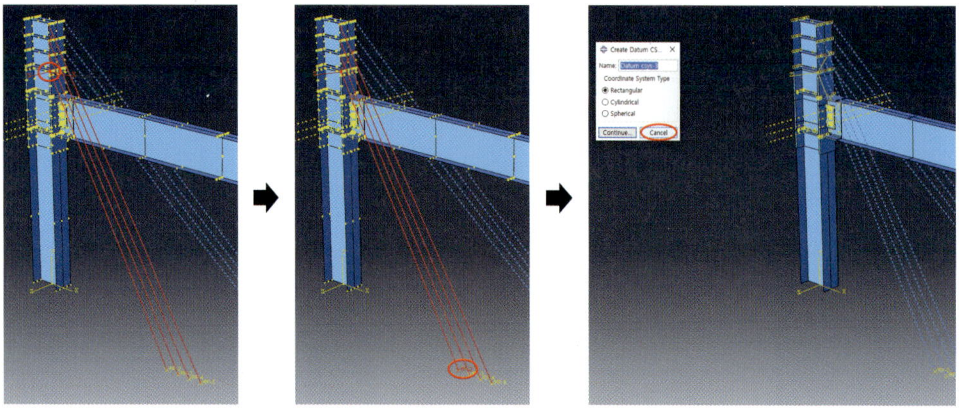

Specify CSYS: 선택 → Datum csys-2 선택 → OK

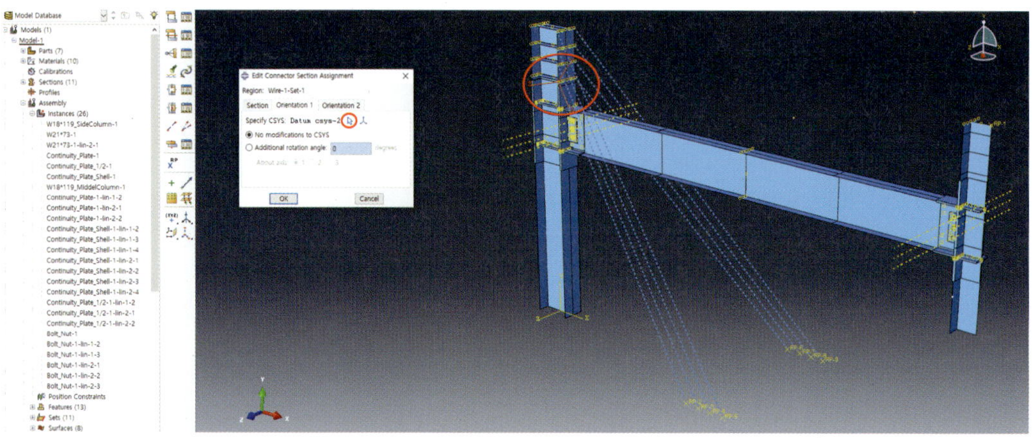

같은 방법으로 Wire-2-Set-1에 대하여 축력방향에 대한 거동을 정의한다.

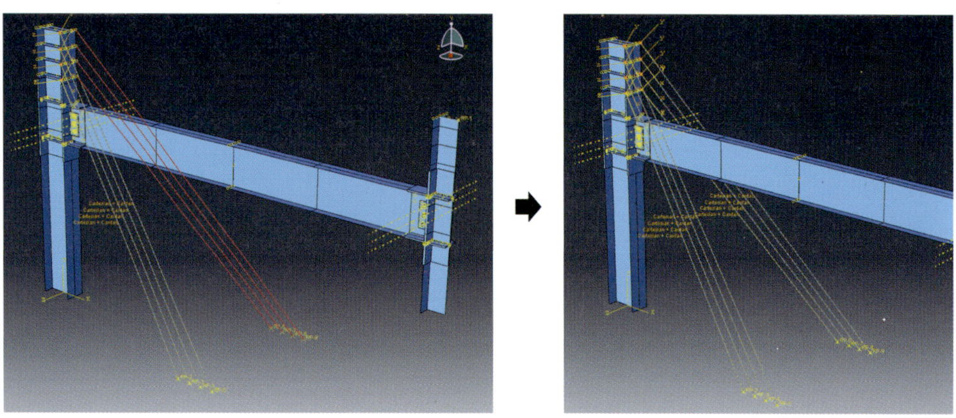

4.3.2.7 Load (경계조건 및 하중조건 정의)

모델링하고자 하는 대상 구조물의 경계조건을 정의하고 하중을 입력하는 단계이며 Load Module로 이동한다. Base와 Base_Plate는 고정단으로 적용하고, 여섯 개의 볼트에는 프리텐션 285000N을 각각 적용한다. 이때 볼트의 프리텐션은 볼트의 기둥 중앙부 지점에 재하하고 Datum axis를 중심으로 작용시킨다. 또한 실험체는 중앙부 기둥을 중심으로 대칭시스템이므로 이를 적용하기 위해 Symmetry 경계조건을 정의한다. 가력하중은 부재의 파괴 시까지 진행하기 위해 수직방향으로 500mm의 변위제어 조건으로 재하한다.

1. Create Boundary Condition → Name : Base_Fix + Step : Initial + Category : Mechanical + Type for Selected Step : Displacement/Rotation → Continue → Sets → Base → Continue → U1~3, UR1~3 체크 → OK

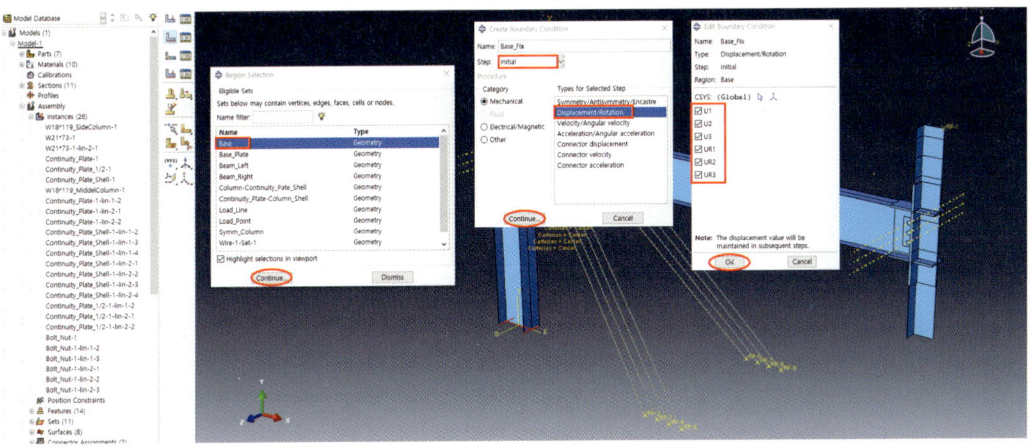

같은 방법으로 Base_Plate에 고정단 경계조건을 정의한다.

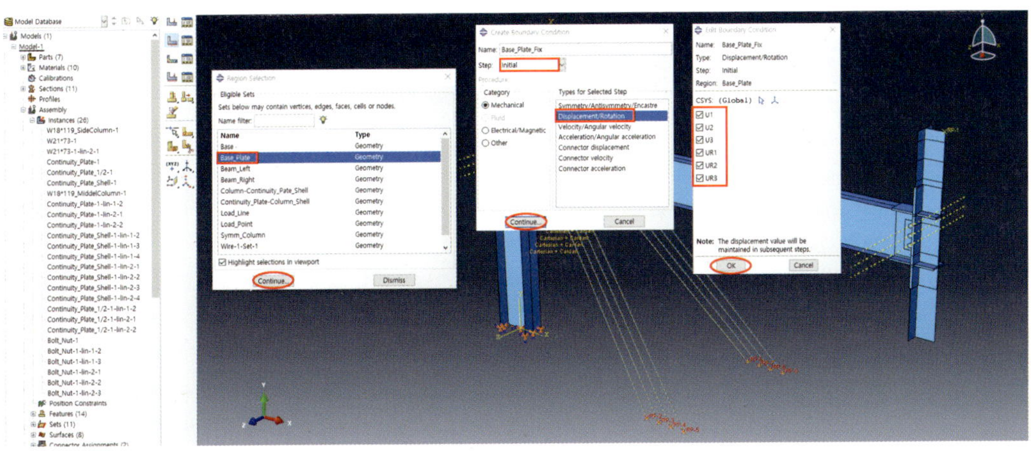

2 Create Boundary Condition → Name : Xsymm + Step : Initial + Category : Mechanical + Type for Selected Step : Symmetry/Antisymmetry/Encastre → Continue → Sets → Symm_Column → Continue → XSYMM 체크 → OK

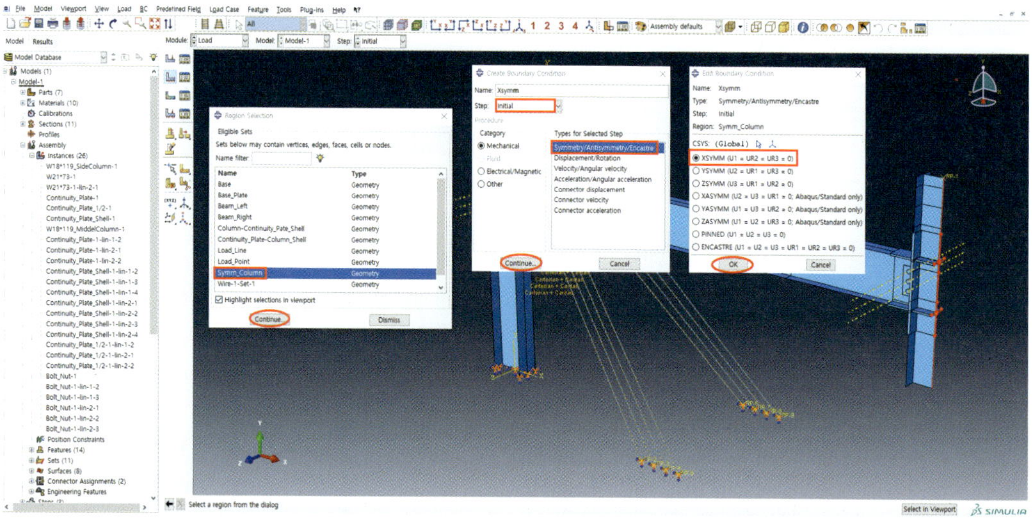

3 Create Boundary Condition → Name : Load + Step : Load + Category : Mechanical + Type for Selected Step : Displacement/Rotation → Continue → Sets → Load_Point → Continue → U2 체크 + -500 입력 → OK

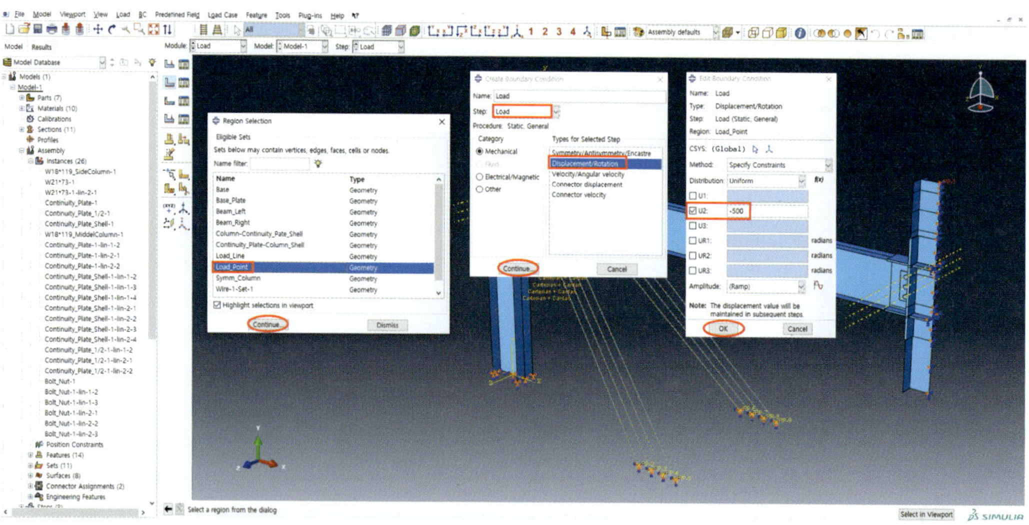

4 Create Load → Name : Pretension + Step : Pretension + Category : Mechanical + Type for Selected Step : Bolt load → Continue → 메시지창 + Yes → 6개의 Bolt_Nut에 대하여 아래 그림의 내부 Surface 선택 → Brown 또는 Purple 선택 → Magnitude + 285000 입력 → OK

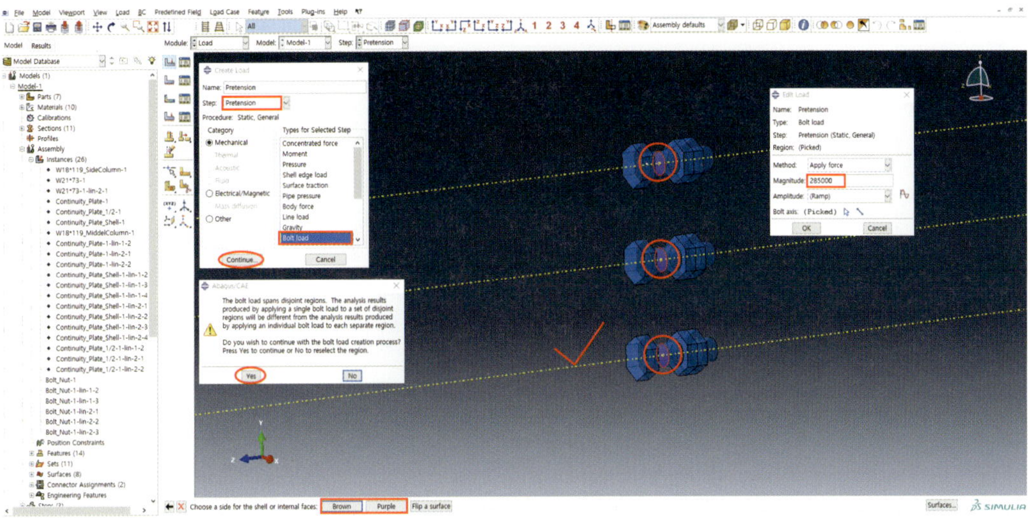

4.3.2.8 Job (유한요소해석 수행)

모델링한 대상 구조물의 유한요소해석을 수행하는 단계이며 Job Module로 이동한다.

1 Job Manager → Create → Name : WUF-B_Progressive_Collapse + Model-1 선택 → Continue → Parallelization 탭 선택 → Use multiple processors 체크 + 6 입력 → OK

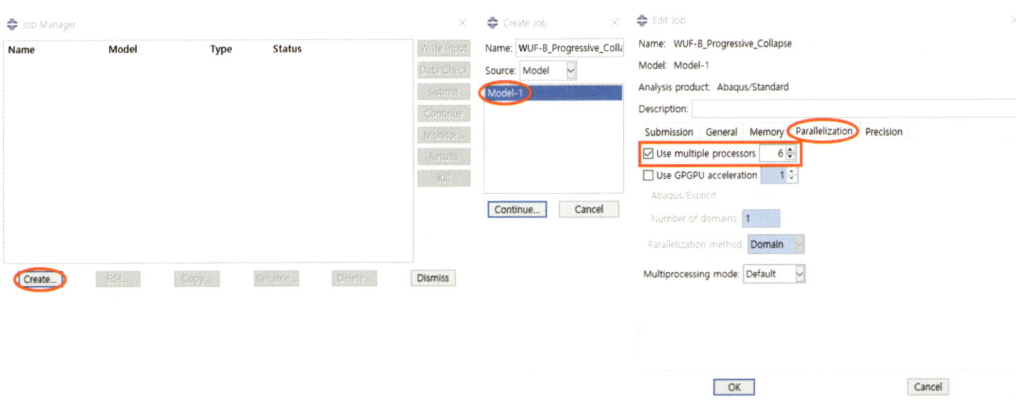

2 Job Manager → Monitor → Submit → 메시지창 + Yes

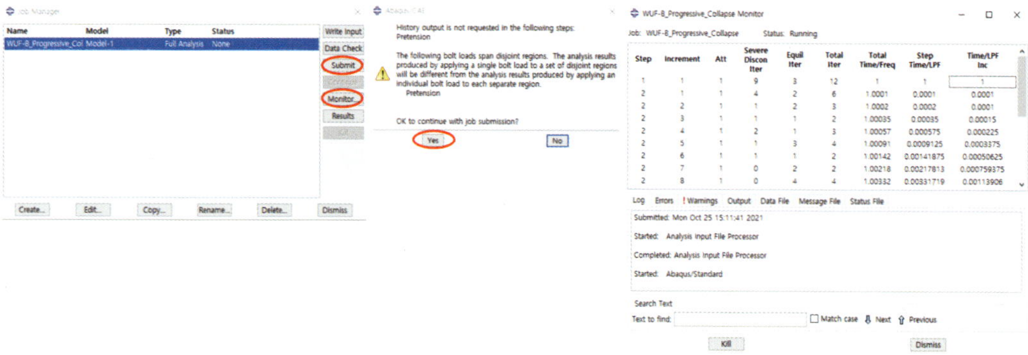

4.3.3 해석결과 확인

(1) Visualization (Output 확인)

모델링한 대상 구조물의 Output을 확인하는 단계이며 Job Manager에서 Results를 선택하면 자동으로 Visualization Module로 이동한다.

1 Job Manager → 해석 완료 후 Results 선택

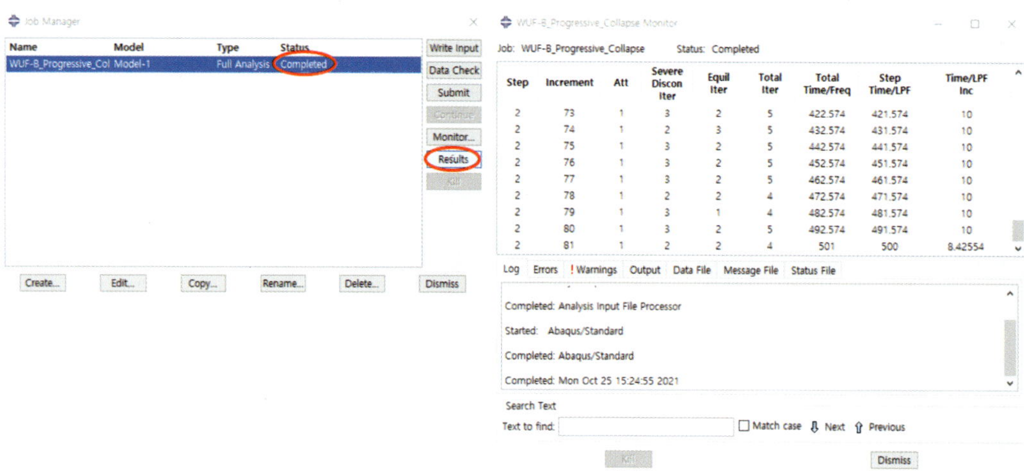

2 Plot Contours on Deformed Shape → 상부 항목에 있는 Field Output에서 확인하고자 하는 결과를 선택 → W21*73을 제외한 모든 Part 선택 + Remove

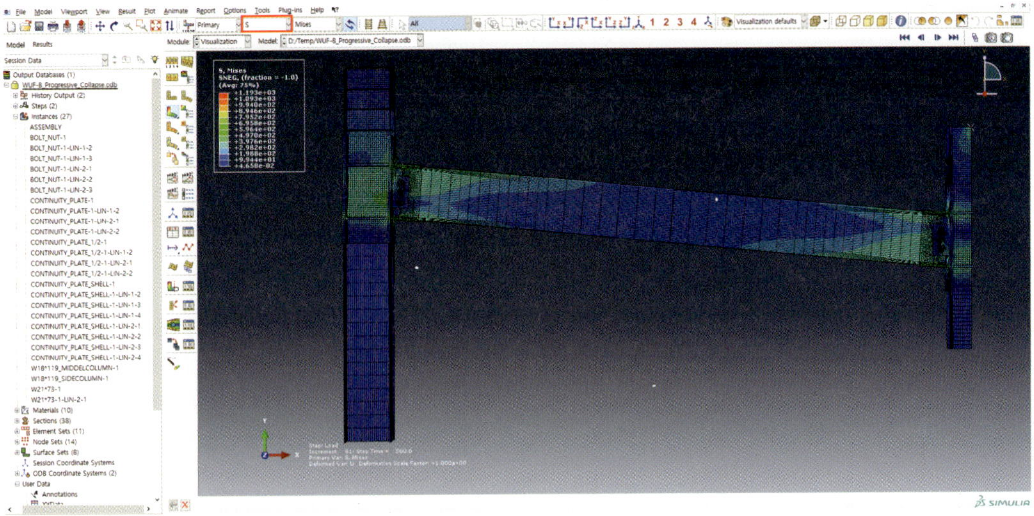

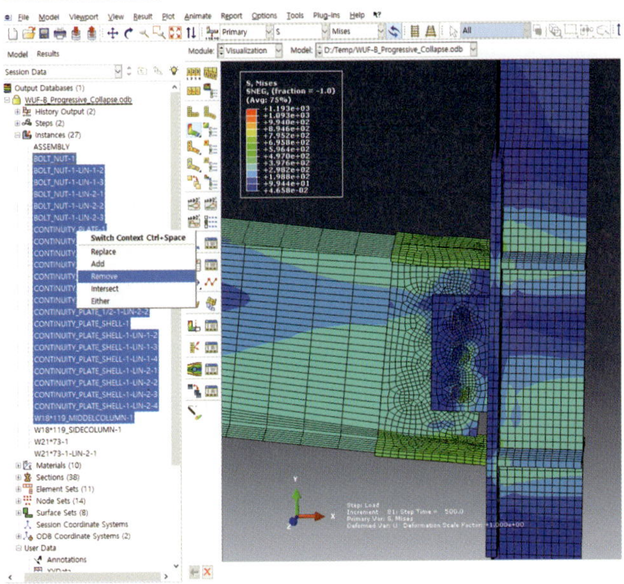

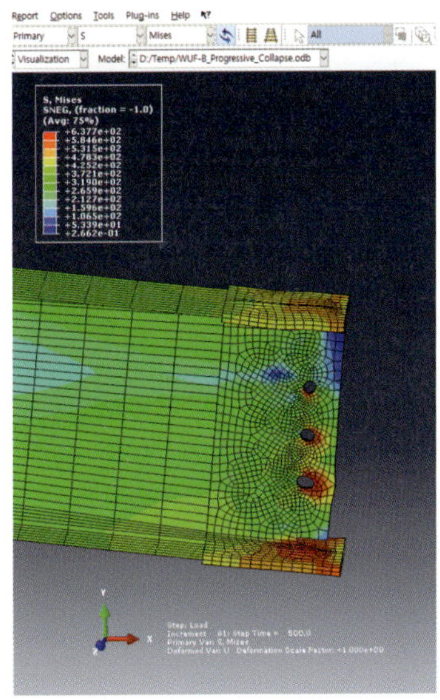

3 Tool → XY Data → Manager → Create → ODB history output → Continue → Output 항목 중 하중과 변위를 선택 → Save As → OK

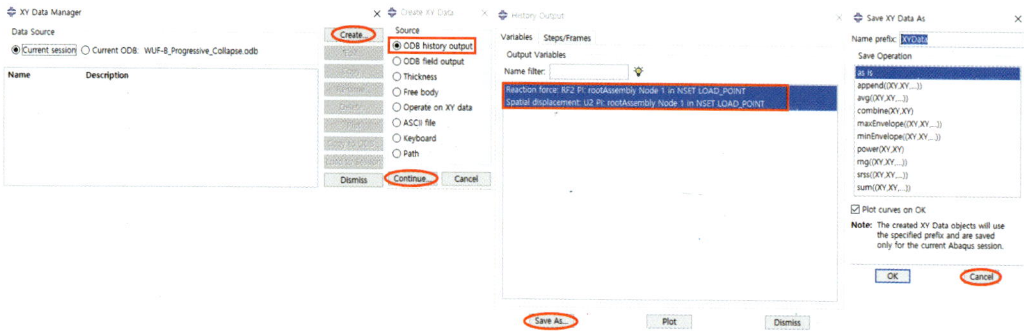

History Output에서 정의한 하중-변위 결과를 확인할 수 있다.

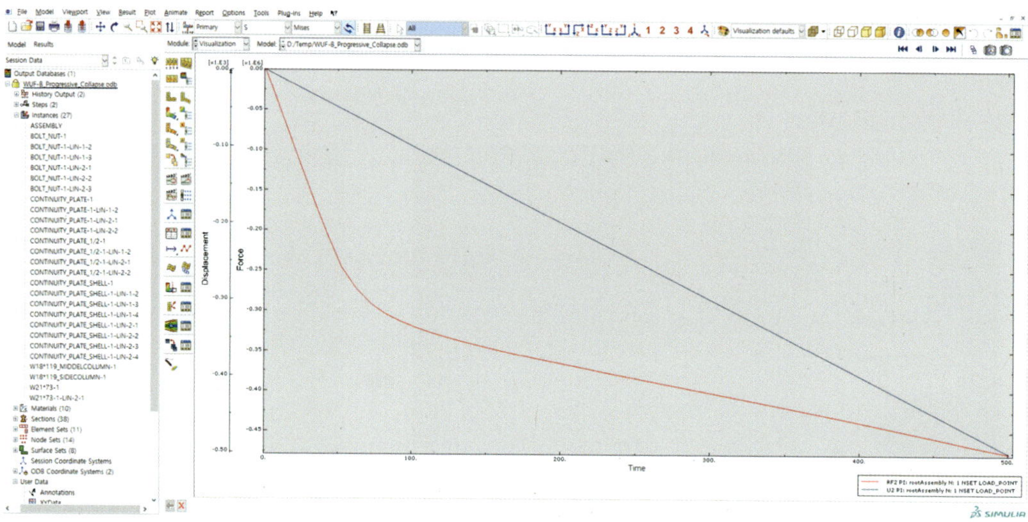

(2) Output 정리

1 Tool → XY Data → Manager → 가력하중 RF2 선택 → Y항 값을 드래그하여 복사하여 엑셀에 붙여넣기 → 수직변위 U2 선택 → Y항 값을 드래그하여 복사하여 엑셀에 붙여넣기

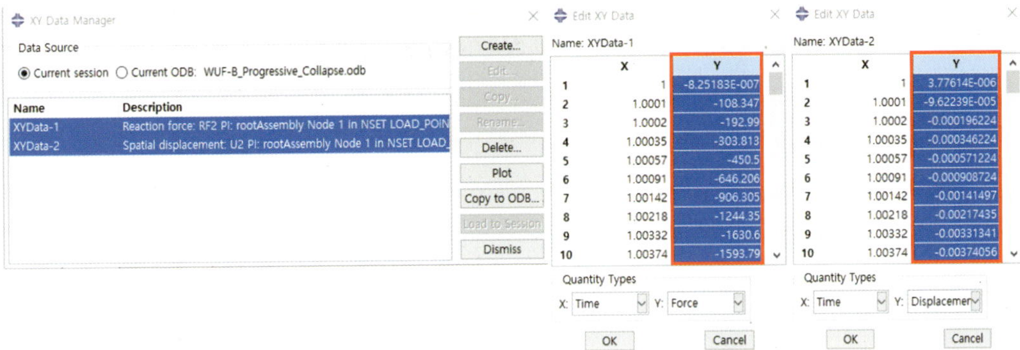

2 엑셀에서 하중 및 변위 데이터를 정리 → 그래프로 Plot하여 비교

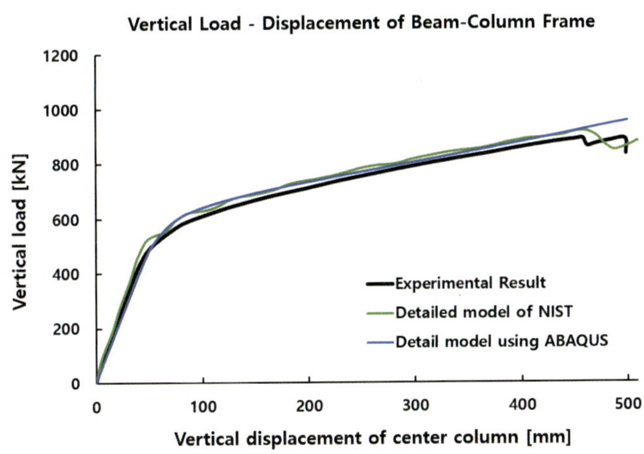

※ Sadek et al6)로부터 보-기둥 실험체는 항복이 수직변위 49.08mm, 가력하중 484.08kN에서 나타났고, 하중의 점짐적인 증가와 함께 연성적인 거동을 하며 수직변위 497.95mm, 가력하중 885.89kN에서 파괴가 되었다. 또한 Sadek et al6)에서 LS-DYNA를 이용하여 시뮬레이션을 수행한 결과를 같이 나타내었고, 그 결과는 항복이 수직변위 47.31mm, 가력하중 520.54kN, 파괴가 수직변위 458.32mm, 가력하중 917.47kN에서 나타났다. ABAQUS를 이용하여 대상 실험체를 모사한 해석결과를 비교해보면 항복이 수직변위 51.57mm(+5.1%), 가력하중 493.53kN (+2.0%)로 나타났고, 파괴가 수직변위 500.00mm(+0.4%), 가력하중 953.00kN(+7.6%)로 나타났다. 해석결과는 전체적으로 실험체 결과와 잘 일치하고 있으며, 파괴 시 하중이 7.6% 차이가 나타난 것은 정적해석에 의한 것으로 동적해석을 이용하여 강재의 파괴물성을 정의하면 보다 정확한 결과를 도출해 낼 수 있다.

References

[1] Korean Society of Steel Construction (2021). *Steel structure design according to KDS 41 31 00: 2019.* Seoul: Goomibook.

[2] FEMA 350 (2000). Recommended Seismic Design Criteria for New Steel Moment-Frame Buildings, Federal Emergency Management Agency, Washington, D.C.

[3] AISC 341 (2016). Seismic Provisions for Structural Steel Buildings, American Institute of Steel Construction, Chicago, IL.

[4] GSA (2003). Progressive Collapse Analysis and Design Guidelines for New Federal Office Buildings and Major Modernization Projects, Office of Chief Architect.

[5] DoD (2005). Unified Facilities Criteria; DoD Design of Buildings to Resist Progressive Collapse, UFC 4-023-03, U.S. Army Corps of Engineering.

[6] Sadek, F., Main, J.A., Lew, H.S., Robert, S.D., Chiarito, V.P., & El-Tawil, S. (2010). An Experimental and Computational Study of Steel Moment Connections under a Column Removal Scenario, NIST Technical Note 1669, National Institute of Standards and Technology, Gaithersburg, MD.

저자소개

김 태 수

한양대학교 건축공학과 학사
한양대학교 건축공학과 구조공학 석사
일본 동경대학교 건축학과 구조공학 박사
㈜원우구조기술사사무소
KCC 중앙연구소
한양대 친환경건축연구센터, 연구조교수
University of Washington, USA, 방문연구
University of Colorado Boulder, USA, 방문연구
現 한밭대학교 건설조형대학 건축공학과, 교수

✉ tskim@hanbat.ac.kr, tskim0709@daum.net

이 상 윤

창원대학교 건축공학과 학사
한양대학교 건축공학과 구조공학 석사
한양대학교 건축공학과 구조공학 박사
現 ㈜NRC구조연구소 기업부설연구소 소장

✉ yongsha@naver.com

조 용 현

한밭대학교 건축공학과 학사
한밭대학교 건축공학과 구조공학 석사
홍콩대학교 토목공학과 구조공학 박사
現 동아대학교 해양도시건설·방재연구소 연구원

✉ choyh2013@dau.ac.kr, choyh2013@gmail.com

Acknowledgement

This work was supported by the Korea Institute of Energy Technology Evaluation and Planning (KETEP) and the Ministry of Trade, Industry & Energy (MOTIE) of the Republic of Korea (No. 20204030200080).

아바쿠스(Abaqus)를 활용한
구조물 유한요소해석 따라하기 **정가 25,000원**

저자 : 김태수 · 이상윤 · 조용현

발행인 : 임해진
발행처 : 도서출판 구미서관

인쇄 : 2021년 11월 18일
발행 : 2021년 11월 25일

등록 : 1979년 6월 29일 No.9-6호

주소 : 서울시 마포구 신촌로 2길 5-15 구미빌딩
전화 : 02-333-1101
팩스 : 02-335-2201
http://www.goomibook.com

ISBN 979-11-6257-184-2 (93540)
